Ingrid Schegk, Wolfgang Brandl

Baukonstruktionslehre für Landschaftsarchitekten

Die Autoren

Prof. Dipl.-Ing. Ingrid Schegk, Hochschulprofessorin für das Lehrgebiet Baukonstruktion und Entwerfen an der Hochschule für Angewandte Wissenschaften Weihenstephan, Fakultät Landschaftsarchitektur, Mitarbeit im Büro SCHEGK Landschaftsarchitekten Stadtplaner BDLA.

Dipl.-Ing. Wolfgang Brandl, selbständig in Firma Beratende Ingenieure Brandl + Eltschig Tragwerksplanung GmbH, Lehrbeauftragter der Hochschule Weihenstephan für Tragwerkslehre in der Fakultät Landschaftsarchitektur.

Ingrid Schegk, Wolfgang Brandl

Baukonstruktionslehre für Landschaftsarchitekten

185 Farbfotos auf Tafeln
382 Schwarzweißabbildungen
132 Tabellen

Ulmer

Inhaltsverzeichnis

Vorwort

Konstruktive Elemente in der Landschaftsarchitektur und im Landschaftsbau sind Bauteile, die eine Freianlage, einen Garten, Park oder Stadtplatz im Zusammenspiel mit den Vegetationselementen funktional und gestalterisch bestimmen. Sie stehen im Zentrum dieses Buches.

Die Baukonstruktion in der Landschaftsarchitektur beinhaltet dementsprechend neben bautechnischen Aufgabenstellungen funktionale, gestalterische, ökonomische und ökologische Überlegungen. Die inhaltliche Gestaltung dieses Buches versucht, diesen vielfältigen Anforderungen Rechnung zu tragen und neben den bautechnischen Aspekten besonders die historisch-kulturellen, die funktional-gestalterischen und die ökologischen Aspekte nicht zu vernachlässigen.

Die Baukonstruktion für Landschaftsarchitekten stellt gewissermaßen eine Schnittmenge aus Hoch-, Tief- und Landschaftsbau dar, was auch an Herkunft und Inhalt der geltenden und zitierten Regeln und Normen deutlich wird. Auf dieser Grundlage entstanden Aufbau, Systematik und Inhalte des vorliegenden Buches.

Es ist in fünf Teile gegliedert.

Im ersten Teil **Kraft und Tragwerk – Statische Grundlagen** werden die Baukonstruktionen in ihrer Funktion als Tragwerk beleuchtet. Es wird gezeigt, welche Kräfte in einer Konstruktion wirken. Ziel dieser Kapitel ist es, auch Landschaftsarchitekten in die Lage zu versetzen, die Dimensionierung der von ihnen geplanten konstruktiven Elemente rechnerisch zu ermitteln.

Für die konstruktiven Elemente ergibt sich in Anlehnung an deren Funktion und Wirkung als Tragwerk eine Systematik aus drei unterschiedlichen Gruppen. Jede dieser Gruppen erfordert bestimmte Materialien und schließt andere aus. Für den Landschaftsbau wichtige Baustoffe werden daher in engem Zusammenhang mit der jeweiligen konstruktiven Verwendung betrachtet.

Dementsprechend umfasst der zweite Teil den Bereich **Bauen mit Stein – Elemente des Massivbaus**. Hierzu gehören mineralische Baustoffe wie Naturstein, Beton, Lehm und keramische Bausteine wie Ziegel und Klinker sowie Konstruktionen, die daraus entstehen können, wie Mauern und Stützelemente sowie Treppen. Diese Elemente stellen in der Regel massive Volumina dar, die im Boden gründen.

Im dritten Teil wird analog der Bereich **Konstruieren mit Holz und Stahl – Elemente des Skelettbaus** behandelt. Dieser umfasst zwei- und dreidimensional ausgebildete Stabwerke wie Plattformen und Stege, Zäune und Wandelemente sowie Pergolen und Überdachungen, die vorzugsweise durch Verbindung linearer Bauteile aus Baustoffen wie Holz oder Metall gebaut werden. Derartige Konstruktionen sind luftumspült und haben nur an bestimmten Punkten Kontakt zu den Fundamenten im Boden.

Der vierte Teil **Flächen und Schichten – Elemente des konstruktiven Landschaftsbaus** befasst sich mit Baukonstruktionen, die zur Gestaltung von mehr oder weniger künstlichen Standorten erforderlich sind. Im Vordergrund steht dabei die Aufgabe, mit speziellen Schichtaufbauten und Anschlussdetails Flächen zu befestigen, zu dichten, zu trennen und zu entwässern. Behandelt werden die Bautechnik von Belagsdeckschichten aus Pflaster und Platten, künstlicher Wasseranlagen und unterbauter Freiflächen auf Tiefgaragen und Dächern. Die dafür verwendeten Baustoffe sind im Wesentlichen Mineralstoffe und Geokunststoffe.

Der fünfte und letzte Teil des Buches bildet zusammen mit dem ersten die planerische Klammer um die konstruktiven Elemente. Unter dem Titel **Vom Entwurf zum Detail – Grundlagen der konstruktiven Planung** wird die Entwicklung konstruktiver Elemente im Planungsprozess beleuchtet. Dieser Abschnitt beinhaltet Grundlagen und Regeln zur methodischen Herangehensweise, zur Lage-, Höhen- und Detailplanung und zur Darstellung von technischen Plänen und Konstruktionszeichnungen. Intention dieser Kapitel ist es, die für die Qualität der Freianlage essentiell wichtige Leistungsphase der Ausführungsplanung methodisch anschaulich aufzubereiten.

Dieses inhaltliche Spektrum verfolgt das Ziel, ein Konstruktionshandbuch für Landschaftsarchitektur und Landschaftsbau anzubieten, das sowohl Studierenden an Universitäten und Hochschulen wie auch praktisch tätigen Landschaftsarchitekten, Architekten, Ingenieuren und Praktikern in Planungsbüros, Unternehmen des Garten- und Landschaftsbaus und Planungs- und Baubehörden als Lehrbuch, Nachschlagewerk und anschauliche Anregung für die eigene Arbeit dient.

Dank und Widmung

An der Entstehung dieser Baukonstruktionslehre waren direkt und indirekt viele Menschen beteiligt, denen mein besonderer Dank als Hauptautorin gilt.

Zunächst danke ich für seine engagierte Mitarbeit meinem Co-Autor, Herrn Dipl.-Ing. Wolfgang Brandl, Bauingenieur und Tragwerksplaner in Freising und langjähriger Lehrbeauftragter als Dozent für die Tragwerkslehre in der Fakultät Landschaftsarchitektur an der Hochschule Weihenstephan.

Ganz herzlicher Dank gilt dem gesamten Team des Büros SCHEGK Landschaftsarchitekten – Stadtplaner BDLA, allen voran dem Büroinhaber, meinem Mann Ludwig Schegk, auf dessen Fachkompetenz und Urteilsfähigkeit ich immer wieder zurückgreifen durfte.

Daneben bedanke ich mich bei allen Planerkollegen und Baumeistern, die von der Antike bis heute mit ihren Ideen und Projekten beispielhafte Baukonstruktionen in Stadt, Garten und Landschaft geschaffen haben, sowie bei allen übrigen Inspiratoren fürs Planen, Bauen und Gestalten im In- und Ausland.

Mein besonderer Dank gilt schließlich den Studierenden der Studiengänge Landschaftsarchitektur und Landschaftsbau und -Management an „meiner“ Hochschule Weihenstephan, die sich immer wieder für konstruktive Themen entflammen ließen und lassen, darunter vorrangig den zahlreichen Diplomanden, die mit ihren Forschungen so vielfältig zu diesem Werk beigetragen haben.

Danke – thank you – merci – grazie – gracias!

Widmen möchte ich dieses Buch meinem Vater, dem Ingenieur und Universitätsprofessor Fritz Wazelt.

Ingrid Schegk
Landschaftsarchitektin
Professorin für Baukonstruktion und Entwerfen

Teil I:
Kraft und Tragwerk
Statische Grundlagen

1 Physikalische Grundlagen und Begriffe

„Die Baukunst ist eine mit vielerlei Kenntnissen und mannigfaltiger Gelehrsamkeit ausgeschmückte Wissenschaft, welche sich mit Geschmack die Werke aller übrigen Künste zu eigen macht. Sie besteht aus der Ausübung (*fabrica*) und aus der Theorie (*ratiocinatio*).“ So lauten die ersten Sätze der zehnbändigen Architekturlehre des römischen Baumeisters Marcus Vitruvius Pollio, die wohl zwischen 33 und 22 vor Christi Geburt entstand. Er beschreibt folgend im ersten Kapitel des ersten Buches, welche Kenntnisse und Fähigkeiten der Architekt besitzen muss und begründet dies. Das Spektrum reicht von der Geometrie und Arithmetik über Geschichte und Philosophie bis hin zur Medizin und Sternkunde. Ein wichtiges Teilgebiet der Philosophie war in dieser Zeit die Lehre von der Beschaffenheit der Dinge, die φυσιολογια im Griechischen, was soviel wie Naturlehre oder Physik bedeutet.

Das Bauen und die Physik sind eng miteinander verbunden, auf das Bauwerk wirken die Naturgesetze ein. Es ist daher erforderlich, in diesem ersten Kapitel einige für das Bauen wichtige physikalische Grundbegriffe zu klären.

Bei der Planung von konstruktiven Elementen in der Landschaftsarchitektur, wie sie in den folgenden Kapiteln beschrieben werden, wird der Landschaftsarchitekt fallweise immer wieder mit Tragwerksplanern zusammenarbeiten. Um einen effizienten Fachdialog zu ermöglichen, soll zunächst ein Überblick über die wichtigsten Begriffe gegeben werden.

1.1 Grundgrößen der Statik

Die Statik ist eine Naturwissenschaft aus dem Bereich der Physik. Auch sie hat das Ziel, Naturvorgänge und deren Gesetzmäßigkeiten zu erfassen. Der Teil der Physik, der sich mit der Bewegung von Körpern befasst, heißt Mechanik. Darin wiederum ist der Sonderfall der Ruhe, d. h. Bewegung = Null, dem Gebiet der Statik zugeordnet. Damit wird der Sachverhalt beschrieben, der das Ziel der Statik ist: Bauwerke sollen so konstruiert sein, dass sie sich nicht bewegen.

Dies ist streng genommen nicht erreichbar, weil jede Kraft, auch die geringste, immer eine gewisse Verformung zur Folge hat. Genauer müsste es also heißen: mit Hilfe der Statik soll erreicht werden, dass die Bewegungen von Bauwerken infolge äußerer Belastungen zur Ruhe kommen.

Außerdem sollen die entstehenden Verformungen auf ein bestimmtes Maß begrenzt werden. Für ein Fundament bedeutet dies beispielsweise, dass es sich bei Belastung durch das darüber stehende Bauwerk um ein gewisses Maß nach unten bewegen, also „setzen“, darf. Diese Bewegung darf aber nicht immer weiter andauern und darf auch nicht beliebig groß sein.

Im Folgenden werden die wesentlichen Aspekte sowohl der Naturgesetze als auch der technischen Regelungen auf dem Gebiet der Statik beleuchtet. Damit können Bauwerke hinsichtlich ihrer Standsicherheit beurteilt und einfache Bauwerke überschlägig dimensioniert werden, wobei hier der Schwerpunkt auf die Bauwerke des Garten- und Landschaftsbaus – die Elemente des Massiv- und Skelettbaus –, die in den Teilen II und III genauer beschrieben werden, gelegt wird.

Es gibt drei zentrale Begriffe in der Statik, über deren Verständnis sich die grundsätzlichen Zusammenhänge erschließen:
- Kraft,
- Moment und
- Spannung.

1.1.1 Kraft
Kräfte sind abstrakte Größen, unsichtbar, aber messbar und spürbar. Eine Kraft ist durch drei Bestimmungsgrößen eindeutig festgelegt, die Größe, die Wirkungsrichtung und die Orientierung.

Die Größe der Kraft wurde früher durch die Masseeinheiten Kilogramm und Tonnen ausgedrückt bzw. in Kilopond, der Gewichtskraft von einem Kilogramm Masse, angegeben. Mit der Einführung des international verständlichen Einheitensystems SI (frz. Système international d’unités) wurde die Einheit Newton (N) mit ihren Vielfachen (kN = Kilo-Newton = 1000 N, MN = Mega-Newton = 1 000 000 N) verbindlich.

Newton’sche Gesetze
Die Dimension der Kraft, „Newton“, geht auf den englischen Physiker Sir Isaak Newton (1642–1727) zurück, der drei Grundgesetze der Mechanik, das Trägheitsgesetz, das Bewegungsgesetz und das Reaktionsprinzip, formulierte.

1. Trägheitsgesetz
Das erste Newton’sche Gesetz besagt: „Ein Körper verharrt in Ruhe, wenn die Summe der auf ihn wirkenden Kräfte gleich Null ist.“

Ein Körper hängt beispielsweise mit seiner Gewichtskraft an einem Seil. Der Körper bleibt dann in Ruhe, wenn die Summe aus der nach unten gerichteten Gewichtskraft und der nach oben wirkenden Seilkraft gleich Null ist.

2. Bewegungsgesetz

Das zweite Newton'sche Gesetz lautet:

$$\text{Kraft} = \text{Masse} \times \text{Beschleunigung oder } F = m \times b$$

Mit dieser Gleichung können alle Kraftwirkungen beschrieben werden. Ein Beispiel ist die Gravitation, die auf der Erdbeschleunigung von

$$g = 9{,}81\ m/s^2$$

beruht. 1 Newton ist nach dieser Gleichung die Kraft, die infolge Erdanziehung auf die Masse von 100 g wirkt:

$$F = m \times b = 100\,g \times 9{,}81\ m/s^2 \approx 1\,kg \times m/s^2 = 1\ \text{Newton}$$

Die Legende sagt, dass Newton dieses Bewegungsgesetz fand, als er in der Wiese unter einem Apfelbaum lag und ihm ein Apfel auf den Kopf fiel. Die Gewichtskraft dieses Apfels muss wohl 100 g, also etwa 1 Newton betragen haben.

Im Bauwesen hat sich als gebräuchliche Größe für die üblichen Kraftwirkungen das Kilo-Newton (1 kN = 1000 N) erwiesen. Anschaulich entspricht dies dem Gewicht eines gut gewachsenen Menschen, nämlich ca. 100 kg.

Die Kräfte, die beispielsweise beim Anfahren eines Fahrzeugs auf die Insassen wirken, sind umso größer, je höher das Körpergewicht und je stärker die Beschleunigung des Wagens ist. Das Bremsen ist ebenfalls eine Beschleunigung, allerdings mit negativem Vorzeichen. Auch hier gilt, dass nach der Beziehung Kraft = Masse × Beschleunigung mit der Verzögerung die Kraft zunimmt, mit der die Personen nach vorne gedrückt werden. Im Extremfall des Aufpralls des Wagens auf eine Wand kann aus der Verzögerungsstrecke (Knautschzone) die negative Beschleunigung und damit die Anpralllast ermittelt werden.

Auf gleiche Weise lässt sich der Stoß eines abstürzenden Körpers, beispielsweise eines fallenden Eiszapfens, abschätzen.

3. Reaktionsprinzip

Das dritte Newton'sche Gesetz besagt, dass die Kraftwirkung auf einen Körper eine Gegenwirkung in gleicher Größe hervorruft.

$$\text{Actio} = \text{Reactio}$$

Beim Tauziehen zum Beispiel muss die Kraft, die eine Mannschaft aufbringt, auch von der anderen aufgebracht werden. Andernfalls wird die überschüssige Kraft in Bewegung umgesetzt und die schwächere Mannschaft herübergezogen. Ein Gewichtheber ist dann erfolgreich, wenn die Reactio seiner Muskelkraft mindestens so groß ist wie die Actio der Gewichtskraft seiner Hantel.

Aus den Newton'schen Gesetzen lässt sich folgende Bedeutung für Bauwerke ableiten: Auf Baukörper wirken Kräfte wie Eigenlasten, Nutzlasten, Schnee, Wind etc ein. Diese Einwirkungen dürfen nicht dazu führen, dass das Bauteil seinen Ruhezustand verlässt. Es ist also ein Gleichgewichtszustand zwischen äußeren Einwirkungen und inneren Widerständen zu finden.

Grafische Darstellung von Kräften

Für die weitere Betrachtung muss eine anschauliche Darstellung für Kräfte gefunden werden. In der Statik bieten sich grafische Darstellungen an, weil mit ihnen die wesentlichen Aussagen schnell ohne Rechenaufwand zu erfassen sind. Kräfte werden als Vektoren idealisiert, weil hier alle drei Bestimmungsgrößen in einem Pfeil vereinigt werden können. Die Länge des Vektors gibt die Größe der Kraft, seine Neigung die Richtung und seine Spitze die Orientierung an. Wirkt auf einen Körper die Eigengewichtskraft von 5 kN, so kann diese Kraft durch einen lotrechten Pfeil mit der Länge 5 cm dargestellt werden.

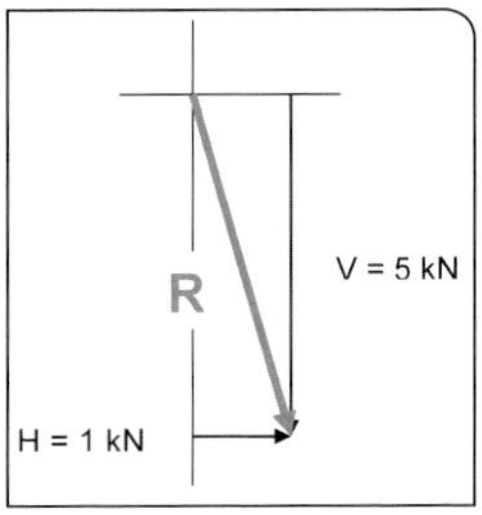

Abb. 1. Summenvektor.

Überlagerungen von mehreren Kraftwirkungen werden nach den Grundsätzen der Vektoraddition durchgeführt. Tritt zu der genannten Gewichtskraft noch eine horizontale Windlast in der Größe von 1 kN, so ergibt sich die Summe aus beiden Kräften als schräg geneigter Vektor.

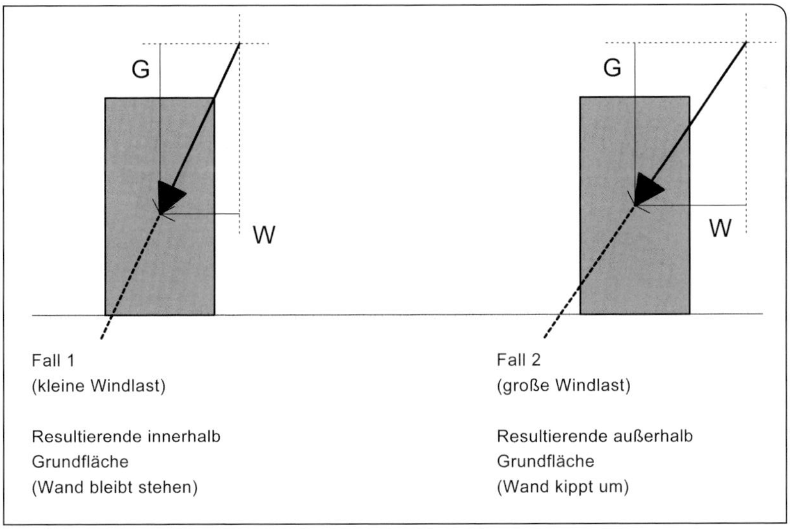

Abb. 2. Fall 1 (links): Resultierende innerhalb der Grundfläche. Fall 2 (rechts): Resultierende außerhalb der Grundfläche.

So lässt sich bei einer freistehenden Mauer, die dem Wind ausgesetzt ist, auf diese Weise bestimmen, bei welcher Windlast die Wand umfällt. Das ist dann der Fall, wenn die Kraftwirkungslinie der Resultierenden aus der Grundfläche herauswandert.

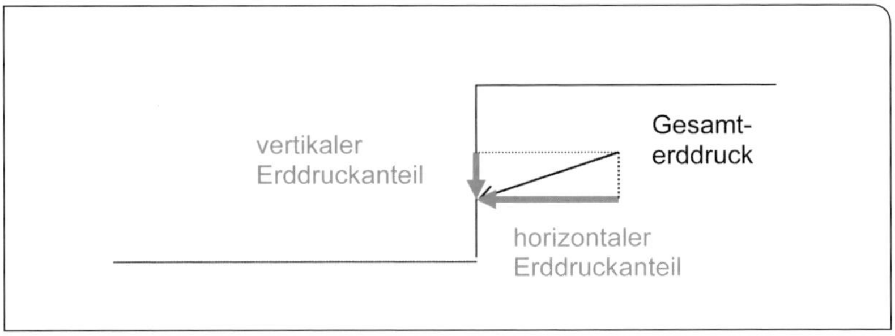

Abb. 3. Vektorenzerlegung.

Häufig ist es erforderlich, eine vorgegebene Kraft in zwei Richtungen zu zerlegen, um eine Überlagerung mit anderen Kräften zu ermöglichen. Dies erfolgt ebenfalls nach den Regeln der Vektorengeometrie.

Als Beispiel dient der Erddruck, der unter dem Winkel δ auf eine senkrechte Wandfläche wirkt. Die Resultierende kann in eine horizontale und eine vertikale Komponente zerlegt werden.

Verteilte Kräfte

Bisher wurde die Kraft als Einzellast, das heißt als punktförmig wirkende Belastung betrachtet. Tatsächlich treten Kräfte jedoch fast immer als verteilte Lasten auf.

Eindimensional verteilt sind linienförmigen Lasten, z. B. die Last einer Wand auf einer Decke. Zweidimensional verteilt sind Flächenlasten wie Schnee, Wind oder Erddruck. Schließlich gibt es die dreidimensionale Volumenlast wie die Rohdichte von Körpern, Schüttgut oder Flüssigkeiten.

So beträgt beispielsweise die Schneelast für München 1,0 kN/m^2 als Flächenlast auf waagerechte Ebenen. Die Rohdichte von Nadelholz entspricht einer Volumenlast, die ca. 6 kN/m^3 beträgt.

Tab. 1.1: Verteilung von Lasten

Last	Wirkung Verteilung	Dimension Einheit
Einzellast	punktuell	kN
Linienlast	eindimensional	kN/m
Flächenlast	zweidimensional	kN/m^2
Volumenlast	dreidimensional	kN/m^3

1.1.2 Moment

Wenn eine Kraft an einem Hebelarm angreift, erzeugt sie ein sogenanntes Biegemoment. Dies ist der zweite wesentliche Begriff der Tragwerkslehre, kurz als das Moment bezeichnet. Es ist definiert durch die Beziehung:

Moment = Kraft × Hebelarm **oder** $M = F \times a$

Ebenso wie die Kraft ist das Moment nicht sichtbar, sondern nur seine Wirkung. Während eine Kraft in einem Baukörper Stauchungen oder Dehnungen hervorruft, führt ein Moment zu Verdrehungen oder Verbiegungen.

Der Hebelarm der Kraft wird immer senkrecht zur Kraftwirkungslinie gemessen. Die Einheit oder Dimension des Moments ist im Allgemeinen kN × m bzw. kNm.

Im täglichen Erfahrungsbereich erscheinen häufig Biegemomente. Ein typischer Fall ist der Radmutternschlüssel, der die festsitzenden Muttern mit umso geringerem Kraftaufwand lösen lässt, je länger sein Hebelarm ist. Deutlich sichtbare Momentenwirkungen sind die Biegung eines Sprungbretts unter der Last des Springers oder die Bewegung eines Baumes im Sturm.

Die Biegebeanspruchung ist für viele Bauteile das entscheidende Kriterium für ihre Stabilität. Dies verdeutlicht eine allgemeine Erfahrung: um einen Holzstab von Hand zu zerteilen, wird niemand versuchen, ihn auseinander zu ziehen oder zusammenzudrücken. Vielmehr ist offensichtlich, dass es den geringsten Kraftaufwand erfordert, den Stab ggf. mit Hilfe einer Auflage so lange zu biegen, bis er bricht, ihn sprichwörtlich „über das Knie zu brechen".

Kragträger

Das Sprungbrett und der Baum sind auf das Tragsystem des „Kragträgers" zurückzuführen. Es handelt sich dabei um die Grundform eines Stabes, der an einem Ende fest verankert und am anderen Ende frei ist.

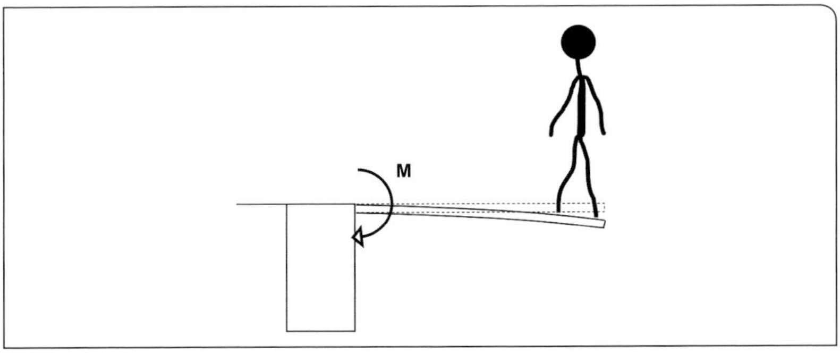

Abb. 4. Kragträger.

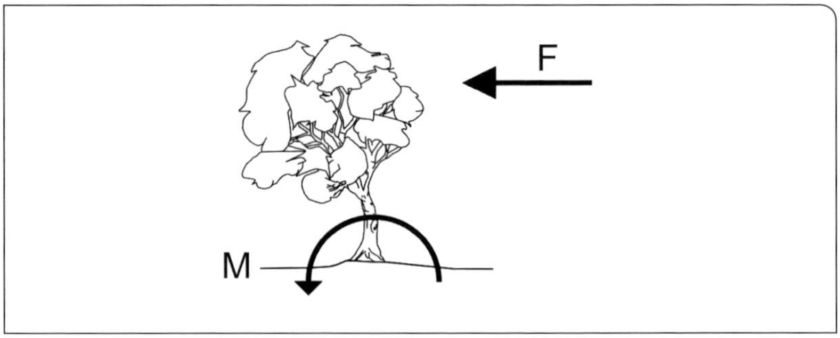

Abb. 5. Die maximale Spannung tritt dort auf, wo die Krümmung am größten ist.

Das maximale Moment eines Sprungbretts tritt dort auf, wo die Krümmung am größten ist, nämlich an der Einspannstelle. Bei einem Personengewicht von F = 1 kN und einer Sprungbrettlänge von l = 3,00 m beträgt dieses Moment nach vorausgegangener Gleichung:

$$M_K = F \times l = 1\ \text{kN} \times 3{,}00\ \text{m} = 3{,}00\ \text{kNm}$$

Einfeldträger
Das zweite Tragsystem, auf das in der Statik viele Fälle zurückgeführt werden können, ist der Einfeldträger oder Stab bzw. Träger auf zwei Stützen.

Im einfachsten Fall handelt es sich dabei beispielsweise um ein Brett, das an beiden Enden fest aufliegt und in der Mitte durch eine Einzellast F belastet ist. Auch hier stellt sich eine Verbiegung des Brettes ein, die auf der Wirkung eines Momentes beruht.

Das Moment erreicht hier in der Feldmitte sein Maximum und ist durch das Produkt aus der halben Auflagerkraft (= ½ F) und ihrem Abstand zur Feldmitte (= ½ l) bestimmt. In diesem Fall ist also als Kraft die Auflagerkraft zu betrachten und als Hebelarm der Abstand des Auflagers zur Last.

$$M_F = \tfrac{1}{2} F \times \tfrac{1}{2} l = \tfrac{1}{4} F \times l\ (\text{kNm})$$

Steht eine Person mit F = 1,0 kN in der Mitte eines Bretts mit der Länge l = 3,00 m, so ist die Auflagerkraft an jedem der beiden Enden des Bretts 0,5 kN und der Hebelarm ½ l = 1,50 m. Das Biegemoment in der Brettmitte ist dementsprechend:

$$M_F = \tfrac{1}{4} \times 1{,}0\ \text{kN} \times 3{,}00\ \text{m} = 0{,}75\ \text{kNm}$$

Das Biegemoment verhält sich proportional zur Krümmung des Stabs. Es steigt vom Auflager aus an und erreicht in der Feldmitte seinen Maximalwert.

Neben den hier dargestellten Biegemomenten gibt es Torsionsmomente, die Stäbe um ihre Achse verdrehen, und verteilte Momente, die als linienförmige Verdrehung wirken wie die Einspannung eines Geländers mit Holmdruck (vgl. Kap. 10.3.5).

1.2 Gleichgewicht und Versagen

Das dritte Newton'sche Gesetz „Actio = Reactio" beschreibt einen Gleichgewichtszustand zwischen den angreifenden Kräften und dem Widerstand, den ein Bauteil diesen entgegensetzt. Unter „Actio" versteht man alle Einwirkungen auf den Körper von außen wie Eigenlast, Nutzlasten, Schnee, Wind, Erddruck usw. Die „Reactio", also der Widerstand des Bauteils, gliedert sich in den inneren Widerstand, der grob der Festigkeit des Baukörpers, und den äußeren Widerstand, der seinem Beharrungsvermögen in der Lagerungsebene entspricht.

Die äußeren Lasten müssen also sowohl mit den inneren als auch mit den äußeren Widerständen des Baukörpers im Gleichgewicht stehen, damit er sich nicht aus seiner Ruhelage entfernt. Diese Gleichgewichtszustände werden zunächst an einem Kontinuum, z. B. an einer Schwergewichtsmauer, die einen Körper bzw. ein Volumen darstellt, betrachtet und dann auf den allgemeinen Fall des Stabes übertragen.

Zunächst sind die Auflagerebene und ein zugehöriges Koordinatensystem zu definieren. Die vertikale y-Achse wird dabei zweckmäßig durch den Schwerpunkt des Körpers gelegt, während die horizontale x-Achse in Auflagereben verläuft. Schließlich ist der positive Momentendrehsinn festzulegen.

Die angreifenden äußeren Kräfte können an diesem System angetragen und in ihre x- und y-Komponenten zerlegt werden.

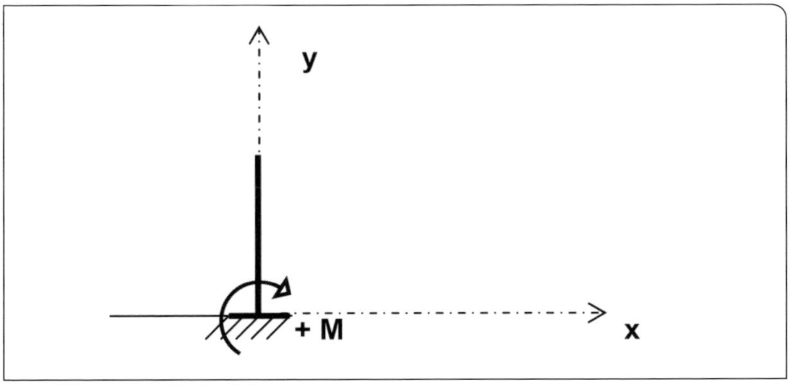

Abb. 6. Stab.

1.2.1 Gleichgewichtszustand

Entsprechung der Unterscheidung in äußeren und inneren Widerstand wird auch der Gleichgewichtszustand in das äußere und das innere Gleichgewicht differenziert.

Äußeres Gleichgewicht
Es herrscht dann äußeres Gleichgewicht, wenn der Körper trotz der Einwirkung von Lasten seine Auflagerposition nicht verlässt. Im Normalfall stellt der Baugrund die Auflagerebene dar. Das Element wird also solange in seiner Lage verharren, wie der Boden die Auflagerkräfte aufnehmen kann, die in der Berührungsfläche zwischen Bauwerk und Baugrund auftreten. Wenn der Boden diesen Kräften einen mindestens gleich großen Widerstand entgegensetzen kann, befindet sich das System im Gleichgewicht.

Um beurteilen zu können, ob sich das System im äußeren Gleichgewicht befindet, ist zunächst die Kenntnis der Auflagerreaktionen in der Gründungsfuge erforderlich. Grundsätzlich sind in der Ebene drei verschiedene Reaktionen möglich:
- vertikale Auflagerkräfte A_v,
- horizontale Auflagerkräfte A_h,
- Biegemomente M_A.

Zu beachten ist, dass alle Auflagerkräfte auf den Schwerpunkt der Gründungsfläche zu beziehen sind.

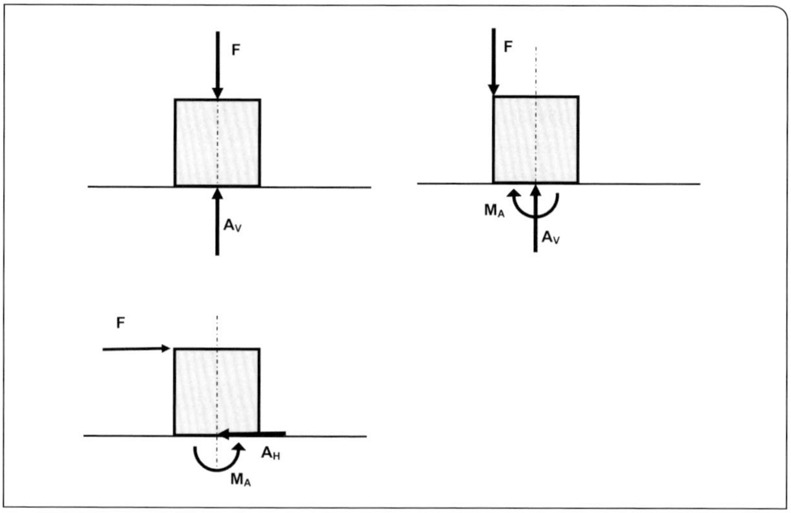

Abb. 7. In der Ebene sind drei Auflagerreaktionen möglich: vertikal, horizontal und als Biegemoment.

Die möglichen Auflagerreaktionen von Stabwerken unterscheiden sich nicht grundsätzlich von denen der Körper. Allerdings gilt die Einschränkung, dass nicht immer alle drei Reaktionen von einem Lager aufgenommen werden müssen. So gibt es Lager, die nur vertikale Auflagerkräfte aufnehmen können, oder nur horizontale. Es ist also erforderlich, die Lager von Stabwerken hinsichtlich ihrer Reaktionsfähigkeit zu kennzeichnen. Dies geschieht durch die in Tabelle 1.2 dargestellten Symbole.

Tab. 1.2: Auflagerreaktionen von Stabwerken

Symbol	Auflagerreaktion	
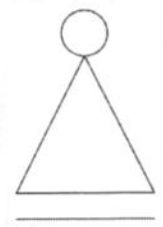	vertikal fest	Aufnahme von A_v möglich
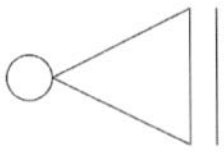	horizontal fest	Aufnahme von A_h möglich
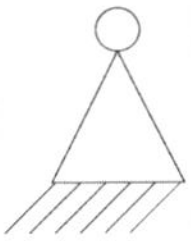	vertikal und horizontal fest	Aufnahme von A_v und A_h möglich
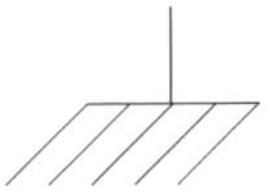	eingespannt und vertikal und horizontal fest	Aufnahme von A_v, A_h und M_A möglich

Inneres Gleichgewicht

Der Zustand des inneren Gleichgewichts ist definiert durch die Stabilität des Baukörpers selbst. Es herrscht dann, wenn das Bauteil genügend Festigkeit besitzt, um die auf es wirkenden Kräfte aufzunehmen. Verformungen dürfen auftreten, der Körper muss jedoch unter Last zum Stillstand kommen.

In der Praxis der Tragwerksplanung ist es immer erforderlich, sowohl den äußeren als auch den inneren Gleichgewichtszustand eines Bauwerks zu prüfen.

1.2.2 Bruchmechanismen

Erhöht man die auf einen Baukörper einwirkenden Lasten allmählich, so wird zu einem bestimmten Zeitpunkt der Zustand erreicht werden, in dem das System versagt. Man nennt dies den Bruchzustand.

Dieser Zustand ist die Basis für alle Stabilitätsüberlegungen, wobei neben der Größe der Bruchlast und dem Maß ihrer Verformung vor allem die Art des Versagens, der „Bruchmechanismus“, interessiert.

Im Folgenden werden die möglichen Grenzzustände so dargestellt, dass bei einfachen Bauwerken der maßgebliche Bruchmechanismus oder die wahrscheinlichste Versagensart transparent wird.

Äußeres Versagen
Ein äußeres Versagen liegt immer dann vor, wenn die Widerstandskräfte der Auflagerebene überschritten werden. Der Baugrund ist hier das schwächste Glied. Er kann auf drei grundsätzliche Arten, Grundbruch, Gleiten und Kippen, versagen.

Grundbruch
Bei dieser Versagensart ist die Widerstandsfähigkeit des Baugrunds gegenüber den einwirkenden Druckkräften zu gering. Es handelt sich hier in der Regel um vertikale Auflagerkräfte. Im Bruchzustand wird das Bodenmaterial vom Baukörper verdrängt und quillt seitlich hoch, während das Fundament bzw. der Baukörper absinkt. Die Bodenmechanik bezeichnet diesen Vorgang als Grundbruch.

Offensichtlich wird dieses Phänomen beispielsweise beim Aufstellen eines Liegestuhls am Sandstrand. Der Sandboden hält den vertikal wirkenden Druckkräften nicht stand, der Liegestuhl sinkt ein.

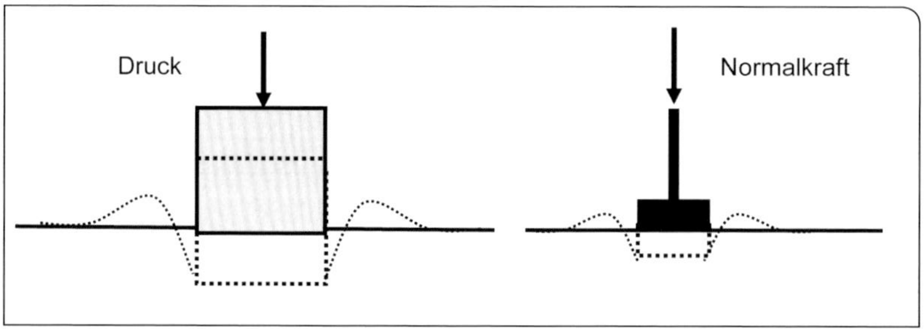

Abb. 8. Grundbruch.

Gleiten
Horizontale Auflagerkräfte werden hauptsächlich durch den Reibungswiderstand in der Gründungsfläche aufgenommen. Der Reibungswiderstand wird durch den Reibungsbeiwert und die Kraft senkrecht zur Gleitebene, im Allgemeinen ist dies die Auflast des Baukörpers, bestimmt. Sind die einwirkenden Horizontalkräfte größer als der Reibungswiderstand, – ggf. zuzüglich weiterer Widerstände wie Verzahnung, schiefe Ebene etc. –, so wird sich der Körper in Richtung der Horizontalkraft bewegen und der Bruchzustand ist erreicht.

Leichte Bauwerke, die horizontal belastet werden, lassen sich leicht verschieben. Sie sind gleitgefährdet. Darunter fällt z. B. die Winkelstützmauer mit luftseitigem Fuß.

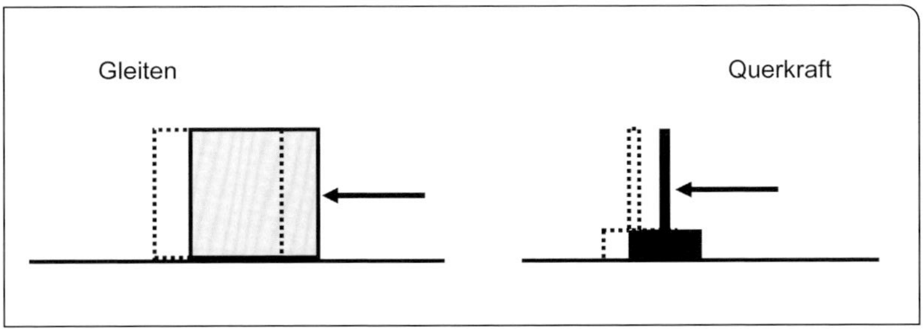

Abb. 9. Gleiten.

Kippen

Treten horizontale Kräfte wie Erddruck und Wind zu den Vertikalkräften hinzu, so ergibt die Vektoraddition aller angreifenden Lasten eine geneigte Resultierende. Wenn die Neigung so groß wird, dass die Resultierende die Gründungsebene außerhalb des Fundamentes schneidet, ist der Bruchzustand erreicht und der Körper kippt um. Kippen ist die häufigste Ursache für das Versagen von Stützmauern.

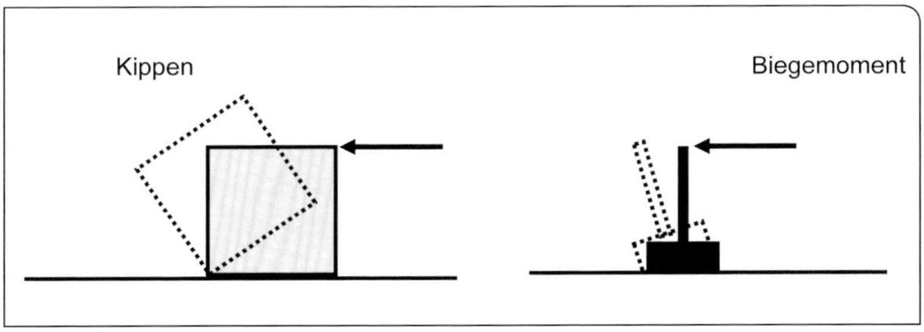

Abb. 10. Kippen.

Inneres Versagen

Inneres Versagen tritt dann ein, wenn der Bruch nicht in der Gründungsfuge, sondern im Baukörper selbst auftritt. Der Widerstand des Baustoffs, aus dem der Baukörper besteht, ist erschöpft. Es gibt hier ebenfalls drei typische Versagensarten – Bruch infolge Normalkraft, Schub oder Biegung.

Normalkraft: Druck, Zug

Als Normalkräfte werden die Kräfte bezeichnet, die normal, d. h. senkrecht zur Querschnittsfläche eines Stabes wirken. Ihre Kraftwirkungslinie verläuft also in Richtung der Stabachse. Normalkräfte treten als Druck- oder Zugkräfte auf. Bruch infolge Normalkraft erfolgt also entweder durch eine hohe Druckkraft, die den Körper so stark staucht, dass er birst, oder durch eine Zugkraft, die ihn bis zum Zerreißen dehnt.

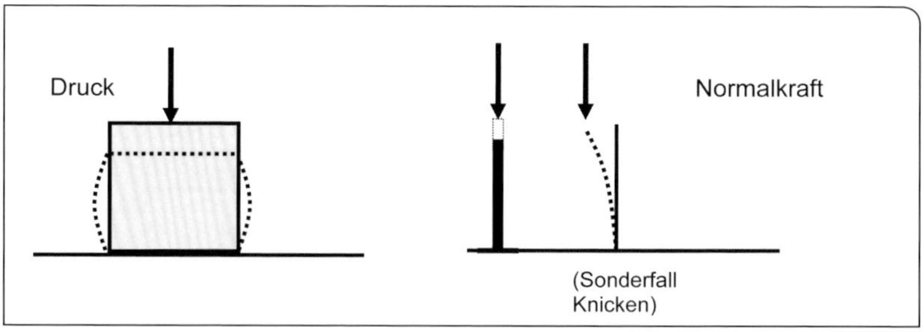

Abb. 11. Druck.

In der Normengruppe DIN 1045 „Tragwerke aus Beton“ ist beispielsweise geregelt, dass die Druckfestigkeit von Beton durch das Pressen von Probezylindern und Probewürfeln geprüft wird. Aus der Betonbezeichnung wird deutlich, welchen Druckkräften die jeweilige Betonsorte standhalten muss (vgl. Kap. 4.3.2).

Eine Besonderheit gibt es bei schlanken Stäben, die durch Druckkräfte belastet sind. Diese Stäbe versagen schon vor dem Erreichen der Materialfestigkeit durch das sogenannte Stabilitätsproblem. Der Stabilitätsfall bezeichnet das Ausweichen des Stabes aus seiner Achse unter Last. Dieses auch als „Knicken“ bezeichnete Phänomen tritt vor allem bei Stützen auf.

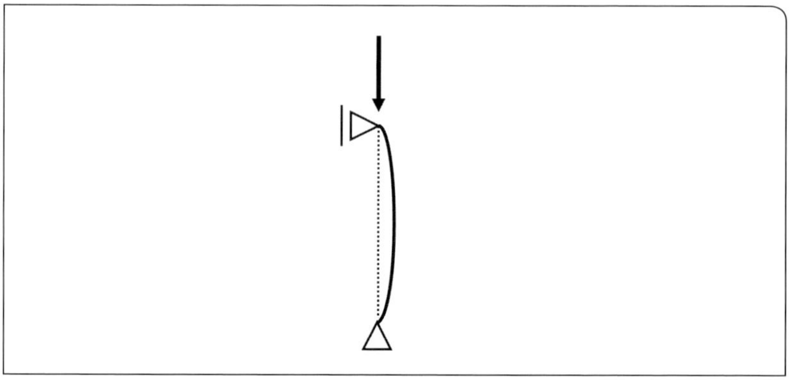

Abb. 12. Knicken.

Schub
Schubversagen entspricht etwa dem Gleiten in Gründungsebene. Die Gleitebene liegt hier jedoch im Baukörper. Besteht dieser aus aufeinander liegenden Scheiben, so besitzt er einen Schubwiderstand, der der Reibung zwischen den Scheiben entspricht. Bei Einwirkung der Grenz-Horizontalkraft werden sich die Scheiben gegeneinander verschieben, der Körper ist durch Erreichen seiner Schubfestigkeit zu Bruch gegangen.

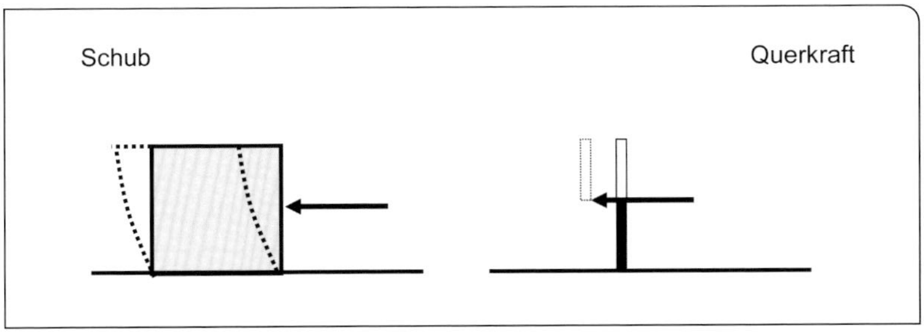

Abb. 13. Schub.

Zu beobachten ist dies beispielsweise bei einer Trockenmauer, bei der sich aufgrund einer nicht fachgerechten Ausführung des Verbandes und der Fugen einzelne Steine oder Schichten gegeneinander verschieben (vgl. Kap. 5.4).

Die auslösende Beanspruchung im Inneren wird „Querkraft" genannt und wirkt rechtwinklig zur Stabachse.

Biegung

Biegung ist immer die Folge einer Momentenbeanspruchung. Ein Moment verursacht eine Krümmung des Bauglieds und kann solange gesteigert werden, bis der Grenzzustand des Biegebruchs erreicht ist. In der Regel ist das Biegemoment längs des Stabes nicht konstant, sondern weist an einer bestimmten Stelle einen Größtwert auf. Um diese Stelle zu finden, die bei konstantem Stabquerschnitt auch die spätere Bruchstelle sein wird, ist es hilfreich, sich die Verformung des Bauteils unter Last vorzustellen. Die Stelle der größten Krümmung ist auch die Stelle des maximalen Momentes.

Ein Baum beispielsweise, der Windkräften ausgesetzt ist, hat sein größtes Biegemoment in Höhe der Geländeoberfläche. Hätte der Stamm eine konstante Dicke, wäre dies auch die Bruchstelle für inneres Versagen (vgl. Abb. 14).

Damit sind die sechs möglichen Versagensarten von Bauwerken, drei äußere – Grundbruch, Gleiten und Kippen – sowie drei innere – Normalkraft, Schub und Biegung – erfasst.

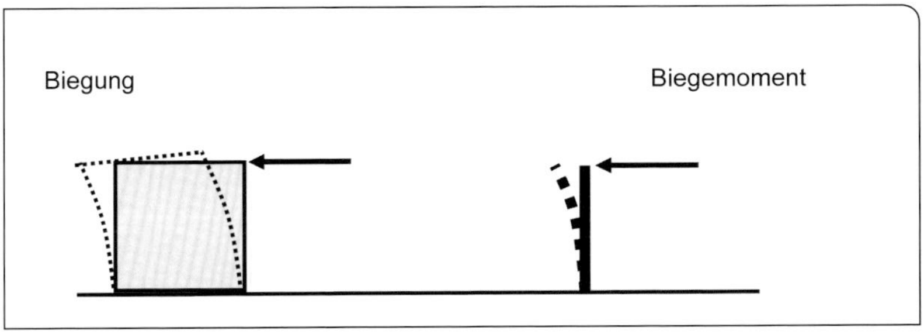

Abb. 14. Biegung.

Die quantitative Behandlung, d. h. die Dimensionierung, erfolgt später bauteilbezogen für Stützmauern und einfache Stabwerke.

1.3 Design

In diesem Kapitel werden die oben beschriebenen Bruchzustände quantitativ erfasst. Dies ist die Grundlage für die Bemessung, das „Design“, der Bauteile.

1.3.1 Spannung

Der Bruchzustand ist erreicht, wenn folgende Gleichung erfüllt ist:

$$S = R$$

Dabei bedeutet S = Stress, d. h. äußere Einwirkungen und R = Resistance, d. h. Widerstand des Baustoffs.

Der einfachste Weg, diese Gleichung zu lösen, besteht nicht darin, Kräfte miteinander zu vergleichen, sondern **Spannungen**. Auf der linken Seite der Gleichung stehen somit die Spannungen, welche die äußeren Lasten im Bauteil hervorrufen, und rechts die vom Material im Grenzzustand gerade noch aufnehmbaren Spannungen.

Damit kommt der dritte Basis-Begriff der Statik ins Spiel, dem neben Kraft und Moment grundlegende Bedeutung zukommt.

Die Spannung drückt das Verhältnis

$$\sigma = \frac{\text{Kraft}}{\text{Fläche}}$$

aus und hat dementsprechend die Dimension N/mm^2.

Die Spannungen, die in Richtung der Stabachse wirken, heißen Normalspannungen und werden mit dem griechischen Buchstaben σ bezeichnet. Spannungen quer zur Stabachse werden Schubspannungen genannt und entsprechen dem Buchstaben τ.

Die folgende Betrachtung beschränkt sich auf die Normalspannungen. Sie werden durch die Wirkung einer Längskraft (Normalkraft) oder eines Biegemomentes hervorgerufen. Um Schnittkräfte in Spannungen umzusetzen, ist zunächst die Kenntnis der geometrischen Querschnittswerte erforderlich.

Querschnittswerte

Die zur Spannungsermittlung vorrangig erforderlichen geometrischen Querschnittswerte sind
- Fläche A,
- Widerstandsmoment W,
- Trägheitsmoment I (vgl. Tab. 1.3).

Tab. 1.3: Querschnittswerte

Querschnittswert	**Formel**
Rechteckquerschnitt mit Breite b und Höhe h	
Fläche A	$A = b \times h$
Widerstandsmoment W	$W = \frac{b \times h^2}{6}$
Trägheitsmoment I	$I = \frac{b \times h^3}{12}$
Kreisquerschnitt mit Durchmesser d	
Fläche A	$A = \frac{1}{4} d^2 \pi$
Widerstandsmoment W	$W = \frac{1}{32} d^3 \pi$
Trägheitsmoment I	$I = \frac{1}{64} d^4 \pi$

Normalspannungen

Die Spannungen, die in Stabachse, d. h. normal zur Querschnittsfläche wirken, setzen sich aus zwei Anteilen zusammen, aus Normalkräften (Druck und Zug) und aus Momenten (Biegung). Definitionsgemäß wirkt die Normalkraft im Schwerpunkt des Querschnitts, sodass diese Spannungen über die Querschnittsfläche konstant sind.

Die Spannungen infolge der Normalkraft N (vgl. Abb. 15, Seite 30) errechnen sich nach der Gleichung:

$$\sigma_N = \frac{N}{A}$$

Die Spannungen aus dem Biegemoment M haben einen anderen Verlauf. Über diese Spannungsverteilung herrschte in der Vergangenheit lange Zeit Unsicherheit. Einigkeit bestand nur darüber, dass ein Moment entgegengerichtete Zug- und Druckspannungen im Querschnitt hervorruft.

Schließlich wurde entdeckt, dass der Spannungsverlauf infolge Momentenbelastung geradlinig über die Querschnittshöhe veränderlich ist. Die Spannung nimmt an beiden Rändern ihren Höchstwert mit entgegen gesetztem Vorzeichen an und hat im Schwerpunkt den Wert Null. Bildet man die Resultierenden der beiden dreieckigen Spannungsblöcke, so erhält man ein Kräftepaar mit einer Druck- und einer Zugkraft, das dem angreifenden Moment gleichwertig ist. Die

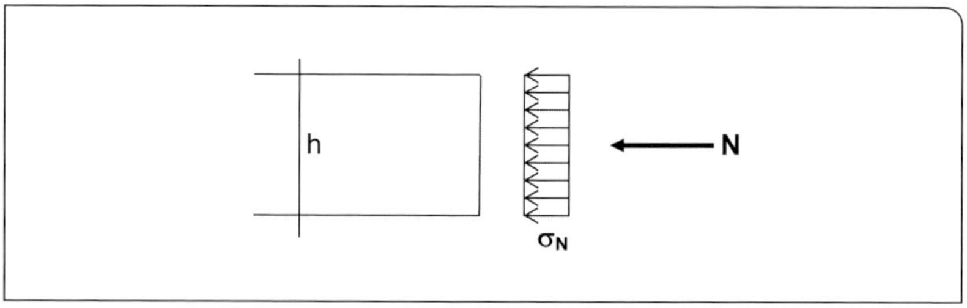

Abb. 15. Spannungsverlauf infolge Normalkraft.

Summe der Spannungen über den gesamten Querschnitt ergibt den Wert Null.

Die maximalen Spannungen infolge des Moments M errechnen sich wie folgt:

$$\sigma_M = \frac{M}{W}$$

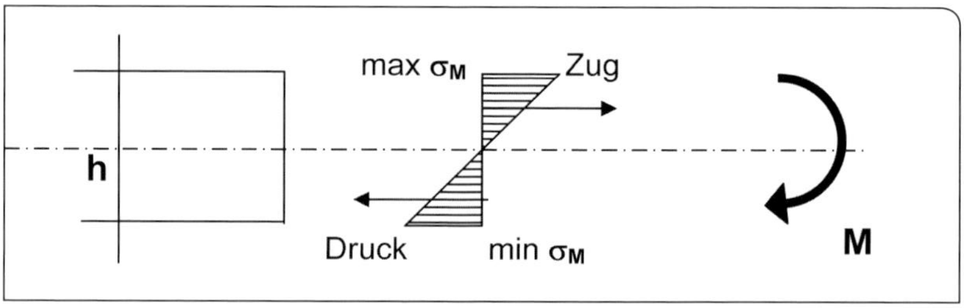

Abb. 16. Spannungsverlauf infolge Biegemoment.

Diese Zusammenhänge gelten nur unter der Hypothese von Bernoulli (1654–1705), die von einem Ebenbleiben der Querschnittsfläche ausgeht. Der dargestellte Spannungsverlauf ist eine idealisierte Annahme, die nicht dem exakten Verlauf entspricht, jedoch in den meisten Fällen ausreichend genau ist.

Spannungsüberlagerung

Häufig treten Normalkräfte und Momente gleichzeitig auf. Dann sind die Spannungen aus beiden Schnittkräften zu addieren. Wenn die Normalkraft überwiegt, dann haben die Spannungen über den gesamten Querschnitt ein gleiches Vorzeichen. Wenn das Moment mehr Gewicht hat, wechselt die Spannung das Vorzeichen.

Für eine exzentrische Belastung, d. h. einen Angriff der Normalkraft um die Entfernung e außerhalb des Schwerpunkts können durch Aufteilung in die Normalkraft N und das Moment $M = N \times e$ nach diesem Prinzip auch die Spannungen ermittelt werden.

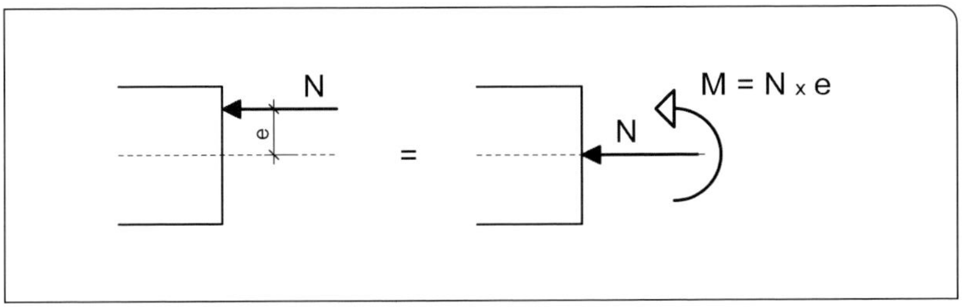

Abb. 17. Exzentrizität.

$$\sigma_{N_e} = \frac{N}{A} + \frac{N \times e}{W}$$

Elastizitätsmodul

Normalspannungen verursachen auch eine Formänderung, Dehnung oder Stauchung im Bauteil. Diese Dehnung ε ist definiert als das Verhältnis der Längenänderung zur ursprünglichen Länge des Körpers.

$$\varepsilon = \frac{\Delta L}{L} \; (-)$$

Im Bereich geringer Spannungen ist die Dehnung häufig direkt proportional zur Spannung. Man nennt diesen Bereich das linear-elastische oder kurz elastische Verformungsverhalten. Dort geht die Verformung nach Entlastung wieder vollständig zurück.

Die Beziehung zwischen Spannung und Dehnung (vgl. Abb. 25, Seite 41) hat der Physiker Robert Hooke (1635–1703) in dem nach ihm benannten Hooke'schen Gesetz formuliert:

$$\varepsilon = \frac{\sigma}{E} \text{ bzw. } E = \frac{\sigma}{\varepsilon} \, N/mm^2$$

Die Größe E ist der sogenannte Elastizitätsmodul, kurz E-Modul. Er ist als Materialkonstante ein Maß für die Verformbarkeit des Baustoffs. Stahl hat beispielsweise einen hohen E-Modul, Holz einen geringen (vgl. Kap. 7.1.1). Die Kenntnis des Elastizitätsmoduls ist Voraussetzung für die Berechnung von Verformungen und der Schnittkräfte bei zwangsbeanspruchten Bauteilen. Im Bereich höherer Spannungen treten plastische, irreversible Verformungen auf. Dort ist das Verhältnis Spannung zu Dehnung nicht mehr konstant und das Hooke'sche Gesetz verliert seine Gültigkeit.

1.3.2 Baustoffe und Sicherheit

Bei der Gleichung des Bruchzustands Stress = Resistance, $S = R$, wurde bisher nur die linke Seite, die Einwirkungen, betrachtet. Um aber festzustellen, ob sich das Tragwerk noch in Ruhe befindet, d. h. $S < R$, oder ob es schon die Bruchgrenze überschritten hat, also $S > R$, ist auch die rechte Seite der Gleichung, der Widerstand, einzubeziehen. Dieser hängt natürlich zuerst vom gewählten Baustoff ab. Es hat jedoch auch das Vorzeichen der wirkenden Spannung einen Einfluss auf den Bauteilwiderstand.

Viele Baustoffe können höhere Druckspannungen als Zugspannungen aufnehmen. Mauerwerk beispielsweise kann hohe Druckspannungen, aber fast keine Zugspannungen abtragen. Bestimmte Bauteile wie Seile können nur Zugkräfte übertragen.

Zur groben Orientierung sind in Tabelle 1.4 neben den Elastizitätsmodulen und den zulässigen Druckspannungen die ungefähren Spannungen im Bruchzustand einiger Baustoffe zusammengestellt. Die Werte können sehr stark schwanken und dürfen keinesfalls ohne Weiteres zu einer Tragwerksbemessung herangezogen werden. Hier spielt das Sicherheitskonzept eine wichtige Rolle, das anschließend behandelt wird. Zu beachten ist außerdem, dass bei den meisten Baustoffen eine weitere Differenzierung in Abhängigkeit vom gewählten Einzelprodukt erforderlich ist.

Tab. 1.4: Baustoffkennwerte

Baustoff, Bauelement	**Spezifizierung**	**Spannungen im Bruchzustand (in N/mm²)**	**Elastizitäts-modul (in N/mm²)**	**Zulässige Druck-spannungen (in N/mm²)**
Natursteinmauerwerk	Klasse N2	2	20 000	0,6
Ziegelmauerwerk	Hochlochziegel	4	6 000	1,2
Beton	C 20/25	25	30 000	8,3
Holz	Nadelholz S10	40	10 000	8,5
Stahl	S 235	370	210 000	140

Imperfektionen

Es ist nicht möglich, alle Einflüsse auf ein Bauwerk während seiner Bau- und Lebenszeit vorherzusehen. Es gibt zahlreiche Imperfektionen und Abweichungen von den theoretischen Annahmen. Die wesentlichen vier sind Baustoff, Plastizitätsgrenze, Herstellung und Lastannahmen.

Baustoff

Die Bruchwerte der Spannungen haben eine gewisse natürliche Schwankungsbreite. Bei mehreren Proben desselben Baustoffs werden sich immer unterschiedliche Versagenslasten ergeben. Die Ergebnisse werden sich zwar entsprechend der Gauß'schen Normalverteilungskurve um einen Mittelwert konzentrieren, es wird aber auch immer Extremwerte nach oben und unten geben. Die Bandbreite zwischen diesen Extremwerten ist wiederum baustoffabhängig. Bei einem künstlich hergestellten Baustoff wie Stahl bewegen sich die Bruchwerte in relativ engen Grenzen, bei einem natürlich gewachsenen Baustoff wie Holz ist die Bandbreite um vieles größer (vgl. Kap. 7.2).

Plastizitätsgrenze

Bevor die Spannungs-Dehnungs-Kurve die Bruchspannung erreicht, verlässt sie den linear-elastischen Bereich und geht in ein plastisches Verformungsverhalten über.

Nach einer Belastung über die Plastizitätsgrenze hinaus kehrt das Bauteil nicht mehr in seine ursprüngliche Form zurück.

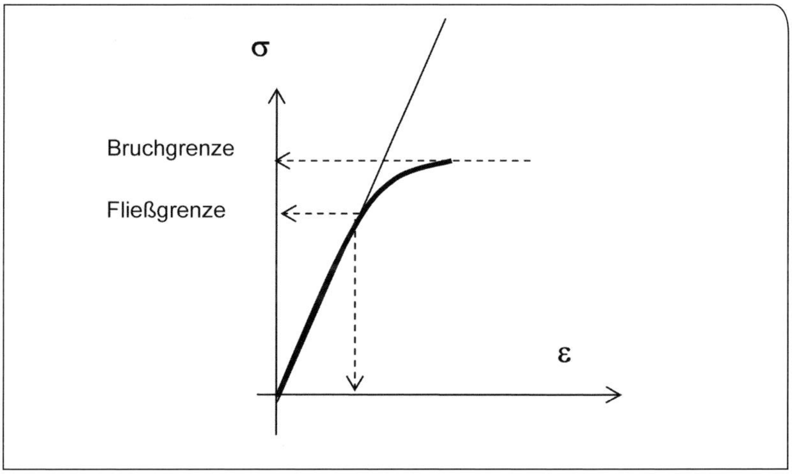

Abb. 18 Plastizitätsgrenze.

Der Vorgang kann beispielsweise beim Biegen einer Vorhangstange beobachtet werden. Bei geringem Kraftaufwand kehrt sie wieder in den Ausgangszustand zurück, sobald Entlastung einsetzt. Übersteigt die Biegespannung die Plastizitätsgrenze, so erfährt die Stange eine bleibende Verformung ohne schon gebrochen zu sein.

Für die hier betrachteten statisch bestimmten Bauwerke muss der plastische Spannungszustand in jedem Fall vermieden werden.

Herstellung

Nicht nur handwerkliches Unvermögen oder Schlamperei, sondern auch individuelle Qualitätsunterschiede in der Bauausführung führen zu Schwankungsbreiten in den Eigenschaften des endgültigen Bauprodukts. Witterungseinflüsse wie Niederschläge, Hitze und Kälte sind ebenfalls von Bedeutung.

Lastannahmen

Die Erfahrung zeigt, dass Verkehrsvorschriften, auch Gewichts- bzw. Belastungsbeschränkungen, gelegentlich nicht eingehalten werden. Bei Brückenbauwerken zum Beispiel dürfen geringfügige Überlastungen daher nicht unmittelbar zum Einsturz führen.

Sicherheitskonzepte

Aus den beschriebenen Einflüssen wird offensichtlich, dass Bauwerke nicht bis zur Bruchgrenze belastet werden dürfen, sondern dass zwischen Einwirkung S und Widerstand R ein Sicherheitsraum erforderlich ist. Damit kann mit hoher Wahrscheinlichkeit verhindert werden, dass Bauwerke, die im Allgemeinen ein Gefährdungspotential für Personen und einen hohen materiellen Wert besitzen, auch bei Zusammentreffen mehrere ungünstiger Faktoren, einstürzen.

Der Sicherheitsabstand, hier dargestellt als die Größe ν, kann nach drei Varianten eingeplant werden:

1. Die äußeren Lasten werden verminderten Bruchlasten, den „zulässigen Lasten“ gegenübergestellt:

$$S \leq \frac{R}{\nu} \text{ mit } \nu > 1$$

2. Die äußeren Lasten werden erhöht und mit den Bruchlasten verglichen:

$$\nu \times S \leq R \text{ mit } \nu > 1$$

3. Die erhöhten äußeren Lasten werden verminderten Bruchlasten gegenübergestellt:

$$\nu_1 \times S \leq \frac{R}{\nu_2} \text{ mit } \nu_1 > 1, \nu_2 > 1$$

Die erste Methode entspricht dem bisher üblichen Sicherheitskonzept in den deutschen Normen. Methode Nr. 3 ist der Standard für die bereits eingeführten und zukünftigen europäischen Normen. Wegen der größeren Anschaulichkeit wird im Folgenden das bisherige Konzept Nr. 1 betrachtet. Danach sind die Spannungen aus den äußeren Einwirkungen in tatsächlicher Größe zu ermitteln und den um einen Sicherheitsabschlag reduzierten Bruchspannungen des Baustoffs gegenüberzustellen.

Die statische Grundgleichung lautet dann:

$$\text{vorh }\sigma \leq \text{zul }\sigma \text{ oder: } \frac{\text{vorh }\sigma}{\text{zul }\sigma} \leq 1$$

vorh σ = vorhandene Spannung aus äußerer Belastung
zul σ = zulässige Spannung nach DIN-Normen.

Selbstverständlich ist sowohl das äußere als auch das innere Gleichgewicht nach diesem Schema zu prüfen. Zum Nachweis des äußeren Gleichgewichts ist die Kenntnis der Baugrundwiderstände erforderlich, die im nächsten Kapitel behandelt werden. Die zulässigen Spannungen zum Nachweis des inneren Gleichgewichts finden sich in der letzten Spalte der Tabelle Baustoffkennwerte (vgl. Tab. 1.4).

Schließlich ist darauf hinzuweisen, dass die Vermeidung des Bruchzustands nicht das einzige Kriterium für die Bauteilbemessung ist. Bauteile können auch wegen zu hoher Verformungen noch weit vor Erreichen des Bruchzustandes unbrauchbar sein. Man spricht hier von Gebrauchstauglichkeit. Biegt sich beispielsweise ein Stahlträger, der ein Glasdach trägt, so stark durch, dass die Glasscheibe bricht, ist er ungeeignet, auch wenn er noch Laststeigerungen aufnehmen könnte.

2 Massivbau – Bauteile im Boden

Die im Teil II „Bauen mit Stein – Elemente des Massivbaus“ behandelten konstruktiven Elemente stehen in mehr oder weniger enger Verbindung mit dem Erdboden. Daher ist es unverzichtbar, bevor diese sichtbaren und gestalterisch wirksamen Komponenten des Massivbaus betrachtet werden, den Faktor Boden genauer zu beleuchten, weniger hinsichtlich seiner gärtnerischen Funktionen als Hauptbaustoff des Landschaftsbaus als vielmehr als Baugrund in seinen Wechselwirkungen mit Bauwerken.

2.1 Der Baustoff Boden

Alle Bauwerke stehen in Kontakt mit dem Boden. Nach dem Prinzip Actio = Reactio hat der Baugrund Reaktionskräfte zu mobilisieren, die den Auflagerkräften der Bauwerke entsprechen. Und er muss die Bauwerkslasten in einer Weise aufnehmen, dass keine Schäden am Bauwerk entstehen. Der Boden ist somit als wesentlicher Bestandteil des Bauwerks im Standsicherheitsnachweis zu erfassen. Er ist Baustoff mit der Besonderheit, dass er nicht frei gewählt werden kann, sondern vorgegeben ist. Es ist daher von herausragender Wichtigkeit, sich vor Planung eines Bauwerks Klarheit über die Eigenschaften des Baugrunds zu verschaffen.

2.1.1 Der Boden als Baugrund

Die Wissenschaft, die sich mit den physikalischen Gesetzmäßigkeiten der Erdoberfläche befasst, heißt Bodenmechanik.

Grundlage für die Ermittlung der Eigenschaften des Baugrundes ist zunächst eine Baugrunderkundung. Sie hat das Ziel, die Aufeinanderfolge, die Mächtigkeit und die Beschaffenheit der Bodenschichten zu erfassen. Die Tiefe, bis zu der die Erkundung durchgeführt werden muss, beträgt, um eine ausreichende Aussagekraft zu erhalten, mindestens 6 m, die dreifache Fundamentbreite oder die eineinhalbfache Gebäudebreite.

Für die Baugrunderkundung stehen verschiedene Methoden zur Verfügung (vgl. Tab. 2.1).

Bodenarten

Es werden drei Hauptgruppen an Bodenarten unterschieden:
- nicht bindige Böden: Sand (S = Sa), Kies (G = Gr),
- bindige Böden: Schluff (U = Si), Ton (T = Cl),
- organische Böden: Humus, Torf (H), Faulschlamm (F).

Die Unterscheidung zwischen den ersten beiden Gruppen basiert auf den Korngrößen. Böden, die nicht mehr als 5 % Anteil an Feinkorn bis 0,06 mm Korngröße haben, bezeichnet man als nicht bindig. Bei mehr

Tab. 2.1: Methoden der Baugrunderkundung

Methode	**Eignung, Erklärung**
Schürfgrube	Eignung für untergeordnete Zwecke und geringe Tiefen
Rammsondierung (nach DIN 4094)	Bestimmung der Lagerungsdichte durch Schlagzahlenmessung eines leichten (10 kg) oder schweren (50 kg) Fallgewichts aus einer Höhe von 50 cm
Rammkernsondierung	Sondierung mit Gewinnung von Bodenproben
Bohrung	Bohrung mit d = 15 bis 20 cm mit Probenentnahme
Standard-Penetration-Tests	Rammsondierung im Bohrloch

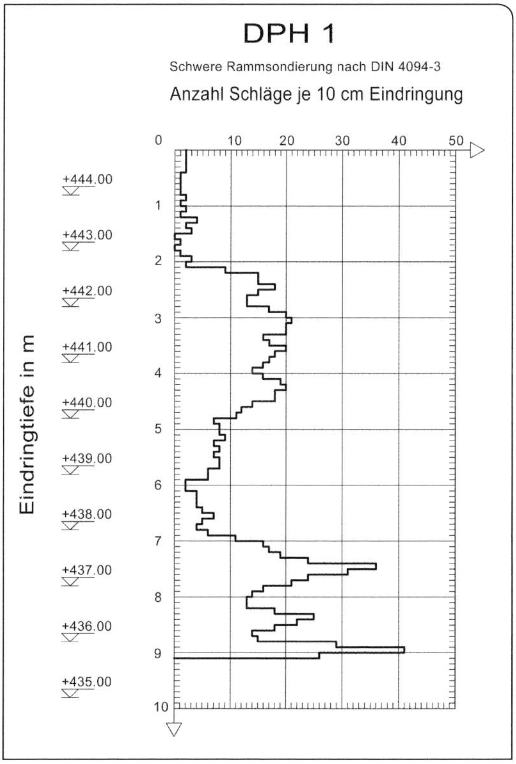

Abb. 19. Rammsondierung.

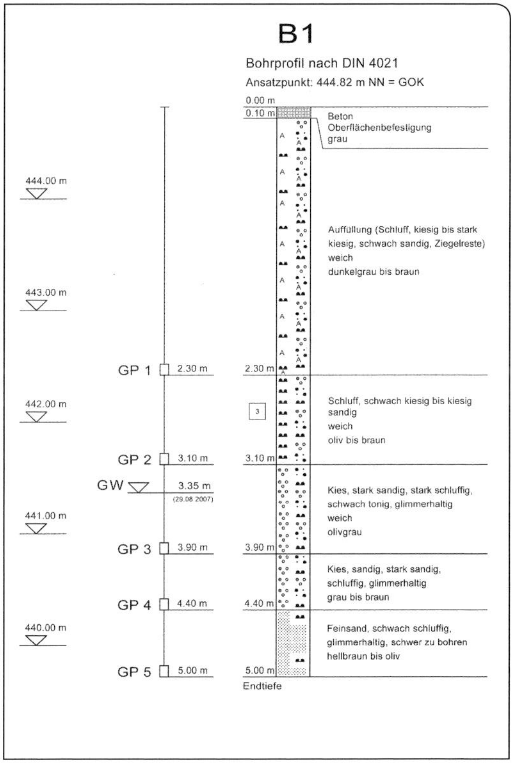

Abb. 20. Bohrprofil.

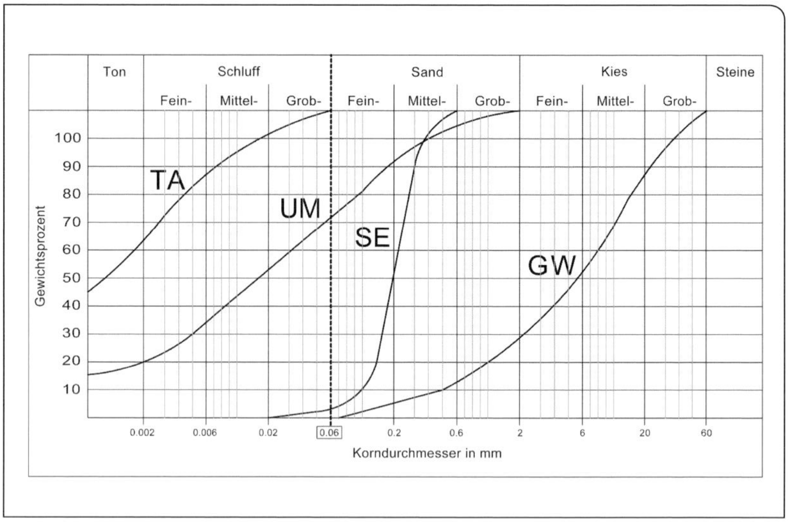

Abb. 21. Sieblinie.

als 40 % Feinkornanteil unter 0,06 mm liegen bindige Bodenarten vor. Es gibt aber auch Mischformen, beispielsweise gemischtkörnige Böden mit Feinkornanteil < 0,06 mm zwischen 5 und 40 % (GU, ST). Die Gruppe der organischen Böden hebt sich von den ersten beispielsweise durch das jüngere Entstehungsalter ab.

Diese Klassifizierung anhand der Korngrößen wird durch die Sieblinie veranschaulicht.

Nicht bindige Böden sind grobkörnig, haben Haufwerksstruktur und daher relativ große Poren, die miteinander in Verbindung stehen. Bei Belastung lagern sich die Körner um und das Porenvolumen wird vermindert. Diese Umlagerung, deren Maß auch von der Abstufung der Korngrößen untereinander abhängt, ruft Bauwerkssetzungen (Verformungen) hervor, die bei dieser Bodenart sofort mit der Belastung auftreten.

Sie werden differenziert in einen E- (eng-), W- (weit-) und I- (intermittierend-) gestuften Sieblinienverlauf, was sich in einem steilen, flachen oder getreppten Verlauf der Siebkurve darstellt.

Der Wassergehalt verändert die Eigenschaften nicht bindiger Böden nur unwesentlich. Die Gefahr der Frosthebungen infolge der Volumenzunahme des Wassers um ca. 10 % beim Gefrieren besteht bei nicht bindigen Böden im Allgemeinen nicht, weil nie alle Poren ganz wassergefüllt sind und somit genügend Hohlräume für eine zwängungsfreie Ausdehnung zur Verfügung stehen.

Es gibt jedoch eine nicht bindige Bodenart, die stark wasserempfindlich ist. Es handelt sich um einen sehr eng gestuften Feinsand (SE). Seine Einkörnigkeit kann dazu führen, dass bei Wasserzutritt die Reibung zwischen den einzelnen Körner stark vermindert wird und ins Fließen gerät. Man spricht von Fließ- oder Schwimmsand.

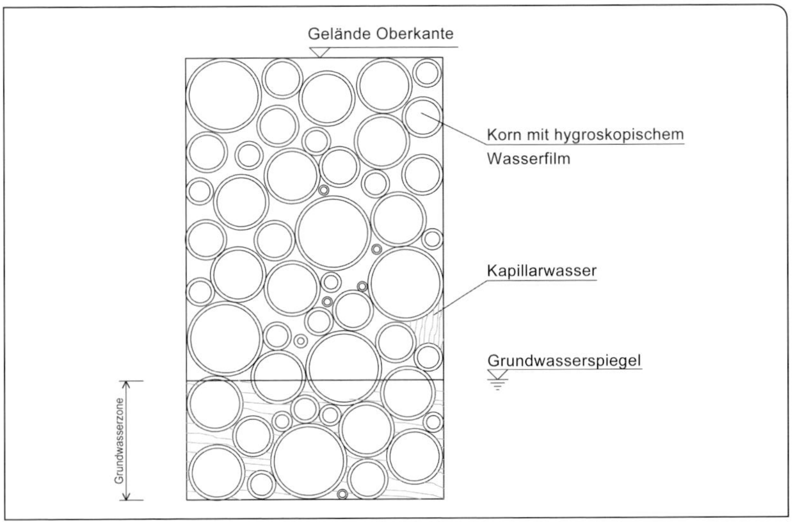

Abb. 22. Strukturen nicht bindiger Böden.

Bindige Böden unterscheiden sich in Abhängigkeit ihres Wassergehalts in L (leicht plastisch, $w_L < 0{,}35$), M (mittel plastisch, $0{,}35 < w_L < 0{,}50$) und A (ausgeprägt plastisch, $w_L > 0{,}50$).

Sie sind feinkörnig und haben Waben- oder Flockenstruktur. Die einzelnen Körner sind untereinander durch molekulare Adhäsionskräfte gebunden. Die Poren bindiger Böden stehen untereinander nicht in Verbindung.

Die physikalischen Eigenschaften sind vom Wassergehalt stark abhängig. Das Wasser ist im Korngerüst durch molekulare Anziehungskräfte gebunden. Mit zunehmendem Wassergehalt werden bindige Böden weicher, weniger scherfest und weniger belastbar. Bei Belastung entsteht ein Porenwasserüberdruck, der das physikalisch gebundene Wasser nur langsam entweichen lässt. Setzungsvorgänge dauern daher erheblich länger. Bis zum Erreichen der Endsetzung können mehrere Jahrzehnte vergehen. Böschungen aus bindigen Böden können in trockenem Zustand stabil, bei Nässe jedoch instabil sein.

Bei Frost hat das gefrierende Porenwasser keine Verbindungen zu Nachbarporen oder Hohlstellen, sodass der gesamte Bodenkörper quillt. Diese Volumenzunahme ist mit enormen Kräften verbunden, welche die gefürchteten Frosthebungen bei Bauwerken verursachen. Der Frosthebungsdruck kann bei Ton bis 200 kN/m^2 betragen.

Die Frostempfindlichkeit wird nach ZTVE-StB in Abhängigkeit vom Feinkornanteil und der Ungleichförmigkeit in drei Klassen eingeteilt:

- F1: nicht frostempfindlich,
- F2: gering bis mittel frostempfindlich,
- F3: sehr frostempfindlich.

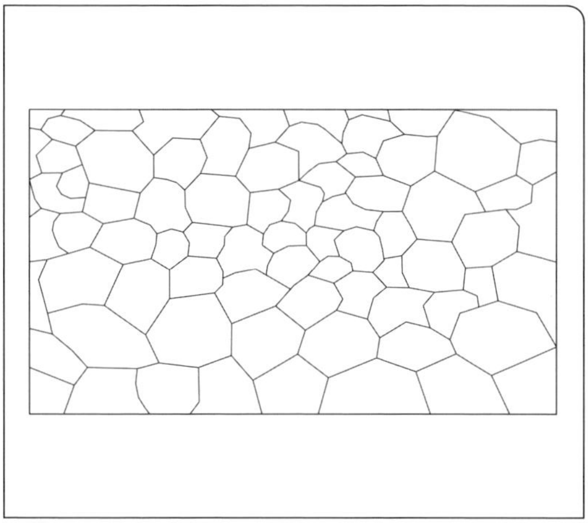

Abb. 23. Strukturen bindiger Böden.

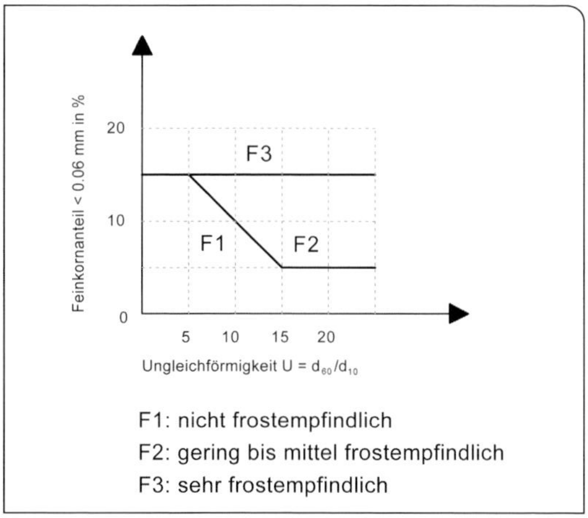

Abb. 24. Frostklassen nach ZTVE-StB, Diagramm.

Organische Böden können bis zu 20 % ihres Ausgangsvolumens zusammenschrumpfen und sind daher als Baugrund gänzlich ungeeignet.

2.1.2 Bodenkennwerte

Die wichtigsten Kenngrößen des Bodens zur Beschreibung seiner Baustoffeigenschaften sind nachfolgend aufgeführt. Sie sollten in jedem Baugrundgutachten enthalten sein. Es sind dies die Wichte, der innere Reibungswinkel, die Kohäsion, der Steifemodul, die Sieblinie, die Ungleichförmigkeit, die Lagerungsdichte bei nicht bindigen Böden, der Wassergehalt bei bindigen Böden sowie die Wasserdurchlässigkeit.

Wichte γ

Die Wichte γ des Bodens entspricht seinem spezifischen Gewicht in feuchtem Zustand und beträgt in der Regel zwischen 18 und 22 kN/m³. Liegt die Bodenschicht unterhalb des Grundwasserspiegels, verringert sich die Wichte infolge Auftrieb auf 8 bis 12 kN/m³.

Innerer Reibungswinkel φ

Der innere Reibungswinkel φ ist der Winkel, unter dem sich das Bodenmaterial natürlich aufschütten lässt, sodass sich eine stabile Böschung einstellt. Die Messung erfolgt im entwässerten Zustand. Die Mittelwerte des Reibungswinkels φ von bindigen Böden liegen bei 20 bis 30°, die von nicht bindigen Böden bei 30 bis 40°.

Innerer Reibungswinkel nach DIN 1055

Die DIN 1055 „Einwirkungen auf Tragwerke" definiert ihn als „Neigungswinkel zur Waagerechten zwischen Scherspannung (im Koordinatensystem auf der Ordinate aufgetragen) und Normalspannung (auf der Abszisse) des konsolidierten (entwässerten) Bodens". Die Scher- und Normalspannung werden im Labor unter Last ermittelt und grafisch aufgetragen oder rechnerisch aus dem Tangens des resultierenden Vektors ermittelt.

Kohäsion c

Die Kohäsion c entspricht der Scherfestigkeit des Bodens (vgl. Schubversagen, Kap. 1.2.2). Bei bindigen Böden baut die Oberflächenspannung im Molekulargerüst einen Widerstand gegenüber Scherkräften auf. Diese Haftfestigkeit bindiger Böden kann auch ohne Auflast existieren.

Bei nicht bindigen Bodenarten basiert die Kohäsion auf der Reibung zwischen den Körnern. Ohne Auflast gibt es hier keine Scherfestigkeit.

$$\tau = c + \sigma \times \tan \varphi$$

(Mohr-Coulomb'sche Grenzbedingung)

In der Praxis darf die Kohäsion bei Standsicherheitsnachweisen daher nur berücksichtigt werden, wenn ihr Vorhandensein gesichert ist.

Steifemodul E_S

Der Steifemodul der Böden entspricht dem Elastizitätsmodul bei Baustoffen mit dem Unterschied, dass der Steifemodul im Allgemeinen nicht konstant ist, sondern mit der Spannung zunimmt. Somit gibt es bei Böden auch keine linear-elastische Spannungs-Dehnungs-Relation. Ein Teil der Verformungen ist immer plastisch und irreversibel.

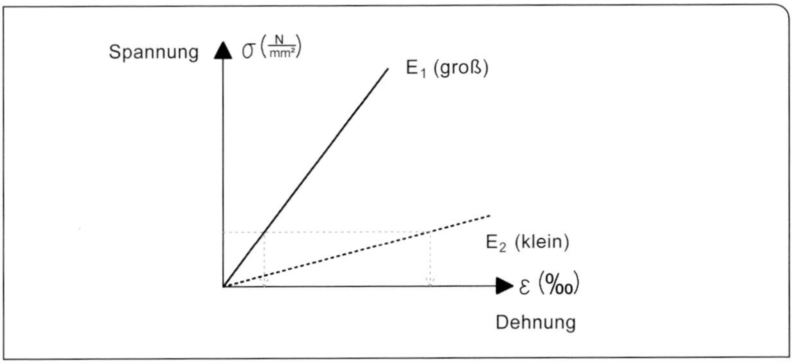

Abb. 25. Spannungs-Dehnungs-Diagramm.

Diese Eigenschaft wird zur Überprüfung der Bodenverdichtung mittels Plattendruckversuch nach DIN 18134 verwendet.

Sieblinie
Die Sieblinie gibt Aufschluss über die Kornverteilung wie oben beschrieben. Damit können wichtige Eigenschaften wie Verdichtbarkeit, Frostbeständigkeit, Porenvolumen etc. bestimmt werden.

Ungleichförmigkeit U
Die Ungleichförmigkeitszahl U ist das Verhältnis der Korngröße bei 60 % zu der bei 10 % der Kornmenge. Sie ist ein wichtiger Parameter für die Frostempfindlichkeit einer Bodenart.

$$U = \frac{d_{60\%}}{d_{10\%}}$$

Lagerungsdichte D (bei nicht bindigen Böden)
Die Lagerungsdichte D ist ein Maß für den Aufbau des Korngerüstes und gibt an, welches Umlagerungsvermögen der Boden beim Verdichten besitzt. Sie bewegt sich zwischen D = 0,15 = locker und D = 0,50 = dicht.

Die Lagerungsdichte bestimmt die aufnehmbare Bodenpressung und das Setzungsverhalten nicht bindiger Böden entscheidend.

Wassergehalt w (bei bindigen Böden)
Der Wassergehalt bindiger Böden ist wesentlich für deren physikalische Eigenschaften. Er wird in sechs Klassen eingeteilt (vgl. Tab. 2.2).

Tab. 2.2: Wassergehaltsklassen bindiger Böden

Klasse	Grenzen	Wassergehalt
hart		minimal
	w_S = Schrumpfgrenze	↓
halbfest		
	w_P = Ausrollgrenze	
steif		
weich		
breiig		
	w_L = Fließgrenze	
flüssig		maximal

Wasserdurchlässigkeit k_f

Der Wasserdurchlässigkeitsbeiwert k_f hängt vom Porenvolumen, der Lagerungsdichte und dem Feinkornanteil des Bodens ab. Er ist eine wichtige Kenngröße für Grundwasserabsenkungen und Versickerungsanlagen (vgl. Kap. 14.1.2). Die Werte bewegen sich zwischen $k_f = 10^{-10}$ m/s bei fettem Ton und $k_f = 10^{-2}$ m/s für lockeren Kies.

Wichtige Normen und Regeln zu Boden und Baugrund (Auswahl)

DIN 1054 Baugrund – Sicherheitsnachweise im Erd- und Grundbau, Januar 2005

DIN 1055–1 Einwirkungen auf Tragwerke, Teil 1: Wichten und Flächenlasten von Baustoffen, Bauteilen und Lagerstoffen, Juni 2002

DIN 1055–2 Einwirkungen auf Tragwerke, Teil 2: Bodenkenngrößen, Entwurf vom Januar 2007

DIN 1055–100 Einwirkungen auf Tragwerke, Teil 100: Grundlagen der Tragwerksplanung – Sicherheitskonzept und Bemessungsregeln, März 2001

DIN 4020 Geotechnische Untersuchungen für bautechnische Zwecke, September 2003

DIN 4094–1 Baugrund – Felduntersuchungen, Teil 1: Drucksondierungen, Juni 2002

DIN 4094–2 Baugrund – Felduntersuchungen, Teil 2: Bohrlochrammsondierung, Mai 2003

DIN 4094–4 Baugrund – Felduntersuchungen, Teil 4: Flügelscherversuche, Januar 2002

DIN 4094–5 Baugrund – Felduntersuchungen, Teil 5: Bohrlochaufweitungsversuche, Juni 2001

DIN 4124 Baugruben und Gräben – Böschungen, Verbau, Arbeitsraumarbeiten, Oktober 2002

DIN 4107–1 Geotechnische Messungen, Teil 1: Grundlagen, Entwurf vom Juli 2008

DIN 18134 Baugrund; Versuche und Versuchsgeräte – Plattendruckversuch, September 2001

DIN 18196 Erd- und Grundbau – Bodenklassifikation für bautechnische Zwecke, Juni 2006

DIN EN ISO 14688–1 Geotechnische Erkundung und Untersuchung – Benennung, Beschreibung und Klassifizierung von Boden, Teil 1: Benennung und Beschreibung, Januar 2003

DIN EN ISO 14688–2 Geotechnische Erkundung und Untersuchung – Benennung, Beschreibung und Klassifizierung von Boden, Teil 2: Grundlagen für Bodenklassifizierung, September 2004

ZTVE-StB Zusätzliche Technische Vertragsbedingungen und Richtlinien für Erdarbeiten im Straßenbau, Ausgabe 1994

Tab. 2.3: Wichtige mittlere Bodenkennwerte, bei zwei Angaben jeweils minimaler und maximaler Mittelwert

Bodenart / **Bodengruppe nach DIN 18196**	**Eigenschaft, Kennwert, Zeichen** / **Einheit** / **Zeichen**	**Wichte, erdfeucht** γ **kN/m³**	**Reibungswinkel** φ **°**
Kies, gleichkörnig	GE	16,0 19,0	34 42
Kies, sandig, wenig Feinkorn	GW, GI	21,0 23,0	35 45
Kies, sandig, tonig, schluffig, keine Sprengung Korngerüst	GU, GT	21,0 24,0	35 43
Kies-Sand-Feinkorngemisch, Sprengung Korngerüst	GU*, GT*	20,0 22,5	28 35
Sand, gleichkörnig	SE	16,0 19,0	32 40
Sand, gut abgestuft, Sand kiesig	SW, SI	18,0 21,0	33 41
Sand mit Feinkorn, keine Sprengung Korngerüst	SU, ST	19,0 22,5	32 40
Sand mit Feinkorn, Sprengung Korngerüst	SU*, ST*	18,0 21,5	25 32
Schluff, gering plastisch	UL	17,5 21,0	28 35
Schluff, mittel- bis ausgeprägt plastisch	UM, UA	17,0 20,0	25 33
Ton, gering plastisch	TL	19,0 22,0	28 35
Ton, mittelplastisch	TM	18,0 21,0	25 30
Ton, ausgeprägt plastisch	TA	16,5 20,0	17 27
Schluff oder Ton, organisch	OU, OT	15,5 18,5	20 26

Kohäsion c	Korngrößenverteilung ≤ 0,06 mm	Korngrößenverteilung ≤ 2,0 mm	Ungleichförmigkeit U	Durchlässigkeitsbeiwert k
kN/m²	%	%		m/s
–	< 5	≤ 60	2	2×10^{-1}
–			5	1×10^{-2}
–	< 5	≤ 60	10	1×10^{-2}
–			100	1×10^{-6}
7	8	≤ 60	30	1×10^{-5}
0	15		300	1×10^{-8}
15	20	≤ 60	100	1×10^{-7}
5	40		1000	1×10^{-11}
–	< 5	100	1,2	5×10^{-3}
–			3	2×10^{-5}
–	< 5	> 60	6	5×10^{-4}
–			15	2×10^{-5}
7	8	> 60	10	2×10^{-5}
0	15		50	5×10^{-7}
25	20	> 60	30	2×10^{-6}
7	40	> 70	500	1×10^{-9}
10	> 50	> 80	5	1×10^{-5}
5			50	1×10^{-7}
20	> 80	100	5	2×10^{-6}
7			50	1×10^{-9}
35	> 80	100	6	1×10^{-7}
10			20	2×10^{-9}
45	> 90	100	5	5×10^{-8}
15			40	1×10^{-10}
60	100	100	5	1×10^{-9}
20			40	1×10^{-11}
35	> 80	100	5	1×10^{-9}
10			30	2×10^{-11}

2.2 Gründungen

Der Baugrund muss ausreichenden Widerstand besitzen, um die auf ihn wirkenden Kräfte aufnehmen zu können. Diese Kräfte sind die Auflagerreaktionen aus dem Bauwerk, die prinzipiell aus Vertikal- und Horizontalkräften sowie Biegemomenten bestehen.

Eine Gründung, d. h. der im Boden befindliche Teil eines Bauwerks, beispielsweise das Fundament, ist dann sicher dimensioniert, wenn ausgeschlossen ist, dass eine der drei grundsätzlichen Versagensarten eintritt: Grundbruch infolge zu hoher Vertikallasten, Gleiten infolge zu hoher Horizontallasten oder Kippen infolge eines zu hohen Biegemomentes.

Im Folgenden werden die Anforderungen an Boden und Gründungen, die wichtigsten Gründungsarten sowie die rechnerischen Nachweise dafür vorgestellt.

2.2.1 Bodensetzung

Der Baustoff Boden erfährt bei Belastung wie alle anderen Baustoffe auch Verformungen. Diese werden als „Setzungen" bezeichnet. Die Größe der Setzungen hängt von der Elastizität der Bodenschicht und damit dem Steifemodul E_S, der Mächtigkeit dieser Schicht und den vorhandenen Bodenpressungen ab. Üblicherweise sind mehrere Bodenschichten vorhanden, deren Einfluss auf das Maß der Setzungen von oben nach unten abnimmt.

Im günstigsten Fall liegen horizontale Schichtverläufe vor. Dann wird sich bei gleichmäßiger Belastung durch das Bauwerk eine gleichmäßige Setzung einstellen. Bei geneigten Schichtgrenzen verlaufen die Setzungen ungleichmäßig, es kann dann zu Schrägstellungen oder Zwangsbeanspruchungen kommen.

Abb. 26. Gleichmäßige Setzung bei horizontalem Schichtverlauf.

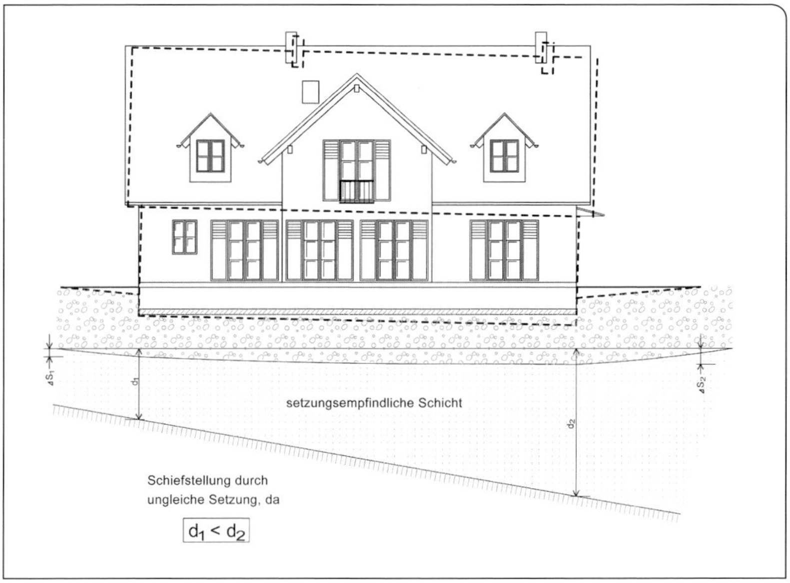

Abb. 27. Schräge Setzung.

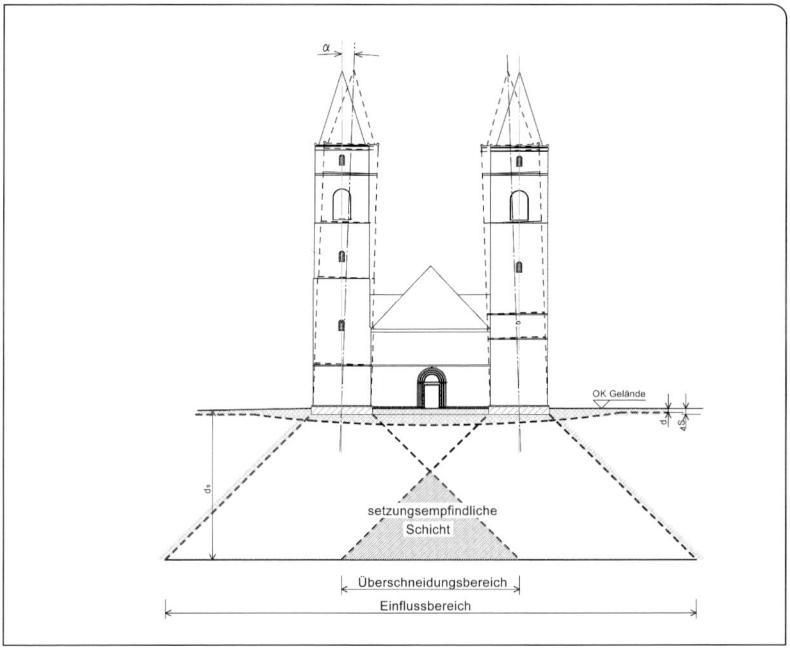

Abb. 28. Setzungen bei benachbarten Gebäuden.

Benachbarte Gebäude beeinflussen sich gegenseitig infolge überlagernder Druckausbreitung in der Weise, dass die Setzungen an den zugewandten Seiten größere Werte annehmen als an den abgewandten.

Bei wasserempfindlichen Böden, im Allgemeinen bindigen Böden, kann auch eine künstliche Grundwasserabsenkung oder Dränierung zu einer Bauwerkssetzung infolge Schrumpfung des Bodens führen.

Besonders kritisch sind organische Böden, z. B. Torf. Sie sind meist enorm kompressibel und können, auch wenn sie erst in großer Tiefe anstehen, erhebliche Setzungen hervorrufen.

Es ist also in jedem Fall zu prüfen, welche Setzungen zu erwarten sind und ob sie für das Bauwerk und dessen Nutzung verträglich sind. In vielen Fällen ist dieses Kriterium maßgebend für die Dimensionierung der Gründung.

2.2.2 Gründungsarten

Es werden zwei Gründungsarten unterschieden, Flachgründungen und Tiefgründungen. Für die Anforderungen des Garten- und Landschaftsbaus haben die Flachgründungen meist die deutlich größere Bedeutung.

Flachgründungen

Die Flachgründung ist die klassische, die einfachste und in der Regel die kostengünstigste Gründungsart. Sie besteht aus einem Fundamentkörper, der die Bauwerkslasten direkt in den Baugrund leitet. Dieser Gründungskörper ist das Bindeglied zwischen Bauwerk und Boden und muss so beschaffen sein, dass er die von oben einwirkenden Bauwerkslasten bis zur Gründungsebene soweit verteilt hat, dass der Baugrund sie aufnehmen kann.

Für die Bemessung bedeutet dies, dass die Fundamentbreite mindestens so groß gewählt werden muss, dass die vorhandenen Bodenpressungen die zulässigen Werte des jeweiligen Baugrunds nicht überschreiten.

Eine häufige Form der Flachgründung ist das **Streifenfundament**. Es kommt dann zur Anwendung, wenn linienförmige Lasten, z. B. aus Wänden, in den Baugrund eingeleitet werden sollen. Dabei ist es zweckmäßig, ein abgetrenntes Stück von 1,00 m Länge ($l = 1{,}00$ m) zu betrachten.

Folgende geometrische Größen sind festzulegen bzw. rechnerisch zu ermitteln:

- die Einbindetiefe t,
- die Fundamentbreite b,
- die Fundamenthöhe d.

Die Einbindetiefe t hängt von den Kriterien Höhenlage der tragfähigen Bodenschicht, Frostsicherheit sowie Lage der Nachbarfundamente ab.

Das erste Kriterium ist einleuchtend. Das Fundament muss mindestens bis in die tragfähige Bodenschicht geführt werden. Die Höhenlage der tragfähigen Schicht ist aus den Baugrundaufschlüssen zu

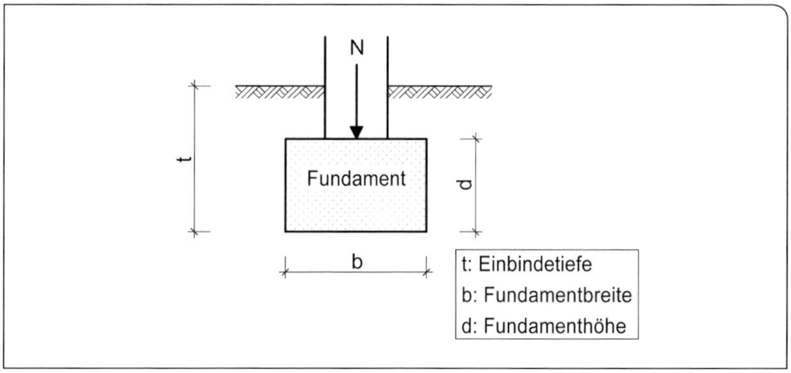

Abb. 29. Streifenfundament.

entnehmen. Dabei ist zu berücksichtigen, dass diese nur punktuelle Werte liefern und dazwischen Schwankungen möglich sind. Es ist daher sinnvoll, nicht exakt auf die Oberkante der tragfähigen Schicht zu gründen, sondern um ein gewisses Maß tiefer zu gehen.

Falls der Baugrund frostempfindlich ist, d.h. den Frostklassen F2 oder F3 nach ZTVE-Stb zuzuordnen ist, so muss die Einbindetiefe t mindestens so groß wie die zu erwartende Frosteindringtiefe sein. Diese liegt in der Regel zwischen 0,80 und 1,20 m, kann aber in extremen Lagen auch größer sein.

Schließlich ist die Lage der Nachbarfundamente, falls vorhanden, zu berücksichtigen. Die Höhendifferenz zu benachbarten Fundament-Unterkanten darf nicht größer sein als es einem Lastausbreitungswinkel in Höhe des inneren Reibungswinkels entspricht. Andernfalls würden die tiefer liegenden Fundamente zusätzliche Kräfte erhalten oder das obere Fundament würde während der Bauphase destabilisiert werden.

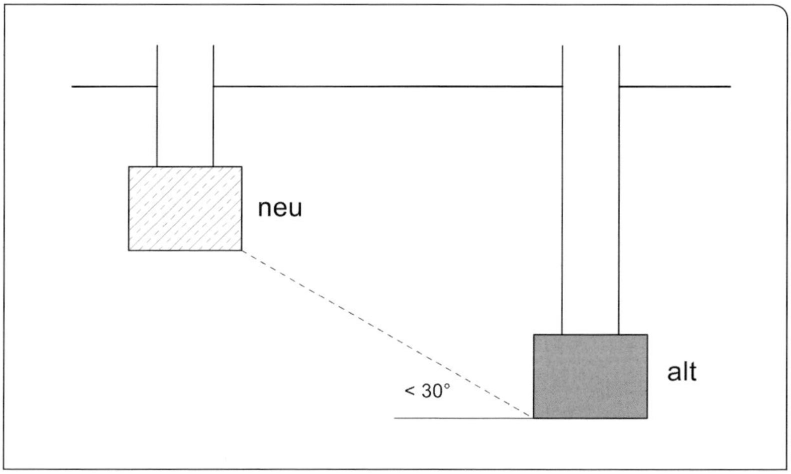

Abb. 30. Nachbarfundament.

Die **Fundamentbreite b** ist bestimmt durch den Vergleich der vorhandenen zur zulässigen Bodenpressung nach der Beziehung:

$$\frac{\text{vorh } \sigma}{\text{zul } \sigma} \leq 1$$

Die vorhandenen Bodenpressung vorh σ ist der Quotient aus der Vertikallast und der Fundamentfläche:

$$\text{vorh } \sigma = \frac{N}{b \times l} \quad (\text{kN/m}^2)$$

Wirkt zusätzlich ein Biegemoment in Gründungsebene, so ist die Fundamentbreite b auf den Wert

$$b' = b - 2 \frac{M}{N} \quad (\text{m})$$

abzumindern.

Die zulässige Bodenpressung zul σ ist für häufig vorkommende Bodenarten in der DIN 1054 „Baugrund – Sicherheitsnachweise im Erd- und Grundbau" in den Tabellen 1 bis 6 angegeben. Sie hängt außerdem von der gewählten Einbindetiefe t und der Fundamentbreite ab. Die Tabellen 1 und 2 gelten für nicht bindige Bodenarten, Tabelle 1 für setzungsempfindliche und Tabelle 2 für setzungsunempfindliche Bauwerke. Die Tabellen 3 bis 6 gelten für gemischtkörnige (Tabelle 4) und bindige Böden (Tabelle 3 für Schluff, Tabelle 5 für tonigen Schluff, Tabelle 6 für Ton) in Abhängigkeit von ihrer Zustandsform.

Die Tafelwerte sind abzumindern, wenn

- bei nicht bindigen Böden das Grundwasser bis zu einer Tiefe von t = b unter die Fundamentsohle ansteigen kann; die Abminderung beträgt bis zu 40 %;
- Horizontalkräfte auf das Fundament wirken; die Abminderung beträgt dann

$$\left(1 - \frac{H}{V}\right)^2$$

Unter bestimmten Voraussetzungen sind Erhöhungen der Tafelwerte möglich.

Beispielrechnung:
Gegeben:
Vertikallast N = 140 kN/m
Einbindetiefe t = 1,00 m
Bodenart: reiner Schluff

Gesucht:
Fundamentbreite b

Lösung:
geschätzte b = 0,80 m
vorhandene Bodenpressung:

$$\text{vorh } \sigma = \frac{140}{0{,}80}\ \text{kN/m}^2 = 175\ \text{kN/m}^2$$

Zulässige Bodenpressung nach DIN 1054, Tabelle 3: zul σ = 180 kN/m²
Vergleich vorhandene mit zulässiger Bodenpressung:

$$\text{vorh } \sigma = 175\ \text{kN/m}^2 < \text{zul } \sigma = 180\ \text{kN/m}^2$$

Die Fundamentbreite b = 0,80 m ist somit ausreichend.

Schließlich ist die **Fundamenthöhe d** zu ermitteln. Für unbewehrte Betonfundamente aus Beton C 12/15 gibt die DIN 1045 „Tragwerke aus Beton, Stahlbeton und Spannbeton“ Faktoren in Abhängigkeit von σ für die Ermittlung der erforderlichen Fundamenttiefe an (vgl. Tab. 2.4). Die Berechnung von d erfolgt dann nach folgender Formel:

$$d = n \times a$$

Tab. 2.4: Werte von n für C 12/15 nach DIN 1045

σ_m	100	200	300	400	500	kN/m²
n	1,1	1,3	1,6	1,8	2,0	

Mit diesen Angaben für t, b und d ist die Bemessung einfacher Streifenfundamente möglich.

Tiefgründungen
In manchen Fällen sind Flachgründungen nicht möglich oder nicht wirtschaftlich. Dies gilt vor allem dann, wenn der Baugrund erst in größeren Tiefen tragfähig ist, Nachbarbauwerke gefährdet sind oder extrem große Fundamentabmessungen erforderlich werden. Dann ist der Einsatz von Tiefgründungen zu erwägen, welche die einwirken-

den Bauwerkslasten in tiefere Bodenschichten führen. Die häufigsten Bauverfahren sind:
- Bohrpfähle bis 50 cm Durchmesser (nach DIN 4128),
- Bohrpfähle über 50 cm Durchmesser (nach DIN 4014),
- Rammpfähle aus Stahl oder Beton,
- Brunnen und Caissons,
- Bodeninjektionen (Mittel- und Hochdruck),
- Rüttelsäulen,
- Anker (nach DIN 4125),
- Schlitzwände (nach DIN 4126).

Auf diese Verfahren wird hier nicht näher eingegangen.

2.3 Erddruck

Bisher wurde der Baugrund als tragendes Bauglied des gesamten Bauwerks betrachtet und dabei seine Eigenschaft, den auf ihn wirkenden Spannungen Widerstand entgegenzusetzen und sich zu verformen, beleuchtet.

Nun wird die Eigenschaft des Bodens, auf Bauwerke einzuwirken, ins Auge gefasst. Der Boden kann Bauwerke auf verschiedene Arten belasten, wird zum Beispiel die Decke einer Tiefgarage durch das Eigengewicht des darüber geschütteten Erdreichs beansprucht.

Eine andere, wesentliche Einwirkungsart des Bodens ist der **Erddruck**. Seine Wirkungsweise lässt sich wie folgt beschreiben.

Eine senkrecht abgeschachtete Bodenstufe hat meist keinen langen Bestand. Sie rutscht nach einer gewissen Zeitspanne, womöglich sofort mit ihrem Entstehen, ab. Nur dann, wenn die Stufe vollflächig abgestützt wird, bleibt sie in dieser Form erhalten. Die Spannungen, die auf diese stützende Fläche wirken, nennt man den (aktiven) Erddruck. Wird die Stufe nicht lotrecht, sondern flacher abgetrennt, bleibt sie ab einer bestimmten Neigung stabil und gleitet nicht mehr ab. Dieser Neigungswinkel entspricht dem inneren Reibungswinkel φ des Bodenmaterials.

2.3.1 Erddruckmechanismen

Die Entstehung der Erddruckkräfte wird durch eine Verdrehung der Stützwand um den unteren Fußpunkt verdeutlicht. Es bilden sich dann geneigte Gleitflächen aus, entlang denen die Erdschichten abrutschen, bis sie wieder auf die Wand auftreffen. Der Neigungswinkel dieser Gleitflächen bestimmt die Größe des Erddrucks mit und ist abhängig vom inneren Reibungswinkel cal φ des Baugrunds. Der Vorsatz cal kennzeichnet dabei die Bodenkenngrößen als Rechenwerte, cal φ ist der Rechenwert für den inneren Reibungswinkel.

Für den Sonderfall, dass die Wand lotrecht ist, das Gelände dahinter waagerecht anschließt und die Reibung zwischen Wand und Boden vernachlässigt wird, ergibt sich der Gleitflächenwinkel:

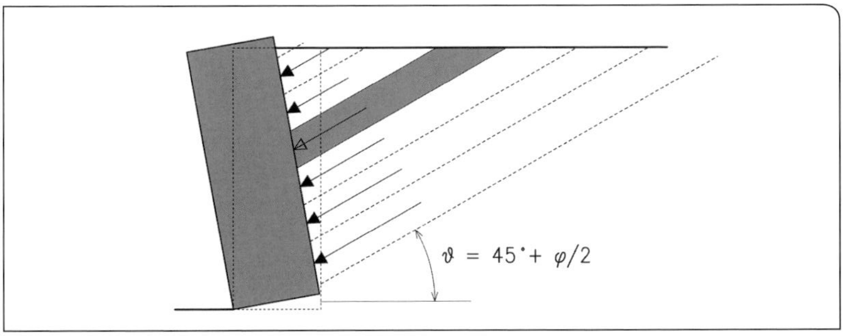

Abb. 31. Erddruck-lamellen.

$$\vartheta = 45° + \frac{\varphi}{2}$$

Je flacher dieser Gleitflächenwinkel, umso länger und damit schwerer werden die Lamellen der abgleitenden Erdschichten und umso höher ist der Erddruck auf die Wand. Böden mit großem innerem Reibungswinkel haben also einen geringeren aktiven Erddruck zur Folge als solche mit geringerem.

2.3.2 Richtung und Größe des Erddrucks

Die Richtung der Erddruckkräfte hängt von der Rauigkeit der Wandrückseite ab. Bei einer absolut glatten Wandoberfläche würden sie rechtwinklig dazu verlaufen. In der Realität ist diese Fläche jedoch rau und damit stellt sich eine Neigung der Erddruckkräfte zur Horizontalen ein, die bei den üblichen Stützwänden aus Beton oder Mauerwerk den Wert

$$\vartheta = \frac{2}{3}\,\varphi$$

annimmt.

Dieser schräg wirkende Erddruck lässt sich in zwei rechtwinklig zueinander stehende Komponenten zerlegen, sodass sich ein horizontaler und ein vertikaler Anteil ergeben. Vereinfachend wird im Weiteren nur die horizontale Komponente verfolgt. Dieses Vorgehen liegt im Allgemeinen auf der sicheren Seite.

Aktiver Erddruck

Am Lamellenmodell hat der Erddruck am Wandkopf den Wert Null und nimmt nach unten linear zu. Seine Verteilung hat die Form eines Dreiecks. Dies gilt aber streng nur für einfache eingespannte Stützbauwerke wie unverankerte Schwer- und Winkelstützmauern sowie Spund-, Pfahl- oder Trägerbohlwände, die nicht durch Anker oder Abstützungen zusätzlich gehalten sind.

Die Größe des horizontalen aktiven Erddrucks (e_{ah}) wird durch die nachfolgende Gleichung bestimmt:

$$e_{ah} = \gamma \times K_{ah} \times h \ (kN/m^2)$$

Er wird bestimmt von folgenden Faktoren:
γ = Wichte des Bodens (kN/m^3)
h = Wandhöhe (m)
K_{ah} = Erddruckbeiwert (vgl. Tab. 2.5, in der Regel für

$$\delta = \frac{2}{3} \varphi).$$

Kohäsion
Liegt ein Boden mit Kohäsion c vor, so vermindert sich der Erddruck. Der Ansatz der Kohäsion darf daher nur erfolgen, wenn ihre Existenz gesichert ist. Der Erddruck bei kohäsiven Böden beträgt:

$$e_{ah} = \gamma \times K_{ah} \times h - 2 \times \sqrt{K_{ah}} \ (kN/m^2)$$

Verkehrslasten
Wenn auf dem Erdkörper Verkehrslasten angreifen, entstehen folgende Erddruckspannungen:

$$e_{ah,\,p} = p \times K_{ah} \ (kN/m^2)$$

Dabei bedeutet **p** die Verkehrslast für Personen und PKWs, die mit p = 5 kN/m^2 anzusetzen ist.

Passiver Erddruck
Der passive Erddruck wird geweckt, wenn ein Bauteil gegen einen Erdkörper verschoben wird. Er ist deutlich größer als der aktive Erddruck, weil die Neigung der Gleitflächen der Bruchlamellen flacher verläuft, nämlich unter dem Winkel:

$$\delta_p = 45^\circ - \frac{\varphi}{2}$$

Die Gleichung für die Größe des passiven Erddrucks, auch Erdwiderstand genannt, entspricht der für den aktiven Erddruck. Für den Erddruckbeiwert ist lediglich der passive Wert K_{ph} einzusetzen.

$$e_{ah} = \gamma \times K_{ph} \times h$$

Tab. 2.5: Erddruckbeiwerte K für $\delta = 2/3\ \varphi$ für horizontales Gelände vor und hinter der Wand

cal φ	**20°**	**25°**	**30°**	**35°**	**40°**
K_{ah}	0,43	0,35	0,28	0,22	0,18
K_{ph}	2,85	3,93	5,63	8,48	13,67
K_0	0,66	0,58	0,50	0,43	0,36

Ein wesentlicher Aspekt des passiven Erddrucks ist, dass er erst bei einer ausreichenden Wandverschiebung in voller Größe aktiviert wird, diese liegt bei mehreren cm bis dm. Es ist daher häufig aus Gebrauchstauglichkeitsgründen nicht möglich, ihn in Ansatz zu bringen.

Erdruhedruck
Für die Entstehung des aktiven Erddrucks ist eine Wandbewegung weg vom Erdkörper, beim passiven Erddruck hin zum Erdkörper erforderlich. In bestimmten Situationen darf oder kann sich die Wand jedoch nicht bewegen. Für diese Fälle ist der Erdruhedruck anzusetzen, dessen Erddruckbeiwert bei senkrechter Wand und waagerechter Geländeoberfläche

$$K_0 = 1 - \sin \varphi$$

beträgt und zahlenmäßig zwischen aktivem und passivem Erddruck liegt.

2.3.3 Wasserdruck
Steht das Bauwerk im Grundwasser oder ist bei einer Stützmauer keine Entwässerung der Wandrückseite vorhanden, so ist der Wasserdruck zu berücksichtigen. Er hat wie der Erddruck eine dreiecksförmige Spannungsverteilung, die nur von der Wasserhöhe abhängig ist.

$$w = \gamma_w \times h = 10 \times h\ (kN/m^2)$$

Gleichzeitig ist die Bodenschicht unter dem Wasserspiegel unter Auftrieb, also mit der reduzierten Wichte γ, zu berücksichtigen.

2.4 Stützelemente und ihre statische Berechnung
Die Veränderung der bestehenden Topografie (des geneigten Geländes durch Terrassierung), die nahezu ebene nutzbare Flächen schafft, ist eine wichtige und häufige Aufgabe der Landschaftsarchitektur und des Garten- und Landschaftsbaus. Dazu sind bauliche Elemente in Form von Mauern oder ähnlichen Stützkonstruktionen erforderlich.

Diese stellen die wichtigsten Massivbauelemente aus dem Bereich des Landschaftsbaus dar. Nachfolgend sollen die Grundsätze ihrer statischen Berechnung erläutert werden.

2.4.1 Typenwahl

Die Grundform des Stützelements ist die Schwergewichtsmauer. Sie hält dem Erddruck durch ihre Eigenlast das Gleichgewicht und kommt in drei grundsätzlich unterschiedlichen Varianten vor, als Trockenmauer, als vermörtelte Mauer oder als Winkelstützmauer aus Stahlbeton (vgl. Kap. 5). Um im konkreten Fall die richtige Wahl zu treffen, ist eine Reihe von Kriterien zu berücksichtigen.

Wandhöhe

Trockenmauern sind wirtschaftlich nur für geringe Wandhöhen sinnvoll, etwa bis 1,50 m. Vermörtelte Wände können bis 3,00 m mit vertretbarem Aufwand hergestellt werden. Die Winkelstützmauern sind bei ca. 1,00 bis 4,00 m Wandhöhe vernünftig einzusetzen. Dies sind jedoch nur Richtwerte, im Einzelfall sind immer die Geländeformen, Bodenbeschaffenheit und Belastung zu bewerten.

Baustoff

Die Trockenmauer besteht aus unvermörtelt aufeinander geschichteten Elementen aus Natur- oder Kunststein.

Bei der vermörtelten Wand sind die Steine miteinander durch Mörtelfugen verbunden oder bestehen aus unbewehrtem Beton.

Die Winkelstützmauer wird grundsätzlich aus bewehrtem Beton errichtet.

Falls aus Gestaltungsgründen ein bestimmtes Material für die Ansichtsfläche gewünscht wird, kommen auch Betonwände mit Vorsatzschalen aus Naturstein zur Anwendung (vgl. Kap. 5).

Topografie

Die Mauern aus Einzelsteinen sind im Allgemeinen durch Handarbeit herzustellen und damit sehr anpassungsfähig. Bei wechselndem Geländeverlauf, unterschiedlicher Wandhöhe, in Hanglagen oder bei nicht linienförmigem Grundrissverlauf sind diese Wände gegenüber den in vorgefertigte, genormte Schalungstafeln gegossenen, betonierten Wänden im Vorteil.

Baugrund

Neigt der Baugrund zu größeren Setzungen, so sind elastische Wände wie Trockenmauern in der Lage, diese Verformungen schadensfrei aufzunehmen.

Vermörtelte oder betonierte Wände sind starr und erfordern in diesem Fall zusätzliche Maßnahmen zur Baugrundverbesserung.

Wasser

Bei jeder Stützmauer muss verhindert werden, dass sich anströmendes Hang- oder Sickerwasser aufstaut. Bei Trockenmauern besteht diese Gefahr grundsätzlich nicht, es ist aber zu beachten, dass hier bei großen Wassermengen Erosion auftreten kann. Geschlossene Wände erfordern ein Entwässerungskonzept, das einen Aufstau dauerhaft verhindert (vgl. Kap. 5.2.3).

Belastung

Trockenmauern sind in der Regel nicht für die Aufnahme von Verkehrslasten aus Kraftfahrzeugen geeignet. Bei allen Stützwänden ist die Belastung durch ständige oder vorübergehende Lasten, auch mögliche spätere Ausbaustufen, abzuklären. Ebenso ist vorab festzulegen, ob möglicherweise eine spätere Abgrabung auf der Luftseite der Wand für Leitungen, Wegebau etc. abzusehen ist.

2.4.2 Statische Berechnung

Bei der statischen Berechnung von Stützmauern sind grundsätzlich drei Nachweise zu führen. Nachzuweisen sind die Kippsicherheit, die Gleitsicherheit und die Grundbruchsicherheit.

1. Kippsicherheit

Es ist nachzuweisen, dass die Mauer ausreichend schwer ist, um eine Verdrehung infolge des Erddrucks zu verhindern.

$$\text{vorh } e \leq \text{zul } e$$

$$\text{zul } e = \frac{b}{6} \quad \text{(Lastfall g) ständige Lasten}$$

$$\text{zul } e = \frac{b}{3} \quad \text{(Lastfall g + p), ständige und nicht ständige Lasten.}$$

2. Gleitsicherheit

Gleitsicherheit bedeutet, dass in der Gründungsfuge keine Horizontalverschiebung erfolgen darf. *mind.*

$$\text{vorh } \nu_g = \frac{V \times (\tan \varphi + \tan \alpha)}{H} \leq 1{,}5$$

α: Neigung der Gründungsfläche
V: Vertikallast
H: Horizontallast
φ: Winkel der inneren Reibung

3. Grundbruchsicherheit
Über den Nachweis der Grundbruchsicherheit wird sichergestellt, dass die Wand nicht im Boden versinkt.

$$\text{vorh } \sigma = \frac{V}{b - 2 \times e} \leq \text{zul } \sigma$$

Die Werte für zul σ sind für Regelfälle

$$e = \frac{M}{V}$$

in der Gründungsfuge gemäß DIN 1054 anzusetzen.

Die beigefügten Formblätter bzw. Tabellen ermöglichen für rechteckige und trapezförmige Stützmauern eine schnelle Vorbemessung. Die im Allgemeinen günstige Wirkung der vertikalen Erddruckkomponente und der Kohäsion sind darin nicht berücksichtigt.

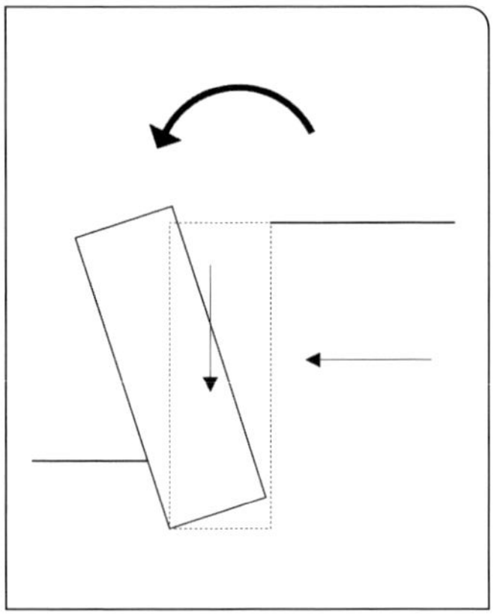

Abb. 32. Kippen.

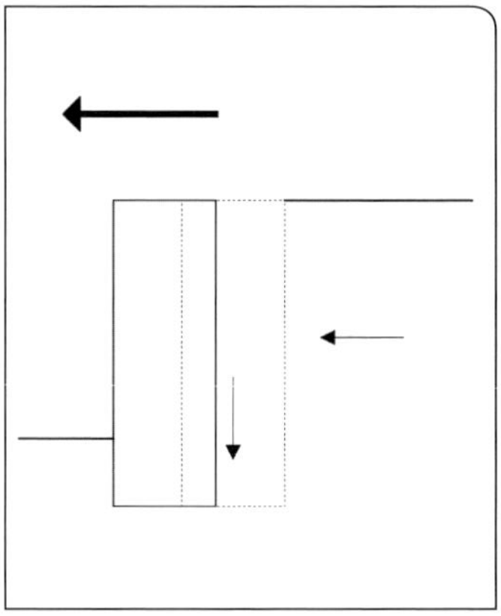

Abb. 33. Gleiten.

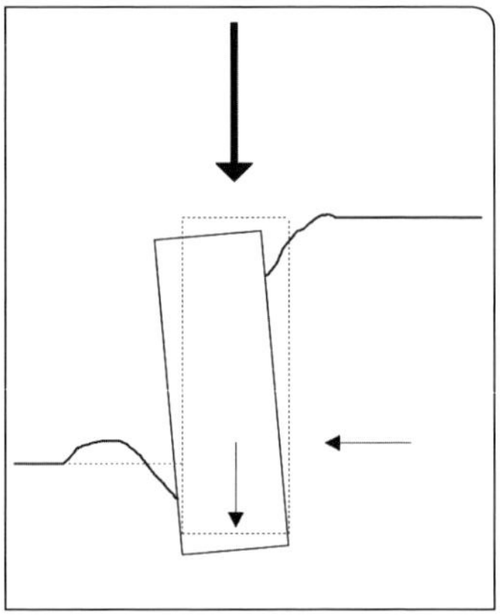

Abb. 34. Grundbruch.

Tab. 2.6: Bedeutung der Formelzeichen

Zeichen	Bedeutung	Einheit	Zeichen	Bedeutung	Einheit
e	Exzentrizität e = M/V	m	**p**	Verkehrslast = 5	kN/m²
M	Biegemoment M = F × a	kNm	**ν**	Sicherheitsbeiwert	(-)
V	Vertikalkraft	kN	**φ**	Reibungswinkel	°
H	Horizontalkraft	kN	**σ**	Spannung	kN/m²
b	Breite des Fundaments	m	**α**	Neigung der Gründungsfläche	°
g	Eigenlast	kN/m²			

Tab. 2.7: Berechnungsformblatt für Stützmauern mit rechteckigem Querschnitt

Arbeitshilfe: Statischer Nachweis Schwergewichtsmauer mit rechteckigem Querschnitt

1. System

Systemskizze

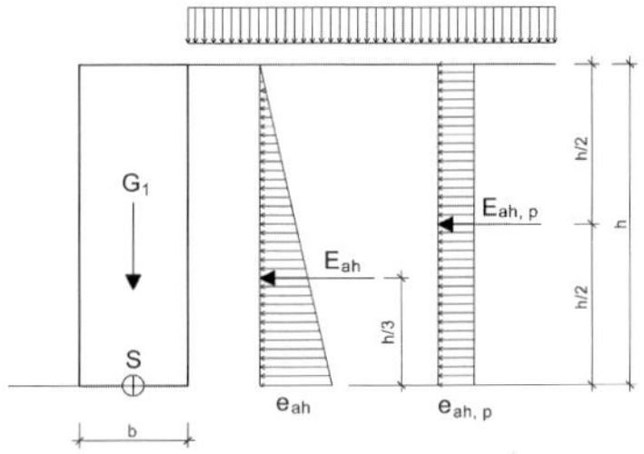

Geometrie

h = ... m

b = ... m

2. Bodenkennwerte

Bodenwichte cal γ_B = ... kN/m³ Innerer Reibwinkel cal φ = ... °

3. Einwirkungen

Wichte der Wand cal γ_W = ... kN/m³ Verkehrslast p = ... kN/m²

Berechnung durch Einsetzen der Werte aus 1. und 2.

Rechenschritte			Einheit
$G = b \times h \times \gamma_W$ =	.... =	....	kN/m
$e_{ah} = K_{ah} \times \gamma_B \times h$ =	.... =	....	kN/m²
$e_{ah,p} = K_{ah} \times p$ =	.... =	....	kN/m²
$E_{ah} = e_{ah} \times h/2$ =	.... =	....	kN/m
$E_{ah,p} = e_{ah,p} \times h$ =	.... =	....	kN/m

Erddruckbeiwert K_{ah} für $\delta = {}^2/_3\,\varphi$	
cal φ	K_{ah}
20°	0,43
25°	0,35
30°	0,28
35°	0,22
40°	0,18

4. Kippsicherheit

Berechnung durch Einsetzen der Werte aus 1., 2. und 3.

	V	a_v	H	a_h	M	vorh e	zul e
G							
E_{ah}							
$E_{ah,p}$							
Σ g							$^b/_6$
Σ g + p							$^b/_3$

5. Gleitsicherheit

Lastfall g + p: $\nu_g = \dfrac{\Sigma V \times \tan\varphi}{\Sigma H}$ = ―――――― = ... zul ν_g = 1,5

6. Grundbruchsicherheit

Lastfall g + p: red b' = b − 2 × e = ... = ... m vorh $\sigma = \dfrac{\Sigma V}{1 \times b'}$ = ――― = ... kN/m²

Tab. 2.8: Berechnungsformblatt für Stützmauern mit trapezfömigem Querschnitt

Arbeitshilfe: Statischer Nachweis Schwergewichtsmauer mit trapezförmigem Querschnitt

1. System

Systemskizze

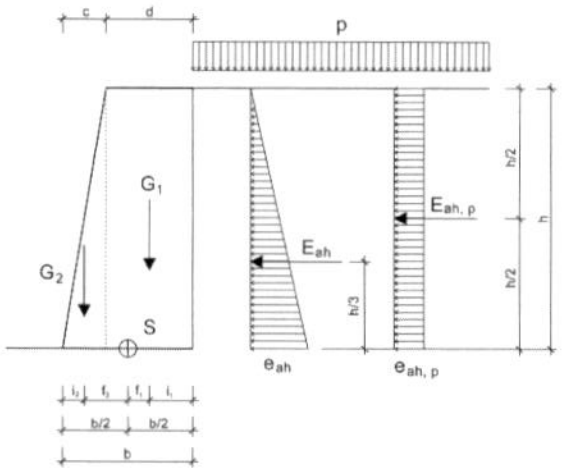

Geometrie

d = ... m

α = ... ° e₁ = ... m

h = ... m e_2 = ... m

b = ... m f_1 = ... m

c = ... m f_2 = ... m

2. Bodenkennwerte

Bodenwichte cal γ_B = ... kN/m³ Innerer Reibwinkel cal φ = ... °

3. Einwirkungen

Wichte der Wand cal γ_W = ...kN/m³ Verkehrslast p = ... kN/m²

Berechnung durch Einsetzen der Werte aus 1. und 2.

Rechenschritte			Einheit
$G_1 = d \times h \times \gamma_W$ =	.... =	....	kN/m
$G_2 = {}^1/_2 c \times h \times \gamma_W$ =	.... =	....	kN/m
$e_{ah} = K_{ah} \times \gamma_B \times h$ =	.... =	....	kN/m²
$e_{ah,p} = K_{ah} \times p$ =	.... =	....	kN/m²
$E_{ah} = e_{ah} \times h/2$ =	.... =	....	kN/m
$E_{ah,p} = e_{ah,p} \times h$ =	.... =	....	kN/m

Erddruckbeiwert K_{ah} für $\delta = {}^2/_3\,\varphi$

cal φ	K_{ah}
20°	0,43
25°	0,35
30°	0,28
35°	0,22
40°	0,18

4. Kippsicherheit

Berechnung durch Einsetzen der Werte aus 1., 2. und 3.

	V	a_v	H	a_h	M	vorh e	zul e
G_1							
G_2							
E_{ah}							
$E_{ah,p}$							
Σ g							$^b/_6$
Σ g + p							$^b/_3$

5. Gleitsicherheit

Lastfall g + p: $\nu_g = \dfrac{\sum V \times \tan\varphi + \tan\alpha}{\sum H}$ = ―――――― = ... zul ν_g = 1,5

6. Grundbruchsicherheit

Lastfall g + p: red b' = b − 2 × e_{g+p} = ... = ... m vorh $\sigma = \dfrac{\sum V}{1 \times b'}$ = ――― = ... kN/m²

2.4.3 Konstruktive Details

Nachdem die Hauptabmessungen der Stützwand ermittelt sind, können die Ausführungsdetails festgelegt werden.

Diese betreffen

- das Fundament,
- die Entwässerung,
- ggf. erforderliche Raumfugen,
- ggf. erforderliche Absturzsicherung,
- die sonstige Bauausführung.

Hierzu wird auf das Kapitel 5.2 verwiesen, in dem die Konstruktionsdetails ausführlich besprochen werden.

Bereits beim Entwurf ist zu berücksichtigen, dass ausreichend Bauraum hinter der Wand zur Verfügung steht, um die Baugrubenböschung in den erforderlichen Neigungen, geregelt in DIN 4124 „Baugruben und Gräben – Böschungen, Verbau, Arbeitsraumarbeiten“, ausführen zu können. Für spätere Medienverlegungen vor der Wand sind bei Berechnung und Ausführung die zusätzlichen Aushubtiefen einzubeziehen. Außerdem ist auf ausreichende Frostfreiheit der Fundamente zu achten, die je nach geografischer und topografischer Lage zwischen 0,80 und 1,20 m beträgt.

3 Skelettbau – Stabwerke

Mit dem Begriff Skelettbau, teilweise auch als Gerippebau bezeichnet, wird im Bauwesen eine bestimmte Gruppe von Tragwerken beschrieben, die sich im Wesentlichen aus Einzelstäben zusammensetzen. Auch Skelettbauten gründen letztendlich auf dem Boden als Baugrund, sie haben mit ihm jedoch meist nur ganz bestimmte Berührungspunkte. Als statisches System unterscheiden sie sich von den schweren Volumina der Massivbauelemente, auch wenn die physikalischen Grundlagen die gleichen sind.

In der Landschaftsarchitektur werden zahlreiche konstruktive Elemente wie Zäune, Stege, Pergolen oder Pavillons in Skelettbauweise ausgeführt. Diese Elemente werden ausführlich im Abschnitt „Konstruieren mit Holz und Stahl – Elemente des Skelettbaus“ behandelt. In diesem Kapitel soll das Grundverständnis für die Konstruktion von Skelettbauten gelegt und ihre statische Berechnung in Grundzügen erklärt werden.

3.1 Stabwerk

Mit dem Begriff Stabwerk wird der Tragwerkstypus im Skelettbau bezeichnet. Da der Stab eine einfache, gut zu erfassende statische Größe ist, können viele Bauwerke aus dem Bereich des Skelettbaus durch eine Darstellung als Stabwerk vereinfacht werden.

3.1.1 Grundbegriff

Unter Stabwerk versteht man die Auflösung der Konstruktion in eine Anzahl von Einzelstäben. Die Stäbe liegen geometrisch meist in der Schwerachse des betreffenden Bauteils, woraus sich ihre Lage und Länge definiert. Ihre Kopplung untereinander und die Auflagerbedingungen werden daraufhin so symbolisiert, dass sie der Realität möglichst nahe kommen.

Der Stab ist die Grundform jedes Tragwerks. Alle Bauwerke können auf einen oder eine Gruppe von Stäben zurückgeführt werden. Der Stab ist ein linienförmiges Bauglied an dem Normalkräfte, Querkräfte und Biegemomente angreifen. Die Normalkräfte wirken in Richtung der Stabachse und können als Zug oder Druckkraft auftreten. Querkräfte und Biegemomente greifen rechtwinklig dazu an (vgl. Kap. 1.2.2).

3.1.2 Stabtypen

Es ist anschaulich, im Stabwerk zwei grundsätzliche Stabtypen zu unterteilen. Stäbe, die vorwiegend Normalkräfte, z. B. Druckkräfte in Richtung der Stabachse, abtragen, werden in der Regel als **Stützen**, und Stäbe die überwiegend von Kräften, die senkrecht zur Stabachse wirken, beansprucht werden, als **Träger** bezeichnet. Dementspre-

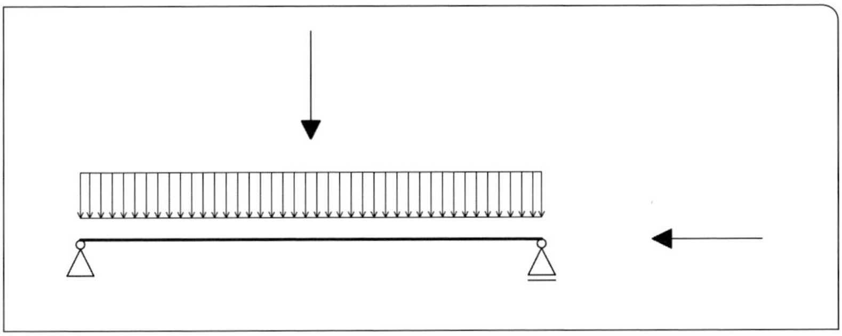

Abb. 35. Stab mit Einwirkungen.

chend sind Stützen meist die vertikalen Elemente im Stabwerk, Träger die horizontalen.

Bei einer Brücke oder einem Steg (vgl. Kap. 10) beispielsweise wirken auf die waagerechten Träger, die auf den beiden Ufern aufliegen, Kräfte durch Gewichts- und Verkehrslast rechtwinklig ein. Bei einer Pergola oder einem Pavillon (vgl. Kap. 11) greifen die Auflagerkräfte aus der Dachkonstruktion in Richtung der Stützenachse an.

Prinzipiell lassen sich alle Stabwerke in Stützen und Träger zerlegen.

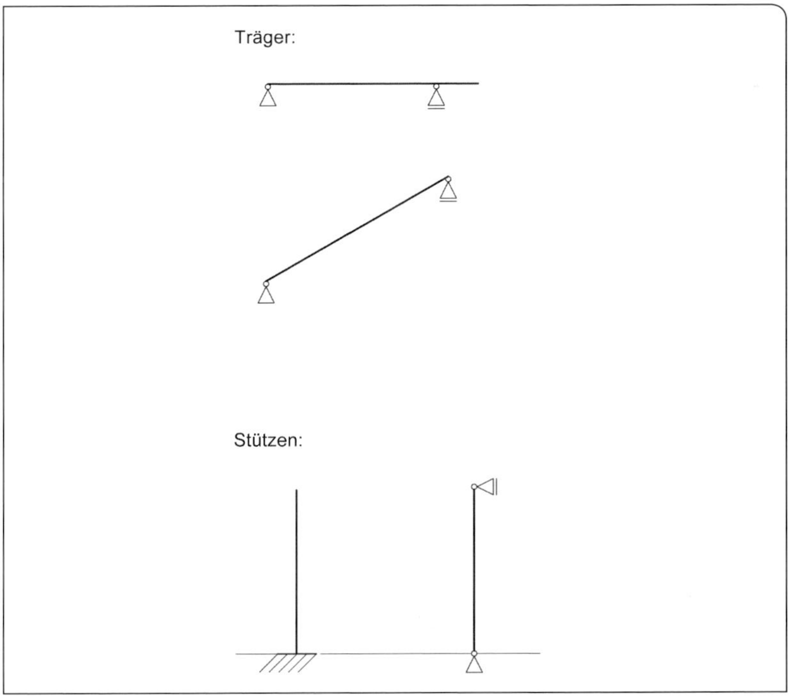

Abb. 36. Träger und Stützen.

3.2 Ebene und räumliche Stabilität

Dreidimensionale Stabwerke weisen mindestens drei unterschiedliche Ebenen, eine horizontale und zwei vertikale, auf. Betrachtet man die Konstruktion im Koordinatensystem, sind dies die xy-, die yz- und die xz-Ebene. Die Betrachtung der einzelnen Ebene dient dazu, wichtige statische Begriffe zu erläutern.

3.2.1 Freiheitsgrade

In der Ebene hat jedes Tragwerk drei Möglichkeiten, sich zu bewegen, drei sogenannte **Freiheitsgrade**:

- die vertikale Verschiebung,
- die horizontale Verschiebung,
- die Verdrehung.

Es müssen also mindestens drei **Auflagerreaktionen** (vgl. Kap. 1.2.1) vorhanden sein, damit das System stabil ist. Je nach Zahl der Freiheitsgrade bzw. der Auflagerreaktionen unterscheidet man drei Typen von Auflagern:

Bewegliche Auflager ermöglichen dem Tragwerk Verschiebungen parallel zur Bewegungsbahn und die Drehung im Lagerpunkt. Eine Verschiebung quer zur Bewegungsbahn erlauben sie jedoch nicht. Da nur dieser eine Freiheitsgrad nicht besteht, nennt man bewegliche Auflager **einwertig**.

Eine auf die Pergolenstütze aufgelegte Pfette beispielsweise kann sich horizontal verschieben und drehen, aber im Auflagerpunkt nicht parallel zur Stützenachse bewegen.

Feste Auflager erlauben weder eine Verschiebung in der Vertikal-, noch eine in der Horizontalachse, sondern lediglich eine Drehung im Lagerpunkt. Sie heben zwei Freiheitsgrade auf und heißen deshalb **zweiwertig**.

Die oben genannte Pfette müsste dafür so mit der Stütze verbunden werden, dass sie sich nicht mehr entlang ihrer Achse verschieben kann.

Eingespannte Auflager lassen keinen der drei Freiheitsgrade zu und sind **dreiwertig**.

Diesem Fall entspricht der Fußpunkt einer fest einbetonierten Stütze.

3.2.2 Kopplungen

Einer besonderen Aufmerksamkeit bedürfen die Knotenpunkte, an denen Stäbe zusammentreffen bzw. verbunden werden. Wesentlich ist die Festlegung, ob die Verbindung in der Lage ist, Biegemomente zu übertragen. Ist dies der Fall, spricht man von einer **biegesteifen Verbindung** oder **Einspannung**. Können an der Kopplungsstelle keine Momente übertragen werden, so wird die Verbindung als **Gelenk** bezeichnet.

Auflagersymbol	Typ	aufnehmbar	nicht aufnehmbar
	vertikal fest	V	H, M
	vertikal und horizontal fest	V, H	M
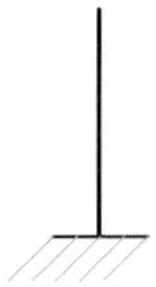	Verdrehung, vertikal und horizontal fest	V, H, M	-

Abb. 37. Auflagerbedingungen.

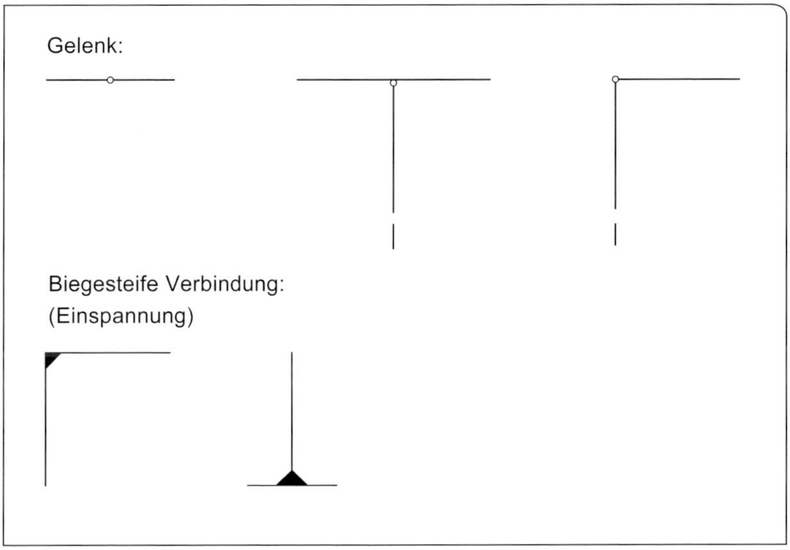

Abb. 38. Kopplungsmöglichkeiten.

Jedes Gelenk in einem Stabwerk erhöht die Zahl der Freiheitsgrade und muss daher entweder durch Anordnung von zusätzlichen Auflagern oder zusätzlichen Stäben kompensiert werden.

3.2.3 Aussteifung

Das **zweidimensionale** Tragwerk kann sich prinzipiell in Richtung jeder der drei zuvor beschriebenen Freiheitsgrade verschieben. Dies wird durch eine entsprechende Aussteifung der Konstruktion verhindert.

Im **dreidimensionalen** Tragwerk müssen zusätzlich zur Dachscheibe mindestens drei Wandebenen, die sich nicht schneiden, ausgesteift sein. Konstruktiv gibt es verschiedene Möglichkeiten der Aussteifung, auf die in den jeweiligen Kapiteln genauer eingegangen wird (vgl. Kap. 11.2.3).

In den folgenden Darstellungen werden die grundsätzlichen Möglichkeiten der Stabilisierung von ebenen und räumlichen Stabwerken dargestellt.

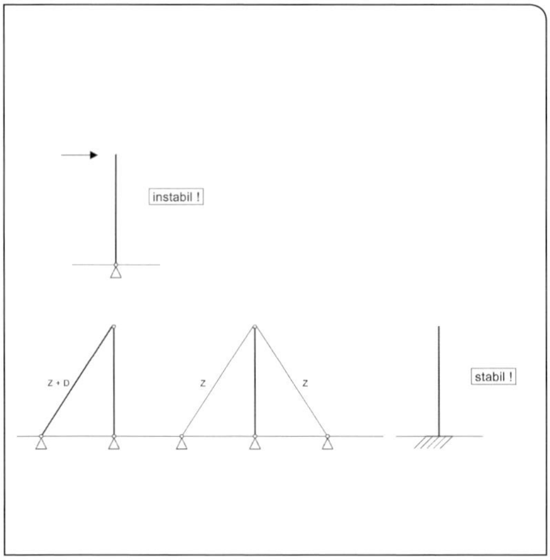

Abb. 39. Stabilität eines ebenen Einzelstabes.

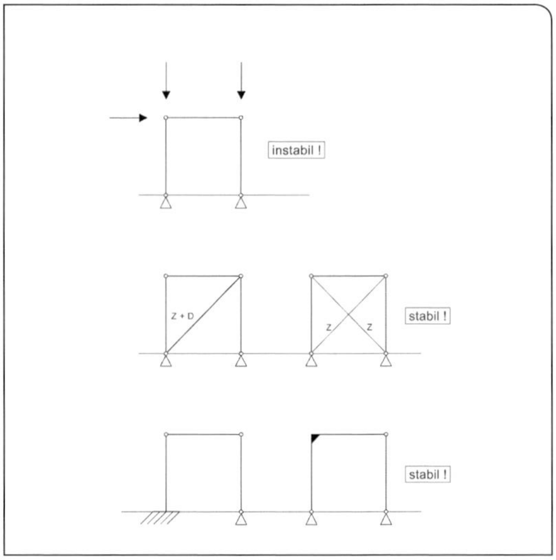

Abb. 40. Stabilität ebener Rahmen.

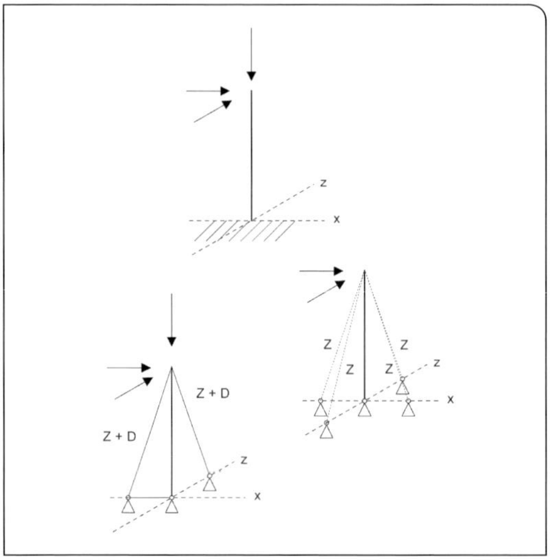

Abb. 41. Stabilität eines räumlichen Einzelstabes.

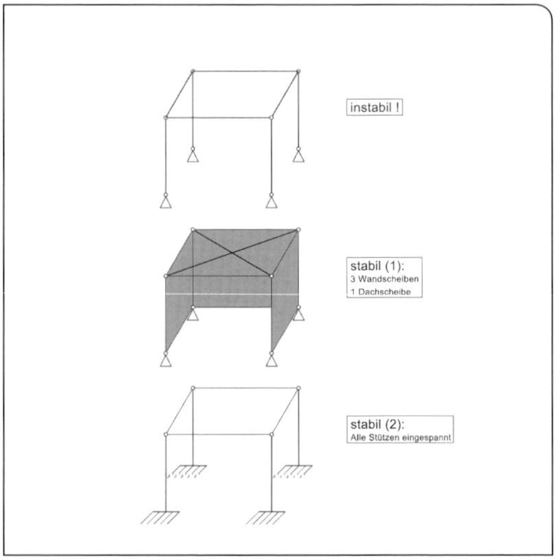

Abb. 42. Stabilität räumlicher Rahmen.

3.3 Stabwerke und ihre statische Berechnung

Die statische Berechnung eines Stabwerks erfolgt in sieben Schritten, die nachfolgend erläutert und mit Hilfe einer Beispielrechnung veranschaulicht werden.

3.3.1 Berechnungsprozess

Bei der Berechnung empfiehlt es sich, die sieben Einzelschritte auch schriftlich genau zu dokumentieren. Damit ist ein weitgehend fehlerunabhängiger, jederzeit nachvollziehbarer und im Falle von Änderungen leicht anpassbarer statischer Nachweis sichergestellt.

Schritt 1. Kopfzeile

Die Kopfzeile über der Berechnung enthält in Kurzform alle wesentlichen Daten des Bauteils wie Positionsnummer, Art, Baustoff und Abmessung.

Schritt 2. Systemskizze

Das Tragsystem wird hier mit allen Maßen, Auflagern und Einwirkungen aufgezeichnet. Eine maßstäbliche Darstellung ist für eine schnelle Erfassung vorteilhaft. Für die Skizze sind die entsprechenden Symbole zu verwenden (vgl. Kap. 1.2.1).

Schritt 3. Einwirkungen

Es folgt die Berechnung der einwirkenden Lasten wie Eigenlast, Schnee, Wind, Verkehr oder Erddruck. Bei Stäben sind Flächenlasten durch Multiplikation mit der Einflussbreite in Linienlasten oder Einzellasten umzuformen. Die noch unbekannten Eigenlasten der Stäbe werden anhand der Baustoffkennwerte, insbesondere der Wichte, abgeschätzt.

Schritt 4. Querschnittswerte

Für den ersten Iterationsschritt wird ein beliebiger, nach erster Einschätzung möglicherweise ausreichender Stabquerschnitt angenommen. Dafür werden die geometrischen Werte Fläche A, Widerstandsmoment W, Trägheitsmoment I und bei Stützen zusätzlich der Trägheitsradius i errechnet.

Schritt 5. Schnittkräfte

Bei der hier gezeigten einfachen Vorbemessung genügt es, Normalkraft N und Biegemoment M zu ermitteln.

Schritt 6. Spannungsnachweis
Es werden die vorhandenen Spannungen ermittelt und den zulässigen Spannungen gegenübergestellt. Falls die zulässigen Spannungen überschritten sind, müssen in einer zweiten Iteration der Querschnitt vergrößert und die Schritte 4 bis 6 wiederholt werden.

Schritt 7. Verformungen
Abschließend wird geprüft, ob die auftretenden Verformungen den Grenzwert von einem Zweihundertstel der Stablänge = L/200 für untergeordnete Bauteile bzw. einem Dreihundertstel der Länge = L/300 einhalten.

3.3.2 Berechnung der Träger

Die in Schritt 7 nachzuweisende maximale Verformung f (Durchhang, Durchbiegung) errechnet sich für einen Einfeldträger wie folgt:

$$f = \frac{5}{384} \times \frac{q \times L^4}{E \times I} \text{ (m)},$$

wobei q = Linienlast, L = Trägerlänge, I = Trägheitsmoment (vgl. Kap. 3.3.2), E = Elastizitätsmodul des Trägermaterials.

Unter Verwendung der Formel

$$M = \frac{1}{8} \times q \times L^2 \text{ (kNm)}$$

lässt sich die Gleichung umformen:

$$f = \frac{5}{384} \times 8 \times M \frac{L^2}{E \times I} = 0{,}104 \frac{M \times L^2}{E \times I} \text{ (m)}$$

Setzt man den E-Modulwert des Trägermaterials, z. B. $E = 10^7$ kN/m² für Nadelholz, ein und formt $I\,(m^4) = I \times 10^{-8}\,(cm^4)$ um, erhält man

$$f = 0{,}104 \times \frac{M \times L^2}{10^7 \times 10^{-8} \times I} = 1{,}04 \times \frac{M \times L^2}{I} \text{ (m)} = 104 \frac{M \times L^2}{I} \text{ (cm)}$$

M (kNm), L (m), I (cm⁴)

Der Faktor 104 = a ist materialabhängig aus Tabellen zu entnehmen.

Zunächst soll nach dieser Methode ein 4,00 m langer Träger aus Lärchenholz für einen 2,5 m breiten Steg oder eine Aussichtsplattform berechnet werden. Dafür ist neben Eigenlast eine Verkehrslast $p = 5\,kN/m^2$ anzusetzen (vgl. Kap. 2.3.2). Der Trägerquerschnitt wird zunächst mit $b \times h\ (b \times d) = 16 \times 24$ cm angenommen.

Tab. 3.1: Statischer Nachweis für einen Träger

Berechnungsschritte Träger	**Beispiel**
1. Schritt: Kopfzeile	
Positionsnummer	Pos. 1
Stabart	Balken
Baustoff	NH – S10
Abmessung	$b / h = 16 / 24$ cm, Abstand 1,25 m
2. Schritt: Systemskizze	
Träger allgemein 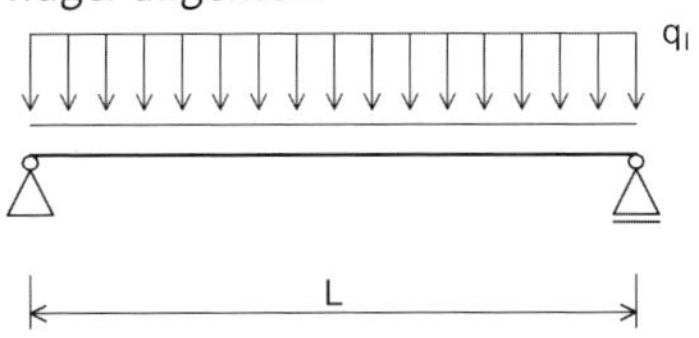	Träger Beispiel 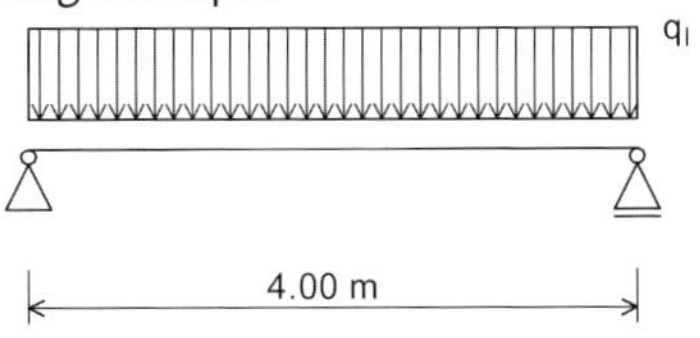
3. Schritt: Einwirkungen	
Linienlast q_l (kN/m)	Flächenlast $q_F = 1{,}0\ kN/m^2 + 5{,}0\ kN/m^2 = 6{,}0\ kN/m^2$ Einflussbreite $b = 1{,}25$ m Linienlast $q_l = 6{,}0\ kN/m^2 \times 1{,}25\ m = 7{,}5\ kN/m$
4. Schritt: Querschnittswerte	
Fläche $A = b \times h$ (cm²)	Erste Iteration: $b / h = 16 / 24$ cm $A = 16\ cm \times 24\ cm = 384\ cm^2$
Widerstandsmoment $W = b \times h^2 / 6$ (cm³)	$W = 16\ cm \times 24^2\ cm^2 / 6 = 1536\ cm^3$
Trägheitsmoment $I = b \times h^3 / 12$ (cm⁴)	$I = 16\ cm \times 24^3\ cm^3 / 12 = 18\,432\ cm^4$
5. Schritt: Schnittkräfte	
Das Biegemoment eines Einfeldträgers unter gleichmäßig verteilter Last beträgt: $M = \frac{q_l \times L^2}{8}$ (kNm)	$M = \frac{7{,}5 \times 4^2}{8} = 15{,}0$ kNm
6. Schritt: Spannungsnachweis	
Aus dem Biegemoment M und dem Widerstandsmoment W kann die vorhandene Randspannung berechnet werden: vorh $\sigma = \frac{M}{W} <$ zul σ (kN/cm²)	vorh $\sigma = \frac{15 \times 100}{1\,536} = 0{,}98$ kN/cm²
Die zulässige Biegespannung zul σ beträgt für: Nadelholz NH S10: 1,0 kN/cm² und für Stahl S235 JR: 14 kN/cm²	vorh $\sigma = 0{,}98$ kN/cm² < zul $\sigma = 1{,}0$ kN/cm²
7. Schritt: Verformungsnachweis	
Vorhandener maximaler Durchhang f: vorh $f = a \times \frac{M \times L^2}{I}$ (cm)	vorh $f = 104 \times \frac{15 \times 4^2}{18\,432} = 1{,}35$ cm
NH S10: $a = 104$, S 235: $a = 5$ M (kNm), L (m), I (cm⁴)	
Die Durchbiegung von Trägern darf maximal L / 300, bei untergeordneten Bauteilen L / 200 betragen.	zul $f = 400\ cm / 300 = 1{,}33\ cm \sim 1{,}35$ cm Ergebnis: Der gewählte Querschnitt ist gerade noch ausreichend (geringfügige Überschreitung des Durchhangs).

3.3.3 Berechnung der Stützen

Die Berechnung von Stützen unterscheidet sich in einem wesentlichen Punkt von der von Trägern. Als druckbeanspruchte Bauglieder unterliegen sie einem zusätzlichen Bruchmechanismus, dem Ausknicken. Schon weit vor Erreichen der zulässigen Druckspannung können Stützen seitlich bogenförmig ausweichen und versagen. Die Last, bei der das Knicken beginnt, ist die so genannte Knicklast. Diese ist umso geringer, je schlanker der Stab ist.

Die Schlankheit λ ist definiert durch die Beziehung:

$$\lambda = \frac{S_k}{i} \ (-),$$

wobei s_k die Knicklänge und i den Trägheitsradius bedeutet. Die Knicklänge ist für oben und unten gehaltene Stützen gleich der Stützenlänge bzw. -höhe ($s_k = h$), bei auskragenden Stützen mit Fußeinspannung beträgt sie das Zweifache der Stützenhöhe ($s_k = 2 \times h$).

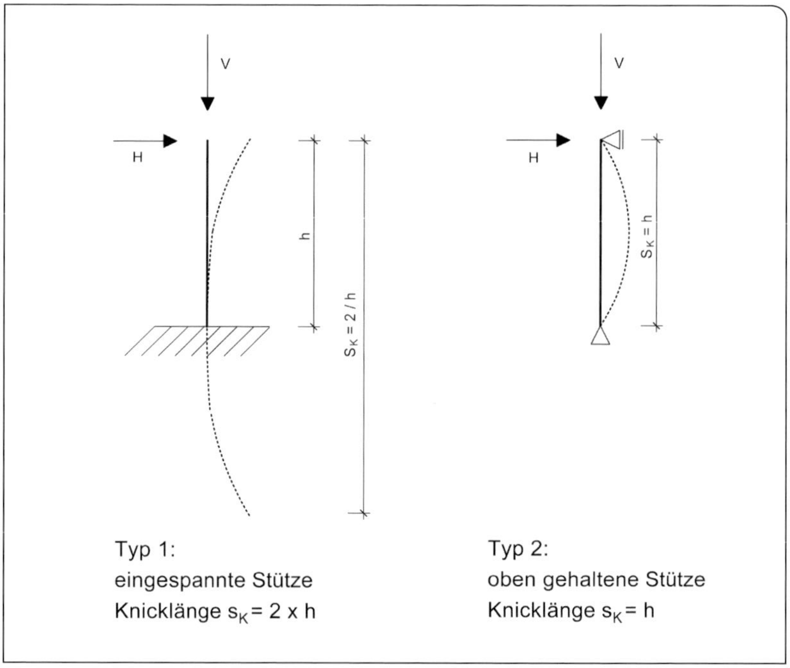

Abb. 43. Knicklänge.

Tab. 3.2: Statischer Nachweis für eine Stütze

Berechnungsschritte Stütze	Beispiel
1. Schritt: Kopfzeile	
Positionsnummer	Pos. 2
Stabart	Stütze
Baustoff	NH – S10
Abmessung	b / d = 20 / 20 cm, h = 3,00 m
2. Schritt: Systemskizze	
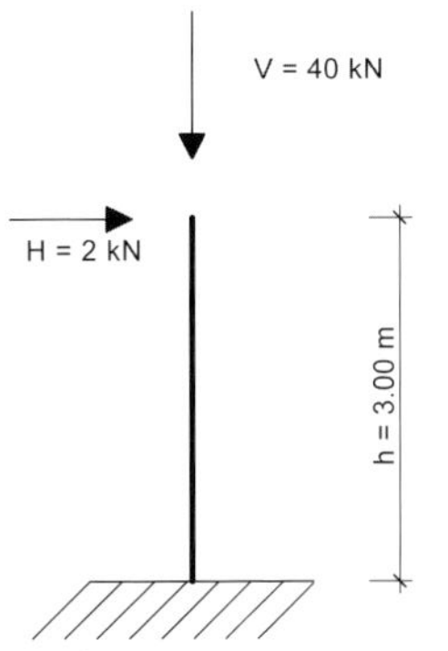	
3. Schritt: Einwirkungen	
Vertikalkraft V	V = 40 kN
Horizontalkraft H	H = 2 kN
4. Schritt: Querschnittswerte	
	Erste Iteration: b / d = 20 / 20 cm
Fläche A = b × d (cm²)	A = 20 cm × 20 cm = 400 cm²
Widerstandsmoment W = b × d² / 6 (cm³)	W = 20 cm × 20² cm² / 6 = 1333 cm³
$i = \frac{d}{\sqrt{12}}$ (cm)	$i = \frac{20}{\sqrt{12}} = 5{,}77$ cm
$\lambda = \frac{S_k}{i}$ (–)	$\lambda = \frac{2 \times 300}{5{,}77} = 104$
Erhöhungsfaktor	$\omega = 3{,}24$ (nach Tabelle DIN 1052)
5. Schritt: Schnittkräfte	
M = H × h	M = 2 kN × 300 cm = 600 kNcm
N = V	N = 40 kN
6. Schritt: Spannungsnachweis	
vorh $\sigma = \omega \frac{N}{A} + \frac{M}{W}$ < zul σ (kN/cm²)	vorh $\sigma = 3{,}24 \frac{40}{400} + \frac{600}{1\,333} = 0{,}77$ kN/cm²
NH S10: zul σ = 0,85 kN/cm²	vorh σ = 0,77 kN/cm² < zul σ = 0,85 kN/cm²
S 235: zul σ = 14 kN/cm²	Ergebnis: gewählter Querschnitt ausreichend

In der Bemessung wird dieser Stabilitätseinfluss durch die Multiplikation der vorhandenen Druckspannung mit einem Erhöhungsfaktor ω berücksichtigt, der nur von der Schlankheit λ abhängt und Tabellen entnommen werden kann, für Holzstützen z. B. aus der DIN 1052 „Berechnung und Bemessung von Holzbauwerken – Allgemeine Bemessungsregeln und Bemessungsregeln für den Hochbau".

Im Übrigen gleicht der Berechnungsgang der obigen Trägerbemessung. Der Verformungsnachweis (Schritt 7) kann bei Stützen im Allgemeinen entfallen.

Im folgenden Beispiel (vgl. Tab. 3.2) wird der rechnerische Nachweis für eine 3,00 m hohe eingespannte Stütze aus Lärchenholz mit dem Querschnitt von 20 × 20 cm geführt (zu eingespannter Stützenfuß vgl. Kap. 11.2.1).

Teil II
Bauen mit Stein – Elemente des Massivbaus

4 Baustoffe des Massivbaus

Kennzeichnend für massive Konstruktionen des Landschaftsbaus wie Stützmauern oder steinerne Stufen- und Treppenanlagen sind, in Abgrenzung zu den aus linearen Konstruktionselementen bestehenden Stabwerken der Skelettbauten und den zweidimensionalen, aus Schichten und Lagen bestehenden Konstruktionen baulich geprägter Flächen im Landschaftsbau, schwere dreidimensionale Volumina.

Sie gründen im Boden, stehen im unmittelbaren Kontakt mit diesem und seinen Bewegungen und sind der direkten Einwirkung von Niederschlags- und Sickerwasser sowie Frost und im Einzelfall auch Wurzeldruck ausgesetzt.

Dabei ist im Landschaftsbau grundsätzlich zwischen einer starren und einer unstarren Gründung zu unterscheiden. Die starre Gründung eines Bauwerks erfolgt in aller Regel durch ein Fundament, das in frostsicheren, standfesten Bodenschichten steht und die Lasten dorthin ableitet (vgl. Kap. 2.2.2). Damit soll eine spätere Bewegung des Bauteils, die Schäden herrufen könnte, ausgeschlossen werden.

Für Bauteile, die so konstruiert sind, dass sie Bewegungen oder Krafteinwirkungen schadensfrei überdauern, z. B. weil sie selbst eine gewisse Beweglichkeit aufweisen wie etwa Trockenmauern (vgl. Kap. 5.4), genügt eine unstarre Gründung, die nicht bis in frostfreie Bodenschichten reichen muss. Diese Form der Gründung hat im Landschaftsbau schon heute eine wichtige Bedeutung, weil sie meist Ressourcen schonend und wirtschaftlich zu realisieren ist. Vor dem Hintergrund der durch den Klimawandel bedingten zunehmenden Temperatur- und Niederschlagsextreme dürfte die Bedeutung beweglich bzw. unstarr konzipierter Bauelemente im Bereich der Außenanlagen noch zunehmen.

4.1 Anforderungen an Baustoffe im Massivbau

Bei den Baustoffen für Massivbauten handelt es sich entsprechend der beschriebenen Anforderungen um mineralische Materialien, die aus dem Boden kommen und mehr oder weniger mit dem Baustoff Boden verwandt sind. Das sind im Wesentlichen natürliche und künstlich hergestellte Steine. Dazu gehören Natursteine als Festgestein oder Sediment und vom Menschen aus natürlichen Materialien geschaffene Steine wie Beton oder Ziegel.

4.1.1 Bautechnische Eigenschaften

Wichtige Kriterien für die Verwendbarkeit der Baustoffe für Stützmauern, Einfriedungswände oder steinerne Treppenanlagen im Landschaftsbau sind entsprechend der beschriebenen Art der Konstruktionen des Massivbaus eine Reihe von physikalischen Eigenschaften, die sich bautechnisch auswirken.

Die meisten sind durch die **Struktur** des Materials bedingt. Die Struktur kann definiert werden als die unveränderliche Aufbauart des Stoffgefüges (Welsch, 2003; Mehling et al., 2003). Ein Beispiel ist die kristalline Struktur eines Natursteins.

Viele technische Baustoffeigenschaften werden durch die Struktur des Materials bestimmt, so beispielsweise die **Dichte** des Materials (Masse pro Raumeinheit) bzw. die **Wichte**, das spezifische Gewicht. Diese physikalische Größe wird in Krafteinheit pro Raumeinheit, üblicherweise in kN/m^3 angegeben. Für die statische Berechnung, aber auch für die Abschätzung von Transportmengen ist die Wichte ein besonders wichtiger Materialkennwert.

Tab. 4.1: Durchschnittliche Dichte- und Wichtewerte wichtiger natürlicher und künstlicher mineralischer Baustoffe

Baustoff	Dichte (in kg/dm^3)	Wichte (in kN/m^3)
Basalt, dicht	ca. 3,0	ca. 30
Granit	2,6 bis 3,0	26 bis 30
Gneis	2,6 bis 3,0	26 bis 30
Porphyr	ca. 2,8	ca. 28
Kalksteine	2,4 bis 2,8	24 bis 28
Sandsteine	2,2 bis 2,8	22 bis 28
Tuffsteine	1,6 bis 2,3	16 bis 23
Boden	(1,6) 1,8 bis 2,2	(16) 18 bis 22
Stampflehm	1,8 bis 2,2	18 bis 22
Normalbeton	2,2 bis 2,4	2,2 bis 2,4
Stahlbeton	2,4 bis 2,6	24 bis 26
Mörtel	1,6 bis 2,0	16 bis 20
Vollziegel	1,6	16
Klinker	1,9 bis 2,0	19 bis 20

Eine weitere, gerade für die Verwendbarkeit in Außenanlagen entscheidende Eigenschaft mineralischer Baustoffe für massive im Boden gründende Bauwerke, die letztendlich auch von der Struktur abhängt, ist die **Frostbeständigkeit** bzw. der **Frostwiderstand**. Die Frostbeständigkeit steht in engem Zusammenhang mit der **Porosität** bzw. dem Porenvolumen, der Porenradienverteilung, der Wasseraufnahmefähigkeit des Materials, seinem Gefüge, der Kornbindung und der

Festigkeit. Dabei bedeuten große Poren jedoch nicht generell reduzierte Frostbeständigkeit. Der Frostwiderstand kann experimentell durch den so genannten Frost-Tauwechsel-Versuch ermittelt werden.

Die **Festigkeit** eines Baustoffs ist definiert als der „Widerstand, den Körper der Trennung oder Verschiebung ihrer Teile (Verformung) durch äußere Kraft“ entgegen bringen. Sie wird geprüft, indem das Bauteil bzw. die Materialprobe bis zum Bruch belastet wird, bei gleichzeitiger Kontrolle der Formveränderung.

Besonders wichtig für massive Bauten oder auch Belagsmaterialien ist die **Druckfestigkeit**. Sie gibt an, bei welchem Höchstdruck ein Baustoff zerstört wird. Im Versuch wird diese meist an einem Probewürfel, bei Beton an einem Würfel und einem Zylinder, mittels einer hydraulischen Presse ermittelt. Sie wird angegeben in Kraft pro Fläche, in der Regel in N/mm^2. Die Druckfestigkeit stellt die wichtigste Grundlage für die Betonbezeichnung dar (vgl. Kap. 4.3.2).

Sie ist nicht gleich zu setzen mit der **Härte**, die als der Widerstand, den ein Körper dem Eindringen eines anderen in seine Oberfläche entgegensetzt, definiert wird. Für Mineralien können Härtewerte angegeben werden, für Gesteine stellt die Härte keine definierte Eigenschaft dar, da sie meist aus Mineralgemengen bestehen (Mehling et al., 2003).

4.1.2 Gestalterische Eigenschaften

Jahrhunderte lang wurde im Bauwesen überwiegend auf regional verfügbare Baustoffe zurückgegriffen. Die Materialien des Naturraums prägten die Gestaltung von Bauwerken, Gärten und städtischen Freiräumen. Freilich gab es Ausnahmen, wenn die ökonomischen und infrastrukturellen Möglichkeiten gegeben waren. In Rom beispielsweise finden wir Obelisken aus Ägyptischem Rosengranit, die teilweise schon in der Antike, die ersten um 10 v. Chr., über das Mittelmeer hergebracht wurden. Stellte solch ein Transport vor 2000 Jahren noch eine logistische Meisterleistung dar, ist der weltweite Materialaustausch heute kein technisches Problem mehr. Prinzipiell ist möglich, was gestalterisch gewünscht ist. Dementsprechend ist neben der Kenntnis der bautechnischen Eigenschaften auch die gezielte Berücksichtigung der gestalterischen Eigenschaften, die das konstruktive Element prägen, bedeutend.

Die **Textur** eines Materials kann definiert werden als die räumliche Anordnung der Gefügekomponenten (Mehling et al., 2003). Sie bildet daher gewissermaßen die Abschlussfläche der Struktur nach außen (Welsch, 2003) und bildet die Struktur an der Oberfläche des Baustoffs ab. Damit trägt sie ganz entscheidend zum Erscheinungsbild und zur haptischen Erlebbarkeit eines Materials bei.

Daneben ist die **Farbe** die gestalterisch entscheidende Eigenschaft. Bei den in den folgenden Kapiteln besprochenen Baustoffen prägt in der Regel die Mineralfarbe die Farbe des Steins.

In der gebauten Umgebung wirkt meist nicht ein Material allein, sondern es tritt in Beziehung zur Umgebung. Der **Kontext**, in dem ein Baustoff verwendet wird, und die Kombination mit anderen Materialien bestimmen die gestalterische Wirkung mit (Welsch, 2003). Im Freiraum wird der Kontext häufig von Vegetationselementen bestimmt.

Jedes Material steht während der Dauer seiner Nutzung in Wechselwirkung mit der Umwelt. Physikalische und chemische Einflüsse wirken auf die Oberfläche ein und verändern diese je nach Materialart mehr oder weniger stark. Der Baustoff altert und bekommt **Patina**. Der Begriff Patina ist dabei, obgleich wohl allgemein verständlich und im Sprachgebrauch analog verwendet, nicht eindeutig definiert. Meist bezeichnen wir alterungsbedingte Beläge und Farbveränderungen, teilweise auch Abnutzungserscheinungen und kleine Schadstellen am Material als Patina. Die DIN 50900–2 „Korrosion der Metalle – Begriffe, Teil 2: Elektrochemische Begriffe“ definiert Patina als „Schutzschicht aus komplexen Kupfersalzen, die sich auf Bauteilen aus Kupfer an der Atmosphäre bildet“ (vgl. Kap. 7.3.1). Dies zeigt, dass Patina als technischer Begriff eigentlich ausschließlich dem alterungsbedingten Belag auf Kupfer vorbehalten ist. Definiert man ihn etwas weiter – etwa als Synonym für Altersspuren –, ist Patina bzw. die Art und Weise, Patina zu bilden, eine gestalterisch sehr wesentliche Eigenschaft von allen Baustoffen, ganz besonders auch von natürlichen und künstlichen Steinen.

Abb. 44. Patina: Alte Trockenmauer mit Flechtenbesatz.

4.1.3 Ökologische Eigenschaften

Besonders wesentliche Materialeigenschaften, gerade für das Bauen in Landschaft und Freiraum, sind die ökologischen Eigenschaften, also alle Eigenschaften, die für Einbindung und Wirkung des Baustoffs im gesamten Ökosystem von Bedeutung sind. Diese Eigenschaften können für jedes Produkt in einer **Ökobilanz** beschrieben werden. Nach internationalem Standard kann der Begriff Ökobilanz (LCA = life cycle assessment) definiert werden als „Zusammenstellung und Beurteilung der Input- und Outputflüsse und der potentiellen Umweltwirkungen eines Produktsystems im Verlauf seines Lebenswegs". Hieraus wird deutlich, wie komplex eine Ökobilanz ist. Betrachtet werden müssen beispielsweise die erforderliche **Herstellungsenergie**, einschließlich der Transportwege, damit die **regionale Verfügbarkeit** sowie die globale **Seltenheit** der Ausgangsstoffe eines Produkts, die **Umweltverträglichkeit** bzw. die Wechselwirkungen mit der Umwelt während des Nutzungszeitraumes sowie die **Wiederverwendbarkeit** oder die für Recycling oder Entsorgung erforderliche Energie nach Ablauf der Nutzung.

Internationale Normen zum Thema „Ökobilanz"

DIN EN ISO 14040 Umweltmanagement – Ökobilanz – Grundsätze und Rahmenbedingungen, Oktober 2006

DIN EN ISO 14044 Umweltmanagement – Ökobilanz – Anforderungen und Anleitungen, Oktober 2006

GOST R ISO 14041 Environmental management. Life cycle assessment. Goal and scope definition and inventory analysis, 2000 (russische internationale Norm)

ISO/TR 14049 Umweltmanagement – Ökobilanz – Anwendungsbeispiele zu ISO 14041 zur Festlegung des Ziels und des Untersuchungsrahmens sowie zur Sachbilanz

4.2 Naturstein

Naturstein ist das älteste Material der Welt und stellt einen sehr vielfältigen und neben dem Holz den ältesten Werkstoff der Menschen dar. Schon in frühgeschichtlichen Epochen wurden Waffen und Werkzeuge aus Steinen gefertigt.

In den großen geschichtlichen Hochkulturen waren die Bearbeitung von Naturgestein und das Bauen, Konstruieren und künstlerische Bilden damit bereits hoch entwickelt.

Der Baustoff Naturstein hat für den Garten- und Landschaftsbau eine besonders große Bedeutung. Dabei ist es oft schwierig, die im Handel angebotenen Natursteine richtig zu identifizieren und anzusprechen. Schon die gerade im Garten- und Landschaftsbau vielfach gebräuchliche Einteilung der Natursteine in Hartgesteine für die Magmatite und Weichgesteine für die Sedimentite ist zu ungenau, teilweise auch falsch und oft irreführend.

Viele geläufige Natursteine werden sogar vom Lieferanten selbst geologisch unkorrekt bezeichnet, sei dies aus Unkenntnis, Tradition oder Marketinggründen heraus.

Es kommt in der Natursteinbranche immer wieder vor, dass ein Kalkstein als Marmor bezeichnet wird, ein Gneis als Granit oder ein Sandstein als Quarzit. Erschwerend kommt bei über 4000 im Handel befindlichen Natursteinsorten hinzu, dass es bei der Vielfalt von Importprodukten zu Ungenauigkeiten bei der Übersetzung kommen kann, – „graniti“ bezeichnet in Italien alle harten, polierfähigen Natursteine, auch Gneise oder Quarzite –, und sich manche Natursteinbezeichnungen in der Geologie geändert haben, teilweise jedoch im Bauwesen durchaus noch gebräuchlich sind, z. B. „Porphyr“.

Einen wesentlichen Beitrag zum präziseren Umgang mit Begriffen und Bezeichnungen bei der Natursteinverwendung leisten die beiden Euronormen DIN EN 12670 „Naturstein – Terminologie“ und DIN EN 12440 „Naturstein – Kriterien für die Bezeichnung“. Letztere schreibt vor, dass die Bezeichnung von Naturstein folgende Teile beinhalten muss: Handelsname, petrografische Familie, typische Farbe und Herkunftsort. Die Norm ist ein erster Versuch, die in Europa produzierten Natursteine und ihre petrografische Klassifikation zu erfassen. Sie enthält eine umfangreiche Gesteinsliste mit über 2500 nach den genannten Kriterien beschriebenen Natursteinen aus 21 europäischen Ländern.

Um aus der großen Vielfalt den für die geplante Verwendung geeigneten Naturstein auszuwählen, ist eine Auseinandersetzung mit den wesentlichsten geologischen Grundlagen unabdingbar. Zu beachten für den Planer und Verwender ist jedoch, dass sich auch in der Geologie, ähnlich wie in der Botanik und Pflanzenverwendung, Namensgebung und petrografische Zuordnung durch neue Erkenntnisse fallweise noch immer ändern können.

4.2.1 Geologische Grundlagen – Systematik der Natursteine

Der Begriff Naturstein umfasst zunächst alle auf der Erde vorkommenden natürlichen Gesteine. Dazu gehören Festgesteine (Fels) und Lockergesteine (Kies, Sand, Ton). Mit der Bezeichnung Naturstein im Bauwesen sind in der Regel ausschließlich abbaubare Festgesteine bzw. die daraus gewonnenen Produkte gemeint.

Grundlage für die systematische Einteilung der verschiedenen Natursteinarten ist ihre Entstehung. Dabei waren unterschiedliche erdgeschichtliche Vorkommnisse wie Vulkanausbrüche oder eiszeitliche Gletscherbewegungen und deren Folgewirkungen ausschlaggebend.

Tab. 4.2: Gesteinssystematik nach Entstehung im Überblick

Gesteinsgruppen	**Magmatite** **Erstarrungsgesteine** (entstanden aus erstarrtem Magma)	
Unterteilung	Plutonite Tiefengesteine	Vulkanite Ergussgesteine
Entstehung	in großer Tiefe durch langsame Erstarrung	an Erdoberfläche durch rasche Erstarrung
Struktur	grobkristallin	feinkristallin
Beispiele	Granit Syenit Diorit Gabbro	Basalt Diabas Porphyr Trachyt Vulkanische Tuffsteine

Folgende Prozesse sind differenzierbar:

Flüssiges Magma aus dem Erdinneren kühlt ab und kristallisiert zu **Magmatiten = Erstarrungsgesteinen**.

Diese werden durch Einflüsse von außen (Sonne, Wasser, Frost) verwittert. Es entstehen Sedimente (Lockergesteine), die zusätzlich durch Wind und Wasserkraft verfrachtet werden können. Die Sedimente setzen sich ab und verkitten zu festen Gesteinen, den **Sedimentiten = Ablagerungs- oder Absatzgesteinen**. Dieser Vorgang wird als Diagenese = Verfestigung, Verkittung bezeichnet.

Unter großem Druck und Temperaturzunahme werden abgesunkene Sedimentite wie auch Magmatite umgewandelt. Durch diesen Prozess der Metamorphose entstehen **Metamorphite = Umwandlungsgesteine**, die wiederum zu Magma schmelzen oder durch Verwitterungsprozesse zersetzt werden und sedimentieren können.

Diese drei großen, durch die unterschiedliche Entstehung definierten Gesteinsgruppen lassen sich nach den jeweiligen Entstehungsdetails wie Erstarrungsort, Absetzvorgang, Ausgangsmaterial für die Umwandlung etc. noch weiter untergliedern.

Sedimentite		**Metamorphite**	
Absatz-, Ablagerungsgesteine		**Umwandlungsgesteine**	
(entstanden nach Verwitterung, Transport und Ablagerung)		(entstanden durch Metamorphose aus Magmatiten und Sedimentiten)	
Klastische Sedimentite	Chemische Sedimentite	Orthometamorphite	Parametamorphite
Trümmergesteine	Niederschlagsgesteine	Orthogesteine	Paragesteine
nach Verfrachtung	nach Verfrachtung	aus Magmatiten	aus Sedimentiten
durch Absetzen	durch Absetzen und Ausfällung aus Lösungen	durch Umwandlung infolge Druck, Hitze ...	durch Umwandlung infolge Druck, Hitze ...
unterschiedlich große Körner, geschichtet	feinkörnig mit (organischen) Einschlüssen	kristallin	kristallin, teilweise geschichtet
Konglomerat Brekzie Sandsteine Kalksandstein Schiefer(ton)	Jurakalkstein Travertin Muschelkalk Dolomit Kalktuffsteine	Orthogneis	Quarzit Glimmerschiefer Glimmerquarzit Paragneis Marmor

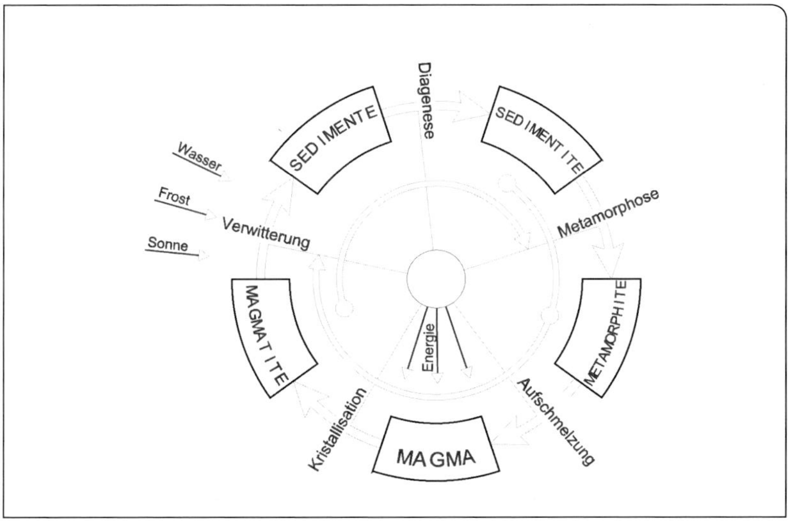

Abb. 45. Steinkreis zur Veranschaulichung der Gesteinsgenese.

Tab. 4.3: Wichtige Eigenschaften und Eignung von Natursteinen

Gesteinsgruppen		Eigenschaften		
		Druckfestigkeit (in N/mm²)	**Frostbeständigkeit (in % der Sorten)**	**Wahre Porosität (in Raum-%)**
Plutonite	Granit, Syenit	160 bis 240	< 100	0,4 bis 1,5
	Diorit, Gabbro	170 bis 300		0,5 bis 1,2
Vulkanite dicht	Rhyolit, Porphyr	150 bis 250	< 100	0,4 bis 1,8
	Trachyt	80 bis 250*		
	Basalt	200 bis 400		0,2 bis 0,9
	Diabas	180 bis 250		0,3 bis 1,1
	Vulkanischer Tuff	20 bis 30 (120)*	< 75	20 bis 30
Sedimentite	Sandstein	30 bis 130 (180)*	< 80	0,5 bis 25
	Kalksandstein		< 30	0,5 bis 30
	Konglomerat	20 bis 90 (170)*	< 50	0,6 bis 30
	Kalkstein		< 20	0,6 bis 30
	Travertin	20 bis 60 (110)*	< 60	5 bis 12
	Dolomitstein	80 bis 180	< 90	0,5 bis 2,0
Metamorphite	Marmor	80 bis 180	< 80	0,2 bis 0,6
	Quarzit	150 bis 240	< 90	0,2 bis 0,5
	Orthogneis, Paragneis	160 bis 280	< 95	0,4 bis 2,0

* die Angaben zur Druckfestigkeit differieren je nach Quelle stark

(Quellen: MÜLLER, 2001; MEHLING et al. 2003)

Eignung für Bearbeitung und Verwendung						
spaltrau, roh bearbeitet		behauen		geflammt	gesägt, geschliffen	
Mauerquader	Pflastersteine	Bildhauerarbeit, grob	Bildhauerarbeit, fein	Wandbekleidung	Bodenbelag	Fassade, Denkmal
+++	+++	+++		+++	+++	+++
+++	+++	+++			+++	+++
+++	+++	+++		++	+++	+++
+++	+++	+			+++	+++
+	+	+		+++	+++	+++
+	+	+	+		+++	+++
+	+	+	+		+++	+++
+	+	+	+		+++	+++
+++		+++	++			++
++		++	++		+	+
++		+++	+++			+
+		+				+++
++	+	+	+			+
+		+	+			+
+++	+	+	+		+	++
+++	+	++	++			
+++	+	+		+	+++	
+++	+++	+		++	+++	
+++	+			+	+++	

+++ = alle Sorten gut geeignet, ++ = einige Sorten gut geeignet, + = einige Sorten noch (gut) geeignet

4.2.2 Wichtige Natursteinarten im Vergleich

Für die sach- und fachgerechte Verwendung des Baustoffs Naturstein im Freien ist eine Reihe von Kriterien (vgl. Tab. 4.3) abzufragen:

- die Struktur bzw. die geologische Beschaffenheit des Steins, seine Entstehung und Zusammensetzung, ggf. Besonderheiten zur Nomenklatur,
- das Vorkommen, das Aufschluss gibt über die Verfügbarkeit, regionale Eigenarten und erforderliche Transportdistanzen,
- die technischen Eigenschaften wie das Gewicht bzw. die Roh- und Reindichte, das Porenvolumen, das in engem Zusammenhang mit der Frostbeständigkeit steht, die Druckfestigkeit, die Abriebfestigkeit etc.,
- die gestalterisch wirksamen Eigenschaften wie die Farbe, die Polierfähigkeit etc.,
- die Eignung für die jeweilige Bauaufgabe aufgrund der Eigenschaften.

Magmatite

Magmatite entstanden durch die Erstarrung von flüssigem Magma, entweder bei langsamer Abkühlung im Erdinneren (**Tiefengesteine = Plutonite**) oder nach einem Vulkanausbruch durch raschere Abkühlung an der Erdoberfläche (**Ergussgesteine = Vulkanite**).

Je nach seinem SiO_2 – Gehalt lassen sich vier Magmabereiche unterscheiden, saures Magma, intermediäres Magma, basisches Magma und ultrabasisches Magma. Innerhalb dieser Magmabereiche gehört zu jedem Tiefengestein auch eine Ergussform (vgl. Tab. 4.4). Saure Magmatite sind oft hell, auch rötlich gefärbt, basische dagegen überwiegend dunkel.

Alle Erstarrungsgesteine, außer den vulkanischen Tuff- bzw. Lavagesteinen, haben eine kristalline Struktur, sind hart, schwer, dicht bzw. wenig porös und damit meist frosthart. Sie eignen sich daher gut für Bodenbeläge, Einfassungen, Stufen oder Stelen, aufgrund ihrer Härte weniger gut für feine Bildhauerei. Das Spalten und steinmetzmäßige Bearbeiten von Magmatiten, beispielsweise für den Mauerbau, ist schwierig und relativ mühsam.

Tab. 4.4: Zusammenhang zwischen Tiefen- und Ergussgesteinen

Magmabereich	Tiefenform		Ergussform	Färbung
Sauer	Granit	→	Rhyolit	viele helle, auch rötliche Sorten
Intermediär	Syenit, Diorit	→	Trachyt	↓
Basisch	Gabbro	→	Basalt, Diabas	überwiegend dunkle Färbung

Die wichtigsten Tiefengesteine sind der vielgestaltige und vielseitig verwendbare **Granit** sowie **Syenit**, **Diorit** und **Gabbro**.

Zu den für die Verwendung im Landschaftsbau bedeutendsten Ergussgesteinen gehören **Rhyolit**, in der Praxis aufgrund seiner Färbung, die von rostrot-bräunlich über rosa bis violett reicht, als **Porphyr** (*porphyr* bedeutet im Griechischen purpurfarbig) geläufig, **Trachyt**, der meist dunkle, außerordentlich dichte und schwere **Basalt**, und **Diabas**, die nahe verwandte Grün-Facies des Basalt (vgl. Farbtafel 1, Seite 96).

Sedimentite

Für die Entstehung der Sedimentite sind unterschiedliche natürliche Prozesse verantwortlich: auf die **Verwitterung** der Festgesteine folgt meist die **Verfrachtung** durch Eis, Wasser oder Wind und dann die **Ablagerung** der Sedimente. Dabei erfolgt eine **Selektion** oder Sortierung in unterschiedliche Kornfraktionen. Physikalische und chemische **Diagenese**, d. h. der Einfluss von hohem Druck und Lösungsvorgängen im Wasser lassen schließlich die festen Sedimentite oder Ablagerungs- bzw. Absatzgesteine entstehen.

Die Sedimentite werden weiter untergliedert nach dem Grad der Aufbereitung bzw. der Korngröße, die hier vom großen Gesteinsbrocken bis zum Molekül reicht. Es werden zwei Klassen unterschieden: die **klastischen Sedimentite = Trümmergesteine**, die durch Absetzen und Verfestigen von Lockersedimenten entstanden sind, und die **chemischen Sedimentite = Niederschlagsgesteine**, bei deren Entstehung Lösungs- und Ausfällvorgänge eine Rolle spielten.

Zwischen beiden Gruppen gibt es Übergänge, die klastische und die chemische Sedimentation ist nicht klar trennbar. Die dritte Gruppe der **biogenen** oder **organischen** Sedimentite bleibt hier unberücksichtigt, da sie als Baustoffe für konstruktive Elemente in der Landschaftsarchitektur weniger eine Rolle spielt. Dazu gehören beispielsweise Erdöl, Erdpech (Asphalt), Kohle und Torf.

Die klastischen Sedimente lassen sich je nach Korngröße des abgesetzten Lockergesteins in weitere drei Familien gliedern: die groben **Brockengesteine = Psephite** mit Körnern größer 2 mm, die **Sandgesteine = Psammite** mit meist gerade noch sichtbarer Körnung von 2 bis 0,02 mm und die **Tongesteine = Pelite**, die aus feinsten Korngrößen kleiner 0,02 mm bestehen. Die Grenzen zwischen diesen Familien sind teilweise fließend.

Sedimentite sind aufgrund ihrer Entstehung weniger dicht und fest als die Magmatite, häufig auch von geringerer Wichte. Aufgrund ihrer oft geschichteten Struktur, die auch optisch gut zu erkennen ist, sind sie relativ leicht von Hand zu bearbeiten und zu spalten. Sie eignen sich entsprechend sehr gut für den Bau von Schichtmauerwerk, bei dem die natürliche Schichtung konstruktiv eine wichtige Rolle spielt, oder bildhauerische Tätigkeiten. Bei weichen, wenig verkieselten oder porösen Steinsorten dieser vielfältigen Gruppe besteht teilweise keine ausreichende Frosthärte (vgl. Farbtafel 2, Seite 97).

Zu den Psephiten gehören **Konglomerate** wie der **Nagelfluh** des Alpenvorlandes, der aus runden Gesteinskörnern besteht, und die **Brekzien** aus kantigen Körnern. Diese Natursteinarten stellen gewissermaßen die natürliche Vorlage für den Baustoff Beton (vgl. Kap. 4.3) dar. Die Gruppe der Psammite wird von den vielgestaltigen Arten des **Sandsteins** gebildet. Ein erhöhter Anteil an Kieselsäure sorgt für härtere und meist auch relativ frostsichere Sandsteine. Dazu gehört auch die **Grauwacke**, der verfestigte, verkieselte und damit harte Sandstein des Erdaltertums. Die Übergangsform zu den chemischen Sedimentiten stellen die **Kalksandsteine** dar. Die Pelite werden als **Schiefer(ton)**, **Tonstein** oder **Tonschiefer** bezeichnet. Die europäischen Sorten sind meist dunkel gefärbt.

Tab. 4.5: Entstehung der Sedimentite als Prozess-Schema

Input		Teilprozesse		Output
Festgesteine + Sonne, Wasser, Frost	→	**Verwitterung**	→	Lockergesteine = Sedimente
Sedimente + Erdanziehung, Wind, Wasser, Gletscher	→	**Verfrachtung**		
		Ablagerung	→	Ablagerungen: Sandbänke, Geröllschichten
Ablagerungen + Erdanziehung, Schwerkraft	→	**Selektion** = **Sortierung**	→	Grobgeröll, Feingeröll, Sand
Sortierte Körner		**Diagenese**		
+		=		
Druck	→	**Kompaktion (physikalisch)**	→	Klastische Sedimentite
		+		
Wasser, Lösung	→	**Zementation (chemisch)**	→	Chemische Sedimentite

Tab. 4.6: Entstehung der Umwandlungsgesteine

Ausgangsgestein	wird umgewandelt zu	**Umwandlungsgestein**
Magmatite	→	**Orthogesteine**
Granite	→	Orthogneise
Sedimentite	→	**Paragesteine**
Sandgesteine	→	Quarzite
Tongesteine	→	Kristalline Schiefer = Glimmerschiefer, Glimmerquarzit, Phyllite
Sand- und Tongesteine	→	Paragneise
Kalkgesteine	→	Marmore

Zu den chemischen Sedimentiten zählt die große und vielfältige Gruppe der **Kalksteine**. Wichtige Arten für den Landschaftsbau sind **Travertin**, **Dolomit(-stein)**, **Muschelkalk** und **Kalktuff**.

Metamorphite

Bei der Metamorphose wirken vielfältige Kräfte auf das abgesunkene Gestein ein. Dabei ändert sich die Grobstruktur durch Walzung, Pressung, Schieferung, Fältelung und ungleichmäßig wirkende Drücke. Der hohe Druck bewirkt auch eine Änderung der Feinstruktur: Amorphe Gesteinsmassen gehen in kristallinen Zustand über. Kristalle sind die Platz sparendste Ordnung der Moleküle.

Je nach Ausgangsmaterial und Tiefenzone (Druck und Temperatur) der Metamorphose entstanden aus Erstarrungs- und Absatzgesteinen Umwandlungsgesteine mit unterschiedlichen Eigenschaften. Metamorphite aus Magmatiten bezeichnet man als **Orthogesteine**, Metamorphite aus Sedimentiten als **Paragesteine**.

Die Metamorphite, insbesondere die Paragesteine, verbinden aus Sicht der Verwendung im Freien gewissermaßen die Vorzüge der Magmatite mit denen der Sedimentite. Die Steinarten sind hart, dicht, somit meist ausreichend frosthart, und relativ schwer. Trotzdem eignen sie sich aufgrund ihrer je nach Ausgangsmaterial oft geschichteten bzw. schiefrig lagernden Struktur gut für Schichtmauerwerk, Spaltplatten oder Stelen mit rechteckigem Grundriss. In ihren changierenden Grau-, Braun- oder Grüntönen und ihren je nach Art mehr oder weniger vorhandenen glitzernden Glimmeranteilen sind Metamorphite überdies gestalterisch attraktiv (vgl. Farbtafel 3, Seite 112). Orthogneise entstehen durch Umwandlung aus Graniten und anderen Tiefengesteinen. Sie sind ihrem Ausgangsmaterial meist sehr ähnlich.

Aus Sandsteinen (Psammiten) entstanden **Quarzite**, aus Tongesteinen (Peliten) und tonigen Sandsteinen **Glimmerschiefer**, **Glimmerquarzit** und **Phyllit**, die in Unterscheidung zu ihrem Ausgangsmaterial auch als **kristalline** Schiefer bezeichnet werden.

Paragneise sind ehemalige Ton- und Sandgesteine. Im Landschaftsbau besonders bekannt und bewährt sind die Sorten aus der Südschweiz, z. B. dem Maggiatal. Die Abgrenzung zu den Orthogneisen kann im Einzellfall schwierig sein.

Kalkgesteine wurden zu **Marmor** umgewandelt. Für das gesamte Natursteingewerbe ist Marmor wohl die wichtigste Steinart, für den Landschaftsbau eignen sich einige Sorten.

4.2.3 Gewinnung und Verarbeitung

Natursteine werden vorwiegend im Tagebau in Steinbrüchen gewonnen. Dies erfolgt im Wesentlichen in sechs Schritten.

Schritt 1: Das Freilegen des Gesteins,
zu dem das Entfernen des Oberbodens, des sogenannten Abraums, und des stark verwitterten Gesteinsmaterials, das teilweise zu Schotter oder Splitt verarbeitet werden kann, gehört.

Schritt 2: Das Freilegen der Kernfelszone,
das Entfernen von zerklüftetem oder plattigem Fels; wenn dieser ausreichend frosthart ist, kann er für kleinere Teile (z. B. Pflaster) verwendet werden. Die Kernfelszone kann in Bänken von vielen Metern Mächtigkeit

Abb. 46. Steingewinnung im Gneissteinbruch (Calancatal, Schweiz).

anstehen. Für große Objekte, z. B. Brunnenbecken, werden große homogene, nicht rissige oder zerklüftete Felsbereiche benötigt.

Schritt 3: Das Abbohren und Lösen von sägefähigen Kernfels-Rohblöcken
mit Hilfe von Pressluft- und Elektrobohrgeräten, Sägen mit endlosem Stahlseil, Keilspaltung oder hydraulischen Verfahren; früher wurde auch vielfach gesprengt, was häufige Risse im Fels und damit eine Minderung des Materials verursachte. Die Sprengung wird heute als Abbauverfahren nur noch bei sehr großen anstehenden Blöcken aus dafür geeignetem Gestein angewendet, beispielsweise in Gneissteinbrüchen der südlichen Schweiz oder in Granitsteinbrüchen im Bayrischen Wald.

Schritt 4: Das „Säubern" des Rohlings bzw. das Formen in Blockform
mit Bohrern und Keilen; extreme Teile werden entfernt und der Rohling wird eventuell weiter in für Sägetische geeignete Maßblöcke geteilt.

Schritt 5: Das Heben und der Transport der Blöcke zur Weiterverarbeitung.

Schritt 6: Das Sägen oder Spalten des Blocks,
bei dem Platten mit einer Mehrblattgattersäge oder einer Diamant-Gattersäge gefertigt werden bzw. Mauer- oder Pflastersteine durch Spalten des Blocks mit der Steinspaltmaschine oder von Hand. Formplatten in freien Formen, Rundungen, Bögen etc. werden mit computergesteuerten Spezialanlagen gesägt.

Abb. 47. Steinsäge im Steinbruchbetrieb.

Abb. 48. Herstellung von Spaltplatten.

Steinbrüche sind heute hoch technisierte Unternehmen, die fertige Natursteinprodukte herstellen und ausliefern. Das Sägen und Bearbeiten erfolgt im Steinbruchbetrieb, der meist von mehreren Brüchen beschickt wird. Bei vielen Bauvorhaben spielen die Leistungsfähigkeit des Steinbruchbetriebs, die Bearbeitungsformen sowie die gesicherte Nachlieferung eine entscheidende Rolle (vgl. Farbtafel 4, Seite 113).

Die Bearbeitung der Natursteinmaterialien findet nahezu ausschließlich im Steinbruchbetrieb statt. Das Produkt, der Pflaster- oder Mauerstein, die Platte etc. kommt fix und fertig auf die Baustelle. Der Landschaftsgärtner muss allenfalls noch die Fugen, die Lager und Stöße der Mauersteine oder die Plattenkanten nacharbeiten, Mauersteine, Pflaster oder Platten formgerecht spalten, Mauersteine nachbossieren, Ecksteine nacharbeiten, Formstücke schlagen oder sägen.

Grundsätzlich gibt es zwei Methoden der Natursteinprodukt-Herstellung: das **Sägen** von Platten, Blöcken etc. und das **Spalten** von Pflaster-, Mauersteinen, Spaltplatten etc.

Daneben existieren Methoden für spezielle Produktanforderungen, z. B. das Fräsen runder Säulen.

Auch die so entstandene Ober- oder Ansichtsfläche der Natursteine kann unterschiedlich bearbeitet werden. Während Spaltprodukte in aller Regel nicht weiter bearbeitet werden, sondern spaltrau verwendet werden, gibt es für gesägte Flächen vielfältige Möglichkeiten.

Schleifen und Polieren werden maschinell im Steinbruchbetrieb mit Schleifscheiben mit zunehmend feinem Korn durchgeführt. Für Gra-

Abb. 49. Blockstufe mit gestockter Oberfläche.

nit und ähnlich harte Gesteine sind Spezialmaschinen erforderlich. Die Oberfläche wird dabei spiegelnd glatt. Im Außenbereich ist diese Bearbeitungsform daher nur in vertikalen Flächen oder kleinflächig verwendbar.

Stocken ist eine der ältesten Methoden der Oberflächenbearbeitung. Heute wird sie meist mit Stockmaschinen durchgeführt oder manuell mit einem elektrischen Stockhammer. Die Oberfläche erhält beim Stocken grobe bis feine Grübchen. Diese mindern die Rutschgefahr auf Natursteinbelägen und -treppen im Freien.

Spitzen stellt eine Variante der Stockbearbeitung dar und wird in der Regel als Handarbeit mit Spitzmeißel oder Krönel ausgeführt. Hier bekommt die Oberfläche gröbere oder feinere Kerben. Gespitzte Oberflächen sind gröber gekerbt als gestockte.

Scharrieren eignet sich beispielsweise für die Auftritte von Stufen. Es wird auf vorgeebneten Flächen mit dem Scharriereisen durchgeführt. Die Oberfläche erhält je nach Breite des Eisens parallele Rillen.

Zahnen erzielt mit dem Zahneisen Oberflächen, die optisch etwa zwischen Spitzen und Scharrieren liegen.

Bossieren eignet sich für die Ansichtsflächen von Mauersteinen oder Stufen. Es wird mit dem Bossierhammer ausgeführt. Dabei wird die Oberfläche so bearbeitet, dass sie eine nach vorne gewölbte Form, häufig sogar einen Grat erhält. Es entstehen flache, großflächige Mulden oder Kerbungen.

Sandstrahlen geht – je nach Härte des Gesteins – kaum in die Tiefe. Die Oberfläche wird dabei durch Aufblasen von Sand mit hohem

Abb. 50. Bossierte Mauersteine aus Sandstein.

Druck leicht angeraut. Gesägte Platten und Stufen werden durch das Sandstrahlen etwas griffiger, die Steinstruktur kommt meist besser zur Geltung.
Flammen wird hauptsächlich bei sauren Magmatiten, insbesondere bei Granit, angewendet. Die Oberfläche wird dabei mit sehr heißer (ca. 2800 °C) Flamme und Gebläse behandelt. Dadurch entsteht eine Narbung der Oberfläche, bei der die Steinstruktur und -farbe gut zur Geltung gebracht wird. Platten sollten für diese Bearbeitung ca. 3 mm dicker gewählt werden (vgl. Farbtafel 4, Seite 113).

Bei den Werkzeugen für Bearbeitungen, die von Hand erfolgen und daher auf der Baustelle wichtig sind, unterscheidet man drei Gruppen:
- Schlagwerkzeuge – Hammer für die direkte Arbeit am Stein,
- Schlagwerkzeuge – Hammer zum Antreiben der Setzwerkzeuge und
- Setzwerkzeuge, die am Stein angesetzt werden (werden mit Fäustel, selten auch mit Klöpfel geschlagen bzw. angetrieben).

Ein weiteres wichtiges Werkzeug auf der Garten- und Landschaftsbaustelle ist die Steinsäge. Sie wird benötigt zum Sägen von Boden- und Abdeckplatten, zum Nachrichten von Mauersteinen bei Gesteinsarten, bei denen ein einwandfreies Abstemmen nicht möglich ist, zum Abfräsen von Oberflächen, zum Bekanten von regelmäßigen Platten oder zum Einsägen von Tropfnasen und Rillen gegen Rutschgefahr.

Abb. 51. Schlag- und Setzwerkzeuge für die Natursteinbearbeitung auf der Baustelle, z.B. beim Mauerbau.

Bei der Arbeit an der Steinsäge sollten eine Schutzbrille und eine Atemschutzmaske getragen werden.

Der Transport von Naturstein kann erfolgen

- als freie Ladung, die abgekippt wird (groß dimensionierte Pflastersteine, Findlinge, Bruchsteine),
- in Säcken (kleiner dimensionierte Pflastersteine, kleine Zierfindlinge),
- palettiert (Platten, Stufen, Mauersteine) oder
- palettiert und besonders geschützt (Poller, Figuren, Säulen etc.).

4.2.4 Beständigkeit und Prüfung

Die Haltbarkeit der Natursteinbauteile ist abhängig von der Gesteinsart, von den herrschenden Umweltbedingungen, von der Art der Verwendung, aber auch vom richtigen Einbauzeitpunkt und von Verarbeitungsdetails.

Als besonders haltbar können Magmatite und viele Metamorphite, also Granit- und Gneisarten sowie die kristallinen Schiefer, gelten. Dabei ist es nicht nur aus ökologischen Gründen sinnvoll, auf die regionale Herkunft des Materials zu achten. Es kann durchaus vorkommen, dass ein chinesischer Granit aus vergleichbaren Klimabedingungen sich in Mitteleuropa als wenig beständig erweist. Sedimentite sind in der Regel weniger dauerhaft und empfindlicher gegenüber Frost und Umwelteinflüssen. Allerdings müssen porenreiche Sedimentite nicht zwingend frostempfindlich sein. Großporige Gesteinsarten wie Travertin sind bei fachgerechtem Einbau durchaus frostbeständig.

Kalkgesteine sind im Allgemeinen wenig säurebeständig. Dies gilt, je nach Intensität der Umweltbelastung, auch für Marmore. Die in der von Abgasen verschmutzten Luft vorhandene bzw. entstehende Schwefelsäure greift auch Sandsteinbauteile an. Je höher der Verkieselungsgrad der Sandsteine ist, desto besser ist ihre Haltbarkeit. Dies sollte besonders im Garten- und Landschaftsbau beachtet werden, wo in der Regel eine häufige Durchfeuchtung des Materials gegeben ist.

Sandsteine, ebenso wie poröse, aber grundsätzlich frostharte Natursteine wie Travertin oder Kalktuff, sollten überdies nicht im bruchfeuchten Zustand verarbeitet werden. Dementsprechend ist auch die jahreszeitlich rechtzeitige Verarbeitung eine wichtige Voraussetzung für die Vermeidung von winterlichen Frostschäden. Ein Einbauzeitpunkt im Herbst erhöht das Risiko hierfür.

Bei richtiger Auswahl, Verwendung und Verarbeitung überdauern Natursteine jedoch lange Zeit. Jahrhundertealte Mauern, Pflasterbeläge, Treppen und Bauwerke zeigen dies.

Ein besonders wichtiger Aspekt ist die grundsätzlich nahezu unbegrenzte Wiederverwendbarkeit von Naturstein-Bauteilen. Bei der Verwendung gebrauchter Materialien der Region besteht der Vorteil, dass sich der Stein bereits unter den herrschenden Umweltbedingungen bewährt hat.

Um sicher zu stellen, dass die verwendeten Natursteinmaterialien bestimmte Eigenschaften aufweisen und so für den vorgesehenen Zweck geeignet sind, dienen genormte Prüfverfahren. Die Prüfungsergebnisse werden in einem Prüfungs-Zeugnis der prüfenden Einrichtung bescheinigt. Die zu prüfenden Eigenschaften und die jeweils anzuwendenden Verfahren sind in einer Vielzahl von deutschen und Euronormen genau beschrieben.

Wichtige Europäische (Prüf-)Normen für Naturstein:

DIN EN 1925 Prüfverfahren für Naturstein – Bestimmung des Wasseraufnahmekoeffizienten infolge Kapillarwirkung, Mai 1999

DIN EN 1926 Prüfverfahren für Naturstein – Bestimmung der Druckfestigkeit, Mai 1999

DIN EN 1936 Prüfverfahren für Naturstein – Bestimmung der Reindichte, der Rohdichte, der offenen Porosität und der Gesamtporosität, Juli 1999

DIN EN 12370 Prüfverfahren für Naturstein – Bestimmung des Widerstandes gegen Kristallisation von Salzen, Juni 1999

DIN EN 12371 Prüfverfahren für Naturstein – Bestimmung des Frostwiderstands, Januar 2001

DIN EN 12372 Prüfverfahren für Naturstein – Bestimmung der Biegefestigkeit (Mittellinienlast), Juni 1999

DIN EN 12407 Prüfverfahren für Naturstein – Petrographische Prüfung, August 2000

DIN EN 12440 Naturstein – Kriterien für die Bezeichnung, April 2008

DIN EN 12670 Naturstein – Terminologie, März 2002

DIN EN 13161 Prüfverfahren für Naturstein – Bestimmung der Biegefestigkeit (Konst. Moment), Februar 2002

DIN EN 13364 Prüfverfahren für Naturstein – Bestimmung der Ausbruchlast am Ankerdornloch, März 2002
DIN EN 13373 Prüfverfahren für Naturstein – Bestimmung der Maße und anderer geometrischer Merkmale von Gesteinen, August 2003
DIN EN 13755 Prüfverfahren für Naturstein – Bestimmung der Wasseraufnahme bei atmosphärischem Druck, März 2002
DIN EN 13919 Prüfverfahren für Naturstein – Bestimmung der Beständigkeit gegen Alterung durch SO_2- und Feuchteeinwirkung, März 2002
DIN EN 14066 Prüfverfahren für Naturstein – Bestimmung des Widerstands gegen Alterung durch Wärmeschock, August 2003
DIN EN 14146 Prüfverfahren für Naturstein – Bestimmung des dynamischen Elastizitätsmoduls, Juni 2004
DIN EN 14147 Prüfverfahren für Naturstein – Bestimmung der Beständigkeit gegen Alterung durch Salzsprühnebel, Februar 2004
DIN EN 14157 Prüfverfahren für Naturstein – Bestimmung des Widerstands gegen Verschleiß, Januar 2005
DIN EN 14158 Prüfverfahren für Naturstein – Bestimmung der Bruchenergie, Juni 2004
DIN EN 14205 Prüfverfahren für Naturstein – Bestimmung der Härte nach Knoop, Februar 2004
DIN EN 14231 Prüfverfahren für Naturstein – Bestimmung des Gleitwiderstandes mit Hilfe des Pendelprüfgerätes, Juli 2003
DIN EN 14579 Prüfverfahren für Naturstein – Bestimmung der Geschwindigkeit der Schallausbreitung, Januar 2005
DIN EN 14580 Prüfverfahren für Naturstein – Bestimmung des statischen Elastizitätsmoduls, Juli 2005
DIN EN 14581 Prüfverfahren für Naturstein – Bestimmung des thermischen Ausdehnungskoeffizienten, November 2002

Bei Natursteinmauerwerk oder auch Belägen in Verbindung mit Hinterbeton, Mörtel oder Betontragschichten kann es zu chemisch bedingten Verunreinigungen wie **Ausblühungen**, **Auslaugungen**, oder **Aussinterungen** kommen. Das Natursteinmauerwerk zeigt dann weißliche Flecken. Sandsteine sind besonders anfällig. Der Grund dafür sind Stoffe, die aus dem Inneren des Mauerwerks an seine Oberfläche transportiert und dort abgelagert werden.

Ausblühungen oder Effloreszenzen sind fleckenartige Ansammlungen wasserlöslicher Substanzen (Karbonate, Sulfate, Silikate, Nitrate), die in gelöster Form beim Austrocknen des Steines in die Verdunstungszone transportiert werden und sich nach der Verdunstung des Wassers auskristallisiert oder in unkristallisierter Form als Rückstand auf der Steinoberfläche absetzen. Karbonatausblühungen entstehen beispielsweise, wenn beim Abbindevorgang des Mörtels und des Hinterbetons Kalk frei wird, Kalkhydrate durch den vorgemauerten Naturstein dringen und als Kalkschleier ($CaCO_3$) sichtbar werden. Andere Ausblühungen, z. B. durch Sulfate, sind im Landschaftsbau eher selten.

Abb. 52. Deutliche Ausblühungen an der Oberfläche einer Stützmauer.

Farbtafel 1

Bild 1. Stufen, Mauersteine und Pflaster aus Granit.

Bild 2. Mauersteine aus Porphyr und Granit (Gärten Schloss Trauttmansdorff).

Bild 3. Belagsfläche aus Porphyr und Granitpflaster (Gärten Schloss Trauttmansdorff).

Bild 4. Stufen und Mauerabdeckungen aus Basalt, Mauerverkleidung aus Quarzit (Landesgartenschau Bingen 2008).

Bild 5. Sitzstufenanlage aus Basalt (Landesgartenschau Bingen 2008).

Bild 6. Bodenintarsie aus rotem und grünem Porphyr (Porfido monumentale, Porfido verde antico) und Marmor (Cosmatenboden, Rom).

Die fortschreitende Karbonatisierung, die schließlich zur Bildung weißer Krusten führt, nennt man **Aussinterung**.

Das Herauslösen von Bestandteilen wie Salze, Gips oder Kalk aus dem Gestein selbst, beispielsweise aus Kalkstein, bezeichnet man als **Auslaugungen**. Meist ist säurehaltiges bzw. mit Kohlendioxid angereichertes Wasser die Ursache dafür. Durch die Auslaugung entstehen Spalten oder Löcher im Gestein. Das Gestein korrodiert.

Ausblühungen verschwinden witterungsbedingt oft von selbst wieder. Sie lassen sich durch Abbürsten, Sandstrahlen oder Absäuern beseitigen.

Wie mit einer spontanen Besiedelung des Natursteins mit Vegetation umzugehen ist, muss im Einzelfall entschieden werden. Besteht die Gefahr, dass das Wachstum der Pflanzen den Naturstein oder die Konstruktion mittelfristig schädigt, ist der Aufwuchs zu entfernen. Dies gilt in nahezu jedem Fall für Gehölze.

4.2.5 Natursteinprodukte im Landschaftsbau

Pflaster, Platten und **Einfassungen** aus Naturstein haben für die Herstellung von Belägen in Frei- und Verkehrsflächen eine große Bedeutung. Sie gehören zu den wichtigsten Produkten aus Naturstein im Landschaftsbau. Nachdem die Anforderungen an diese Produkte eng mit der Konstruktion von Belagsdeckschichten verknüpft sind, werden diese in Kapitel 13 ausführlicher behandelt.

Mauersteine und **Quader** für die Herstellung von massiven Natursteinmauern oder Verblendungen aus Naturstein können in den er-

1

2

3

4

5

6

7

8

9

10

11
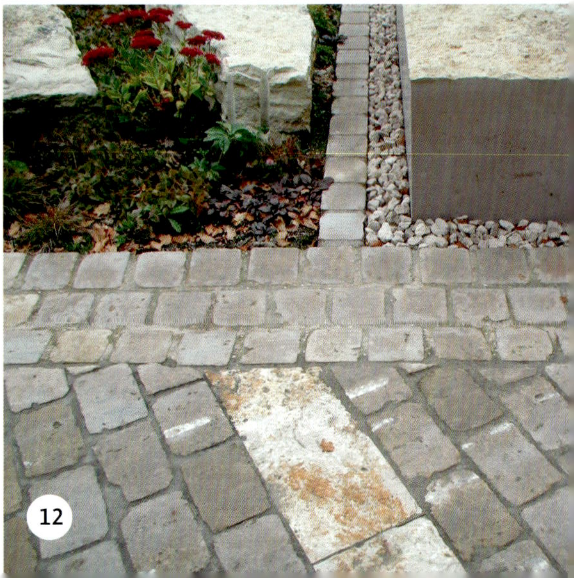
12

Abb. 53. Palettierte Blockstufen.

forderlichen Größen in spaltrauer oder gesägter Form mit gestockter, gespitzter oder bossierter Ansichtsfläche in weiter Größenspanne beim Natursteinhändler bezogen werden. Die Anforderungen für Mauersteine mit einer Breite $\geq$ 80 mm werden in der DIN EN 771-6 geregelt. Ein Mauerstein ist darin als vorgeformtes Element zur Herstellung von Mauerwerk definiert. Seine Maße für Länge, Breite und Höhe sind in dieser Reihenfolge in mm anzugeben. Die zulässigen Abweichungen für verschiedene Klassen sind in der Norm festgelegt. Je nach Mauerwerkstyp ist es jedoch zweckmäßig, bei Länge und Breite Von-bis-Spannen anzugeben.

Unter **Werkstücken** versteht man Naturstein-Massivstücke wie Treppenstufen, Abdeckungen, Säulen und Stelen, Poller, Kugeln, Brunnenbecken etc. In der Regel bieten die Lieferanten hier ein Standardprogramm an, z. B. Blockstufen mit den Abmessungen Tiefe $\times$ Höhe = 40 $\times$ 14 cm und 35 $\times$ 15 cm für ein Steigungsverhältnis von 15/34 bzw. 16/32 (vgl. Kap. 6.1.3) in Längen von 50, 100, 150 und 200 cm, Kugeln von 20 bis 200 cm Durchmesser etc.

In leistungsfähigen Natursteinbetrieben sind nahezu alle Sonderanfertigungen für Produkte aus Naturstein nach Detailzeichnung möglich.

Farbtafel 2

Bild 7. Brannenburger Nagelfluh.

Bild 8. Bildsames Material: Skulptur aus Sandstein (Landesgartenschau Bingen 2008).

Bild 9. (Ton-)Schiefer (Landesgartenschau Kronach 2002).

Bild 10. Thüringer Travertin.

Bild 11. Muschelkalk (Lustgarten Berlin).

Bild 12. Jurakalkstein (cremeweiß) und Dolomit (grauweiß).

Wichtige Normen für Natursteinprodukte:

DIN EN 1341 Platten aus Naturstein für Außenbereiche – Anforderungen und Prüfverfahren, März 2000

DIN EN 1342 Pflastersteine aus Naturstein für Außenbereiche – Anforderungen und Prüfverfahren, März 2000

DIN EN 1343 Bordsteine aus Naturstein für Außenbereiche – Anforderungen und Prüfverfahren, März 2000

DIN 482 Straßenbordsteine aus Naturstein, April 2002

DIN EN 771–6 Festlegungen für Mauersteine, Teil 6: Natursteine, Dezember 2005

DIN EN 1467 Rohblöcke, März 2004

DIN EN 1468 Halbfertigerzeugnisse (Rohplatten), März 2004

DIN EN 1469 Fertigerzeugnisse, Bekleidungsplatten, Februar 2005

DIN EN 12057 Fertigerzeugnisse, Fliesen, Januar 2005

DIN EN 12058 Fertigerzeugnisse, Bodenplatten und Stufenbeläge, Januar 2005

DIN EN 12059 Fertigerzeugnisse, Steine für Massivarbeiten, Juni 2008

4.3 Beton

Vorbilder für Beton stellen in der Natur die Konglomerate und Brekzien (vgl. Kap. 4.2.2) dar, bei denen durch den Sedimentationsprozess größere Gesteinskörner durch ein Gemenge aus Kalk, feinsten Gesteinspartikeln und Wasser verbunden wurden.

Durch Kalkmörtel verfestigte Bodenbeläge sind bereits aus vorchristlicher Zeit, um 7000 v. Chr., bekannt. Die vielleicht erste systematische Verklebung von Steinen und Sand zu neuen Bauteilen mit hoher Druckfestigkeit wurde etwa seit Beginn des 3. Jahrhunderts v. Chr. und insbesondere im römischen Reich entwickelt. Die römischen Baumeister stellten Mischungen aus Steinen, Sand, Resten von gebranntem Ziegelmaterial, Wasser und gebranntem Kalkstein her und nannten Verfahren und Baustoff *opus caementitium*. Sie verwendeten diesen Baustoff zunächst für Mauern, Brücken oder Hafenmolen, später auch für Kuppelbauten mit teilweise riesigen Abmessungen. Berühmtestes Beispiel ist das Pantheon in Rom mit einem Kuppelinnendurchmesser von 43,30 m, das in der bis heute erhaltenen Fassung von 115 bis 126 n. Chr. erbaut wurde (LAMPRECHT, 1996). Die Kuppel des Petersdoms in Rom aus dem 16. Jahrhundert, die als das größte freitragende Ziegelbauwerk der Welt gilt, misst einen knappen Meter weniger.

Die Form ergab sich bei römischen Betonbauten aus einer Schale bzw. Schalung aus vorher aufgemauerten Ziegeln oder Natursteinen oder durch eine Schalung aus Holzbrettern und -balken. Der Mauerkern übernahm meist die tragende Funktion. Teilweise wurden be-

Abb. 54. Kuppel des Pantheon in Rom.

reits Eisenstäbe zur Bewehrung eingelegt. Der Römerbeton erreichte Druckfestigkeiten bis über 35 N/mm^2. Auch Recyclingtechniken waren gebräuchlich, beispielsweise die Zugabe von Scherben und Altbaustoffen (Lamprecht, 1996).

Während der Zeit der Völkerwanderungen ging das Wissen um den Baustoff Beton größtenteils verloren. Es dauerte Jahrhunderte bis zu seiner Wiederentdeckung.

Der Begriff Beton wurde erstmals 1753 schriftlich formuliert. Der französische Physiker, Mathematiker und Ingenieur Bernard de Bélidor bezeichnete in seinem Standardwerk „Architecture hydraulique" ein Gemisch aus wasserbeständigem Mörtel und groben Zuschlägen als „béton“. Um die weitere Entwicklung des Betons der Neuzeit machten sich ab 1755 vor allem die Engländer J. Smeaton, J. Parker und J. Aspdin, letzterer entwickelte 1824 als ersten künstlichen Zement, den Portlandzement, verdient.

Die Erfindung des Eisen- bzw. des Stahlbetons wird neben Francois Coignet und Josef Louis Lambot dem französischen Gärtner und Bauunternehmer Joseph Monier (1823–1906) zugeschrieben, der um 1850 einen Blumenkübel aus Beton kreierte, der mit Hilfe einer Drahtgeflechteinlage stabiler gemacht wurde. Diese Methode wurde im Jahre 1867 patentiert. Viele im Bau Tätige sprechen heute noch vom Monier-Eisen und bezeichnen damit die Stahleinlage im Stahlbeton.

Die ältesten erhaltenen Betonbauten ohne Stahlbewehrung in Deutschland stehen in Offenbach bei Frankfurt und stammen aus dem Jahr 1879 (Bogenbrücke und Tempel für eine Gewerbeausstellung). Die älteste erhaltene Stahlbetonbrücke aus dem Jahr 1938 führt bei Oelde in Westfalen über die Autobahn und steht inzwischen unter Denkmalschutz.

In der Architektur repräsentiert Beton den Baustoff der Moderne, ohne den Konstruktivismus und Bauhaus, aber auch der Dekonstruktivismus der 80er-Jahre nicht denkbar gewesen wären.

Ab der Mitte des 19. Jahrhunderts findet man auch in Garten- und Parkanlagen Konstruktionen aus Beton wie Treppenstufen, Brüstungen, Wasserbecken, Zaunpfeiler, Beet- und Wegeeinfassungen oder sogar künstliche Felsen. Die ersten dieser Art aus „cement“ entstanden um 1850 im Bois de Boulogne in Paris bei der Gestaltung eines Bachufers (Schönberger, 2004). Trotzdem spielte Beton bis zur Nachkriegszeit eine eher untergeordnete Rolle in der Gartenarchitektur, es dominierten meist Naturstein oder Ziegel und Klinker.

Der wirkliche Siegeszug des Betons als Material für den Garten- und Landschaftsbau begann in der Zeit nach dem Zweiten Weltkrieg, in der der Zeit- und der Kostenfaktor das Bauwesen ganz wesentlich bestimmten. In den 60er- und 70er-Jahren erreichte die Betonverwendung bei der Gestaltung von Freianlagen einen ersten Höhepunkt. Eine wichtige Rolle spielten dabei Betonwaren und Beton-Fertigteile.

4.3.1 Zusammensetzung des Betons

Beton ist ein künstliches Konglomeratgestein, das aus einem Gemisch von Zement, Gesteinskörnungen und Wasser sowie ggf. Betonzusätzen durch Erhärten des sogenannten Zementleims (Zement und Wasser) entsteht. Hergestellt als Frischbeton mit wählbarem Konsistenzbereich (vgl. Kap. 4.3.2), kann Beton in beliebige Formen und Strukturen gegossen werden.

Zement

Zement ist ein hydraulisches Bindemittel für Mörtel und Beton, das an der Luft und im Wasser erhärtet. Zusammensetzung und Eigenschaften des Zements sind in Normen festgelegt.

Zement entsteht aus natürlichen mineralischen Rohstoffen wie Kalkstein, Ton und anderen.

Die Rohstoffe für den Zement werden fein gemahlen, im richtigen Verhältnis gemischt (kalkige zu tonige Rohstoffe) und bis zur Sinterung, d. h. bis zum beginnenden Schmelzen (ca. 1450 °C), gebrannt. Es entsteht ein steinartig fester, lagerfähiger Zementklinker. Das Bindemittel Zement wird aus diesem Klinker durch Feinmahlen hergestellt, ggf. unter Zugabe von Calciumsulfat, Hüttensand oder Puzzolanen, das sind fein gemahlene vulkanische Tuffsteine, die auch als „Trass“ bezeichnet werden.

Die verschiedenen Zementarten und ihre Zusammensetzung richten sich nach der Norm DIN EN 197–1. Die Norm definiert fünf Hauptzementarten, CEM I bis CEM V, und siebenundzwanzig Produkte oder Normalzementarten (vgl. Tab. 4.7, Seite 102).

Werden Zement und Wasser zu einem Brei verrührt, so wird dieser allmählich fest, aus Zementleim wird Zementstein. Dabei nennt man das Versteifen des Zementleims „Erstarren“, den Vorgang der weiteren Verfestigung „Erhärten“. Diese Verfestigung beruht auf der Bildung wasserbeständiger = hydraulischer Verbindungen, der Hydratation.

Wichtig sind dafür ein sehr feines Mahlen des Zements, das aufgrund der großen Oberfläche eine fast vollständige Hydratation erlaubt, sowie das richtige Masseverhältnis von Wasser zu Zement, ausgedrückt im Wasserzementwert (= w/z-Wert).

Masse des Wassers w: Masse des Zements z = w/z-Wert

Zement kann chemisch und physikalisch eine Wassermenge von ca. 40 % seines Gewichts an sich binden (etwa 25 % chemisch, 15 % physikalisch), dies bedeutet 400 g Wasser bei 1 kg Zement. Das entspricht einem Wasserzementwert von w/z = 0,40. Dieser führt zur optimalen Bindung zwischen den Zementkörnern und somit zur optimalen Festigkeit des Betons. Dieser Optimalwert kann jedoch nur als Orientierungswert dienen. In der heutigen Betontechnologie werden hochfeste Betone entwickelt, bei denen es bei einem w/z-Wert von 0,23 noch zur vollständigen Hydratation kommt (Gegner, 2007).

Steigt bei gleichem Zementgehalt der Wassergehalt an, wird auch der Wasserzementwert größer. Wasser, das nicht vom Zement gebunden wird, beeinflusst lediglich die Verarbeitbarkeit des Betons. Je höher der Gehalt an überschüssigem Wasser ist, desto geringer ist die Festigkeit.

Tab. 4.7: Die Zusammensetzung von Normalzementen nach DIN EN 197–1

Zementart			**Hauptbestandteile neben Portlandzementklinker**	
Hauptart	**Benennung**	**Kurzzeichen**	**Art**	**Masse-%**
CEM I	Portlandzement	CEM I	–	0
CEM II	Portlandhüttenzement	CEM II/A-S	Hüttensand (S)	6 bis 20
		CEM II/B-S		21 bis 35
	Portlandsilicastaubzement	CEM II/A-D	Silicastaub (D)	6 bis 10
	Portlandpuzzolanzement	CEM II/A-P	natürliches Puzzolan (P)	6 bis 20
		CEM II/B-P		21 bis 35
		CEM II/A-Q	künstliches Puzzolan (Q)	6 bis 20
		CEM II/B-Q		21 bis 35
	Portlandflugaschezement	CEM II/A-V	kieselsäurereiche Flugasche (V)	6 bis 20
		CEM II/B-V		21 bis 35
		CEM II/A-W	kalkreiche Flugasche (W)	6 bis 20
		CEM II/B-W		21 bis 35
	Portlandschieferzement	CEM II/A-T	gebrannter Schiefer (T)	6 bis 20
		CEM II/B-T		21 bis 35
	Portlandkalksteinzement	CEM II/A-L	Kalkstein (L)	6 bis 20
		CEM II/B-L		21 bis 35
		CEM II/A-LL	Kalkstein (LL)	6 bis 20
		CEM II/B-LL		21 bis 35
	Portlandkompositzement	CEM II/A-M	alle Hauptbestandteile möglich (S, D, P, Q, V, W, T, L, LL)	6 bis 20
		CEM II/B-M		21 bis 35
CEM III	Hochofenzement	CEM III/A	Hüttensand (S)	36 bis 65
		CEM III/B		66 bis 80
		CEM III/C		81 bis 95
CEM IV	Puzzolanzement	CEM IV/A	Puzzolane (D, P, Q, V)	11 bis 35
		CEM IV/B		36 bis 55
CEM V	Kompositzement	CEM V/A	Hüttensand (S) und Puzzolane (D, P, Q)	18 bis 30
		CEM V/B		31 bis 50

Tab. 4.8: Zementfestigkeitsklassen

Festigkeits-klasse	Norm	Druckfestigkeit in N/mm²				Kennzeichnung*	
		Anfangsfestigkeit		Normfestigkeit		Kennfarbe	Farbe Aufdruck
		2 Tage	7 Tage	28 Tage			
22,5	DIN EN 14216	–	–	$\geq 22{,}5$	$\leq 42{,}5$	–	–
32,5 L	DIN EN 197–4	–	≥ 12				–
32,5 N	DIN EN 197–1	–	≥ 16	$\geq 32{,}5$	$\leq 52{,}5$	hellbraun	schwarz
32,5 R		≥ 10	–				rot
42,5 L	DIN EN 197–4	–	≥ 16				–
42,5 N	DIN EN 197–1	≥ 10	–	$\geq 42{,}5$	$\leq 62{,}5$	grün	schwarz
42,5 R		≥ 20	–				rot
52,5 L	DIN EN 197–4	≥ 10	–				–
52,5 N	DIN EN 197–1	≥ 20	–	$\geq 52{,}5$	–	rot	schwarz
52,5 R		≥ 30	–				weiß

* nur für Zemente mit besonderen Eigenschaften nach DIN 1164 verbindlich

Nach der DIN EN 206–1 und der DIN 1045–2 darf der w/z-Wert für Bauteile im Außenbereich maximal 0,60 betragen.

Die Zemente werden gemäß DIN EN 197–1 nach ihrer wichtigsten Eigenschaft, der Druckfestigkeit, in Festigkeitsklassen eingeteilt, die jeweils der Mindestdruckfestigkeit in N/mm² nach 28 Tagen entsprechen (vgl. Tab. 4.8).

Innerhalb dieser Klassen wird nach dem Erhärtungsverhalten differenziert in Zemente mit geringer Anfangsfestigkeit, die mit **L** für LOW bezeichnet werden, mit normaler Anfangsfestigkeit, bezeichnet mit **N** für NORMAL, und mit hoher Anfangsfestigkeit, für die **R** für RAPID steht. Die erste Klasse 22,5 wird nicht weiter unterteilt.

Jeder angelieferte Zement muss auf den Säcken und/oder Lieferscheinen entsprechend der DIN EN 197–1 gekennzeichnet sein.

Zement muss grundsätzlich vor Verunreinigung und vor Feuchtigkeit geschützt werden. Er darf nur in sauberen, rückstandslosen Transportbehältern transportiert werden. Bei der Lagerung muss Zement sorgfältig, am besten in geschlossenen Räumen, vor Feuchtigkeit geschützt werden. Die maximal mögliche Lagerungsdauer beträgt bei schnell erhärtenden R-Zementen etwa einen Monat.

Gesteinskörnungen

Als Gesteinskörnung wird gekörntes Material bezeichnet, das aus natürlichem Gestein gewonnen oder industriell gefertigt wird. Es kann auch Recycling-Material beinhalten, das den Anforderungen der DIN 4226-100 sowie der Richtlinie Ri1 des Deutschen Ausschusses für Stahlbeton (DAfStb) genügen muss. Gesteinskörnungen im Allgemeinen müssen der DIN EN 12620 entsprechen.

Für die Herstellung eines Normalbetons guter Qualität ist wichtig, dass das verwendete Gestein eine ausreichend hohe Druckfestigkeit besitzt und der Anteil an schädlichen Stoffen eng begrenzt ist. Das Einzelkorn sollte eine möglichst gedrungene (runde) Form haben. Ungünstig ist ein Verhältnis von Länge zu Dicke von mehr als 3 : 1. Günstig ist überdies eine raue Oberfläche. Die Gesteinskörnungen sollen in ihrer Zusammensetzung im Allgemeinen gemischtkörnig sein, damit der Zementanteil bei der Herstellung eines Betons mit dichtem Gefüge wirtschaftlich bleibt. Um eine ausreichende Verdichtung zu gewährleisten, sollte die Größe des Größtkorns ein Fünftel der kleinsten Bauteilabmessung nicht überschreiten. Sie darf jedoch keinesfalls größer als ein Drittel der kleinsten Bauteilabmessung sein. Der überwiegende Teil der Gesteinskörnung soll kleiner als der Abstand der Bewehrungsstäbe untereinander und von der Schalung sein.

Gesteinskörnungen für Beton werden in handelsüblichen Korngrößen geliefert. Die Kornzusammensetzung wird durch Sieben ermittelt. Dabei werden die Körner in übereinander angeordneten Sieben, deren Lochung nach oben hin größer wird, nach ihrem Durchmesser geordnet. Die Inhalte der einzelnen Siebe werden gewogen. Das Ergebnis wird in einer Sieblinie grafisch dargestellt.

Die DIN 1045-2 enthält Regelsieblinien für Korngemische mit einem jeweiligen Größtkorn von 8, 16, 31,5 und 63 mm. Unabhängig vom Größtkorn wird einheitlich die untere (grobe) Regelsieblinie mit A, die mittlere mit B und die obere (feine) mit C bezeichnet. Die Sieblinien gelten für Körner gleicher Rohdichte.

Die Bereiche werden wie folgt gekennzeichnet:

1 = grobkörnig,
2 = Ausfallkörnung,
3 = grob- bis mittelkörnig,
4 = mittel- bis feinkörnig,
5 = feinkörnig.

Beträgt die Korngröße der Gesteinskörnung maximal 4 mm, entspricht also der Fraktion Sand, wird das Gemisch mit Zement und Wasser allgemein als **Mörtel** bezeichnet.

Besteht der Zuschlag eines Betons nur aus einer Korngruppe, spricht man von **Einkornbeton**. Im Landschaftsbau spielt Einkornbeton als wasserdurchlässiger Filterbeton eine große Rolle. Durch das Fehlen feiner Korngrößen bilden sich größere Poren und Lücken im

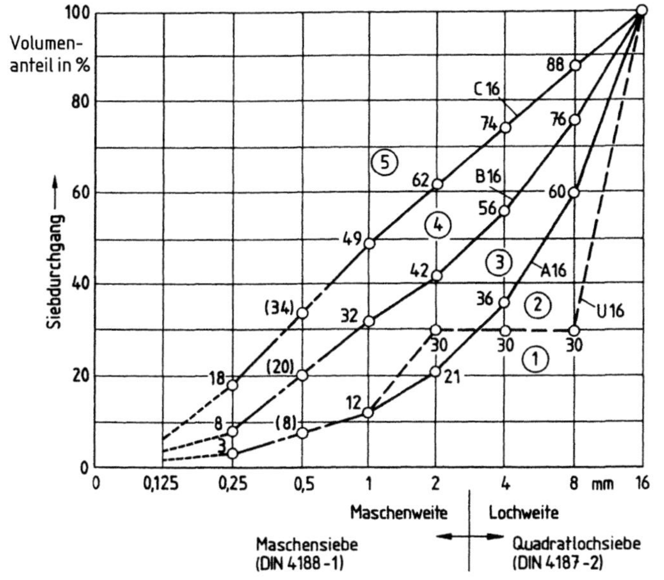

Abb. 55. Sieblinien mit einem Größtkorn von 16 mm nach DIN 1045–2.

Gefüge, durch die Wasser fließen kann. Dieser wasserdurchlässige Beton kann als Tragschicht, als Dränschicht, als Fundament für Holzbauteile etc. Verwendung finden. Einkornbeton erreicht nicht die Festigkeiten gemischtkörniger Betonarten. Entsprechend gelten hier die Festigkeitsklassen (vgl. Kap. 4.3.2) nicht.

Beton kann relativ gut wiederaufbereitet, recycelt, werden. Bei Stahlbeton ist eine Trennung von Stahl und Beton erforderlich. Aus Betonbauteilen und Betonwaren entsteht durch die Wiederaufbereitung wieder eine Gesteinskörnung, die als Schüttstoff für Tragschichten oder wieder für die Herstellung von Beton verwendet werden kann.

Wasser

Das für die Hydratation zur Verfügung stehende Wasser besteht aus der Oberflächenfeuchte der Gesteinskörnung und dem sogenannten Zugabewasser. Letzteres muss bei der Betonmischung mit einer Genauigkeit von maximal 3 Masse-% Abweichung zugegeben werden.

Es kann das natürlich vorkommende Wasser verwendet werden, soweit es keine Bestandteile enthält, die das Erhärten oder andere Eigenschaften des Betons ungünstig beeinflussen. Beim Stahlbeton darf überdies der Korrosionsschutz der Bewehrung nicht negativ beeinflusst werden. Nicht geeignet sind stark verunreinigte Wässer, die das Erhärten oder bestimmte Eigenschaften des Betons ungünstig beeinflussen können, z. B. öl-, fett-, zucker- oder huminhaltige Wässer.

Das Zugabewasser muss der DIN EN 1008 entsprechen.

Betonzusätze

Neben den drei Hauptbestandteilen des Betons, Zement, Gesteinskörnung und Wasser, ist meist noch die Zugabe von Betonzusatzmitteln oder -stoffen erforderlich, um durch chemische oder physikalische Wirkung bestimmte Betoneigenschaften zu erreichen. Gerade die modernen Betone wie hochfester oder selbstverdichtender Beton sind ohne entsprechende Zusatzmittel nicht herstellbar (GEGNER, 2007). Betonzusatzmittel spielen für die Massenberechnung des Betons keine Rolle, Betonzusatzstoffe müssen bei der Stoffraumberechnung berücksichtigt werden.

Tab. 4.9: Betonzusätze (Quelle: GEGNER, 2007)

Betonzusatzmittel			**Betonzusatzstoffe**	
... spielen für Massenberechnung keine Rolle			... werden bei Massenberechnung berücksichtigt	
Wirkungsgruppe	**Kurzzeichen**	**Farbkennzeichnung**	**Typ 1**	**Typ 2**
Betonverflüssiger	BV	gelb		
Fließmittel	FM	grau	= nahezu inaktive Zusatzstoffe	= puzzolanische oder latent hydraulische Zusatzstoffe
Fließmittel/Verzögerer (Kombinationsprodukt)*	FM	grau		
Luftporenbildner	LP	blau		
Dichtungsmittel	DM	braun		
Verzögerer	VZ	rot		
Erhärtungsbeschleuniger	BE	grün	Stoffe mit sehr feiner Körnung wie	Latent hydraulische Stoffe wie
Erstarrungsbeschleuniger	BE	grün		
Erstarrungsbeschleuniger für Spritzbeton*	SBE	grün	Gesteinsmehle, Farbpigmente, Fasern, z. B. Stahlfasern, organische Zusatzstoffe, z. B. Kunstharzdispersionen etc.	Hüttensand, Steinkohlenflugasche, insbesondere kugelförmige, natürliche Puzzolane, Silicastaub etc.
Zusatzmittel für Einpressmörtel	EH	weiß		
Stabilisierer	ST	violett		
Chromatreduzierer*	CR	rosa		
Recyclinghilfen*	RH	schwarz		
Schaumbildner*	SB	orange		
Sedimentationsreduzierer*	SR	gelb-grün		

* nicht für Beton nach EN 206-1/DIN 1045-2 bzw. Zulassung erforderlich

4.3.2 Eigenschaften des Betons

Eigenschaften des Frischbetons

Frischbeton, d. h. noch nicht erhärteter Beton, muss einen guten Mischungsaufbau zeigen und ohne Entmischung eingebaut und verdichtet werden können. Seine Eigenschaften müssen auf den jeweiligen Anwendungsfall abgestimmt sein.

Als Maß für die Verarbeitbarkeit und die Verarbeitbarkeitszeit auf der Baustelle sowie die Formbarkeit bzw. das Fließvermögen und die Verdichtungswilligkeit wird die **Konsistenz** angegeben. Die Konsistenz ist die wichtigste Frischbetoneigenschaft. Sie kann durch verschiedene Prüfverfahren gemessen werden. Am gebräuchlichsten sind der Ausbreitversuch, der das Ausbreitmaß F bestimmt, und – für steifere Konsistenzen – der Verdichtungsversuch, der das Verdichtungsmaß C ergibt. Nach Ausbreitmaß wird Frischbeton in sechs Konsistenzklassen, F1 bis F6, eingeteilt, nach Verdichtungsmaß in vier Klassen, C0 bis C3 (vgl. Tab. 4.10).

Tab. 4.10: Konsistenz des Frischbetons (Quelle: GEGNER, 2007)

Konsistenzklasse		**F1**	**F2**	**F3**	**F4**	**F5**	**F6**
	C0	**C1**	**C2**	**C3**			
Ausbreitmaß in cm	–	≤ 34	35 bis 41	42 bis 48	49 bis 55	56 bis 62	≥ 63
Verdichtungsmaß c	≥ 1,46	1,45 bis 1,26	1,25 bis 1,11	1,10 bis 1,04	–	–	–
Konsistenzbeschreibung	sehr steif	steif	plastisch	weich	sehr weich	fließfähig	sehr fließfähig
Eigenschaften des Feinmörtels	erdfeucht	erdfeucht und etwas nasser	weich	flüssig	sehr flüssig		
Eigenschaften des Frischbetons beim Schütten	lose	lose/schollig	schollig bis zusammenhängend	schwach fließend	fließend		
Verdichtungsart	kräftiges Rütteln und/oder Stampfen bei dünner Schüttlage		Rütteln	Rütteln	„Entlüften" durch Stochern oder leichtes Rütteln		

Zur Erzielung einer guten Verarbeitbarkeit des Frischbetons und eines geschlossenen Gefüges des Betons ist ein bestimmter **Mehlkorngehalt** erforderlich. Unter dem Mehlkorn des Betons versteht man die feinsten Körner im Beton bis 0,125 mm Durchmesser, d. h. den Zement, die Gesteinskörner bis 0,125 mm sowie ggf. Betonzusatzstoffe bis 0,125 mm. Mehlkorn und Wasser zusammen nennt man Betonleim.

Ein Übermaß an Mehlkorn erhöht den Wasseranspruch des Betons und beeinträchtigt bestimmte Eigenschaften des Festbetons, z. B. den Frost-, Tausalz- und Abnutzwiderstand. Die DIN 1045–2 enthält höchstzulässige Mehlkornanteile für Beton für Außenbauteile und für Beton mit hohem Frost-, Tausalz- oder Verschleißwiderstand.

Mehlkorn fördert die Verarbeitbarkeit des Betons und sorgt für ein dichtes Gefüge. Ein ausreichender Mehlkornanteil ist insbesondere wichtig für Beton, der über längere Strecken gefördert wird, für dünnwandige oder engbewehrte Bauteile oder für wasserundurchlässigen Beton (WU-Beton).

Eigenschaften des Festbetons

Der Festbeton stellt den Endzustand des Betons dar und kann nur noch mechanisch bearbeitet werden. Er ist durch Festigkeit, Dichtheit und Dauerhaftigkeit gekennzeichnet. Die **Druckfestigkeit** ist dabei die wesentlichste bautechnische Eigenschaft. Dieser Eigenschaft entsprechend wird Beton in Festigkeitsklassen eingeteilt.

Die Bezeichnung der jeweiligen Klasse besteht aus C für concrete (engl. Beton) und zwei Zahlenwerten, von denen der erste der Druckfestigkeit eines zylindrischen Prüfkörpers, der zweite der Druckfestigkeit eines Prüfwürfels in N je mm^2 entspricht (vgl. Tab. 4.11).

Zur Erzielung der geforderten Druckfestigkeit sowie eines ausreichenden Korrosionsschutzes der Bewehrung (vgl. Kap. 4.3.3) ist ein bestimmter Mindest-Zementgehalt je m^3 Beton erforderlich, der auch von der Festigkeitsklasse des Zements abhängt.

Der Korrosionsschutz basiert auf der Alkalität der Porenlösung im Beton (pH-Werte > 12,5). Sinkt unter bestimmten Bedingungen der pH-Wert unter 9, durch Karbonatisierung der äußeren Betonschicht oder durch eindringende Chloride, kann dieser basische Schutz für die Stahleinlage verloren gehen. Dementsprechend ist die Exposition des späteren Betonbauteils für seine Dauerhaftigkeit ausschlaggebend. Die Normen DIN EN 206 und DIN 1045–2 sehen deshalb sogenannte **Expositionsklassen** vor. Die Expositionsklassen XO, XC, XD und XS beziehen sich auf die Dauerhaftigkeit der Bewehrung im Beton, die Klassen XO, XF, XA und XM auf die Dauerhaftigkeit des Betons selbst (vgl. Tab. 4.12 auf Seite 110).

Die **Expositionsklasse** des Betons ist Planungsbestandteil und muss, z. B. im Leistungsverzeichnis, angegeben werden.

Tab. 4.11: Druckfestigkeitsklassen

Druckfestigkeitsklasse	**Zylinder** $f_{ck, cyl}$ **(N/mm²)**	**Würfel** $f_{ck, cube}$ **(N/mm²)**	**Betonart**
C 8/10	8	10	normalfester Beton
C 12/15	12	15	
C 16/20	16	20	
C 20/25	20	25	
C 25/30	25	30	
C 30/37	30	37	
C 35/45	35	45	
C 40/50	40	50	
C 45/55	45	55	
C 50/60	50	60	
C 55/67	55	67	hochfester Beton
C 60/75	60	75	
C 70/85	70	85	
C 80/95	80	95	
C 90/105	90	105	
C 100/115	100	115	

4.3.3 Herstellung von Betonbauteilen

Mischen des Betons

Je nachdem, wo bzw. wie der Beton gemischt wird, unterscheidet man Baustellenbeton und Transportbeton.

Beim Mischen von Baustellenbeton müssen die Ausgangsstoffe grundsätzlich so lange gemischt werden, bis das Mischgut gleichmäßig verteilt ist. Die einzelnen Betonbestandteile müssen mit einer Genauigkeit von 3 Masse-% zugegeben werden. Zusatzmittel und -stoffe müssen mit einer Genauigkeit von 5 % abgemessen werden. Man unterscheidet Hand- und Maschinenmischung. Handmischung findet nur bei der Herstellung geringer Betonmengen der niedrigsten Festigkeitsklasse Anwendung. Zur maschinellen Mischung unterscheidet man Freifall- oder Trommelmischer, die sich drehen, und Zwangsmischer, bei denen das Mischgut gerührt wird.

Transportbeton ist ein im Betonwerk nach Gewicht bemessener, einbaufertig auf die Baustelle gelieferter Beton. Man unterscheidet

Tab. 4.12: Expositionsklassen

Expositionsklasse	Intensität	
X0	**Kein Angriffs- und Korrosionsrisiko**	
	1	kein Angriff
XC	**Bewehrungskorrosion, ausgelöst durch Karbonatisierung**	
	1	trocken/ständig nass
	2	nass, selten trocken
	3	mäßige Feuchte
	4	wechselnd nass und trocken
XD/XS	**Bewehrungskorrosion, verursacht durch Chloride außer Meerwasser/ Bewehrungskorrosion, verursacht durch Meerwasser**	
	1	mäßige Feuchte
	2	nass, selten trocken
	3	wechselnd nass und trocken
XF	**Betonkorrosion durch Frostangriff mit und ohne Taumittel**	
	1	mäßige Wassersättigung ohne Taumittel
	2	mäßige Wassersättigung mit Taumittel oder Meerwasser
	3	hohe Wassersättigung ohne Taumittel
	4	hohe Wassersättigung mit Taumittel oder Meerwasser
XA	**Betonkorrosion durch chemischen Angriff**	
	1	chemisch schwach angreifend
	2	chemisch mäßig angreifend
	3	chemisch stark angreifend
XM	**Betonkorrosion durch Verschleißbeanspruchung**	
	1	mäßige Verschleißbeanspruchung
	2	starke Verschleißbeanspruchung
	3	sehr starke Verschleißbeanspruchung

Bauteilbeispiel	Maximaler w/z-Wert	Mindestdruckfestigkeitsklasse
Bauteile ohne Bewehrung in nicht Beton angreifender Umgebung, z. B. Fundamente in frostfreier Tiefe oder im Innenbereich	–	C 8/10 C 12/15
Bauteile im Innenbereich mit normaler Luftfeuchtigkeit; Bauteile, die sich ständig unter Wasser befinden	0,75	C 16/20
Teile von Wasserbehältern; Gründungsbauteile		
Bauteile, zu denen die Außenluft häufig oder ständig Zugang hat; Innenräume mit hoher Luftfeuchte	0,65	C 20/25
Außenbauteile in direkter Beregnung; Bauteile in Wasserwechselzonen	0,60	C 25/30
Bauteile im Sprühnebelbereich von Verkehrsflächen bzw. salzhaltige Luft im Küstenbereich	0,55	C 30/37
Schwimmbecken und Solebäder, Bauteile, die chloridhaltigen Wässern ausgesetzt sind	0,50	C 35/45
Bauteile im Spritzwasserbereich von mit Taumitteln behandelten Straßen bzw. vom Meer	0,45	
Außenbauteile	0,60	C 25/30
Sprühnebel- oder Spritzwasserbereich von mit Taumitteln behandelten Verkehrsflächen soweit nicht XF4; Bauteile im Sprühnebelbereich von Meerwasser	0,55 + LP	C 25/30
offene Wasserbehälter; Bauteile in der Wasserwechselzone von Süßwasser	0,50	C 35/45
Bauteile, die mit Taumittel behandelt werden; Bauteile im Spritzwasserbereich von mit Taumitteln behandelten Verkehrsflächen mit überwiegend horizontalen Flächen	0,50 + LP	C 30/37
Behälter von Kläranlagen, Güllebehälter	0,60	C 25/30
Bauteile, die mit Meerwasser in Berührung kommen; Bauteile in Beton angreifenden Böden	0,50	C 35/45
Kühltürme mit Rauchgaseinleitung; Bauteile, die in Kontakt mit chemisch stark angreifenden Abwässern, Gärfuttersilos und Futtertische in der Landwirtschaft	0,45	
tragende oder aussteifende Industriefußböden mit Beanspruchung durch luftbereifte Fahrzeuge	0,55	C 30/37
tragende oder aussteifende Industriefußböden mit Beanspruchung durch luft- oder vollgummibereifte Fahrzeuge	0,55 0,45	C 30/37 C 35/45
tragende oder aussteifende Industriefußböden mit Beanspruchung durch elastomer-, stahlstollenbereifte oder kettenbetriebene Fahrzeuge; Wasserbauwerke in geschiebebelasteten Gewässern	0,45	C 35/45

werks- und fahrzeuggemischten Beton. Das Transportbetonwerk haftet für die Güte des Betons. Die Transportfahrzeuge fassen 3 bis 6 m^3.

Für den Landschaftsbau liegt der Vorteil beim Transportbeton in der Sicherheit im Hinblick auf die Zusammensetzung bzw. die Eignungs- und Qualitätsprüfung durch das Lieferwerk sowie in der Baustelle, die keinen Mischer benötigt. Auf der Baustelle wird der Transportbeton sofort verarbeitet, es darf kein Wasser zugegeben werden. Die Verwendung wird im Bautagebuch vermerkt.

Schalung

Die Schalung dient der Formgebung des Frischbetons. Sie besteht aus Hohlformen, in die der flüssige Beton gegossen wird, und darf sich während des Betoniervorgangs nicht verschieben. Sichtbeton, der später weder verputzt noch verkleidet wird, ist nach dem Ausschalen das Spiegelbild bzw. der Abdruck der Schalung oder genauer der Schalhaut, womit die dem Beton zugewandte Seite der Schalung bezeichnet wird. Die Schalung hat damit für die gestalterische und technische Qualität von Sichtbeton entscheidende Bedeutung.

Für die Schalungen kommen verschiedene Materialien zum Einsatz, Holzbretter, spezielle Holzplatten und -tafeln, Formen aus Stahlblech, die vor allem für Betonfertigteile verwendet werden, oder Kunststoffe als Beschichtung, als eigene Schalung, als aufblasbare Form etc. Für die Baustelle werden fertige Schalungssysteme angeboten. Dabei unterscheidet man kostengünstigere Rahmenschalungen, die aus einem ausgesteiften Metallrahmen mit eingelegter Standardschalhaut bestehen, und individuell gestaltbare Trägerschalungen. Bei den Rahmenschalungen sind die Dimensionierung der Elemente und die Ankerbohrungen vorgegeben und nicht veränderbar. Die flexibelste Gestaltung lässt die meist aus Holz individuell angefertigte Schalung zu, die aber im Einzelfall entsprechend aufwändig in der Herstellung ist. Damit sich die Schalung gut entfernen lässt, muss sie mit Trennmittel behandelt werden (Gegner, 2007). Für das Ausschalen sind die in der DIN 1045–3 vorgeschriebenen Fristen zu beachten.

Im Landschaftsbau kann man bei unbewehrtem Beton fallweise auf Schalmaterialien verzichten. Der Beton wird beispielsweise als Streifenfundament in einen Graben eingebracht. Man spricht dann von Erdschalung.

Wird Schalmaterial (z. B. Bretter) verwendet, das dann im Erdreich verbleibt, oder wird das Schalmaterial nach Erhärten des Betons zerstört (z. B. Betonrohre, die zur Fertigung von Rundsäulen mit Beton vergossen wurden), nennt man dies eine verlorene Schalung.

Für die anspruchsvolle Gestaltung von Sichtbeton ist eine genaue Planung der Schalung in Form eines Schalungsmusterplans, der die Stöße der Schalungselemente sowie die Anordnung der Ankerlöcher vorsieht, erforderlich.

Farbtafel 3

Bild 13. Stelen aus Calanca-Gneis (südliches Graubünden) mit erkennbarer Schichtung.

Bild 14. Mauersteine aus Gneis (Tessin).

Bild 15. Gneis-Stelen (Gustav-Amann-Park in Zürich).

Bild 16. Stainzer Gneis (Friedhof München-Riem).

Bild 17. Falscher Marmor: Knollenkalk „Trientiner (Veroneser) Marmor“ in Kombination mit Porphyr-Kieselpflaster (Trient).

Bild 18. Echter Marmor: Sitzstufenanlage und historische Bank aus weißem und schwarzem Marmor (Gärten Schloss Trauttmansdorff).

13

14

15

16

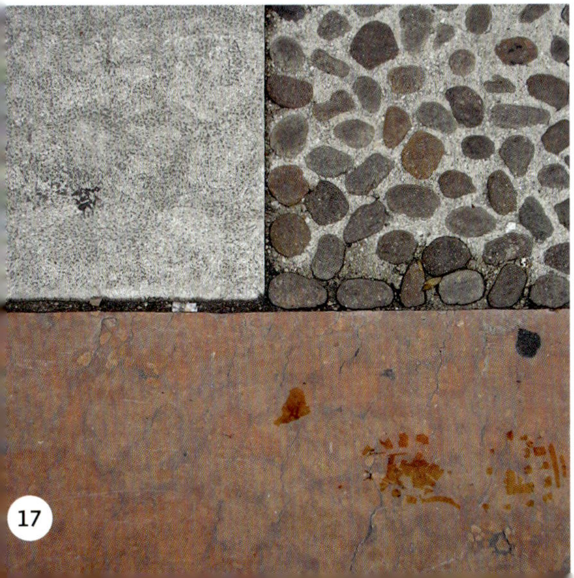
17

18

19

20

21

22

23

24

Abb. 56. Rahmenschalung und Bewehrung für Betonwand.

Abb. 57. Sichtbeton mit sichtbaren Ankerpunkten.

Farbtafel 4
Bild 19. Rorschacher Sandsteinbruch.

Bild 20. Kalksteinbruch im Altmühltal (Frankenschotter).

Bild 21. Steinbruchbetrieb (Frankenschotter).

Bild 22. Steinsäge.

Bild 23. und 24. Beim Flammen wird die Steinoberfläche leicht narbig und farbintensiver.

In den Beton eingebaute Teile, z. B. Abläufe bei Wasserbecken, Durchlässe, oder gestalterisch wirksame Fremdmaterialien, werden zum Einbetonieren auf die Schalung montiert.

Arbeits- und Raumfugen

Arbeitsfugen entstehen dort, wo aus Herstellungsgründen Betonierabschnitte, z. B. zwischen Boden und Wand eines Wasserbeckens, erforderlich sind. Sie stellen immer eine Schwächung des Bauwerks dar, sind potentielle Angriffspunkte für Risse, Frostschäden, Wasserdurchtritte etc. Daher müssen sie besonders behandelt werden. Generell sollte die Anzahl an Arbeitsfugen minimiert werden. Unbedingt notwendige Fugen sollten möglichst mit Schein- oder Raumfugen gekoppelt oder an die Bauwerkskante gelegt werden. Vor dem Weiterbetonieren soll der Altbeton aufgeraut werden, damit eine gute Haftung beider Arbeitsabschnitte entsteht. Der Anschluss kann durch Abbindeverzögerer, die eine Betonierpause von ca. 24 Stunden überbrücken können, erleichtert werden. Bei wasserundurchlässigen Bauteilen sind Arbeitsfugenbänder einzulegen.

Beton ändert durch Kriechen, Schwinden, durch Bodensetzungen und -bewegungen sowie besonders durch die jahreszeitlich bedingten Temperaturunterschiede sein Volumen. Je 100 K Temperaturunterschied ändert sich die Länge eines 10 m langen Bauteiles um etwa 10 mm. Durch diese Bewegung können Risse und Schäden im Betonbauteil entstehen. Um diese zu vermeiden, sind bei Bauteilen ab einer bestimmten Dimension **Dehnungsfugen** vorzusehen. Ein massives Betonbauteil sollte je nach Form und Masse alle 7 bis 12 m von einer Raumfuge unterbrochen werden, die beim Betonieren durch Einlegen eines Abstandhalters realisiert wird. Die Fugen werden nach Entfernen der Einlage mit Fugenkitt ausgefüllt.

Für Dehnungsfugen in wasserundurchlässigen Bauteilen gibt es spezielle Fugenbänder, die einen Wasserdurchtritt verhindern. Sie haben einen Mittelschlauch, der Bewegungen zwischen 20 und 50 mm mitmacht, und werden senkrecht zur Fuge eingebaut.

Betoneinbringen und -verdichten

Frischbeton sollte nach dem Mischen sofort verarbeitet werden. Dabei darf er sich nicht entmischen. Die freie Fallhöhe sollte nie mehr als 100 cm betragen. Der Beton soll nicht gegen die Schalung, sondern mittig eingebaut werden.

Für die Verdichtung des Betons gibt es verschiedene Möglichkeiten:

Stampfen wird bei unbewehrtem Beton angewendet. Der Frischbeton wird in Schichten von 15 bis 20 cm eingebracht und verdichtet, bis an der Oberfläche Wasser austritt. Begonnen wird entlang der Schalung und in den Schalungsecken. Vor dem Aufbringen der jeweils nächsten Schicht wird die gestampfte Fläche aufgeraut. Unbewehrte Betonbauteile in Gärten und Freianlagen aus der Zeit der letzten Jahrhundertwende wie Wasserbecken, Mauern etc. wurden meist als Stampfbeton eingebaut.

Stochern wird mit 3 bis 5 cm dicken Stangen in sehr weichem oder flüssigem Beton durchgeführt. Durch das Stochern treten Luftblasen aus und Hohlräume schließen sich, während andere Methoden hier zur unerwünschten Entmischung führen würden.

Rütteln eignet sich für steifen oder mäßig weichen Beton. Es gibt Oberflächen-, Innen- und Schalungsrüttler. Oberflächenrüttler sind beispielsweise für bis zu 25 cm dicke Betonbeläge zweckmäßig. Schalungsrüttler eignen sich nur für stark bewehrte Säulen und dünnwandige Betonbauteile. Innenrüttler verwendet man für normalen Schalbeton. Sie werden in Form von Rüttelflaschen in den Beton getaucht und langsam wieder herausgezogen.

Weitere Verdichtungsmethoden sind Schleudern, Walzen oder **Spritzen**. Das Aufspritzen des Betons kombiniert den Arbeitsgang der Betoneinbringung mit dem der Verdichtung. Die Betonmischung wird

Abb. 58. Spritzbeton.

mit Schläuchen auf die Schalung gespritzt. Durch die Aufprallenergie verdichtet sich der Beton. Dabei fallen mindestens 5 % des Spritzguts als Rückprall, der in der Mischung zu berücksichtigen ist, wieder ab. Man unterscheidet Trocken- und Nassspritzverfahren, je nachdem, ob die Wasserzugabe erst an der Spritzdüse erfolgt oder der Beton im Schlauch schon fertig gemischt ist. Häufig ist die Zugabe von Erstarrungsbeschleuniger an der Düse angezeigt (Gegner, 2007). **Spritzbeton** eignet sich für schräge, senkrechte und Über-Kopf-Flächen und wird in der Landschaftsarchitektur z. B. beim Bau von künstlichen Felslandschaften, auch in Verbindung mit Wasseranlagen, verwendet (vgl. Kap. 4.3.5). Er wird geregelt durch die Normen DIN EN 14487, Teil 1 und 2, und die DIN 18551.

Gegen Ende der 80er-Jahre wurde ausgehend von Japan die Technologie des **selbstverdichtenden Beton** (SVB oder englisch: SCC) entwickelt. Dieser Beton besitzt durch Zusatzmittel wie Fließmittel und Stabilisierer als Frischbeton die Fähigkeit, sich selbständig ohne Verdichtung und nur aufgrund der Schwerkraft zu entlüften und bis zum Niveauausgleich zu fließen. Da die Bauteile aus SVB in Form und Dimensionierung nicht mehr von der Verdichtbarkeit abhängig sind, ergeben sich neue Gestaltungsmöglichkeiten, die bei aktuellen Hochbauprojekten bereits eingesetzt wurden. SVB stellt überdies die Grundlage für weitere innovative Betontechnologien wie hochfesten, ultrahochfesten oder Textilbeton dar (Gegner, 2007).

Einbauwitterung

Bei hochsommerlichen Temperaturen steigt beim Betonieren die Gefahr des Wasserverlustes, der unterschiedlichen Erstarrung und Erhärtung und von Verdichtungsschwierigkeiten. Der Wasserverlust durch Verdunstung bedingt eine Lockerung des Gefüges und kann zur Rissbildung führen. Auch bei niedrigen Temperaturen ist Vorsicht geboten. Schon unter 10 °C erhärtet der Beton langsamer, unter 5 °C wesentlich langsamer und unter 0 °C bricht der Härtungsvorgang praktisch ab. Die Gefriergrenze liegt wegen der Abbindeerwärmung bei −3 °C. Beim Betonieren in der kalten Jahreszeit sollten keine gefrorenen Baustoffe verwendet werden und es sollte nicht auf gefrorenen Untergrund oder gegen gefrorene Bauteile betoniert werden.

Beton zeigt beim Erhärten infolge des Austrocknens des Zementsteins eine gewisse geringe Verringerung seines Volumens, die als Schwinden bezeichnet wird. In der Erhärtungsphase kann es durch äußere Einflüsse wie die Witterung zu Schwindschäden kommen. Das Betonbauteil ist daher in der Zeit nach dem Einbau und nach dem Ausschalen vor Kälte und Hitze zu schützen, z. B. durch Feuchthalten, Abdecken oder längeres Belassen der Schalung.

Bewehrung

Als bewehrten Beton bezeichnet man **Stahlbeton**, d. h. Beton, in den zur Aufnahme von Zugspannung Stahl eingelegt wird. Stahlbeton ist ein Verbundbaustoff. Stahl und Beton zeigen etwa die gleiche Wärmeausdehnung. Während der Beton die Druckfestigkeit realisiert, übernimmt der zugfestere Stahl die Zugspannungen. Im Stahlbeton werden „schlaffe" Stahlteile verwendet, im **Spannbeton** vorgespannte.

Zur Bewehrung von Stahlbeton werden Bewehrungsdraht, Stahlstäbe oder Stahlmatten eingesetzt. Betonstahl weist in der Regel eine gerippte Oberfläche auf, die zum einen für eine gute Verzahnung mit dem Beton und eine gute Kraftübertragung sorgt, zum anderen an der Art der Rippen Stahlsorte, Verarbeitung und Hersteller erkennen lässt.

Die DIN 1045 enthält Vorschriften zur Bewehrung, d. h. zur Anordnung, Verankerung, Stoßüberdeckung, Betonüberdeckung etc. Diese sind als Konstruktionsgrundlage für Ingenieurbüros gedacht. Ihre Einhaltung wird vom Prüfingenieur für Baustatik überwacht. Die Norm gibt Bewehrungsrichtlinien vor, nach denen Bauteile wie Balken, Platten, Wände entsprechend ihres Tragverhaltens grundsätzlich zu bewehren sind. Im Bewehrungsplan, der durch ein Ingenieurbüro bzw. einen Tragwerksplaner ausgearbeitet wird, sind alle Einzelstäbe oder Betonstahlmatten mit entsprechender Stahlsorte, Biegeform,

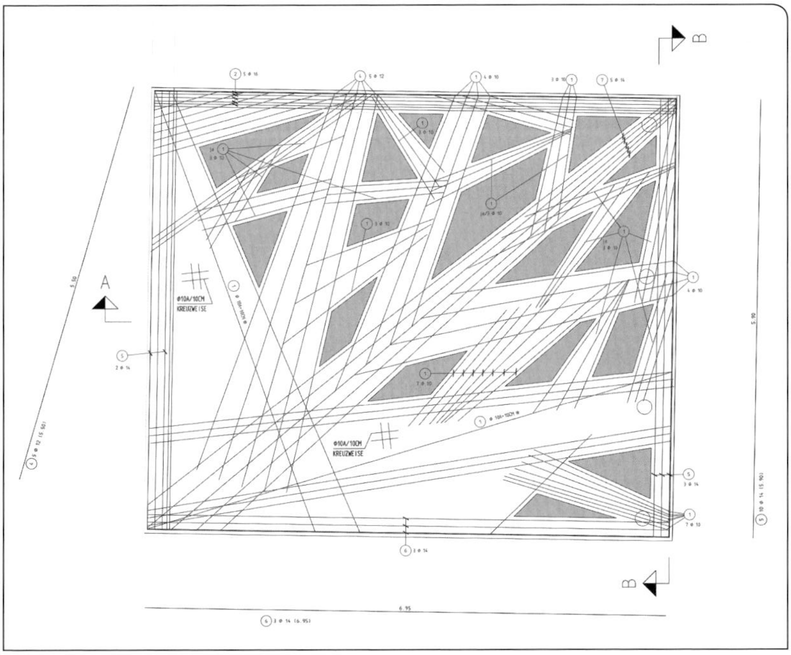

Abb. 59. Ausschnitt aus Bewehrungsplan für Betondach mit Aussparungen: untere Bewehrungslage.

Abb. 60. Schalung und unterste Lage der Bewehrung für Betondach mit Aussparungen.

Abb. 61. Fertiges Betondach mit Aussparungen (Ausstellungspavillon auf der LGS Neu-Ulm 2008).

Durchmesser und Länge dargestellt. Der Plan wird durch eine Stahlliste ergänzt.

Um den Stahl vor Korrosion zu schützen, muss eine bestimmte Mindestbetondeckung berücksichtigt werden, die sich nach dem Stabdurchmesser und nach den gegebenen Umweltbedingungen bzw. den Expositionsklassen richtet. Für direkt bewitterte Bauteile mit normaler Festigkeit ist nach der Norm eine Mindestüberdeckung von 4 cm für Wände, je nach Bauteil auch mehr, vorgeschrieben.

Eine besondere Form der Bewehrung stellt das Einbringen von Fasern oder Textilgeweben in den Beton dar. Für die Herstellung von **Faserbeton** werden Stahl-, Kunststoff- oder Glasfasern verwendet. Die Fasern wirken Riss reduzierend und erhöhen die Schlagfestigkeit und die Biegezugfestigkeit. Dadurch sind relativ dünnwandige Bauteile herstellbar. Im Landschaftsbau kommen Faserbetonelemente beispielsweise in Skateanlagen, als Möblierungen oder fertige Felselemente als Alternative zur Spritzbetonbauweise zum Einsatz (vgl. Kap. 4.3.5).

Eine Weiterentwicklung stellt **textilbewehrter Beton** dar, bei dem zwei- oder dreidimensionale textile Gelege, Geflechte oder Gewirke in den Beton eingelegt werden. Unter Mitwirkung der schon lange auf diesem Gebiet forschenden TU Dresden entstand im Zuge der 4. Sächsischen Landesgartenschau in Oschatz im Jahr 2006 die weltweit erste Brücke aus Textilbeton. Sie führt mit einer Länge von 9 m über die Döllnitz, ist bei einer Materialstärke von nur 3 cm 2,5 m breit und wiegt 5 Tonnen. Als Stahlkonstruktion würde das Gewicht das Fünffache betragen (Gegner, 2007).

Wichtige Beton-Normen (Auswahl)

DIN EN 197–1 Zement, Teil 1: Zusammensetzung, Anforderungen und Konformitätskriterien von Normalzement, August 2004 mit A2 und A3

DIN EN 197–2 Zement, Teil 2: Konformitätsbewertung, November 2000

DIN 1164–10 Zement mit besonderen Eigenschaften, Teil 10: Zusammensetzung, Anforderungen und Übereinstimmungsnachweis von Normalzement mit besonderen Eigenschaften, August 2004

DIN 1164–11 Zement mit besonderen Eigenschaften, Teil 11: Zusammensetzung, Anforderungen und Übereinstimmungsnachweis von Zement mit verkürztem Erstarren, November 2003

DIN 1164–12 Zement mit besonderen Eigenschaften, Teil 12: Zusammensetzung, Anforderungen und Übereinstimmungsnachweis von Zement mit einem erhöhten Anteil an organischen Bestandteilen, Juni 2005

DIN EN 12620 Gesteinskörnungen für Beton, April 2003 mit A1

DIN 4226–100 Gesteinskörnungen für Beton und Mörtel, Teil 100: Rezyklierte Gesteinskörnungen, Februar 2002

DIN EN 1008 Zugabewasser für Beton – Festlegung für die Probenahme, Prüfung und Beurteilung der Eignung von Wasser, einschließlich bei der Betonherstellung anfallendem Wasser, als Zugabewasser für Beton, Oktober 2002

DIN EN 206–1 Beton, Teil 1: Festlegung, Herstellung, Eigenschaften und Konformität, Juli 2001 mit A1 und A2

DIN EN 206–9 Beton, Teil 9: Ergänzende Regeln für selbstverdichtenden Beton (SVB), Entwurf vom Januar 2008

DIN 1045–1 Tragwerke aus Beton, Stahlbeton und Spannbeton, Teil 1: Bemessung und Konstruktion, Juli 2001

DIN 1045–2 Tragwerke aus Beton, Stahlbeton und Spannbeton, Teil 2: Beton – Festlegung, Eigenschaften, Herstellung und Konformität; Anwendungsregeln zu DIN EN 206–1, Juli 2001 mit A2 und A3

DIN 1045–3 Tragwerke aus Beton, Stahlbeton und Spannbeton, Teil 3: Bauausführung, Juli 2001

DIN 1045–4 Tragwerke aus Beton, Stahlbeton und Spannbeton, Teil 4: Ergänzende Regeln für die Herstellung und die Konformität von Fertigteilen, Juli 2001

DIN EN 13670 Ausführung von Tragwerken aus Beton, Entwurf vom Mai 2009

DIN EN 14487–1 Spritzbeton, Teil 1: Begriffe, Festlegungen und Konformität, März 2006

DIN EN 14487–2 Spritzbeton, Teil 2: Ausführung, Januar 2007

DIN 18551 Spritzbeton – Nationale Anwendungsregeln zur Reihe DIN EN 14487 und Regeln für die Bemessung von Spritzbetonkonstruktionen, Entwurf vom November 2007

Abb. 62. Betonoberfläche, bei der Standard-Strukturmatrize verwendet wurde.

4.3.4 Gestaltung von Betonbauteilen

Betonbauteile lassen sich auf unterschiedlichste Art und Weise gestalten. Dies geht einmal über die Betonmischung selbst, die durch die Farbe des Zements, durch Zugabe von Farbpigmenten, durch Verwendung besonderer Gesteinskörnungen oder entsprechender Substitute wie Glaskörner sowie sonstige Beigaben gestalterisch beeinflusst werden kann. Eine sehr junge Entwicklung auf diesem Gebiet stellt **transluzenter Beton** dar, bei dem lichtleitende Fasern oder Gewebe in den Beton eingelegt werden, sodass dieser lichtdurchlässig wird und dadurch eine völlig neue Wirkung erhält.

Zum anderen lässt sich die Betonoberfläche gezielt gestalten, durch spezielle Oberflächentexturen oder eine Nachbehandlung des Frisch- oder Festbetons (vgl. Farbtafel 5, Seite 128).

Mit Hilfe von **Strukturmatrizen** aus hochelastischem Kunststoff ist es möglich, Betonbauteilen beinahe jede beliebige Oberflächentextur zu verleihen. Das Größtkorn der Gesteinskörnung muss dabei auf die Feinheit der Profilierung abgestimmt werden. Neben zahlreichen lieferbaren Standardmatrizen können auch Individualmatrizen angefertigt werden.

Anhand eines speziellen Foto-Gravur-Verfahrens können Matrizen mit Bildmotiven hergestellt werden. Strukturmatrizen können bei einer Strukturtiefe bis 2 cm bis zu 100-mal verwendet werden. Als Trennmittel müssen spezielle, auf den Matrizenkunststoff abgestimmte Trennwachse verwendet werden (Gegner, 2007).

Mit auf der Schalhaut befestigten Glasmosaikstücken können farbige Akzente gesetzt werden.

Mit vielfältigen, teilweise recht einfachen Techniken lässt sich die Oberfläche des Frischbetons auf waagerechten Flächen, z. B. Bodenplatten, gestalten: Mit einem Besen erzielt man die sogenannte **Besenstrichstruktur**, mit Lammfellrollen eine putzähnliche Oberfläche, mit **Prägeschablonen** kann die Fläche mit Mustern oder Abdrücken versehen werden.

Für eine **Waschbetonoberfläche** muss auf die Schalhaut ein Abbindeverzögerer aufgebracht werden. Nach der Ausschalung ist so der unmittelbar an der Oberfläche liegende Beton noch nicht erhärtet und kann mit Wasser ausgewaschen werden. Dabei werden das Feinkorn und der Zementanteil in der obersten Schicht weitgehend entfernt. Die Betonoberfläche wird durch das verbleibende gröbere Korn rau und belebt. Varianten des Waschbetons sind Feinwaschen und Absäuern, die eine sehr feine Oberflächenaufrauung erzielen.

Eine besonders spektakuläre Weiterentwicklung dieser Verfahren ist der **Fotobeton**. Dabei wird der Abbindeverzögerer im Siebdruckverfahren als seitenverkehrtes Fotomotiv auf eine Trägerfolie aufge-

Abb. 63. Bilder aus unterschiedlich tiefen Rillen in der Betonoberfläche mit Hilfe von im Vectogramm-Fotogravur-Verfahren hergestellten Matrizen.

bracht. Nach dem Ausschalen werden die noch nicht erhärteten Betonanteile durch Feinwaschen entfernt und das Bild wird sichtbar.

Auch der Festbeton kann gestalterisch wirksam bearbeitet werden. Prinzipiell eignen sich sämtliche Arten der Natursteinbearbeitung (vgl. Kap. 4.2.3). Man spricht daher auch von steinmetzmäßiger Bearbeitung. Gebräuchlich sind Sandstrahlen, Flammstrahlen, Schleifen und Polieren, Spitzen, Stocken und Scharrieren (Gegner, 2007).

Nachdem Betonoberflächen lange als nicht zu streichen galten, steht heute eine Fülle von Farbtönen als deckender **Farbauftrag** oder als transparente **Lasur** zur Verfügung. Wichtig ist für beide eine gute Haftung auf dem Beton, wobei Lasuren in ihrer Qualität sehr stark von gleichmäßigen Untergrundeigenschaften abhängig sind. Farbaufträge können auch schützende Funktion für den Beton übernehmen. Eine wichtige, gestalterisch jedoch unwirksame Anwendung sind Isolieranstriche als Schutz für den Beton im erdangedeckten Bereich.

Soll die Betonoberfläche nicht mehr sichtbar sein, kann sie durch Auftragen eines Putzmörtels gestaltet werden. Ein **Verputzen** des Betonbauteils ist je nach Erhärtungsvorgang vier bis acht Wochen nach dem Ausschalen möglich. Auf eine gute Haftung des Putzes ist zu achten. Die Putzstärke im Außenbereich muss mindestens 15 mm, besser 20 mm, betragen. Für die Sanierung alter Betonmauern gibt es spezielle Sanierputze, die das Eindringen von Feuchtigkeit ins Mauerwerk verhindern helfen.

Betonwände können auch mit vorgemauerten Natursteinen oder Klinkern oder mit hinterlüftet an Ankern vorgehängten Platten oder Metallelementen verkleidet werden. Weitere Möglichkeiten sind Fliesen, Aufbringen von Holzschalungen etc.

4.3.5 Betonverwendung im Landschaftsbau

Gründung und Unterlage

Im Landschaftsbau hat Beton eine wichtige Bedeutung als Baustoff von starren Gründungsbauwerken oder Fundamenten für die unterschiedlichsten Baukonstruktionen (vgl. Kap. 2.2). Auch als Unterlage oder Tragschicht für Pflasterzeilen, Kanten- und Einfassungssteine, Entwässerungseinrichtungen oder Sicherungskeile von Belagsrändern ohne Einfassung sowie als Sauberkeitsschicht unter Stahlbetonbauteilen spielt Beton eine wichtige Rolle im Landschaftsbau. Je nach Belastung und Anforderungen kommt für die genannten Verwendungen überwiegend Beton der Festigkeitsklassen C 8/10 bis C 20/25 in Betracht. Für unbewehrte Fundamente in frostfreier Tiefe, Unterlagen und Sauberkeitsschichten darf C 8/10 und C 12/15 verwendet werden.

Sauberkeitsschicht unter Stahlbeton
Unter Stahlbetonbauteile und bewehrte Fundamente muss generell eine Sauberkeitsschicht aus Beton C 8/10 eingebaut werden.

Bauteile aus Ortbeton

Mauern, Treppen, Wasserbecken und ähnliche Konstruktionen in der Landschaftsarchitektur werden häufig aus Ortbeton gefertigt, d. h. auf der Baustelle geschalt und eingebaut. Für derartige Stahlbetonbauteile wird in der Regel, je nach Erfordernis und Expositionsklasse, C 25/30 verwendet.

Felsen aus Spritz- und Faserbeton

Felsformationen und Grotten sind seit Jahrhunderten ein fester Bestandteil der Gartenarchitektur. In Zoos und Freizeitparks gehören Felslandschaften fast obligatorisch in das Programm. Schon seit dem 19. Jahrhundert werden Felsen in Garten- und Parkanlagen zunehmend aus Beton hergestellt – aus ökonomischen, baulogistischen und ökologischen Gründen. Für die Herstellung sind heute zwei Verfahren gebräuchlich: die Herstellung aus Spritzbeton oder Spritzmörtel (vgl. Kap. 4.3.3) und die aus vorgefertigten Kunstfelselementen, die Paneelbauweise, sowie Kombinationen aus beiden Verfahren. Die Paneelbauweise erlaubt eine naturgetreue Nachbildung von Felswänden, von denen lediglich ein Abdruck genommen wird, der als Matrize für Einzelelemente aus Faserbeton (vgl. Kap. 4.3.3) bzw. Faserzement verwendet wird. Auf der Baustelle werden die Paneele als originalgetreue Kopie der natürlichen Vorlage zusammengesetzt, verfugt und nachbearbeitet. Dafür ist eine entsprechende Unterkonstruktion erforderlich. Aufgrund ihres geringen Gewichts lassen sich die Felspaneele völlig ohne Maschineneinsatz einbauen. Gerade für den Landschaftsbau bietet diese Bauweise viele Möglichkeiten (Schegk und Sima, 2007).

Abb. 64. Kalkfelsen in Kroatien, von dem per Abdruck ...

Abb. 65. ... eine originalgetreue Kopie aus Faserbeton-Felselementen hergestellt wurde.

Betonfertigteile und Betonwaren
Betonbauteile, die im Betonwerk nach Plan gefertigt und im fertigen Zustand auf die Baustelle geliefert und dort eingebaut werden, bezeichnet man als Betonfertigteile; Produkte wie Pflastersteine, Platten, Blockstufen, Mauersteine, Mauerscheiben (L-Steine) etc., die vom Hersteller als Sortiment angeboten werden, als Betonwaren. Sowohl Fertigteile als auch Betonwaren, die sich in großer Vielfalt auf dem Markt befinden, sind heute im Landschaftsbau nahezu unverzichtbar geworden.

Wichtige Normen für Betonprodukte:
DIN EN 1338 Pflastersteine aus Beton. Anforderungen und Prüfverfahren, August 2003
DIN EN 1339 Platten aus Beton. Anforderungen und Prüfverfahren, August 2003
DIN EN 1340 Bordsteine aus Beton. Anforderungen und Prüfverfahren, August 2003
DIN 483 Bordsteine aus Beton. Formen, Maße, Kennzeichnung, Oktober 2005
DIN EN 13198 Betonfertigteile. Straßenmöbel und Gartengestaltungselemente, September 2003

4.4 Lehm als Massivbaustoff

Lehm ist ein Sediment, das bei der Verwitterung von Festgestein zu Lockergestein entsteht. Ein großer Teil des Bodens der Erdoberfläche besteht aus Lehm; das Sediment ist praktisch in allen Kontinenten in großer Menge vorhanden. Aus diesem Grund entdeckten die Menschen dieses Material auch sehr frühzeitig als Baustoff. Bereits aus der Zeit von 8000 bis 6000 v. Chr. sind Lehmhäuser nachgewiesen.

Der römische Baumeister Vitruv (ca. 80 bis 10 v. Chr.) beschreibt in seiner zehn Bände umfassenden Architekturlehre „De Architectura" im zweiten Buch detailliert den Baustoff Lehm. Der römische Lehmbau kann als Grundlage für die Entwicklung des römischen Betonbaus, des *opus caementitium* (vgl. Kap. 4.3) angesehen werden. Die Stampflehmbauweise ähnelt in vielen Aspekten dem Betonbau.

4.4.1 Lehmarten

Für die bautechnische Verwendung ist entscheidend, um welche Lehmart es sich handelt. Je nach ihrer geologischen Entstehung können in Mitteleuropa folgende für den Lehmbau grundsätzlich relevante Lehme unterschieden werden.

Berg- oder Gehängelehm stammt aus bergigen oder hängigen Lagen und ist als primärer Verwitterungsboden über den anstehenden Gesteinsarten von mehr oder weniger großen Gesteinsbrocken durch-

Abb. 66. Als Stampflehm gut geeigneter Baustoff: Berglehm (Verwitterungslehm) aus Vorarlberg.

setzt. Im Unterschied zu den anderen Lehmarten hat er keine Umlagerung erfahren. Bei ausreichendem Tongehalt ist dies der ideale Rohstoff für den Stampflehmbau.

Geschiebelehme, fallweise auch als Moränenlehme bezeichnet, aus eiszeitlichen Ablagerungen sind in Europa weit verbreitet. Die oberen Schichten des ursprünglich meist kalkhaltigen Materials sind stärker entkalkt als die mit Kalk angereicherten unteren Schichten.

Mergel sind sehr kalkreiche Tongemenge, bei denen der Tongehalt und damit die Bindekraft oft nicht mehr für den Lehmbau ausreichen.

Schwemm- oder Hanglehm ist durch Wasser abgeschwemmter bzw. umgelagerter Geschiebelehm. Durch die Umlagerung wird der Lehm entkalkt und stellt häufig, sofern er keine humosen Bestandteile enthält, geeigneten Baulehm dar.

In großen Flusstälern sind als jüngste Ablagerungen aus dem Alluvium **Aue- oder Schlicklehme** zu finden. Ähnlich wie die Schwemmlehme wurden sie durch Wasser verfrachtet und sind nur als Rohstoff für den Stampflehmbau geeignet, wenn die Humusanteile gering und gut verteilt sind.

Lösslehme sind vom Wind verfrachtete aus Löss entstandene, sehr feinkörnige und schluffhaltige Lehme. Der Tongehalt ist mit 2 bis 10 % gering, der Feinkornanteil mit 60 bis 80 % hoch. Zur Aufbereitung für den Stampflehmbau eignet sich dieses Sediment nur sehr bedingt.

Die voreiszeitlichen **Tertiärtone** und die erdgeschichtlich noch älteren **Keupertone oder Letten** sind besonders tonhaltig und eignen sich daher kaum als Ausgangsmaterial für den Stampflehmbau.

Abb. 67. Stampflehmbaustelle mit Zwangsmischer und Trasskalksäcken zur Aufbereitung des Baustoffs.

4.4.2 Zusammensetzung des Lehms

Lehm ist ein Gemenge aus Kies, Sand, Schluff und Ton. Diese Bestandteile sind über die Korngröße definiert (vgl. Kap. 2.1.2). Beim Lehm, der auch Anteile von Korngrößen unter 0,063 mm enthält, wird die Verteilung der Korngrößen durch Siebung („Siebkorn") nach nassem Abtrennen der Feinteile („Schlämmkorn") bestimmt. Das Ergebnis der Sieb- und Schlämmanalyse wird in Diagrammen, den sogenannten Körnungslinien, dargestellt, in denen die unterschiedlichen Korngrößenanteile in Masseprozenten angegeben werden. Verläuft die Körnungslinie steil und umfasst wenig unterschiedliche Korngrößen, spricht man von einer gleichförmigen Kornverteilung, bei einer flach und durch alle Korngrößenbereiche verlaufenden Linie von einer ungleichförmigen. Die Körner ungleichförmiger Böden können sich gut miteinander verzahnen, da für jeden Hohlraum die passende Korngröße existiert. Sie besitzen daher eine hohe Verdichtungsfähigkeit, die sowohl im Stampflehmbau als auch bei Gesteinskörnungen für Beton von essentieller Bedeutung ist.

Neben Schluff, Sand und Kies spielt im Baulehm insbesondere der Ton eine wesentliche Rolle. Ton hat einen Korndurchmesser bis maximal 0,002 mm und besteht hauptsächlich aus verwittertem Feldspat, der sich aus Aluminiumoxid, einem weiteren Metalloxid und Kieselsäure zusammensetzt. Tonminerale haben eine plättchen- oder stäbchenförmige Form, die aus zwei- oder dreischichtig angeordneten tetra- oder oktaedrischen Kristallen besteht. Dadurch haben sie eine spezifische Oberfläche von 20 000 bis 10 000 000 cm^2/g. Die wichtigsten Tonminerale sind Kaolinite und Montmorillonite.

Ton kann auf drei grundsätzlich verschiedene Arten Wasser an sich binden. Dementsprechend enthält er Struktur- oder Kristallwasser, Absorptionswasser und Poren- oder Kapillarwasser. Letzteres bestimmt den Wassergehalt des Lehms und verdunstet beim Trocknen des Lehmbauwerks an der Luft vollständig (Minke, 1999). Durch seine besonderen Eigenschaften ist der Ton für die Bindigkeit des Lehms verantwortlich. Er übernimmt die Funktion des Bindemittels im Stampflehmbau in ähnlicher Weise wie der Zement im Betonbau (vgl. Kap. 4.3.1).

Nach ihrem Tongehalt lassen Lehme sich in acht Klassen unterteilen. Während für die Ziegel- und Klinkerherstellung fette Lehme ab einem Tongehalt von 25 % und für Abdichtungen im Teichbau (vgl. Kap. 14.2.2) reiner Ton benötigt werden, erfordert der Stampflehmbau magerere Lehme.

Tab. 4.13: Tongehalt der Lehmklassen

Klasse	**Tongehalt (in %)**	**Eignung**
Lehmiger Sand	5 bis 6	
Sandiger Lehm	6 bis 12	Baustoffgrundlage für den Stampflehmbau
Magerlehm	12 bis 15	
Mittlerer Lehm	15 bis 20	
Fetter Lehm	20 bis 30	> 25 % Ziegelherstellung
Sehr fetter Lehm	30 bis 40	
Schwerlehm	40 bis 50	Gewässerdichtungen
Ton	> 50	

4.4.3 Aufbereitung des Lehms zum Baustoff

Natürlich vorkommende Lehme eignen sich unverändert meist noch nicht als Baustoff für den Stampflehmbau. Ist der Lehm zu fett, d. h. zu tonreich, enthält er viel Porenwasser, das beim Austrocknen verdunstet. Das Lehmbauwerk verringert dabei sein Volumen, es schwindet. Starkes Schwinden kann Risse verursachen. Sehr magerem Lehm mit einem geringen Tongehalt kann die erforderliche Bindewirkung fehlen. Eine günstige Zusammensetzung hinsichtlich der Korngrößen weist meist Verwitterungslehm, der nicht verfrachtet wurde, z. B. der Berglehm, auf. Ihn kennzeichnet eine flache Körnungslinie durch das gesamte Korngrößenspektrum.

Neben der Korngrößenverteilung sind auch die Homogenität der Zusammensetzung des Lehms, die Festigkeit und Verarbeitbarkeit des

Lehms von Bedeutung. Um diese Eigenschaften zu verbessern sind verschiedene Aufbereitungsmethoden gebräuchlich.

Beim **Einsumpfen** werden trockene verhärtete Lehmbrocken zwei bis vier Tage in Wasser aufgeweicht und damit ohne großen mechanischen Aufwand verarbeitbar gemacht.

Eine **Homogenisierung** des Baustoffs erfolgt beim Zerkleinern und Mischen des Lehms. Hierfür eignet sich am besten ein Zwangsmischer, der durch Rühren des Materials auch eine Zerkleinerung bewirkt. Freifall- oder Trommelmischer, die beim Betonmischen zum Einsatz kommen (vgl. Kap. 4.3.3), sind deutlich schlechter geeignet.

Die feuchte Lagerung des fertig gemischten Lehms vor der Verarbeitung bezeichnet man als **Mauken**. Es sollte 12 bis 48 Stunden dauern, fetter Lehm sollte länger mauken als magerer.

Ist der Lehm für die geplante Verwendung zu fett, wird er erdfeucht und krümelig in einen Behälter mit Wasser gestreut, mit Zusatzstoffen ergänzt und gründlich gerührt. Diese Aufbereitung wird **Aufschlämmen** genannt.

Farbtafel 5

Bild 25. Stelen aus selbstverdichtendem Beton (Flowstone) mit Farbpigmenten und gewaschener Oberfläche.

Bild 26. Bodenplatten mit Besenstrich-Oberfläche.

Bild 27. Verputzte Betonwand mit Abdeckung aus geriffelten Fertigteilen (Riemer Park).

Bild 28. Steinmetzmäßig bearbeitete Oberfläche (Riemer Park).

Bild 29. Mit Bambusmatrize geschalte Oberfläche.

Bild 30. Betonskulptur mit mosaizierter Oberfläche (Spielplatz am ÖBZ, München).

Als **Magern** des Lehms wird die Zugabe von Kornfraktionen mit größeren Durchmessern wie Sand und Kies zu Lehmen mit zu hohem Tongehalt bezeichnet.

Die technischen Eigenschaften des Baulehms wie die Festigkeit, das Quell- und Schrumpfverhalten, der Abriebwiderstand oder die Widerstandsfähigkeit gegen Wasser lassen sich durch **Stabilisierung** des Materials in Form einer Zugabe von mineralischen und organischen Zusätzen verbessern.

Kalk beeinflusst in erster Linie die Verarbeitbarkeit des Lehms, erreicht jedoch oft keine dauerhafte Verbesserung des Baustoffs. Durch Kalkzugabe kann das Wasserbindungsvermögen verringert werden, ein hoher Kalkgehalt verringert die Festigkeit und macht fetten Lehm krümelig. Das Quellverhalten stark quellender Tonarten kann durch den Zusatz von etwa 1 % Kalk verbessert werden.

Bei jüngeren Lehmbauprojekten im Österreichischen Vorarlberg und in der Schweiz wurden gute Ergebnisse mit der Zugabe von **Trasskalk**, einem Gemisch aus Trass und gelöschtem Kalk, erzielt. Zement erreicht höhere Festigkeit bei mageren, tonarmen Lehmen. Wichtig dabei ist eine sorgfältige Vermischung.

Im Lehmbau war es seit Jahrhunderten üblich, durch die Zugabe **organischer Stoffe** wie Blut, Urin, Kuhdung, Kot, Kasein (Milcheiweiß), Pflanzenöl oder Tierhaaren die Eigenschaften, insbesondere die Wetterfestigkeit der Lehmoberflächen, aber auch Druck- und Abriebfestigkeit, günstig zu beeinflussen.

Eine Bewehrung des Lehms und damit eine Erhöhung der Zugfestigkeit lässt sich durch die Zugabe von **Fasern** in Form von Stroh- oder Grashalmen, Hanf, Flachs, Papierfasern oder Nadeln erreichen.

25

26

27

28

29

30

31

32

33

34

35

36
Lord

Die Fasern müssen völlig vom Lehm eingeschlossen sein, damit sie konserviert werden und nicht verrotten.

4.4.4 Eigenschaften des Massivbaustoffs Lehm

Der fertig eingebaute Stampflehm kann Feuchtigkeit aus der Luft aufnehmen und wieder abgeben. Dies wirkt sich in Lehmbauten günstig auf das Raumklima aus. In Lehmhäusern beträgt die Luftfeuchtigkeit konstant etwa 45 bis 55 %. Im Freien muss das Lehmbauteil durch konstruktive Maßnahmen vor der Aufnahme von zu viel Feuchte geschützt werden (vgl. Kap. 5.7.2). Wichtige **Baustoffkennwerte** sind in Tabelle 4.14 zusammengestellt.

Tab. 4.14: Baustoffkennwerte von Stampflehm

Baustoffeigenschaft	Werte für Stampflehm	Vergleichswerte für Beton
Gleichgewichtsfeuchte	6 bis 7 %	–
Wichte	17 bis 22 kN/m³	24 kN/m³
Druckfestigkeit	2 bis 5 N/mm²	8 bis 60 N/mm²
Elastizitätsmodul	6000 bis 7000 N/mm²	30.000 N/mm²
Wärmedehnung	0,005 mm/m × K	0,01 mm/m × K
Schwindmaß	0,25 bis 0,80 %	0,2 mm/m = 0,2 ‰
Kriechmaß	0,20 %	0,50 bis 1 ‰
Primärenergiegehalt	30 bis 300 kWh/m³	450 bis 1500 kWh/m³

Farbtafel 6

Bild 31. Mauer mit Relief aus Klinker, Betonfertigteile (Magellanterrassen, Hamburg).

Bild 32. Stampflehm: Fertig aufbereiteter Baustoff.

Bild 33. Stampflehmwand mit Ziegelleisten.

Bild 34. Stampflehmmauern (Friedhof, Batschuns, Vorarlberg).

Bild 35. Detail Stampflehmwand (Friedhof Wil, CH).

Bild 36. Mauer, Pfeiler, Stufen und Bodenbelag aus Klinker (Leipzig).

Die unterschiedlichen **Färbungen** des Lehms werden durch die in den Tonmineralen enthaltenen Verbindungen geprägt. Häufig sind das Eisenoxidhydrate oder andere Eisenverbindungen, die dem Ton eine rote oder gelbliche Farbe geben. Kalk- und Magnesiumverbindungen färben den Lehm grau bis weißlich, Manganverbindungen braun. Eher unerwünschte organische Beimengungen bewirken ein bräunliche bis schwarze Färbung. In einem gewissen Umfang kann die Farbe auch gezielt durch mineralische Beimengen und Pigmente beeinflusst werden. Die Färbung des Stampflehms ist völlig beständig gegen UV-Licht.

Lehm ist auf der ganzen Erde weit verbreitet und kann praktisch für jedes Bauvorhaben in nächster Nähe gewonnen werden. Dies gilt im Wesentlichen auch für die zur Aufbereitung erforderlichen Stoffe. Stehen keine natürlichen Zusätze in Form von Sand oder Kies zur Verfügung, kann auch auf Schüttstoffe aus dem Bauschuttrecycling wie Ziegelsplitt oder Ähnliches zurückgegriffen werden.

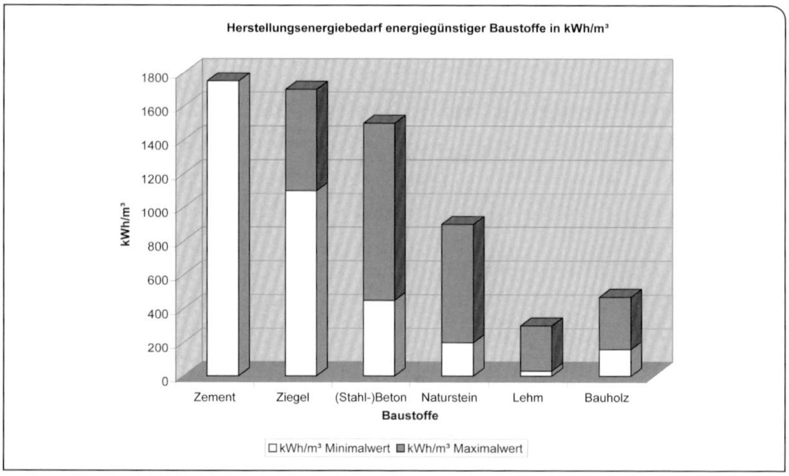

Abb. 68. Primärenergiegehalt von Lehm im Vergleich zu anderen Baustoffen.

Der **Primärenergiegehalt** des Naturbaustoffes beträgt, je nach Transportweg und Einsatz von Maschinen, bis zu 30 kWh/m³ von der Gewinnung in der Abbaustätte bis zur Herstellung. Je nach Zusatzstoff, z. B. durch die Beifügung von energieintensivem Zement (Primärenergie ca. 1750 kWh/m³), kann dieser Wert ansteigen und verschlechtert etwas die sehr günstige Ökobilanz. Der Primärenergiegehalt von Natursteinprodukten wird mit Werten von 70 bis 900 kWh/m³ angegeben und der von Ziegeln mit 1100 bis 1750 kWh/m³. Lehmbaustoffe sind überdies, soweit sie nicht stärker mit Kalk- oder Zementzugaben verfestigt wurden, komplett und ohne Degradierung wieder verwertbar bzw. sogar renaturierbar. Lehm ist damit der ökologisch vorteilhafteste Massivbaustoff.

4.4.5 Stampflehm im Landschaftsbau

Für den Landschaftsbau hat Lehm als Baustoff heute doppelte Bedeutung, einmal als Massivbaustoff für Stampflehmmauern und -wände (vgl. Kap. 5.7 und Farbtafel 6, Seite 129), zum anderen als Dichtungsbaustoff für künstliche Gewässer (vgl. Kap. 12.2.3 und 14.2.2).

Die Renaissance des Stampflehmbaus bzw. seine Entdeckung im Landschaftsbau geht von den Schweizer Landschaftsarchitekten Kienast und Vogt aus, die in den 90er-Jahren auf die Idee kamen, in einem Hausgarten eine unverputzte Stampflehmwand als „archaisches Bauverfahren" und „Bildträger der normalerweise verborgenen Erde" zu verwenden. Es folgten weitere Projekte der Planer, die vielfach mit dem Vorarlberger Lehmbauer Martin Rauch umgesetzt wurden. Die Besonderheit besteht darin, dass der Stampflehm unverputzt, als „Sichtlehm" verwendet wird (Heeb-Fehr und Schegk, 2007).

Der Stampflehmbau bietet noch viele, bislang vielleicht unentdeckte Möglichkeiten für den Landschaftsbau, schon aufgrund seiner herausragenden ökologischen Vorzüge. In erster Linie eignet er sich für massive Einfriedungen, Wand- und Mauerelemente (vgl. Kap. 5.7) sowie für Bodenbeläge, z. B. der Lehmboden in der Masoala-Halle im Zoo Zürich, der als völlig barrierefrei und rollstuhlgerecht beurteilt werden kann.

4.5 Keramische Steine – Ziegel und Klinker

In natursteinarmen Gegenden begann man bereits vor Jahrtausenden, Mauer- und Pflastersteine aus gebranntem Lehm bzw. Ton herzustellen. So soll beispielsweise die Stadt Babylon mit gebrannten Ziegeln gepflastert gewesen sein. Auch die Römer verwendeten Ziegelsteine nicht nur für Gebäude und Mauern, sondern auch für den Straßenbau, häufig auch nur als Lage im Bereich der Tragschicht.

Heute sind frostharte (Vormauer-)Ziegel und (Pflaster-)Klinker im Garten- und Landschaftsbau eine wichtige Alternative zu Naturstein und Beton.

4.5.1 Begriffe und Grundlagen

Neben den Baustoffgruppen Naturstein, Lehm und Beton spielen keramische Steine im Landschaftsbau vor allem eine Rolle für die Belagsgestaltung (vgl. Kap. 13.2.4) und den Mauerbau (vgl. Kap. 5.5). Ähnlich wie Beton stellt die Herstellung von Ziegeln und Klinkern eine Weiterverarbeitung und Modifikation natürlicher Lockergesteine dar.

Zur Abgrenzung dieser Baustoffgruppe gegen die genannten und zur Abgrenzung der künstlichen sowie der keramischen Steine untereinander sind folgende Begriffserklärungen erforderlich.

Als **künstliche Steine** bezeichnet man meist quaderförmige Bausteine, die künstlich, in der Regel durch Brennen, hergestellt werden. Aus Naturstein durch Spaltung oder Sägen gewonnene Mauersteine sind keine künstlichen Steine. Zur Baustoffgruppe der künstlichen Steine gehören neben Betonsteinen, die meist gesondert angesprochen werden, Ziegel und Klinker, (künstlich hergestellte) Kalksandsteine, Hüttensteine, Gasbeton-, Leichtbeton- und Betonhohlblocksteine. Für den Landschaftsbau sind vor allem die keramischen Steine, die Ziegel und Klinker, die übrigen künstlichen Steine nur im Einzelfall von Bedeutung.

Ziegel werden aus Ton, Lehm und tonigen Massen mit oder ohne Zusatz von Sand, Ziegelmehl, Aschen oder ähnlichen Stoffen meist maschinell geformt, getrocknet und bei 800 bis 1200 °C gebrannt. Die Formgebung kann alternativ in der Strangpresse, in der Formbackpresse oder per Hand als sogenannte Handschlagziegel erfolgen.

Abb. 69. Künstliche Steine im Landschaftsbau: Treppenstufen und Mauerabdeckung aus Klinker.

Alle Ziegelarten, die entsprechend ihrem Format und ihren Eigenschaften für den Bau von Mauern und Wänden verwendet werden, bezeichnet man mit dem Sammelbegriff **Mauerziegel**.

Die DIN EN 771–1 definiert den Mauerziegel als „Mauerstein, der aus Ton oder anderen tonhaltigen Stoffen mit oder ohne Sand oder andere Zusätze bei einer ausreichend hohen Temperatur gebrannt wird, um einen keramischen Verbund zu erzielen".

Klinker werden bis zur Sinterung, das heißt bis zur beginnenden Schmelzung, gebrannt. Die Brenntemperatur beträgt dabei 1100 bis 1300 °C. Durch die Sinterung werden die Oberflächenporen geschlossen. Dadurch hat der Klinker später nur noch eine sehr geringe Wasseraufnahmefähigkeit.

Für künstlich hergestellte Steine und Mauersteine gibt es eine Fülle von Normen. Die Wichtigsten für Ziegel und Klinker und die Belange der Landschaftsarchitektur beschränken sich jedoch auf drei.

Wichtige Normen für keramische Steine:
DIN EN 771–1 Festlegungen für Mauersteine, Teil 1: Mauerziegel, Mai 2005
DIN EN 1344 Pflasterziegel – Anforderungen und Prüfverfahren, Juli 2002
DIN 18503 Pflasterklinker – Anforderungen und Prüfverfahren, Dezember 2003

4.5.2 Eigenschaften

Die Eigenschaften der Ziegel und Klinker sind für die Verwendung von ausschlaggebender Bedeutung. Wichtige Eigenschaften sind die Ziegelrohdichte, die Scherbenrohdichte, die Druckfestigkeit, die Wasseraufnahme in Prozent sowie ihre möglichen Abmessungen, die Nennmaße.

Die **Ziegelrohdichte** ist das Gewicht der Raumeinheit des trockenen Ziegels einschließlich aller Hohlräume und Löcher in kg/dm^3. Je höher sie ist, desto besser ist die Schallschutzwirkung, je geringer die Ziegelrohdichte ist, desto höher ist die Wärmedämmwirkung. Nach DIN EN 771–1 entspricht die Ziegelrohdichte der **Brutto-Trockenrohdichte**.

Die **Scherbenrohdichte** entspricht dem Gewicht der Raumeinheit des trockenen Ziegelscherbens in kg/dm^3, ohne Berücksichtigung der Löcher. Als Scherben bezeichnet man den reinen Ziegelkörper. Die DIN 18503 fordert für Pflasterklinker einen porenarmen Scherben mit 2,0 kg/dm^3 im Mittelwert. Nach DIN EN 771–1 entspricht die Scherbenrohdichte der **Netto-Trockenrohdichte**.

Die **Festigkeit**, d. h. die Widerstandsfähigkeit gegen Druck-, Zug- und Biegebeanspruchung, wird nach DIN EN 1344 ausgedrückt in der **Biegebruchlast** in N/mm. Die Euronorm definiert für 5 Klassen T0 bis T4 mindestens erforderliche Mittel- und kleinste Einzelwerte. Für die Klassen T1 und T2 werden Mittelwerte von 30 N/mm, für die Klassen T3 und T4 Mittelwerte von 80 N/mm gefordert. Dies entspricht einer Druckfestigkeit von 80 N/mm^2. Pflasterklinker erreichen in der Regel Druckfestigkeiten bis zu 160 N/mm^2.

Die **Wasseraufnahme** ist die Fähigkeit, Wasser aufzunehmen, ausgedrückt in Gewichtsprozent, oder das Saugvermögen des Steins. Die DIN 18503 schreibt für Pflasterklinker eine maximale Wasseraufnahme von 6 % vor.

Die **Nennmaße** künstlicher Steine folgen der DIN 4172 Maßordnung im Hochbau (07/1955). Die Steinformate basieren dabei auf dem sogenannten Baurichtmaß, dem Octo- oder Achtelmeter (1 m = 8 × 125 mm = 4 × 250 mm), das sich seit Jahrhunderten im Bau etab-

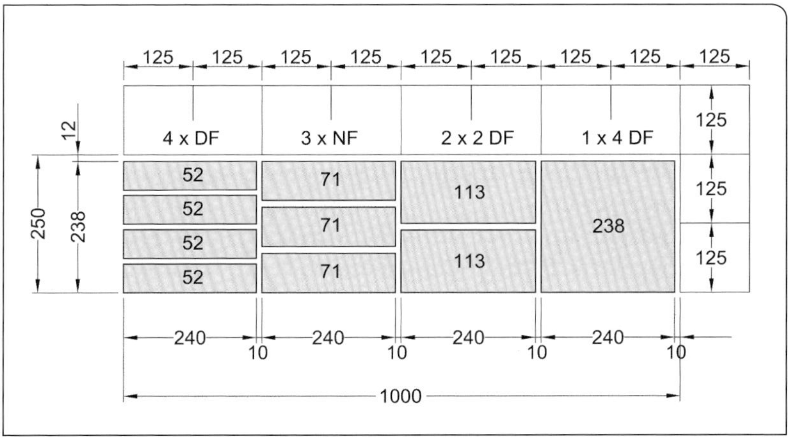

Abb. 70. Maßordnung im Hochbau (Maße in mm).

liert hat. Hieraus ergibt sich das gebräuchlichste Ziegel- und Klinkermaß von 240 × 115 mm bei Dicken von 52 mm (DF = Dünnformat), 71 mm (NF = Normalformat) oder 113 mm (2 DF). Maßangaben erfolgen in mm.

4.5.3 Mauerziegel

Die DIN EN 771–1 unterscheidet nach Brutto-Trockenrohdichte zwei Ziegelarten, und zwar LD-Ziegel und HD-Ziegel.
LD-Ziegel sind Mauerziegel mit niedriger Brutto-Trockenrohdichte für die Verwendung in geschütztem Mauerwerk.

Die **HD-Ziegel** sind Mauerziegel für ungeschütztes Mauerwerk sowie Mauerziegel mit hoher Brutto-Trockenrohdichte für die Verwendung in geschütztem Mauerwerk. Geschütztes Mauerwerk definiert die Norm als „Mauerwerk, das gegen eindringendes Wasser geschützt ist. Es kann sich entweder um das Mauerwerk in Außenwänden, das z. B. durch eine geeignete Putzschicht oder eine Verkleidung geschützt ist, oder um die innere Wandschale einer zweischaligen Mauer oder um eine Innenwand handeln."

Für den Landschaftsbau sind dementsprechend überwiegend ungeschütztes Mauerwerk und damit nur die HD-Ziegel relevant.

Die Norm definiert verschiedene Typen von Mauersteinen, z. B. den

- **Normalstein** als Mauerstein mit einer allseitig von Rechtecken begrenzten Form,
- **Formstein** als Mauerstein in einer nicht nur von Rechtecken begrenzten Form,
- **Planziegel** als Mauerziegel mit besonderer Maßhaltigkeit insbesondere hinsichtlich der Ziegelhöhe,
- **Hochlochziegel** als Mauerziegel mit einem oder mehreren Löchern, die den Mauerstein rechtwinklig zur Lagerfläche ganz durchdringen,
- **Langlochziegel** als Mauerziegel mit einem oder mehreren Löchern, die den Mauerstein parallel zur Lagerfläche ganz durchdringen.

Die Maße eines Mauerziegels sind nach Norm „in der Reihenfolge Länge, Breite und Höhe vom Hersteller in mm anzugeben. Sie sind als Sollmaße angegeben."

HD-Ziegel gibt es als Vollziegel, als Mauerziegel mit Mulde und als Hochlochziegel. Die DIN EN 771–1 beschreibt die Anforderungen für Mauerziegel. Sie gibt beispielsweise anhand einer Formel die maximal zulässige Abweichung von den Sollmaßen für drei Klassen an (vgl. Tab. 4.15).

Tab. 4.15: Zulässige Abweichung vom Sollmaß nach DIN EN 771-1 für Mauerziegel; die Werte in () sind die zu rundenden errechneten Werte

Maße des Mauerziegels	Länge	%	Breite	%	Höhe	%
Sollmaß (in mm)	240	100	115	100	52	100
± Abweichung Klasse T1 (in mm)	6 (6,20)	2,5	4 (4,29)	3,5	3	5,8
± Abweichung Klasse T2 (in mm)	4 (3,87)	1,7	3 (2,68)	2,6	2	3,8
± Abweichung Klasse Tm (in mm)	vom Hersteller angegeben					

4.5.4 Pflasterziegel und (Pflaster-)Klinker

Die Euronorm DIN EN 1344 „Pflasterziegel – Anforderungen und Prüfverfahren" (07/2002) definiert Pflasterziegel als „bestimmte Form- und Maßanforderungen erfüllende Ziegelsteine für Pflasterungen, die vorwiegend aus Ton oder tonartigem Material, mit oder ohne Zusatzstoffe, durch Formen, Trocknen und Brennen bei einer ausreichend hohen Temperatur hergestellt werden, um ein dauerhaftes keramisches Endprodukt zu erzeugen".

Zur Form heißt es: „Pflasterziegel müssen entweder rechtwinklig oder so geformt sein, dass sie in einem sich wiederholenden Muster verlegt werden können". In Ergänzung der Euronorm definiert die DIN 18503 den Pflasterklinker als „Pflasterziegel mit besonderen Anforderungen an die Wasseraufnahme und an die Scherbenrohdichte" (vgl. Kap. 4.5.2).

Typisch für Pflasterklinker sind Rechteckformate, die der Maßordnung im Hochbau entsprechen (oktametrische Formate). Die meisten Hersteller bieten ähnliche Formatgruppen an. Neben den oktametrischen Abmessungen gibt es meist auch dezimetrische. Wegen des engen Zusammenhangs mit der Belagsgestaltung, werden diese ausführlicher in Kapitel 13 besprochen (vgl. Kap. 13.2.4).

Normgerecht hergestellte Pflasterklinker sind mit Lieferscheinen auszuliefern, die folgende Angaben enthalten müssen: Hersteller und Werk, Werkkennzeichen, Anzahl und Bezeichnung der Pflasterklinker, Fremdüberwacher, Tag der Lieferung, Empfänger.

Frostharte Klinker werden im Landschaftsbau vor allem für Beläge (vgl. Kap. 13.2.4), Treppen und Rampen sowie Mauern verwendet.

Manche Hersteller bieten Standardformate für die Hochkantverlegung, beispielsweise für Rollschichten (vgl. Kap. 4.5.5) als Mauerabdeckung oder Belagseinfassung an. Die Steine müssen speziell für diese Verlegeart gebrannt werden.

Für spezielle Funktionen im Belags- und Mauerbau bietet der Markt eine Vielzahl von Klinker-Sonderformen an. Speziell für den Bau von Stufen und Treppen werden Steine mit den Abmessungen 320 (300) × 145 × 71 (62, 65) mm angeboten, die – bei Verlegung als Rollschichten – normgerechte Steigungen (vgl. Kap. 6.2.1) ermöglichen.

Für weitere Sonderfunktionen wie Einfassungen, Mauerabdeckungen, Rand- und Eckausbildungen steht eine große Vielfalt an Bordklinkern, Sondersteinen mit gerundeten oder gefasten Ecken, Eck- oder Ziersteinen zur Auswahl. Für die Belagsentwässerung gibt es Rinnenplatten oder Steine mit ausgemuldeter Läuferseite (Rinnenklinker) zur Hochkantverlegung. Zur Herstellung durchgrünter, wasserdurchlässiger Beläge dienen spezielle Rasenlochklinker, die acht quadratische Kammern pro Stein aufweisen und alternativ zu Rasengittersteinen eingesetzt werden können. Sie weisen eine Dicke von 113 mm auf (vgl. Kap. 13.2.4 und 13.2.5).

In Norddeutschland und in den Niederlanden haben Klinker im Frei- und Straßenraum lange Tradition. **Holländische Klinker** sind beinahe weltweit bekannt und durch ihre gesandete Oberfläche und ihre warmen, sehr natürlich wirkenden Erdfarben besonders attraktiv. Sie unterscheiden sich auch in den Formaten von bei uns üblicherweise im Handel erhältlichen. Auf ausreichende Frosthärte und Belastbarkeit ist allerdings besonders zu achten.

Auch bei den holländischen Klinkern ist die Länge meist ein Vielfaches der Breite zuzüglich Fugenbreite. Das Grundmaß basiert auf einem 200-mm-Raster. Die Dicken liegen bei 65, 70 oder 85 mm.

Tab. 4.16: Typische Formate holländischer Klinker

Formatbezeichnung	**Zeichen**	**Abmessungen (in mm)**		
		Länge	**Breite**	**Höhe**
Waalformaat	wf	195	48	85
Dikformaat	df	195	64	85
Plat keiformaat	pkf	195	92	70
Keiformaat	kf	195	92	85
Vierlingformaat	vlf	195	45	65
Drielingformaat		195	85	65
Tegelformaat	tf	195	195	65
IJsselformat	ijf	165	40	65

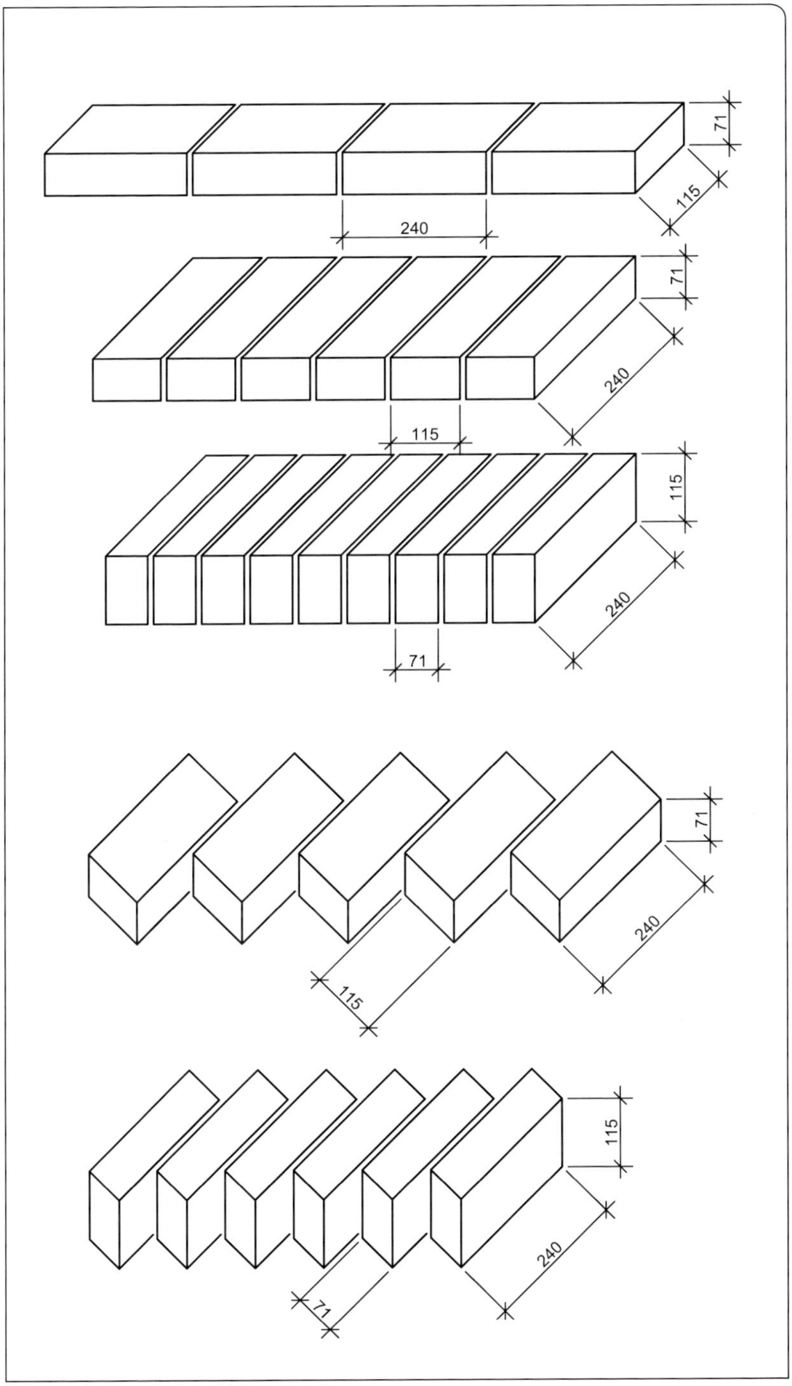

Abb. 71. Schichttypen bei Mauern und Belägen (von oben): Läuferschicht, Binderschicht, Rollschicht, Stromschicht, Schränkschicht.

4.5.5 Keramische Steine im Landschaftsbau

Keramische Steine spielen in der Landschaftsarchitektur und im Landschaftsbau in erster Linie für den Mauerbau sowie für Sockel und Pfeiler eine Rolle. Pflasterklinker können für Beläge und Treppen verwendet werden. Für die Verarbeitung von Ziegel und Klinker sind einige Grundbegriffe wichtig, die auch in der DIN EN 771-1 definiert sind. Am einzelnen Stein unterscheidet man die kürzere **Stirnfläche** und die längere **Läuferfläche**. Die Aufsichtsfläche (Länge × Breite) bezeichnet man in Anlehnung an ihre Funktion im Mauerbau als **Lagerfläche**. Ziegel und Klinker können flach (Lagerflächen horizontal) oder hochkant (Lagerflächen vertikal) verlegt werden. Daraus ergeben sich bei Belägen und Mauern unterschiedliche Typen von Schichten.

Beim Planen und Bauen mit keramischen Steinen sollten folgende Grundprinzipien beachtet werden:

- Ziegel und Klinker eignen sich aufgrund ihrer Grundformen besonders für geometrische Gestaltungen. Freie geschwungene Formen sind unter Berücksichtigung der konstruktiven Möglichkeiten zu entwickeln.
- Der Verlege- bzw. Mauerverband und das sich daraus ergebende Fugenbild sind gestalterisch stark wirksam. Ziegel- und Klinkerdetails sind sorgfältig zu detaillieren, insbesondere im Bereich von Anschlüssen und Übergängen. Steinschnitte, die zu kleinen Steinstücken führen, sind zu vermeiden.
- Bauteile aus keramischen Steinen müssen in ihren Dimensionen an die Steingrößen angepasst werden. Das gilt für Längen, Breiten, Höhen und Fugen. Bei oktametrischem Material sollten Bauteile der Maßordnung im Hochbau entsprechen.
- Ziegel und Klinker sind farblich stark wirksam. Es stehen Farbtöne von cremeweiß über gelb und ocker bis hin zu rot, rotbraun, blau- und schwarzbunt zur Verfügung. Neben regionalen und historischen Bezügen sollten bei der Farbauswahl auch funktionale Aspekte berücksichtigt werden, z. B. der Reifenabrieb.
- Auf ausreichende Frostsicherheit je nach Standort ist sowohl bei der Materialwahl, als auch bei der Konstruktion zu achten. Dabei ist der hohe Fugenanteil von Klinkerrollschichten, die als Treppenstufen oder Mauerabdeckungen geplant sind, zu bedenken.

Ähnlich wie Naturstein können auch frostharte Ziegel und Klinker nach sorgfältigem Ausbau wieder verwendet werden. Auch die Verwendung von zerkleinertem Material als Ziegelscherben oder Gesteinskörnung, z. B. als Ziegelsplitt für Wegedecken oder als Schüttstoff für die Dachbegrünung, ist für den Landschaftsbau von Bedeutung.

5 Mauern und Stützelemente

Das Aufschichten von mehr oder weniger bearbeiteten Natursteinblöcken zu standfesten dauerhaften Wänden und Mauern ist seit jeher eine essentielle Aufgabenstellung in der Baukultur (vgl. Farbtafeln 7 und 8, Seiten 144 und 145). Den ältesten Mauertypus dürften dabei die Trockenmauern (vgl. Kap. 5.4) darstellen.

Schon in vorchristlicher Zeit wurden technisch ausgefeilte Methoden und Techniken für Mauerverbände und Lehmbauweisen entwickelt. Die ältesten Abschnitte der Chinesischen Mauer, die vor knapp zweieinhalb Jahrtausenden begonnen wurden, entstanden in Stampflehmbauweise, die später ab 214 v. Chr. in Hanglagen errichteten Mauerstücke wurden aus Naturstein aufgeschichtet, weil hier kein Lehm zur Verfügung stand.

Die Römer kannten verschiedene Mauerwerkstypen wie das *opus quadratum* (Quadermauerwerk, vgl. Kap. 5.3), das *opus incertum* (Zyklopenmauerwerk, vgl. Kap. 5.3), das *opus reticulatum* und das *opus mixtum*, bei dem sich Lagen aus Ziegeln mit Lagen aus Naturstein-, meist Tuffblöcken abwechseln. Diese bauten sie meist, durchaus wirtschaftlich, als mehrschaliges Mauerwerk mit einem Kern aus Römerbeton (*opus caementitium*, vgl. Kap. 4.3). Vielfach wurden diese Wände noch mit einer Verblendung aus relativ dünnen Marmorplatten versehen.

Alternativen für aus natürlichen oder künstlichen Steinen im Verband gemauerte Wände und Mauern einerseits bzw. Lehmbauweisen andererseits ergaben sich erst durch die Erfindung des Stahlbetons in der zweiten Hälfte des letzten Jahrhunderts. Bis dahin wurden, be-

Abb. 72. Opus incertum (Herculaneum).

Abb. 73. Trend der letzten Jahre: Gabionen als freistehende Mauern (Neu-Ulm).

Abb. 74. Wandelemente aus Beton (Landesgartenschau Neu-Ulm 2008).

sonders in den steinreichen Landschaften des näheren und weiteren Alpenraums auch und gerade für statisch hohe Anforderungen Natursteinmauern gebaut, die, je nach Gesteinsmaterial, den Ziegelmauern durch höhere Frosthärte und Dauerhaftigkeit und flexiblere Steinformate häufig überlegen sind.

Aufgrund der knappen Ressourcen und der hohen Marktpreise spielen massive Hauswände aus Natursteinen heute kaum mehr eine Rolle. Wertvolle Natursteinmaterialien werden in der Regel nur noch als Verblendung verwendet.

In Landschaftsarchitektur und Landschaftsbau dagegen sind massive Steinmauern nach wie vor wichtige Konstruktionselemente zur Geländegestaltung und Terrassierung von Hängen. Der fachgerechte Bau von massiven Natursteinmauern ist daher heute eine wichtige Aufgabe der Landschaftsgärtner geworden.

Die aktuellen Gestaltungstendenzen im Mauerbau in der zeitgenössischen Landschaftsarchitektur spannen den Bogen vom „Klamottenmauerwerk" aus unterschiedlichen Materialien wie Naturstein, Ziegel, Klinker und verwendbaren Bauabfallstoffen wie Betonbrocken, keramischen Fliesen, Beton-Fertigteilen über vielfältige Stützbauwerke aus Gabionen bis hin zu einer gewissen Renaissance der Stampflehmbauweise für Wände zur Einfriedung von Gärten oder Friedhöfen. Daneben bleiben die vielfältigen Möglichkeiten, die der Baustoff Beton, als Ortbeton oder Fertigteilsystem bietet.

5.1 Begriffe und Grundlagen

Im Folgenden werden Mauern aus natürlichen (vgl. Kap. 5.3) und künstlichen (vgl. Kap. 5.5) Steinen behandelt, d. h. solche, die aus Einzelsteinen im Verband aufgemauert werden. Aufgrund ihrer baukulturellen und ökologischen Bedeutung für die Landschaftsgestaltung wird ein besonderes Augenmerk auf die Trockenmauern (vgl. Kap. 5.4) gelegt. Daneben haben insbesondere Stützelemente aus Beton (vgl. Kap. 5.6) für den Landschaftsbau eine Bedeutung, in letzter Zeit aber auch verstärkt Stampflehmwände (vgl. Kap. 5.7) und Gabionen (vgl. Kap. 5.8).

Wichtige Regelwerke für die Berechnung und Ausführung von Mauerwerk aus künstlichen und natürlichen Steinen sind insbesondere die DIN 1053-1 und die ATV DIN 18330. In letzterer werden beispielsweise Regelungen zu Neben- und Besonderen Leistungen sowie zur Abrechnung von Mauerwerk getroffen.

Für eine Wand, Mauer oder ein entsprechendes Stützbauwerk ist ab einer Höhe von 2,00 m in der Regel, je nach Länderbauordnung, eine Baugenehmigung erforderlich. In diesem Fall ist zwingend auch der Nachweis der Standsicherheit der Genehmigungsbehörde vorzulegen.

Wichtige Normen zu Mauern:

DIN 1053–1 Mauerwerk, Teil 1: Berechnung und Ausführung, November 1996
DIN 1053–14 Mauerwerk, Teil 14: Bemessung und Ausführung von Mauerwerk aus Natursteinen, Entwurf, März 2009
VOB, Teil C: Allgemeine Technische Vertragsbedingungen für Bauleistungen (ATV) Mauerarbeiten – DIN 18330, Oktober 2006
DIN EN 998–2 Festlegungen für Mörtel im Mauerwerksbau, Teil 2: Mauermörtel, September 2003
DIN EN 771–1 Festlegungen für Mauersteine, Teil 1: Mauerziegel, Mai 2005
DIN EN 771–6 Festlegungen für Mauersteine, Teil 6: Natursteine, Dezember 2005

Wände und Mauern werden nach ihrer statischen Funktion und ihrer Bauweise unterschieden.

5.1.1 Statische Funktion

Die DIN 1053–1 beschreibt in erster Linie die geltenden technischen Anforderungen an Hauswände. Das Regelwerk enthält auch eine Reihe von Definitionen und Regeln, die grundsätzlich auf den Landschaftsbau zu übertragen und anzuwenden sind. So beschreibt es die Wandarten hinsichtlich ihrer statischen Funktion:

Tragende Wände sind demnach „überwiegend auf Druck beanspruchte, scheibenartige Bauteile zur Aufnahme vertikaler Lasten, z. B. Deckenlasten, sowie horizontaler Lasten, z. B. Windlasten".

Nicht tragende Wände sind „scheibenartige Bauteile, die überwiegend nur durch ihre Eigenlast beansprucht werden und auch nicht zum Nachweis der Gebäudeaussteifung oder der Knickaussteifung

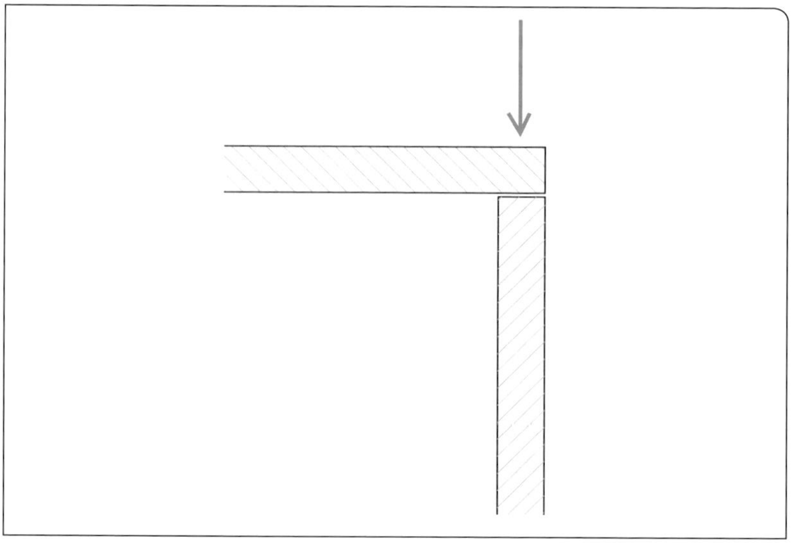

Abb. 75. Tragende Wand.

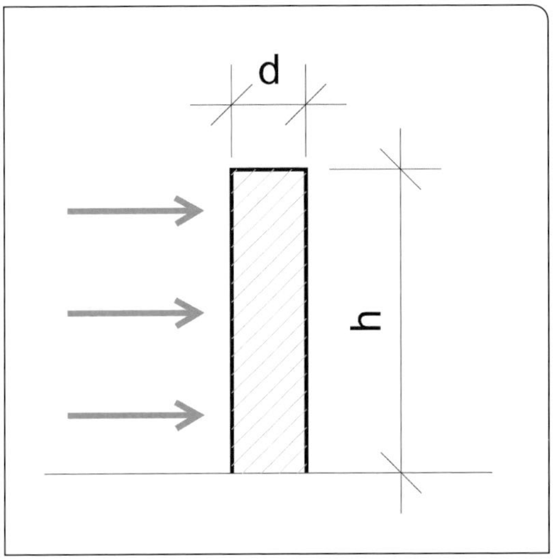

Abb. 76. Freistehende Wand.

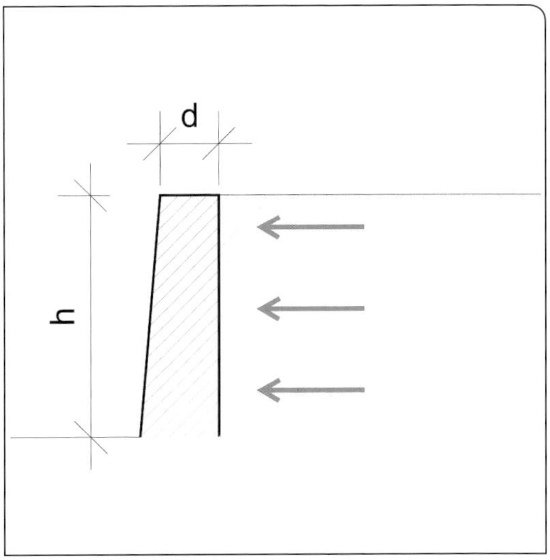

Abb. 77. Stützmauer.

tragender Wände herangezogen werden“. Im Landschaftsbau handelt es sich somit ganz überwiegend um nicht tragende Wände.

Eine **freistehende Wand** (Einfriedungsmauer, Sichtschutzwand etc.) muss im Wesentlichen ihre Eigenlast tragen sowie den auftretenden Windlasten standhalten. Freistehende Mauern haben zwei Ansichtsflächen.

Schwergewichtsmauern dienen meist der Terrassierung hängiger Gelände aus funktionalen oder gestalterischen Gründen. Sie haben in der Regel nur eine Ansichtsfläche. Die entscheidende Last bei Stützmauern ist neben der Eigenlast der Erddruck (vgl. Kap. 2.3).

Im fachlichen Sprachgebrauch wird unterschieden in **Futtermauern**, die vor gewachsenem Boden stehen und diesen vor Erosion sichern, und **Stützmauern**, die den Erddruck von Anschüttungen aufnehmen (BAETZNER, 1991).

5.1.2 Bauweise

Auch hinsichtlich der Bauweise lassen sich unterschiedliche, für den Mauerbau wichtige Begriffe definieren.

Die Begriffe einschaliges und zweischaliges Mauerwerk beschreiben sowohl die statische Funktion der Mauer als auch die Konstruktionsart:

Beim **einschaligen** Mauerwerk übernimmt der gesamte Mauerquerschnitt die Abtragung der Lasten, d. h. der gesamte Mauerquerschnitt hat statische Funktion. Die sichtbaren Mauersteine müssen dazu mit der ggf. nicht sichtbaren Hintermauerung im Verband ver-

Abb. 78. Einschaliges Mauerwerk.

Farbtafel 7

Bild 37. Zyklopenmauer aus der Etruskerzeit (unterer Teil, südliche Toskana).

Bild 38. Natursteinstützmauer mit Treppenaufgang (Tessin, CH).

Bild 39. Unregelmäßiges Schichtenmauerwerk, Gartendetail Landesgartenschau Neu-Ulm 2008.

Bild 40. Trockenmauer in steiler Weinbergslage im Wallis (CH) aus zweierlei Gestein.

Bild 41. Terrassierung mit Trockenmauern im Mandelgarten (Mallorca).

Bild 42. Zweischaliges Mauerwerk: Betonwand mit Natursteinverblendung (München-Riem).

mauert sein. Anstelle einer Hintermauerung kann auch eine Hinterbetonierung erfolgen.

Beim **zweischaligen** Mauerwerk dagegen steht die sichtbare Verblendschale unmittelbar vor der (nicht sichtbaren) tragenden Wandkonstruktion. Zwischen den beiden Mauerschalen sollte wenigstens eine 2 cm breite, satt vermörtelte Fuge bestehen.

Die DIN 1053 schreibt vor, dass die unbelastete Verblendschale mit mindestens 5 Drahtankern pro Quadratmeter (aus nicht rostendem Stahl, d = 3 mm) an der tragenden Schale zu verankern ist.

37

38

39

40

41

42

43

44

45

46

47

48

Oben:
Abb. 79. Zweischaliges Mauerwerk.

Unten:
Abb. 80. Trockenmauerwerk.

Farbtafel 8
Bild 43. Alte Gartenmauer mit zweifacher Stromschicht und Rollschichtabdeckung.

Bild 44. Klinkermauer, Verblendung (Hamburg Hafencity).

Bild 45. Klinkermauer im Läuferverband.

Bild 46. Stampflehmmauer mit Leisten aus Natursteinplatten (Friedhof der Probstei St. Gerold, Vorarlberg).

Bild 47. Stampflehm-Spiralmauer mit Abdeckung aus Corten-Stahl (Friedhof Wil, CH).

Bild 48. Stützelemente aus Gabionen (Landesgartenschau Bingen 2008).

Als **Trockenmauer** bezeichnet man eine Mauer, die ohne Verwendung von Mörtel oder Beton trocken aufgemauert wird. Bei einer fachgerechten Trockenmauer erfolgt auch keine Hinterfüllung mit Beton. Die Gründung wird unstarr, beispielsweise durch eine streifenförmige verdichtete Schüttung aus frostsicherem Material ausgebildet.

Nach DIN 1053 sind Trockenmauern ausschließlich als Schwergewichtsmauern geeignet. Dies bedeutet für Anwendungen im Landschaftsbau eine erhebliche Einschränkung, zumal auch freistehende

Abb. 81. Verblend- oder Mischmauerwerk.

Trockenmauern in vielen Regionen Europas einen festen Bestandteil der jeweiligen Kulturlandschaft darstellen (vgl. Kap. 5.4).

Mauern, deren Fugen mit Mörtel ausgefüllt sind, kann man mit dem Begriff **Mörtelmauerwerk** zusammenfassen.

Besteht die sichtbare Vorderseite einer einschaligen Stützmauer aus einem anderen Material als die Hintermauerung, spricht man gemäß DIN 1053 von **Verblend- oder Mischmauerwerk**.

5.2 Konstruktion von Mauern

Für die Konstruktion von Mauern im Landschaftsbau sind folgende Aspekte von entscheidender Bedeutung:

1. der Querschnitt der Mauer als wesentliches statisches Kriterium,
2. der Verband der Mauersteine und das Fugenbild,
3. die Gründung und die Entwässerung der Mauer,
4. die Gestaltung der Mauerkrone, einschließlich einer ggf. erforderlichen Absturzsicherung sowie
5. der Anlauf bzw. die Dossierung der Mauer.

5.2.1 Mauerquerschnitt

Für die Standsicherheit der Mauer ist das Gewicht der Mauer von entscheidender Bedeutung. Dieses hängt vom spezifischen Gewicht γ des verwendeten Gesteinsmaterials und des ggf. verwendeten Betons und Mauermörtels ab sowie von der Querschnittsfläche der Mauer (vgl. Kap. 2.4), für die bei gegebener Höhe die Dicke der Mauer entscheidend ist. Bei der Planung und Dimensionierung von Mauern sind insbesondere zwei Faktoren zu berücksichtigen: bei Stützmauern der Erddruck (vgl. Kap. 2.3) bei freistehenden Mauern die Windlast.

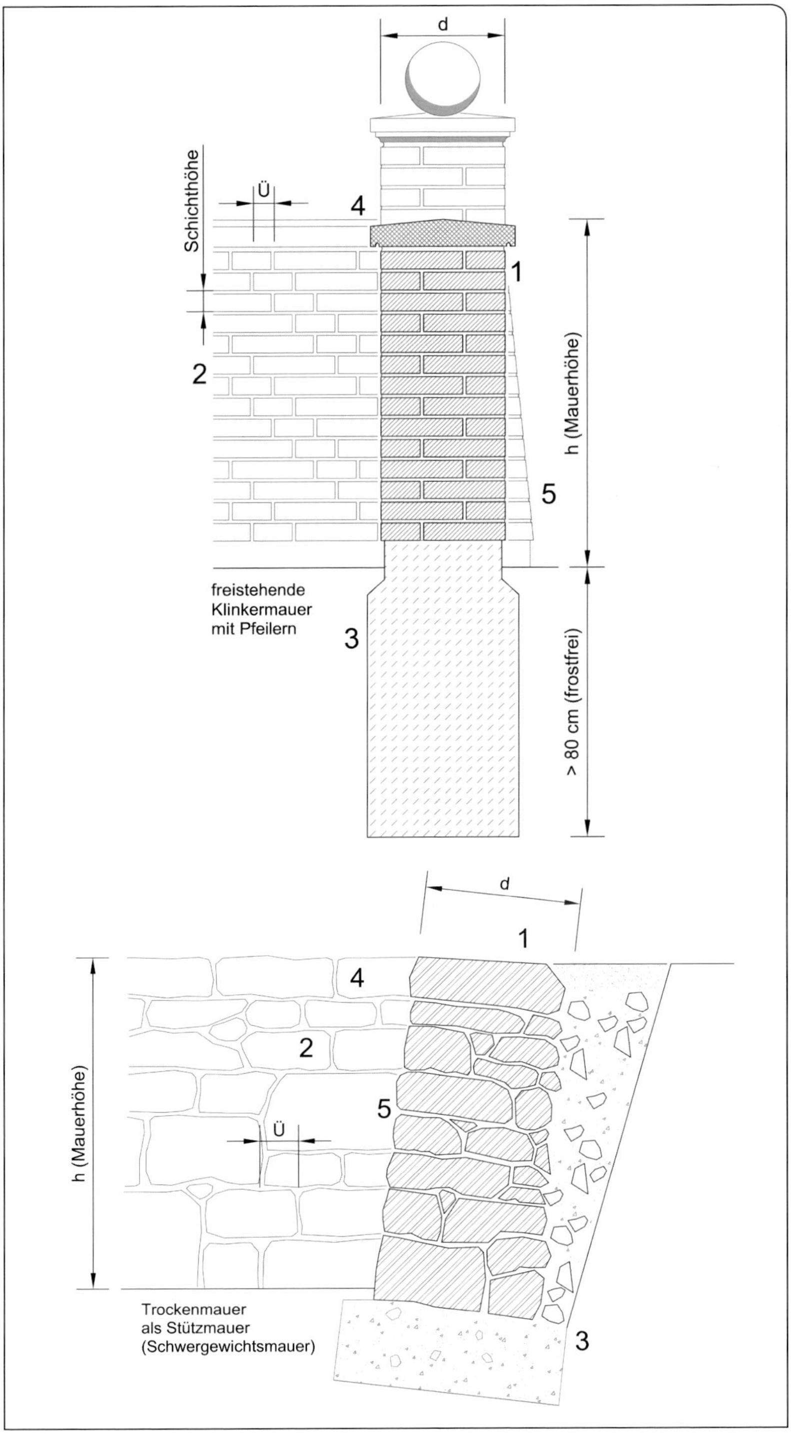

Abb. 82. Konstruktion einer freistehenden Mauer aus Klinker und einer Stützmauer aus Trockenmauerwerk:
1 = Mauerquerschnitt, Mauerdicke,
2 = Mauerverband, Mauerfugen,
3 = Gründung,
4 = Mauerkrone, Mauerabdeckung,
5 = Anlauf, Dossierung.

Schwergewichtsmauern (Stützmauern)
Beim Entwurf von Schwergewichtsmauern ist zu berücksichtigen, dass dahinter ausreichend Bauraum zur Verfügung steht, um die Baugrubenböschung in den erforderlichen Neigungen, geregelt in der DIN 4124 „Baugruben und Gräben – Böschungen, Verbau, Arbeitsraumbreiten“ ausführen zu können.

Für mögliche spätere Medienverlegungen (Strom, Wasser etc.) vor der Mauer sind bei Berechnung und Ausführung die zusätzlichen Aushubtiefen einzubeziehen.

Als **Anlauf**, **Dos(s)ierung**, **Anzug**, **Schrägung** oder **Gehrung** bezeichnet man das gleichmäßige, leicht schräge Aufmauern einer Stützmauer gegen den Hang bzw. einen schrägen Verlauf der Ansichtsflächen vom Mauerfuß bis zur zurückgesetzten Mauerkrone.

Der Anlauf kann mit dem Grad der Neigung oder gebräuchlicher in Prozent, als Versatz der Mauerkronenlinie gegenüber der Mauerfußlinie in Prozent der Mauerhöhe, angegeben werden. Er bewegt sich meist zwischen 10 und 20 %, d. h. eine 1,00 m hohe Mauer neigt sich 10 bis 20 cm weit zurück. Entsprechend geneigt ist die Mauersohle bzw. die Gründungsfuge (vgl. Abb. 83).

Der Anlauf hat statische und gestalterische Bedeutung. Trockenmauern werden fast immer mit Anlauf gebaut (vgl. Kap. 5.4). Anstelle des rechteckigen Mauerquerschnitts tritt hier ein trapezförmiger, der sich günstig auf die Standsicherheit auswirkt.

Aus der im Kapitel 2.4.2 erläuterten Berechnungsmethode ergeben sich in Abhängigkeit vom Erddruck und vom Steingewicht die in der Tabelle 5.1 dargestellten Mauerdicken im Fuß- und Kronenbe-

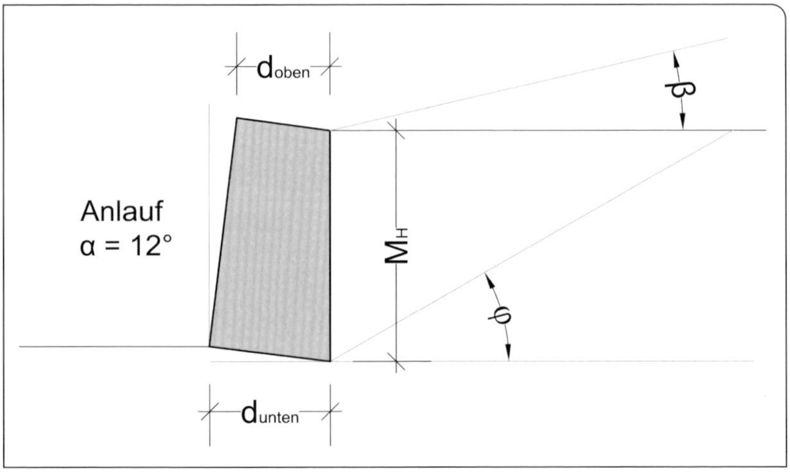

Abb. 83. Querschnitt einer Mauer.

Tab. 5.1: Mauerdicken für Stützmauern in Abhängigkeit vom Erddruck und Steingewicht bei horizontalem Geländeverlauf erd- und luftseitig ($\beta = 0°$) (Ansatz mit 50 % des Steingewichts für Trockenmauern nach DIN 1053–1)

Bodenkennwerte			**Stützmauern mit 12 % Anlauf, Gründungsfuge 12% geneigt**							
bei Auflast ≤ 5 kN/m² und Bodenwichte γ_M = 19 kN/m³			**Mauerhöhe**		**h_M = 1,00 m**		**h_M = 2,00 m**		**h_M = 3,00 m**	
	Reibungswinkel φ	**Erddruckbeiwert K_{ah}***	**Steinwichte γS in kN/m³**		**Mauerdicke (in m), jeweils an Mauerfuß und -krone**					
					d_{unten}	**d_{oben}**	**d_{unten}**	**d_{oben}**	**d_{unten}**	**d_{oben}**
Bindige Böden	20°	0,43	100 %	20	0,95	0,83	1,60	1,36	2,24	1,88
			50 %	10	1,85	1,73	3,10	2,86	4,30	3,94
			100 %	26	0,75	0,63	1,26	1,02	1,77	1,41
			50 %	13	1,43	1,31	2,40	2,16	3,35	2,99
	25°	0,35	100 %	20	0,64	0,52	1,07	0,83	1,50	1,14
			50 %	10	1,21	1,09	2,02	1,78	2,83	2,47
			100 %	26	0,50	0,38	0,85	0,61	1,20	0,84
			50 %	13	0,94	0,82	1,58	1,34	2,21	1,85
Nicht bindige Böden	30°	0,28	100 %	20	0,43	0,31	0,80	0,56	1,18	0,82
			50 %	10	0,79	0,57	1,32	1,08	1,85	1,49
			100 %	26	0,36	0,24	0,70	0,46	1,06	0,70
			50 %	13	0,62	0,50	1,05	0,81	1,47	1,11
	35°	0,22	100 %	20	0,35	0,23	0,70	0,46	1,04	0,68
			50 %	10	0,51	0,39	0,92	0,68	1,37	1,01
			100 %	26	0,32	0,20	0,62	0,38	0,93	0,57
			50 %	13	0,41	0,29	0,83	0,59	1,23	0,87
	40°	0,18	100 %	20	0,31	0,19	0,62	0,38	0,93	0,57
			50 %	10	0,40	0,28	0,82	0,58	1,23	0,87
			100 %	26	0,28	0,16	0,56	0,32	0.83	0,47
			50 %	13	0,38	0,26	0,74	0,50	1,11	0,75

* für $\delta = 2/3\,\varphi$

reich für Mauerhöhen von 1,00, 2,00 und 3,00 m bei einem Anlauf von 12 %. Es wurde jeweils auch der halbierte Ansatz des Steingewichts (50 %), der nach DIN 1053–1 bei Trockenmauern anzusetzen ist, berücksichtigt (vgl. Kap. 5.4).

Freistehende Mauern

Bei freistehenden Mauern ist als entscheidende Größe für die Dimensionierung des Mauerquerschnitts die Windlast zu berücksichtigen. Für freistehende Mauern aus natürlichen oder künstlichen Steinen ohne Bewehrung bis etwa 2,00 m Höhe ist im Landschaftsbau eine Faustformel gebräuchlich, die auf der mehrteiligen DIN 1055 „Einwirkungen auf Tragwerke" basiert und die Beziehung zwischen Mauerdicke d und Mauerhöhe h ausdrückt. Danach kann die erforderliche Mauerdicke für eine gewünschte Höhe errechnet werden:

$$d = \sqrt{\frac{h}{22}} \text{ oder vorsichtiger } d = \sqrt{\frac{h}{20{,}5}}$$

Dementsprechend ergibt sich für die maximale Höhe:

$$h = 22 \times d^2 \text{ oder vorsichtiger } h = 20{,}5 \times d^2$$

Diese Faustformel ist nur unter bestimmten Voraussetzungen anwendbar:

- Die Steinrohdichte beträgt mindestens 20 kN/m³.
- Die Mauer ist keine Trockenmauer, die Steine sind vermörtelt.
- Die Mauerkrone liegt unter 8,00 m über dem Gelände, also nicht im Dachgarten.
- Die Mauer ist hinreichend ausgesteift, d. h. sie verläuft über Eck, schließt an Gebäuden an oder wird durch aussteifende Pfeiler gegliedert; für völlig freistehende Mauerabschnitte ohne besondere Aussteifung ist eine statische Berechnung durchzuführen oder ein Sicherheitsabschlag von der Höhe von mindestens 15 % anzusetzen.

Abrechnung von Mauerwerk

Während die bis Herbst 2006 geltende ATV DIN 18330 „Mauerarbeiten" (VOB, Teil C, ATV) vom Dezember 2000 als Abrechnungseinheit für Mauerwerk über 24 cm Dicke noch das Raummaß (m^3) zuließ, ist gemäß ihrer Neufassung vom Oktober 2006 im Leistungsverzeichnis ausschließlich das Flächenmaß (m^2) vorzusehen.

Die genaue Angabe des Mauerquerschnitts bzw. der Mauerdicke und des ggf. vorzusehenden Anlaufs im Leistungsverzeichnis oder Angebot, am besten anhand einer Schnittzeichnung, ist daher unerlässlich.

Tab. 5.2: Mauerhöhen bei freistehenden Mauern in Abhängigkeit von der Mauerdicke

Mauerdicke d (in m)	Mauerhöhe h_1 (in m)	Mauerhöhe h_2 (vorsichtig) (in m)
0,15	0,50	0,46
0,175*	0,67	0,63
0,20	0,88	0,82
0,24*	1,27	1,18
0,25	1,38	1,28
0,30*	1,98	1,85
0,32	2,25	2,10
0,365*	2,93	2,73

* Richtmaße bei künstlichen Steinen

Tabelle 5.2 zeigt die zulässigen Höhen für bestimmte Mauerdicken nach dieser Faustformel.

5.2.2 Mauerverband und Mauerfugen

Die Art und Weise, wie die einzelnen Steine miteinander und zueinander vermauert werden, bezeichnet man als Mauerverband. Der Verband bestimmt das Fugenbild und ist sowohl gestalterisch als auch statisch-konstruktiv entscheidend.

Schichten

Bei den meisten Mauerbänden liegen die Mauersteine in mehr oder weniger waagerechten Lagen übereinander (Ausnahme: Zyklopenmauerwerk bei Naturstein, vgl. Kap. 5.3.3). Diese Lagen bezeichnet man als **Schichten**, die Dicke bzw. die vertikale Ausdehnung der Lage als **Schichthöhe**.

Ein wichtiges Prinzip eines jeden Mauerverbandes ist das Versetzen der Mauersteine bzw. der Fugen von Schicht zu Schicht. Der Versatz eines Steines der oberen Schicht gegenüber dem unteren Stein wird als **Überbindung** bezeichnet. Die Größe der Überbindung ist für die jeweiligen Mauerverbände aus natürlichen oder künstlichen Steinen geregelt. Die kleinstmögliche Überbindung beträgt

$$Ü \geq 0{,}4 \times h_{St} \text{ bzw. } Ü \geq 45\,\text{mm},$$

wobei die h_{St} Steinhöhe bedeutet. Sie gilt bei künstlichen Steinen.

Bei Natursteinverbänden gilt in der Regel

$Ü \geq 100\,mm$.

Die Höhe und Verteilung der Schichten definieren bei Natursteinmauerwerk den Verband bzw. Mauerwerkstyp (vgl. Kap. 5.3). Bei Mauerwerk aus künstlichen Steinen ist innerhalb einer Mauer die Schichthöhe in der Regel immer die gleiche.

Läufer und Binder
Im Mauerverband wird ein Stein als **Läufer** bezeichnet, dessen Längsseite bzw. Läuferfläche parallel zur Ansichtsfläche der Mauer verläuft und damit sichtbar ist. Dementsprechend nennt man die Steine, deren Läuferflächen senkrecht zur Ansichtsfläche vermauert und damit nicht sichtbar sind, **Binder**. Sichtbar sind bei Bindern die Stirnflächen (vgl. Kap. 4.5.5). Die Definition dieser Begriffe in der Fachliteratur kann bei Natursteinmauern etwas abweichen. So werden teilweise unter Läufern Steine verstanden, bei denen die Länge geringfügig größer als die Breite ist, und unter Bindern Steine, deren Länge so viel größer als deren Breite ist, dass sie als **Durchbinder** durch den gesamten Mauerquerschnitt reichen (vgl. Kap. 5.4).

Die Anordnung von Läufern zu Bindern bestimmt den Verband. Ein ausreichender Anteil an Bindern ist für die Stabilität der Mauer

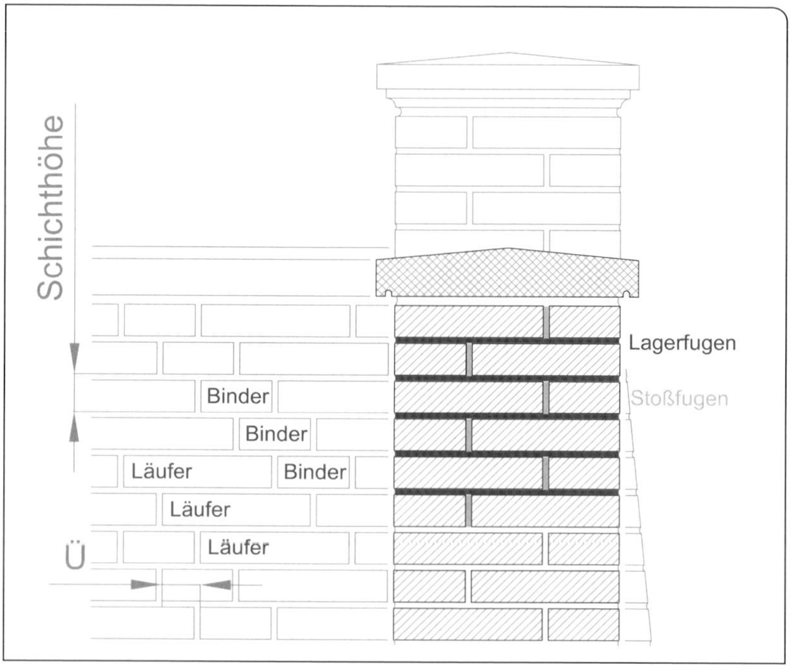

Abb. 84. Mauerverband, Fugen.

Abb. 85. Mauer mit Anlauf / Dossierung und nicht normgerechter Steinlänge (Kopenhagen).

von wesentlicher Bedeutung. Sie verzahnen den Mauerverband in sich bzw. den sichtbaren Teil mit der Hintermauerung oder Hinterbetonierung (bei einschaligen Schwergewichtsmauern) bzw. die beiden Mauerseiten miteinander (bei freistehenden Mauern). Ein höherer Binderanteil erhöht das Mauergewicht und damit die Stabilität bei Stützmauern.

In der Regel soll die **Steinlänge (L_{St})** das Vier- bis Fünffache der **Steinhöhe (h_{St})** nicht über- und die Steinhöhe nicht unterschreiten. Dies bedeutet, dass im Verband keine Steher oder Aufsteller vorkommen sollen.

$$L_{St} > 4(5) \times h_{St}$$

und

$$L_{St} < h_{St}$$

Nach diesen Forderungen der DIN 1053–1 wären das „Schottische Bruchsteinmauerwerk“ und das „Plattenartige Bruchsteinmauerwerk“, wie sie beispielsweise die Schweizer Norm SIA 178 beschreibt, nicht regelgerecht. Das Schottische Bruchsteinmauerwerk enthält einen bestimmten Anteil von Aufstellern, deren Länge mindestens ein Drittel der Höhe betragen muss, beim Plattenartigen Bruchsteinmauerwerk darf die Steinlänge bis zum Sechsfachen der Steinhöhe betragen.

Lager- und Stoßfugen

Die Fugen des Mauerwerks sind ein Bestandteil des Verbandes und sowohl gestalterisch als auch konstruktiv von wesentlicher Bedeutung.

Bei (annähernd) geschichteten Verbänden unterscheidet man in (etwa) waagerecht verlaufende **Lagerfugen** und senkrecht verlaufende **Stoßfugen**. In den Lagerfugen stoßen die Lagerflächen, in den Stoßfugen die Stirnflächen aneinander (vgl. Kap. 4.5.5).

Wird eine Mauer nicht mit ungefüllten oder bepflanzten Fugen als Trockenmauer ausgeführt, benötigt man zum Ausfüllen der Fugen bzw. auch zur Verbindung der Steine untereinander Mörtel.

Bei Sicht- bzw. Verblendmauerwerk sind neben der Zusammensetzung des Fugenmörtels, die Gleichmäßigkeit und Lage der Fugenoberfläche sowie die Art des Einbringens von entscheidender Bedeutung.

Mauermörtel

Die DIN EN 998-2 definiert Mörtel als „Gemisch aus einem oder mehreren anorganischen Bindemitteln, Zuschlägen, Wasser und ggf. Zusatzstoffen und/oder Zusatzmitteln für Lager-, Stoß- und Längsfugen, Fugenglattstrich und nachträgliches Verfugen". Je nach Funktion unterscheidet man Mauer-, Fug(en)- und Putzmörtel. Nach den Eigenschaften unterscheidet die DIN EN 998-2 ebenso wie die DIN 1053-1 in **Normal- (G)**, **Leicht- (L) und Dünnbettmörtel (T)**.

Beim (Normal-)Mörtel hat die Gesteinskörnung ein Größtkorn von maximal 4 mm. Für Mörtel wird in der Regel Sand verwendet. Als Bindemittel kommen Baukalke wie Luft- und Wasserkalk, hydraulischer und hochhydraulischer Kalk sowie Zement in Frage. Je nach Bindemittel sind die Anforderungen an die Druckfestigkeit der Mörtelgruppen unterschiedlich.

Als witterungsbeständiger Mauer- und Fugenmörtel eignet sich nur Mörtel der Gruppen (II), II a und III. Im Landschaftsbau ist in der Regel Mörtel der Gruppe III zu verwenden, insbesondere für das nachträgliche Verfugen. Als Bindemittel darf für diese Mörtelgruppe gemäß Norm nur Zement verwendet werden (vgl. Tab. 5.3).

Gegenüber der älteren DIN 1053-1 ersetzt die jüngere DIN EN 998-2 die Mörtelgruppen durch Mörtelklassen, die durch die Druckfestigkeit definiert sind (vgl. Tab. 5.4).

Im Anhang B „Verwendung von Mauersteinen und Mauermörtel" der Euronorm wird auf die Bedeutung der Umgebungsbedingungen für Mörtelmauerwerk hingewiesen, die dort in „stark, mäßig und nicht angreifend" eingeteilt werden. Die Wahl des Mörtels ist darauf abzustimmen und ein Schutz vor Wassersättigung vorzusehen. Der Einfluss einer Oberflächenbeschichtung, z. B. in Form eines Anstrichs, ist zu prüfen.

Tab. 5.3: Mörtelzusammensetzung, Mischungsverhältnisse in Raumteilen und Mindestdruckfestigkeit für Normalmörtel nach DIN 1053–1

Mörtelgruppe MG	I				II				IIa		III	IIIa
Bezeichnung	Kalkmörtel				Kalkzementmörtel						Zementmörtel	
Luftkalk: Kalkteig	1	–	–	–	1,5	–	–	–	–	–	–	–
Luftkalk: Kalkhydrat	–	1	–	–	–	2	–	–	1	–	–	–
Hydraulischer Kalk (HL2)	–	–	1	–	–	–	2	–	–	–	–	–
Hydraulischer Kalk (HL5), Putz- und Mauerbinder (MC5)	–	–	–	1	–	–	–	1	–	2	–	–
Zement	–	–	–	–	1	1	1	–	1	1	1	1
Sand aus natürlichem Gestein	4	3	3	4,5	8	8	8	3	6	8	4	4
Mindestdruckfestigkeit nach 28 Tagen (in N/mm²)	–				2,5 bis 3,5*				5 bis 7		10 bis 14	20 bis 25

* der höhere Wert gilt bei Eignungs-, der niedrigere bei Güteprüfung

Tab. 5.4: Mörtelklassen nach DIN EN 998–2

Mörtelklassen	M 1	M 2,5	M 5	M 10	M 15	M 20	M d
Druckfestigkeit (in N/mm²)	1	2,5	5	10	15	20	d*

* d bedeutet eine vom Hersteller angegebene Druckfestigkeit > 25 N/mm²

Als Bauten in stark angreifender Umgebung werden beispielsweise aufgeführt

- Außenmauerwerk nahe der Geländeoberkante (2 Lagen darüber und darunter), bei dem eine große Gefahr der Wassersättigung mit gleichzeitiger Frosteinwirkung besteht.
- Mauerkronen, Abdeckungen und Simse in Gegenden mit Frostgefahr.
- freistehende Grenzmauern und Windschutzwände, bei denen eine große Gefahr der Wassersättigung mit gleichzeitiger Frosteinwirkung besteht, z. B. wenn die Wand nicht mit einer wirkungsvollen Abdeckung versehen ist.

- erdberührte Stützwände, bei denen eine große Gefahr der Wassersättigung mit gleichzeitiger Frosteinwirkung besteht, z. B. wenn die Wand nicht mit einer wirkungsvollen Abdeckung versehen wurde oder an der erdberührten Seite nicht gegen Wasser geschützt ist etc.

Alle diese Beispiele sind für den Landschaftsbau durchaus typisch. Als Maßnahmen zum Schutz gegen eine Wassersättigung werden der Schutz der Wandkronen durch Dachüberstände oder Abdeckungen, die Einplanung gekehlter Simse sowie Feuchtesperrschichten im oberen und unteren Bereich der Wände genannt.

Regeln zum Verfugen:
- Verfugarbeiten nicht bei starker Sonneneinstrahlung, starkem Wind, Regen oder Frost durchführen.
- Vor dem Verfugen Maueroberfläche/Steinoberfläche gut annässen.
- Fugenmörtel maschinell mischen, nur Vorrat für maximal 2 Stunden herstellen.
- Vor jeder Arbeitspause wird das Mauerwerk an der Fugenseite 2 cm tief ausgekratzt, die Fugen werden von losen Mörtelresten gesäubert.
- Zum Verfugen dient ein Fugeisen, mit dem der Mörtel kräftig in die ausgekratzte Fuge gedrückt wird. Dies geschieht in zwei Arbeitsgängen: 1. Gang – erst Stoß-, dann Lagerfuge; 2. Gang – erst Lager-, dann Stoßfuge. Dabei wird der Mörtel glatt gestrichen.

Der Mörtel sollte nicht härter (= druckfester) sein als das verwendete Gestein. Bei Mauern aus weichen Natursteinen wie Kalkstein, Tuffsteinen etc. (Druckfestigkeit ca. 20 N/mm^2) ist dies durch entsprechende Mörtelwahl und -mischung zu berücksichtigen.

Putzmörtel

Putzmörtel wird je nach verwendetem Bindemittel in 5 Gruppen eingeteilt (P I bis P V). Für Außenputze eignen sich Mörtel der Gruppe P I (Kalkmörtel), P II (hochhydraulischer Kalkmörtel, Kalkzementmörtel) und P III (Zementmörtel, höchste Druckfestigkeit, ca. 10 N/mm^2). Auf europäischer Ebene gilt für Putzmörtel die DIN EN 998–1 Festlegungen für Mörtel im Mauerwerksbau – Teil 1: Putzmörtel.

Raumfugen

Raumfugen (Bewegungsfugen) sind anzuordnen, um die Zwängungsspannungen infolge Temperaturdehnungen oder Baugrundbewegungen auf ein verträgliches Maß zu begrenzen. Bei Betonwänden, die direkter Sonneneinstrahlung ausgesetzt sind, liegt der erforderliche Fugenabstand bei 7 bis 12 m (vgl. Kap. 4.3.3), bei vermörteltem Mauerwerk bei 15 bis 30 m. Hier kann die Raumfuge im Mauerverband verlaufen und muss nicht als durchgehende Stoßfuge ausgeführt werden. Trockenmauern erfordern keine Raumfugen.

5.2.3 Gründung und Entwässerung

Unter Gründung der Mauer versteht man das Absetzen des Bauwerkes auf den Baugrund. Unter der Mauer ist immer ein Fundament anzuordnen. Es besteht bei betonierten Wänden aus unbewehrtem Beton C 12/15 oder C 16/20 und bei vermörtelten Stützmauern ebenfalls aus Beton oder Natursteinmauerwerk.

Bei Trockenmauern ist auch eine unstarre Gründung in Form eines frostsicheren, verdichtbaren Kies- oder Schotterkoffers möglich.

Die Breite entspricht mindestens der berechneten Wandstärke. Das Fundament ist bei allen Mauern, mit Ausnahme der Trockenmauern, bis in frostsichere Tiefe, die je nach geografischer und topografischer Lage zwischen 0,80 und 1,20 m unter Gelände liegt, und mindestens bis zum tragfähigen Horizont zu führen. Bei Trockenmauern reicht meist eine Tiefe des Kies- oder Schotterkoffers bis zu 40 cm. In der Regel wird beim Mauerbau ein balkenförmiges Streifenfundament verwendet.

Um die Durchfeuchtung des Mauerwerks zu vermeiden wird bei freistehenden Mauern häufig das Fundament ein Stück über die Geländekante hochgezogen und zwischen Fundament und Mauerwerk eine Kapillarsperre, z. B. eine Folie, eingebaut. Andernfalls kann es, wie auch bei hinterbetonierten Mauern, leicht zu Ausblühungen, d. h. Kalkablagerungen auf den Sichtflächen, kommen (vgl. Kap. 4.2.4).

Entwässerung

Das anströmende Hang- oder Schichtenwasser muss auf der Wandrückseite nach unten über eine Packung aus Einkornschüttung oder eine Dränmatte abgeführt werden. Bei dieser Dränpackung ist auf filterstabilen Anschluss an die angrenzenden Erdschichten zu achten, ggf. ist der Einbau eines Filtervlieses erforderlich. Die vertikale

Abb. 86. Mauer mit deutlich erkennbarer Entwässerungsöffnung im Fußbereich und Abdeckung aus Rollschicht (hochkant gestellte Steine).

Dränschicht mündet unten in ein halbgelochtes Entwässerungsrohr, welches das anfallende Wasser mit Gefälle zu einem Vorfluter führt. Dieser kann aus einer Sickermulde, einem Sickerschacht, Gewässer oder Entwässerungskanal bestehen. Ist kein Vorfluter vorhanden, so ist das Sammelrohr in regelmäßigen Abständen mit Abzweig durch die Wand auf die Luftseite zu führen um das Wasser dort oberflächlich abzuleiten.

Trockenmauern gelten als „selbstentwässernd“. Eine dränfähige Hintermauerung ist dafür jedoch in jedem Fall eine Voraussetzung.

5.2.4 Mauerkrone und Absturzsicherung

Der obere Mauerabschluss, die **Mauerkrone** muss mit besonderer Sorgfalt gestaltet werden. Durch die Gestaltung der Abdeckung sollte die Mauer möglichst gut vor von oben eindringender Feuchtigkeit geschützt werden. Die Abdeckelemente oder -steine sollten dazu großformatig sein und keine bzw. möglichst kurze Längsfugen, d. h. Fugen parallel zur Mauer, aufweisen, sondern nur Stoßfugen senkrecht zur Mauerachse, die bei Mörtelmauerwerk sorgfältig verfugt werden müssen. Sie sollten ein (Quer-)Gefälle von mindestens 0,5 % haben, das bei Stützmauern gegen den Hang geht.

Falls gestalterisch möglich und sinnvoll, sollte die Abdeckung einen Überstand von etwa 3 cm, ausgebildet als **Tropfnase** mit entsprechender unterseitiger Rille haben.

Bei einer Mauer mit Anlauf ist ein derartiger Überstand meist nicht sinnvoll, da sich sonst im Bereich der Ansichtsfläche Traufspuren abzeichnen.

Abb. 87. Abdeckung mit Entwässerungsrinne aus Corten-Stahl auf Stampflehmwand (Friedhof Wil, CH).

Als Mauerabdeckung bzw. zur Ausbildung der Mauerkrone können verwendet werden:

- (größere) Abdecksteine aus Naturstein oder Beton,
- Abdeckplatten aus Naturstein oder Beton,
- Rollschichten aus Klinker oder Natursteinen,
- Betonfertigteile, beispielsweise dachförmig abgeschrägt,
- Zink- oder Kupferblech,
- Biberschwanz- oder Mönch-und-Nonne-Ziegel etc.

Absturzsicherung

Gemäß den Länderbauordnungen sind ab einer bestimmten Geländedifferenz Absturzsicherungen einzubauen. Diese kann nur dann unterbleiben, wenn der Zugang zur Mauerkrone durch andere Maßnahmen verhindert wird.

Bei mehr als 12 m Absturzhöhe muss die Umwehrung eine Höhe von 110 cm aufweisen, bei weniger als 12 m mindestens 90 cm. Solche Sicherungen dürfen von Kindern nicht überklettert werden können, Kleinkinder dürfen nicht durchrutschen. Senkrechte Stäbe der Umwehrung sollen einen Abstand von 12 cm nicht überschreiten, waagerechte Stäbe nicht einen Abstand von 2 cm, damit kein Leitereffekt entsteht. In Situationen, in denen die Treppenbenutzung durch Kinder unwahrscheinlich ist, werden diese Regeln fallweise weiter ausgelegt.

Bei der Ausführung des Geländers sind die Horizontallasten in Holmhöhe, geregelt in DIN 1055–3, zu berücksichtigen, insbesondere ist auf eine sichere Einspannung der Geländerpfosten zu achten.

5.3 Mauern aus Naturstein

Die älteste Art, Mauern zu bauen, ist neben der Stampflehmtechnik das Aufschichten von mehr oder weniger bearbeiteten Natursteinen. Im Landschaftsbau sind Natursteinmauern wichtige konstruktive Elemente, die als Schwergewichtsmauern Hänge terrassieren oder als freistehende Wände Grundstücke einfrieden (vgl. Farbtafel 7, Seite 144).

5.3.1 Grundlagen

Die DIN 1053–1 enthält Regelungen und Anforderungen für die Ausführung von Natursteinmauerwerk. Neben allgemeinen Regeln umfasst sie detaillierte Anforderungen an die unterschiedlichen Verbände und Angaben zur zulässigen Beanspruchung.

Natursteinmauern bestehen aus natürlichen Steinen, für die nach Norm auf Folgendes zu beachten ist:

- Natursteine für Mauerwerk dürfen nur aus „gesundem" Gestein gewonnen werden. Auf ausreichenden Witterungswiderstand ist je nach Funktion des Mauerwerks zu achten.

Abb. 88. Selten gewordenes massives Naturstein-Verblendmauerwerk im Hochbau, Neubau einer Berghütte in Südtirol.

- Geschichtete Steine sind so zu verwenden, wie es ihrer natürlichen Schichtung entspricht.
- Die Lagerfugen sollen rechtwinklig zum Kraftangriff liegen.

Zu beachten ist überdies die DIN EN 771–6.

5.3.2 Konstruktionsregeln

Nach der Norm muss der Verband bei reinem Natursteinmauerwerk im gesamten Querschnitt „handwerksgerecht“ sein, was im Einzelnen bedeutet:

- Es dürfen nirgends mehr als drei Fugen zusammenstoßen, es darf keine Kreuzfugen geben.
- Keine Stoßfuge darf durch mehr als durch zwei Schichten gehen.
- Auf zwei Läufer kommt mindestens ein Binder oder es wechseln Läufer- und Binderschichten miteinander ab.
- Die Dicke (Tiefe) der Binder beträgt etwa das Eineinhalbfache der Schichthöhe, mindestens jedoch 300 mm.
- Die Dicke (Tiefe) der Läufer ist etwa gleich der Schichthöhe.
- Die Überdeckung der Stoßfugen (= Überbindung) beträgt bei Schichtenmauerwerk mindestens 100 mm, bei Quadermauerwerk mindestens 150 mm.
- An den Mauerecken werden die größten Steine eingebaut.

Mauern, die nicht massiv aus Natursteinen bestehen, sondern eine Hintermauerung aus Beton oder künstlichen Steinen haben, werden in der DIN 1053–1 als Naturstein-Verblendmauerwerk (Mischmauerwerk) be-

Abb. 89. Nicht normgerechter Verband: zu lange Stoßfuge, zu geringe Überbindung bzw. Beinahe-Kreuzfugen und im Verhältnis zur Höhe zu lange Steine.

zeichnet (vgl. Kap. 5.1.2). Für einschaliges Naturstein-Verblendmauerwerk, z. B. eine hinterbetonierte Natursteinmauer, ist zu beachten:

- Das Verblendmauerwerk wird gleichzeitig mit der Hintermauerung/Hinterbetonierung im Verband hochgemauert.
- Es muss mit der Hintermauerung/Hinterbetonierung durch mindestens 30 % Bindersteine verzahnt werden.
- Die Bindersteine müssen eine Mindestdicke/-tiefe von 240 mm haben und mindestens 100 mm in die Hintermauerung/Hinterbetonierung einbinden.

5.3.3 Mauerwerkstypen

Die DIN 1053–1 beschreibt für Mauern aus Naturstein acht unterschiedliche Mauerwerkstypen in Wort und Bild, die jedoch nicht nach analogen Kriterien differenziert sind. Es sind dies:

- Trockenmauerwerk,
- Zyklopenmauerwerk und Bruchsteinmauerwerk, die in einem Text, jedoch mit unterschiedlichen Zeichnungen beschrieben werden,
- hammerrechtes Schichtenmauerwerk,
- unregelmäßiges Schichtenmauerwerk,
- regelmäßiges Schichtenmauerwerk,
- Quadermauerwerk und
- Verblend- oder Mischmauerwerk.

Während die Begriffe Trocken- und Verblendmauerwerk eine Bauweise bezeichnen, beschreiben die übrigen aufgeführten Mauerwerks-

Tab. 5.5: Mauerwerkstypen nach DIN 1053–1

Zeichnung aus DIN 1053–1	Regeln gemäß DIN 1053–1
Zyklopenmauerwerk und Bruchsteinmauerwerk (ohne Abbildung)	
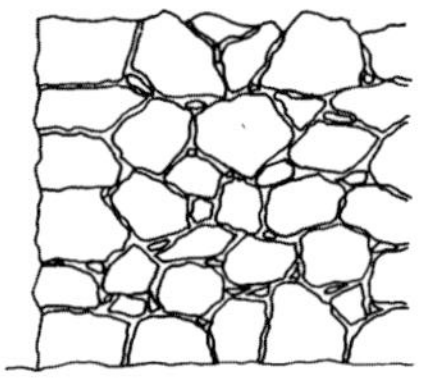	Wenig bearbeitete Bruchsteine sind im ganzen Mauerwerk im Verband und in Mörtel zu verlegen. Das Bruchsteinmauerwerk ist in seiner ganzen Dicke und in Abständen von höchstens 1,50 m rechtwinklig zur Kraftrichtung auszugleichen.
Hammerrechtes Schichtenmauerwerk	
	Die Steine der Sichtfläche erhalten auf mindestens 120 mm Tiefe bearbeitete Lager- und Stoßfugen, die ungefähr rechtwinklig zueinander stehen. Die Schichtdicke darf innerhalb einer Schicht und in den verschiedenen Schichten wechseln, jedoch ist das Mauerwerk in seiner ganzen Dicke in Abständen von höchstens 1,50 m rechtwinklig zur Kraftrichtung auszugleichen.
Unregelmäßiges Schichtenmauerwerk	
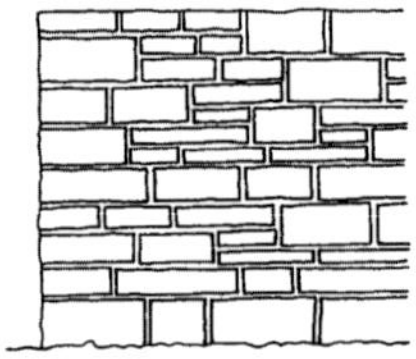	Die Steine der Sichtfläche erhalten auf mindestens 150 mm Tiefe bearbeitete Lager- und Stoßfugen, die zueinander und zur Oberfläche rechtwinklig stehen. Die Fugen der Sichtfläche dürfen nicht dicker als 30 mm sein. Die Schichtdicke darf innerhalb einer Schicht und in den verschiedenen Schichten wechseln, jedoch ist das Mauerwerk in seiner ganzen Dicke in Abständen von höchstens 1,50 m rechtwinklig zur Kraftrichtung auszugleichen.
Regelmäßiges Schichtenmauerwerk	
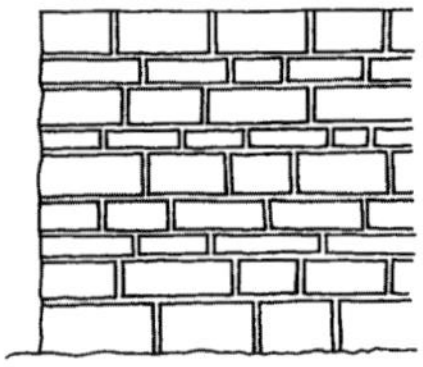	Es gelten die Festlegungen wie für unregelmäßiges Schichtenmauerwerk. Darüber hinaus darf innerhalb einer Schicht die Höhe der Steine nicht wechseln; jede Schicht ist rechtwinklig zur Kraftrichtung auszugleichen. Bei Gewölben, Kuppeln und dergleichen müssen die Lagerfugen über die ganze Gewölbedecke hindurchgehen. Die Schichtsteine sind daher auf ihrer ganzen Tiefe in den Lagerfugen zu bearbeiten (bei den Stoßfugen genügen 150 mm).
Quadermauerwerk	
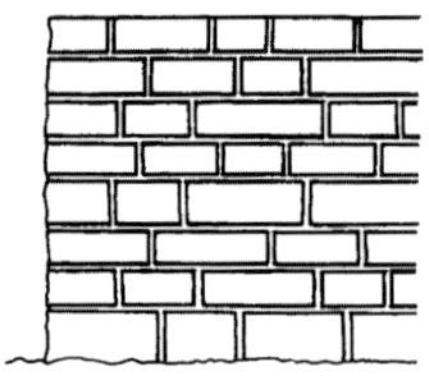	Die Steine sind nach angegebenen Maßen zu bearbeiten. Lager- und Stoßfugen müssen in ganzer Tiefe bearbeitet sein.

Tab. 5.6: Güteklassen für Natursteinmauerwerk nach DIN 1053–1

Güteklasse	Grundeinstufung	Fugenhöhe: Steinlänge h: l	Neigung der Lagerfuge tan α	Übertragungsfaktor η
N1	Bruchsteinmauerwerk	$\leq 0,25$	$\leq 0,30$	$\geq 0,50$
N2	Hammerrechtes Schichtenmauerwerk	$\leq 0,20$	$\leq 0,15$	$\geq 0,65$
N3	Schichtenmauerwerk	$\leq 0,13$	$\leq 0,10$	$\geq 0,75$
N4	Quadermauerwerk	$\leq 0,07$	$\leq 0,05$	$\geq 0,85$

typen in erster Linie die Art des Verbandes (vgl. Tab. 5.5). Dabei geht die Norm offensichtlich bei allen von Mörtelmauerwerk aus, obwohl dies explizit nur beim Typ „Zyklopenmauerwerk und Bruchsteinmauerwerk" formuliert ist.

In der Praxis werden diese Verbände in allen drei möglichen Bauweisen verwendet, für Trockenmauern, für massives vermörteltes Natursteinmauerwerk sowie für Mischmauerwerk.

Auf Trockenmauerwerk wird aufgrund seiner großen Bedeutung für den Landschaftsbau in Kapitel 5.4. ausführlich eingegangen.

Entsprechend seiner Ausführung ist Natursteinmauerwerk nach DIN 1053–1 in vier Güteklassen einzustufen, die durch vier Kriterien charakterisiert sind: den Mauerwerkstyp, das Verhältnis Fugenhöhe zu Steinlänge, die Neigung der Lagerfuge sowie den Übertragungsfaktor, der definiert wird als das Verhältnis von Überlappungsflächen der Steine zu Wandquerschnitt im Grundriss (vgl. Tab. 5.6).

Abb. 90. Unregelmäßiges Schichtenmauerwerk, auch Wechselmauerwerk genannt.

Abb. 91. Quadermauerwerk aus exakt gearbeiteten Nagelfluh-Quadern.

5.4 Trockenmauern

Trockenmauern prägen als uralte konstruktive Elemente die europäische Kulturlandschaft in vielfältigen Erscheinungsformen. Das Spektrum reicht von prähistorischen Grabmälern und Brunnenheiligtümern über Stützmauern in Weinterrassen bis hin zu den kunstvoll aufgeschichteten ländlichen Kuppelbauten, die in Frankreich als „Bories“, in Italien als „Trulli“ bezeichnet werden und bis ins Hochmittelalter nachweisbar sind.

Eines der wohl berühmtesten Beispiele für eine Trockenmauer besonderen Ausmaßes ist der Hadrianswall, den Kaiser Hadrian ab 122 n. Chr. etwa im Bereich der heutigen Grenze zwischen England und Schottland als Schutz der römischen Gebiete vor den Schotten errichten ließ. Er war ursprünglich 120 km lang, der östliche Teil besteht komplett aus trocken aufgeschichteten Steinen. Im ursprünglichen Querschnitt war er ca. 3 m breit und 4 bis 5 m hoch. Seit 1987 gehört er zum Weltkulturerbe ebenso wie inzwischen der Trulli-Ort Alberobello, der Ende des 15. Jahrhunderts entstand.

Die Geschichte der Trockenmauern ist aber auch eng mit dem Weinbau verbunden, stellt sie doch in allen Regionen die älteste Form der Hangterrassierung dar. Auch wenn inzwischen viele dieser auch als Lebensraum für Tiere und Pflanzen bedeutenden Kulturlandschaftselemente im Zuge von natürlichem Verfall einerseits und Flurbereinigungsmaßnahmen andererseits verschwunden sind, finden wir in vielen Weinbaugegenden noch beeindruckende Jahrhunderte alte Beispiele.

Aufgrund der topografischen Bedingungen und der zahlreichen Hoch- und Steillagen hat sich auch in der Alpenregion eine differenzierte Trockenmauer-Baukunst entwickelt wie beispielsweise in Südtirol oder ganz besonders in der Schweiz. Im Wallis finden wir die

Abb. 92. Weinbergsmauern in Steillagen (Uhlen) an der Mosel.

Abb. 93. Hohe Stützmauer aus Trockenmauerwerk (Mallorca).

Abb. 94. Sandstein-Trockenmauer mit Bogen und integrierter Treppe.

Abb. 95. Neu errichtete Trockenmauern in Verdabbio (CH); im Zuge des Projekts wurden Fachkräfte für die Firmen ausgebildet.

höchste Trockenmauer Europas, die eine Höhe von über 20 m erreicht. Im Zuge des Baus der Gotthardbahn entstanden um 1873 eigens dafür geltende Mauerwerksnormen, in denen sich auch Regelungen und Detailzeichnungen für Trockenmauern befinden. Auch heute gibt es in der Schweiz zahlreiche interessante Trockenmauerprojekte, sowohl innerorts als auch im landschaftlichen Kontext, im Rahmen derer die alte Handwerkskunst und das Wissen um Standort, Gesteinsmaterial, Steinbearbeitung und Statik wieder systematisch wiederbelebt werden.

Trockenmauern sind auch seit jeher ein Teil des Leistungsspektrums im Landschaftsbau. Besonders durch die Naturgartenbewegung, die etwa Ende der 70er-Jahre begann, bekam Trockenmauerwerk erneut Bedeutung und hielt Einzug in Gärten und Parks.

5.4.1 Grundlagen

Die Bauweise der Trockenmauern ohne die Verwendung von Mörtel oder Beton bietet zahlreiche Vorteile, sowohl aus bautechnischer wie auch aus ökologischer Sicht. Trockenmauern sind aufgrund ihrer unstarren Bauweise in der Lage, gewisse Bodenbewegungen, z. B. durch Frosteinwirkung, mitzumachen, ohne Schaden zu nehmen. Die Mauern sind relativ einfach auszubessern, die Steine prinzipiell immer wieder verwendbar. Aus regionalen Materialien aufgeschichtet, ist die Trockenmauer ein Bauwerk mit einer besonders günstigen Ökobilanz. Die Fugen der Trockenmauern bieten überdies wertvolle Lebensräume für teilweise selten gewordene Tiere und Pflanzen.

So ist es verständlich, dass sich zahlreiche Planer und Bauherrn bei einer erforderlichen Terrassierung des Geländes für Schwergewichtsmauern in Trockenbauweise entscheiden. Doch obwohl es sich dabei um eine viele Jahrhunderte alte Technologie handelt, kommt es relativ häufig zu Mängeln, Schadens- und Streitfällen. Die Mauern versagen durch Gleiten oder Kippen (vgl. Kap. 2.4), d. h. einzelne Mauersteine oder die gesamten Mauern verschieben sich oder stürzen ein.

Es handelt sich hierbei um einen durchaus typischen Schadensfall in landschaftsgärtnerischen Anlagen. Der Grund dafür liegt in den allermeisten Fällen in einem zu geringen Gewicht der Stützmauer, verursacht durch einen unterdimensionierten Querschnitt (vgl. Kap. 5.4.1). Hinzu können weitere Mängel kommen wie ein ungeeigneter oder nicht fachgerecht ausgeführter Mauerverband, bei dem die Steine nicht genügend Spannung untereinander haben, oder eine nicht ausreichend dränfähige Hintermauerung und infolgedessen Wasserdruck von der Hangseite. Die geltenden Regeln der Technik werden hier vielfach nicht beachtet.

Trockenmauer vs. Blockschichtung
In der Praxis wird unter dem Begriff Trockenmauer auch vielfach eine Blockschichtung (vgl. Kap. 5.8) verstanden, bei der groß dimensionierte Steinblöcke, Findlinge, Wasserbausteine oder Felsen maschinell, meist mit dem Greifer des Baggers, aufeinander geschichtet werden. Diese Interpretation ist falsch und führt häufig zu Missverständnissen zwischen Bauherrn und Ausführenden. Ohne jegliche manuelle Steinbearbeitung ist der Bau einer Trockenmauer praktisch nicht möglich. Der Begriff „Mauer“ impliziert überdies ein Aufmauern von Hand. Ohne Handarbeit können keine Trockenmauern erstellt werden.

Normative Anforderungen
Die einzige Norm, die Trockenmauerwerk explizit erwähnt ist die DIN 1053-1. Sie enthält folgende Regelung: „Trockenmauerwerk darf nur für Schwergewichtsmauern (Stützmauern) verwendet werden.“

Damit schließt die Norm freistehende Trockenmauern, wie sie beispielsweise in England, Schottland und Irland weit verbreitet sind, aber auch bei uns vorkommen, eigentlich aus.

Die Norm enthält keinerlei Angaben über in den Fugen bepflanzte Trockenmauern. Inwieweit die Ausführung einer Trockenmauer als hammerrechtes, unregelmäßiges oder regelmäßiges Schichtenmauerwerk zulässig ist, bleibt unklar. Während die Norm bei Bruchstein- und Zyklopenmauerwerk die „Verlegung im Verband und in Mörtel“ ausdrücklich formuliert, wird Schichtenmauerwerk als Trockenmauerwerk nicht explizit ausgeschlossen.

Auch hieraus wird deutlich, dass die Aussagen und Anforderungen der DIN 1053-1 dringend einer Differenzierung und Spezifizierung bedürfen. Ein entsprechendes Regelwerk der Forschungsgesellschaft Landschaftsentwicklung Landschaftsbau e.V. (FLL) ist derzeit in Arbeit.

5.4.2 Mauerquerschnitt
Eine sehr wesentliche Aussage enthält die DIN 1053-1 zur Dimensionierung des Mauerquerschnitts von Trockenmauern: „Als Berechnungsgewicht dieses Mauerwerks ist die Hälfte der Rohdichte des verwendeten Steines anzunehmen.“

Dieser Forderung liegt offensichtlich die Annahme zugrunde, dass die Trockenmauer Hohlräume von bis zu 50 % ihres Volumens aufweist. Für Gabionen (vgl. Kap. 5.8) mit „hohlraumarmer Steinschichtung“ dagegen darf eine Wichte von 19 bis 21 kN/m^3 angesetzt werden (FGSV, 2003).

In der Praxis wird für die Dimensionierung von Trockenmauern häufig folgende Faustformel empfohlen:

$$d = \frac{1}{3} \text{ bis } \frac{1}{2} h$$

Diese Faustformel setzt einen Anlauf der Mauer von mindestens 10 % und einen handwerksgerechten Verband (vgl. Kap. 5.3.2) voraus. Aus Tabelle 5.1 (Seite 149) wird deutlich, dass die Verwendung dieser Faustformel den Anforderungen der DIN 1053-1 nur $\varphi \geq$ bei 35° gerecht wird und je nach Erdreibungswinkel zu geringe Querschnitte bewirkt.

In den europäischen Nachbarländern sind ähnliche Praktiken gebräuchlich und publiziert. Als Faustregel gilt meist:

$$d = \geq \frac{1}{2} h$$

Dabei sollte grundsätzlich ein Anlauf von 10 bis 20 % vorgesehen werden. Für Trockenmauern mit einer Höhe von über 2,00 m ist der Standsicherheitsnachweis unter Berücksichtigung der DIN 1053-1 Teil der Baugenehmigung. Trockenmauern mit einer Höhe deutlich über 1,50 m werden aufgrund der erforderlichen Querschnitte meist relativ unwirtschaftlich.

Tab. 5.7: Angaben zur Querschnittsgestaltung von Trockenmauern in praxisnaher Literatur europäischer Länder

Land	**Schweiz**	**England / Irland**	**Italien**
Mauertyp		**Freistehende Trockenmauern**	
Maximale Höhe	1,20 m (ohne Durchbinder)	1,50 m (= 5 feet)	keine Angaben
Ideale Höhe	1,30 m	1,37 m (4 feet 6 inches)	
Anlauf	beidseitig 15 bis 20 %	beidseitig 12,5 % (1 : 8)	
Breite/Dicke Mauerfuß	½ Höhe	½ Höhe	
Mauertyp		**Stützmauern**	
Maximale Höhe	2,00 m	1,50 m	keine Angabe
Anlauf	10 bis 16 %	16,6 % (1 : 6)	0 bis 20 %
Breite/Dicke Mauerfuß	≥ ½ Höhe	ca. ½ Höhe	0,3* bis 0,5* h je nach φ
Quellen	Tufnell et al. 1996	McAfee, 1997; Garner, 2005	Cooperativa Olivicola di Arnasco (Hrsg.), 2002

* aufgerundet

Projektbeispiel: Trockenmauer aus Travertin, Innenhof in München-Riem

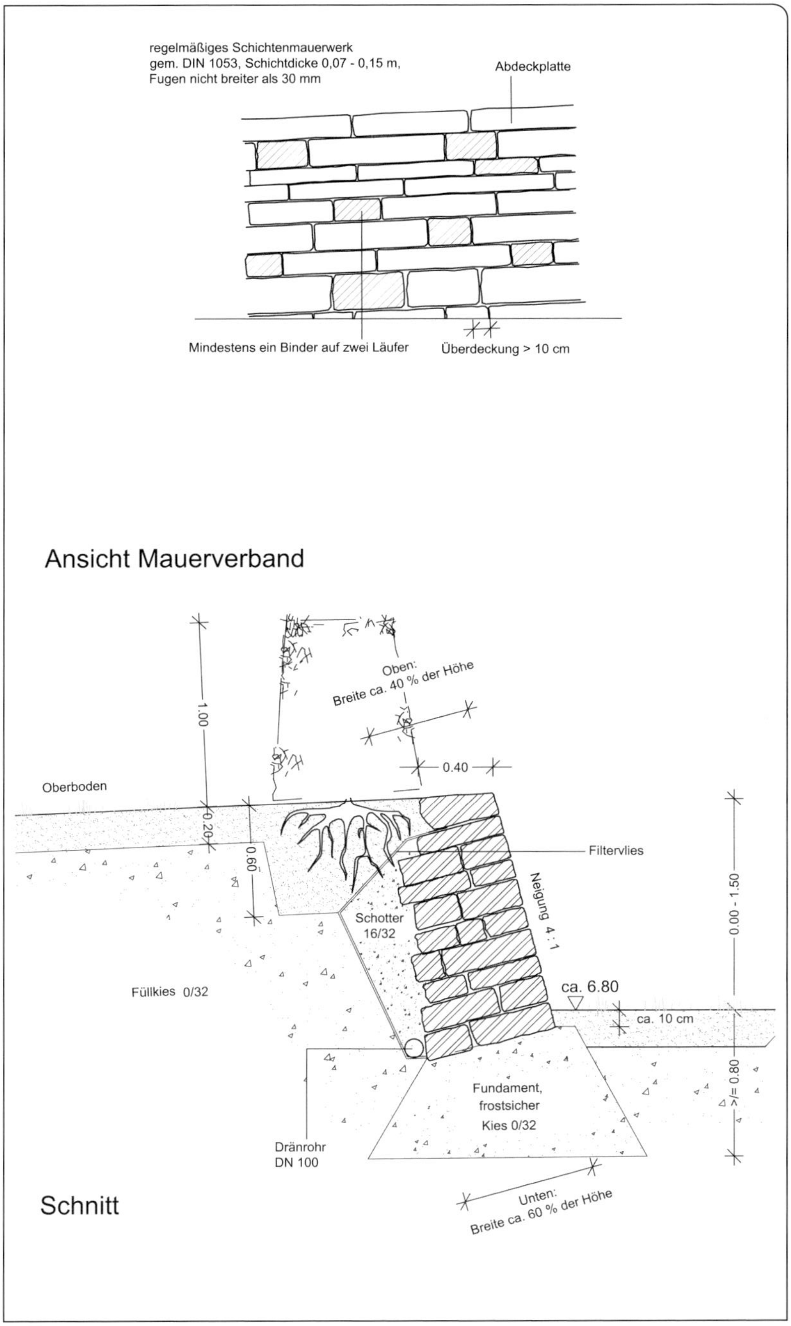

Abb. 96. Detailansicht und Schnitt; die Breite im Fußbereich errechnete sich mit ca. 60 % der Mauerhöhe.

Abb. 97. Fertig gestellte Trockenmauer aus bossierten Travertinsteinen.

5.4.3 Konstruktionsregeln

Die Querschnittsgestaltung der Trockenmauern ist in engem Zusammenhang mit der Konstruktion des Mauerverbandes zu sehen. Die Norm formuliert dazu: „Bruchsteine sind ohne Verwendung von Mörtel unter geringer Bearbeitung in richtigem Verband so aneinander zu fügen, dass möglichst enge Fugen und kleine Hohlräume verbleiben. Die Hohlräume zwischen den Steinen müssen durch kleinere Steine so ausgefüllt werden, dass durch Einkeilen Spannung zwischen den Mauersteinen entsteht.“

Die praktische Umsetzung dieser Forderung erfordert handwerkliche Erfahrung im Trockenmauerbau.

Verband

Prinzipiell eignen sich alle in der DIN 1053–1 beschriebenen Mauerwerkstypen außer dem Quadermauerwerk auch für Trockenmauern, sofern die Steine untereinander ausreichend verspannt werden können. Jeder Stein berührt beide Nachbarn, Hohlräume werden mit kleinen Füllsteinen ausgezwickt. Die Keile sollten immer von der Mauerrückseite bzw. der Hangseite gesetzt werden, damit sie nicht wieder herausfallen. Die grundsätzliche Wasserdurchlässigkeit von Stützmauern in Trockenbauweise sollte jedoch durch die exakte Passgenauigkeit der Füllsteine nicht beeinträchtigt werden (Tufnell et al., 1996). Im Übrigen gelten die allgemeinen Regeln des „handwerksgerechten Verbandes“ (vgl. Kap. 5.3.2) wie ausreichende Überbindung, Vermeidung von durchgehenden Stoßfugen bzw. von Kreuz-

Abb. 98. Sorgfältiges Aufmauern des Verbandes mit Läufern, Bindern, Füllsteinen und Hintermauerung.

fugen sowie die für die unterschiedlichen Mauerwerkstypen genannten speziellen Anforderungen.

Binder und Durchbinder

Von entscheidender Bedeutung für das Trockenmauerwerk ist ein ausreichender Binderanteil. Die Regel „auf 2 Läufer 1 Binder" ist als Anforderung unbedingt zu berücksichtigen. Für Trockenmauern wird teilweise sogar empfohlen, alle Steine „mit ihrer Längsseite in die Mauer hinein" zu legen, also die Steine im Sinne der allgemein gültigen Definition komplett als Binder zu vermauern (vgl. Kap. 5.2.2). Zudem sind in regelmäßigen Abständen „Binderschichten" mit „mind. 1 Binder je m" vorzusehen, wobei hier Durchbinder gemeint sind, also im Vergleich zur Breite sehr lange Steine, die durch den gesamten Mauerquerschnitt reichen, „länger sind als die Stützmauer auf der jeweiligen Höhe breit ist" und „eine stabile Verbindung zwischen Mauer und Hang" schaffen (Tufnell et al., 1996). Als Durchbinder sind, falls Steine mit den erforderlichen Abmessungen aus regionalem Material nicht zur Verfügung stehen, grundsätzlich auch gebrauchte und wieder verwendbare Leisten- bzw. Bordsteine aus Naturstein oder eventuell auch Beton geeignet. Zu beachten ist dabei, dass die Köpfe bzw. Stoßflächen dieser Borde in der Maueransichtsfläche zu sehen sind.

Bei freistehenden Trockenmauern sind alle Steine als Binder zu setzen. Die größten Steine sind im unteren Bereich und in Eckausbildungen einzubauen. In regelmäßigen Abständen, etwa alle 50 cm, sind Schichten vorzusehen, bei denen jeder zweite bis dritte Stein ein langer Durchbinder ist, der auf den beiden Ansichtsseiten je 5 cm vorsteht.

Teilweise stehen die Binder- oder Durchbindersteine soweit vor, dass sie als Tritte bzw. Stufen beim Übersteigen der Mauer dienen. Das Verkeilen der Steine bzw. das Auszwicken der Fugen und Hohlräume ist bei freistehenden Trockenmauern besonders sorgfältig mit passgenau geschlagenen Zwickeln vorzunehmen, sodass kein Stein mehr wackelt. Insbesondere die Durchbinder müssen völlig fest sitzen und dürfen sich nicht bewegen lassen. Alle Hohlräume im Inneren und in den sichtbaren Bereichen der Mauer sind durch das Einpassen von Füllsteinen zu minimieren.

Hintermauerung

Im hinteren Bereich der Trockenmauer kann als Gewichtskomponente Bruchmaterial oder Ähnliches zum Einsatz kommen. Hier sind beispielsweise auch größere Beton-Bruchstücke aus dem Bauschuttrecycling zweckmäßig (Wichte = 24 kN/m^3). Die Hintermauerung ist sorgfältig zu verkeilen und muss über Bindersteine mit der Maueransichtsfläche verbunden sein. Eine reine Hinterfüllung der Mauer mit geschüttetem Steinmaterial anstelle einer Hintermauerung ist nicht fachgerecht. Grundsätzlich ist die Verwendung von Steinen oder Bruchstücken aus Beton oder Ziegel auch in der Ansichtsfläche der Trockenmauer möglich, sofern deren Oberflächen nicht zu glatt sind und eine ausreichende Reibung der Steine untereinander gewährleisten.

Entwässerung

Auch bei „selbst dränierenden" Trockenmauern ist die Hintermauerung zur Ableitung des Hangwassers aus frostsicherem, filterstabilem, d. h. korngestuftem, nicht bindigem Material wichtig. Das Zusetzen der Mauer durch Feinkornanteile aus dem gewachsenen Boden wird in der landschaftsbaulichen Praxis fallweise durch die Einlage eines Filtervlieses verhindert. In der Regel sollte jedoch besser auf das Vlies verzichtet werden, da es statisch ungünstig wirkt. Eine Verzahnung der Mauer mit dem Hang ist dann nicht mehr möglich. Bei fachgerechter Ausführung der Mauer ist kein Vlies, das zudem als naturfremder Baustoff die ökologische Qualität der Trockenmauer verschlechtert, erforderlich.

Je nach Bodenverhältnissen wird auch hier eine Dränageleitung hinter dem Mauerfuß empfohlen. Diese kann wie bei Mörtelmauerwerk am Mauerfuß oder bei hohen Mauern auch in höher gelegenen Schichten durch die Mauer entwässert werden.

Bewehrung mit Geotextil
Eine aktuelle Methode, den Querschnitt von Schwergewichtsmauern in Trockenbauweise wirtschaftlich und gleichzeitig standsicher zu gestalten, besteht darin, in regelmäßigen Abständen von 40 bis 50 cm Lagen aus Geotextilvlies oder Geogitter gewissermaßen als Ersatz für die Durchbinder bzw. als „Erddruckfänger" einzubauen. Man spricht dabei von einer Bewehrung der Hinterfüllung (FGSV, 2003). Das Verfahren ist aus dem Ingenieur- bzw. Erd- und Straßenbau übernommen und wurde von hohen Stützkonstruktionen aus Blockschichten oder Gabionen (vgl. Kap. 5.8) ins Kleine auf Trockenmauern übertragen.

Diese Bauweise kommt sowohl bei der Sanierung schadhafter historischer Trockenmauern, bei denen ein Wiederaufbau in der Originalbauweise aufgrund von fehlendem Steinmaterial oder Konstruktionsmängeln nicht sinnvoll ist, zur Anwendung, als auch bei neu gestalteten Wänden. Die Berechnung erfolgt zweckmäßig nach dem Merkblatt über Stützkonstruktionen aus Betonelementen, Blockschichtungen und Gabionen der Forschungsgesellschaft für Straßen- und Verkehrswesen (2003). Der große Vorteil dabei besteht darin, dass zusätzlich zum Eigengewicht der Mauer, bei dem nach DIN 1053–1 nur das halbe Steingewicht angesetzt werden darf, die Wichte des Bodens zwischen den Geotextillagen mit einbezogen werden kann. Die Geotextillagen bewirken somit eine Vergrößerung des statisch wirksamen Mauerquerschnitts.

Abb. 99. Trockenmauer aus Gneis und Böschung auf der Außenseite des Grabfeldes, bei der Geotextillagen verwendet wurden (Neuer Friedhof, München-Riem).

Abb. 100. Mauerabdeckung/Mauerkrone aus großen Steinen.

Mauerabdeckung

Die Decksteine sollten bei Trockenmauern deutlich größer und schwerer sein als die Steine der oberen Mauerschichten. Sie können als Schutz gegen unerwünschtes Übersteigen als Rollschicht gestellt oder gelegt werden und müssen danach sorgfältig verkeilt werden, damit sie wackelfrei sitzen. Dies geschieht beispielsweise durch das Einschlagen von V-förmigen Keilen zunächst im Bereich der Lager- bzw. Standfläche der Decksteine, dann zwischen den Steinen (TUFNELL et al., 1996; MCAFEE, 1997; WILLIAMSON, 2002). Bei uns sind im Gegensatz zu England oder der Schweiz liegende Abdecksteine gebräuchlicher.

5.5 Mauern aus künstlichen Steinen

Für die Landschaftsarchitektur und den Landschaftsbau haben Mauern aus keramischen oder anderen künstlichen Steinen, die sich ausschließlich für vermörteltes Mauerwerk eignen, nicht die gleiche Bedeutung wie Natursteinmauern oder Gabionen.

Einfriedungswände für ein Grundstück aus Klinker oder Kalksandstein werden häufig vom Architekten des Gebäudes geplant und vom (Hoch-)Bauunternehmen mit erstellt. Das Garten- und Landschaftsbau-Unternehmen benötigt für die Ausführung derartiger Gewerke entsprechende Fachkräfte aus dem Maurerhandwerk.

Trotzdem sind auch in der Landschaftsarchitektur Sitz-, Sichtschutz- und Begrenzungsmauern oder Hochbeeteinfassungen aus Klinker und Ziegel wichtige gestalterische Elemente, insbesondere in Verbindung mit Belagsflächen aus Pflasterklinker.

5.5.1 Grundlagen

Bei der Planung und beim Bau von Mauern aus künstlichen Steinen ergeben sich durch die gegebenen Maße der Steine ganz bestimmte Mauerabmessungen. Mauern aus künstlichen Steinen folgen generell der Maßordnung im Hochbau (DIN 4172, vgl. Kap. 4.5.2).

Für die Mauerdicken resultieren daraus folgende mögliche Abmessungen: 11,5 cm (= Breite DF/NF), 17,5 cm (= Breite 3 DF), 24 cm (= Länge DF/NF), 30 cm (= Länge 5 DF), 36,5 cm (= Länge 6 DF), 49 cm (= Länge 16 DF), 61,5 cm, 74 cm, 86,5 cm, 99 cm.

Mauern, die weniger als 24 cm dick sind, kommen im Landschaftsbau eher selten vor. So geringe Mauerdicken genügen allenfalls für Mauerabschnitte geringer Höhe, die zwischen Pfeilern eingespannt sind, oder Verblendungen vor Betonwänden.

Auch die Mauerhöhen entsprechen dem Baurichtmaß. Jeweils 3 Schichten NF-Steine mit einer Höhe von 71 mm oder 2 Schichten 2-DF-Steine mit einer Höhe von 113 mm und jeweils 12 mm vermörtelte Lagerfuge (vgl. Kap. 5.5.2) ergeben einen Viertelmeter, 12 Schichten NF oder 8 Schichten 2 DF dementsprechend eine 1,00 m hohe Wand. Die oberste Fuge zwischen Abdeckung und Mauerwerk ist dabei schon mit berücksichtigt. Die genaue Mauerhöhe lässt sich für das 2-DF-Format somit wie folgt berechnen, wobei n eine ganze Zahl ist:

$$h = (113\,\text{mm} + 12\,\text{mm}) \times n + \text{Dicke Abdeckung}$$

Für NF-Formate gilt Entsprechendes.

Bei 16 Schichten ergibt dies bei 2-DF-Formaten eine Wandhöhe von 2,00 m ohne Abdeckung. Vom NF-Format benötigt man dafür 24 Schichten. Dies zeigt, dass Mauern aus künstlichen Steinen eine genaue Detailplanung erfordern.

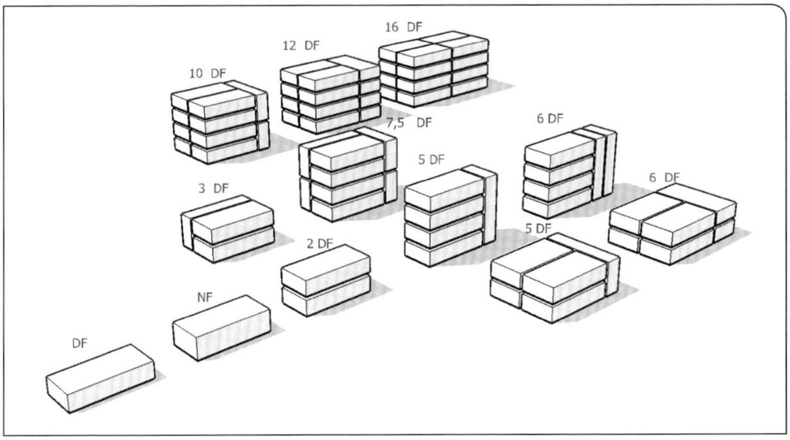

Abb. 101. Maßordnung im Hochbau als Grundlage für Mauern aus Ziegel und Klinker.

5.5.2 Konstruktionsregeln

Auch für die Erstellung von Mauerwerk aus künstlichen Steinen ist die DIN 1053-1 das einschlägige Regelwerk, das die Bemessung und die Ausführung regelt.

Verband

Für Mauern aus künstlichen Steinen enthält die DIN 1053-1 folgende Regeln zum Mauerverband:

- Stoß- und Lagerfugen sind vollfugig zu mauern. Die Fugenbreite ergibt sich aus dem Baurichtmaß in der Regel mit 10 mm für die Stoßfuge und mit bis zu 12 mm für die Lagerfuge.
- Es muss im Verband gemauert werden. Die Stoß- und Längsfugen übereinander liegender Schichten müssen versetzt sein. Lagerfugen sollten durchgehen. Schichten werden nur aus Ziegeln gleicher Höhe gemauert.
- Das Überbindemaß muss

  $$\ddot{U} \geq 0{,}4 \times h \geq 4{,}5\,\text{cm}$$

  betragen, wobei h die Steinhöhe bedeutet. Daraus ergibt sich für die Steinhöhen von 52, 71 und 113 mm eine Überbindung von mindestens 45 mm, für die Steinhöhe 238 mm eine Überbindung ≥ 95 mm.
- Die Steinhöhe in Schichten mit Längsfugen darf nicht größer als die Steinbreite sein.

Fundament und Raumfugen

Mauern aus künstlichen Steinen müssen immer mit einem starren Fundament und in frostfreier Tiefe gegründet werden. Werden sie als Schwergewichtsmauern gebaut, muss die Hangseite vor Durchfeuchtung geschützt und sorgfältig entwässert werden (vgl. Kap. 5.2.3).

Bei unverputzten Klinkermauern sind Ausblühungen zu vermeiden, da sie weiße Verfleckungen auf den rötlichen Steinoberflächen bewirken. Besonders gefährdet sind Stützmauern, bei denen aus dem Hinterbeton oder dem Fundament Kalkbestandteile aus dem Zement durch Kapillarwirkung an die Oberfläche transportiert werden und sich dort nach der Verdunstung des Wassers ablagern. Die Hinterbetonierung ist daher sorgfältig zur Hangseite hin abzudichten, z. B. durch einen Bitumenanstrich. Der Kapillaraufstieg der Feuchtigkeit aus dem Fundament ist durch eine Kapillarsperre zu verhindern.

Bei längeren Wänden, insbesondere bei Stützmauern, bei denen die Hangseite und die Ansichtsfläche deutliche Temperaturunterschiede aufweisen können, sind Raumfugen im Abstand von 15 bis 30 m erforderlich.

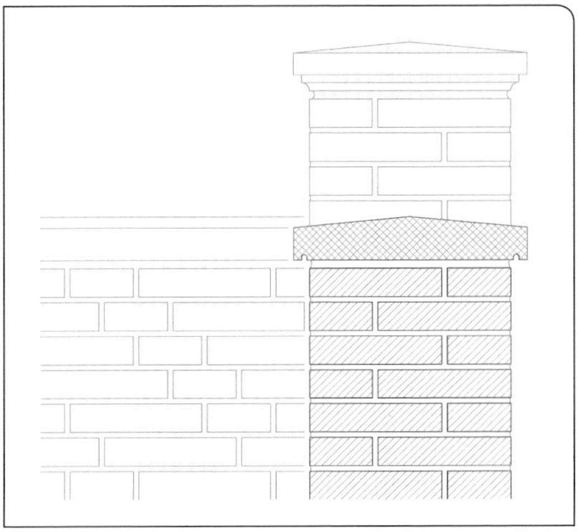

Abb. 102. Mauerabdeckung aus Betonfertigteilen mit Dachgefälle und Tropfnase.

Abb. 103. Klinkermauer im Blockverband mit Abdeckung aus Betonplatten.

Mauerabdeckung

Bei Mauern und Wänden aus künstlichen Steinen ist zum Schutz vor Durchfeuchtung eine geeignete Abdeckung besonders wichtig. Sie kann aus speziellen Schichten, z. B. einer Rollschicht (vgl. Kap. 4.5.5), mit oder ohne Überstand sowie Abdeckplatten aus Naturstein oder Beton bestehen. Auch eine dachförmige Ausbildung der Mauerkrone mit einer Abdeckung aus Blech oder Dachziegeln wie Biberschwänzen oder traditionellen Mönch-und-Nonne-Ziegeln ist geeignet.

5.5.3 Mauerverbände

Aus der Anordnung der Mauersteine im Mauerwerk, insbesondere aus der Kombination von Läufern und Bindern, ergeben sich unterschiedliche Mauerverbände:

Beim **Mittigen Läuferverband** liegen Schichten aus Läuferzeilen übereinander, wobei die Steine der oberen Reihe gegenüber der unteren um die halbe Länge versetzt sind. Es ergibt sich eine 115 mm breite Wand, die sich beispielsweise als Verblendschale eignet.

Für den **Binderverband** gilt Entsprechendes. Jede Schicht besteht ausschließlich aus Bindern, sodass sich eine Wandstärke von 240 mm ergibt. Die Steine werden gegenüber der unteren Schicht um die halbe Steinbreite versetzt.

Im **Blockverband** wechseln Binder- und Läuferschichten regelmäßig, die Überbindung beträgt ein Viertel der Steinlänge und damit $> 4{,}5$ cm. Am Mauerende bzw. an der Mauerecke werden Steine mit drei Viertel der Steinlänge benötigt. Es können verschiedene Mauerdicken realisiert werden.

Abb. 104. Ansicht und Schnitt einer Einfriedungsmauer im Gotischen Verband.

Auch im optisch sehr ähnlichen **Kreuzverband** wechseln Binder- und Läuferschichten. Die Stoßfugen jeder zweiten Läuferschicht sind durch Einbauen eines halben Läufers am Maueranfang – hinter dem Eck-Dreiviertel-Läufer – um eine halbe Steinlänge versetzt. Erst jede vierte Schicht wiederholt sich.

Neben diesen gebräuchlichen Mauerverbänden existiert noch eine Reihe von historischen Zierverbänden für Sichtmauerwerk, die allerdings die normativen Anforderungen hinsichtlich Fugenversatz und Überbindung teilweise nicht erfüllen.

Bei den **Flämischen Verbänden** wechseln unterschiedliche Schichten ab. Beim holländischen (flämischen) Verband gibt es Binderschichten wie beim Block- oder Kreuzverband, in den Läuferschichten folgt jedem Läufer ein Binder:

Läufer – Binder – Läufer

Binder – Binder – Binder.

Im Tannenberg-Verband entsprechen die Läuferschichten denen beim Block- oder Kreuzverband, in den dazwischen liegenden Schichten folgt jedem Binder ein Läufer:

Binder – Läufer – Binder
Läufer – Läufer – Läufer.

Beim **Märkischen Verband** folgt in allen Schichten auf jeweils zwei Läufersteine ein Binder:

Läufer – Läufer – Binder
Läufer – Binder – Läufer
Binder – Läufer – Läufer.

Beim **Gotischen Verband** wechseln in allen Schichten ständig Läufer und Binder:

Binder – Läufer – Binder
Läufer – Binder – Läufer.

Durch das Versetzen dieser Schichten gegeneinander ergeben sich zahlreiche Varianten (vgl. Farbtafel 8, Seite 145).

5.6 Mauern und Wandelemente aus Beton

Unter bestimmten Voraussetzungen, insbesondere dann, wenn Trockenmauern oder vermörtelte Mauern aus Natursteinen oder künstlichen Steinen unwirtschaftlich sind, benötigt man auch in der Freianlagengestaltung Wände aus Beton. Dies gilt beispielsweise für höhere Stützmauern, die als Sichtbetonwand oder als rückwärtige zu verblendende Betonwand bei zweischaligem Mauerwerk ausgeführt werden können.

5.6.1 Grundlagen

Für die Herstellung von Betonwänden gelten die im Kap. 4.3. Beton genannten Normen, insbesondere die Normengruppe 1045. Bei der Planung ist in der Regel ein Tragwerksplaner hinzu zu ziehen.

Interessante Möglichkeiten gerade im Landschaftsbau bietet der Einsatz von Fertigteilen aus Beton, der vielfach Vorzüge gegenüber der Ortbetonbauweise aufweist. Das Spektrum reicht von im Werk gefertigten Wandscheiben, die auf der Baustelle in Fertigfundamente versetzt werden bis hin zu L-förmigen Stützelementen, die keine starre Gründung erfordern (vgl. Kap. 5.6.3).

5.6.2 Konstruktion von Betonmauern

Für die Herstellung von Betonwänden gelten prinzipiell die in den Kapiteln 4.3.3 und 4.3.4 beschriebenen Anforderungen, Abläufe und Gestaltungsmöglichkeiten. Sie werden in der Regel aus bewehrtem Beton C 25/30 der Expositionsklassen XC4, XD2 und XF2 hergestellt

Abb. 105. Versetzen einer als Fertigteil hergestellten Betonwandscheibe in ein Fertigfundament.

und mit Hilfe eines Fundaments aus unbewehrtem Beton C 12/15 oder C 16/20 in frostfreier Tiefe gegründet.

Um Zwängungsspannungen infolge Temperaturdehnungen oder Baugrundbewegungen auf ein verträgliches Maß zu begrenzen, sind bei Betonwänden grundsätzlich Raumfugen einzuplanen. Bei Stützmauern, die direkter Sonneneinstrahlung ausgesetzt sind, kann es zu erheblichen Temperaturunterschieden zwischen der besonnten Seite und der Hangseite kommen. Der erforderliche Fugenabstand liegt hier bei 7 bis 12 m.

Für Sichtbetonwände ist eine genaue Planung der Schalung hinsichtlich Material, Dimensionierung und Lage der Stöße, Lage der Ankerlöcher etc. erforderlich. Erforderliche Bewegungsfugen sollten im Bereich der Stöße zwischen den Schalelementen eingeplant werden. Soll die Wand nach dem Ausschalen gestockt oder gestrahlt werden, ist dies bei der Dimensionierung zu berücksichtigen. Die erforderliche Überdeckung der Bewehrung von mindestens 4 cm muss auch nach der Bearbeitung noch gewährleistet sein.

Winkelstützmauern

Steht hangseitig ausreichend Arbeitsraum zur Verfügung, wird eine Stützmauer aus Beton am wirtschaftlichsten als Winkelstützmauer ausgeführt. Statisch entspricht diese einer Buchstütze, bei der das Erdgewicht auf den waagerechten hangseitigen Schenkel der Wand einwirkt und damit zu ihrer Standsicherheit beiträgt.

Soll die Winkelstützmauer später als zweischalige Wand mit Naturstein oder Klinker verblendet werden, ist dafür auch im Bereich der Sichtfläche ein kurzer Winkel vorzusehen. Die Wichte der Verblendung kann prinzipiell bei der statischen Berechnung mit angesetzt werden. Zu beachten ist dabei jedoch, dass die Winkelstützmauer je nach Bauablauf schon vor Fertigstellung der Verblendung Erddruck standhalten muss.

Die Hangseite der Winkelstützmauer ist sorgfältig gegen eindringendes Wasser abzudichten, z. B. durch einen entsprechenden Anstrich, und zu entwässern.

5.6.3 Stützelemente aus Betonfertigteilen

Dem Prinzip der Winkelstützmauer entsprechen auch die sogenannten Mauerscheiben. Dabei handelt es sich um handelsübliche Fertigteile aus bewehrtem Beton, die in L-Form ausgebildet und für bestimmte definierte Bodenkennwerte und Lastfälle statisch berechnet sind. Sie eignen sich zur Terrassierung des Geländes mit Hilfe von Hangabstützungen. Auch beim Bau von Wasseranlagen (vgl. Kap. 14), als Wandkonstruktion für kunststoffbahngedichtete (Schwimm-)Teiche, finden Mauerscheiben Verwendung.

Ihr großer Vorteil für landschaftsbauliche Maßnahmen besteht darin, dass sie keine aufwändige Gründung erfordern und aufgrund der modularen Bauweise aus einzelnen Elementen relativ einfach einzubauen sind. Meist genügt eine Bettung in ein 5 cm dickes Mörtelbett auf einer ca. 20 cm dicken Unterlage aus Beton C 12/15. Nur für besondere Lastfälle oder Anforderungen ist ein Fundament bis zu 50 cm Dicke oder sogar bis in frostfreie Tiefe erforderlich. Das Entladen, Transportieren und Versetzen der Fertigteile wird durch hangseitig einbetonierte Transportschlaufen erleichtert.

Marktübliche Mauerscheiben haben bei einer Wandstärke von 12 cm eine Baulänge bzw. Breite in der Ansicht von 49 oder 99 cm, ausgelegt auf eine Stoßfuge von bis zu 10 mm. Sie stehen in Bauhöhen von 55 bis 305 cm zur Verfügung und müssen 10 bis 15 cm tief in den Boden eingebunden werden. Die Länge des horizontalen Fußes variiert je nach Lastfall zwischen 30 und 65 cm für die niedrigsten und 165 und 200 cm für die höchsten Elemente. Auch Eckteile und Elemente mit abgeschrägter Oberkante stehen zur Verfügung.

Um das Ausschwemmen von Feinanteilen durch die Fugen zu verhindern, ist auf der Rückseite der Mauerscheiben ein Geovlies als Filter einzulegen.

Projektbeispiel: Abstützung aus Mauerscheiben

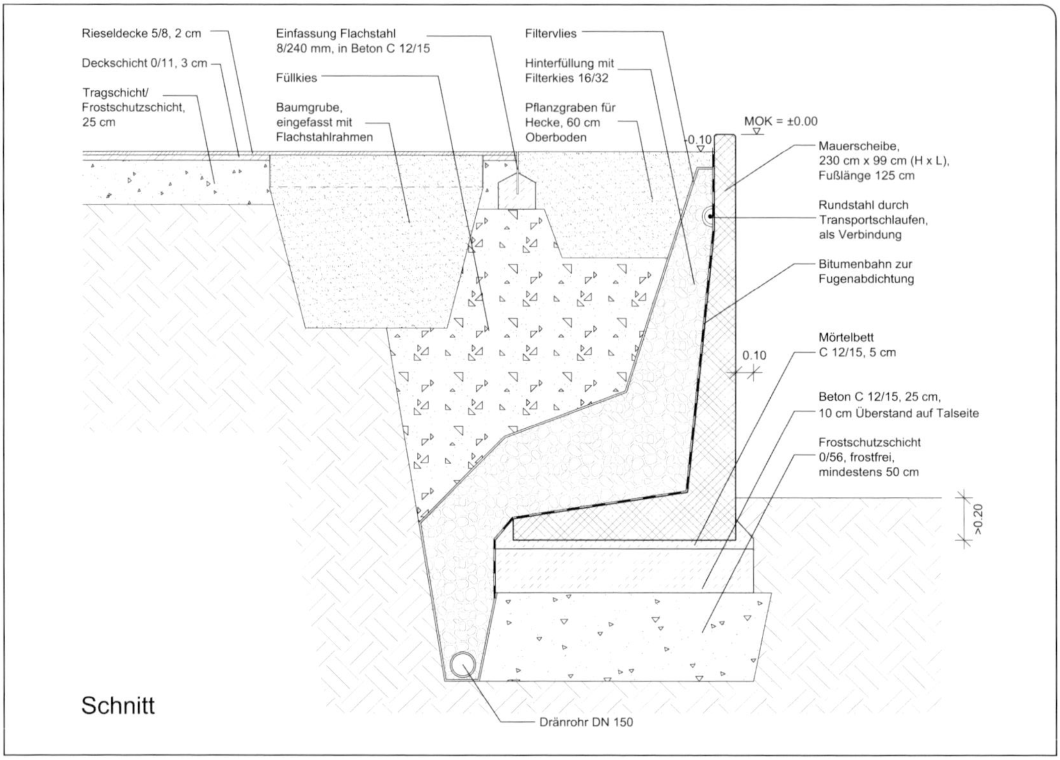

Abb. 106. Schnitt: Gründung und Entwässerung; zur Vermeidung eines Wasserdurchtritts durch die Fugen wurde hier eine Noppenbahn eingelegt und eine Wasserableitung/Dränage vorgesehen.

Abb. 107. Beginn/Ecke der Mauerscheiben-Abstützung.

5.7 Mauern aus Stampflehm

Stampflehmbau stellt die ursprünglichste Form des Lehmbaus dar. Etwa ein Drittel der Menschheit lebt heute noch in Lehmhäusern.

Bei fachgerechter Konstruktion und Bauausführung sind die monolithischen Bauteile auch für den Außenbereich geeignet und fügen sich besonders harmonisch in die Umgebung ein. In den letzten 15 Jahren sind beispielsweise in der Schweiz, in Vorarlberg und in Norditalien sehenswerte Stampflehmbauten im Freiraum entstanden (vgl. Farbtafel 8, Seite 145).

5.7.1 Grundlagen

In den 50er-Jahren entstanden acht mehrteilige Lehmbaunormen, die Mehrzahl als Vornorm, die aufgrund ihrer deutlich verringerten Bedeutung im Hochbau alle 1971 zurückgezogen wurden. Im Zuge der Ökotrends der späten 70er- und 80er-Jahre begann sich erneut Interesse an Lehmarchitektur zu regen. Die uralten Techniken rund um den Lehmbau erfuhren eine Wiederbelebung.

Lehmbauregeln – Inhalt im Überblick

Inhalt der Lehmbauregeln des Dachverbandes Lehm e.V. (Hrsg.):

1. Allgemeines
   (Begriffe und allgemeine Anforderungen)
2. Baulehm
   (Begriffe, Lehmarten und Lehmlagerstätten, Gewinnung und Prüfung von Baulehm)
3. Lehmbaustoffe
   (Allgemeines, Stampflehm, Wellerlehm, Strohlehm, Leichtlehm, Lehmschüttungen, Lehmsteine und Grünlinge, Lehmplatten, Lehmmörtel)
4. Lehmbauteile
   (Tragende Wände, Gewölbe, nichttragende Wände und Ausfachungen, Balkendecken, Außenputz, Innenputz, Trockenbau, Sonstige Bauteile)
5. Baustoff- und Bauteilwerte
6. Vertragsbedingungen für Lehmbauleistungen
7. Normen

Im Jahr 1992 wurde der Dachverband Lehm e.V. gegründet, der 1999 die „Lehmbauregeln“ herausgegeben hat. Sie gelten als erste, am aktuellen Stand der Technik orientierte technische Regel in der Europäischen Union und enthalten konkrete Bauvorschriften zum Lehmbau, die in Deutschland seit dem Wegfall der Normen fehlten. Die Inhalte basieren teilweise noch auf den alten Lehmbaunormen, beispielsweise die Angaben zur Bemessung. Neben Begriffsdefinitionen regeln sie die Prüfung von Baulehm, die Zusammensetzung, Verwendung und Prüfung von Lehmbaustoffen, die Konstruktion und

Abb. 108. Einfüllung des im Zwangsmischer aufbereiteten Stampflehms in die Schalung und ...

Ausführung von Lehmbauteilen, Putzsysteme, den Trockenbau mit Lehmbaustoffen sowie Stoff- und Bauteilwerte.

In der Schweiz existiert der Dokumentationsband „Regeln zum Bauen mit Lehm“ des Schweizerischen Ingenieur- und Architektenvereins (SIA), der in mehrjähriger Zusammenarbeit des SIA mit Hochschulen und der Privatwirtschaft entstanden ist. Er wird ergänzt durch einen Lehmbauatlas mit ausgeführten Beispielen und Regeldetails.

Im Landschaftsbau handelt es sich beim Stampflehmbau noch um eine relativ junge, beinahe im experimentellen Bereich liegende Bauweise. Die Besonderheit besteht in der unverputzten Ausführung, die besondere konstruktive Maßnahmen gegen Erosion erfordert.

Aufgrund der herausragenden Ökobilanz stellt der Stampflehmbau insbesondere für freistehende Wände und Einfriedungsmauern eine interessante Alternative dar.

5.7.2 Konstruktion von Stampflehmwänden

Der Stampflehmbau ähnelt etwas der Betonbauweise, besonders dem vor etwa 100 Jahren noch gebräuchlichen Stampfbetonbau.

Der Lehm wird für den Bau einer Stampflehmwand in horizontalen Schichten von 5 bis 20 cm Dicke in eine Schalung eingebracht und lagenweise verdichtet. Ganz entscheidend ist dabei die geeignete Schalung. Sie muss besonders stabil sein und einem Verdichtungsdruck von 60 kN/m^2, der deutlich über dem beim Betonieren liegt, standhalten. Prinzipiell eignen sich Schalsysteme aus dem Betonbau, die zusätzlich durch Verstrebungen verstärkt werden. Die Mauer-

Abb. 109. ... lagenweise Verdichtung des Stampflehms mit pneumatischen Stampfern.

dicken sind so zu konzipieren, dass die Schalungen zum Verdichten begehbar sind. Bei höheren Wänden bedeutet dies eine Dicke von ca. 60 cm. Die Verdichtung erfolgt beginnend an der Maueraußenseite mit Handstampfern, Pressluftstampfern oder, ab einer Wandstärke von 45 cm und einer Schalungslänge von mehr als 10 m, mit Schaffußwalzen. Prinzipiell kann das Lehmbauwerk unmittelbar nach dem Verdichten ausgeschalt werden, ohne dass ein Abbindeprozess abgewartet werden muss.

Wichtig ist die rechtzeitige Fertigstellung des Bauwerks im jahreszeitlichen Verlauf: Das Stampflehmobjekt muss austrocknen können, bevor herbstliche Niederschläge oder gar Frosttemperaturen im noch feuchten Lehm Schäden anrichten. Der geeignete Ausführungszeitraum erstreckt sich von April bis maximal September. Bei durchschnittlicher sommerlicher Witterung ist von einer Trocknungszeit von drei bis sechs Wochen auszugehen. Dabei schwindet das Objekt um bis zu 0,8 %. Kennzeichnend für die Lehmwand ist dann eine Vielzahl von Mikrorissen, die automatisch immer wieder verschlossen werden, da durch Kapillarität Tonteilchen mit dem wandernden Wasser mittransportiert und angelagert werden. Auch bei Ausdehnung des Bauteils werden sie ausgeglichen und wirken gewissermaßen wie winzige Dehnungsfugen.

Im Freien muss das Lehmbauteil durch konstruktive Maßnahmen vor der Aufnahme von zu viel Feuchte und der Erosion durch Regen geschützt werden. Dies geschieht bei Lehmmauern im Wesentlichen durch drei Maßnahmen:

- ein frostfreies Fundament mit einer Sperrschicht gegen von unten aufsteigendes Kapillarwasser,
- erosionshemmende Maßnahmen an der Stampflehmoberfläche zur Bremsung und Ableitung des Niederschlagswassers,
- eine geeignete Abdeckung, möglichst mit Überstand, die das Bauwerk vor Durchfeuchtung von oben schützt, in Verbindung mit einem ausreichenden Gefälle zur raschen Wasserabführung.

Als erosionshemmende Maßnahmen eignen sich beispielsweise Leisten aus Naturstein- oder Ziegelplatten, die in regelmäßigen Horizontalabständen in die Schalung eingebaut werden, oder stabilisierende Trasskalkschichten.

Geringfügige Auswaschungen an der Stampflehmoberfläche sind unvermeidlich, aber auch in den meisten Fällen akzeptabel. An der Außenseite werden praktisch ständig Tonteilchen umgelagert. Der Vorarlberger Lehmbauer Martin Rauch spricht von einer „kalkulierten Erosion“ (Fehr, 2005), die dem Bauwerk schließlich seine besondere Lebendigkeit und Patina verleiht.

Prinzipiell können auch Stützmauern aus Stampflehm gebaut werden, entweder als Vorschale einer Betonwand oder als massive Stampflehmwand. In letzterem Fall muss eine Durchfeuchtung von der Hangseite durch eingelegte Dichtungsbahnen sorgfältig vermieden werden.

Abb. 110. Spiralmauer aus Stampflehm als zentrales Element der Friedhofserweiterung in Wil bei St. Gallen (CH) (vgl. auch Farbtafel 8, Seite 145).

5.8 Gabionen und Blockschichtungen

Gabionen sind geschichtete oder geschüttete Steinfüllungen in Körben oder Kästen aus Metallgitter oder -geflecht. Sie kommen ursprünglich aus der Ingenieurbiologie und dem Wasserbau. Der Begriff Gabione stammt vom altitalienischen Wort gabbia = Käfig bzw. gabbione = großer Käfig ab. Im Militär spricht man von Schanzkörben, die prinzipiell schon im Mittelalter Verwendung fanden. Damals wurden die Körbe aus Weidenruten geflochten.

Seit knapp zehn Jahren etablieren sich Gabionen zunehmend als Gestaltungselement und Trockenmauersubstitut in der Landschaftsarchitektur, sowohl als Stützmauer wie auch als freistehende Wand. Sie prägen aktuelle Freianlagen von der Landesgartenschau bis hin zum Hausgarten und lösen damit etwas die seit den 80er-Jahren verbreiteten Blockschichtungen und Hangverbauungen aus großen Findlingen oder Steinblöcken ab, die im Unterschied zu Natursteinmauern rein maschinell mit dem Greifer des Baggers aufgeschichtet werden. Sogar in Weinbergen sind anstelle der traditionellen Trockenmauern bereits Gabionen zu finden. Seit 2002 werden im Handel fix und fertig befüllte Steinkörbe angeboten. Bis dahin entsprach der Einbau des leeren Gitterkorbs mit anschließender Befüllung auf der Baustelle der üblichen Bauweise.

Abb. 111. Fertig verfüllt lieferbare Gabionen für den Garten- und Landschaftsbau.

5.8.1 Grundlagen

Die DIN 18918 unterscheidet zwischen **Steingabionen** (Drahtschotterkästen) und **Erdgabionen** (bewehrte Erdkörper, Geotextilien). Sie definiert die Steingabione als „kastenförmigen Körper aus versteiftem Drahtgeflecht, der mit Steinen oder Schotter gefüllt ist", die Erdgabione als „Stützsystem aus Boden oder Lockergestein, das mit Gewebebahnen, Gittern oder Ähnlichem umhüllt und ggf. auch bewehrt" ist. Folgend werden aufgrund der aktuellen gestalterischen Bedeutung nur Erstere behandelt.

Steingabionen werden nach dem statischen Prinzip der Schwergewichtsmauern zur Hangsicherung und -verbauung verwendet. Man könnte sie als modulartig vorkonfektionierte Trockenmauern bezeichnen, bei denen der Zusammenhalt der Steine nicht durch den Mauerverband, sondern durch den Gitterkorb gewährleistet ist. Sie eignen sich besonders für die Begrünung mit entsprechenden Pflanzen, deren Wurzelwerk später, auch nach Korrosion des Korbes, einen zusätzlichen Zusammenhalt der Steine gewährleistet.

Für die konstruktive Verwendung von Gabionen gilt neben der erwähnten DIN 18918 als einschlägiges Regelwerk das Merkblatt der FGSV (vgl. Kasten). Dieses definiert Gabionen, „auch als Drahtschotterbehälter bezeichnet", als „in der Regel allseits geschlossene Käfige aus miteinander verschweißten, in der Regel verzinkten Stahlstäben (Matten) oder Sechseckdrahtgeflecht zur Aufnahme einer Befüllung aus geeignetem Verfüllmaterial". Durch „geeignete Anordnung" können mit ihnen Stützkonstruktionen errichtet werden. Als Alternative dazu definiert das Merkblatt Blockschichtungen als „Stützkonstruktionen aus übereinander geschichteten Natursteinblöcken". Das Merkblatt regelt neben Hinweisen zur Gestaltung und Bepflanzung, Baugrund und Gründung sowie Baustoffen die Konstruktion und Ausführung und insbesondere die Nachweise der Standsicherheit für derartige Bauweisen.

Normen und Regeln zu Gabionen

DIN 18918 Ingenieurbiologische Sicherungsbauweisen, August 2002

Forschungsgesellschaft für Straßen- und Verkehrswesen (FGSV): Merkblatt über Stützkonstruktionen aus Betonelementen, Blockschichtungen und Gabionen, Ausgabe 2003 (FGSV 555)

5.8.2 Material

Die Materialbeschaffenheit ist gerade bei Gabionen sowohl gestalterisch wie auch technisch sehr wichtig. Das FGSV-Merkblatt beschreibt einige Anforderungen hierzu.

Die Beständigkeit der **Gitterkörbe** ist für die Funktionsfähigkeit der Gabione von entscheidender Bedeutung. Nach dem FGSV-Merkblatt dürfen daher nur „Drähte oder Stäbe verwendet werden, deren Langzeitbeständigkeit nachgewiesen ist". Meist werden die Stahlgitterkörbe in feuerverzinkter Qualität oder, insbesondere für Verwendungen im Bereich von Gewässern, aus rostfreien Edelstahlgittern gefertigt. Die Dauerhaftigkeit der Verzinkung wird heute für einen Zeitraum von mehreren Jahrzehnten von den Herstellern garantiert.

Für die **Verfüllung** kann plattiges oder rundkörniges natürliches Gesteins- oder auch Recycling-Material verwendet werden. Die Korngrößen bewegen sich je nach Maschenweite des Korbes und Hersteller zwischen 80/120 (150) und 120/200 (300, 500) mm. Die Füllung der Körbe kann maschinell oder in Handarbeit, werkseitig oder auf der Baustelle erfolgen. Für gestalterisch höherwertige Anlagen wird die Frontseite der Füllung häufig in einem mauerartigen Verband aufgeschichtet. Die möglichen Korbgrößen basieren in der Regel auf einem 50-cm-Raster.

Für **Blockschichtungen** sollten nach Möglichkeit regional vorkommende Gesteinsarten eingesetzt werden, die einen hohen Frost- und Witterungswiderstand aufweisen müssen. Die Blöcke sollen in etwa die Form eines Quaders besitzen, dessen Volumen mehr als 0,3 m^3 beträgt. Die sichtbare Länge der Blöcke sollte nach FGSV mindestens 80 cm betragen, ihre Höhe zwei Drittel der Länge nicht über- und ein Fünftel davon nicht unterschreiten. Auf der bruchrauen Ansichtsfläche dürfen keine Bearbeitungsspuren wie Bohrlöcher oder Ähnliches zu sehen sein.

5.8.3 Konstruktionsregeln

Gabionen werden als freistehende Mauern, z. B. als Lärmschutzwände, in allererster Linie jedoch nach dem statischen Prinzip der Schwergewichtsmauern als Abstützung verwendet. Die Berechnung erfolgt analog. Die Bemessungshilfen der Lieferanten gehen meist von einer Mindestbodenpressung σ_B von 200 kN/m² aus.

Aus dem spezifischen Gewicht γ_F des Füllmaterials und dem Leerraumanteil, der im Allgemeinen mit 30 bis 35 % angesetzt wird, errechnet sich das Gewicht der Steinkörbe in Abhängigkeit von der Befüllmischung. Der Querschnitt der Gabionenabstützung ist von diesem Gewicht, den Eigenschaften der Hinterfüllung, der Geländeneigung ober- und unterhalb der Abstützung, den Auflasten und der gewünschten Form des Bauwerks abhängig.

Tab. 5.8: Anzusetzende Wichten für Gabionen in Abhängigkeit vom Material (FGSV, 2003)

Gesteinsart	Spezifisches Gewicht γ_F	Raumgewicht Steinkörbe γ_D
Basalt	30 kN/m³	19,7 kN/m³
Granit	28 kN m³	18,4 kN/m³
Kalksandstein, fest	26 kN/m³	17,0 kN/m³
Flusskiesel	23 kN/m³	15,0 kN/m³
Schotter	19 kN/m³	12,5 kN/m³

Auch bei Stützkonstruktionen aus Gabionen erhöht ein angemessener Binderanteil (Korb mit Längsrichtung quer zur Ansichtsfläche) die Stabilität. Auch Bauweisen mit einer Erdbewehrung aus Geotextil, wie sie im Kapitel 5.4.3 beschrieben werden, sind üblich.

Höhere Gabionenwände werden meist mit einer Neigung gegen den Hang von 10 : 1 eingebaut, dies entspricht einem Anlauf der Ansichtsfläche von 10 %, der durch Versatz der Schichten zum Hang hin noch entsprechend erhöht werden kann.

Die Kippsicherheit muss in jeder Korblage gewährleistet sein. Bei größeren Verbaumaßnahmen ist der Standsicherheitsnachweis nach den bekannten Berechnungsverfahren durchzuführen. Die Sicherheit gegen Grundbruch ist gesondert nachzuweisen.

Bei Blockschichtungen muss die Lagerfläche der Steinblöcke annähernd eben und zur Hangseite geneigt sein. Bei Bedarf dürfen Unebenheiten mit Mörtel ausgeglichen werden. Ähnlich wie bei Trockenmauern im Kleinen, erfordern auch Blockschichtungen ein fachgerechtes Aufschichten der Steinquader, das ein Gleiten in der Fuge verhindert.

Abb. 112. Verfüllung der Körbe vor Ort.

Abb. 113. Gabionenverbau.

Der Verbau sollte sowohl bei Blockschichtungen als auch bei Gabionen schichtweise aufgebaut werden, d. h. Stützelement und Hinterfüllung werden etwa gleichzeitig hochgezogen, die Hinterfüllung wird lagenweise verdichtet.

Gründung

Eine frostfreie Gründung von Gabionenwänden oder Blockschichtungen ist nicht erforderlich. Sie sollen lediglich auf eine mindestens 10 cm dicke Ausgleichsschicht aus kornabgestuftem Mineralstoff oder Beton C 8/10 gesetzt werden, die beiderseits 10 cm breiter ist als der Querschnitt der Abstützung. Eine gewisse Einbindetiefe der untersten Korb- oder Steinlage wird empfohlen.

Entwässerung

Eine Sohlenentwässerung zur Ableitung des Hangwassers ist ratsam. Spezielle sickerfähige Hinterfüllungen sind in der Regel nicht erforderlich. Sind jedoch der Verfüllboden, die Überschüttung und der Hinterfüllboden gegeneinander nicht filterstabil oder sind Wasserbewegungen zu erwarten, empfiehlt das FGSV-Merkblatt den Einbau eines „geotextilen Filters entlang der Kontaktzone der kritischen Bodenarten“. Der Filter, z. B. ein Geovlies, kann zwischen Gitterkorb und Hinterfüllung auf der Hangseite des Korbs oder zwischen Hinterfüllung und Baugrubenböschung vor Einbringen der Hinterfüllung eingebaut werden.

6 Treppen und Rampen

Treppen gehören zu den interessantesten konstruktiven Aufgaben in der Architektur wie auch in der Stadt- und Freiraumplanung. Treppen im Freien sind gebaute Topografie, begehbar gemachtes Relief und damit ein Teil der Stadt-, Garten- und Kulturlandschaft. Sie helfen, Höhenunterschiede in Stadt und Garten zu überwinden. Sie prägen das Erscheinungsbild und den Erlebniswert des Freiraums. Dabei gehören Treppen ganz dem Fußgänger, auch in der Großstadt. Der motorisierte Verkehr ist hier ausgeschlossen. Man kann steigen, sitzen, verweilen, Ausschau halten, sich unterhalten, musizieren.

Entsprechend ihrer topografischen Lage werden manche Städte und Stadtviertel wie Stuttgart, Triest, Rom, Lissabon, das Montmartre in Paris und viele andere stark durch ihre Treppen geprägt. Die Treppen verbinden fußläufig die Zentren des städtischen Lebens oder sind selbst Anziehungspunkt und touristische Attraktion.

Zu Europas berühmtesten Beispielen für bedeutende, das Stadtbild prägende Treppenanlagen in Städten gehören die Freitreppe vor der Basilika du Sacré-Cœur in Paris, die Strudlhofstiege in Wien, die angeblich breiteste Treppe der Welt zum Expo-Areal in Hannover, die Potemkin-Treppe in Odessa, die Scala dei Giganti in Triest, die Treppe Montagne de Bueren im Belgischen Lüttich, die breite Domfreitreppe von Helsinki, die Spanische Treppe in Rom und die Cordonata, Stufenrampe des Michelangelo, die neben der steilen Himmelsleiter zur Kirche Santa Maria in Aracoeli auf das Kapitol führt.

Abb. 114. Gebaute Topografie: Erschließung des Kapitols in Rom über die steile Treppe zur Kirche St. Maria in Aracoeli und über Michelangelos flache Reiterrampe „La Cordonata“ (Stich von Giovanni Battista Piranesi, entstanden vor 1778, hrsg. 1792).

Abb. 115. Treppen als zentrales Gestaltungselement: die Magellanterrassen in Hamburg.

Treppen sind seit der Renaissance ebenso ein unverzichtbarer Bestandteil der Gartenkunst, sei es als axiale Haupterschließung des Gartens, als Verbindung zwischen Aussichtsterrassen, in Kombination mit Wasserkaskaden, als versteckte Auf- und Abstiege unter Bäumen oder als Teil der Sitzstufenanlage im Amphitheater. Wichtige Repräsentanten sind hier die Treppen in den italienischen Renaissance- und Barockgärten der Villa Lante in Bagnaia, des Palazzo Farnese in Caprarola, der Villa Garzoni in Collodi, die Weinbergtreppe in Potsdam-Sanssouci aus der zweiten Hälfte des 18. Jahrhunderts (vgl. Farbtafel 9, Seite 256) oder Antoni Gaudís Eingangstreppe zum von 1900 bis 1914 erbauten Park Güell in Barcelona.

Die Gestaltung von Treppen in Garten, Stadt und Landschaft ist eine anspruchsvolle Planungsaufgabe. Durch den baulichen Eingriff wird die vorhandene Topografie für den Menschen erschlossen. Treppensteigen ist etwa siebenmal anstrengender als das Gehen in der Ebene. Dabei kommt es darauf an, wie die Treppe angelegt ist. Nicht jede Treppe ist gut begehbar und von angenehmem Erlebniswert. Manche Treppen ermüden den Benutzer mehr als nötig durch Monotonie, Steilheit und Länge oder einen baulich bedingten Hinkebeineffekt. Um eine gute Treppe zu bauen, bedarf es einer genauen Analyse der Situation und der Bedürfnisse der Benutzer. Die einschlägigen Regeln und Normen können dabei lediglich eine Hilfe sein.

Der Autor und Treppenforscher Friedrich Mielke unterscheidet in seinem Handbuch der Treppenkunde zwischen Norm und Wissenschaft, Treppenregel und Treppenforschung (Mielke, 1993). Er prägte den Begriff der **Scalalogie** als Treppen-Wissenschaft.

Gerade Treppen in Gärten und Freiräumen bewegen sich häufig im Spannungsfeld aus topografischen Gegebenheiten, Benutzbarkeit, geltender Regel der Technik, baukünstlerischer Gestaltung und konstruktiver Umsetzung. Dies erfordert eine differenzierte Betrachtung der Thematik.

Da es sich bei Treppen im Freiraum meist um massive Bauwerke aus Stein handelt, werden sie hier als Elemente des Massivbaus betrachtet.

6.1 Grundlagen und Begriffe

Die für Treppen im Bauwesen geltende DIN 18065 definiert die Treppe als „fest mit dem Bauwerk verbundenes, unbewegbares Bauteil, bestehend aus mindestens einem Treppenlauf. Treppen dienen zum Überwinden von Höhenunterschieden zwischen mindestens zwei unterschiedlichen Ebenen durch stufenweises Steigen".

Norm zu Treppen
DIN 18065 Gebäudetreppen – Definitionen, Messregeln, Hauptmaße, Januar 2000

Titel der Norm und Definition legen Zweifel nahe, ob Treppen in Freianlagen überhaupt im Geltungsbereich liegen. Im Kapitel „Anwendungsbereich" heißt es jedoch: „Diese Norm legt die Definitionen, die Messregeln für Treppen im Bauwesen fest. Während die Begriffe und Messregeln allgemein für das Bauwesen gelten, bezieht sich die Festlegung der Hauptmaße nur auf Treppen in und an Gebäuden, ...". Das Bauwesen schließt Landschaftsarchitektur und Landschaftsbau mit ein. Die Norm ist somit als Planungsgrundlage prinzipiell zu berücksichtigen. Fallweise stellen Kommentare zu den Länderbauordnungen an **notwendige** Treppen im Freien, die im Zugang zu Gebäuden liegen, die gleichen Anforderungen wie an Gebäudetreppen.

Treppen überwinden Steigungen in der Lauflinie von mindestens 1 : 6 und höchstens 1 : 1. Die Steigung von 1 : 6 grenzt die Treppe zur Rampe ab, der Steigungswinkel von 45° (1 : 1) zu den Leitern.

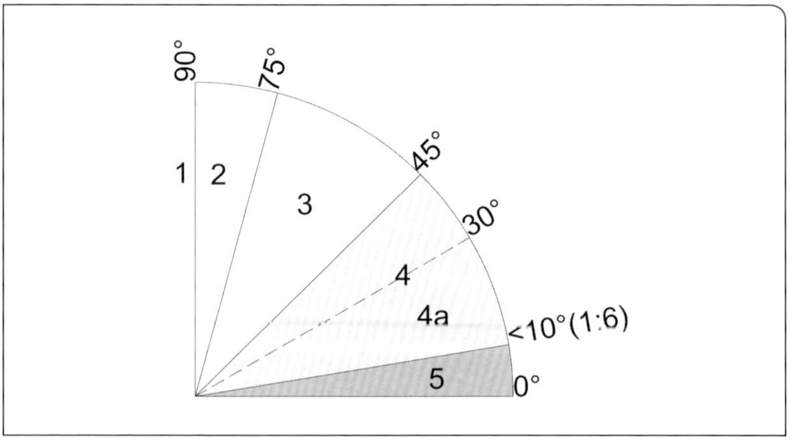

Abb. 116. Einteilung nach DIN 18065: 1 = Steigeisen, 2 = Leitern, 3 = Leitertreppen, 4 = Treppen, 5 = Rampen; 4a ist der bevorzugte Bereich für Außen- und Gartentreppen.

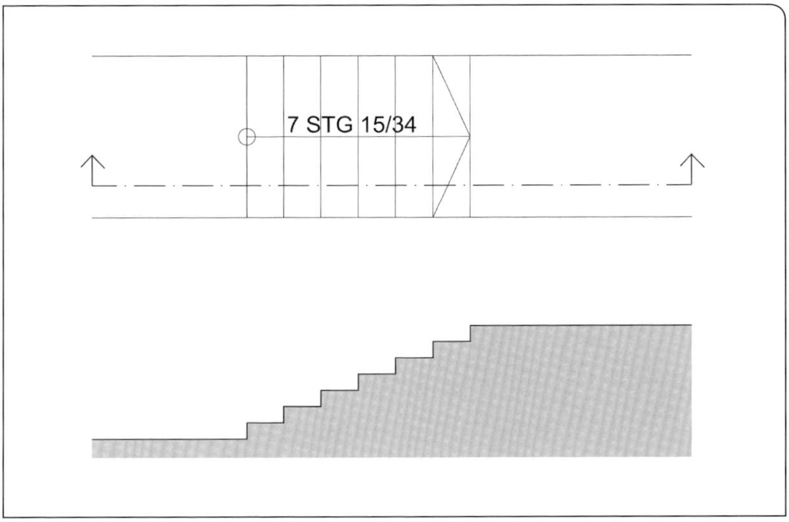

Abb. 117. Treppenlauf und Lauflinie, Darstellung im Plan.

6.1.1 Der Treppenlauf

Der **Treppenlauf** ist eine „ununterbrochene Folge von mindestens drei Treppenstufen (drei Steigungen) zwischen zwei Ebenen". Zwei Stufen sind demnach noch keine Treppe.

Im Plan wird die Treppe in der Aufsicht bzw. im Grundriss mit einer Linie, der **Lauflinie**, gekennzeichnet, die in der Regel in der Mitte der Stufen verläuft. Die Lauflinie ist eine gedachte Linie, die den üblichen Weg der Benutzer einer Treppe angibt. Sie liegt im Gehbereich und beginnt an der Vorderkante der ersten Stufe, der **Antrittsstufe**. Hier wird ein kleiner Kreis oder dicker Punkt gesetzt. Die Lauflinie endet mit einem Pfeil, der angibt, in welcher Richtung die Treppe ansteigt. Seine Spitze stößt immer an die Vorderkante der letzten Stufe, der **Austrittsstufe**. Die Austrittsstufe ist bereits Teil der höheren Ebene oder des Podests.

Ein **Podest** ist definitionsgemäß ein Treppenabsatz am Anfang oder Ende eines Treppenlaufes. Ein Treppenabsatz zwischen zwei Treppenläufen wird als Zwischen- oder Ruhepodest bezeichnet. An die Lauflinie wird die Anzahl der Einzelstufen („Steigungen" = STG) und das Verhältnis von Stufenhöhe zu Stufentiefe bei der Einzelstufe geschrieben (= Steigungsverhältnis, vgl. Kap. 6.2.1.).

6.1.2 Treppenarten, Treppentypen

Treppen im Freien, Treppen also, die außerhalb eines Gebäudes liegen, lassen sich im Wesentlichen einteilen in **Freitreppen**, die durch „eine enge und unabdingbare Bindung an ein Gebäude" gekennzeichnet sind, **Straßentreppen** und **Gartentreppen**. Daneben existieren

Abb. 118. Einläufige Treppe (Castelgrande, Bellinzona, CH).

Abb. 119. Kegeltreppe (Gärten von Schloss Trauttmansdorff, Südtirol).

Abb. 120. Gewendelter Treppenabschnitt der Scala dei Giganti in Triest.

weitere Treppenarten und Übergangsformen in der weniger intensiv gestalteten Landschaft, wie **Wallfahrtstreppen** (Mielke, 1993).

Je nach Laufrichtungen, Zahl der Läufe und Zahl der Podeste lassen sich unterschiedliche Treppentypen beschreiben. So gibt es gerade, **ein-** und **mehrläufige** Treppen, Treppen mit kreisbogenförmigen Stufen, **Kegeltreppen**, Platz sparende **Wechselstufentreppen**, auch als Steil-, Kurz-, Löffel- oder Sambatreppen bezeichnet, **teilgewendelte** (Lauflinie beschreibt Kreisbogen) und **Wendeltreppen** (Lauflinie beschreibt Kreis) sowie **Spindel-** oder **Spiraltreppen** (Lauflinie beschreibt Spirale). Als angewendelt oder im Antritt gewendelt bezeichnet man eine Treppe, wenn die Lauflinie nur im unteren Teil kreisbogenförmig verläuft, dann gerade, als ausgewendelt (im Austritt gewendelt) bei einer bogenförmigen Lauflinie im oberen Teil. Dementsprechend spricht man bei einem Viertelkreis der Lauflinie (90°) von viertelgewendelt.

6.1.3 Die Treppenstufe

Die DIN 18065 definiert die Treppenstufe als „Bauteil einer Treppe, bestehend aus **Steigung** und **Auftritt**, das zur Überwindung von Höhenunterschieden üblicherweise mit einem Schritt begangen werden kann". Sie besteht aus der horizontalen **Trittfläche** (Trittstufe) und der mehr oder weniger vertikalen **Stoßfläche** (Setzstufe), die sich an der **Trittkante** (= Vorderkante der Stufe) treffen.

Für die Benutzung einerseits und die Planung und Bemessung der Treppe andererseits sind folgende Begriffe bzw. Messgrößen wichtig.

Die Steigung s
Eine wesentliche Größe beim Bau und bei der Benutzung einer Treppe ist die zu überwindende Stufenhöhe, die Steigungshöhe, nach Norm nur Steigung genannt. Sie wird mit s bezeichnet, in Unterscheidung zur Bau- bzw. Bauteilhöhe (vgl. Kap. 6.2.3). Man spricht von den Steigungen einer Treppe und gibt im Plan die Anzahl der Steigungen (abgekürzt als STG oder Stg) an. Nach DIN-Norm wird das Maß s „lotrecht von der Trittfläche einer Stufe zur Trittfläche der folgenden Stufe gemessen“ (Hinweis: diese Definition unterscheidet sich wesentlich vom mathematischen Begriff der Steigung).

Der Auftritt a
Den Bereich der Stufe, den man beim Steigen benutzen kann, nennt man Auftritt. Nach DIN-Norm ist der Auftritt das waagerechte Maß a „von der Vorderkante einer Treppenstufe bis zur Projektion der Vorderkante der folgenden Treppenstufe, in der Lauflinie gemessen“.

Das Steigungsverhältnis s/a
Das Verhältnis von Treppensteigung s zu Treppenauftritt a nennt man das Steigungsverhältnis. Es wird als Quotient s/a angegeben. Dieser Quotient ist ein Maß für die Neigung (Steilheit) einer Treppe (und damit die Steigung als Verhältnis von Höhe bzw. Vertikalmaß zu Breite bzw. Horizontalmaß nach mathematischem Verständnis). Im Plan wird das Steigungsverhältnis zusammen mit der Anzahl der Steigungen angegeben, z. B. 5 STG 15/33.

Die Unterschneidung u
Verläuft die Stoßfläche der Stufe nicht gleichmäßig senkrecht, sondern schräg oder mit Versatz oder Versprung, entsteht eine Unterschneidung, teilweise auch als Untertritt bezeichnet. Die Unterschneidung ist gemäß DIN 18065 „das waagerechte Maß u, um das die Vorderkante einer Stufe über die Breite der Trittfläche der darunter

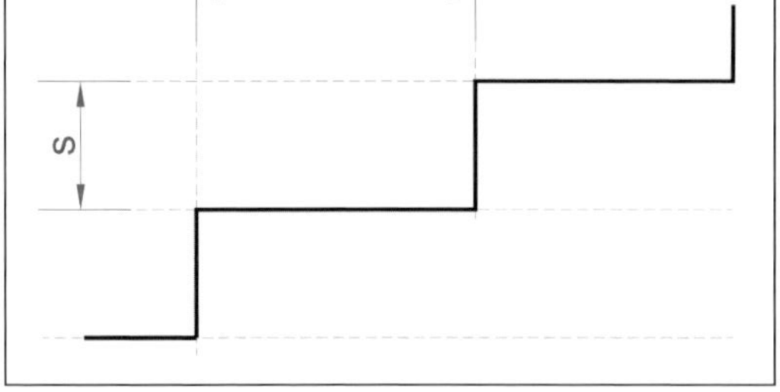

Abb. 121. Einfache Trittstufen.

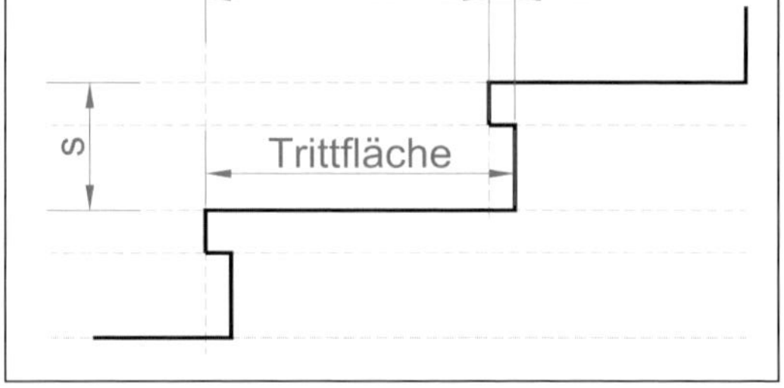

Abb. 122. Stufen mit Untertritt.

Abb. 123. Unterschnittene Stufen.

liegenden Stufe vorspringt (= Differenz zwischen Breite der Trittfläche und Auftritt a)". Es gilt also: Auftritt + Unterschneidung = Trittfläche; kein Untertritt: Auftritt = Trittfläche (Stufentiefe).

Die Unterschneidung wird nicht in den Auftritt mit eingerechnet. Beim Abwärtsgehen ist diese ja auch unwirksam.

Bei Gebäudetreppen werden offene Treppen ohne Setzstufe und Treppen mit Auftritten, die kleiner als 26 cm sind, in der Regel um mindestens 3 cm unterschnitten, um die Trittfläche zu vergrößern. In bestimmten Fällen, in beengten Situationen, kann ein Untertritt (bis maximal 3 cm) ausnahmsweise in den Auftritt mit eingerechnet werden.

6.2 Regeln zur baulichen Gestaltung von Treppen

Bei der Planung und Bemessung von Treppen folgen wir heute meist bestimmten Regeln der Baukunst, die auch in der DIN 18065 dargestellt sind. Diese Regeln bewähren sich und lassen Spielraum für Variationen und situationsgerechte Anpassung.

6.2.1 Schrittlänge und Schrittmaßregel

Das Grundmaß für den Treppenbau ist die Schrittlänge, das Schrittmaß des Menschen. Es ist je nach Körpergröße unterschiedlich und schwankt beim Erwachsenen zwischen 59 und 70 cm (mittlere Schrittlänge). In der Regel wird ein Wert von 63 oder 64 cm den Berechnungen zum Treppenbau zugrunde gelegt.

Die Schrittlänge findet bei der Treppendimensionierung erst seit gut drei Jahrhunderten Berücksichtigung.

Schon Vitruv (ca. 80 bis 10 v. Chr.) gab zwar in seiner zehnbändigen antiken Architekturlehre Empfehlungen für die Dimensionierung von Tempeltreppen, die eine ungerade Anzahl von Stufen haben sollten. Ein geeignetes Steigungsverhältnis für Gebäudetreppen leitet er aus dem rechtwinkligen Dreieck des Pythagoras ab, jedoch ohne erkennbaren Bezug zur menschlichen Anatomie.

$$s : a = 3 : 4$$

Später richteten sich die Abmessungen der Treppenstufen nach den verschiedensten Aspekten: nach den Proportionen des Bauwerks, nach dem Sozialstatus der Benutzer (einfache Leute – hohe Stufen, vornehme Leute – niedrige Stufen), nach symbolischen oder sonstigen gestalterischen Aspekten.

Erst im 17. Jahrhundert begann man systematisch, die Stufendimensionierung auf die anatomischen und ergonomischen Bedürfnisse des Menschen abzustimmen und rechnerisch vom menschlichen Schrittmaß abzuleiten.

Schrittmaßregel, Sicherheitsregel, Bequemlichkeitsregel

Der französische Mathematiker, Ingenieur und Architekt Francois Blondel (1617–1686) legte in seinem Buch „Cours d'architecture" von 1683 erstmals den Stufenmaßen die Länge des menschlichen Schrittes zugrunde. Aus der Überlegung heraus, dass der Schritt sich beim Steigen verkürzt, entwickelte er die Formel

$$2\,s + a = 65\,\text{cm},$$

die heute noch Gültigkeit besitzt.

In der DIN 18065 heißt es: Das Steigungsverhältnis kann mit Hilfe der **Schrittmaßregel**

$$2\,s + a = 59 \text{ bis } 65\,\text{cm}$$

geplant werden.

Zwei weitere Regeln sind zusätzlich zur Schrittmaßregel gebräuchlich. Als Regel für die sichere Begehbarkeit gilt die **Sicherheitsregel:**

$$a + s = 46\,\text{cm}.$$

Als Regel für bequeme Begehbarkeit gilt die **Bequemlichkeitsregel:**

$$a - s = 12\,\text{cm}.$$

Die Schrittmaßregel ist die wichtigste dieser drei Regeln, die zweckmäßigerweise auch generell angewendet wird. Alle drei Regeln werden gleichzeitig nur durch das Steigungsverhältnis 17/29 erfüllt.

Innerhalb dieser Regeln gibt es eine Fülle von Möglichkeiten, die alle zu ausreichend gut begehbaren Treppen führen. Beachtet man le-

Tab. 6.1: Schrittmaßregelkonforme Steigungsverhältnisse

Neigung	Steigungsverhältnis s/a
1 : 1	21/21, 20/20
1 : 1,5	18/27, 17/25,5
1 : 2	16/32, 15/30, 15,5/31
1 : 2,5	14/35
1 : 3	13/39, 12/36, 12,5/37,5
1 : 3,5	11/38,5
1 : 4	10/40, 10,5/42
1 : 4,5	10/45
1 : 5	9/45

diglich die Schrittmaßregel, erfüllen diese zahlreiche Alternativen, von sehr flach ansteigenden Treppen bis hin zu sehr steilen (vgl. Tab. 6.1). Zu bedenken ist dabei, dass die Menschen tendenziell immer größer, ihre Schritte somit länger werden, was bislang in der Norm nicht berücksichtigt wurde.

Im Freien bewähren sich generell eher flachere Steigungsverhältnisse von 10/44 bis 16/32 (vgl. Kap. 6.2.3).

Betrachtet man Regeln zur Treppendimensionierung im internationalen Vergleich, zeigt sich, dass alle letztendlich auf der Blondel'schen Formel basieren (vgl. Tab. 6.2).

Tab. 6.2: Internationale Regeln zur Treppendimensionierung im Vergleich (Quelle: Pache, 2007)

Länder	Deutschland	Österreich	Frankreich	Spanien	USA
Quelle	DIN 18065; Lehrbücher	ÖNORM; Lehrbücher	Lehrbücher	Norma Básica de Edificatión (NBE)	Time-Saver Standards for Landscape Architecture
Geltung	Gebäude, Bauwesen	Gebäude, Bauwesen	Gebäude	Gebäude	Landschaftsarchitektur
Steigung	Steigung s	Steigung s	Hauteur h	Contrahuella c	Riser r
Auftritt	Auftritt a	Auftritt a	Largeur l	Huella h	Tread t
Formel	2 s + a = 59 – 65 cm	2 s + a = 62 cm (+/– 2 cm)	2 h + l = 0,60 – 0,65 m	60 < 2 c + h	2 r + t = 650 – 675 mm (26 bis 27 inch)

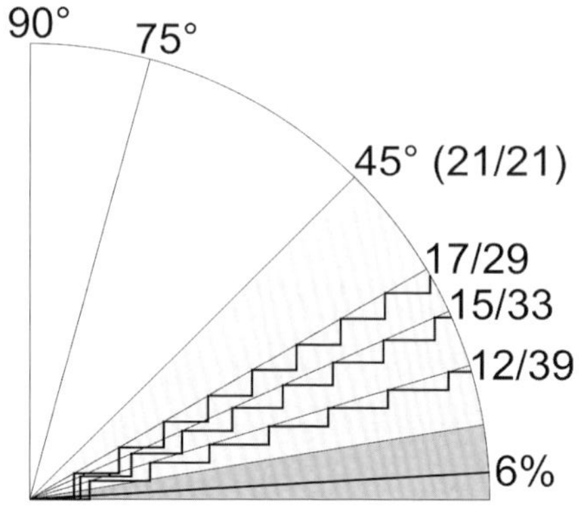

Abb. 124. Für Frei- und Außentreppen besonders geeignete Steigungsverhältnisse.

6.2.2 Podeste

Podeste, gemeint sind hier Zwischenpodeste, sind wichtige funktionale und gestalterische Bestandteile längerer Treppen. Mit ihrer Hilfe lassen sich Treppen gut dem Freigelände anpassen. Als Ruhepodeste verbessern sie die Benutzbarkeit der Treppe.

Nach maximal 18 Stufen soll gemäß Norm ein Podest vorgesehen werden. Im Freien wird man je nach Gesamttreppenlänge und Geländeverlauf eher häufiger ein Podest einplanen. Dabei sollte ein für den Nutzer unangenehmer „Hinkebeineffekt" vermieden werden. Meist wird es als angenehm empfunden, wenn jeder Treppenlauf bei längeren Treppen mit mehreren Läufen mit dem jeweils anderen Fuß begonnen werden kann.

Dies erreicht man bei **ungerader Steigungszahl** des Treppenlaufs und **gerader Schrittzahl** auf dem Podest oder **gerader Steigungszahl** des Treppenlaufs und **ungerader Schrittzahl** auf dem Podest.

Bei zwei bis drei Treppenläufen mit ein bis zwei Zwischenpodesten kann die umgekehrte Vorgehensweise vertretbar oder sogar vorteilhaft sein, damit sich ein gewisser Lerneffekt bzw. Mechanismus beim Begehen der Treppe einstellt. Dies kann beispielsweise für geh- oder sehbehinderte Nutzer sinnvoll sein. Die Ermüdung des Antrittsfußes ist hier noch nicht so wesentlich.

Dimensionierung des Zwischenpodestes

Bei einer gerade verlaufenden Treppe gilt für die Podestlänge L in Abhängigkeit von der Schrittlänge folgende Regel:

$$L = (59 - 65\,\text{cm}) \times n + a,$$

Abb. 125. Treppe (19 × 7 STG 12/40) auf den Rodelhügel im Riemer Park mit 18 Zwischenpodesten von etwa 2 m Länge inclusive Auftritt; bei jeweils 7 STG ist es hier angenehm, 2 (mit ca. 80 cm relativ lange) Schritte auf dem Podest zu machen.

wobei n die Anzahl der Schritte auf dem Podest bedeutet und dementsprechend eine ganze Zahl sein muss.

Diese Regel gilt nur, solange n relativ klein bleibt, da sich bei vielen Schritten individuelle Unterschiede in der Schrittlänge addieren und verstärkt bemerkbar machen. Das Podest ist für den jeweiligen Nutzer dann entweder zu lang oder zu kurz und ein unangenehmer Ausgleichsschritt wird erforderlich. Bei Winkelpodesten entspricht die Podestlänge in der Regel der Treppen- bzw. Podestbreite.

6.2.3 Treppen im Freien

Treppen im Freien sind der Witterung ausgesetzt und erfordern daher einige Besonderheiten gegenüber Treppen im Gebäude. Spezielle Regelungen für bewitterte Treppen sind in der DIN 18065 nicht enthalten.

Stufengefälle

Damit auf den Stufen kein Regenwasser stehen bleibt, das bei Frost auch zu Eisbildung führen kann, müssen Stufen im Freien im Allgemeinen mit einem ausreichenden Eigengefälle der Stufen gebaut werden, d. h. die Trittfläche wird leicht nach unten zur Trittkante hin geneigt. Das Stufengefälle beträgt je nach Bauart und Stufenoberfläche 1 bis 3 %, d. h. 3 bis 10 mm bei einem Auftritt von 33 cm und der entsprechenden Stufenhöhe von 15 cm. Die Stufenneigung ist in der Steigung(shöhe) enthalten, d. h. die Steigung ändert sich durch das Stufengefälle nicht. Dagegen muss bei der Wahl der **Bauhöhe h** der Einzelstufe (vgl. Kap. 6.3.1) das Gefälle berücksichtigt werden. Es gilt: $h + g = s$.

Abb. 126. Stufen mit Eigen-Gefälle.

Geringere Steigungen – längere Schritte

Im Freien werden im Allgemeinen geringere Steigung(shöh)en als in Gebäuden verwendet. Schon das bequeme und sichere Verhältnis von 17/29 ist eher selten. Sehr gebräuchlich ist 15/33 oder 15/34, es wird auch 12/39, 12/40 (für flachere Gartentreppen), 14/35 oder 16/32 verwendet.

Grundsätzlich ist die Bandbreite bei Treppen im Freien deutlich größer als bei Gebäudetreppen. Hierzu einige Beispiele:

Die finnischen Regulierungen zu Treppen, denen auch eine Formel ähnlich der Blondel'schen zugrunde liegt, schreiben gesetzlich vor, dass Außentreppen flacher als Innentreppen sein müssen. In der Realität findet man häufig das Gegenteil, damit bei Schnee auf steilen Treppen die Konturen nicht so leicht verschwimmen. Die Domfreitreppe in Helsinki beispielsweise, erbaut um 1850, weist ein Steigungsverhältnis von 17,5 bis 27/32,5 bis 37 auf (Pache, 2007). Die großen Differenzen bei den Stufenmaßen sind möglicherweise auf Setzungen infolge von Frost zurückzuführen.

Der Garten- und Landschaftsarchitekt Alwin Seifert (1890–1972) hat Treppen über Jahrzehnte unter dem Aspekt „entspanntes Gehen" beurteilt und einen Zusammenhang zwischen anzunehmendem Schrittmaß und Steigungsverhältnis hergestellt (je steiler, desto kürzer der Schritt). So ermittelte er z. B. das Verhältnis 8/62 (Schritt = 78 cm) oder 16/30 (Schritt = 62 cm) als bequem (vgl. Tab. 6.3).

Der Architekt und Fachbuchautor Günter Mader verweist in seinem Buch „Freiraumplanung" darauf, dass die Menschen immer größer werden und dementsprechend auch ihre Schrittlängen. Schon der Gartenkünstler des Barock André le Nôtre arbeitete mit einem Stei-

Tab. 6.3: Empfehlenswerte Steigungsverhältnisse in cm nach Alwin Seifert (SEIFERT, 1965)

s	8	9	10	11	12	13	14	15	16
a	62	58	54	50	46	42	38	34	30
Schritt	78	76	74	72	70	68	66	64	62

gungsverhältnis von 15/40 cm (MADER, 2004), was eine Schrittlänge von 70 cm bedeutet. Mader empfiehlt aufgrund eigener Aufmaße und Planungserfahrungen die in Tabelle 6.4 wiedergegebenen Steigungsverhältnisse.

Die amerikanischen Time-Saver-Standards für Landschaftsarchitektur gehen generell von einer größeren Schrittlänge von 65,0 bis 67,5 cm für den Freiraum aus (vgl. Tab. 6.3 und 6.5).

Tab. 6.4: Empfehlenswerte Steigungsverhältnisse in cm nach Günter Mader (MADER, 2004)

s	10	11	12	13	14	15	16	17	18
a	50 bis 63	45 bis 58	41 bis 53	38 bis 48	36 bis 43	34 bis 39	32 bis 35	29 bis 32	27 bis 30
Schritt	70 bis 83	67 bis 80	65 bis 77	64 bis 74	64 bis 71	64 bis 69	64 bis 67	63 bis 66	63 bis 66

Tab. 6.5: Auswahl an regelgerechten Steigungsverhältnissen in cm nach US-amerikanischem Standard (HARRIS und DINES, 1998)

s	10	11,25	12,5	13,75	15	16,25	17,5
$\mathbf{a}_{min}$	45	42,5	40	37,5	35	32,5	30
$\mathbf{a}_{max}$	47,5	45	42,5	40	37,5	35	32,5

Diese Beispiele und zahlreiche im Laufe der Geschichte realisierte Objekte im Freiraum (vgl. Tab. 6.6 und 6.7) zeigen, dass bei Treppen im Freien die Tendenz zu **geringeren Steigungshöhen und entsprechend größeren Auftritten** und im Gegenzug **Schrittlängen am oberen Rand der Norm** (oder etwas darüber) gehen sollte. Immerhin ereignet sich nach der Unfallstatistik der gewerblichen Berufsgenossenschaft ein Drittel der insgesamt 44 000 Treppenunfälle pro Jahr bei Auftritten von weniger als 26 cm, über 14 % bei Steigungen über 19 cm, bei über 10 % gab es unterschiedliche Steigungen und/oder Auftritte innerhalb einer Treppe. 80 % aller Unfälle passieren beim Abwärtssteigen (GARGULLA und GESKES, 2007).

Tab. 6.6: Beispiele für wichtige Stadttreppen in Europa (Quellen: Aufmaße von Pache, Spirk, Friedenberger, Wolfgruber und Schegk, 2003–2008)

Stilistische Einordnung	**Gotik, Spätmittelalter**	**Frühbarock**	**Rokoko, Spätbarock**	**Klassizismus**
Treppe	Scalinata di Aracoeli	Scala Santa Maria del Monte	Spanische Treppe	Freitreppe am Tuomiokirkko (Dom)
Ort/ Land	Kapitol Rom/ Italien	Caltagirone Sizilien/ Italien	Rom/ Italien	Senatsplatz Helsinki/ Finnland
Bauzeit	bis 1348 (Einweihung)	1606	1723 bis 1726	1838 bis 1852 (Einweihung Dom)
Architekt	Lorenzo di Simone Andreozzi	nicht bekannt	Francesco de Sanctis	Carl Ludwig Engel
Stufenmaterial und -typ, vgl. Abb. 127 auf Seite 210	Marmor, Typ 1	Trittfläche Basalt, Stoßfläche mit Majolikafliesen verkleidet, Typ 3b	Travertin, Typ 5	Granit aus Turku, Typ 1
Anzahl STG	124	142	135	47
Steigung s (in cm)	17 bis 20	23,5 bis 24	12,5 bis 14	17,5 bis 27
Auftritt a (in cm)	35 bis 36	87 bis 88 bzw. 20 + je 1 Schritt	37 bis 44	32,5 bis 37
s/a (Mittelwert)	18/36	23,5/88 bzw. 23,5/20 + je 1 Schritt	13/41	22/35
Neigung*	~ 1 : 2	1 : 3,7	~ 1 : 3	1 : 1,6
Schritt (cm)	69 bis 76	134 bis 136 bzw. 67 bis 68 cm	65 bis 69	76,5 bis 80
Teil-Läufe bzw. Laufabschnitte × STG, zweiarmig = 2 ×	**12** 9 × 8 + 2 × 16 + 1 × 20	**1**	**12** 11 × 12 + 1 × 3	**2** 25 + 22
Zwischenpodeste	11	keine!	11	1

* bei Neigung Podeste nicht berücksichtigt

Spätklassizismus, Historismus	Spätklassizismus, Historismus	Jugendstil, italienischer Modernismus	Gegenwart	Gegenwart
Sängerstaffel	Treppe neben Funiculaire	Scala dei Giganti	Freitreppe am „Domus“, Casa del Hombre	Treppe zur Domplatte
Stuttgart/ Deutschland	Montmartre Paris/ Frankreich	Triest/ Italien	La Coruña/ Spanien	Köln/ Deutschland
1883 bis 1887	1891 bis 1900 (Bau der Funiculaire)	1905 bis 1907	1993 bis 1995	2004 bis 2006
nicht bekannt	nicht bekannt	Ruggero + Arduino Berlam	Arata Isozaki	Schaller/ Theodor
Granit, Beton, Typ 1	Granit, Typ 1	„Karstmarmor“ (Kalkstein), Typ 2	Granit, Typ 1	Polnischer Granit, Typ 3a
180	150	133	84	30
14,5 bis 15	16	14,5 bis 15,5	15 und 16	14
34	34	30	33 und 30	32
15/34	16/34	15/30	15/33 und 16/30	14/32
~ 1 : 2,3	1 : 2,1	~ 1 : 2	1 : 2,2, 1 : 1,9	1 : 2,3
63 bis 64	66	59 bis 61	63 und 62	60
2 × 14 4 × 13 + 5 × 15 + 15 + 2 × 16 + 15 + 19	**7** 14 + 17 + 17 + 19 + 27 + 27 + 29	**2 × 9** 16 + 22 + 10 +10 + 6 + 12 + 18 + 15 + 24	**6** 3 × 18 (15/33) + 11 + 8 + 11 (16/30)	**3** 3 × 10
13	6	8	5	2

Tab. 6.7: Beispiele für wichtige Garten- und Parktreppen in Europa (Quellen: Aufmaße von PACHE und SCHEGK, 2006–2008)

Stilistische Einordnung	**(Spät-)Renaissance**			**Barock**	**Rokoko Spätbarock**
Garten/Park	Garten der Villa Lante			Garten der Villa Garzoni	Schlosspark Sanssouci
Ort/ Land	Bagnaia/ Italien			Collodi/ Italien	Potsdam/ Deutschland
Bauzeit	1574 bis 1590			um 1650	1744/45 rekonstr. 1978–82
Architekt	Giacomo Barozzi da Vignola			Romano di Alessandro Garzoni	Georg Wenzeslaus von Knobelsdorff
Beschreibung der Gesamtanlage	terrassierte Gesamtanlage mit diversen Wasserläufen und Brunnen, von Treppen und Rampen begleitet/erschlossen, gesamt ~ 98 STG			Barocke Treppenanlage des Gartens	terrassierter Weinberg unterhalb von Schloss
Stufenmaterial und -typ, vgl. Abb. 127 auf Seite 210	Peperino, Typ 1, Kante rund	Peperino, Typ 4a	Peperino, Typ 1, Typ 5	Sandstein, Typ 4b	Elbsandstein, Typ 5
Anzahl STG	33	23	19	64	132
Steigung s (in cm)	12 bis 14	17 bis 18	16 bis 18	19	13 bis 13,5
Auftritt a (in cm)	42 bis 44	40 bis 41	42 bis 44	33 33–38 (Wendel)	36 bis 37
s/a (Mittelwert)	13/43	17/40	~ 17/43	19/33 bis 19/38	13,5/36
Neigung*	~ 1 : 3,3	~ 1 : 2,3	~ 1 : 2,5	~ 1 : 1,7	~ 1 : 2,7
Schritt	68 bis 72	74 bis 77	74 bis 80	71 bis 76	62 bis 64
Teil-Läufe bzw. Laufabschnitte × STG, zweiarmig = 2 ×	2 × 2 18 + 15	2 × 2 5 + 18	2 × 2 2 + 17(16)	2 × 7 3 + 17 + 3 + 17 + 3 + 11 + 10	6 6 × 22
Zwischenpodeste	1	1	1	6	5

* bei Neigung Podeste nicht berücksichtigt

Historismus Spätromantik	**Jugendstil Modernisme Català**	**Gegenwart**	**Gegenwart**
Powerscourt Gardens	Park Güell	Riemer Park	Scharnhauser Park
Enniskerry Wicklow/ Irland	Barcelona/ Spanien	München/ Deutschland	Ostfildern/ Deutschland
1843 bis 1867	1904 bis 1914	1998 bis 2001 (Park, 1. BA)	2002 (fertig gestellt)
Daniel Robertson	Antoni Gaudí	LA Gilles Vexlard, Latitude Nord, Paris	Janson + Wolfrum, Karlsruhe
italienischer Garten mit mittelaxialer Treppe, gesamt ~ 97 STG	zentraler Bereich am Eingang zur Parkanlage mit Treppenaufgang	künstlicher Rodelhügel mit Serpentinenweg + Treppe	Landschaftstreppe im Zentralbereich des Parks, gesamt ~ 290 STG
Granit, Typ 5	Stoßfläche weiße Fliesen, Trittfläche Bruchsteine, Typ 1	Granit, Typ 1	Beton, Typ 1
56	45	133	169
15 bis 16	17	12	10
33 bis 36,5	37	40	50
15/35	17/37	12/40	10/50
~ 1 : 2,3	1 : 2,1	1 : 3,3	1 : 5
65 bis 68,5	71	64	70
4 4 × 14	2 × 4 3 × 11 + 1 × 12	19 19 × 7	28 (gesamt 48) 23 × 6 + 4 × 7 + 1 × 3
3	3	18	27 (Terrassen)

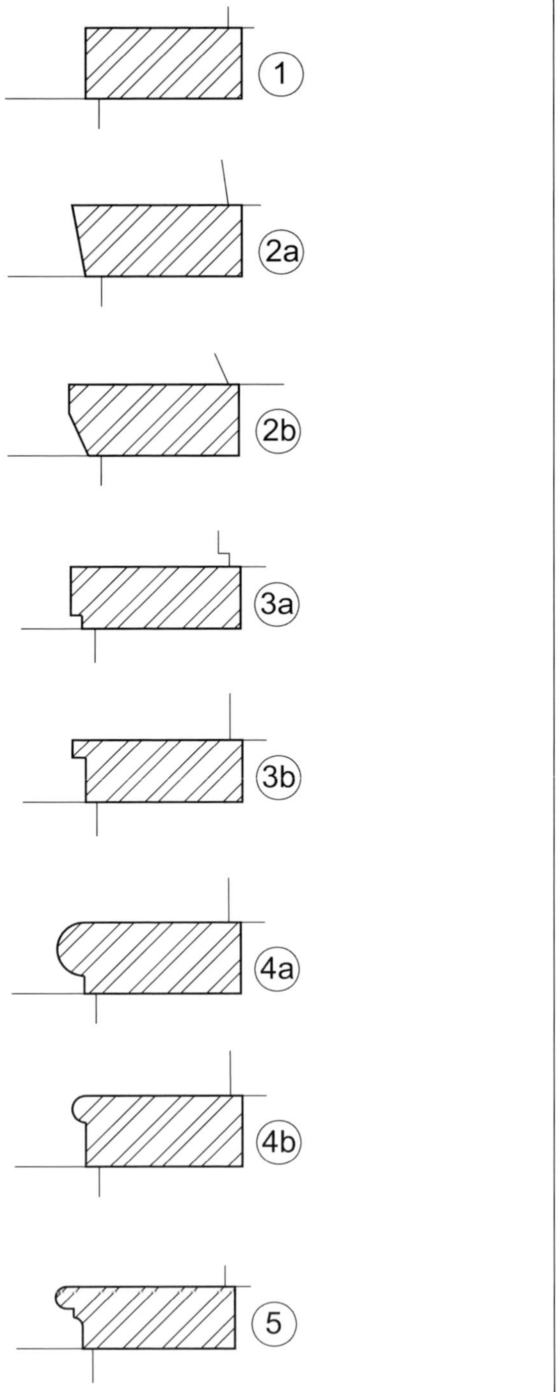

Abb. 127. Je nach Querschnitt unterschiedliche Stufentypen:
1 = rechteckig, Haupt / Stoßfläche vertikal,
2a = trapezförmig, Haupt / Stoßfläche schräg,
2b = wie 2a, jedoch mit Platte,
3a = Haupt / Stoßfläche vertikal mit Unterschneidung,
3b = wie 3a, jedoch mit Untertritt*, Legstufenprofil,
4a = Haupt / Stoßfläche gerundet mit Unterschneidung,
4b = wie 4a, jedoch mit Untertritt*,
5 = historischer Standard-Querschnitt: profiliertes Haupt mit runder Nase, Versatz, Kehle und Unterschneidung bzw. Untertritt*.

* Als Untertritt wird die Unterschneidung hier bezeichnet, wenn sie beim aufwärts Steigen nutzbar ist, d.h. die Höhe der Unterschneidung größer als 1/2 s ist.

Abb. 128. Sitzstufen und Treppen: 3 Stufen bzw. Steigungshöhen ergeben die Sitzhöhe, 3 Auftritte ergeben die Sitztiefe.

Oberfläche
Auf eine griffige Stufenoberfläche ist bei Treppen im Freien besonders zu achten. Beton- und Natursteinstufen können beispielsweise gestockt oder an der Trittkante scharriert werden. Stufen aus Kanthölzern o.Ä. eignen sich nicht für den öffentlichen oder halböffentlichen Bereich, da Holz bei Nässe generell rutschig wird.

Sitzstufen
Sollen Treppen mit Sitzstufenanlagen kombiniert werden, z.B. in Stadien, Arenen, Amphitheatern etc., betragen die Steigung und der Auftritt der Sitzstufe jeweils ein ganzes Vielfaches (z. B. das Zwei- oder Dreifache) der Treppenstufe:

$$s_S = n \times s_T$$

$$a_S = n \times a_T$$

(n = 2, 3).

6.3 Konstruktion von Treppen

Auf Treppen wirken vertikale Verkehrslasten und horizontale Anprall- oder Schublasten. Dabei ist eine bequeme und sichere Benutzung zu gewährleisten. Dementsprechend sind sie hinsichtlich Stufenart, Gründung und Sicherung zu konstruieren.

6.3.1 Stufenarten

Stellstufen

Stellstufen bestehen aus als Setzstufe senkrecht gestellten Platten, Pflasterklinkern, Leisten- oder Bordsteinen und Auftrittsflächen, die mit verschiedenen Materialien ausgelegt werden können. Wichtig ist, dass die gestellten Elemente weit genug in den Boden einbinden, möglichst die Hälfte der Gesamthöhe, d. h. für eine 15 cm hohe Stufe sollte das Stellelement oder dergleichen mindestens 30 cm hoch sein. Im Landschaftsbau ist diese Bauweise für Treppen mit geringer Steigungszahl und Belastung durchaus verbreitet. Die Treppennorm DIN 18065 behandelt diese Bauweise nicht.

Eine sehr einfache Form der Stellstufen sind die sogenannten „Knüppelstufen“, bei denen anstelle eines Bordes zwei horizontal übereinander liegende Rundhölzer oder ein senkrecht gestelltes Brett verwendet werden. Als Sicherung dient ein weit genug in den Boden getriebener Holzpflock. Derartig einfache Stufen eignen sich nur für minimal belastete Bereiche im Hausgarten oder im landschaftlichen Kontext.

Stabiler sind Stellstufen aus Leisten- oder Bordsteinen aus Naturstein oder Beton, die senkrecht in Beton versetzt werden. Die Auftritte werden meist ausgepflastert. Um eine ausreichende Einbindetiefe zu gewährleisten, sollten Stellstufentreppen mit möglichst flacher Neigung und entsprechend geringer Steigung angelegt werden. Es eignen sich beispielsweise Steigungsverhältnisse wie 10/43 (44), 11/41 (42), 12/39 (40) etc. Da Stellstufentreppen meist in unstarrer, in den Auftritten auch vielfach ungebundener Bauweise erstellt werden, ist hierzu auch das Kapitel 13, insbesondere hinsichtlich Entwässerungsgefälle zu beachten.

Andere Stufenarten werden nach ihrem Querschnitt (Block, Platte, Winkel) benannt und in der Treppennorm DIN 18065 definiert und dargestellt. Wichtig dabei sind die **Baumaße** der Einzelstufe, die mit den erläuterten Messgrößen Steigung und Auftritt nicht verwechselt werden dürfen. Je nach Konstruktion der Treppe weichen diese mehr oder weniger voneinander ab. Die Norm unterscheidet die Stufenlänge l (= die Länge des kleinsten umschriebenen Rechteckes, das der Stufenvorderkante bezogen auf die Einbaulage anliegt), die Stufenbreite b (= die Breite des kleinsten umschriebenen Rechteckes, das

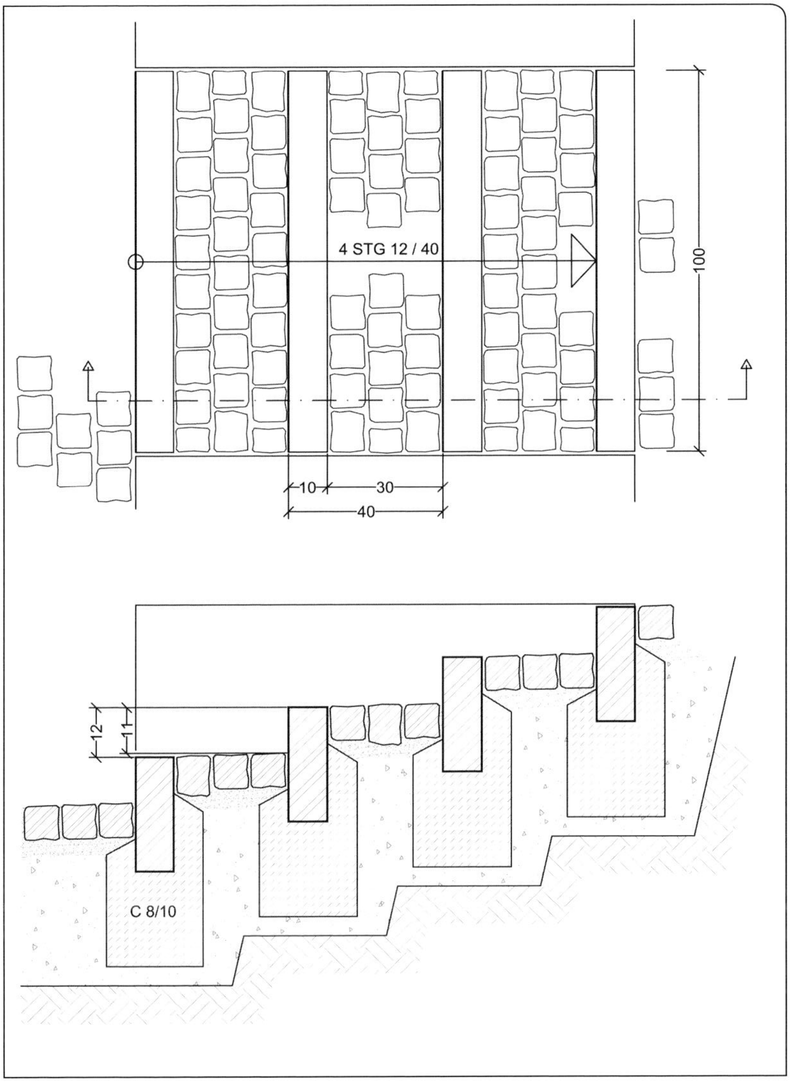

Abb. 129. Mögliches Bauprinzip Stellstufentreppe.

der Stufenvorderkante bezogen auf die Einbaulage anliegt) und die Stufenhöhe h (= die größte Höhe der einzelnen Stufen in der Aufrissprojektion bezogen auf die Einbaulage). Die Stufendicke d ist die größte Höhe (Dicke) bei Blockstufen (hier h = d) und Plattenstufen, bei Winkelstufen die größte Dicke der Trittstufe.

Blockstufen

Blockstufen sind Stufen mit rechteckigem oder annähernd rechteckigem Querschnitt. Dabei ist die **Stufenhöhe h** (= wahre Höhe des Bauteils, der einzelnen Blockstufe) annähernd gleich der Steigung s, bei Ausführung eines Eigengefälles immer geringer als diese. Die **Stufenbreite b** ist meist etwas breiter als der geplante Auftritt, sodass sich die Blockstufen überlappen bzw. überbinden. Diese **Überbindung** ist konstruktiv günstig. Blockstufen stellen die stabilste Stufenart dar. Als **Haupt** bezeichnet man dabei die sichtbare Stoßfläche, ggf. auch die teilweise sichtbaren Seitenflächen des Stufenblocks. Die Ausformung

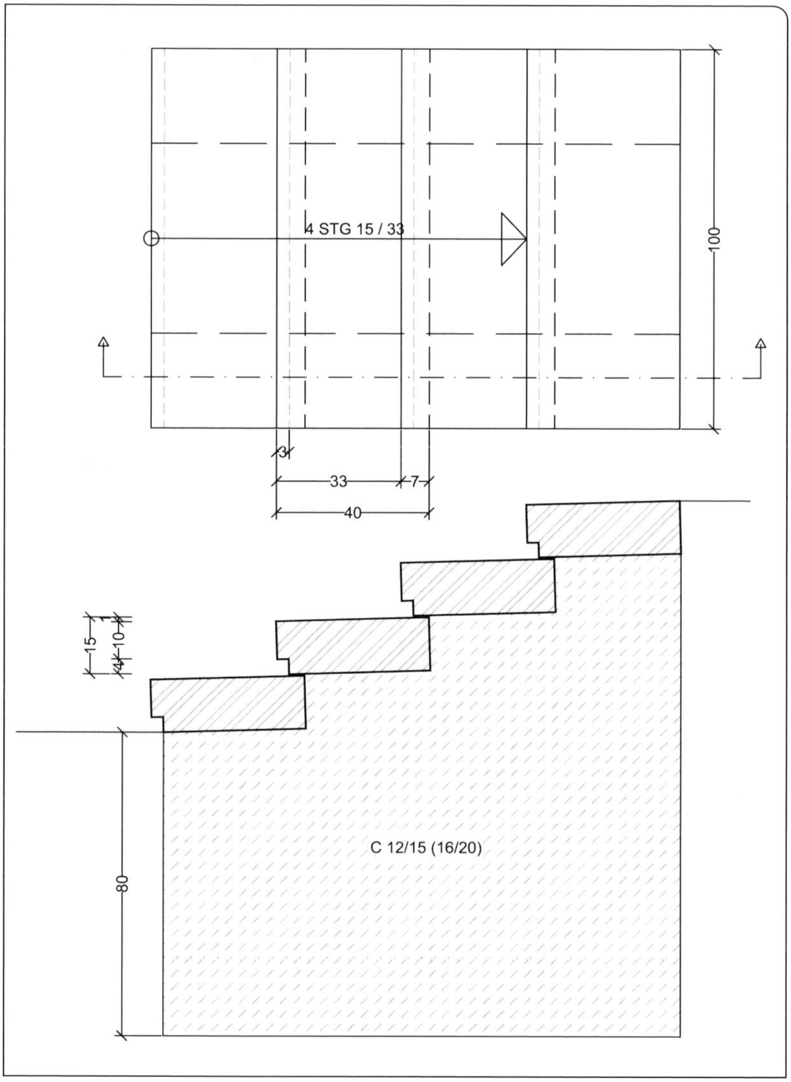

Abb. 130. Mögliches Bauprinzip Blockstufentreppe.

Abb. 131. Blockstufen mit Überbindung (Riemer Park, München).

und Gestaltung des Haupts kann bei Blockstufen, z. B. durch unterschiedliche Profilierungen bzw. Unterschneidungen, variieren (vgl. Abb. 127 und Farbtafeln 9 und 10, Seiten 256 und 257).

Plattenstufen

Plattenstufen sind Stufen mit rechteckigem oder annähernd rechteckigem Querschnitt. Dabei ist jedoch die **Stufendicke d** im Gegensatz zur Blockstufe wesentlich geringer als die Steigung s.

Plattenstufen benötigen entweder eine offene freistehende oder eine geschlossene Unterkonstruktion. Offene Plattenstufen-Treppen eignen sich für den Bau transparenter Treppen, erfordern damit aber eine gewisse Mindeststeigungshöhe. Sie werden in der Regel mit Un-

Abb. 132. Plattenstufen (Castelgrande, Bellinzona).

terschneidung gebaut. Der lichte Plattenstufenabstand soll 12 cm nicht übersteigen.

Im Landschaftsbau ist der Einbau von Plattenstufen als Legstufe (= Trittstufe) auf einem Unterlegstein (= Setzstufe) gebräuchlich. Man spricht auch von **Leg- und Stell-** oder besser von **Leg- und Setzstufen**. Der Begriff Plattenstufen bezeichnet die Stufenart nach dem Querschnitt, der Begriff Leg- oder Leg- und Setzstufe nach der Bauweise. Diese Art von Stufen eignet sich besonders gut zur gestalterischen Einbindung der Treppe in Plattenbeläge. Auch hier steht die Platte der Trittstufe häufig über den als Setzstufe eingebauten Unterlegstein über, d. h. sie wird unterschnitten.

Winkel-(leg-)stufen

Winkel- oder Winkellegstufen sind Stufen mit einem winkelförmigen Querschnitt. Gebräuchlich sind entsprechende Betonfertigteile, seltener entsprechend geformte Naturstein-Werkstücke. Sie benötigen eine geeignete Unterkonstruktion.

6.3.2 Treppengründung

Um die Standfestigkeit von Treppen zu gewährleisten und Schäden durch Setzungen zu vermeiden, sollten Treppen im Allgemeinen frostfrei und möglichst auf gewachsenen Baugrund gegründet werden.

Einfache Formen der Treppengründung

Einfache unstarre Gründungsformen eignen sich nur für wenig belastete Treppen, beispielsweise im privaten Bereich, mit einer geringen Anzahl an Steigungen und mit Blockstufen, die einander ausreichend überbinden. Auf ein Betonfundament wird verzichtet. Es empfiehlt sich dazu eine Tragschicht aus frostbeständigem, hohlraumreichem, verdichtbarem Material. Die Baugrundsohle ist vor Auftrag abzutreppen und zu verdichten. Die Stufen werden in 3 bis 5 cm Pflastersand, Sand-Splitt-Gemisch oder 5 bis 10 cm Zementmörtel verlegt. Eine starre Gründung der Antrittsstufe kann ratsam sein, um möglichen Verschiebungen entgegen zu wirken.

Knüppelstufen werden in der Regel im gewachsenen Boden ohne Gründungsmaßnahmen gebaut.

Stellstufen aus Naturstein oder Beton setzt man in Betonstreifen, die aber meist nicht in frostfreie Tiefe reichen (vgl. Abb. 129, Seite 213). Die Auftritte werden meist ungebunden gestaltet. Diese Bauweise gehört somit zu den unstarren Bauweisen.

Plattenstufen erfordern eine starre Gründung mit Hilfe eines Betonfundaments. Auch hier gibt es Ausnahmen in Form von trocken untermauerten Leg- und Setzstufen.

Treppenfundamente
Ein Baukörper ist starr gegründet, wenn der Fundamentkörper mit Hilfe von Bindemitteln zu einer starren Einheit verbunden und die Fundamentsohle unterhalb der Frosteindringtiefe platziert wurde, um frostbedingte Baukörperbewegungen zu vermeiden. Die Fundamentsohlen sind wegen der Setzungs- und Bruchgefahr grundsätzlich waagerecht, nicht schräg, möglichst auch nicht getreppt.

Je nach Stufenart und Anwendungsfall unterscheidet man zum Beispiel folgende Arten von Flachgründungen:
- unbewehrte Voll- oder Blockfundamente (C 8/10, C 12/15),
- unbewehrte Streifenfundamente (C 12/15, C 16/20), z. B. bei Blockstufen, die jeweils seitlich auf den Fundamenten aufliegen,
- bewehrte Streifenfundamente, z. B. für Blockstufen (C 20/25, Sauberkeitsschicht darunter C 8/10),
- bewehrte Fundamentplatten mit schräger Unter- und maßgenau gestufter Oberseite und einer Mindestdicke von 18 cm, die auf Streifenfundamenten mit waagerechter Sohle in frostfreier Tiefe unter dem An- und dem Austritt aufgelegt werden können (Platte C 20/25 oder eventuell C 25/30 bewehrt, Streifen C 12/15 oder 16/20 ohne Bewehrung, Sauberkeitsschicht unter Platte C 8/10),
- Fundamentplatte als brückenartiges Bauteil (C 20/25 oder eventuell C 25/30 bewehrt, Sauberkeitsschicht darunter C 8/10),
- Stahlbetonbalken (C 20/25, C 25/30, bewehrt, Sichtbeton) als frei tragende Unterkonstruktion etc.

Wichtig bei der Planung des Fundaments ist die Berücksichtigung des Entwässerungsgefälles der Stufen durch eine entsprechende Neigung der Fundamentoberseiten. Während bei einem unbewehrten Voll- oder Streifenfundament die Stufen direkt in den noch feuchten Beton verlegt werden können, benötigt man auf bewehrten und geschalten Fundamenten eine 2 bis 3 cm dicke Ausgleichsschicht, z. B. ein Mörtelbett, auf welche die Stufen gesetzt werden. Weist der Verlegegrund bzw. die Fundamentoberseite kein Eigengefälle auf, muss die Stufe selbst ein Gefälle bekommen, z. B. durch die entsprechende Querschnittsgestaltung (Oberseite leicht geneigt), die am ehesten in Naturstein zu realisieren ist, oder über ein Gefälle in der Ausgleichsschicht. Ähnlich wie bei Mauern kann es hier, insbesondere bei Fundamentplatten, zu unschönen Ausblühungen (vgl. Kap. 4.2.4 und Abb. 133, Seite 218) kommen. Um dies zu verhindern, ist es ratsam, eine spezielle Dränmatte zwischen Fundament und Mörtelbett einzubauen, die verhindert, dass aufsteigende Feuchtigkeit Kalkanteile aus dem Beton an die Oberfläche transportiert, die sich dort als Ausblühung ablagern. Alternativ kann für das Mörtelbett wasserdurchlässiger Einkornmörtel verwendet werden (DNV, 2001).

Abb. 133. Starke Ausblühungen auf Basaltstufen aufgrund mangelnder Entwässerung des Fundaments.

Werden Plattenstufen frei auskragend in ein Mauerwerk eingespannt, müssen sie ausreichend tief in der Mauer eingebunden und nötigenfalls mit Baustahlstäben im Mauerfundament verankert werden.

6.3.3 Treppensicherung

Treppen müssen im Allgemeinen sicher gestaltet werden, d. h. so, dass Stolpern und Stürze vermieden werden. Die wichtigste Voraussetzung dafür sind eine gute Begehbarkeit durch ein situations- und fachgerechtes Steigungsverhältnis, Podeste und griffige Oberflächen. Darüber hinaus kann ein Handlauf oder Geländer erforderlich sein.

Die Bestimmungen hierzu sind in den Bauordnungen der Länder verankert und daher etwas unterschiedlich, auch was die Auslegung anbelangt.

In der Regel müssen Treppen, die mit mehr als 1 m tiefer liegenden Flächen benachbart sind, umwehrt sein, soweit die Umwehrung dem Zweck der Treppe nicht widerspricht (z. B. bei Verladerampen).

In manchen Länder-Bauordnungen wird generell ein Handlauf für Treppen gefordert (vgl. Bayerische Bauordnung, § 35), dies gilt entsprechend auch für eine „notwendige“ Außentreppe. In anderen kann im Einzelfall „auf Handläufe und Umwehrungen, insbesondere bei Treppen bis zu 5 Stufen, verzichtet werden“ (vgl. Hessische Bauordnung, § 42).

Treppen, die steiler als 1 : 4 sind, sollten einen wenigstens einseitigen Handlauf zur Sicherung haben. Die erforderlichen Höhen der Umwehrung sowie die Anforderungen an ihre Gestaltung sind in Ka-

Abb. 134. Treppengeländer im Riemer Park mit im Wechsel vertikalen und lotrecht zur Steigungslinie geneigten Tragstäben, Ober- und Untergurt, an denen ein Edelstahlmaschengeflecht als Füllung verspannt ist, und separatem Handlauf.

pitel 5.2.4 erläutert. Für Treppenanlagen, die in Kombination mit Mauern und Wänden Absturzhöhen aufweisen, gilt das dort Gesagte.

Seitliche Begrenzung, Wangen
Unter einer Treppenwange versteht man eine Treppen begleitende Mauer oder Abstützung, welche die Treppe seitlich begrenzt. Die Treppenwange kann Sicherungsfunktionen übernehmen, einen Handlauf jedoch nicht generell ersetzen.

Handläufe, Geländer
Eine bauordnungskonforme Methode der Treppensicherung ist das Stabgeländer. Es wird in der Regel aus Stahl oder Holz gefertigt. Man benötigt dazu ein Stabgitter, d. h. eine Vielzahl paralleler Stäbe.

Unterschieden werden Rahmengitter und rahmenlose Gitter, bei denen alle Stäbe direkt an oder auf den Stufen befestigt sind.

Nach ihrer Funktion im Geländer differenziert man folgende Bauteile: Handlauf, Tragstab, Füllstäbe, ggf. mit Verstrebungen und Gurte, d. h. Obergurt (Handlauf) und Untergurt.

Projektbeispiel: Verbindungstreppe in Wohnquartier

Abb. 135. Treppe mit 17 STG 16,5/32, Zwischenpodest und Kinderwagenrampe in Wohnquartier.

Abb. 136. Aufsicht (oben) und Schnitt (unten) durch die Treppe aus Betonblockstufen: zur Entwässerung dienen 2 Rinnen und eine Dränmatte über der Fundamentplatte.

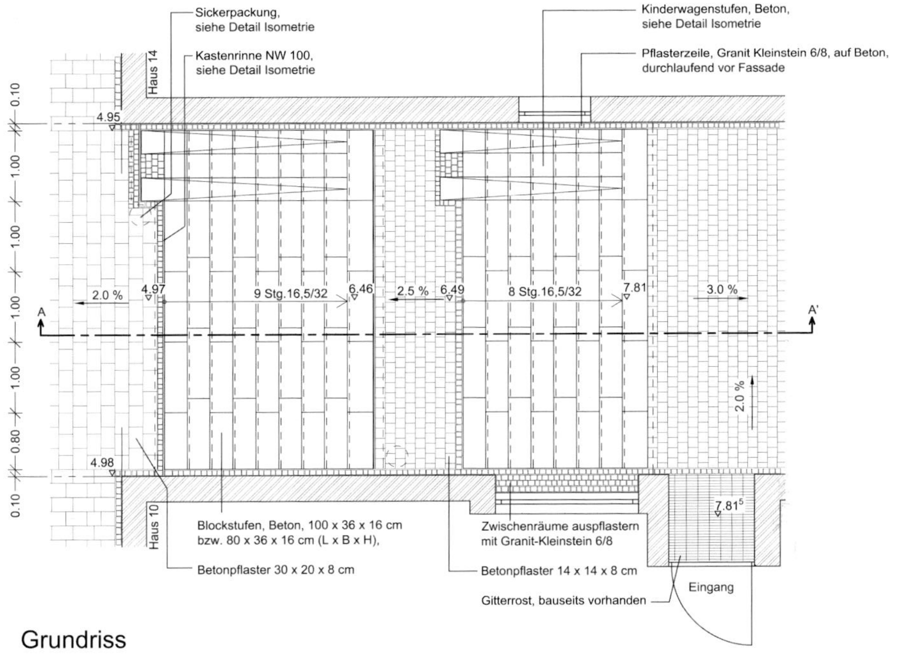

Grundriss

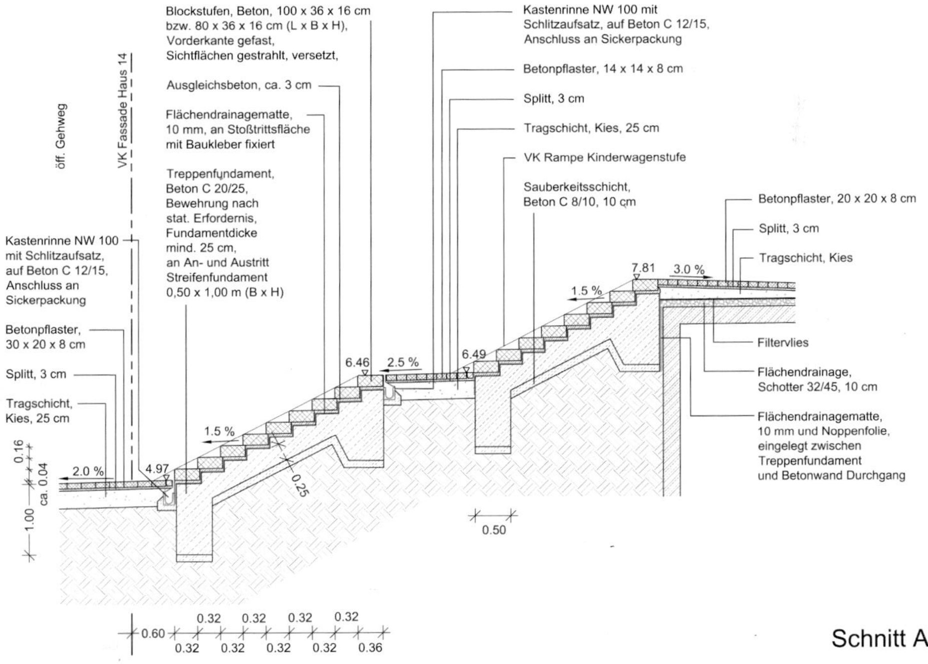

Schnitt AA'

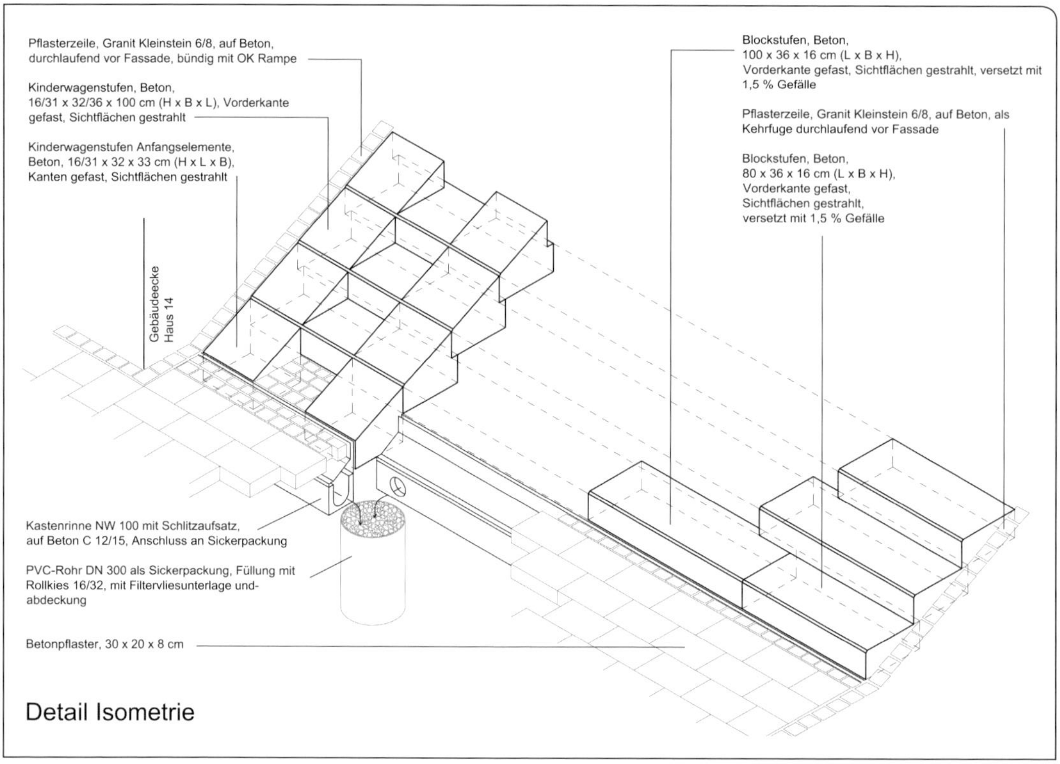

Abb. 137. Isometrische Darstellung zur Verdeutlichung des Konstruktions- und Entwässerungsprinzips.

Abb. 138. Fundamentplatte.

Abb. 139. Dränmatte unter den Betonblockstufen.

6.4 Rampen

Treppen sind nicht für jedermann benutzbar. Für temporär oder dauerhaft gehbehinderte Menschen und für Personen mit Fahrrädern, Kinderwägen oder Rollstühlen stellen sie schwierig oder gar nicht zu überwindende Hindernisse dar. Als Alternative zu Treppen werden daher bei der Anforderung einer gewissen Barrierefreiheit **Rampen**, d. h. weniger als 1 : 6 (16,7 %) geneigte befestigte Konstruktionen, gebaut.

6.4.1 Planerische Aspekte

Ein völlig barrierefreies Bauen ist, zumal in der Landschaft, so gut wie nicht möglich. Trotzdem wäre gerade dies ein wichtiger Beitrag zur Integration behinderter Menschen. Planung ist nur dann behin-

Abb. 140. In Treppenanlagen integrierte Rampen bieten dem Benutzer Wahlfreiheit (Magellanterrassen, Hamburg).

dertengerecht, wenn sie selbstverständlich und von Anfang an konzipiert ist. Freianlagen sollten grundsätzlich für alle potentiellen Nutzer gestaltet werden.

Meist kommt das Bauen ohne Barrieren ohnehin allen Menschen zu Gute, den kleinen, noch wenig im Gehen geübten Kindern, Leuten, die mit Gehhilfen gehen oder einen Kinderwagen schieben, Lieferanten mit einem Handkarren, Senioren, geh- und sehbehinderten Menschen. Oft ist aber das Gelände so beschaffen, dass Barrieren in Form von Stufen oder Treppen nicht zu vermeiden sind. Dies gilt besonders im Freien, wo oft ein Aufzug oder eine ähnliche Aufstiegshilfe nicht realisierbar ist. Vielfach stößt man hier an die Grenzen des barrierefreien Bauens. Die Forderung danach kann dann unsinnig werden und gestalterische Chancen vergeben.

Dabei sollte nicht vergessen werden, dass die Überwindung von Barrieren, Höhenunterschieden, Treppen etc. den Erlebniswert des Freiraums prägt und erhöht. Auch behinderte Menschen haben hier unterschiedliche Ansprüche. Aus diesem Aspekt ist es erstrebenswert, eine gewisse Wahlfreiheit anzubieten, z. B. Rampe und Treppe in kombinierter und ähnlich hochwertiger Gestaltung. Der Benutzer kann dann wählen, welchen Weg er sich zutraut.

6.4.2 Regeln zur barrierefreien Gestaltung von Rampen

Um benutzbare Wege für Behinderte anzubieten, sollte man sich mit deren Anforderungen beschäftigen. Die DIN 18024 und 18025 regeln die Barrierefreiheit. Die DIN 18024–1 fordert, dass unterschiedliche Ebenen außer über Treppen auch über Rampen oder Aufzüge zugängig zu machen sind. Folgende Regelungen für die Gestaltung von Rampen sind enthalten:

Rampenneigung. Die Steigung der Rampe darf 6 % nicht übersteigen. Die Rampe ist ohne Quergefälle auszubilden.

Podeste. Die ununterbrochene Rampe soll nicht länger als 6,00 m sein. Nach jeweils 6,00 m ist ein Zwischenpodest von mindestens 150 cm Länge vorzusehen. Rampe und Zwischenpodest sind beidseitig mit 10 cm hohen Radabweisern zu versehen.

Auf 6,00 m kann somit ein Höhenunterschied von maximal 36 cm überwunden werden. Für 1,50 m (etwa 10 Stufen) wären dementsprechend eine 25,00 m lange Rampe zuzüglich drei 1,50 m lange Zwischenpodeste erforderlich.

Rampenbreite. Die Rampenbreite muss mindestens 1,20 m (zwischen den Radabweisern) bei annähernd gerader Führung betragen. Belagsanforderungen: Der Belag auf den Rampen soll bei jeder Witterung leicht, erschütterungsarm und gefahrlos begeh- bzw. befahrbar sein.

Sicherung. An Rampe und Zwischenpodesten sind beidseitig Handläufe mit 30 bis 45 mm Durchmesser in 85 cm Höhe anzubrin-

Abb. 141. Eingangsrampen in Wohnquartier.

gen. Handläufe und Radabweiser müssen mindestens 30 cm am Anfang und am Ende in den Podestbereich waagerecht weitergeführt werden.

Im Freiraum werden Rampen sehr oft als Belagsflächen in unstarrer Bauweise zwischen zwei stützenden Wangen, die als Beton-, Klinker- oder Natursteinmauer starr gegründet sind oder auch aus unstarr gegründeten geeigneten Betonfertigteilen besteht, konstruiert. Zur Konstruktion gilt daher das in den Kapiteln 5 und 13 Gesagte.

Die Länge einer 6 % geneigten Rampe ist nur knapp 0,2 % größer als ihre Projektionslänge im Grundriss. Für die zuvor beschriebene 25 m lange Rampe müsste somit bei der Materialermittlung ein Längenzuschlag von 5 cm berücksichtigt werden.

Normen zum barrierefreien Bauen

DIN 18024–1 Barrierefreies Bauen, Teil 1: Straßen, Plätze, Wege, öffentliche Verkehrs- und Grünanlagen sowie Spielplätze; Planungsgrundlagen, Januar 1998

DIN 18024–2 Barrierefreies Bauen, Teil 2: Öffentlich zugängige Gebäude und Arbeitsstätten; Planungsgrundlagen, November 1996

DIN 32977–1 Behinderungsgerechtes Gestalten, Teil 1; Begriffe und allgemeine Leitsätze, Juli 1992

DIN 18025 Barrierefreie Wohnungen, Dezember 1992

6.4.3 Stufenrampen

Eine klassische Methode, stärkere Geländeneigungen in Fußwegen, Gassen und Straßen zu bewältigen, ist die mit Stufen versehene Rampe. Auf jeweils eine meist nur mäßig hohe Stufe folgt eine deutlich geneigte Podestfläche. Derartige Rampen mit Stufen dienten früher dazu, steile Gassen und Wege besser begehbar zu machen und dabei die Möglichkeit zu erhalten, den Weg zu Pferd und nach Möglichkeit auch mit dem Wagen zu benutzen. Häufig wurden dazu die Vorderkanten der Stufen abgerundet. Ähnliche Elemente stellen die sogenannten „Ochsenklaviere“ dar, das sind Rampen mit in meist regelmäßigen Abständen angeordneten Schwellen als Rutschsicherung.

Stufenrampen eignen sich für Fußwege mit Neigungen über 17 %, die daher für Rampen schon zu steil sind. Wichtig bei der Planung von Stufenrampen ist die Berücksichtigung der Schrittfolge. Die Zahl der Schritte auf den Podestflächen sollte gerade sein, damit man jede Stufe mit dem anderen Fuß betritt. Podeste für mehr als zwei Schritte optimal zu dimensionieren, ist kaum möglich, weil sich hier individuelle Unterschiede im Schrittmaß und natürliche Unterschiede beim auf- und abwärts Gehen besonders bemerkbar machen. Je nach Neigung des Rampenabschnitts zwischen zwei Stufen verlangsamt sich der Schritt beim Hinaufgehen und wird hinab beschleunigt. Der Belag der Rampe sollte griffig sein.

Günter Mader merkt in seinem bereits erwähnten Buch „Freiraumplanung“ an, dass es auf Stufenrampentreppen für den Benutzer angenehmer ist, „etwas größere Schritte mit einem Schrittmaß von 70 bis 80 cm zu machen als sich mit Trippelschrittchen zu bewegen“. Er

Tab. 6.8: Planungsgrößen für Stufenrampen nach Günter Mader (MADER, 2004)

Planungsgrößen	**Geländeneigung**	**Rampenneigung**	**Stufenhöhe**	**Podestlänge**
1 Zwischenschritt auf jedem zweiten Podest	26 %	12 %	12 cm	83 cm
	24 %	11 %	11 cm	85 cm
	22 %	10 %	11 cm	89 cm
2 Zwischenschritte auf jedem Podest	20 %	12 %	14 cm	175 cm
	19 %	11 %	14 cm	180 cm
	17 %	10 %	13 cm	185 cm
	15 %	8 %	12 cm	190 cm
	13 %	7,5 %	11 cm	200 cm

Abb. 142. Stufenrampe.

sieht auch die Möglichkeit eines Zwischenschritts auf jeder zweiten Stufe.

Stufenrampen werden meist wie Stellstufen-Treppen konstruiert, d. h., die einzelnen Stufen werden in Beton gesetzt, die Podeste bzw. Flächen dazwischen werden als Belagsfläche (vgl. Kap. 13), in der Regel in unstarrer Bauweise, ausgeführt. Eine frostfreie Gründung der Stufen ist nicht erforderlich.

Teil III:
Konstruieren mit Holz und Stahl
Elemente des Skelettbaus

7 Baustoffe des Skelettbaus

Ganz anders als Konstruktionen wie Stützmauern oder Treppenanlagen, bei denen ein massives Volumen die statische Funktion erfüllt, bestehen Skelettbauten wie Zäune (vgl. Kap. 9), Stege (vgl. Kap. 10) oder Pergolen (vgl. Kap. 11) aus linearen Konstruktionselementen oder Stäben. Die gesamte Konstruktion der Stabwerke ist sichtbar und gestalterisch wirksam. Mit dem Boden oder Erdreich gibt es nur wenige Berührungspunkte im Bereich der Verankerungen oder Fundamente.

Die Stäbe sind an den Kreuzungspunkten miteinander verbunden. Diesen Verbindungen (vgl. Kap. 8) kommt eine wichtige Bedeutung sowohl in statischer wie auch in gestalterischer Hinsicht zu.

7.1 Anforderungen an Baustoffe im Skelettbau

Für die konstruktive Gestaltung von Skelettbauten wie Zäune, Stege oder Pergolen werden Baustoffe benötigt, aus denen sich besonders gut Stabwerke realisieren lassen. Die einzelnen Stäbe wie Stützen oder Träger sollen in möglichst schlanken Querschnitten gebaut werden können, die trotzdem ihre statische Funktion erfüllen. Viele der im Kapitel 4 beschriebenen Eigenschaften wie die Struktur, die Textur, die Dichte oder die Herstellungsenergie sind auch für die im Skelettbau verwendeten Baustoffe wichtig. Sie sind allerdings bei den beschriebenen Baustoffgruppen Holz und Metall so unterschiedlich, dass sie in den jeweiligen Kapiteln behandelt werden müssen.

7.1.1 Bautechnische Eigenschaften

Wichtige bautechnische Eigenschaften für die Anforderungen des Skelettbaus sind die Festigkeit, insbesondere die Zug-, Druck- und Biegefestigkeit, sowie die Elastizität.

Unter **Festigkeit** versteht man den Widerstand gegen Zugspannung bzw. Zerreißen, Druckspannung bzw. Zerdrücken, Biegespannung, Scherkräfte oder Torsion. Sie wird in N/mm^2 ausgedrückt. Die Beanspruchung, bei der ein Bruch eintritt, wird als Bruchspannung bezeichnet. Die Festigkeit eines Baustoffs beinhaltet verschiedene Komponenten (vgl. Kap. 4.1.1). Sie steigt meist mit zunehmender Dichte.

Elastizität ist die Eigenschaft eines festen Körpers, nach einer formverändernden Krafteinwirkung wieder seine alte Form anzunehmen. Oberhalb der Plastizitätsgrenze bleibt der Körper verformt oder bricht.

Kenngröße für die Elastizität ist der **Elastizitätsmodul** oder **E-Modul** (vgl. Kap. 1.3.1), der in N/mm^2 angegeben wird. Der E-Modul von Stahl beispielsweise liegt etwa bei 210 000 (= $2{,}1 \times 10^5$) N/mm^2 (= 210 kN/mm^2), der von Holz bewegt sich parallel zur Faser zwischen 7000 und 20 000 N/mm^2 (= 7 bis 20 kN/mm^2).

7.1.2 Gestalterische Eigenschaften

Hinsichtlich der gestalterischen Eigenschaften gilt grundsätzlich das in Kapitel 4.1.2 Gesagte auch für Baustoffe im Skelettbau. Da hier in der Regel die komplette Konstruktion allseitig erlebbar ist und nicht nur wie im Massivbau die Ansichts- bzw. die benutzbare Oberfläche, sind Eigenschaften wie Textur, Farbe und Patina besonders wichtig.

Während bei den Baustoffen des Massivbaus die natürliche Farbgebung meist nicht wesentlich verändert wird, lassen sich die Baustoffe des Skelettbaus, Hölzer und Metalle, prinzipiell mit einem Anstrich in jedem beliebigen Farbton versehen. Durch die Normung des RAL(ursprünglich: „Reichsausschuss für Lieferbedingungen")-Instituts stehen uns heute 210 klar definierte und mit Hilfe von vierstelligen Farbnummern bezeichnete Farbtöne zur Verfügung.

Aber auch die natürliche Materialfarbe bzw. die Farbigkeit, die der Baustoff durch seine Wechselwirkung mit der Umgebung erlangt, wird gezielt in die Gestaltung mit einbezogen. Zu nennen sind die silbergraue Oberfläche, die Holz durch das UV-Licht erlangt (vgl. Kap. 7.2.1), das Grün der Kupfer-Patina (vgl. Kap. 7.3.1) oder das Rotbraun der schützenden Eisenoxidschicht von Corten-Stahl (vgl. Kap. 7.3.4).

7.1.3 Ökologische Eigenschaften

Hinsichtlich Herstellungsenergie und Umweltverträglichkeit sind die hier beschriebenen Baustoffe des Skelettbaus, Holz und Metall, so unterschiedlich, dass kaum allgemeine, für beide gültige Angaben gemacht werden können. Holz ist der einzige Baustoff, der innerhalb eines Menschenlebens nachwachsen kann. Baumetalle dagegen werden mit einem erheblichen Einsatz an Energie aus mineralischen Ausgangsstoffen hergestellt. So erfordert Aluminium beinahe die doppelte Menge an Kilowattstunden pro Kubikmeter wie Stahlblech und etwa 500-mal soviel wie Bauholz (vgl. Tab. 7.1). Die speziellen Vorzüge von Holz als Baustoff aus ökologischer Sicht werden zu Beginn des nächsten Kapitels eingehender betrachtet.

Der Nachweis für die nachhaltige Produktion des Baustoffs Holz ohne Raubbau wird durch spezielle Zertifikate, wie das des Forest Stewardship Council, das sogenannte FSC-Zertifikat, erbracht (vgl. Kap. 7.2.3).

7.2 Holz und Holzwerkstoffe

Holz gehört in waldreichen Gebieten zu den ältesten Stoffen, die zum Bauen verwendet wurden. Es war nahezu überall in Mitteleuropa verfügbar und konnte relativ leicht, ohne größeren Energieeinsatz, bearbeitet werden, anders als beispielsweise harte Natursteine oder aus Ton gebrannte Ziegel. Zunächst diente das Konstruieren mit Holz in erster Linie der Schaffung von Unterkünften. Die ersten Holzbauwerke waren Zelte aus Holzstangen, gebunden mit Bast und mit Fellen abgedeckt. Mit dem Sesshaftwerden der Menschen wurden die Unterkünfte dauerhafter, die Konstruktionen anspruchsvoller. Über Flechttechniken und Pfahlbauweisen entwickelte sich allmählich die Blockhausbauweise, die teilweise bis heute Anwendung findet.

Später wurde Holz auch nur für die Stützkonstruktion, das Tragwerk, verwendet und mit anderen Materialien kombiniert, so z. B. mit Lehmquadern bzw. mit gebrannten Tonziegeln. Es entstand die Fachwerkbauweise, die heute noch viele Altstadt- und Dorfkerne prägt.

Die ältesten Holzkonstruktionen im Freiraum dürften Einfriedungen gewesen sein, Garten- und Weidezäune (vgl. Kap. 9) bzw. auch limesartige Schutzbauwerke aus massiven Baumstämmen, die Verteidigungszwecken dienten.

Aus ökologischer Sicht ist Holz ein einzigartiger, wie kein anderer in den Naturhaushalt eingebundener Baustoff. Holz ist eine lebende, sich rasch erneuernde Ressource, die sich bei angemessener Nutzung auf der Erde nicht erschöpfen würde. Der Wald als Lieferant dieses Baustoffes erfüllt eine Vielzahl von für die Lebewesen essentiellen Funktionen, wie Sauerstoffproduktion, Klimafaktor, Energiequelle und Lebensraum.

Holz ist als Baustoff ohne großen Energieeinsatz verfügbar. Es bedarf keiner hohen Temperaturen wie zum Beispiel bei der Ziegelherstellung oder bei Metallen. Ein Baumstamm wird nur durch die Einwirkung von Luft über einen ausreichend langen Zeitraum (Lager-

Tab. 7.1: Die Herstellungsenergie verschiedener Baustoffe in Minimal- und Maximalwerten aus unterschiedlichen Quellen

Baustoff	**kWh/kg**	**kWh/m³**
Aluminium	52,0 bis 72,5	141 500 bis 200 000
Stahl	5,9 bis 8,0	46 000 bis 50 000
Stahlblech	15,0	116 950
Kunststoff	18,0 bis 30,0	24 000
Glas	5,0	12 500
Zement	1,0 bis 1,4	1 750
Ziegel	0,6 bis 1,0	1 100 bis 1 750
Naturstein	0,4 bis 0,5	(70 bis) 200 bis 900
(Stahl-)Beton	0,3 bis 3,0	450 bis 1 500
Lehm	0,014 bis 0,17	30 bis 300
Bauholz	0,1 bis 0,7	160 bis 470

und Trocknungsvorgang) zum Baustoff. Auch die Bearbeitung ist im Vergleich zu Naturstein, Beton oder Metallen mit relativ geringem Geräteeinsatz möglich. Die Energiebilanz von Holzkonstruktionen ist also in der Regel günstig (vgl. Tab. 7.1), nur der Lehm ist vergleichbar.

Holzbauteile können, vorausgesetzt sie sind nicht speziell behandelt, einem natürlichen Rottevorgang zugeführt und dadurch umweltgerecht entsorgt werden. Zusammen mit anderen pflanzlichen Abfallstoffen bilden Kompost. Das von der Natur konzipierte „Holzrecycling“ kann als nie erreichbares Vorbild für jede Art von Baustoff-Recycling angesehen werden.

Auch das Holz selbst als Bestandteil der Bäume ist im lebenden wie auch im toten Zustand ein Lebensraum. So können auch unbehandelte Holzbauteile Nahrungs- und Nistraum für Insekten sein.

7.2.1 Grundlagen: Aufbau und Eigenschaften

Als Teil einer Pflanze stellt Holz einen Baustoff organischer Herkunft mit ganz speziellen Eigenschaften dar. Geprägt werden diese durch den chemischen und biologischen Aufbau des Holzes.

Der für die chemische Analyse des Holzes entscheidende Vorgang ist die Fotosynthese, d. h. die Umwandlung von Kohlendioxid, das bei jedem Verbrennungsvorgang entsteht, und Wasser unter Mitwirkung des Blattgrüns (Chlorophyll) und der Sonnen- bzw. Lichtenergie zu Traubenzucker und Sauerstoff:

$$6\,CO_2 + 6\,H_2O \rightarrow C_6H_{12}O_6 + 6\,O_2$$

Anschließend erfolgt unter Abgabe eines Wassermoleküls die Umwandlung zu Stärke, aus der durch Vervielfachung die Zellulose $(C_6H_{10}O_5)_n$, der wichtigste Baustoff des Holzes, entsteht.

$$C_6H_{12}O_6 \rightarrow C_6H_{10}O_5 + H_2O \rightarrow (C_6H_{10}O_5)_n$$

Man nennt diesen Vorgang Assimilation. Entsprechend ergibt sich für Holz eine chemische Zusammensetzung aus 40 bis 50 % Kohlenstoff (C), 5 bis 6 % Wasserstoff (H), 43 bis 44 % Sauerstoff (O), ca. 0,01 % Stickstoff (N) sowie ca. 0,6 % Mineralien.

Hauptbestandteile des Holzes sind Zellulose als Gerüstsubstanz und Lignin als Kittsubstanz. Der Ligningehalt des Holzes erhöht beispielsweise seine Druckfestigkeit.

Aus biologischer Sicht wird Holz durch das Kambiumgewebe gebildet, das aus nach innen gerichteten Holzzellen und nach außen gerichteten Rindenzellen besteht. Die Rindenzellen bilden Bast und Borke, aus den Holzzellen entstehen Leit-, Stütz- und Speicherzellen und daraus die unterschiedlichen Zellverbände, das Leit-, das Festigungs- und das Speichergewebe.

Tab. 7.2: Holzbestandteile in der Übersicht

	Holzbestandteil	Funktion	Spezifizierung	
			Teilbestandteile	**Anteil**
Hauptbestandteile des Holzes	**Holozellulose**	**Gerüstsubstanz der Zellwand**	Zellulosen	40 bis 60 %
		Festigung des Zellulosegerüsts, gemeinsam mit Lignin	Holzpolylosen = Hemizellulose	
			Hexosane Pektin Pentosane	15 bis 35 %
	Lignin	**Kittsubstanz,** verursacht die Verholzung der Zellwände	Lignin bei Nadelholz	28 bis 41 %
			Lignin bei Laubholz	18 bis 25 %
Begleitbestandteile des Holzes	**Extraktstoffe** (anorganische und organische Inhaltsstoffe in geringen Prozentanteilen)	beeinflussen und bedingen häufig die chemischen, biologischen und physikalischen Eigenschaften wie Lichtbeständigkeit, Brennbarkeit, Schädlingsresistenz etc.	Fette, Öle, Harze, Wachse	
			Eiweiße, Stärke, Zucker, Holzgummi	
			Alkaloide, Gerbstoffe, Farbstoffe, Bitterstoffe, Riechstoffe, Kampfer	
			Anorganische und organische Säuren, Salze	
			Mineralstoffe	

Aufgrund seines biologischen Bauplans ist Holz ein **inhomogener, anisotroper** Baustoff. Diese Eigenschaft ist sowohl gestalterisch, wie auch bautechnisch und konstruktiv von entscheidender Bedeutung.

Durch das Baumwachstum entsteht ein durch die Vegetationsruhe scharf in Ringe differenzierter Stammquerschnitt. Im Zentrum des Stammes, rund um die Markröhre, bildet sich das durch die Einlagerung von Holzinhaltsstoffen dunkle **Kernholz** oder das hellere **Reifholz**, im äußeren Bereich, unter Borke, Bast und Kambium, das hohlraumreichere **Splintholz**, das Leitgewebe für Wasser- und Nährstofftransport. Zwischen Splint- und Kernholz kann wie bei der Ulme eine Reifholzschicht liegen. Das Vorhandensein bzw. die Anteile von Kern- und Splintholz je nach Baumart spielen für die Eigenschaften des Holzes eine wichtige Rolle.

Für das Bauen mit Holz im Freiraum ist insbesondere sein **Verhalten gegenüber Feuchtigkeit** maßgebend. Die Feuchte im Holz nimmt nach dem Fällen des Baumes von ca. 40 bis 50 % bis auf ca. 30 % bei Lagerung in feuchtegesättigter Luft ab.

Die DIN EN 844 definiert Begriffe zu Rund- und Schnittholz (vgl. Kap. 7.2.2) in den Sprachen deutsch, englisch und französisch. Im Teil 4 sind Bezeichnungen und Feuchtegehalte definiert (vgl. Tab. 7.4).

Tab. 7.3: Zuordnung wichtiger Baumarten zu Querschnittstypen

Splintholzbäume	**Kernholzbäume**	**Reifholzbäume/ Trockenkernholzbäume**	**Kernreifholzbäume**
Birke	Douglasie	Fichte	Ulme
Erle	Kiefer (breiter Splint)	Tanne	
Pappel	(Edel-)Kastanie	Feld-Ahorn	
Weiß-Buche	Eibe	Birnbaum	
Berg-Ahorn	Eiche	Linde	
	Lärche	Rot-Buche	
	Nussbaum		
	Robinie (schmaler Splint)		

Abb. 143. Stammquerschnitt der Robinie: Borke und Bast, helles Splintholz und dunkles Kernholz.

Tab. 7.4: Begriffsdefinitionen nach DIN EN 844-4

Benennung	**Definition**	**Feuchtegehalt**
Feuchtegehalt	Masse des im Holz enthaltenen Wassers, ausgedrückt als Prozentsatz der Masse des darrtrockenen Holzes	
Fasersättigung/ Fasersättigungspunkt	Zustand eines Holzstückes, bei dem Zellwände mit Wasser gesättigt sind, jedoch kein Wasser in den Zellhohlräumen vorhanden ist	ca. 30 % (im gemäßigten Klima)
Endfeuchte	Feuchtegehalt am Ende einer Trocknungsphase	
Gleichgewichtsfeuchte	Feuchtegehalt, bei dem das Holz weder Feuchtigkeit aus der Umgebung aufnimmt noch an diese abgibt	
Gebrauchsfeuchte	Feuchtegehalt, der den Umgebungsbedingungen der Endverwendung entspricht	
Oberflächenfeuchte	Feuchtegehalt an der Oberfläche eines Holzstückes	
Kernfeuchte	Feuchtegehalt im Innern des Querschnittes eines Holzstückes	
Frisches Holz	Holz, das nicht bis oder unter den Fasersättigungspunkt getrocknet wurde	> 30 %
Verladetrockenes Holz	Holz mit einem ausreichend niedrigen Feuchtegehalt, bei dem während des Transports Verfärbungen, Schimmel- und Pilzbefall weitgehend vermieden werden	< 25 %
Lufttrockenes Holz	Holz, das einen Feuchtegehalt in annäherndem Gleichgewicht mit den umgebenden atmosphärischen Bedingungen im Freien besitzt	< 20 %
Darrtrockenes Holz	Holz, das keine Feuchtigkeit enthält	

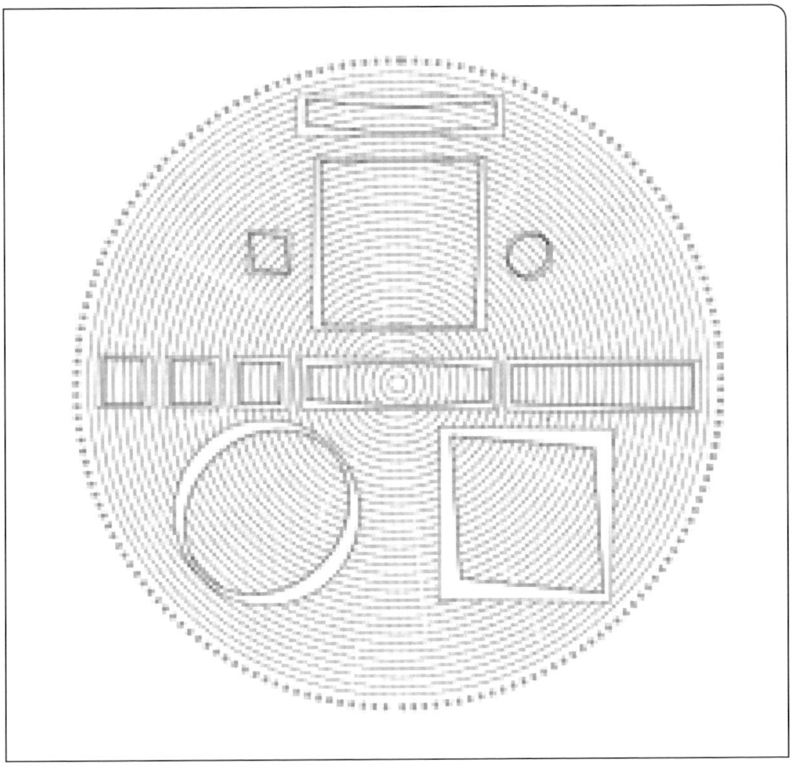

Abb. 144. Verformung von Schnittholz beim Schwinden.

Beim Trocknen verringert Holz sein Volumen. Diesen Vorgang nennt man Schwinden bzw. Schwund. Die DIN EN 844–4 definiert die **Schwindung** als „Verminderung der Maße eines Holzstückes bei Abnahme des Feuchtegehalts".

Diese Volumenänderung vollzieht sich nicht gleichmäßig (vgl. Tab. 7.7, Seite 242). Die Tangentialschwindung, nach DIN EN 844–4 die Schwindung tangential zu den Wachstumsringen und senkrecht zu den Holzstrahlen, ist etwa doppelt so stark wie die Radialschwindung, die Schwindung senkrecht zu den Wachstumsringen und parallel zu den Holzstrahlen. In axialer Richtung und damit parallel zu den Fasern bzw. zum Stamm schwindet das Holz sehr gering. Splintholz hat dabei grundsätzlich einen höheren Feuchtegehalt als Kernholz. Beim Schnittholz führt dies zu charakteristischen Schwundformen (vgl. Abb. 144).

Holz kann dementsprechend auch wieder Feuchtigkeit aufnehmen, wenn es nicht speziell behandelt ist. Die Folge dieser Zunahme des Feuchtegehalts ist eine Vergrößerung der Maße des Holzstückes, die nach DIN EN 844–4 als **Quellung** bezeichnet wird.

Der mittlere Feuchtegehalt eines Holzbauteiles sollte im Freien bei etwa **18 % (+/−6 %)** liegen. Wenn der Feuchtegehalt zu stark ansteigt, kann es zu Pilzbefall und Fäulnisprozessen kommen. Vor allem ein Feuchtigkeitswechsel, wie er im Freien praktisch ständig gegeben ist, gefährdet die Dauerhaftigkeit von Holzkonstruktionen.

Beim Quellen des Holzes kann, je nach Holzart, ein nicht unerheblicher Druck, der Quellungsdruck, entstehen. Dies machte man sich früher in Steinbrüchen oder im Bergbau zu Nutze und verwendete Buchenholzkeile zum Sprengen von Felsen. Die Buche weist eine Tangentialschwindung bzw. -quellung von fast 12 % auf.

Diese feuchtetechnischen Eigenschaften von Holz sind in Verbindung mit seinem speziellen Querschnittsaufbau, seiner Inhomogenität und Anisotropie für das Konstruieren sehr wesentlich. Es ist größter Wert auf tatsächlich trockenes Bauholz (≤ 20 % Feuchte) zu legen.

Wichtige Normen zu Begriffen und Holzfeuchte:

EN 844–1 Rund- und Schnittholz Terminologie, Teil 1: Gemeinsame allgemeine Begriffe über Rund- und Schnittholz, April 1995

DIN EN 844–4 Rund- und Schnittholz Terminologie, Teil 4: Begriffe zum Feuchtegehalt, August 1997

DIN EN 13183–1 Feuchtegehalt eines Stückes Schnittholz, Teil 1: Bestimmung durch Darrverfahren, Juli 2002

Für das Konstruieren mit Holz sind neben den feuchtetechnischen Eigenschaften auch einige elastomechanische Eigenschaften von Bedeutung.

Als **Härte** wird der Widerstand bezeichnet, den das Holz dem Eindringen eines festeren Körpers unter Belastung entgegensetzt. Die Härte hängt wesentlich von der Holzart ab. Sie wird durch statische und dynamische Prüfungen ermittelt. Gebräuchlich ist das sogenannte Verfahren nach Brinell (statisch). Die Brinellhärte H_B in N/mm^2 wird bei einer Holzfeuchte von 12 % gemessen. Mit zunehmender Feuchte nimmt die Härte ab. Dementsprechend hängt die Härte von der Dichte des Holzes ab.

Weiche Holzarten sind die europäischen Nadelhölzer mit Ausnahme der Eibe, die Laubholzarten der Weichholzaue wie Erle, Pappel und Weide sowie die Linde. Die übrigen Holzarten gehören zu den Harthölzern. Eine genauere Einteilung stellen die sechs Härtegrade nach Mörath dar, die von „sehr weich“ (Linde, Pappel, Weide, Espe, Balsaholz) bis „beinhart“ (Pockholz) reichen (vgl. Tab. 7.5).

Härte, Elastizität und Festigkeit (vgl. Kap. 7.1.1) bestimmen die Dimensionierung der Holzbauteile und damit sehr wesentlich das konstruktive Erscheinungsbild.

Tab. 7.5: Holz-Härtegrade nach Mörath

Härtegrad	**Brinellhärte H_B in N/mm²**	**Holzarten**
Sehr weich	< 35	Balsaholz, Linde, Pappel, Weide, Espe
Weich	< 49	Fichte, Kiefer, Erle, Tanne
Mittelhart	< 59	Birnbaum, Birke, Nussbaum, Lärche*
Hart	< 65	Eiche, Eibe, Esche, Rot-Buche
Sehr hart	< 146	Buchsbaum, Weiß-Buche, Robinie*, Azobe
Beinhart	> 150	Pockholz

* Arten anhand H_B-Angaben ergänzt

Über die Vorzüge und Nachteile des Baustoffes Holz für bestimmte Verwendungszwecke entscheiden schließlich noch die bauphysikalischen Eigenschaften.

Beim Holz unterscheidet man die **Reindichte** und die **Rohdichte**. Die Reindichte bezieht sich auf den Holzkörper ohne Zellhohlräume und liegt für alle Holzarten bei etwa 1,5 kg/dm³. Die Rohdichte ρ, d. h. die Dichte des Holzes einschließlich aller Zellhohlräume dagegen differiert je nach Holz stark. Sie berücksichtigt immer die jeweilige Holzfeuchte. Man unterscheidet daher ρ_0 als Rohdichte bei 0 % Feuchte (Darrzustand) und ρ_u als Rohdichte bei u % Feuchte.

Die Rohdichte kann zwischen 0,03 kg/dm³ (Balsaholz) und 1,5 kg/dm³ (Pockholz) liegen. Sie ist die entscheidende Eigenschaft für die meisten technischen Eigenschaften des Holzes. Mit zunehmender Rohdichte wird das Holz härter, fester und dauerhafter. Je dichter das Holz ist, desto schwerer ist es zu trocknen und zu tränken.

Die **Wärmeleitfähigkeit** ausgedrückt durch die Wärmeleitzahl λ in W/mK von Holz ist im Vergleich zu Metall und vielen Steinmaterialien gering. Sie beträgt bei Nadelholz etwa 0,13 und bei Laubholz von 0,15 bis 0,17 W/mK gegenüber 2,0 W/mK bei Beton oder 3,0 W/mK bei Fensterglas. Holz erhitzt sich nicht so stark bei Sonneneinstrahlung und kühlt bei niedrigen Temperaturen nicht so stark ab, hat isolierende Wirkung. Daher eignet es sich für Baukonstruktionen mit denen der Körper unmittelbar in Berührung kommt, wie Bänke, Badestege, Handläufe und Kinderspielgeräte. Das Temperaturverhalten ist geringfügig von der Holzart, von der Oberflächenbehandlung und von der Farbgebung abhängig.

Praktisch bedeutsam ist nur die **Maßänderung** des Holzes bei Abkühlung unter 0 °C, da dann eine Oberflächenrissbildung möglich ist.

Alle ungeschützten Hölzer sind brennbar. Die Entflammbarkeit ist normal, der Flammpunkt liegt bei 230 °C, die Abbrandgeschwindigkeit ist jedoch wegen der geringen Wärmeleitfähigkeit gering. Der Heizwert liegt zwischen 13 400 und 16 800 kJ/kg.

Holz kann bei entsprechender Verwendung, beispielsweise in Schallschutzwänden, eine **schalldämpfende** Wirkung haben, vor allem in Verbindung mit anderen Materialien (Luftschalldämmung). Bei Fußböden, Brücken, Stegen, Plattformen, Bühnen besitzt Holz gegenüber anorganischen Baustoffen aufgrund seiner geringeren Eigenlast und seiner Schwingfähigkeit eine geringere Schalldämmung (Trittschalldämmung).

Von gestalterischer Bedeutung ist die **Farbe** und **Maserung** des Holzes. Häufig unterscheiden sich Splint- und Kernholz farblich voneinander, manchmal gehen sie im Farbton ineinander über. Holz ist empfindlich gegen UV-Strahlung, was bei zusätzlicher Bewitterung noch verstärkt wird. Jede unbehandelte Holzoberfläche vergraut nach dem Einbau im Freien relativ rasch (vgl. Farbtafel 11, Abb. 63, Seite 272).

7.2.2 Holz als Baustoff: Massivholz und Holzwerkstoffe

Bauholz wird unterteilt in **Baurundholz** mit runden Querschnitten, **Bauschnittholz** mit durch Sägen des Stammes entstandenen rechteckigen Querschnitten, **Brettschichtholz** und **Holzwerkstoffe**. Baurund- und Bauschnittholz bezeichnet man als **Massivholz**.

Baurundholz

Als Baurundholz bezeichnet man entastete, entrindete Stämme, die oft ohne weitere Bearbeitung verwendet werden. Eine ggf. erforderliche Egalisierung der Oberfläche erfolgt durch Fräsen. Den Durchmesser ohne Rinde bezeichnet man als Zopfstärke.

Beispiele für den Einsatz von Baurundholz im Landschaftsbau sind Baumpfähle, Vermessungspfähle, runde Stangen für Pergolen etc.

Für Baurundhölzer aus Nadelholz werden anhand von sechs Kriterien in der DIN 4074-2 „Bauholz für Holzbauteile; Gütebedingungen für Baurundholz“ (Dezember 1958) drei Güteklassen festgelegt. Die entscheidende Qualität ist dabei die Tragfähigkeit der Hölzer. Entsprechend werden Kriterien herangezogen, welche die Tragfähigkeit beeinflussen: die allgemeine Beschaffenheit, der Feuchtigkeitsgehalt, die Mindestwichte = Mindestraumgewicht bei 20 % Feuchtigkeit in kg/dm^3, die Jahrringbreite, die ggf. vorhandenen Äste und die Krümmung.

Anhand der Kriterien werden folgende Güteklassen unterschieden:
- Güteklasse I – Baurundholz mit besonders hoher Tragfähigkeit,
- Güteklasse II – Baurundholz mit gewöhnlicher Tragfähigkeit,
- Güteklasse III – Baurundholz mit geringer Tragfähigkeit.

Für Rundhölzer aus Laubholz gelten andere Festlegungen. So wird beispielsweise Eichen- und Buchenrundholz anhand einer Vielzahl von Qualitätsmerkmalen (bei der Eiche z. B. Splint in cm, Jahrringbreite, Drehwuchs, Krümmung, Kern-, Stern-, Frost- oder Schwindrisse, Insektenfraßgänge, Faulflecken etc.) gemäß der DIN EN 1316–1 „Laub-Rundholz – Qualitäts-Sortierung", Teil 1: „Eiche und Buche" vom Juni 1997 in jeweils vier Klassen, Q-A für die Eiche (Q für *Quercus*) bzw. F-A für die Buche (F für *Fagus*) bis Q-D bzw. F-D, wobei A einer „außergewöhnlich guten Qualität" entspricht, eingeteilt.

Für den Landschaftsbau von Bedeutung sind die viel verwendeten Rundholzpalisaden. Für sie gelten eigene Güte- und Prüfbestimmungen der RAL-Gütegemeinschaft Imprägnierte Holzbauelemente e.V.

Bauschnittholz

Bauschnittholz wird in der DIN – Normengruppe 4074 als Holzerzeugnis von mindestens 6 mm Dicke definiert, das durch Sägen oder Spanen von Rundholz (entrindete Stämme) parallel zur Stammachse hergestellt wird. Dabei gibt es klar definierte Einschnittarten.

Bauschnitthölzer haben immer einen rechteckigen Querschnitt. Entsprechend ihrer Dimensionen und Proportionen werden sie in der DIN 4074–1, wie in Tabelle 7.6 ersichtlich, eingeteilt.

Latten gibt es üblicherweise in den Querschnittsmaßen 24/48, 30/50 und 40/60 mm (DIN 4070, Teil 1). Als Balken bezeichnet man ein Kantholz, dessen kleinste Seite mindestens 100 mm, dessen größte Seite mindestens 200 mm groß ist (vgl. Tab. 7.8, Hölzer ≥ 10/20 cm).

Unter **Schwellen** versteht man Kanthölzer mit Querschnittsabmessungen von 140/240 mm bis 160/260 mm und Längen zwischen 2500 und 2600 mm. Diese entsprechen den Maßen der ehemaligen Eisenbahnschwellen aus Eichenholz.

Tab. 7.6: Bezeichnungen für Bauschnittholz nach DIN 4074–1

Bezeichnung	Dicke d = Höhe h mm	Breite b mm
Latte	$d \leq 40$	$b > 80$
Brett[a]	$d \leq 40$[b]	$b \leq 80$
Bohle[a]	$d > 40$	$b > 3\,d$
Kantholz, einschließlich Kreuzholz, Rahmen und Balken	$b \leq h \leq 3\,b$	$b > 40$

[a] vorwiegend hochkant biegebeanspruchte Bretter und Bohlen sind wie Kanthölzer zu sortieren und entsprechend zu kennzeichnen

[b] Grenzwert gilt nicht für Bretter für Brettschichtholz

Tab. 7.7: Bautechnische Eigenschaften wichtiger Hölzer

Holzart	**Kurzzeichen DIN 4070**	**Schwindmaß % tangential**	**Schwindmaß % radial**	**Brinell-Härte N/mm²**
Ahorn	AH	≈ 8,0	≈3,0	62
Birke	BI	≈ 7,8	≈5,3	49
Birnbaum	BB	≈ 9,1	≈4,6	60
Bongossi	AZO	8,7	7,4	65 bis 146**
Buche	BU	≈11,8	≈5,8	72
Red Cedar	RCW*	≈ 5,0	≈2,4	35 bis 49**
Douglasie	DG(A)	≈ 7,4	≈4,2	50
Edel-Kastanie	EKA	≈ 6,4	≈4,3	35 bis bis 49**
Eibe	EIB	≈ 5,8	≈3,7	70
Eiche	EI	≈ 8,0	≈4,0	≈65
Erle	ER	≈ 9,3	≈4,4	33 bis 38
Esche	ES	≈ 7,5	≈4,7	65
Fichte	FI	≈ 7,8	≈3,6	32
Kiefer	KI	≈ 7,7	≈4,0	40
Lärche	LA	≈ 7,8	≈3,3	53
Linde	LI	≈ 9,1	≈5,5	38 bis 40
Mahagoni	MAA	4,2 bis 5,1	3,0 bis 3,3	49 bis 59**
Pappel	PA	≈ 8,3	≈5,2	30
Platane	PLT	≈ 8,7	≈4,5	40 bis 45
Pockholz	POH	≈ 9,3	≈5,6	>150
Robinie	ROB	≈ 6,9	≈4,4	74
Rosskastanie	KA	≈ 6,8	≈3,3	33
Rüster, Ulme	RU	≈ 8,3	≈4,8	64
Tanne	TA	≈ 7,6	≈3,8	30
Teak	TEK	4,2 bis 5,8	2,3 bis 3,0	49 bis 59**
Walnuss	NB	≈ 7,5	≈5,4	70
Weide	WDE	6,3	2,4	<35
Weiß-Buche	HB	≈11,5	≈6,8	71

* = *Thuja plicata*; ** = Angabe etwas unsicher entsprechend Quelle

E-Modul kN/mm^2	Zugfestigkeit N/mm^2	Druckfestigkeit N/mm^2	Rohdichte g/cm^3	Farbe ggf. Kernholz
9,4	82	49	0,59	weißgelblich
14,5 bis 16,5	137	51	0,61	blassgelblich
10,5	–	46	0,70	rötlich braun
24	120 bis 217	109	1,04	bräunlich
16	135	62	0,68	rötlich
7,4 bis 7,9	50	29 bis 35	≈0,35	rötlich braun
11,5 bis 13,5	105	43 bis 52	0,47	gelbbraun
≈9	135	50	≈0,59	braungelb
–	–	≈58	0,64	orangebraun
10,0 bis 13,5	90	61	0,65	braun
9,5 bis 11,7	94	55	0,51	blassgelblich
13,4	165	52	0,65	weißgrau
11	90	50	0,43	gelblich weiß
12	104	55	0,49	rötlich
13,8	107	55	0,55	rötlich
7,4	85	52	0,49	weißlich gelb
7,5 bis 9,5	–	50	0,55	rotbraun
8,8	77	35	0,41	gelbbraun
10,5	–	46	0,58	rotbraun
12,3	–	90 bis 126	1,20	dunkel
11,3	136	72	0,74	goldbraun
5,3	81	30	0,51	gelbbraun
11	80	56	0,64	braun-bunt
11	84	47	0,41	weiß-rötlich
13,4	120	72	0,63	braungelb
12,5 bis 13,0	100	72,5	0,64	schwarzbraun
7,2	64	34	0,33	hell
16,2	135	82	0,79	gelblich weiß

Tab. 7.8: Verfügbare Querschnittsmaße bei Kanthölzern (Nadelholz)

Querschnitt b/h cm/cm	**Querschnittsfläche F cm^2**	**Längengewicht GL (γ = 600 kg/m^3) kg / m**	**Querschnitt b/h cm/cm**	**Querschnittsfläche F cm^2**	**Längengewicht GL (γ = 600 kg/m^3) kg / m**
6/6*	36	2,16	8/8*	64	3,84
6/8*	48	2,88	8/10*	80	4,80
6/10	60	3,60	8/12*	96	5,76
6/12*	72	4,32	8/14*	112	6,72
6/14	84	5,04	8/16*	128	7,68
6/16	96	5,76	8/18	144	8,64
6/18	108	6,48	8/20	160	9,60
6/20	120	7,20	8/22	176	10,56
6/22	132	7,92	8/24	192	11,52
6/24	144	8,64	8/26	208	12,48
10/10*	100	6,00	12/12	144	8,64
10/12*	120	7,20	12/14	168	10,08
10/14	140	8,40	12/16	192	11,52
10/16	160	9,60	12/18	216	12,96
10/18	180	10,80	12/20*	240	14,40
10/20	200	12,00	12/22	264	15,84
10/22	220	13,20	12/24	288	17,28
10/24	240	14,40	12/26	312	18,72
10/26	260	15,60			
14/14*	196	11,76	16/16*	256	15,36
14/16*	224	13,44	16/18*	288	17,28
14/18	252	15,12	16/20*	320	19,20
14/22	308	18,48	16/24	384	23,04
14/28	392	23,52	16/30	480	28,80
18/18	324	19,44	20/20*	400	24,00
18/20	360	21,60	20/24*	480	28,80
18/22*	396	23,76	20/30	600	36,00
18/26	468	28,08			
18/30	540	32,40			
22/22	484	29,04	24/24	576	34,56
22/26	572	34,32	24/30	720	43,20
22/30	660	39,60			
26/26	676	40,56	28/28	784	47,04
30/30	900	54,00			

* Vorratshölzer

Tab. 7.9: Zusammenhang von Sortier-, Güte- und Festigkeitsklassen

Sortierklassen nach DIN 4074-1 (Nadelholz) und 4074-5 (Laubholz)				**Güteklassen nach DIN 4074-2**	**Festigkeitsklassen nach DIN 1052**			
visuell (S)		**maschinell (MS)***	**Bedeutung**		**Nadel**	**Beispiel**	**Laub**	**Beispiel**
Nadel	**Laub**							
S 7	LS 7	MS 7	Schnittholz mit geringer Tragfähigkeit	III	C 16	Fichte, Tanne		
S 10	LS 10	MS 10	Schnittholz mit üblicher Tragfähigkeit	II	C 24	Kiefer, Lärche	D 30 D 35	Eiche Buche
S 13	LS 13	MS 13	Schnittholz mit überdurchschnittlicher Tragfähigkeit	I	C 30	Douglasie	D 40	Buche
		MS 17	Schnittholz mit besonders hoher Tragfähigkeit					

* maschinell kann Nadel- und Laubholz in jede Festigeitsklasse nach DIN 1052 sortiert werden

Kanthölzer aus Nadelholz gibt es gemäß DIN 4070-2 in bestimmten Querschnittsmaßen (vgl. Tab. 7.8). Die Querschnittsangaben erfolgen in b für Breite mal h für Höhe in cm.

Bauschnittholz (Kanthölzer) wird gemäß DIN 4074-1 (Nadelholz) und DIN 4074-5 (Laubholz) anhand von in der Norm genau beschriebenen Kriterien in Sortierklassen eingeteilt. Dies sind Baumkante, Äste, Jahrringbreite, Faserneigung, Risse, Verfärbungen, Druckholz, Insektenfraß, Mistelbefall, Krümmung sowie bei Bohlen, Brettern und Latten die Markröhre. Dabei wird unterschieden, ob das Holz visuell oder maschinell („apparativ unterstützt“ nach Novellierungs-Entwurf der Norm) sortiert wird. Die DIN 1052 definiert überdies die Festigkeitsklassen C 16, C 24, C 30, C 35 und C 40 für Nadelholz sowie D 30, D 35, D 40 und D 60 für Laubholz (vgl. Tab. 7.9).

Neben den Sortierkriterien werden in der DIN 4074 noch Anforderungen zu Maßhaltigkeit und Maßtoleranzen, die auch in der DIN EN 336 geregelt sind, zur Kennzeichnung beschrieben.

Die deutsche und europäische Normung gilt für einige Holzarten noch nicht. Die bei uns in den letzten Jahren sehr viel verwendete Sibirische Lärche beispielsweise folgt den russischen GOST-Normen, z. B. der GOST 26002-83 Export – Nadelschnittholz Nordsortierung.

Empfehlungen für die Verwendung von Bauschnitthölzern

In der baulichen Praxis sind Regeln im Umgang mit Bauschnittholz gebräuchlich, deren Beachtung helfen kann, die Qualität der Holzkonstruktion zu sichern. Die Holzverformungen durch Schwinden sind folgendermaßen zu berücksichtigen:

- Es sollte grundsätzlich nur trockenes Bauholz verwendet werden. Bei Hinweisen auf zu hohe Holzfeuchte, z. B. durch oberflächlichen Schimmelbefall, dürfen die Hölzer nicht verbaut werden. Es kann vorkommen, dass preisgünstige Tropenhölzer, fix und fertig in Bretter oder Bohlen gesägt, mit mehr als 40 % Feuchte eingeschifft werden. Die Schwindverluste sind nach dem Einbau erheblich.
- Balken und Kanthölzer sind mit der Kernseite nach oben einzubauen. Die tangentialen Schnittflächen schwinden bei Trocknung vom Kern weg.
- Bodenbretter und Treppenstufen werden mit der „rechten“ Seite = Kernseite nach unten gelegt.
- Kernbretter schwinden wegen der stehenden Jahresringe weniger als Seiten- oder Tangentialbretter, Kernholz weniger als Splintholz.
- Das Vorhandensein der Markröhre ist nach Norm bei Nadelschnittholz nur in der höchsten Sortierklasse nicht zulässig, bei Laubschnittholz in keiner. Bei schwächer dimensionierten Hölzern wie Latten, Brettern und Bohlen ist unter anderem wegen der Rissgefahr rund um die Markröhre unbedingt darauf zu achten, dass diese nicht im Querschnitt liegt. Bei Balken und stärker dimensionierten Kanthölzern aus Nadelholz bedeutet dies keine Beeinträchtigung, sondern bewirkt sogar geringeren und gleichmäßigeren Schwund.
- Bei Brettbreiten über 220 mm sind Entlastungsnuten auf der Kernseite vorzusehen.

Wichtige Normen zu Bau-Massivholz

DIN 4070–1 Nadelholz, Teil 1: Querschnittsmaße und statische Werte für Schnittholz, Vorratskantholz und Dachlatten, Januar 1958

DIN 4070–2 Nadelholz, Teil 2: Querschnittsmaße und statische Werte, Dimensions- und Listenware, Oktober 1963

DIN 4074–1 Sortierung von Holz nach der Tragfähigkeit, Teil 1: Nadelschnittholz, Juni 2003, Entwurf vom Januar 2008

DIN 4074–2 Bauholz für Holzbauteile, Teil 2: Gütebedingungen für Baurundholz (Nadelholz), Dezember 1958

DIN 4074–3 Sortierung von Holz nach der Tragfähigkeit, Teil 3: Sortiermaschinen für Schnittholz, Anforderungen und Prüfung, Juni 2003, Entwurf vom Januar 2008: Apparate zur Unterstützung der visuellen Sortierung von Schnittholz; Anforderungen und Prüfung

DIN 4074–4 Sortierung von Holz nach der Tragfähigkeit, Teil 4: Nachweis der Eignung zur maschinellen Schnittholzsortierung, Juni 2003, Entwurf vom Januar 2008: Nachweis der Eignung zur apparativ unterstützten Schnittholzsortierung

DIN 4074–5 Sortierung von Holz nach der Tragfähigkeit, Teil 5: Laubschnittholz, Juni 2003, Entwurf vom Januar 2008)

DIN EN 336 Bauholz für tragende Zwecke – Maße, zulässige Abweichungen, September 2003

DIN 1052 Berechnung und Bemessung von Holzbauwerken – Allgemeine Bemessungsregeln und Bemessungsregeln für den Hochbau, Dezember 2008

Abb. 145. Brückenträger aus Brettschichtholz (Europäische Lärche).

Brettschichtholz

Durch die Entwicklung der Leimbauweisen im Holzbau wurde die Verwendung größerer (auch > 30 cm) und statisch günstigerer Querschnitte (z. B. durch größere Höhen von Trägern) möglich. Zudem sind die Volumenänderungen eines verleimten Holzbauteils im Verhältnis geringer als bei den entsprechend großen Massivhölzern. Die übrigen Eigenschaften sind statisch besser einzuschätzen. Die Inhomogenität und Anisotropie des Baustoffs Holz wird durch die Herstellung verleimter Holzbauteile gemindert.

Unter Brettschichtholz (BSH) versteht man Hölzer, die aus mindestens drei breitseitig, faserparallel, d. h. die rechte Seite auf die linke Seite, verleimten Brettlagen bestehen. In der bautechnischen Praxis sind es meist erheblich mehr Brettlagen. Die Dicke der Einzelbretter liegt zwischen 6 und 30(33) mm (nur in Ausnahmefällen bis zu 40 mm). Beim obersten und untersten Brett zeigen jeweils die beiden rechten Seiten nach außen. Bei Brettbreiten über 20 cm sind Entlastungsnute vorzusehen. Bei zweiteiligen BSH-Trägern ist darauf zu achten, dass die Überbindung mehr als die zweifache Brettdicke beträgt. Die Schmalseiten werden dabei nicht verleimt.

Brettschichtholz wird in der Regel aus Nadelholz, meist Fichte, gelegentlich auch Kiefer, Lärche oder Douglasie, z. B. bei besonderen Ansprüchen an die Witterungsbeständigkeit, hergestellt. Harthölzer sind nur mit Unsicherheiten zu verarbeiten. Für die Verleimung werden überwiegend Melaminharz- und Phenolresorcinharzklebstoffe, meist als Leime bezeichnet, eingesetzt.

Die Querschnitte von Brettschichthölzern sind meist rechteckig (Träger) oder rund (Stützen), können aber auch kreuz-, T- oder H-förmig sein.

Normen zu Brettschichtholz (Auswahl)

DIN EN 387 Brettschichtholz – Universal-Keilzinkenverbindungen – Leistungsanforderungen und Mindestanforderungen an die Herstellung, April 2002

DIN EN 390 Brettschichtholz – Maße – Grenzabmaße, März 1995

DIN EN 391 Brettschichtholz – Delaminierungsprüfung von Klebstofffugen, April 2002

DIN EN 392 Brettschichtholz – Scherprüfung der Leimfugen, April 1996

DIN EN 408 Holzbauwerke – Bauholz für tragende Zwecke und Brettschichtholz – Bestimmung einiger physikalischer und mechanischer Eigenschaften, August 2004

DIN EN 1194 Holzbauwerke – Brettschichtholz – Festigkeitsklassen und Bestimmung charakteristischer Werte, Mai 1999

DIN EN 14080 Holzbauwerke – Brettschichtholz – Anforderungen, September 2005

ISO 12579 Holzbauwerke – Brettschichtholz – Prüfverfahren für die Scherfestigkeit der Klebfuge, Oktober 2007

ISO 12580 Holzbauwerke – Brettschichtholz – Prüfverfahren für Delaminierung der Klebfuge, Oktober 2007

Holzwerkstoffe

Unter dem Begriff Holzwerkstoffe versteht man großflächige plattenförmige Produkte, die durch Verleimung und Heißverpressung aus Holzfurnieren, Holzleisten, Holzstäbchen, Holzspänen, Holzfasern oder Holzwolle hergestellt werden. Noch deutlicher als beim Brettschichtholz bewirkt die gegenüber Massivholz deutlich veränderte Struktur der Holzwerkstoffe eine bautechnisch gesehene Verbesserung bestimmter Eigenschaften des Massivholzes. Insbesondere die richtungsabhängigen Holzeigenschaften werden durch die Verwendung zerkleinerter Holzbestandteile egalisiert, die Anisotropie des Baustoffs wird reduziert. Holzwerkstoffe werden in drei Holzwerkstoffklassen eingeteilt (vgl. Tab. 7.10).

Für die Verwendung im Landschaftsbau eignen sich nur Holzwerkstoffe der Klasse 100 G. Eine direkte Bewitterung sollte idealerweise vermieden werden, von speziell gefertigten Produkten wird dabei abgesehen.

Unter **Sperrholz** versteht man plattenförmige Holzprodukte, die aus mindestens drei, im Gegensatz zu den faserparallel verleimten BSH-Schichten kreuzweise verleimten Holzlagen bestehen. Diese „Sperrschichten" – Faser längs auf Faser quer – geben dem Sperrholz seinen Namen. Bei nahezu gleichen Quell- und Schwindwerten in bei-

Tab. 7.10: Holzwerkstoffklassen

Holzwerkstoffklasse	**Anwendungsbereich**
HWS-Klasse 20	Keine oder nur eine sehr kurzfristige Befeuchtung der Platten tritt auf und der Feuchtegehalt von 15 % wird nirgends überschritten. Die eventuell eindringende Feuchtigkeit kann ungehindert abgegeben werden.
HWS-Klasse 100	Aufgrund klimatischer Bedingungen ist langfristig ein höherer Gleichgewichtsfeuchtegehalt bzw. eine kurzfristige Befeuchtung der Platten möglich. Der Feuchtgehalt von 18 % wird nirgends überschritten und die zusätzlich eingedrungene Feuchtigkeit kann wieder entweichen.
HWS-Klasse 100 G	Ein höherer Gleichgewichtsfeuchtegehalt bzw. eine Befeuchtung der Platten ist aufgrund klimatischer Bedingungen möglich. Die eingedrungene Feuchtigkeit kann nur über einen längeren Zeitraum wieder entweichen. Der Klebstoff dieser Klasse enthält ein Holzschutzmittel gegen holzzerstörende Pilze.

den Richtungen ergeben sich hohe Festigkeiten und eine gute Dimensionsstabilität. Der Aufbau kann homogen mit allen Lagen aus der gleichen Holzart oder heterogen mit Lagen aus unterschiedlichen Holzarten sein.

Man unterscheidet verschiedene Sperrholztypen:

Brettsperrholz oder **Dickholz** besteht aus einer ungeraden Zahl kreuzweise miteinander verleimter Bretter aus Nadelholz mit einer Dicke von etwa 85 mm.

Furniersperrholz (= Bau-Furniersperrholz BFU) besteht aus einer ungeraden Zahl kreuzweise verleimter Furnierplatten; bei gerader Lagenanzahl werden die beiden inneren Lagen faserparallel angeordnet; Furniersperrhölzer mit mindestens fünf Lagen und Dicken über 12 mm werden auch als Multiplexplatten bezeichnet. Furnierplatten aus überwiegend faserparallel verleimten Furnieren bezeichnet man als **Furnierschichtholz** (FSH).

Stab- und Stäbchensperrholz besteht aus einer Mittellage aus verleimten Holzleisten oder -stäbchen und mindestens einem Deckfurnier auf jeder Seite; beim Stabsperrholz besteht die Mittellage aus 24 bis 30 mm breiten Vollholzleisten, beim Stäbchensperrholz aus 5 bis 8 mm dicken hochkant gestellten Schälfurnierstreifen.

Span- und Faserplatten bestehen aus Holzspänen bzw. -fasern und Bindemitteln, die flach gepresst werden.

Wichtige Typen sind die **kunstharzgebundenen Flachpressplatten**, z. B. die aus großen, gerichteten Langspänen hergestellten OSB-Platten (oriented strand board) oder die Flachpressplatten FP, die aus kleinen Holzspänen bestehen.

Daneben gibt es **kunstharzgebundene Strangpressplatten**, bei denen die Späne vorwiegend senkrecht zur Plattenebene orientiert sind. Diese werden auch beplankt mit Furnieren oder glasfaserbewehrten Kunststoffen angeboten.

Mineralgebundene Span- bzw. Flachpressplatten bestehen aus einem hochverdichtetem Gemisch aus ca. 25 Gewichts-% Holzspänen und ca. 65 Gewichts-% Bindemitteln (Zement, Gips etc.) sowie ggf. Zuschlagsstoffen. Zementgebundene Flachpressplatten gibt es in verschiedenen Farben. Sie eignen sich auch für bewitterte Außenwände.

Faserplatten, Mehrschicht-Leichtbauplatten, Holzwolle-Leichtbauplatten und weitere ähnliche Holzwerkstoffe sind für die Verwendung im Freien nicht von Bedeutung.

Normen und Regeln

DIN 68705–2 Sperrholz, Teil 2: Stab- und Stäbchensperrholz für allgemeine Zwecke, Oktober 2003

DIN 68705–4 Sperrholz, Teil 4: Bau-Stabsperrholz, Bau-Stäbchensperrholz, Dezember 1981

DIN 68791 Großflächen-Schalungsplatten aus Stab- oder Stäbchensperrholz für Beton und Stahlbeton, März 1979

DIN 68792 Großflächen-Schalungsplatten aus Furniersperrholz für Beton und Stahlbeton, März 1979

Holz-Kunststoffverbundwerkstoffe

Seit einigen Jahren sind diverse Holzwerkstoffe auf dem Markt, die aus einem bestimmten Anteil von Holzspänen oder Holzmehl und Bindemitteln auf Kunststoffbasis bestehen. Es existiert eine Reihe unterschiedlicher Produkte, die aufgrund ihrer Witterungsbeständigkeit durchaus für den Skelettbau im Freien interessant sind.

So gibt es beispielsweise flächiges Plattenmaterial auf der Basis thermohärtender Harze, das homogen mit Holzfasern verstärkt ist. Die Oberfläche besteht aus melamin-imprägniertem Papier oder farbig pigmentierten Harzen. Letztere wird als äußerst witterungsbeständig beschrieben.

Unter der Kurzbezeichnung WPC's für Wood-Plastic-Composites werden in letzter Zeit verschiedene Produkte aus 65 bis 80 % Holzfasern, die mit 20 bis 35 % Polypropylen gebunden sind, angeboten. Die ursprünglich aus den USA stammenden Werkstoffe werden vorwiegend in Form von Brettern bzw. Dielen für die Anlage von Terrassen im Außenbereich angeboten. Sowohl Vollprofile, als auch Hohlkammerprofile sind im Handel. Die Verarbeitung entspricht weitestgehend der von Holz.

7.2.3 Holzqualität und Holzschutz

Entscheidend für die Qualität und Dauerhaftigkeit der Holzkonstruktion im Freien sind die Güte des Ausgangsmaterials sowie die Sorgfalt bei der Beachtung und Realisierung des Holzschutzes. Dazu ist eine grundsätzliche Kenntnis zu sogenannten Holzfehlern, zu Holzzerstörern, zu Gebrauch, Gefährdung und natürlicher Dauerhaftigkeit von Holz sowie zu den Möglichkeiten und Maßnahmen des Holzschutzes erforderlich.

Holzfehler

Als Holzfehler bezeichnet man natürliche Merkmale oder Eigenschaften des (Roh-)Holzes, die seine Eignung für die Verwendung als Bauholz beeinträchtigen. Dazu zählen Wuchseigenschaften bzw. Wuchsfehler, Risse und Hinweise auf das Vorhandensein von Holzzerstörern.

Zu den **Wuchsfehlern** gehören die Krümmung des Stammes bzw. der Längsfasern, z. B. durch Winddruck, die sogenannte Abholzigkeit, bei der sich der Stamm deutlich nach oben verjüngt, die Drehwüchsigkeit, d. h. die Krümmung und Drehung der Längsfasern um die Mittellängsachse, Frostleiste und Blitzrinne als Wuchsfolgen von bestimmten Witterungsbedingungen, Zwieselung bzw. Zweiteilung des Stammes ab einer bestimmten Wuchshöhe, Ästigkeit, d. h. Astansammlungen, die besonders die Festigkeit des Holzes negativ beeinflussen, exzentrischer Wuchs, bei dem der Stamm einseitig verdickt ist, Harzgallen und weitere.

Die häufigsten **Risse** sind Trockenrisse durch ungleichmäßiges Trocknen, die von außen nach innen verlaufen, Kernrisse, die am gefällten Baum entstehen und von innen nach außen verlaufen, sowie Ring- oder Schälrisse, die parallel zu den Jahresringen verlaufen.

Auf das **Vorhandensein von Holzzerstörern** oder schädlichen Einflüssen und Verletzungen weisen insbesondere Verfärbungen, z. B. durch Pilzbefall, Fraßgänge von Insektenlarven, Kernfäule, Krebswucherungen und Wundüberwallungen, hin.

Diese Holzfehler dienen bei der Sortierung von Bauholz als Sortierkriterien.

Holzzerstörer

Holz ist als Teil des Naturhaushaltes nach dem Fällen prinzipiell nicht dauerhaft. Es wird vor allem durch Einflüsse wie UV-Strahlung, Bakterien, Pilze, Insekten (Käfer) oder Holzschädlinge im Meerwasser zerstört. Zu beachten ist dabei, dass Bakterien, Pilze und Insekten im Naturhaushalt die Aufgabe haben, totes Holz zu Humus umzusetzen.

Holzschutz heißt also auch, diese Lebewesen effizient an ihrer natürlichen Aufgabe zu hindern.

Bakterien greifen in der Regel nur sehr nasses, z. B. geflößtes Holz an.

Pilze finden in völlig trockenem und in wassergesättigtem Holz keine Lebensbedingungen. Ideale Lebensbedingungen für Pilze sind mehr als 20 % Feuchte, Temperaturen zwischen 3 und 39 °C und geringe Luftbewegung. Holzkonstruktionen im Außenbereich erfüllen diese Bedingungen häufig sehr gut.

Man unterscheidet Hausfäulen (Oberflächenpilze), die an der lichtabgewandten Oberfläche entstehen, und Lagerfäulen (Substratpilze), die das Holz von innen her befallen.

Zu den Oberflächenpilzen zählen der Echte Hausschwamm, der überwiegend Nadelhölzer angreift (niemals Eiche), der Weiße Porenhausschwamm, der sich bei ca. 40 % Feuchte wohlfühlt, und der Kellerschwamm, der nur an sehr feuchten Holzstellen auftritt, aber als Wegbereiter für den Echten Hausschwamm fungieren kann.

Unter den Substratpilzen sind die Blättlinge die gefährlichsten Zerstörer des im Freien verbauten Nadelholzes. Sie zerstören das Holz von innen bei intakt aussehender Oberfläche und können auch längere Trockenperioden in einer Art Starre überbrücken. Die den Blättlingen ähnlichen Zählinge sind resistent gegen das früher als Holzschutzmittel sehr gebräuchliche Steinkohleteeröl.

Im Gegensatz zu Blättlingen und Zählingen beeinflussen die Bläuepilze (Holzverfärbende Pilze) die Festigkeitseigenschaften des Holzes nicht, da sie nur von Zellinhaltsstoffen leben. Das befallene Holz ist lediglich bläulich verfärbt.

Insekten (Käfer) sorgen durch Eiablage im Holz für ihre Vermehrung, die eigentlichen Holzzerstörer sind ihre Larven. Kernholz wird von Insekten erst angegriffen, wenn es bereits von Pilzen befallen ist.

Man unterscheidet Frischholzzerstörer, z. B. den Borkenkäfer, die lebende, kränkelnde oder frisch gefällte Bäume befallen, und Trockenholzzerstörer, die in verbautem Holz auftreten, sofern dieses unter 20 % Feuchte aufweist. Dazu gehört beispielsweise der Hausbock (*Hylotrupes bajulus*), der Splintholzkäfer (*Lyctus brunneus*), der mit Tropenhölzern nach Deutschland eingeschleppt wurde, der im Küstenklima und unter feuchten Bedingungen verbreitete Pochkäfer (*Anobium punctatum*) und Termiten. Aufgrund der Ansprüche an Trockenheit und Klima sind diese Holzzerstörer für Konstruktionen in Außenanlagen weniger von Bedeutung.

In entsprechenden geografischen Lagen und bei entsprechender konstruktiver Holzverwendung spielen schließlich noch die **Holzschädlinge im Meerwasser** (Limnoria, Teredo) eine Rolle.

Gebrauch und natürliche Dauerhaftigkeit

Entscheidend für die Verwendbarkeit von Bauholz im Landschaftsbau bzw. für die Notwendigkeit von Holzschutzmaßnahmen ist die natürliche Dauerhaftigkeit der jeweiligen Holzart in Abhängigkeit vom jeweils vorgesehenen Gebrauch bzw. Grad der Gefährdung. Die DIN EN 335-1 legt fünf Gebrauchsklassen fest, die Bedingungen repräsentieren, denen Holz ausgesetzt sein kann:

Gebrauchsklasse 1 entspricht einer Situation, in der sich das Holz oder Holzprodukt unter Dach befindet, vollständig vor der Witterung geschützt und keiner Befeuchtung ausgesetzt ist.

Gebrauchsklasse 2 beschreibt eine Situation, in der sich das Holz oder Holzprodukt unter Dach befindet und vollständig vor der Witterung geschützt ist, in der aber eine hohe Umgebungsfeuchte zu gelegentlicher, aber nicht andauernder Befeuchtung führen kann.

Gebrauchsklasse 3 herrscht in einer Situation, in der sich das Holz oder Holzprodukt nicht unter Dach, aber nicht im Erdkontakt befindet. Es ist entweder ständig der Witterung ausgesetzt oder ist vor der Witterung geschützt, aber Gegenstand häufiger Befeuchtung; diese Gebrauchsklasse ist in zwei Unterklassen, „geschützt“ und „nicht abgedeckt“, unterteilt.

Gebrauchsklasse 4 kennzeichnet eine Situation, in der sich das Holz oder Holzprodukt in Kontakt mit Erde oder Süßwasser befindet und so ständig einer Befeuchtung ausgesetzt ist. Innerhalb dieser Klasse wird nochmals unterschieden zwischen „in Kontakt mit Erde“ und „in Kontakt mit Erde (hohe Beanspruchung), mit Süßwasser“. Gebrauchsklasse 5 entspricht einer Situation, in der das Holz oder Holzprodukt ständig Meerwasser ausgesetzt ist.

Im Landschaftsbau sind die Gebrauchsklassen 3 und 4 die Regel.

Abb. 146. Gebrauchsklasse 4.2.: Holz in Erdkontakt, Stufen und Stelen.

Tab. 7.11: Zusammenhang zwischen Gebrauchsklasse und Holzschädling nach DIN EN 335–2

Gebrauchsklasse	**Allgemeine Gebrauchsbedingungen**[a]	**Beschreibung der Exposition gegenüber Befeuchtung während des Gebrauchs**	**Auftreten von Organismen**			
			Pilze	**Käfer**[b]	**Termiten**	**Holzschädlinge im Meerwasser**
1	ohne Erdkontakt, abgedeckt	innen trocken, maximal 20 %	–	U	L	–
2	ohne Erdkontakt, abgedeckt	innen gelegentlich > 20 %	U[c]	U	L	–
3	3.1 ohne Erdkontakt, geschützt	außen häufig > 20 %	U[c]	U	L	–
	3.2 ohne Erdkontakt, nicht abgedeckt	außen häufig > 20 %	U[c]	U	L	–
4	4.1 in Kontakt mit Erde	außen ständig > 20 %	U[d]	U	L	–
	4.2 in Kontakt mit Erde (hohe Beanspruchung), mit Süßwasser	außen ständig > 20 %	U[d]	U	L	–
	im Meerwasser[e]	außen ständig > 20 %	U	U	L	U[f]

Erklärungen:

U = tritt universell in ganz Europa auf; L = tritt lokal in ganz Europa auf;

[a] auf Grund von lokalen Besonderheiten der Exposition und der Notwendigkeit von zielgerichteten Maßnahmen ist eine örtliche Unterteilung der Organismen möglich;

[b] das Befallsrisiko kann in Abhängigkeit von den spezifischen Gebrauchsbedingungen und der geographischen Gegend unbedeutend sein;

[c] Holz verfärbende und Holz zerstörende Pilze;

[d] Holz verfärbende, Holz zerstörende und Moderfäulepilze;

[e] Salzwasser, einschließlich Brackwasser;

[f] wie für Gebrauchsklasse 4 + Bohrmuscheln (Teredinidae), Bohrasseln (Limnoria) und Steinbohrmuscheln (Pholadidae)

In der DIN EN 350–2 ist die **natürliche Dauerhaftigkeit** definiert als „die dem Holz eigene Widerstandsfähigkeit gegen einen Angriff durch holzzerstörende Organismen". Diese Norm bietet eine Übersicht über die Dauerhaftigkeit von Holz gegenüber Pilzen, Käfern (*Hylotrupes bajulus*, *Anobium punctatum*, *Lyctus brunneus* und *Hesperophanes cinnereus*), Termiten und Holzschädlinge im Meerwasser (vgl. Tab. 7.12).

Tab. 7.12: Natürliche Dauerhaftigkeit von Holz nach DIN EN 350–2

Dauerhaftigkeitsklasse gegen Pilze	Beschreibung	Dauerhaftigkeitsklasse gegen Käfer	Beschreibung
1	sehr dauerhaft	D	dauerhaft
2	dauerhaft	S	anfällig
3	mäßig dauerhaft	SH	auch Kernholz ist als anfällig bekannt
4	wenig dauerhaft	n/a	nur unzureichende Daten verfügbar
5	nicht dauerhaft		

Zusätzlich werden in der Norm die Holzarten nach ihrer Tränkbarkeit klassifiziert, die eine wichtige Voraussetzung für vorbeugenden chemischen Holzschutz darstellt (vgl. Kap. 7.2.3):

1 = gut tränkbar; 2 = mäßig tränkbar; 3 = schwer tränkbar; 4 = sehr schwer tränkbar; v = die Art zeigt hohes Maß an Variabilität.

Dauerhaftigkeit und Tränkbarkeit hängen eng mit der Breite des Splintholzes zusammen:

vs = sehr schmal (< 2 cm); s = schmal (2 bis 5 cm); m = mittel (5 bis 10 cm); b = breit (> 10 cm); (X) = (im Allgemeinen) kein deutlicher Unterschied zwischen Kern- und Splintholz.

Eine hohe natürliche Dauerhaftigkeit und eine schlechte Tränkbarkeit sind häufig kombiniert (vgl. Tab. 7.13).

Unter den heimischen bzw. eingebürgerten Holzarten weisen die Robinie, die Eiche und die Edel-Kastanie die höchste natürliche Dauerhaftigkeit auf. Edel-Kastanie und insbesondere die Eiche besitzen einen hohen Gerbsäureanteil, der mit für die gute Dauerhaftigkeit verantwortlich ist. Allerdings kann die Gerbsäure im Zeitraum nach dem Einbau der Holzkonstruktion zu unschönen Verfleckungen auf benachbarten Flächen und sogar zu schädigenden Angriffen auf Beton oder metallischen Beschichtungen führen.

Die Dauerhaftigkeit der Sibirischen Lärche ist noch nicht in der DIN EN 350 enthalten. Sie wurde kürzlich auf 2 bis 3 eingestuft (Martin, 2008).

Eine Dauerhaftigkeit von 1 erreichen nur tropische Holzarten. Deren Stammquerschnitte sind aufgrund der fehlenden Vegetationsruhe nicht in Jahrringe gegliedert, die Dichte ist häufig hoch. Ist die Verwendung von tropischen Hölzern im Einzelfall angezeigt, ist darauf zu achten, dass das Holz ein Zertifikat besitzt, z. B. das sogenannte **FSC-Zertifikat**. Es garantiert eine Herkunft aus nachhaltiger Waldwirtschaft ohne Raubbau. Inzwischen sind zahlreiche FSC-zertifizierte Tropenhölzer aus Südamerika oder Afrika verfügbar.

Farbtafel 9
Bild 49. Spanische Treppe in Rom.

Bild 50. Scala dei Giganti in Triest.

Bild 51. Die Weinbergtreppe in Potsdam-Sanssouci.

Bild 52. Treppe an den Casini in der Gartenanlage der Villa Lante.

Bild 53. Treppe auf den Rodelhügel im Riemer Park, München.

Bild 54. Die Landschaftstreppe in Ostfildern.

Tab. 7.13: Natürliche Dauerhaftigkeit und Tränkbarkeit von wichtigen Nadel- und Laubhölzern nach DIN EN 350-2

Holzart Deutscher Handelsname (Botanischer Name)	**Herkunft**	**Dichte kg/m³ bei u = 12 %**
Weißtanne (*Abies alba*)	Europa	440–460–480
Lärche (*Larix decidua*)	Europa	470–600–650
Fichte (*Picea abies*)	Europa	440–460–470
Strobe (*Pinus strobus*)	Nordamerika, kultiviert in Europa	400–410–420
Kiefer (*Pinus sylvestris*)	Europa	500–520–540
Douglasie (*Pseudotsuga menziesii*)	Nordamerika, kultiviert in Europa	510–530–550 470–510–520
Eibe (*Taxus baccata*)	Europa	650–690–800
Western Red Cedar (*Thuja plicata*)	N-Amerika, kultiviert in Großbritannien	330–370–390
Afzelia (*Afzelia bipindensis*)	Westafrika	730–800–830
Hainbuche (*Carpinus betulus*)	Europa	750–800–850
Edel-Kastanie (*Castanea sativa*)	Europa	540–590–650
Buche (*Fagus sylvatica*)	Europa	690–710–750
Esche (*Fraxinus excelsior*)	Europa	680–700–750
Nussbaum (*Juglans regia*)	Europa	630–670–680
Bongossi (*Lophira alata*)	Westafrika	950–1060–1100
Pappel (*Populus canescens*)	Europa	420–440–480
Eiche (*Quercus robur*)	Europa	670–710–760
Robinie (*Robinia pseudoacacia*)	Europa, Nordamerika	720–740–800
Teak (*Tectona grandis*)	Asien kultiviert in Asien und anderen Ländern	650–680–750

* sehr dauerhaft in Wasserkontakt

9

50

1

52

3

54

55

56

57

58

59

60

Natürliche Dauerhaftigkeit			Tränkbarkeit		Splintholz-breite
Pilze	Hausbock	Anobium	Kernholz	Splintholz	
4	SH	SH	2 bis 3	2v	X
3 bis 4	S	S	4	2v	s
4	SH	SH	3 bis 4	3v	X
4	S	SH	2	1	b
3 bis 4	S	S	3 bis 4	1	s bis m
3	S	S	4	3	s
3 bis 4	S	S	4	2 bis 3	s
2	S	S	3	2	vs
2	S	S	3 bis 4	3	s
3	S	S	3 bis 4	3	s
1		n/a	4	2	s
5		n/a	1	1	X
2		S	4	2	s
5		S	1	1	X
5		S	2	2	(X)
3		S	3	1	s
2v*		n/a	4	2	s
5		S	3v	1v	X
2		S	4	1	s
1 bis 2		S	4	1	vs
1		n/a	4	3	s
1 bis 3		n/a	n/a	n/a	n/a

Farbtafel 10

Bild 55. Stellstufen mit gepflasterten Auftritten.

Bild 56. Blockstufentreppe mit Geländer/Absturzsicherung (Riemer Park, München).

Bild 57. Trocken aufgemauerte Leg- und Setzstufentreppe.

Bild 58. Plattenstufen auf freier Unterkonstruktion.

Bild 59. Stufenrampe der „Italienischen Treppe“ (Powerscourt Gardens, Irland).

Bild 60. Klinkertreppe mit Stufen aus Rollschichten und „Ochsenklavier-Rampe“ (Landshut).

Normen zur Dauerhaftigkeit und zum Gebrauch von Holz

DIN EN 335–1 Dauerhaftigkeit von Holz und Holzprodukten – Definition der Gebrauchsklassen, Teil 1: Allgemeines, Oktober 2006

DIN EN 335–2 Dauerhaftigkeit von Holz und Holzprodukten – Definition der Gebrauchsklassen, Teil 2: Anwendung bei Vollholz, Oktober 2006

DIN EN 335–3 Dauerhaftigkeit von Holz und Holzprodukten – Definition der Gefährdungsklassen für einen biologischen Befall, Teil 3: Anwendung bei Holzwerkstoffen, September 1995

DIN EN 350–1 Dauerhaftigkeit von Holz und Holzprodukten – Natürliche Dauerhaftigkeit von Vollholz, Teil 1: Grundsätze für die Prüfung und Klassifikation der natürlichen Dauerhaftigkeit von Holz, Oktober 1994

DIN EN 350–2 Dauerhaftigkeit von Holz und Holzprodukten – Natürliche Dauerhaftigkeit von Vollholz, Teil 2: Leitfaden für die natürliche Dauerhaftigkeit und Tränkbarkeit von ausgewählten Holzarten von besonderer Bedeutung in Europa, Oktober 1994

DIN EN 460 Dauerhaftigkeit von Holz und Holzprodukten – Natürliche Dauerhaftigkeit von Vollholz – Leitfaden für die Anforderungen an die Dauerhaftigkeit von Holz für die Anwendung in den Gefährdungsklassen, Oktober 1994

Holzschutz

Unter Holzschutz sind nach der DIN 68800 vorbeugende bauliche Maßnahmen zu verstehen, die eine „unzuträgliche Veränderung des Feuchtegehalts“ und damit Pilzbefall verhindern sollen. Dies kann nahezu in allen Stufen des Holzproduktionsprozesses und des Planungs- und Bauprozesses erfolgen (vgl. Tab. 7.14).

Holzschutz lässt sich realisieren durch

- die Wahl der Holzart, der Holzqualität und der ggf. kombinierten Materialien,
- die Konstruktion selbst, insbesondere die Art der Holzverbindungen,
- die Behandlung der Holzbauteile, soweit noch erforderlich.

Natürlicher und baulicher Holzschutz sollten immer Vorrang vor physikalischem, vorbeugendem chemischem Holzschutz und sonstigen Maßnahmen haben. Holzschutz ist in die Planung und Ausschreibung mit einzubeziehen. Da Bauten in den Außenanlagen meist eine untergeordnete Bedeutung haben, kann man sich in den allermeisten Fällen auf konsequenten baulichen Holzschutz beschränken, auch bei der Verwendung von Hölzern ab Dauerhaftigkeitsklasse 3. Jeder vorbeugende chemische Holzschutz beeinflusst die Umweltverträglichkeit des Holzbauteils und erschwert immer seine Entsorgung. Der **konstruktive Holzschutz** wird daher in der landschaftsbaulichen Praxis die Hauptbedeutung haben.

Tab. 7.14: Systematik der Holzschutzmaßnahmen, verändert nach DGfH – Deutscher Gesellschaft für Holzforschung (DGfH in NÜSSLEIN, 2007)

Art der Schutzmaßnahmen		Aufgabe	Beispiele
1. Organisatorischer Holzschutz		Vermeidung von unzuträglichen Bedingungen vor der endgültigen Nutzung durch Planung und Koordination	Abstimmung von Fällungszeit, Abtransport, Einschnitt, trockene Lagerung von Holzbauteilen an der Baustelle
2. Natürlicher Holzschutz		Auswahl der Holzart aufgrund ihrer natürlichen Dauerhaftigkeit	Verwendung natürlich dauerhafter Holzarten je nach Gebrauchs- bzw. Gefährdungsklasse
3. Baulicher Holzschutz	**konzeptionell**	Berücksichtigung der Eigenschaften des Bau- und Werkstoffes Holz	Dimensionierung und Lage der Jahrringe und Kernseite, Durchlässigkeit, Stehvermögen, vorgetrocknete Hölzer
	konstruktiv	Vermeidung von Bedingungen, die einen Schädlingsbefall ermöglichen	wasserabweisende Konstruktion, Vermeidung von Tauwasserbildung, Fernhalten von Insekten durch vollflächige Abdeckung
4. Physikalischer Holzschutz		Vermindern der Feuchteaufnahme von Holz	wasserabweisende Beschichtung oder Imprägnierung
5. Vorbeugender chemischer Holzschutz		Anwendung von Bioziden gegen potenzielle Holzschädlinge	Holzimprägnierung
6. Sonstige Maßnahmen	**Biologischer Holzschutz**	Nutzung von Lebensvorgängen zur Abwehr von Holzschädlingen	Einsatz von Antagonisten
	Modifikation des Holzes	Veränderung der Holzsubstanz, um Anfälligkeit gegenüber Schädlingen zu vermindern	Hitzebehandlung (Thermoholz), Acetylierung (Behandlung mit Essigsäureanhybrid)
	Einlagerung von Harzen	Einbringen von biozidfreien Stoffen in das Holzgefüge, um Anfälligkeit zu verhindern	Drucktränkung mit wasserlöslichen Harzen

Wichtige Maßnahmen des konstruktiven Holzschutzes sind:

Wasserabführung bei Holz- und Verbindungsteilen, d. h.

- Holzverbindungen im Außenbereich verdeckt ausführen, dass kein Hirnholz (= Schnittfläche quer zur Faserrichtung) sichtbar ist,
- waagerechte Verbindungen so abfasen oder abschrägen, dass sich keine Feuchtigkeit in den Ecken, Nuten oder Stößen sammeln kann,
- bei Zapfenverbindungen Löcher nach unten durchbohren, dass Wasser abfließen kann,
- Außenbauteile glätten durch Hobeln und/oder Fasen, damit die Oberfläche schneller trocknet und das Wasser schneller abfließt.

Besonderer Schutz der empfindlichen Hirnholzflächen durch

- Abschrägen,
- Fasen,
- Abdecken (z. B. Wetterbrettchen bei Zäunen).

Schutz der Konstruktion vor Spritzwasser und Bodenfeuchte, d. h.

- die Holzkonstruktion nie bis ganz auf den Boden führen, sondern ausreichend Abstand vom Boden halten,
- ausreichende Dachüberstände etc. bei Pavillons, Gartenhäusern, Holzwänden etc.

Faserstruktur des Holzes erhalten, z. B. bei von Hand gespaltenen Schindeln.

Verwitterungsreserve vorsehen, z. B. dickere Gehbelagsbohlen verwenden.

Ständige Durchlüftung der Konstruktion, z. B. durch

- Abstandhalter,
- Reduzierung von Berührungsflächen auf das konstruktiv notwendige Maß,
- bei Durchdringungen Holz – Mauerwerk Eichenholz unterlegen und trocken anmauern.

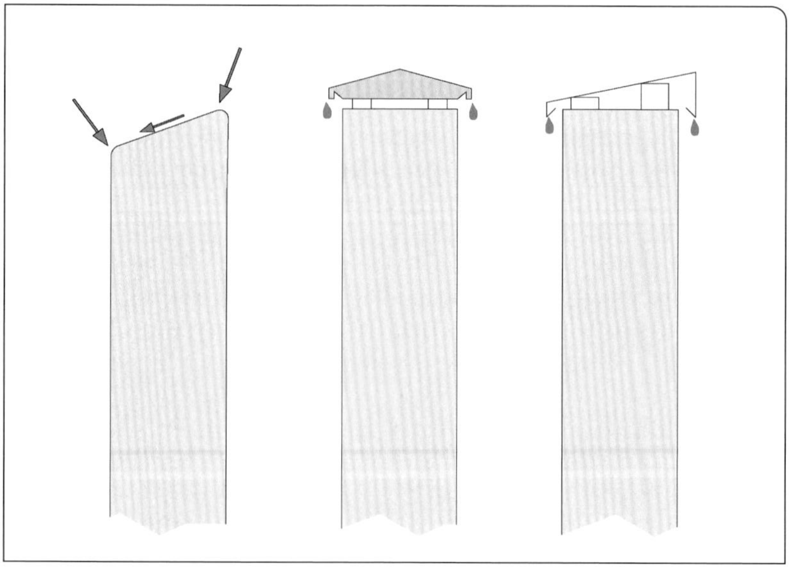

Abb. 147. Konstruktiver Holzschutz für Hirnholz: Abschrägen oder Abdecken.

Abb. 148. Konstruktiver Holzschutz: abgedeckte Verschraubung von unten.

Ist ein **vorbeugender chemischer Holzschutz** notwendig, gelten folgende Regeln: Das Holz muss vor der Behandlung vollständig bearbeitet werden (z. B. gefast, gehobelt etc.). Es dürfen nur Holzschutzmittel mit einem Prüfzeugnis des Instituts für Bautechnik in Berlin verwendet werden, das eine gesundheitliche Unbedenklichkeit bescheinigt. Wichtige Eigenschaften der Holzschutzmittel werden durch Prüfprädikate charakterisiert, im Hinblick auf die Wirksamkeit, die Anwendung und die Nebenwirkungen. Chemischer Holzschutz darf nur durch Fachfirmen ausgeführt werden, die Schutzbehandlung ist zu kennzeichnen bzw. an sichtbarer Stelle anzugeben.

Es lassen sich drei Grundtypen von Holzschutzmitteln unterscheiden, wasserlösliche Präparate auf Salzbasis, Teerölpräparate (seit über 100 Jahren) und lösemittelhaltige Präparate.

Bei den Einbringverfahren unterscheidet man Oberflächenschutz ohne Eindringtiefe, Randschutz mit einer Eindringtiefe von einigen mm und Tiefschutz, bei dem die Eindringtiefe mehrere cm beträgt, mindestens jedoch das Splintholz durchsetzt wird.

Eines der gebräuchlichsten Verfahren im Garten- und Landschaftsbau ist die sogenannte **Kesseldrucktränkung**. Das Schutzmittel dringt hierbei tief und gleichmäßig ein. Das Holz muss dafür trocken bis halbtrocken und entrindet sein. Das Splintholz wird vollständig durchtränkt. Man unterscheidet hierbei die **Volltränkung** mit Salzlösungen, bei der zunächst die Luft aus den Holzporen gesogen wird, damit sie sich nach Einfüllen des Schutzmittels bis zur Sättigung voll saugen, die **Spartränkung**, bei der nur die Zellwandungen mit Teerölen imprägniert werden, die **Wechseldrucktränkung**, bei der der Baumsaft von frischem Holz durch Holzschutzflüssigkeit ersetzt wird, und die **Vakuumtränkung**, bei der in trockenem bzw. halbtrockenem Holz Unterdruck erzeugt wird, der nach folgendem Druckausgleich zum Eindringen des Holzschutzmittels führt. Die Imprägnierlösung muss zwingend chromfrei sein.

Der **biologische Holzschutz** umfasst den Einsatz von Feinden der Schädlinge, Wirkstoffen, die aus Mikroorganismen und resistenten Holzarten extrahiert wurden, und Stoffen, die in der Natur vorhanden sind. Zu letzteren gehören Bienenwachs, Leinöl, Boraxlösung, natürliche Harze und ätherische Öle. Nur Borax besitzt hiervon nachweislich eine Wirkung gegen Holzschädlinge, ist aber für eine Außenanwendung ungeeignet. Der Einsatz von Wachsen und Ölen fördert den raschen Abfluss von Niederschlagswasser und dient damit eher dem konstruktiven Holzschutz.

Um das Verhalten des Holzes gegenüber Feuchtigkeit im Hinblick auf bautechnische Zwecke zu verbessern, d. h. insbesondere das Quellen und Schwinden zu verringern, wurden verschiedenen Verfahren der **Holzmodifizierung** entwickelt. Dazu gehören unter anderen die Hitzebehandlung (thermische Behandlung), die Acetylierung, die Holzvernetzung, die Melaminbehandlung, die Furfurylierung und die Öl-/Wachsbehandlung. Letztere wird teilweise auch als biologischer Holzschutz bezeichnet und dient eigentlich der Verbesserung des konstruktiven Holzschutzes.

Am gebräuchlichsten dürfte die **thermische Behandlung** sein. Durch Erhitzen des Holzes verändert sich die Zellulose so – man könnte diese Veränderung mit der Karamellisierung von Zucker bei Erhitzung vergleichen –, dass sich die Dimensionsstabilität des Holzes deutlich verbessert. Gleichzeitig sind die Hölzer so gut wie nicht mehr anfällig für Pilzbefall. Thermohölzer erreichen eine Dauerhaftigkeitsklasse von 1 bis 3 je nach Holzart und thermischem Verfahren (Martin, 2008). Die Buche, die extrem quillt und schwindet und eine natürliche Dauerhaftigkeitsklasse von 5 aufweist, erreicht als mit

Hitze behandelte Thermobuche eine Dauerhaftigkeit von 2. Buchenhölzer können dadurch wie Tropenhölzer oder Robinie verwendet werden. Allerdings verändert die thermische Behandlung auch andere bautechnische Eigenschaften des Holzes. So werden die Biegefestigkeit, die Druckfestigkeit, der Elastizitätsmodul, die Härte und die Bruchschlagarbeit teilweise deutlich verringert (Militz und Krause, 2004). Thermobuche eignet sich daher besonders für Terrassenbelag oder Sitz- und Liegeauflagen, nicht für tragende Bauteile und Konstruktionshölzer.

Normen zum Holzschutz

DIN 68800–1 Holzschutz im Hochbau, Teil 1: Allgemeines, Mai 1975
DIN 68800–2 Holzschutz, Teil 2: Vorbeugende bauliche Maßnahmen im Hochbau, Mai 1996
DIN 68800–3 Holzschutz, Teil 3: Vorbeugender chemischer Holzschutz, April 1990
DIN 68800–4 Holzschutz, Teil 4: Bekämpfungsmaßnahmen gegen holzzerstörende Pilze und Insekten, November 1992
DIN 68800–5 Holzschutz im Hochbau, Teil 5: Vorbeugender chemischer Schutz von Holzwerkstoffen, Mai 1978

7.2.4 Bambus als Baustoff des Skelettbaus

Das Bauen mit Bambus ist eine uralte Tradition in den tropischen und subtropischen Ländern Afrikas, Südamerikas und vor allem Südostasiens. Seine Vorteile, das extrem schnelle Wachstum, die einfache Bearbeitbarkeit, die günstige Beschaffung und die hohe Belastbarkeit, bildeten die Voraussetzung für unzählige Verwendungsmöglichkeiten. Durch seine hohe Elastizität bietet er sich vor allem in erdbebengefährdeten Gebieten als bestes Baumaterial an.

Auch in Europa hat das Bauen mit Bambus in den letzten Jahren großes Interesse geweckt. Im Rahmen des Projekts „Bamboo for Europe“ wurden die Möglichkeiten des Anbaus in Südeuropa und die der Verwertung untersucht. Das exotische Riesengras wird als Baumaterial der Zukunft gesehen. Es wird verstärkt zum Thema geforscht und auch in der praktischen Umsetzung sind vermehrt leichte Tragwerke aus Bambus zu finden, oft noch mit einem experimentellen oder überwiegend künstlerischen Anspruch.

Bambus wächst um ein Vielfaches schneller als unser Bauholz. Mit einem enormen Längenzuwachs von 30 bis 40 cm, bei einigen Arten sogar bis zu 100 cm pro Tag hält er den Wachstumsrekord in der Pflanzenwelt. Bambus kann schon nach sechs bis sieben Jahren als Baumaterial verwendet werden und zeigt so eine herausragende Ökobilanz. Keine andere Pflanze produziert so viel Biomasse in so kurzer Zeit, im Vergleich zur Eiche ist es die vierfache Menge. In der Wieder-

Abb. 149. Bambus, ein Riesengras: die Halme behalten durch die gesamte Entwicklungszeit in etwa den gleichen Rohrdurchmesser.

aufbereitung von Kohlendioxid schafft Bambus 12 Tonnen pro Hektar und produziert somit 35 % mehr Sauerstoff als Bäume in der entsprechenden Situation.

Botanische Einordnung und Vorkommen

In Europa taucht der Bambus 552 n. Chr. zum ersten Mal auf, als in seinen Röhren die Seidenraupen von China nach Konstantinopel geschmuggelt wurden. Obwohl der deutsche Botaniker G. E. Rumpf im Jahr 1662 schon die ersten Bambuskenntnisse in seinen Herbarien über Rohrbäume verbreitete, entstand der heutige Name Bambus erst gut 150 Jahre später durch Carl von Linné. Er entlehnte das Wort wohl dem indischen „mambu“ oder „bambu“ und führte es so auch 1778 in die Naturwissenschaften ein.

Botanisch gesehen gehört Bambus in die Familie der echten Gräser, der Poaceae, und bildet darin eine eigenständige Unterfamilie, die Bambusoideae. Sein ursprüngliches Verbreitungsgebiet liegt etwa zwischen 46° nördlicher und 47° südlicher Breite. Es wurden jedoch auch Vertreter in 60° nördlicher Breite gefunden, was seine ungeheure Anpassungsfähigkeit zeigt. Auch extreme Höhenlagen kann er erklimmen, beispielsweise in den Anden, wo er 4700 m über NN erreicht. Bei der Bestimmung der Artenanzahl sind sich die Wissenschaftler noch nicht völlig einig. Es handelt sich um ca. 75 Gattungen mit etwa 1300 Arten (Liese, 2006).

Eigenschaften

Wie bei allen Monokotyledonen sind beim Bambus die Leitbündel im Querschnitt unregelmäßig verteilt und nicht ringförmig angeordnet wie bei den meisten Hölzern. Auch haben Bambusse wie Palmen kein sekundäres Dickenwachstum und bilden ihren späteren Rohr-Durchmesser schon in den Rhizomen vollständig aus. So können sie bei idealen Bedingungen in ihrem ursprünglichen Verbreitungsgebiet einen Durchmesser von bis zu 15 cm erreichen. Die üblichen Höhen liegen bei 8 bis 12 m mit Durchmessern zwischen 5 und 12 cm.

Oft wird Bambus als Holz eingestuft, da der lignifizierte Zellaufbau des Bambusgewebes und seine technischen Eigenschaften denen des Holzes sehr ähnlich sind. Die enorme Stabilität des Bambus ist wohl ein Zusammenspiel aus mehreren Faktoren. Während Holz sein hartes Kernholz im Inneren hat, zeigt Bambus einen deutlich stabileren Aufbau durch die harten Außenwände. Wenn man den Schnitt eines Bambusrohres betrachtet, nimmt der Anteil der reißfesten 2 bis 3 mm langen Faserstränge der Leitbündel von unten nach oben und von innen nach außen gesehen kontinuierlich zu. Dort, wo die statische Beanspruchung am höchsten ist, verdichten sie sich wie bei einer Stahlbewehrung im Betonbau und sorgen so zusammen mit der Verkieselung in der äußersten Rindenschicht und ihrer Gliederung in viele Segmente für eine enorme Stabilität.

Tab. 7.15: Baustoffkennwerte von Bambus im Vergleich zu Nadelholz

Baustoffkennwerte		**Bambus (Guadua)**	**Nadelholz S10**
Einheit		**kN/cm²**	**kN/cm²**
E-Modul		2000	1000
Zug parallel zur Faser		15,0	0,7
Druck parallel zur Faser bei Knicklänge …	… 3,22 m	2,7	
	… 2,09 m	3,9	0,85
	… 0,37 m	5,6	
Biegung (bei fehlenden Schwindrissen)		10,0	1,0
Schub		0,9	0,09
$d = 12$ cm; $d_i = 9$ cm		$A = 50\ cm^2$ $W = 100\ cm^3$ $I = 700\ cm^4$	

Abb. 150. Bambus-Pergola (Gärten von Schloss Trauttmansdorff).

Die meist hohl aufgebauten Halme sind durch stark verkieselte Scheidewände (Diaphragmen) an den Halmknoten (Nodien) in 15 bis 55 Segmente (Internodien) je nach Art und Sorte unterteilt. Durch diese Aufteilung wird zudem die Spalt- und Knickfestigkeit des Rohres nochmals deutlich erhöht.

Hinsichtlich Nachhaltigkeit übertrifft Bambus alle Baustoffe. Er stellt eine billige, leichte, extrem schnell nachwachsende Ressource dar, die sowohl beim Wachstum als auch bei der Gewinnung extrem wenig Energie verbraucht (vgl. Tab. 7.16).

Um der Abholzung der Regenwälder entgegen zu wirken, wäre es daher zukunftsträchtig, die Verwendung von Bambus als Ersatz für Tropenhölzer zu fördern. Im Projekt FUNBAMBU in Costa Rica wurden beispielsweise aus 60 ha Anbaufläche 1000 Bambushäuser gefer-

Tab. 7.16: Energiebilanz von Bambus im Vergleich zu anderen Baustoffen (Janssen, 1981)

Baustoff	**Energie zur Produktion (in MJ/kg)**	**Dichte (in kg/m³)**	**Energie zur Produktion (in MJ/m³)**	**Spannung (in kN/cm²)**	**Verhältnis Energie pro Einheit Spannung**
(1)	(2)	(3)	(4)	(5)	(4) : (5)
Stahl	30,0	7 800	234 000	1,600	150 000
Beton	0,8	2 400	1 920	0,080	24 000
Holz	1,0	600	600	0,075	8 000
Bambus	**0,5**	**600**	**300**	**0,100**	**3 000**

tigt, für deren Zwecke man ca. 500 ha tropischen Regenwald hätte schlagen müssen.

Verwendung und Verarbeitung als Baustoff

Vom Bambus kann so gut wie alles verwendet werden: Die Sprossen sind Nahrungsmittel, die Rinde dient zum Binden, die Blätter werden verfüttert, die Fasern zu Textilien verarbeitet, das Rohr wird zum Musikinstrument und schließlich ist die Pflanze an sich ein hervorragender Erosionsschutz oder schmückt Gärten, Parks und Grünanlagen.

Insbesondere wird Bambus für die verschiedensten Bauzwecke eingesetzt: vom Baugerüst an Hochhäusern über einfache Wohnbauten bis zu großen Versammlungshallen, als Betonarmierung oder als Grundgerüst für den Lehmbau, als Möbelstück, Parkettboden, Sitzmatte, Zaun, Brücke, Pavillon, Pergola, Bank, Gartenhäuschen oder Kunstobjekt und sogar als Fahrradrahmen.

Aufgrund seiner hohlen Halme verhält sich Bambus bei der Be- und Verarbeitung deutlich anders als Holz. Die traditionellen Verbindungen sind meist Bindetechniken mit natürlichen Materialien wie Bambusrinden, Rattan, Sagopalm- und Kokosfasern oder anderen Stricken, die heute noch durch Draht und synthetische Materialien ergänzt werden. Nägel oder Schrauben sind für die Konstruktion ungünstiger, da der Bambus ungeheuer spaltbar ist, und sehr leicht Risse bekommt.

Am besten bearbeitet man Bambus mit scharfen Haumessern, Feilen und Metallsägen und nutzt seine günstige Spaltbarkeit in Längs-

Abb. 151. Steg, Wandelement und Brunnen aus Bambusrohren (Gärten von Schloss Trauttmansdorff).

richtung aus. Traditionell benutzt man dafür beispielsweise einen Messerkranz, mit dem man das Rohr in acht gleichbreite Latten spalten kann. Da jede Rohrwandöffnung den tragenden Querschnitt vermindert, sollte bei Bohrungen und Kerben sehr sorgfältig gearbeitet werden und die betreffenden Stellen sollten konstruktiv durch Nodien, Bandagen oder Auflager unterstützt werden.

Zimmermannsmäßige Verbindungen mit Zapfen und Zapfenlöchern findet man nur sehr selten. Beim Bohren muss darauf geachtet werden, dass man immer von der härteren zur weicheren Zone bohrt, also von außen nach innen, oder einen Brennbohrer benutzt, der das Ausfransen der Kanten verhindert.

Um Gebautes vor Insekten, Pilzen und Feuchtigkeit zu schützen, müssen die Bambusrohre ebenso wie Holz speziell behandelt werden. Es gibt Methoden, bei denen die Rohre geräuchert, erhitzt, vier bis sechs Wochen in Süßwasser getaucht, mit Kalkschlämme imprägniert oder mit Insektizid-Anstrichen getränkt werden. Konstruktiver Holzschutz ist aber auch hier am effektivsten.

Inzwischen existieren auch die ersten internationalen Standards, die das Konstruieren mit Bambus regeln.

Normen zu Bambus

ISO 22156 Bambus – Bemessung und Konstruktion, Mai 2004

ISO 22157-1 Bambus – Bestimmung physikalischer und mechanischer Eigenschaften, Teil 1: Anforderungen, Juni 2004

ISO/TR 22157-2 Bambus – Bestimmung von physikalischen und mechanischen Eigenschaften, Teil 2: Handbuch für die Prüfanstalt, Mai 2004

7.3 Baumetalle

Die kulturgeschichtliche Bedeutung des Stahls wird meist in engem Zusammenhang mit der Erfindung der Dampfmaschine am Ende des 18. Jahrhunderts, der Entstehung der ersten Walzwerke und der Eisenbahn gesehen. Die Verwendung von Eisen und Stahl durch die Menschen lässt sich aber bis ins 3. Jahrtausend v. Chr. zurückverfolgen und spielte schon lange vor der Industrialisierung eine wichtige Rolle.

Eiserne Konstruktionen, geschmiedet oder gegossen, gehören seit dem 18. Jahrhundert auch zum Inventar von Garten-, Park- und Freianlagen. Zu nennen sind Tore, Zäune und Gitter, Lauben, Laubengänge, Geländer, Brunnen oder Grabkreuze.

Nachdem in der Nachkriegszeit Stahl in der Landschaftsarchitektur eher für funktionale oder verkehrstechnisch bedingte Ausstattungen eine Rolle spielte und in der Ökologie-Bewegung der 1980er-Jahre gegenüber dem Baustoff Holz relativ geringe Bedeutung besaß, hat sich die Verwendung dieses „modernen“ Baustoffs in den 1990er-

Tab. 7.17: Geschichtlicher Abriss der Stahlverwendung

Zeitspanne/Jahr	Entwicklung, Ereignis
3. Jahrtausend v. Chr.	Gegenstände (Funde) aus Meteoreisen, später Verwendung von Kultgegenständen aus terrestrischem Eisen
1. Jahrtausend v. Chr.	Eisen löst Bronze als wichtigstes Metall ab (Eisenzeit)
5. Jahrhundert v. Chr.	Verwendung eiserner Klammern zur Verankerung von Steinquadern beim Tempelbau in Griechenland
532 bis 537	Verwendung eiserner Zugstangen beim Bau der Hagia Sophia
ca. 14. Jahrhundert	Erfindung des Holzkohle-Hochofens: Eisenerz konnte bis zum Schmelzpunkt erhitzt werden, es entstand nicht schmiedbares Roheisen, das durch nachträgliches „Frischen“ (= Verbrennen des Kohlenstoffs) zu Stahl wurde
Mitte 18. Jahrhundert	Holzkohle wird durch Steinkohle ersetzt, Beginn der Verhüttung, Beginn der heutigen Stahltechnik
1777 bis 1779	Das erste größere Stahlbauwerk entsteht in England: die gusseiserne Brücke über den Severn in Coalbrookdale mit ca. 30 m Spannweite
1784	Der Engländer H. Cort entwickelt das Puddelverfahren: Der Stahl kommt nun nicht mehr mit der schädlichen Steinkohle in Berührung
1797	In Niederschlesien entsteht die erste Eisenbrücke auf dem Kontinent mit ca. 13 m Spannweite
1818 bis 1838	Palmenhaus in den Bicton Gardens, Devon, vermutlich von John Claudius Loudon, als Stahl-Glas-Konstruktion
1835	Walzen der ersten Eisenbahnschienen in Deutschland
1844 bis 1848	Palmenhaus im Königlichen Botanischen Garten Kew in London, Richard Turner, Decimus Burton, als Stahl-Glas-Konstruktion
1848	Joseph Monier erfindet den „Stahlbeton“
1851	Der Kristallpalast („Crystal Palace“) von Joseph Paxton entsteht anlässlich der Londoner Weltindustrie-Ausstellung im Hyde-Park
1852	Walzen der ersten I-Träger in Deutschland
1855	Der Engländer H. Bessemer entwickelt ein gleichnamiges Verfahren zur Verbrennung der Eisenbegleiter Kohlenstoff und Mangan
1864	W. Siemens und E. und P. Martin entwickeln ein Verfahren zur Stahlerzeugung, bei dem auch Schrott wiederaufbereitet wurde
1867	Joseph Monier erhält Patent auf seinen Stahlbeton
1869	Beginn des zwischen 1880 und 1882 fertig gestellten Palmenhauses in Wien-Schönbrunn nach Plänen des Hofsekretärs F. X. Segenschmid, das bis dahin größte Gewächshaus auf dem europäischen Kontinent
1879	C. Thomas verbessert das Bessemer-Verfahren; jetzt kann Stahl zu günstigen Preisen erzeugt werden

Abb. 152. Historischer Stahlbau: Im Palmenhaus in Wien-Schönbrunn wurden von 1880–1882 etwa 600 Tonnen Schmiedeeisen und 120 Tonnen Gusseisen verbaut. Es ist weltweit eines der Größten seiner Art.

Jahren nicht zuletzt im Zuge der Idee des Dekonstruktivismus etabliert.

Heute bietet Stahl, sowohl funktional wie auch gestalterisch, eine Alternative zum Baustoff Holz im Skelettbau. Es werden Zäune, Geländer, Gitter, Pergolen, Rankanlagen, Glashäuser, Brücken, Überdachungen etc. aus Stahl gefertigt und der Landschaftsarchitekt muss damit umgehen bzw. fachkompetent über diesen Baustoff mit anderen Projektbeteiligten kommunizieren können.

7.3.1 Nichteisenmetalle

Das Element Eisen (Fe) steht hinsichtlich der Häufigkeit in der Erdkruste mit ca. 5,1 Masse-% an vierter Stelle nach Sauerstoff, Silizium und Aluminium. Eisen ist das häufigste Gebrauchsmetall. Die Vorteile des Eisen sind seine Häufigkeit – sein natürliches Vorkommen ist na-

Tab. 7.18: Wichtige Nichteisenmetalle in Stichpunkten

Metall	Zeichen	Bedeutung/Verwendung
Aluminium	**Al**	• häufigstes Metall auf der Erde, Gewinnung meist aus Bauxit, hohe Witterungsbeständigkeit, hohe Zugfestigkeit, geringes Gewicht (ca. 2,7 g/cm³); • für Bleche, Bänder für Abdichtungszwecke, Profile, Schilder, Jalousien, Lamellenvordächer, Leitern, Fahnenstangen etc.; • wird von Säuren und Laugen zerstört, vor frischem Kalk- oder Zementmörtel schützen, darf nicht mit anderen (noch reaktionsfähigen) Metallen in Berührung kommen, als Verbindungsmittel nur verzinkte Schrauben oder Edelstahlschrauben verwenden; • Aluminium-Legierungen mit Cu, Zn, Mangan = Mn, Silicium = Si oder Magnesium = Mg
Blei	**Pb**	• schwerstes und dichtestes Gebrauchsmetall, bildet schützendes Bleioxid an der Luft; Blei und Bleiverbindungen sind giftig; • wird mit Antimon zu Hartblei = Dachdeckerblei legiert; • Bleiblech ist aufgrund seiner Beständigkeit wichtiges Schutzblech auf Dächern und an Fassaden, wurde im 16., 17. und 18. Jh. auch als Teichdichtung in Gartenanlagen verwendet
Chrom	**Cr**	• wichtiges Legierungselement zur Erzielung bestimmter Eigenschaften, z. B. für rostfreie Stähle (Edelstahl)
Kupfer	**Cu**	• für Bleche (Dächer) und Rohre (Regenfallrohre), entwickelt an feuchter Luft eine grüne Patinaschicht als Schutz und bildet mit Essigsäure giftigen Grünspan (= Cu-Acetat); • als Einlage in Wurzelschutzfolie („Kupferseele"); • als Kupfer-Zink-Legierung (Messing) für Profile, Zierbleche, Beschläge, Griffe etc.; • als Kupfer-Zinn-Legierung (= Zinnbronze) für Statuen, Glocken, Schrifttafeln, Pumpen etc. bzw. Kupfer-Zinn-Zink-Legierung (= Rotguss) für Wasserarmaturen und Beschläge; • als Kupfer-Aluminium-Legierung (= Aluminiumbronze) für Gitter, Roste, Beschläge, Tore etc.
Nickel	**Ni**	• wichtiges Legierungselement zur Erzielung bestimmter Eigenschaften von Stählen
Zink	**Zn**	• hat die größte Wärmeausdehnung unter den Baumetallen (29 mm bei 10 m Länge und 100 K); • als Korrosionsschutz (Verzinkung), Zinkstaub als Rostschutzpigment in Grundanstrichen; • als Legierung mit Titan und Kupfer zu Titanzink, meist als Blech für Dächer etc.; • als Legierung mit Kupfer: Messing

Farbtafel 11

Bild 61. Einfache Holzliegen (Landesgartenschau Kronach 2002).

Bild 62. Wandelement aus Tropenholz (Kambala).

Bild 63. Vergrauung von Lärchenholz: Bauabschnitt zeichnet sich im Brückenbelag deutlich ab.

Bild 64. Dachkonstruktion mit BSH-Trägern, Kanthölzern und OSB-Platte.

Bild 65. Holzdeck aus Bauschnittholz, Spieltisch aus Sperrholz (Landesgartenschau Kronach 2002).

Bild 66. Bambus, ein Riesengras, das sich als Baustoff eignet.

Tab. 7.19: Wärmeausdehnung von Metallen

Metall/Material	**Wärmeausdehnung bei 10 m und 100 K**
Blei, Zink	29 mm
Aluminium	24 mm
Kupfer	17 mm
Eisen, Stahl	12 mm
Beton (zum Vergleich)	10 mm

hezu nur in Form von Oxiden bzw. Eisenerz –, der vergleichsweise geringe Energieaufwand bei der Verarbeitung gegenüber anderen Metallen sowie die gute Recyclebarkeit.

Dementsprechend werden im Bauwesen die verwendbaren Metalle in zwei große Gruppen eingeteilt, in **Eisen und Stahl** und **Nichteisenmetalle (NE-Metalle)**. Dies zeigt die große Bedeutung von Eisen und Stahl gegenüber anderen Metallen. Die Abgrenzung des Begriffs **Eisen** gegenüber **Stahl** erfolgt anhand des Kohlenstoffgehalts (vgl. Kap. 7.3.2). Unter den Nichteisenmetallen sind einige für das Bauwesen besonders wichtig (vgl. Tab. 7.18).

Blei, Kupfer, Nickel, Zink und Zinn werden als „schwere NE-Metalle“ bezeichnet, Aluminium und Magnesium als „leichte NE-Metalle“ oder Leichtmetalle und Kupfer und seine Legierungen als Buntmetalle.

Konstruktiv sehr wesentlich, vor allem für die Verbindungen im Stahl- bzw. Metallbau ist das **Temperaturverhalten** der Metalle, insbesondere die Wärmeausdehnung (vgl. Tab. 7.19). Im Freien treten in der Regel Temperaturunterschiede um 50 K auf (−20 bis +30 °C) oder je nach Objektfarbe und Exposition noch deutlich mehr. Das heißt, dass bei einem 5 m langen Stahlprofil mit etwa 3 mm Längenänderung gerechnet werden muss. Bei den gleichen Bedingungen verändert sich ein Aluminiumprofil um das Doppelte.

7.3.2 Eisen und Stahl als Baustoff

Die Abgrenzung zwischen Eisen und Stahl erfolgt im Wesentlichen anhand des Kohlenstoffgehalts. Liegt dieser über 2 Masse-%, handelt es um Eisen, bis zu 2 Masse-% spricht man von Stahl.

61

62

63

64

65

66

67

68

69

70

71

Ein höherer Kohlenstoffgehalt senkt den Schmelzpunkt und erhöht die Sprödigkeit des Eisens. Stahl ist mit einem Anteil bis zu 1 % Kohlenstoff schmiedbar, bis zu 2 % Kohlenstoff härtbar.

Eisen wird im Bauwesen als Gusswerkstoff, Stahl als Guss-, Walz- und Schmiedestahl verwendet, wobei der Walzstahl den Hauptanteil darstellt. Bei einem Kohlenstoffgehalt von über 2 Masse-% spricht man von Gusseisen, bei bis zu 2 Masse-% von Stahlguss. Gusseisen ist durch den hohen Kohlenstoffgehalt spröde und weder warm, noch kalt formbar, also nicht schmiedbar. Der Begriff „Schmiedeeisen" ist demnach fachlich falsch. Als Beispiele für Gusseisen findet man die den höfischen Schmiedezäunen nachempfundenen Eisenzäune, Kanalroste und -deckel etc. Stahlguss ist jeder in Formen gegossene Stahl, der keiner nachträglichen Umformung mehr unterworfen wird. Aus Stahlguss werden Werkstücke mit spezieller Form gefertigt, für die Gusseisen in der Qualität nicht ausreicht, z. B. Brückenlager.

Stähle können nach unterschiedlichen Kriterien eingeteilt werden:
- nach der chemischen Zusammensetzung,
- nach den Gebrauchsanforderungen bzw. den Hauptgüteklassen,
- nach dem Herstellungs- und Formgebungsverfahren,
- nach Form und Abmessung.

Allgemeine Normen zu Stahlerzeugnissen (Auswahl)

DIN EN 10021 Allgemeine technische Lieferbedingungen für Stahl und Stahlerzeugnisse, Dezember 1993

DIN EN 10025-1 Warmgewalzte Erzeugnisse aus Baustählen, Teil 1: Allgemeine technische Lieferbedingungen, Februar 2005

DIN EN 10025-2 Warmgewalzte Erzeugnisse aus Baustählen, Teil 2: Technische Lieferbedingungen für unlegierte Baustähle, April 2005

DIN EN 10025-3 Warmgewalzte Erzeugnisse aus Baustählen, Teil 3: Technische Lieferbedingungen für normalgeglühte/normalisierend gewalzte schweißgeeignete Feinkornbaustähle, Februar 2005

DIN EN 10025-4 Warmgewalzte Erzeugnisse aus Baustählen, Teil 4: Technische Lieferbedingungen für thermomechanisch gewalzte schweißgeeignete Feinkornbaustähle, April 2005

DIN EN 10025-5 Warmgewalzte Erzeugnisse aus Baustählen, Teil 5: Technische Lieferbedingungen für wetterfeste Baustähle, Februar 2005

DIN EN 10025-6 Warmgewalzte Erzeugnisse aus Baustählen, Teil 6: Technische Lieferbedingungen für Flacherzeugnisse aus Stählen mit höherer Streckgrenze im vergüteten Zustand, Februar 2005

DIN EN 10027-1 Bezeichnungssysteme für Stähle, Teil 1: Kurznamen, Oktober 2005

DIN EN 10027-2 Bezeichnungssysteme für Stähle, Teil 2: Nummernsystem, September 1992

DIN EN 10079 Begriffsbestimmungen für Stahlerzeugnisse, Februar 1993

Farbtafel 12

Bild 67. Verkleidung aus grün patiniertem Kupferblech.

Bild 68. Eisenglimmergrau lackierte L-Profile, Edelstahlrundrohr und Dach aus Alu-Wellblech.

Bild 69. Buswartehäuschen aus Cortenstahl-Blech (Landshut).

Bild 70. „Zinkblumen" auf feuerverzinkten Oberflächen.

Bild 71. Pergola aus weiß lackierten Stahlprofilen, Edelstahlrundrohr, Stahlseilen und verzinkten Gitterrosten (Rapperswil, CH).

Bei **unlegierten Stählen** liegt der Gehalt an Legierungselementen unter einem bestimmten Prozentsatz, z. B.: Al < 0,1 %, Cr, Ni < 0,3 %, Cu, Pb < 0,4 %. **Wetterfeste Baustähle** haben geringe Legierungszusätze von Cr und Cu. Diese bewirken bei ungeschütztem Einsatz einen im Vergleich zu unlegierten Stählen erhöhten Widerstand gegen atmosphärische Korrosion. Auf ihrer Oberfläche bildet sich unter dem Einfluss der Witterung eine schützende Rostschicht, ein Effekt den der Corten-Stahl sich zunutze macht.

Bei **legierten Stählen** muss der Gehalt an Legierungselementen über einem bestimmten Grenzwert liegen. Als **hochfeste Feinkornbaustähle** bezeichnet man niedrig legierte Stähle mit niedrigen C-Gehalten, die günstig für die Schweißeignung wirken. **Legierter Edelstahl** ist nicht rostend und hat einen C-Gehalt, der unter 1,2 % liegt, und enthält mindestens 12 % Chrom und einen Zusatz von Nickel und/oder Molybdän. Er benötigt keinen Oberflächenschutz gegen Korrosion. Die wichtigsten Stahlsorten im Stahlbau sind die warm gewalzten unlegierten Baustähle nach DIN EN 10025.

Je nach Sorte, Legierung, Güte und Verwendungszweck werden die Stahlarten mit einer Kurzbezeichnung, die sich aus Buchstaben und Ziffern zusammensetzt, bezeichnet. Die Bezeichnungsvorschriften sind in den Euronormen DIN EN 10027–1 (Kurznamen) und 10027–2 (Nummernsystem) enthalten.

Aus sogenanntem Halbzeug (Vorblöcke, Knüppel, Brammen und Warmband) werden verarbeitbare Fertigstahlerzeugnisse hergestellt, die nach der DIN EN 10079 in zwei Gruppen eingeteilt werden, die Profil- oder Langerzeugnisse und die Flacherzeugnisse.

Langerzeugnisse

Profil- oder Langerzeugnisse haben einen über ihre Länge konstanten Querschnitt, dessen Form und Abmessungen in besonderen Normen und Vorschriften festgelegt sind. Die Oberfläche ist glatt oder besitzt gewollte Erhöhungen oder Vertiefungen. Die Normallängen reichen von 3 bzw. 6 bis 12 m, bei I-Trägern mit mehr als 300 mm Profilhöhe sogar bis 18 m. Folgende wichtige Gruppen gehören dazu: Drähte, Stäbe, Profile, Hohlprofile und Rohre.

(Walz-)Draht

Diese Gruppe umfasst warm gewalzten Draht, kalt geformten gezogenen Draht sowie Drahtseile aus Drähten mit besonderen Eigenschaften und bestimmten Seileinlagen.

Vor allem die Stahlseile haben als Rankhilfen für Kletterpflanzen zur Objektbegrünung eine große Bedeutung in der Landschaftsarchitektur. Die Verarbeitung der Einzeldrähte zu Seilen kann in verschiedenen Verseilungsarten geschehen, als Spiralseil, als Litzenseil oder als voll verschlossenes Seil.

Abb. 153. Edelstahlseile.

Abb. 154. Stabstahl.

Für die Ansprüche im Garten- und Landschaftsbau genügen im Normalfall Rundlitzen- und Spiralseile. Die Dicke der Seile ist sehr variabel: Spiralseile werden bereits mit 0,6 mm Dicke hergestellt, voll verschlossene Seile können bis zu 180 mm dick sein.

Je nach Hersteller gehören Stahlseile, in der Regel sind dies Edelstahlseile, von 1 bis 16 mm Durchmesser zum Standardsortiment. Die Dicke der Seile sollte ggf. zwingend auf die Pflanzenverwendung abgestimmt werden.

Tab. 7.20: Stabstahl

Querschnittsform	Abmessungen
halbrund	d = 16, 20, 26, 30, 40, 50, 60, 75 mm
flach-halbrund	d = 16 bis 65 mm
rund	d = 8 bis 200 mm
vierkant	d = 8 bis 120 mm
sechskant, achtkant	d = 13 bis 88 (103) mm
rechteckig (Flachstahl)	5 × 10 bis 60 × 150 mm

Als Ergänzung zu den Stahlseilen gibt es im Handel eine Vielzahl von End- und Befestigungsstücken sowie Abstandshalter und Befestigungselemente zur Wandmontage.

Stabstahl

Als Stabstahl bezeichnet man gewalzte Vollstäbe mit unterschiedlicher Querschnittsform ab d = 8 mm. Die wichtigsten sind rund, halbrund, quadratisch, (flach-)rechteckig, sechs- oder achteckig (vgl. Tab. 7.20).

Auch T-, Z-, U- und L- Stähle werden bis 80 mm Steghöhe den Stabstählen zugerechnet.

Profile, Formstahl

Zu den Formstählen zählen die I-, IPE- und HE-Profile, sowie U- und L-Profile mit mehr als 80 mm Steghöhe.

Rohre, Hohlprofile

Zur Gruppe der Rohre und Hohlprofile zählen warm- und kaltgefertigte Quadrat- und Rechteckhohlprofile, warmgefertigte Rund-Hohlprofile sowie nahtlose oder geschweißte Gewinderohre.

Aus der Weiterverarbeitung von Langerzeugnissen (Flachstahl, L-Stahl etc.) entstehen beispielsweise die nachfolgend aufgeführten Produkte.

Gitterroste

Gitterroste haben den Vorteil, bei geringem Eigengewicht sehr tragfähig zu sein. Sie werden bevorzugt als Beläge bzw. Treppenstufen verwendet. Die hohe Durchlässigkeit ermöglicht einen guten Wasserabfluss. Damit besteht eine geringe Korrosionsgefahr und stärkere Verschmutzung wird verhindert. Überdies ist ein schneller und einfacher Ein- und Ausbau möglich.

Tab. 7.21: Wichtige Stahlprofile im Überblick (Scholz und Hiese, 2003)

	Bezeichnung/Kurzzeichen	Querschnitt	Abmessungen (in mm)
1.	**Schmale I-Träger** mit geneigten inneren Flanschflächen, **I-Reihe** **I** DIN 1025-1	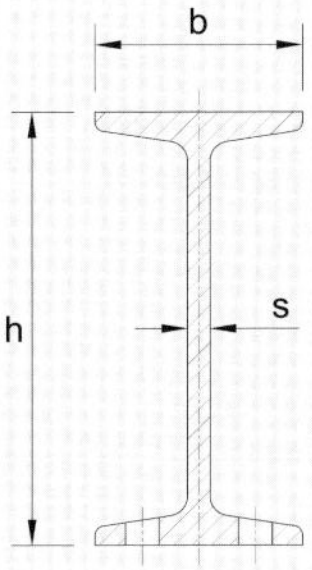	h = 80 bis 550 b = 42 bis 200 s = 3,9 bis 19,0
2.	**Mittelbreite I-Träger, IPE-Reihe** **IPE** DIN 1025-5	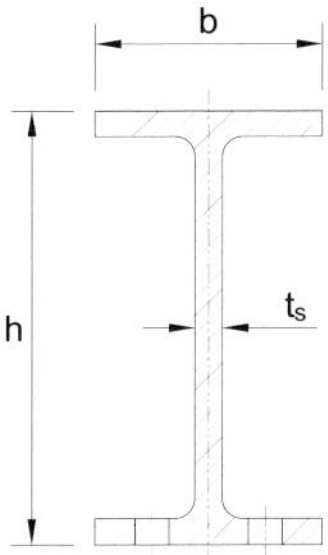	h = 80 bis 600 b = 46 bis 220 t_s = 3,8 bis 12,0
	IPEo (o = optimal) **IPEv** (v = Steg und Flansch verstärkt) nicht genormt		h = 182 bis 618 b = 92 bis 228 t_s = 6,0 bis 18,0
	IPEa = IPEl (l = leicht) nicht genormt		h = 78 bis 597 b = 46 bis 220 t_s = 3,3 bis 9,8
	IPE 750 nicht genormt		h = 753 bis 770 b = 263 bis 268 t_s = 11,5 bis 15,6
3.	**Breite I-Träger** mit parallelen Flanschflächen, **Reihe HE, HD, HP** **HE-AA = IPBll** (ll = besonders leicht) nicht genormt	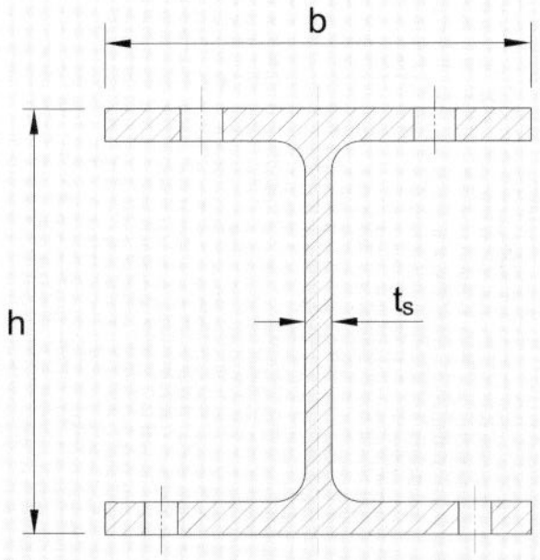	h = 91 bis 970 b = 100 bis 300 t_s = 4,2 bis 16,0
	HE-A = IPBl (l = leicht) DIN 1025-3		h = 96 bis 990 b = 100 bis 300 t_s = 5,0 bis 16,5
	HE-B = IPB DIN 1025-2		h = 100 bis 1000 b = 100 bis 300 t_s = 6 bis 19
	HL mit besonderer Breite und Höhe nicht genormt		h = 970 bis 1118 b = 400 bis 408 t_s = 16,5 bis 26,0

Tab. 7.21: Fortsetzung

3.	**HE-M = IPBv** (v = Flansch verstärkt) DIN 1025–4 **HE** (größer als HE-M) nicht genormt **HD** (Breitflansch-Stützenprofile) (z. T. nach amerikanischer Norm) **HP** (Flansch und Steg gleich dick) (z. T. nach britischer Norm)	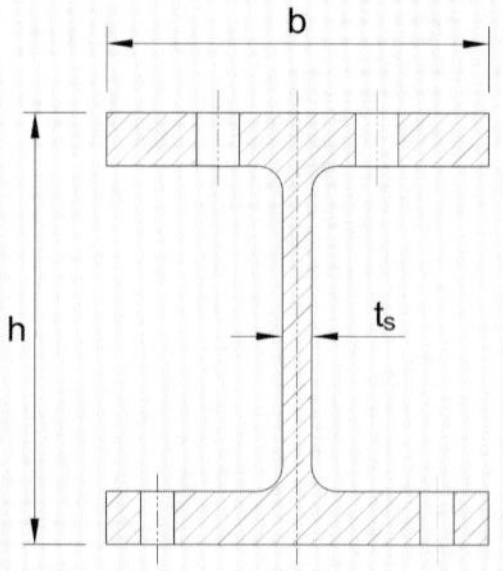	h = 120 bis 1008 b = 106 bis 302 t_s = 12 bis 21 h = 444 bis 1036 b = 305 bis 314 t_s = 25,5 bis 30,5 h = 244 bis 569 b = 260 bis 454 t_s = 6,5 bis 78,0 h = 210 bis 372 b = 224,5 bis 402 t_s = 11 bis 26
4.	**Rundkantiger U-Stahl** mit geneigten inneren Flanschflächen **U** DIN 1026	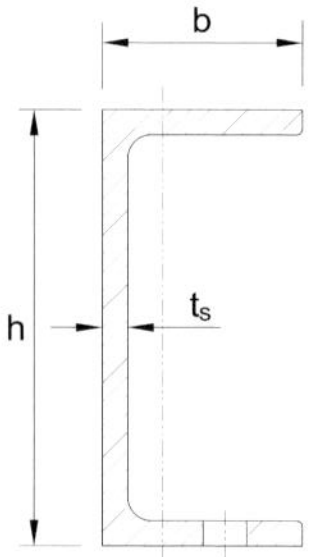	h = 30 bis 400 b = 15 bis 110 t_s = 4 bis 14
	U-Stahl mit parallelen Flanschflächen **UAP** (Arbed) NF A 45–225 (France) **UPE** (Peiner Träger GmbH) Werksnorm	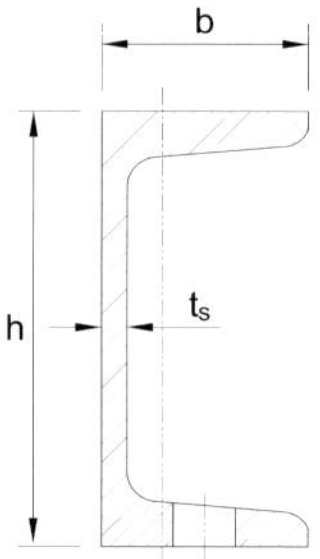	h = 80 bis 300 b = 45 bis 100 t_s = 5,0 bis 9,5 h = 80 bis 400 b = 50 bis 115 t_s = 4,0 bis 13,5
5.	**T-Stahl** rundkantig, breitfüßig (links) **TB** DIN 1024	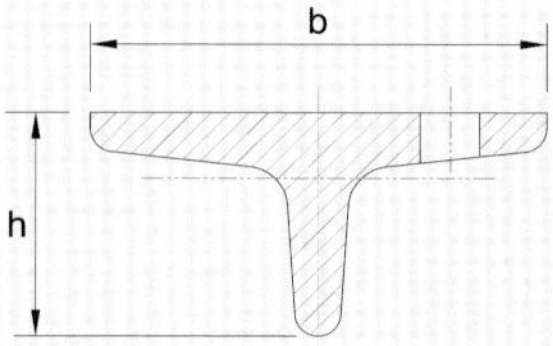	h = 30 bis 60 b = 60 bis 120

Tab. 7.21: Fortsetzung

	T-Stahl rundkantig, hochstegig, warmgewalzt **T** DIN EN 10055	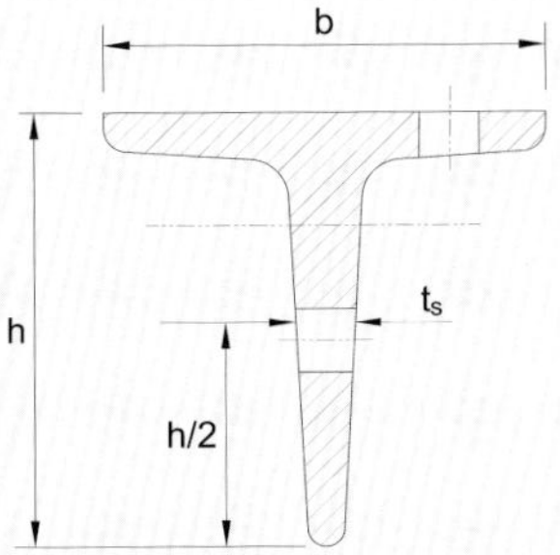	h = 30 bis 140 b = 30 bis 140 t_s = 4 bis 15
	T-Stahl scharfkantig mit parallelen Steg- und Flanschflächen (rechts) **TPS** DIN 59051	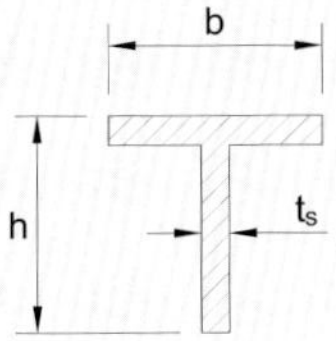	h = 20 bis 40 b = 20 bis 40 t_s = 3 bis 5
6.	**Gleichschenkliger L-Stahl**, rundkantig, warmgewalzt **L** DIN EN 10056–1	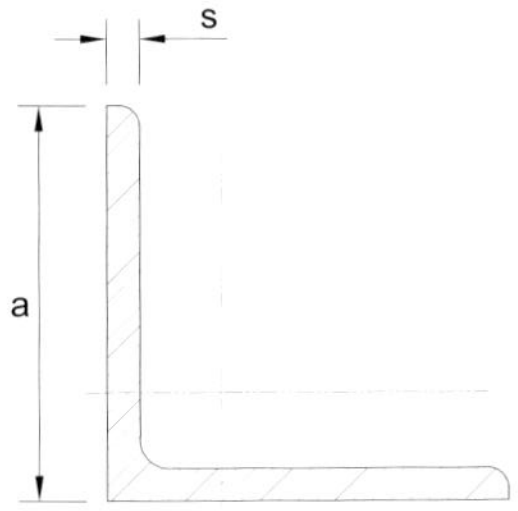	a = 20 bis 250 s = 3 bis 35
	Gleichschenkliger L-Stahl, scharfkantig, warmgewalzt (links) **LS** DIN 1022	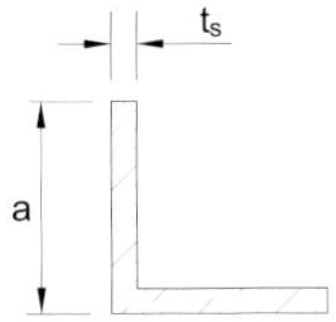	a = 20 bis 50 t_s = 3 bis 5
7.	**Ungleichschenkliger L-Stahl**, rundkantig, warmgewalzt (rechts) **L** DIN EN 10056–1	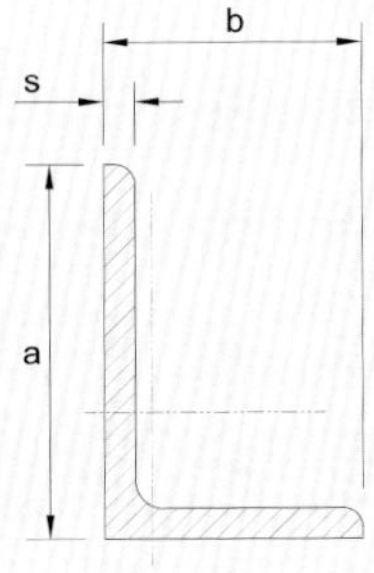	a × b = 30 × 20 bis 200 × 150 bzw. 250 × 90 s = 3 bis 16

Tab. 7.21: Fortsetzung

8.	**Rundkantiger Z-Stahl**, warmgewalzt **Z** DIN 1027	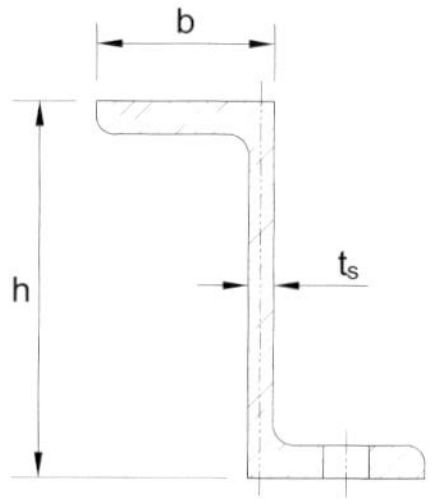	h = 30 bis 160 b = 38 bis 70 t_s = 4,0 bis 8,5
9.	**Quadrat-Hohlprofile**, warmgefertigt, nahtlos oder geschweißt, DIN EN 10210–2	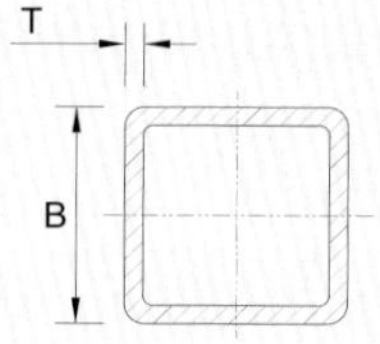	B = 40 bis 400 T = 3 bis 16
	Quadrat-Hohlprofile kaltgefertigt, geschweißt (Auswahl) DIN EN 10219–2		B = 20 bis 400 T = 2,0 bis 12,5
10.	**Rechteck-Hohlprofile**, warmgefertigt, nahtlos oder geschweißt (Auswahl), DIN EN 10210–2	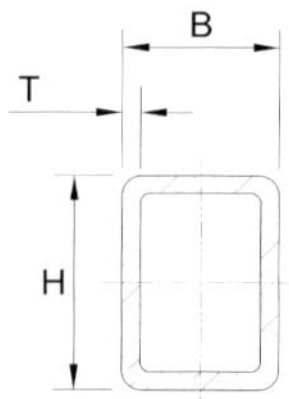	H = 50 bis 500 B = 30 bis 300 T = 3 bis 20
	Rechteck-Hohlprofile kaltgefertigt, geschweißt (Auswahl) DIN EN 10219–2		H = 40 bis 400 B = 20 bis 300 T = 2 bis 12
11.	**Kreisförmige Hohlprofile**, kaltgefertigt; geschweißt bzw. warmgefertigt, nahtlos oder geschweißt (Auswahl) DIN EN 10210–2, DIN EN 10219–2	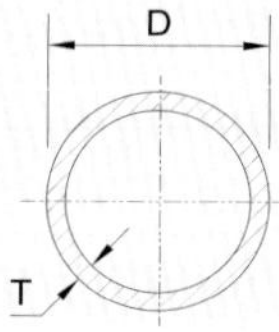	D = 33,7 bis 1219 T = 2,6 bis 25,0
12.	**Gewinderohre**, nahtlos oder geschweißt, Regel-Lieferart ohne Gewinde, **mittelschwer**, DIN 2440		D = 10,2 bis 165,1 T = 2,00 bis 4,85
	Gewinderohre, nahtlos oder geschweißt, **schwer**, DIN 2441		D = 10,2 bis 165,1 T = 2,65 bis 5,40

Je nach Form und Verarbeitung der Trag- und Querstäbe unterscheidet man Einpress-Gitterroste aus Tragstäben, Querstäben und Randeinfassung, Schweißpress-Gitterroste aus Tragstäben und gedrillten Querstäben ohne Randeinfassung, KS60- und Schwerlast-Gitterroste für erhöhte Belastungsanforderungen sowie Gleitschutz-Sicherheitsroste für erhöhte Anforderungen an Rutschhemmung und hohe Stabilität. Die Maschenweite beträgt bei den meisten Gitterrosten 10 bis 40 mm, die verfügbaren Höhen bewegen sich bei den Normrosten zwischen 20 und 50 mm. Zum Lieferprogramm gehören

Abb. 155. Langerzeugnisse: Stahlseile, Stabstahl, Stahlrundrohre (Rundhohlprofile), Profilstahl (H-Profile) im MFO-Park, Zürich.

außer den Normgitterrosten auch Treppenstufen, die mit Sicherheits-Antrittskanten hergestellt werden, sowie die nötigen Sicherungssysteme.

Flacherzeugnisse

Flacherzeugnisse haben einen etwa rechteckigen Querschnitt, dessen Breite viel größer ist als seine Dicke. Die Oberfläche ist glatt oder besitzt gewollte Erhöhungen oder Vertiefungen.

Zu den Flacherzeugnissen gehören im Wesentlichen Breitflachstähle mit einer Breite von über 150 bis 1250 mm und einer Dicke > 4 mm, Bandstahl und Bleche. Man unterscheidet warmgewalzte Flacherzeugnisse ohne Oberflächenveredelung, z. B. Breitflachstahl, Blech, Band, kaltgewalzte Flacherzeugnisse ohne Oberflächenveredelung, Verpackungsblech und -band aus weichem unlegiertem Stahl, Flacherzeugnisse mit Oberflächenveredelung, Blech oder Band mit ein- oder zweiseitigen metallischen Überzügen oder anderen Beschichtungen (verzinkt, farb-, folienbeschichtet, emailliert etc.), profilierte Bleche wie Wellblech oder geripptes Blech sowie zusammengesetzte Flacherzeugnisse, z. B. „Sandwichbleche“.

Abb. 156. Flacherzeugnisse: Breitflachstähle 200 × 5 mm für Wegeeinfassungen.

Breitflachstahl und Bandstahl

Breitflachstahl gibt es in den Breiten 160, 180, 200, 220, 240, 250, 260, 280, 300, 320, ... 400, 450, 500, ... 800, 900, 1000, 1100 mm und 1200 mm und in Dicken von 5, 6, 7, 8, 10, 12, 15, 20, 25, 30, 40, 50, 60 und 80 mm. Breitflachstahl ist im Landschaftsbau beispielsweise als Wegeeinfassung verwendbar und kann dazu auf T-Profil-Stücke geschweißt werden, die dann in Punkt- oder Streifenfundamente gesetzt werden. Bandstahl ist in Breiten von 5 bis 260 mm und Dicken von 0,5 bis 5 mm üblicherweise erhältlich.

Blech

Bleche werden entsprechend ihrer Dicke eingeteilt in

- **Feinbleche** mit einer Dicke von 0,20 bis 2,75 mm, sie werden üblicherweise in Tafelgrößen von 530 × 760 mm, 800 × 1600 mm, 1000 × 2000 mm, 1250 × 2500 mm und 1500 × 3000 mm angeboten,
- **Mittelbleche** mit einer Dicke von 3,00 bis 4,75 mm und Tafelgrößen von 1000 × 2000 mm, 1250 × 2500 mm und 1500 × 3000 mm,
- **Grobbleche** in Dicken von 5 bis 100 mm und Tafelgrößen von 1000 × 2000 mm, 1250 × 2500 mm und 1500 × 3000 mm.

Profilierte Bleche gibt es als

- **Riffelbleche** mit einer Grunddicke von 3 bis 15 mm,
- **Tränenbleche** mit einer Grunddicke von 3 bis 13 mm,
- **Wellbleche** in Dicken von 0,44 bis 2,5 mm und Wellenhöhen von 15 bis 88 mm,
- **Pfannenbleche** in den Dicken 0,63, 0,75, 0,88 und 1,00 mm.

Anwendungsbeispiele für Baumetalle zeigt Farbtafel 12, Seite 273.

Abb. 157. Stufen aus sog. Tränenblech (Aussichtsturm im Oerliker Park, Zürich).

Wichtige Normen zu Stahlerzeugnissen (Auswahl)

Langerzeugnisse

DIN 1013–1 Warmgewalzter Rundstahl, November 1976
DIN 1014–1 Warmgewalzter Vierkantstahl, Juli 1978
DIN 1022 Warmgewalzter Winkelstahl, April 2004
DIN 1025–1 bis 5 Warmgewalzte I-Träger, 1994, 1995 (E 2008)
DIN 1027 Warmgewalzter rundkantiger Z-Stahl, April 2004
DIN 59051 Warmgewalzter scharfkantiger T-Stahl, April 2004
DIN EN 10056–1 und –2 Gleichschenkliger und ungleichschenkliger L-Stahl, 1998, 1994
DIN 2440/41 Mittelschwere/schwere Gewinderohre, Juni 1978
DIN EN 10210–2 Warmgefertigte Hohlprofile (Quadrat, Rechteck, Kreis), Juli 2006
DIN EN 10219–2 Kaltgefertigte geschweißte Hohlprofile (Quadrat, Rechteck, Kreis), Juli 2006

Flacherzeugnisse

DIN 1017–1 Warmgewalzter Flachstahl, April 1967
DIN EN 10029 Warmgewalztes Stahlblech, Oktober 1991
DIN EN 10048 Warmgewalzter Bandstahl, Oktober 1996
DIN EN 10051 Warmgewalztes Blech und Band, November 1997
DIN EN 10131 Kaltgewalztes Breitband, Januar 1992
DIN EN 10140 Kaltband, Oktober 1996
DIN EN 10258 Kaltband aus nichtrostendem Stahl, Juli 1997
DIN EN 10259 Kaltbreitband und Blech aus nichtrostendem Stahl, Juli 1997

7.3.3 Metallverarbeitende Gewerke

Im Baubereich erfolgt die Bearbeitung der Metalle vorwiegend in folgenden Gewerken:

- als **Schmiedearbeiten**; diese hatten früher große Bedeutung, zählen jedoch heute teilweise schon zum Kunsthandwerk (Kunstschmied),
- als Metallbau- oder **Schlosserarbeiten** entsprechend DIN 18360, die heute gegenüber den Schmiedearbeiten die größere Bedeutung haben,
- als Stahlbauarbeiten entsprechend DIN 18335, bei denen Bauwerke wie Hallen, Vordächer, Bühnen, Brücken u. a. Bauten erstellt werden.

Für die Landschaftsarchitektur sind insbesondere die ersten beiden von Bedeutung. Da im Freien Metalle immer einen Oberflächenschutz gegen Korrosion benötigen, können noch folgende Gewerke von Interesse sein:

- **Korrosionsschutzarbeiten** an Stahl- und Aluminiumbauten entsprechend DIN 18364, vorwiegend in Form von Feuerverzinkungen; dieses Gewerk wird in der Regel nicht vom Landschaftsarchitekten ausgeschrieben, da meist bereits geschützte Stahlbauteile verwendet werden; eine Kontrolle bzw. Überprüfung des Korrosionsschutzes ist aber durchaus im Rahmen der Erstellung der Außenanlage notwendig und fällt in die Bauleitung des Landschaftsarchitekten.
- **Anstricharbeiten und Beschichtungen** entsprechend DIN 18363 zum Schutz der Oberfläche vor den Einflüssen von Luft und Wasser. Hier gilt Ähnliches wie beim Korrosionsschutz.

Aufgrund ihrer Relevanz für die Freiraumplanung sollen die Gewerke Schmiede- und Schlosserarbeiten hier jeweils hinsichtlich Formgebung, Verbindungen, verwendeter Werkstoffe und Anwendungen kurz vorgestellt werden.

Normen zu Metallbau-Gewerken

VOB Vergabe- und Vertragsordnung für Bauleistungen – Teil C: Allgemeine Technische Vertragsbedingungen für Bauleistungen (ATV):
DIN 18335 Stahlbauarbeiten, Dezember 2002
DIN 18360 Metallbauarbeiten, Dezember 2002
DIN 18363 Maler- und Lackiererarbeiten – Beschichtungen, Oktober 2006
DIN 18364 Korrosionsschutzarbeiten an Stahlbauten, Oktober 2006

Schmiedearbeiten

Unter Schmiedearbeiten versteht man die Umformung bestimmter Stahlerzeugnisse durch Hammerschläge, Pressen oder Stempel nach Erwärmung im Feuer unter Sauerstoffzufuhr auf rot bis weiß glühenden Zustand. Für Außenanlagen relevante Schmiedearbeiten werden überwiegend als Handarbeit ohne Maschineneinsatz durchgeführt. Daher werden sie heute teilweise schon dem Kunsthandwerk zugeordnet. Die dadurch entstehenden Kosten sind relativ hoch.

Beim maschinellen Schmieden werden Hämmer und Pressen maschinell angetrieben. Dies ermöglicht die Herstellung hochwertiger Werkstücke in kurzer Zeit. Schmiedearbeiten spielen im Landschaftsbau insgesamt eine begrenzte Rolle. In der Detailarbeit, besonders in Arbeitsgebieten wie der Gartendenkmalpflege oder der Stadt- und Dorfsanierung, ist diese jedoch nicht zu unterschätzen.

Die Formgebung beim Handschmieden erfolgt durch Hammerschläge auf einer Unterlage, dem Amboss. Als Grundtechniken unterscheidet man beispielsweise Strecken, Breitziehen, Stauchen, Lochen, Spalten, Absetzen, Ansetzen, Einballen und Torsieren.

Verbindungen zwischen einzelnen Metallteilen werden durch Schweißung oder durch Nietungen (vgl. Kap. 8.3.1) realisiert. Beim Schweißen oder auch Feuerschweißen werden die beiden zu verbindenden Teile auf weiß glühenden Zustand, d. h. breiig, erhitzt und durch Überlappung oder Aufschweißung (= Übereinanderlegen) verbunden. Für die Nietung werden bei der Schmiedetechnik zwei Werkteile gelocht. In die Öffnungen wird ein gelbwarmer Rundstahl eingeführt. Durch Breithämmern der Stabenden werden die Werkteile verbunden.

Zum Schmieden werden überwiegend Stab- bzw. Flachstähle verwendet. Schmiedearbeiten werden heute noch bei der Erstellung kunstvollerer Zauntypen oder Geländer durchgeführt, z. B. in der Dorf- und Stadtsanierung, teilweise auch für Ziergitter und Zierdetails als Kunsthandwerk, jedoch auch in zeitgemäßer Gestalt. Gegenüber den Schlosserarbeiten hat die Schmiedekunst jedoch stark an Bedeutung verloren.

Bei den **Metallbau- bzw. Schlosserarbeiten** erfolgt die Bearbeitung der Werkstoffe im Gegensatz zum Schmieden meist maschinell und vorwiegend im kalten Zustand.

Weiterhin unterscheidet man die „spanlose“ und die „spanende“ Formgebung, je nachdem, ob Späne des Metalls abgelöst werden oder nicht.

Man unterscheidet lösbare und nicht lösbare Verbindungen. Zu den lösbaren Verbindungen gehören Schraubverbindungen sowie Stift- und Bolzenverbindungen (vgl. Kap. 8.3.2), zu den nicht lösbaren Verbindungstechniken die Nietung, Löten, Schweißen und Klebeverbindungen. Nicht lösbare Verbindungen können nur durch

Abb. 158. Schlosserarbeiten: Feuerverzinkte Konstruktion aus Stahlprofilen mit Überdachung und Sonnensegel.

Zerstörung, z. B. der Niet- und Schweißverbindungen, oder durch Erwärmung, z. B. der Lötverbindungen, wieder rückgängig gemacht werden (vgl. Kap. 8.3.1).

Für Schlosserarbeiten werden nahezu alle Flach- und Langerzeugnisse genutzt, d. h. Bleche, Stahlseile, Bänder, Stabstähle, Profile etc. Dementsprechend kommen sie zur Anwendung beim Zaun- und Pergolenbau, bei Außentreppen, Stegen und Überbrückungen, Überdachungen und Vordächern, Gittern und Geländern, Rankanlagen, künstlerischen Installationen etc.

Zusätzlich werden von zahlreichen Herstellern vorgefertigte Stahlprodukte wie Gitterroste, Zaunmatten, Absperrungen, Baumschutzgitter, Gussprodukte etc. angeboten.

7.3.4 Oberflächenschutz

Unedle Metalle werden durch äußere Einflüsse mit der Zeit angegriffen und zerstört. Ursache dafür sind chemische Reaktionen mit Stoffen, die in der Luft bzw. im Wasser enthalten sind. Als Folge dieser Reaktionen bildet sich beispielsweise bei Eisen und Stahl Rost, bei Kupfer grüne Patina. Wetterfeste Stähle, z. B. Corten-Stahl, machen sich diese Reaktion (Oxidation) mit der Luft gezielt zu Nutze: Sie bilden nach dem Einbau unter dem Einfluss der atmosphärischen Umgebung eine dünne Rostschicht. Diese wirkt für den darunter liegenden Stahl passivierend und verhindert damit eine weitere Korrosion. Bei der Verwendung von Corten-Stahl ist zu berücksichtigen, dass die Rostschicht auswäscht und ggf. Flecken verursacht. Überdies sollte

Tab. 7.22: Schmiede- und Schlosserarbeiten im Vergleich

	Schmiedearbeiten	**Schlosserarbeiten**
Geltende Norm	–	DIN 18 360
Formgebung	heiß, in glühendem Zustand	überwiegend kalt
Formgebung, Technik	neun Grundtechniken zur überwiegend ornamentalen Gestaltung, überwiegend Handarbeit	Techniken der spanlosen oder spanenden Formgebung, überwiegend funktionale Gestaltung, überwiegend maschinell
Verbindungen	warm bzw. heiß, nicht lösbar	warm und kalt, lösbar und unlösbar
... nicht lösbar	(Feuer-)Schweißen, Nieten (nur Warmnietung)	Schmelzschweißen, Pressschweißen, Löten, Nieten (Kalt- oder Warmnietung), Kleben
... lösbar	–	Schrauben, Stifte, Bolzen
Werkstoffe	ganz überwiegend Stabstahl	alle Flach- und Langerzeugnisse
Anwendung/ Bedeutung	Zäune, Geländer und Gitter, überwiegend in der Gartendenkmalpflege und in der Stadt- und Dorfsanierung; künstlerisch gestaltete Ausstattungen, eher seltener Bestandteil der Freianlagengewerke	Zäune, Gitter, Geländer, Pergolen, Überdachungen, Stege, Brücken, Wegeeinfassungen etc., auch in Kombination mit Holz, künstlerisch gestaltete Ausstattungen, häufiger Bestandteil der Freianlagengewerke

ein guter Wasserabfluss und immer wieder ein schnelles Abtrocknen ermöglicht werden. Diese Stähle sind also nach Möglichkeit nicht waagerecht einzubauen.

Um die Metalle vor der natürlichen Zerstörung zu schützen, unterscheidet man aktiven Korrosionsschutz, z. B. durch Konstruktion, Wahl des Metalls etc., und passiven Korrosionsschutz durch schützende Überzüge.

Einen Korrosionsschutz können **metallische Überzüge** aus Zink, Kupfer, Blei oder Aluminium darstellen. Im Außenbereich ist davon die Verzinkung die wichtigste Schutzmethode. Man unterscheidet verschiedene Methoden wie Spritzverzinkung, galvanisches Verzinken und andere, von denen sich das Feuerverzinken als Langzeitrostschutz bewährt hat. Dabei werden Metallteile in einen Behälter mit flüssigem Zink getaucht, sodass sie einen Überzug erhalten. Wichtig für die Verwendung im Außenbereich ist, dass alle Bereiche des Metallteils lückenlos verzinkt sind, d. h. auch die Innenseiten von Profilen etc., und die Verzinkung bei der Montage nicht verletzt wird.

Zu den **organischen Überzügen** zählen Farb- und Lacküberzüge, die Bindemittel wie Leinöl, Chlorkautschuk, Epoxydharz, Polyurethan etc., Pigmente und Lösungs- oder Verdünnungsmittel wie Terpentin oder Benzin enthalten. Die Beschichtung kann in flüssiger, pastenförmiger oder pulverförmiger Form erfolgen. Drei Arbeitsschritte sind dazu erforderlich, die Untergrundvorbereitung, die Haftgrundierung und die Anstrichausführung.

Kunststoffüberzüge bieten einen besonders wirksamen Korrosionsschutz. Sie bestehen aus Polyvinylchlorid, Polyethylen oder Polyurethan. Sie werden durch Eintauchen, Flammspritzen oder Wirbelsintern aufgebracht. Ein bekanntes Beispiel ist der kunststoffummantelte Maschendrahtzaun. Eine Sonderform sind kunststoffbeschichtete Verbundwerkstoffe, z. B. mit Kunststoffen überzogene Bleche, die in bestimmten Verfahren hergestellt werden (vgl. Farbtafel 12, Seite 273).

8 Verbindungen im Holz- und Stahlbau

Die Qualität einer Konstruktion im Skelettbau ist nicht nur abhängig von der Qualität und der Dimensionierung ihrer stabförmigen Bauteile, sondern auch von der Art und Weise, wie die einzelnen Bauteile miteinander verbunden sind, den Anschlüssen, Knotenpunkten oder Verbindungen der Bauteile untereinander. Die Verbindungen stellen gewissermaßen die Grundmodule eines jeden Stabwerks dar. Die Konzeption der Verbindungen bestimmt die Konstruktion sowohl funktional als auch gestalterisch.

Über die Verbindungen werden die Kräfte übertragen, sie leisten einen wesentlichen Beitrag zur Statik. Darüber hinaus bestimmen sie den Bauablauf als wesentliches Kriterium für die Montage der Konstruktion im Betrieb oder auf der Baustelle. Meist prägen die Punkte, an denen zwei Bauteile miteinander verbunden sind, das Gesamtbauwerk auch gestalterisch maßgeblich mit, da sie vielfach an exponierter gut sichtbarer Stelle liegen, beispielsweise die Verbindung zwischen Stütze und Pfette einer Pergola. Bevor die unterschiedlichen konstruktiven Elemente des Skelettbaus eingehender betrachtet werden, sollen daher vorab die Verbindungen als kleinste konstruktive Einheiten des Skelettbaus behandelt werden.

Grundsätzlich können drei Kombinationen im Skelettbau vorkommen: Verbunden wird Holz mit Holz, Stahl mit Stahl oder Holz mit Stahl. In jedem dieser drei Fälle können die Bauteile direkt miteinander verbunden werden oder mit Hilfe eines Verbindungsmittels, das wiederum aus Holz oder Stahl bestehen kann (vgl. Tab. 8.1). Die Möglichkeiten sind vielfältig und erfordern planerische Detailarbeit (vgl. Farbtafeln 13 und 14, Seiten 304 und 305).

8.1 Holzverbindungen

Die geschichtliche Entwicklung der Verbindungen im Holzbau war eng verknüpft mit der Entwicklung der Werkzeuge. Die Ablösung der Faustkeile durch Steinbeile in der mittleren Steinzeit um 8000 v. Chr., später die Einführung der Bronze und das Schmieden von Eisen brachten hier große Fortschritte.

Die ältesten Holzverbindungen sind vermutlich die natürlichen Holzverbindungen, bei denen beispielsweise Stangen in Astgabeln gelegt wurden. Diese Technik war ab der Mittelsteinzeit beim Bauen von Zelten und Unterkünften so weit verbreitet, dass sich wohl der Begriff „Giebel“ davon abgeleitet hat.

Verschränkungen, wie sie als Eckverbindung im Blockhausbau typisch sind, gibt es seit mindestens 7000 Jahren.

Tab. 8.1: Systematik der Verbindungen im Skelettbau

		Bauteil	+	Verbindungsmittel	+	Bauteil	=	Verbindung (Bezeichnung)
SKELETTBAU	HOLZBAU	Holz		– ohne Bearbeitung		Holz	=	Natürliche Holzverbindung
		Holz	+	Bindemittel, z. B. Seil, Sisal	+	Holz	=	Gebundene (Seil-) Seil, Sisal, Verbindungen
		Holz		– mit Bearbeitung		Holz	=	Zimmermannsverbindung
		Holz	+	Holz, z. B. Holzdübel	+	Holz	=	Mechanische Holzverbindung = Ingenieur-Verbindung
		Holz	+	Stahl, z. B. Schraube	+	Holz	=	
	STAHLBAU	Stahl		– Erhitzen, Kleben		Stahl	=	Unlösbare Verbindung, z. B. Schweißen
		Stahl	+	Stahl, z. B. Niet	+	Stahl	=	Unlösbare Verbindung, z. B. Nieten
		Stahl	+	Stahl, z. B. Schraube	+	Stahl	=	Lösbare Verbindung, Schraubverbindung
		Stahl		–		Holz		
		Stahl		Stahl, z. B. Schraube		Holz		

Die frühesten Verbindungsmittel waren Seile und andere, vielfach pflanzliche Bindematerialien, mit denen die Bauteile umschlungen bzw. verknüpft wurden. Daneben kamen auch bald Keile, Holznägel oder Zapfen zum Einsatz, die Vorläufer der traditionellen Holzverbindungen von heute (Gerner, 2000).

Im asiatischen Raum waren bereits um 3000 v. Chr. differenziert gearbeitete Holzverbindungen entwickelt. Bereits im 12. Jahrhundert v. Chr. entstanden in China Bauvorschriften sowie 1103 ein Bauhand-

Abb. 159. Bindungen mit pflanzlichen Materialien gehören zu den ältesten Holzverbindungstechniken (hier Rankgerüst für Wein).

buch, in dem standardisierte Holzverbindungen dargestellt sind, die auf Bauformen basieren, die sich sogar bis ins 5. Jahrtausend v. Chr. zurückverfolgen lassen. Berühmt sind die Konsolensysteme, bei denen alle Holzteile ineinander eingelassen und passgenau verzapft und verkeilt sind (Graubner, 1994; Gerner, 2000).

Bis zur Mitte des 19. Jahrhunderts blieben die traditionellen aus frühgeschichtlichen Bauweisen entstandenen Holzverbindungen Standard. Erst dann wurden im Zuge der Industrialisierung und kostengünstigen Stahlverarbeitung Verbindungsmittel aus Metall wie Nägel, Schrauben, Holzklammern, Bolzen, Stab- und Einpressdübel, Stahlformteile und Nagelblechverbindungen gebräuchlich. Diese ermöglichten völlig neue Verbindungen und damit Holzkonstruktionen, die große Zugkräfte aufnehmen konnten. Erst zu Beginn des 20. Jahrhunderts wurden Verbindungen mit Leim, z. B. Keilverzinkungen, entwickelt (Gerner, 2000).

8.1.1 Grundsätze

Ein wichtiges Prinzip beim Konstruieren mit Holz und damit Grundlage aller Verbindungen ist das Stapeln von Hölzern, deren Querschnitt und deren Abstand nach oben bzw. nach vorn immer geringer werden. Dieses „Stapel-Prinzip“ gilt praktisch für alle nachfolgend beschriebenen Konstruktionen aus Holz, für Zäune und Wandelemente Podeste, Stege und Plattformen sowie Pergolen und Überdachungen.

Beim Verbinden der gestapelten Hölzer, gibt es zwei grundsätzliche Möglichkeiten: Entweder die Hölzer werden so bearbeitet, dass sie passgenau übereinander passen und ohne zusätzliche Verbindungsmittel gefügt werden können, das obere Bauteil wird beispielsweise an der Unterseite ausgeschnitten, sodass es genau auf das untere passt (Holz – Holz, vgl. Tab. 8.1), oder sie werden mit Hilfe eines Verbindungsmittel aus Stahl, beispielsweise mit einem Schraubenbolzen (Holz + Stahl + Holz, vgl. Tab. 8.1), verbunden.

Entsprechend dieser beiden grundsätzlichen Alternativen werden zwei große Gruppen der Holzverbindungen unterschieden.

Die sogenannten **Zimmermannsverbindungen** sind traditionelle Techniken der Holzverbindung handwerklicher Art, die in der Regel ohne zusätzliches Verbindungsmittels auskommen. Sie erfordern eine mehr oder weniger aufwändige Holzbearbeitung sowie teilweise, je nach Art der Verbindung und Volumen der den Querschnitt reduzierenden Ausschnitte, große Holzquerschnitte und sind dabei statisch schwer exakt zu erfassen.

Im ingenieurmäßigen Holzbau dagegen werden überwiegend Holzverbindungen mit Leim oder mechanischen Verbindungsmitteln, meist Stahlteilen, hergestellt, bei denen die Querschnitte der Holzbauteile weitestgehend erhalten bleiben. Diese **mechanischen Holzverbindungen** können höhere Zuglasten aufnehmen, sind meist relativ schnell und einfach zu montieren und lassen sich statisch genau darstellen.

Das Konstruieren im bewitterten Bereich erfordert im Einzelfall eine genaue Abwägung, welche Verbindung funktional und gestalterisch den Vorzug bekommen soll. Soweit keine Abdeckung als Witterungsschutz möglich ist, scheidet ein Großteil der traditionellen Holzverbindungen aus Gründen des konstruktiven Holzschutzes sicherlich aus oder kann nur geschickt modifiziert angewendet werden. Trotz-

Abb. 160. Traditionelle Holzverbindung: Zapfenverbindungen, abgedeckt.

Abb. 161. Mechanische Holzverbindungen: Keilverzinkung und Stabdübel bzw. Bolzen.

dem soll im folgenden Kapitel ein Überblick über die wichtigsten handwerklichen Verbindungen gegeben werden.

8.1.2 Traditionelle Holzverbindungen

Unter traditionellen Holzverbindungen, vielfach auch als handwerkliche oder Zimmermannsverbindungen bezeichnet, versteht man Verbindungen von Konstruktionshölzern ohne Hilfsmittel aus Stahl. Die Hölzer werden passgenau gearbeitet und ineinander gefügt bzw. gesteckt. Diese Verbindungstechnik hat sich in Jahrhunderten entwickelt und erfordert handwerkliche Erfahrung. Da der Querschnitt der Hölzer meist reduziert werden muss, werden insgesamt größere Querschnittsmaße erforderlich. Je nach Funktion und Geometrie der Verbindung lassen sich Längs-, Schräg- und Quer- bzw. Eckverbindungen unterscheiden.

Längsverbindungen (Winkel 180°)

Längsverbindungen sind erforderlich, um Hölzer auf gleicher Ebene aneinander zu fügen, beispielsweise wenn die Länge eines Holzes nicht ausreicht. Ein Konstruktionsholz aus Massivholz für Konstruktionen in der Landschaftsarchitektur wird in der Regel eine Länge von 4,50 m nicht übersteigen.

Die wichtigsten Längsverbindungen sind der gerade, stumpf oder versetzt ausgeführte oder schräge Stoß und das Blatt, das als Haken- oder Schrägblatt variieren kann.

Längsverbindungen werden in der Regel unterstützt ausgeführt, d. h. die Hölzer werden über der Stütze oder Unterlage gestoßen. Die Blattverbindungen eignen sich aufgrund der großen waagerechten Berührungsfläche nur schlecht für den bewitterten Bereich (vgl. Farbtafel 13, Seite 304).

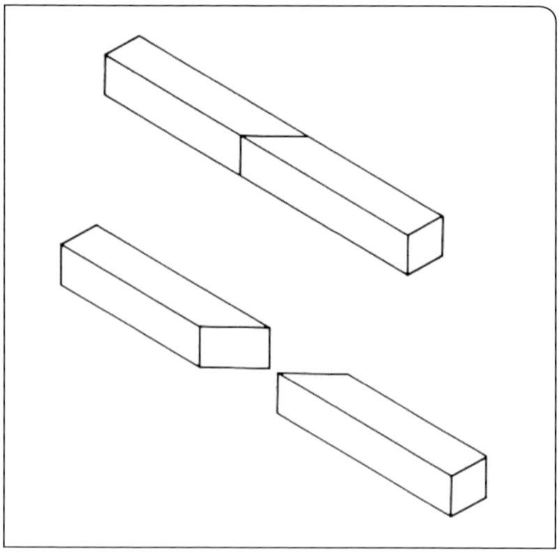

Abb. 162. Schräger Stoß.

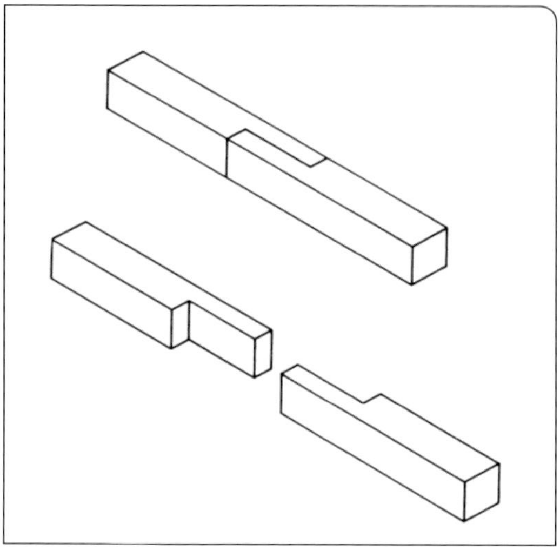

Abb. 163. Blatt.

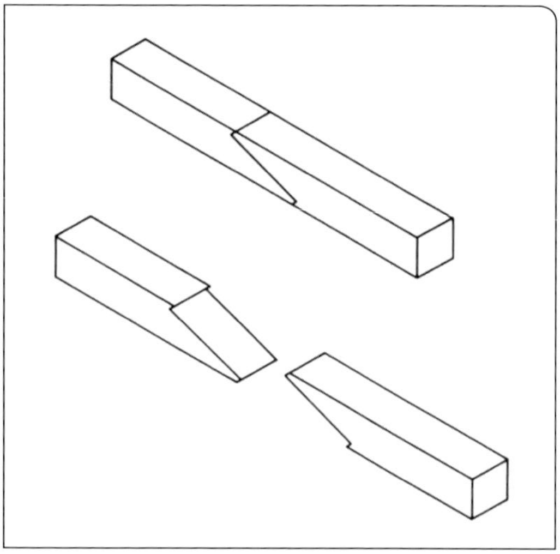

Abb. 164. Schrägblatt.

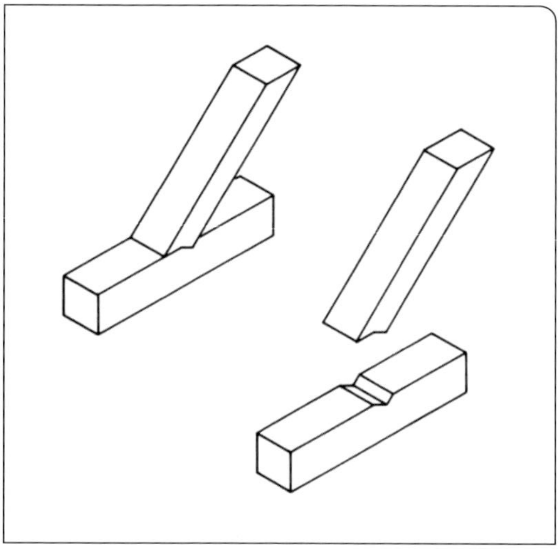

Abb. 165. Fersenversatz.

Schrägverbindungen (Winkel meist 45°)
Schrägverbindungen werden bei der Konstruktion von geneigten Dächern, von Fachwerken sowie Spreng- und Hängewerken (vgl. Kap. 10.3.1) benötigt. Dafür eignet sich neben Blatt- und Zapfenverbindungen insbesondere der Versatz. Die gebräuchlichste Form ist der Stirnversatz. Daneben unterscheidet man den stumpfen Versatz, den Brustversatz, den ungeraden Rückversatz, den geraden Rück- oder Fersenversatz sowie den Stirn-Fersenversatz.

Schrägverbindungen spielen auch eine wichtige Rolle bei der Aussteifung von Konstruktionen, z. B. von Pergolen und Überdachungen durch sogenannte Kopfbänder (vgl. Kap. 11.2.3). Sie eignen sich nur als überdeckte bzw. überdachte Verbindung, da andernfalls Wasser eindringen und nur schwer wieder entweichen kann.

Abb. 166. Kopfbänder zur Diagonalaussteifung.

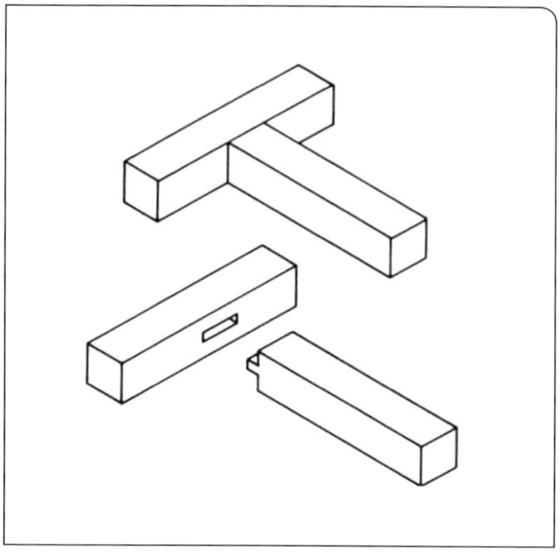

Abb. 167. Zapfenverbindung.

Abb. 168. Kamm.

Quer- und Eckverbindungen (Winkel 90°)
Die wichtigsten Verbindungen im Holzbau sind die Kreuz- und Winkelverbände bzw. die Quer- und Eckverbindungen im 90°-Winkel. Analog zu den Längsverbindungen sind auch hierfür der Stoß und das Blatt bzw. die Überblattung gebräuchlich. Hinzu kommen Zapfenverbindungen und Kammverbindungen, von denen sich der einfache Kamm am besten für Holzkonstruktionen im Freien eignet, da nur das obere Holzteil an der Unterseite ausgenommen wird. Als Verbindung der Sparren oder Auflagen auf die Pfetten einer Pergola beispielsweise ist diese Verbindung relativ gebräuchlich.

Verbindungen mit Zapfen eignen sich im bewitterten Bereich nur, wenn der rasche Wasserabzug konstruktiv gewährleistet werden kann. Blattverbindungen sind in der Regel problematisch, sowohl aus statischer Sicht wegen der Materialschwächung durch die Reduzierung des Querschnitts als auch unter dem Aspekt des konstruktiven Holzschutzes.

8.1.3 Mechanische Holzverbindungen

Unter dem Begriff mechanische Holzverbindungen werden Verbindungstechniken zusammengefasst, bei denen zusätzlich zu den zu verbindenden Hölzern Verbindungsmittel, meist aus Stahl, zu Hilfe genommen werden. Eine Verringerung des Holzquerschnitts ist damit in der Regel nicht oder nur in sehr geringem Umfang, etwa bei Bohrungen oder Schlitzungen, verbunden. Mechanische Holzverbindungen sind statisch leistungsfähig und genau berechenbar. Sie werden deshalb auch als Ingenieur-Verbindungen bezeichnet. Für Konstruktionen im Freien eignen sich die mechanischen Verbindungen meist besser als die traditionellen, weil die Prinzipien des konstruktiven Holzschutzes besser zu realisieren sind.

Dübel

Dübel sind innen liegende Holzverbinder, die durch Aufnahme von Druck- und Scherspannungen Kräfte übertragen. Dazu gehören auch Langholzdübel, bestehend aus stabförmigen Rundhölzern, die eine Verbindung zwischen zwei Holzbauteilen analog zu einem angearbeiteten Zapfen herstellen. Solche Dübel werden auch als Ergänzung zu Zimmermannsverbindungen verwendet.

Als **Stabdübel** werden zylindrische Holzverbindungsmittel aus Stahl bezeichnet, die nicht profiliert sind und in vorgebohrte Löcher eingetrieben werden.

Unter dem Begriff Dübel sind aber auch spezielle Teile aus Holz oder Metall zu verstehen, die vor allem Scherkräfte aufnehmen, d. h. die verhindern, dass zwei Holzbauteile sich gegeneinander verschieben oder verdrehen. Sie werden immer als Ergänzung einer Schraub- oder Schraubenbolzenverbindung verwendet. Sie bestehen aus geeignetem Holz, meist aus Eiche, oder Stahl. Man unterscheidet **Einlass- und Einpressdübel**. Einlassdübel werden in ausgefräste Vertiefungen im Holz gesetzt, Einpressdübel mit Hilfe eines Schlagringes eingetrieben und dürfen nur im Nadelholz verwendet werden. Sie haben stift- oder zackenförmige Krallen, die in das Holz gepresst werden. Es gibt Einpressdübel in ein- und zweiseitiger Ausführung. Diese Dübel sind bei der fertigen Holzkonstruktion nicht sichtbar.

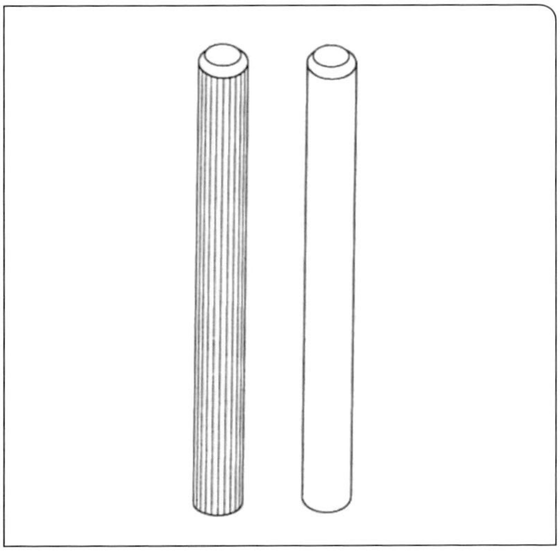

Abb. 169. Stabdübel.

Abb. 170. Einpressdübel.

Nagelverbindungen

Nägel sind zulässige Holzverbindungsmittel, insbesondere bei Scherbeanspruchung. Für ständige Zugbeanspruchung, z. B. bei senkrechten Nagelungen, sind glattschaftige Nägel nicht geeignet. Nagelungen im Hirnholz sind generell nicht tragend.

Schräg gekreuzt eingeschlagene Nägel eignen sich aber durchaus als zusätzliche Sicherung beispielsweise für die auf die Pfette aufgekämmten Schatthölzer der Pergola.

Als Sonderform der Nägel können Klammerverbindungen angesehen werden. Sie kommen aus der Verpackungsindustrie. Klammern bestehen aus Stahldraht und werden ins Holz getrieben. Sie müssen bauaufsichtlich zugelassen sein und werden vor allem bei Sperrholz oder Hartfaserplatten verwendet. Im Landschaftsbau spielen sie daher eine eher geringe Rolle.

Wichtig und komfortabel beim Konstruieren mit Holz sind **Nagelverbindungen mit Stahlblechformteilen**. Dabei werden räumlich geformte, vorgebohrte, feuerverzinkte Bleche von mindestens 2 mm Dicke durch Sondernägel mit dem Holz verbunden. Verwendet werden in der Regel Ankernägel mit gerilltem Schaft und einer konischen Verdickung unterhalb des Nagelkopfes, die beim Einschlagen in das vorgebohrte Loch genau passen. Diese im Allgemeinen als Nagelbleche bezeichneten Verbindungsteile sind sehr beliebt, weil sie einfach und kostengünstig zu montieren sind und den Prinzipien des konstruktiven Holzschutzes bei richtiger Verwendung genügen. Die gestalterische Eignung dieser relativ prägenden Elemente ist im Einzelfall zu prüfen.

Schraubverbindungen

Holzschrauben sind ab 4 mm Durchmesser als tragendes Holzverbindungsmittel geeignet. Sie können sowohl auf Abscheren wie auch auf Herausziehen beansprucht werden. Die Holzschraube besitzt in vorgebohrten Löchern eine deutlich größere Zugkraft als ein Drahtnagel. Im Hirnholz ist sie nicht auf Herausziehen beanspruchbar.

Im Holzbau werden häufig auch selbst schneidende Schrauben, umgangssprachlich auch als „Spax“ bezeichnet, verwendet, für die keine Vorbohrungen erforderlich sind. Sie eignen sich jedoch praktisch nur für das weichere Nadelholz. Bei hochwertigen Holzkonstruktionen ist der Schraubverbindung mit Vorbohrung generell der Vorzug zu geben. Die Bezeichnung der Schrauben erfolgt nach Norm und Gewindegröße × Länge, z. B. Holzschraube DIN 571–8 × 60 – St für eine 8 mm dicke und 60 mm lange Stahlschraube.

Für statisch beanspruchte Holzverbindungen sind Schloss- oder Bolzenschrauben bzw. Schrauben- oder Passbolzen besonders geeignet, die ein Gewinde am Schaftende haben und mit Mutter und Unterlegscheibe verwendet werden. Sie sind als Sechskant- und Vier-

Abb. 171. Senkkopfholzschrauben.

kantschrauben verfügbar. Schrauben- oder Passbolzen werden in ein vorgebohrtes Loch, das durch alle zu verbindenden Bauteile geht und dessen Durchmesser ca. 1 mm kleiner als der des Bolzenschaftes ist, geschoben. Sie werden immer mit Kopf und Mutter versehen und mit beidseitigen Unterlegscheiben verwendet. Dadurch lassen sie sich fest anziehen und wirken achsensymmetrisch, was statisch günstig ist. Die Benennung erfolgt analog der für die Schrauben nach dem Schaftdurchmesser, z. B. M6 für d = 6 mm, M8, M10, M12, M16, M20, M24, M30, M36, M42 und M48 (vgl. Farbtafel 13, Seite 305).

Normen zu Schraubverbindungen (Auswahl)

DIN 95 Linsensenk-Holzschrauben mit Schlitz, Dezember 1986
DIN 96 Halbrund-Holzschrauben mit Schlitz, Dezember 1986
DIN 97 Senk-Holzschrauben mit Schlitz, Dezember 1986
DIN 478 Vierkantschrauben mit Bund, Februar 1985
DIN 571 Sechskant-Holzschrauben, Dezember 1986
DIN 603 Flachrundschrauben mit Vierkantansatz, Oktober 1981, Entwurf vom September 2007
DIN 609 Sechskant-Paßschrauben mit langem Gewindezapfen, Februar 1995
DIN 2509 Schraubenbolzen, September 1986
DIN 1052 Berechnung und Bemessung von Holzbauwerken; allgemeine Bemessungsregeln für den Hochbau, Dezember 2008

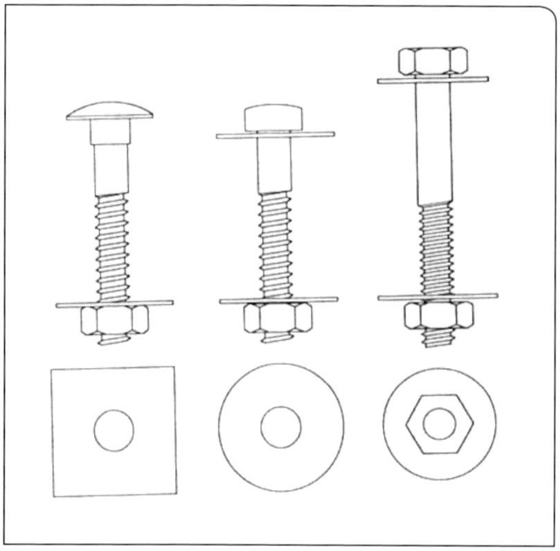

Abb. 172. Bolzen mit Scheiben und Muttern.

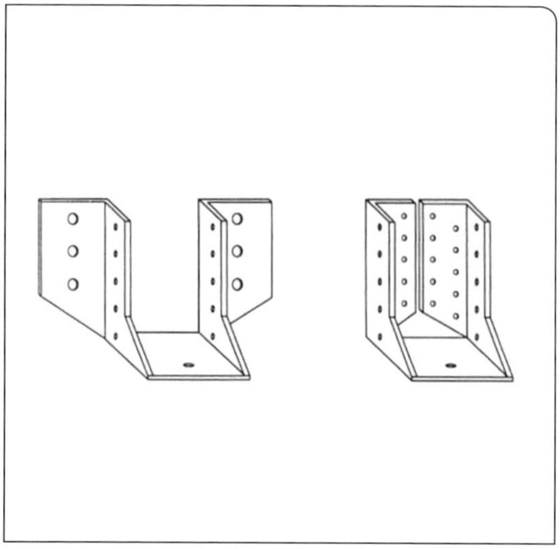

Abb. 173. Stahlblechformteile: Balkenschuhe.

Ähnlich der Stahlblechformteile für Nagelverbindungen gibt es auch spezielle Formteile für Bolzenverbindungen. Besonders wichtig sind beispielsweise Schlitzbleche, die als dünne Stahlplatte im geschlitzten Holzbauteil nahezu unsichtbar sind und sich für viele Verbindungen eignen. Diese werden oft auch mit Stabdübeln verwendet.

Sehr wichtig bei den mechanischen Holzverbindungen ist die Einhaltung der erforderlichen Mindestabstände von Verbindungsmitteln untereinander und von Verbindungsmitteln zu den Schnittkanten des Holzbauteiles. Dabei macht es einen Unterschied, ob der Abstand zur faserparallelen Schnittkante oder zur quer zur Faser verlaufenden Schnittkante betrachtet wird. Die Abstände sind in der DIN 1052 geregelt. Für Schraubverbindungen lassen sich daraus zwei praxisgerechte Faustformeln ableiten.

$$a_1 \geq 7 \times d$$

$$a_2 \geq 3 \times d$$

a_1 = Abstand Verbindungsmittel zur Schnittkante quer zur Faser
a_2 = Abstand Verbindungsmittel zur Schnittkante parallel zur Faser
d = Durchmesser Verbindungsmittel (Stabdübel, Schraube, Bolzen)

Abb. 174. Verbindung von Hölzern mit Stahlplatten/Schlitzblechen, Abstände a_1 und a_2 zur Schnittkante.

8.2 Metallverbindungen

Im Vergleich zu den Holzverbindungen handelt es sich bei den Verbindungen im Stahlbau um relativ junge Techniken, die sich parallel zur Industrialisierung und den ersten Stahlbauwerken ab Ende des 18. Jahrhunderts entwickelt haben (vgl. Kap. 7.3). Älter sind nur die Verbindungen, die bereits im Schmiedehandwerk angewendet wurden wie die Warmnietung und das Feuerschweißen (vgl. Kap. 7.3.3).

Für die Detaillierung von Metallkonstruktionen sind Grundkenntnisse in der Verbindungstechnik unabdingbar. Nur diese erlaubt eine genaue Planung des Bauablaufs hinsichtlich Vorfertigung in der Schlosserei und Montage auf der Baustelle (vgl. Farbtafel 14, Seite 305).

Tab. 8.2: Eignung der Verbindung für die unterschiedlichen Stahlerzeugnisse

Verbindungsart	Draht, Drahterzeugnisse	Flachstahl	Stabstahl rund, vierkant	Profile	Hohlprofile, Rohre	Breitflachstahl Stahlband	Blech
Schweißen	+	+	+	+	+	+	+
Löten	+/m	–	–	o/m	+/m	–	+/m
Falzen	–	–	–	–	–	–	+
Kleben	–	o	o/–	o/–	o	o	+/o
Nieten	–	+	o	+	–	+	+
Schrauben	o*	+	o	+	o	+	+/o

+ = geeignet; +/m = materialabhängig geeignet; o = bedingt geeignet, bei bestimmten Voraussetzungen geeignet; o/m = materialabhängig bedingt geeignet; – = ungeeignet, kommt nicht vor, spielt keine Rolle;
* Stahlseile mit entsprechenden Endstücken

8.2.1 Grundsätze

Auch bei den Verbindungen im Metallbau lassen sich grundsätzlich zwei Gruppen unterscheiden. Das Kriterium zur Unterscheidung ist die Reversibilität der Verbindungen.

Die unlösbaren Verbindungen sind nur durch eine mehr oder weniger weitgehende Beschädigung, Beeinträchtigung, z. B. Erwärmung, oder Zerstörung der verbundenen Bauteile wieder rückgängig zu machen. So können Lötverbindungen durch Erhitzung gelöst werden, Schweiß-, Klebe-, Falz- und Nietverbindungen erfordern ein Auf- oder Verbiegen der Werkstoffe oder eine weitergehende Zerstörung.

Dagegen sind die lösbaren Verbindungen wieder demontierbar, ohne dass die Konstruktionsbestandteile zerstört oder beschädigt werden. Dies sind im Stahlbau im Wesentlichen die Schraubverbindungen.

Welche Verbindung die richtige ist, hängt ab von den verwendeten Metallerzeugnissen und ihrer Eignung für bestimmte Verbindungsarten, der statischen Belastung, der die Verbindung ausgesetzt ist, und der erforderlichen Stabilität sowie der Konstruktionslogistik, d. h. wie und wo die Konstruktion zusammengebaut werden soll (vgl. Tab. 8.2).

8.2.2 Unlösbare Verbindungen

Zu den unlösbaren Metallverbindungen gehören Schweiß-, Löt-, Falz-, Klebe- und Nietverbindungen.

Schweißverbindungen

Beim Schweißen werden Metallteile mit oder ohne Verwendung von Zusatzwerkstoffen so vereinigt, dass, anders als beim Löten, die Schweißstelle und der Werkstoff eine Einheit bilden. Dies wird durch

Wärme bzw. Wärme und Druck erreicht. Die zu verbindenden Metallteile werden dabei an der Verbindungsstelle in einen flüssigen oder teigigen Zustand gebracht. Man unterscheidet Schmelzschweißen, bei dem die Metallteile bis zum Schmelzfluss erhitzt und miteinander verschmolzen werden, und Pressschweißen, bei dem die Metallteile bis zum teigigen Zustand erhitzt und unter Druck zusammengepresst werden.

Zum **Pressschweißen** zählt das bei Schmiedearbeiten gebräuchliche **Feuerschweißen**, bei dem die zu verbindenden Werkstücke auf weiß glühenden, breiigen Zustand erwärmt und dann durch Überlappung oder Aufschweißung, d.h. Übereinanderlegen, durch Zusammenpressen, in der Regel durch Hammerschläge, verbunden werden.

Beim **Elektrischen Widerstandsschweißen** fließt elektrischer Strom durch die zu verbindenden aneinander stoßenden Werkstücke. An den Durchflussstellen entsteht ein hoher Widerstand, der zum Übergang der Metalle in einen weiß glühenden Zustand führt. Die Teile werden durch Pressdruck miteinander verbunden. Man unterscheidet überlapptes Schweißen und Stumpfschweißen.

Bedeutender für das Bauwesen sind die Verfahren des **Schmelz-Schweißens:** Beim **Gas-Schmelz-Schweißen** werden die zu verbindenden Werkstücke und der Schweißstab durch eine Acetylen-Sauerstoffflamme, die in der Schweißzone eine Temperatur von 3200 °C erreicht, verschmolzen.

Beim **Lichtbogen-Schweißen** wird die erforderliche Hitze durch einen Lichtbogen, der zwischen den beiden Polen eines Stromkreises entsteht, erzeugt. Der Minus-Pol liegt am Schweißstab, ein Zusatzwerkstoff, der als Elektrode wirkt, der Plus-Pol am zu verbindenden Werkstück. Berührt die Elektrode bei Spannung das Werkstück, entsteht ein Kurzschluss und beim Zurücknehmen der Elektrode ein 3500 bis 4200 °C heißer Lichtbogen. Die Verbindungsstelle und die Elektrodenspitze verschmelzen.

Schweißen ist die wirtschaftlichste Methode der Metallverbindung. Da sich die Schmelzpunkte der Metalle stark voneinander unterscheiden, können nur gleichartige Metalle verschweißt werden. Die Schweißnähte sind hinsichtlich Aussehen und statischer Belast-

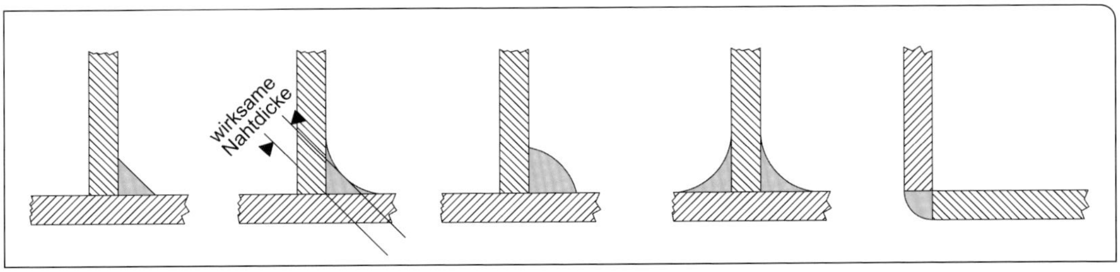

Abb. 175. Flachnaht, Hohlnaht, Wölbnaht, Doppelkehlnaht, Ecknaht (von links).

barkeit in der DIN 18800–1 „Stahlbauten“, Teil 1: „Bemessung und Konstruktion“ in der letzten Änderung vom Juni 2007 genormt. Man unterscheidet Stumpfnähte zur Verbindung von Bauteilen im 180°-Winkel, die je nach Form der Schnittfläche als X-, V-, U- oder UU-Naht bezeichnet werden, und Kehl- oder Ecknähte für 90°-Verbindungen, zur denen die Flach-, die Wölb-, die Hohl- und die Doppelkehlnaht gehören.

Lötverbindungen

Beim Löten werden zwei Metallteile durch ein geschmolzenes andersartiges Zusatzmetall, das sogenannte Lot, das eine geringere Schmelztemperatur als die Werkstücke aufweisen muss, miteinander verbunden. Das Lot dringt dabei in die Oberfläche der Verbindungsstücke ein und legiert mit ihnen. Man unterscheidet Weichlötung unter 450 °C mit Lötzinn, einer Zinn-Blei-Legierung, und Hartlötung über 450 °C mit Messinglot oder silberhaltigem Hartlot, die eine höhere Zugfestigkeit aufweist und bei dünnen Werkstücken verwendet wird. Gelötet werden beispielsweise Kupferrohre.

Falzverbindungen

Bleche auf Dächern werden in der Regel durch Falze, die eine Bewegung bei Temperaturschwankungen mitmachen, verbunden. Man unterscheidet den liegenden Falz und den Stehfalz, der jeweils einfach oder doppelt ausgeführt werden kann.

Beim Falzen werden die Bleche umgeschlagen und ineinander gehakt. Die Bleche selbst werden durch Hafte, das sind umgeschlagene Blechstreifen, auf der Unterlage, in der Regel die Brettschalung des Dachs, befestigt. Typisch für Blechdächer sind Stehfalze.

Klebeverbindungen

Um Metallteile miteinander zu verkleben, benötigt man einen Spezialklebstoff, der meist als Zweikomponentenkleber aus Kunstharz und Härter besteht. Der Härter wird erst kurz vor dem Kleben zugesetzt. Klebeverbindungen haben den Vorteil, dass keine Erhitzung erforderlich ist, keine Bohrlöcher, die den Werkstoff schwächen, und der Korrosionsschutz der Werkstücke nicht beschädigt wird. Sie können bei gleichartigen und verschiedenen Metallarten verwendet werden. Klebeverbindungen eignen sich nur für Bauteile, bei denen ausreichend große Klebeflächen zur Verfügung stehen. Wichtige Klebeverbindungen sind die Schäftung und Überlappung sowie die Laschung.

Im Stahlbau werden tragende Teile nur selten geklebt, da Klebeverbindungen im Prinzip nur auf Druck und Schub belastbar, gering wärmebeständig, – ab 100 °C sinkt die Festigkeit – und teilweise unbeständig gegen Chemikalien und Feuchtigkeit sind. Zudem müssen sie sehr sorgfältig ausgeführt werden und altern relativ rasch.

Farbtafel 13

Bild 72. Uralte Eckverbindung im Blockhausbau: Verschränkung.

Bild 73. Pergolenpfette mit Schrägblattverbindung.

Bild 74. Balken einer Pavillonpfette mit Schwalbenschwanzverbindung.

Bild 75. Pergolenpfette als Zangenkonstruktion mit aufgekämmten Sparren.

Bild 76. Mechanische Holzverbindung mit Schlitzblech und Schraubenbolzen; die Bambusstäbe sind traditionell gebunden.

Bild 77. Balkenschuhe mit Schraubenbolzenverbindung.

72

73

74

75

76

77

78

79

80

81

82

83

Abb. 176. Stehfalze.

Farbtafel 14
Bild 78. Lösbare und nicht lösbare Verbindungen: mit Stütze verschweißter Träger, mit Dachkonstruktion verschraubt.

Bild 79. Verschweißter Träger mit durchgesteckten Rundhölzern und verschraubten Stahlstäben.

Bild 80. Stahlblechdach mit Stehfalzen.

Bild 81. Schraubverbindungen.

Bild 82. Genietetes Spaliergitter.

Bild 83. Seilkausche mit Schäkel und Spanngewinde.

Nietverbindungen

Die Nietung erfolgt beim Schmieden und beim Schlossern analog. Die Werkstücke werden mit einem Bolzen, dem Niet, verbunden. Der Niet besteht aus dem Schaft, dem Setz- und dem Schließkopf. Man unterscheidet nach der Kopfform Rund- und Senknieten sowie zweiteilige Blindnieten, einer Hohlniete mit Dorn.

Die Nietung erfolgt in vier Schritten: der Niet wird in eine Bohrung eingeführt, der Nietschaft mit dem Niethammer gestaucht und der Kopf mit dem Nietkopfmacher zum Schließkopf geformt.

Man unterscheidet Kalt- oder Warmnietung. Niete bis 8 mm Durchmesser werden kalt, Niete über 8 mm Durchmesser warm genietet. Nietverbindungen sind bei fachgerechter Ausführung hoch auf Zug belastbar.

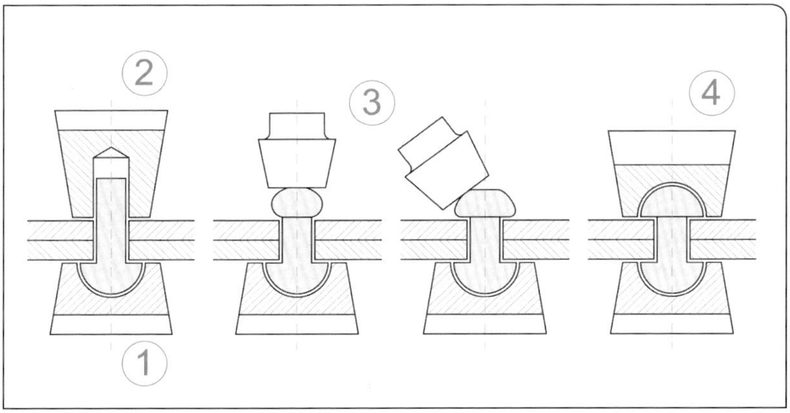

Abb. 177. Herstellung einer Nietverbindung:
1 = Gegenhalter,
2 = Nietzieher,
3 = Niethammer,
4 = Nietkopfmacher.

Abb. 178. Unlösbare und lösbare Verbindungen: Schweiß- und Schraubverbindungen.

Heute spielen funktional gesehen Nietverbindungen eine weit geringere Rolle als früher, weil diese Technik durch Schweißverbindungen verdrängt wurde. Trotzdem sind sie gerade für Konstruktionen im Landschaftsbau, z. B. im Zaunbau, gestalterisch besonders interessant (vgl. Farbtafel 14, Seite 305).

8.2.3 Lösbare Verbindungen

Wieder lösbare oder bewegliche Verbindungen werden im Stahlbau als Schraubverbindungen ausgeführt. Sie sind auf Zug, Druck und Abscheren belastbar und erzeugen kraftschlüssige Verbindungen, bei denen die Werkstücke durch Abscher- und Lochleibungskräfte zusammengehalten werden. Im Landschaftsbau hat diese Verbindungsart hinsichtlich der Montage zahlreiche Vorteile.

Es lassen sich vier wichtige Grundtypen von Schraubverbindungen unterscheiden:

- Selbstschneidende Blechschrauben zum Einschrauben in vorgelochte Bleche von 0,4 bis 4,0 mm Dicke, z. B. eine Gipskartonplatte auf Blechständer im Innenausbau,
- Schraube ohne Mutter mit Kopf oder Innensechskant, sogenannte „Imbus“-Schrauben, für Verbindungen, die in der Regel nicht mehr gelöst werden; das vom Schraubenkopf abgewandte Werkstück hat ein entsprechendes Innengewinde,
- Flachrundschraube mit Vierkantansatz und Mutter für Metall-Holz-Verbindungen; der Vierkantansatz unter dem Schraubkopf verhindert das Mitdrehen,
- Kopfschrauben mit Mutter für Durchgangslöcher bei Verbindungen, die wirklich lösbar sind.

Abb. 179. Schraubverbindungen.

Abb. 180. Hutmuttern.

Die Schraubverbindungen des vierten Typs sind hier die wichtigsten. Sie bestehen aus einer Schraube mit unterschiedlichem Schraubkopf und -gewinde, einer Mutter in unterschiedlicher Form und Unterlegscheiben, welche die Auflagerfläche vergrößern und die Oberfläche der zu verbindenden Werkstücke schützen.

Je nach Kopfformen lassen sich Sechskant-, Innensechskant-, Vierkant-, Zylinder-, Linsen-, Senk-, Linsensenk-, Halbrund- und Flachrundkopfschrauben unterscheiden. Darüber hinaus gibt es verschiedene Sonderformen, z. B. Ringschrauben.

Die wichtigsten Muttern sind Sechskantmuttern nach DIN 7990, Vierkantmuttern nach DIN 562 und 557, Sechskant-Hutmuttern nach DIN 917, 986 und 1587 und Flügelmuttern nach DIN 314 und 315.

Auch im Stahlbau sind bei Schraubverbindungen bestimmte Mindestabstände von den Bauteilkanten einzuhalten.

$$a_1 \geq 2 \times d$$

$$a_2 > 3{,}5 \times d$$

a_1 = Abstand Verbindungsmittel zur Bauteilkante
a_2 = Abstand Verbindungsmittel untereinander
d = Durchmesser Verbindungsmittel bzw. Schraubverbindung

Abb. 181. Schraubverbindung mit Langloch.

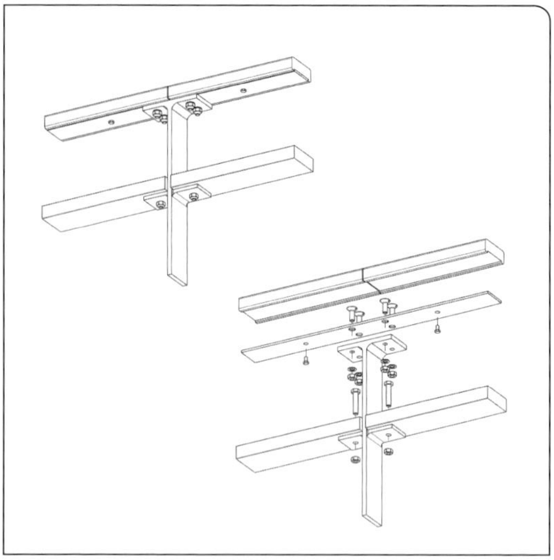

Abb. 182. Schraubverbindungen Holz - Stahl und Stahl - Stahl: Holzhandlauf auf Stahlgeländer.

Bei Schraubverbindungen ist die Wärmeausdehnung der verwendeten Metalle zu berücksichtigen. Je nach Werkstücklänge müssen Langlöcher vorgesehen werden, die verhindern, dass die Schraube zu stark belastet wird und bricht.

Schraubverbindungen spielen auch für bewegliche Verbindungen eine besondere Rolle (vgl. Farbtafel 14, Seite 305).

Wichtige Normen zu Schrauben und Muttern

DIN 7990 Sechskantschrauben mit Sechskantmutter für Stahlkonstruktionen, April 2008
DIN 557 Vierkantmuttern; Produktklasse C, Januar 1994
DIN 562 Vierkantmuttern, niedrige Form – Produktklasse B, Oktober 2000
DIN 917 Sechskant-Hutmuttern, niedrige Form, Oktober 2000
DIN 986 Sechskant-Hutmuttern mit Klemmteil, mit nicht metallischem Einsatz, Oktober 2000
DIN 1587 Sechskant-Hutmuttern, hohe Form, Oktober 2000
DIN 314 Flügelmuttern, kantige Flügelform, September 1999
DIN 315 Flügelmuttern, runde Flügelform, Juli 1998

9 Zäune und Wandelemente

Zäune und Wände sind häufig einfache, aber gestalterisch hochwirksame konstruktive Elemente in der Landschaftsarchitektur. Als Einfriedung, Sichtschutzelement oder Absturzsicherung definieren sie den Freiraum und prägen das Ortsbild und somit den öffentlichen Raum. Ähnlich wie bei der Gebäudefassade hat ihre Gestaltung daher eine hohe Priorität.

Die Zäune und Wandelemente werden hier den Elementen des Skelettbaus zugeordnet, weil Einfriedungen, Sichtschutzelemente oder Absturzsicherungen überwiegend als Skelettbauelemente aus Holz oder Stahl ausgeführt werden. Für die alternative Konzeption als gemauerte Wand oder als Kombination aus gemauerten Pfeilern mit Zaunelementen gilt das in Kapitel 5 zu Mauern ausgeführte.

9.1 Grundlagen

Einfriedungen stellen vermutlich mit die ältesten Formen von konstruktiven Elementen im Freiraum dar, entweder als Umfriedung ganzer Siedlungen zu Verteidigungszwecken, etwa mit einer Mauer oder Palisade aus Holzpfählen, oder als Garten- und Weidezaun.

9.1.1 Entwicklung und Typologie

Der indogermanische Begriff „Garten“ führt in die Zeit von 3000 bis 1000 v. Chr. zurück und bezeichnet das „Eingefasste, das Umfasste“. Manchen Quellen zufolge leitet er sich von „gerten“ ab, von Ruten

Abb. 183. Das schmiedeeiserne „Bambergtor“ in Powerscourt Gardens (Irland), um 1770.

Abb. 184. Zaundetail: Metallzaun mit genieteten Querriegeln.

und Ästen also, die zur Umfassung eines Stück Landes aneinandergereiht wurden. Der deutsche Term Zaun wiederum ist verwandt mit dem englischen Wort „town“ für Stadt und dem niederländischen „tuin“, das sowohl Zaun als auch Garten, mit dem auch die Bezeichnung „Gatter“ sprachverwandt ist, bedeutet. Hieraus wird deutlich, dass einerseits der Begriff Zaun ursprünglich nicht vorrangig für das Hindernis, sondern für das umfasste Areal stand, und andererseits sich die Bezeichnung Garten aus Material und Konstruktion der Umfriedung ableitet. Der Zaun erst machte ein Stück Land zum Garten.

Ursprünglich dienten Zäune als Schutzkonstruktion gegen unerwünschte Eindringlinge, vor allem wilde Tiere. Die ältesten Zäune waren geflochten, gebunden oder bestanden aus einfachen Gabelkonstruktionen. Die als Stütze für das Flechtwerk oder die eingelegten Stangen dienenden Stämme oder Äste wurden in den Boden gesteckt oder gerammt.

Im Mittelalter erhielt unsere Gartenkultur sowohl botanisch wie auch gestalterisch wesentliche Impulse, insbesondere aus den Klostergärten. Die Zaunkonstruktionen wurden differenzierter und handwerklich ausgefeilter. Die Eingänge wurden durch Sonderkonstruktionen betont.

Nahezu in jeder Stilepoche der Gartenkunst spielte die Einfriedung eine wichtige gestalterische Rolle. Dies verdeutlichen die geschmiedeten Tore des Barock, die Metallzäune der Jahrhundertwende um 1900 in Stadt und Land, die detaillierten Jugendstilzäune und die Zäune der Gartenstädte, wie auch betont funktional gestaltete Einfriedungen der Moderne.

Heute spielen Zäune und Einfriedungen als funktionales und gestalterisches Element in der Landschaftsarchitektur eine wichtige Rolle. In der Praxis wird dieser Bedeutung jedoch vielfach ein zu geringer Stellenwert eingeräumt.

Material und Bauart prägen den jeweiligen Einfriedungs- und Zauntyp. Die Tabelle 9.1 gibt einen Überblick über die wichtigsten Zauntypen und ihre Bezeichnung in Abhängigkeit von Baustoff und Bauweise.

Tab. 9.1: Zaun- und Einfriedungstypen

Verwendetes Material (für Feld/Füllung)	Bezeichnung des Einfriedungstyps	Beschreibung, Bemerkung
Lebende Einfriedungen		
Pflanzen	Hecke	durch Schnitt schmal gehaltener oder frei wachsender Pflanzstreifen
Weidenstecklinge, Weidenruten in den Boden bzw. Pflanzgraben gesteckt	Weidenzaun, Weidenflechtzaun	Technik aus der Ingenieurbiologie, grüne Wand, entsteht nur mit schmalblättrigen Weidenarten
Einfriedungen aus Holz/Bauholz		
Frisches Holz, Ruten, z. B. Haselruten	Flechtzaun	traditioneller Zauntyp für Bauerngärten und Ähnliches
Rundholzpfähle, in den Boden gerammt	Palisade	massive Einfriedung, die früher zu Wehrzwecken gebaut wurde (Limes, Forts), auch temporär; konstruktiv heute wenig angemessene Einfriedungsart
Ungeschälte Rundholzstangen mit geringem Durchmesser	Hanichelzaun	einfacher Zauntyp, genagelt oder gebunden in landschaftlichem oder ländlichem Kontext

Tab. 9.1: Fortsetzung

Verwendetes Material (für Feld/Füllung)	**Bezeichnung des Einfriedungstyps**	**Beschreibung, Bemerkung**
Rundhölzer, Rundholzstangen, im Zaunfeld meist waagerecht verwendet	Stangenzaun	einfacher Weide- oder Koppelzauntyp ohne dichte Füllung, Verbindungen gebunden oder genagelt
Halbrunde Hölzer, in der Regel am oberen Ende zugespitzt	Staketenzaun	einfacher, traditioneller, weit verbreiteter Zauntyp, bei dem die Latten ungeschält oder geschält /gefräst/gestrichen verwendet werden können; Verbindungen genagelt oder geschraubt
Senkrecht und parallel verlaufende Latten unterschiedlichen Querschnitts	Lattenzaun	klassischer Zauntyp, variabel mit 2 bis 3 Riegeln je nach Höhe und unterschiedlicher Lattenbreite und -form, genagelt oder geschraubt, Lücke zwischen Latten ≤ Lattenbreite
Kreuzweise diagonal verbundene halbrunde Latten	Jägerzaun	Zauntyp, der in den 30er- und in den 50er-Jahren für Landhäuser und Waldsiedlungen verwendet wurde
Meist waagerecht, seltener senkrecht parallel verlaufende Bretter unterschiedlicher Verarbeitung	Bretterzaun	einfacher, variabler Zauntyp (z. B. rustikal mit unbesäumten Brettern – „Schwartlingen“) bzw. blickdichte Einfriedung größerer Höhe (gehobelte Bretter)
Geflochtene Holzspäne, senkrechte, waagerechte oder diagonale Brettschalung	Sichtschutzwand	individuell geplante oder fertig montiert im Handel erhältliche Rahmenkonstruktionen mit der Hauptfunktion Sichtschutz und entsprechender Höhe
Einfriedungen aus Metall		
Diagonale oder orthogonale Draht- oder Drahtseilgeflechte an Rundrohrpfosten	Maschendrahtzaun, Wildzaun	einfachster Metall-Zauntyp, weit verbreitet, zahlreiche Maschenware im Handel erhältlich
Metallstäbe, Metallprofile	Gitterzaun, Zaungitter, Schmiedezaun	individuell nach Plan geschlossert, geschmiedet oder industriell gefertigt; als rahmenlose Gitter- oder als Rahmenkonstruktion möglich
Einfriedungen aus Stein		
Natursteine, Künstliche Steine Beton	(Einfriedungs-)Mauer, Wand	Sichtmauerwerk oder verputztes Mauerwerk mit Abdeckung, Sichtbetonwand, verblendete oder verkleidete Betonwand, ggf. in Kombination mit Zaunelementen
Einfriedungen aus Materialkombinationen		
Holz- oder Metallzaun, Sockelmauer usw.	Zaun mit Zaunsockel	je nach Material und Typ

9.1.2 Funktionen

Zäune, Wandelemente oder Gitter können vielfältige Funktionen übernehmen. Dabei spielt heute nicht nur die Umfriedung des Grundstücks im ursprünglichen Sinne eine Rolle, sondern Aufgaben wie Sichtschutz oder Sicherung sind hinzugekommen. Die jeweilige Funktion bestimmt die Dimensionierung, insbesondere die Höhe, und die Gestaltung.

Einfriedungen, auch Mauern, mit einer Höhe bis zu 1,80 m, im Kreuzungs- oder Einmündungsbereich öffentlicher Verkehrsflächen bis zu 1,00 m, sind meist genehmigungsfrei zu erstellen.

Die wichtigsten Funktionen, die Zäune und Wandelemente heute übernehmen können, sind als Übersicht in Tabelle 9.2 zusammengestellt.

Wichtig bei der Gestaltung und Konstruktion von Zäunen sind
- die Berücksichtigung der jeweiligen Situation und Funktion,
- die entsprechend angemessene Dimensionierung, insbesondere die entsprechende Höhe,
- die geeignete Materialwahl,
- die geeignete Konstruktionsmethode.

Tab. 9.2: Zaunhöhen in Abhängigkeit von der Funktion

	Funktion	Höhe (in cm)	Typus, Beispiel
Nutzungsabgrenzung	Nutzungs- und Besitzabgrenzung, symbolisch, optisch wirksam	ca. 40	Grünflächenabsperrzaun, „Tiergartenzaun“
	Nutzungs- und Besitzabgrenzung, symbolisch, wirksam gegen Betreten/Überlaufen, aber noch übersteigbar	ca. 40 bis 80	Vorgartenzaun
	Nutzungs- und Besitzabgrenzung, funktional	ca. 100 bis 140	Weidezaun, Gartenzaun
Schutzfunktion	Absturzsicherung	90 bzw. 120	Geländer, Brüstung, Zaun an Geländekante
	Schutz von Kindern und Tieren, Schutz gegen Ausreißer und Eindringlinge etc.	ca. 90 bis 120	Gartenzaun, Weidezaun
	Sichtschutz, Schutz gegen Einsicht und Blicke	170 bis 190 (Augenhöhe $\geq$ 160)	Sichtschutzzaun, Sichtschutzwand
	Schutz von Gebäuden, Freiflächen und Funktionen, Eindringsicherung, Übersteigschutz	$\geq$ 200	Einfriedungszaun an gewerblichen oder privaten Anlagen
	Lärmschutz, Schutz gegen Lärm/Verkehrslärm	nach Berechnung	Lärmschutzzaun, Lärmschutzwand

9.2 Konstruktion von Zäunen und Wandelementen

Bei Zäunen und Wandelementen handelt es sich um relativ einfache, flächige zweidimensionale Stabwerke. Stützen und Träger liegen in einer vertikalen Ebene. Damit unterscheiden sie sich konstruktiv deutlich von den zweidimensionalen Plattformen und Stegen (vgl. Kap. 10), die eine horizontale Ebene bilden und den dreidimensionalen Pergolen und Überdachungen (vgl. Kap. 11).

Die relevanten einwirkenden Lasten sind die Eigenlast und die Windlast. Eine wichtige konstruktive Aufgabe ist deshalb die Aussteifung der Zaunkonstruktion.

Zäune und Wandelemente werden als Holz- oder Metallkonstruktion sowie als Kombination beider Materialien ausgeführt.

9.2.1 Riegel- und Rahmenkonstruktion

Die Stützen des Stabwerks der Zaunkonstruktion sind die Zaunpfosten. Sie werden bei einfachen Konstruktionen in die Erde gerammt oder in bzw. auf Punktfundamente gesetzt. Die Zaunfelder können dazwischen befestigt werden, sodass die Pfosten als gliedernde Elemente von beiden Seiten des Zauns sichtbar bleiben, oder vor die Pfosten platziert werden, wobei die Pfosten nur von der Innenseite des Zauns, in der Regel von der Garteninnenseite, sichtbar sind. Diese Möglichkeit ist meist konstruktiv die einfachere und ergibt ein einheitliches Zaunbild von außen.

Für die konstruktive Gestaltung der Zaunfelder oder Füllungen lassen sich zwei grundsätzliche Konstruktionsmethoden unterscheiden, die Riegel- und die Rahmenbauweise.

Riegelkonstruktion

Bei der häufigeren und einfacheren Riegelkonstruktion werden zwei oder drei Querriegel als Verbindung zweier Pfosten verwendet. An diesen Querriegeln, die den Trägern des Stabwerks entsprechen, werden die senkrechten Latten, Bretter oder Stäbe angebracht.

Bei Zäunen mit waagerecht laufender Verbretterung oder Stabfüllung ersetzen diese horizontalen Elemente die Querriegel.

Die Querriegel haben bei Holzzäunen meist einen halbrunden, rechteckigen oder durch Abschrägung der Oberseite trapezförmigen Querschnitt. Sie werden meist in der Pfostenmitte gestoßen und jeweils am Pfosten verschraubt. Je nach Pfostenbreite kann es dabei schwierig sein, die erforderlichen Abstände der Verbindungsmittel von der Schnittkante der Riegel einzuhalten. Die sogenannte Vorholzlänge ist gering. Alternativ können die Riegel, übereinander versetzt, mit Überstand angeordnet werden.

Bei Stahlkonstruktionen eignen sich prinzipiell die meisten Stahlprofile als Querriegel.

Abb. 185. Riegelkonstruktion: Rustikaler Staketenzaun aus Kastanienholz mit traditionellen Bindungen.

Abb. 186. Riegelkonstruktion: Lattenzaun aus Lärchenholz.

Abb. 187. Stahlzaun in Riegelkonstruktion mit Doppel-Riegeln aus Flachstählen.

Abb. 188. Rahmenkonstruktion: Sichtschutzelemente mit Füllung aus Weidengeflecht.

Rahmenkonstruktion
Aufwändiger ist eine Rahmenkonstruktion, bei der anstelle der Riegel ein Rahmen mit senkrechter, waagerechter, diagonaler oder lamellenartiger Brettschalung oder einem entsprechenden Gitterwerk aus Metallprofilen, meist Stabstahl, tritt. Solche Konstruktionen werden überwiegend für höhere Zäune, z. B. Sichtschutzzäune und Zaun- oder Wandelemente zwischen Pergolenstützen verwendet. Die Anforderungen an Maß- und Passgenauigkeit und damit an die planerische Detailarbeit sind bei der Rahmenkonstruktion höher, die Flexibilität an örtliche Gegebenheiten geringer. Tabelle 9.3 zeigt die wesentlichen Unterschiede zwischen Riegel- und Rahmenkonstruktion.

Tab. 9.3: Unterschiedliche Merkmale von Riegel- und Rahmenkonstruktion

Merkmale	Riegelkonstruktion	Rahmenkonstruktion
Eignung	mittelhohe Gartenzäune und Einfriedungen, auch im geneigten Gelände	höhere Zäune und Wandelemente auch in Verbindung mit Pergolen und Pavillons, Sichtschutzelemente
Zauntypen	einfachere Zauntypen wie Staketen-, Latten-, Bretter-, Maschendrahtzaun (Spanndraht entspricht Riegel)	anspruchsvollere Zauntypen wie Metall- bzw. Stahlgitterzaun, Sichtschutzzaun, Brüstungsgeländer
Bauweise, Logistik	Riegel verbinden Pfosten, Zaunfüllung bzw. Lattung wird mit Abständen an Riegel befestigt	zwischen Pfosten/Stützen wird im Betrieb vorgefertigtes Rahmen-/ Wandelement montiert
Material	Holz (Rund- und Halbrundhölzer, Latten, Bretter, Standardquerschnitte), Drahtgeflecht	Holz (gehobelte, ggf. profilierte Kanthölzer und Bretter, Querschnitte nach Plan), Stahlprofile, Stabstahl
Bau-, Fertigungsort	Zaun entsteht komplett einschließlich Pfosten, Riegel und Füllung am Bauort, auf der Baustelle	Rahmen wird vorgefertigt und am Bauort nur noch an bereits gesetzte Pfosten montiert
Anforderungen	relativ geringer Planungsaufwand: flexibler Pfostenabstand, Riegellänge kann angepasst werden	hoher Planungsaufwand: Pfosten- bzw. Stützenraster ist genau festzulegen, hohe Maßtreue ist nötig
Flexibilität im Gelände	hohe Flexibilität, Riegelverlauf kann einfach ans Gelände angepasst werden	geringe Flexibilität, ggf. notwendige Abtreppung der Rahmen muss vorab genau geplant werden
Aussteifung	keine, gelenkige Verbindungen	Rahmen in sich ausgesteiftes Element, kann als Wandscheibe aussteifend wirken

9.2.2 Zäune und Wandelemente aus Holz

Für die meisten Zauntypen hat die Verwendung von Holz große Vorteile, sowohl in wirtschaftlicher und bautechnischer wie auch in ökologischer Hinsicht. Wenigstens die Zaunfüllung besteht in vielen Fällen, auch bei aufwändigeren Rahmenkonstruktionen, aus Holz. Dabei können folgende Bauhölzer zur Verwendung kommen:

- ungeschälte Rund- bzw. Halbrundhölzer, meist Nadelholz.
- geschälte, gefräste, unbehandelte Rund- und Halbrundhölzer, meist Nadelholz,
- gefräste, imprägnierte Rund- und Halbrundhölzer, Nadelholz,
- ungehobelte Bretter mit Rinde, sogenannte Schwartlinge, meist Nadelholz,

Tab. 9.4: Empfehlungen für Holzzäune

	Befestigung/Verbindung	**Bemessung/ Querschnitt**	**Konstruktiver Holzschutz**
Pfosten	in den Boden gerammt (Pfosten ggf. im unteren Teil imprägniert oder gekohlt), Pfostenlänge = 1,5 × Zaunhöhe (ein Drittel der Gesamtlänge in den Boden) einbetoniert in Punkt- oder Köcherfundament aus Einkornbeton oder in unten offener Stütze aus C 12/15 (16/20), Pfostenlänge = 1,5 × Zaunhöhe (½ Zaunhöhe im Fundament) Pfostenschuh aus Stahl in Punkt- oder Köcherfundament C 12/15 (16/20), Pfostenlänge ≈ Zaunhöhe	Pfostenabstand: ca. 2,50 m Querschnitt: Rundholz Durchmesser d = 100/120/(140) mm Kantholz Querschnitt b/h = 100/100 120/120 140/140 mm	oberes Pfostenende (Hirnholzfläche): • mit gefasten Kanten, • abgeschrägt, • zugespitzt (Kegel- oder Zeltdachform), • abgedeckt (Wetterbrettchen) Alternativ: Pfosten aus beständigerem Material wie Beton oder Stahl (Hohlrundprofil, Hohlquadratprofil, T-Profil etc.)
Riegel-Rahmen	Verschraubung am Pfosten, Stoß der Riegel in der Pfostenmitte oder Verschraubung versetzt übereinander, Riegel laufen durch, Pfosten nur an der Zauninnenseite sichtbar Befestigung von Riegeln oder Rahmen mit Hilfe von Zapfen, Stahlwinkeln und Schrauben etc. zwischen den Pfosten, Pfosten als gliedernde Elemente an der Zauninnen- und -außenseite sichtbar	Anzahl Querriegel: 2 bis 3 je nach Höhe, Länge ≈ Pfostenabstand Querschnitt: Halbrundholz Durchmesser d = (80)/100/120/140 mm Kantholz Querschnitt b/h = 60/80 60/100 60/120 mm	Riegel oder Rahmen besteht aus • Halbrundholz, • oben abgeschrägtem Kantholz, • Kantholz mit gefasten Kanten Alternativ: Riegel oder Rahmen aus Stahl (Hohlrechteckprofil, T-Profil, L-Profil, Flachstahl etc.)
Füllung	Nagelung auf Querriegel (nicht auf Zug belastbar, nur bei sehr einfachen Zäunen geeignet) Verschraubung auf Querriegel oder Rahmen (stabilere Lösung, rostfreie Schrauben verwenden), bei Verwendung von Stahlprofil als Querriegel, auch Verschraubung von Hinter-(Zauninnen-)Seite möglich, Stahlprofil mit fertigen Bohrlöchern	Abstand Latten: maximaler Abstand = Breite, bei waagerechter Lattung: max. Abstand << Breite, Querschnitt: Halbrundholz Durchmesser d = 40 bis 80 mm Kantholz Kantenlänge a = 30, 40, 50, 60 mm bzw. Latten- oder Brettrichtmaße	oberes Latten-/Zaunbrettende: • abgerundet, • zugespitzt, • abgeschrägt etc. zwischen Latte und Riegel: Abstandhalter Verbindung Füllung – Rahmen: verdeckt ausgeführt, Rahmen deckt Hirnholzflächen der Füllhölzer ab

- gehobelte Kanthölzer und Bretter, unbehandelt, Nadel- oder Laubholz mit höherer natürlicher Dauerhaftigkeit,
- gehobelte Kanthölzer und Bretter, kesseldruckimprägniert, Nadelholz,
- gehobelte Kanthölzer und Bretter, mit Farblasur, Nadel- oder Laubholz,
- gehobelte Kanthölzer und Bretter, mit farbiger Lackierung, meist Nadelholz,
- die genannten Hölzer in Kombination mit Betonpfosten,
- die genannten Hölzer in Kombination mit Stahlprofilen (z. B. für Pfosten und Riegel), diese feuerverzinkt oder lackiert.

Als Holzarten eignen sich besonders Europäische und Sibirische Lärche, Douglasie, Edel-Kastanie und Robinie, ohne Erdkontakt im Einzelfall auch Bambusrohre oder für nicht tragende Füllungen Geflechte aus Weiden- oder Haselruten. Dem konstruktiven Holzschutz ist sorgfältig Rechnung zu tragen (vgl. Farbtafel 15, Seite 320).

Die wichtigsten Empfehlungen zum Bau von Holzzäunen sind in der Tabelle 9.4 zusammengefasst.

9.2.3 Zäune und Wandelemente aus Metall

Zäune aus Metall spielten als Alternative zu Holzzäunen geschichtlich schon seit der Einführung der Schmiedekunst eine wichtige Rolle. Wurden sie damals gleichermaßen als schützendes wie auch als repräsentatives Element verwendet, z. B. an Schlössern oder vor Stadtvillen, werden sie heute häufig in Verbindung mit zeitgenössischer Architektur, als Schutzeinfriedung für gewerbliche Anlagen oder auch als Rankgitter für Kletterpflanzen vorgesehen.

Früher wurden Metallzäune geschmiedet, nach der Industrialisierung auch als Einzelelemente in Gusseisen gefertigt. Heute gehört die Anlage von Metallzäunen nach Plan in der Regel ins Gewerk „Metallbau- bzw. Schlosserarbeiten“, die das Garten- und Landschaftsbauunternehmen meist durch einen entsprechenden Subunternehmer ausführen lässt, sofern sie nicht direkt unter Schlosserbetrieben ausgeschrieben werden.

Sehr häufig werden Fertigprodukte für Zaunanlagen aus Metall verwendet. Die Industrie bietet eine große Vielfalt an Drahtgeflechten, Gittermatten oder -elementen an, mit passenden Pfosten und Toranlagen. Trotzdem ist die individuelle Detailplanung von Einfriedungen und Gitterelementen aus Stahl in vielen urbanen Freiräumen ein Teil des Gestaltungskonzeptes und als solcher eine anspruchsvolle Aufgabe.

Abb. 189. Wichtig für die Stabilität eines Maschendrahtzauns sind die Diagonalstreben.

Zäune aus Drahtgeflecht
Die einfachsten Zauntypen aus Metall sind Maschendrahtzäune aus kunststoffummanteltem oder feuerverzinktem Drahtgeflecht. Sie sind weit verbreitet, weil sie besonders kostengünstig zu bauen, haltbar und in Verbindung mit Pflanzen zurückhaltend im Erscheinungsbild sind. Als Alternative zum gängigen Maschendrahtzaun mit Diagonalmaschung, lassen sich im jeweiligen Anwendungsfall auch Wildzäune mit orthogonaler Maschung einsetzen. Für die Gestaltung von transparenten, aber sicheren Geländern und Absturzsicherungen stehen Maschengeflechte aus Edelstahlseilen zur Verfügung.

Ein Maschendrahtzaun besteht aus Pfosten, Rund-, seltener Vierkant-Stahlrohren, Diagonalstreben an den Eckpfosten sowie an etwa jedem vierten Pfosten bzw. nach zehn Metern auch im geraden Zaunverlauf, Maschengeflecht in unterschiedlicher Höhe und Spanndrähten, die in der Regel oben, unten und in der Mitte, bei größeren Zaunhöhen auch öfter, gezogen werden. Beim Spannen des Maschengeflechts entstehen entsprechende Zugkräfte, die von den Zaunpfosten und den Diagonalstreben aufgenommen werden müssen. Die Zaunpfosten werden daher immer eingespannt (vgl. Kap. 3.2) ausgeführt, d. h. in das Punkt- oder Köcherfundament einbetoniert. Maschendrahtzäune sind die einzigen Metallzäune, die zur Kategorie der Riegelkonstruktionen gerechnet werden könnten. Die Spanndrähte entsprechen in etwa den Riegeln.

Zäune aus Stahlstäben und Profilen, Gitterzäune

Die Möglichkeiten, Zäune aus Stahlprofilen zu gestalten, sind sehr vielfältig. Der Baustoff Stahl lässt eine feinere Dimensionierung als Holz zu und ist in der Regel dauerhafter. Vom Konstruktionsprinzip können hier rahmenlose Gitter, die optisch und konzeptionell etwa der Riegelkonstruktion entsprechen und Gitter in einem geschlossenen Rahmen unterschieden werden. Anders als die Riegelkonstruktionen bei Holzzäunen werden jedoch auch die rahmenlosen Gitter in aller Regel komplett vorgefertigt und als fertiges Element vor Ort montiert. Gründe dafür sind Aspekte des Korrosionsschutzes und die Art der Verbindungen wie Schweiß- oder Nietverbindungen, die zweckmäßig im Schlosserbetrieb durchgeführt werden.

Rahmenlose Konstruktionen findet man beispielsweise bei sogenannten Frontgitterzäunen, die den klassischen städtischen Zaunkonstruktionen aus Stahl aus dem 18. und 19. Jahrhundert nachempfunden sind (Mader und Zimmermann, 2006). Sie bestehen aus Pfosten, einem Hohlprofil mit rundem, rechteckigem oder quadratischem Querschnitt oder einem T-Profil, Querriegeln aus Flachstählen, U-Profilen, T-Profil oder L-Profil sowie runden, quadratischen oder rechteckigen Stahlstäben oder Flachstählen als Füllung bzw. Gitter.

Eine traditionelle Lösung für die Riegel ist das sogenannte Hespenprofil, ein mit einem Wulst an Ober- und Unterkante profilierter Flachstahl, das beidseits der Gitterstäbe angebracht und mit Nieten verbunden wird.

Bei den Rahmenkonstruktionen können die Füllungen aus Stahlstäben mit unterschiedlichem Querschnitt, Gittermatten oder auch Stahlseilen, die im Rahmen verspannt werden, bestehen. Für Sichtschutz- oder Wandelemente bieten sich Füllungen aus Holzlatten, Holzbrettern oder Tafeln aus Holzwerkstoffen an.

Die komplett vorgefertigten Rahmenelemente werden auf der Baustelle nur noch an den Pfosten montiert. Eine exakte Einhaltung von Rahmenmaßen und Pfostenabständen ist dafür zwingend erforderlich. Für die Schraubverbindungen sollten Langlöcher vorgesehen werden, die sowohl Längenänderungen infolge thermischer Dehnung als auch kleine Maßabweichungen ausgleichen können.

Die Zaunpfosten von Stahlzäunen werden generell in einem frostfreien Punkt- oder Köcherfundament gegründet. Fallweise kann auch ein durchgehendes Streifenfundament, etwa in Kombination mit einer Sockelmauer, vorteilhafter sein. Bei Punktfundamenten besteht die Gefahr, dass sie unter den auf das Zaunelement wirkenden Lasten ihre Lage verändern und den Pfosten verziehen (vgl. Farbtafel 16, Seite 321).

Farbtafel 15

Bild 84. Weidenflechtzaun.

Bild 85. Beidseitig verbretterter Schutzzaun im landschaftlichen Kontext mit Durchblicken.

Bild 86. Wandelemente (Rahmenkonstruktion) als Sichtschutz.

Bild 87. Sichtschutzzaun mit Lärchenlatten.

Bild 88. Zaundetail zum konstruktiven Holzschutz: Profilierter Riegel mit abgedeckten Schraubverbindungen.

Bild 89. Bambuszaun (Rahmenkonstruktion) mit Bambus-Pergola.

84

85

86

87

88

89

90

91

92

93

94

95

Abb. 190. Riegelkonstruktionen lassen sich an Geländeneigungen anpassen.

9.2.4 Zaunverlauf im Gelände

Ein Problem, das sowohl gestalterischer wie auch baulich-technischer Überlegung bedarf, entsteht, wenn die Einfriedung im geneigten Gelände verläuft. Es gibt zwei grundsätzliche Lösungsansätze:

1. Der Zaun verläuft mit dem Gelände, d. h. die Zaunoberkante liegt parallel zur Geländeoberkante bei lotrechten Pfosten und Latten. Diese Möglichkeit bietet sich bei Riegelkonstruktionen und entsprechenden Zauntypen wie Holzlattenzäunen, Maschendrahtzäunen etc. an.
2. Der Zaun wird abgetreppt bzw. gestuft ausgeführt, d. h. die Zaunoberkante bleibt immer waagerecht. Sie verspringt in Stufen entsprechend der Geländeneigung oder bleibt auf gleicher Höhe bei sich in Stufen ändernder Gesamtzaunhöhe.

Letztere Lösung ist sicher nur im Einzelfall, z. B. bei geringer Geländeneigung zweckmäßig. Solche Lösungen, wie sie Rahmenkonstruktionen erfordern, benötigen bei deutlich geneigtem Gelände einen abgestuften Mauersockel, ggf. mit gliedernden Pfeilern.

9.2.5 Eingangstore

Ein besonderes Detail einer jeden Einfriedung ist der Durchlass in das Grundstücksinnere, das Eingangstor. Bei der Gestaltung und Konstruktion ist hier besondere Sorgfalt erforderlich, egal ob es sich um ein kleines Gartentürchen oder ein zweiflügeliges Zufahrtstor handelt. Die Tore entsprechen oft in ihrer Gestaltung und Bauweise den zugehörigen Einfriedungen bzw. Zäunen. Aus statischen Aspekten stellen sie durch ihre Beweglichkeit besondere Anforderungen.

Farbtafel 16

Bild 90. Historischer Gartenzaun mit Schrägstreben nach innen zur Aussteifung.

Bild 91. Neuer Altstadtzaun mit traditionellem Hespenprofil und Nietverbindungen.

Bild 92. Stabgitterzaunelemente im Vorgartenbereich.

Bild 93. Zaun und Tor aus verzinkten Stahlgitterelementen mit Sichtschutz aus Milchacrylglas.

Bild 94. Gartentore aus anthrazit lackierten Stahlgitterelementen.

Bild 95. Stahlblechtor zum Gustav-Ammann-Park (Zürich).

Abb. 191. Holz-Gartentor in Rahmenkonstruktion..

Abb. 192. Tordetail: Verriegelungsdorne und Bodenhülse, Holzlattenfüllung auf Stahlrahmen (vgl. Projektbeispiel Holzzaun).

Analog zu den Zaunkonstruktionen lassen sich auch hier Riegel- und Rahmenkonstruktionen unterscheiden.

Als **Riegelkonstruktion** werden meist niedrige und halbhohe Gartentore für Latten- oder Bretterzäune gebaut. Sie bestehen in der Regel aus dem **Torflügel** mit zwei oder drei Querriegeln, einer diagonalen Druckstrebe mit dem oberen Ende auf der frei schwingenden Seite des Tores, der Füllung aus Latten oder Brettern entsprechend der Zaunfüllung und einer **Verbindung des Torflügels mit dem Zaunpfosten** aus einer Aufhängung/Angel aus Bändern (am Flügel) und Kloben (am Pfosten), Klinke bzw. Drücker mit Schlosskasten (am Flügel) und Anschlag- und Schließblech (am Pfosten) sowie ggf. einem Feststeller mit Bodenstück.

Die **Druckstrebe** ist für die Aussteifung und damit für die Funktionsfähigkeit des Tores von großer Bedeutung. Bei Stahlkonstruktionen kann sie auch als **Zugstrebe** mit dem oberen Ende an der Aufhängung ausgeführt werden.

Bei **Rahmenkonstruktionen** werden Querriegel und Druckstrebe durch einen **Türblattrahmen** ersetzt, der beidseitig mit einer Brettschalung versehen werden kann, sodass das Gartentor von beiden Seiten gleich aussieht. Die Oberkante des Tores wird in der Regel mit einem Abdeckholz versehen, das Außen- und Innenschalung abdeckt. Bei Metallkonstruktionen wird das Türblatt durch einen entsprechenden Gitterrahmen ersetzt (vgl. Farbtafel 16, Seite 321).

Projektbeispiele: Holzlattenzaun und Stahlgitterzaun

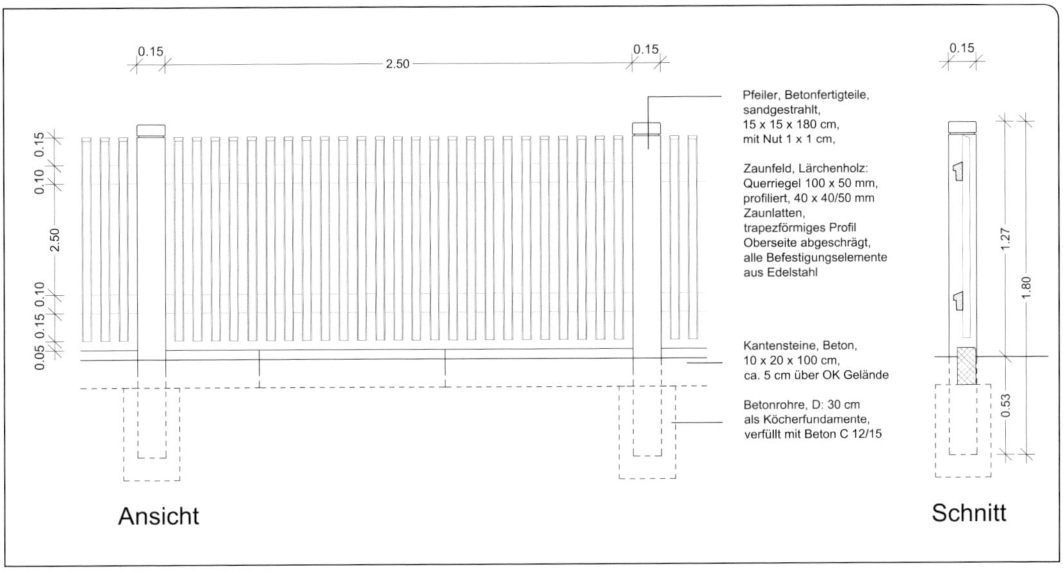

Abb. 193. Ansicht und Schnitt eines Holzlattenzauns (Lärche) mit Betonpfeilern.

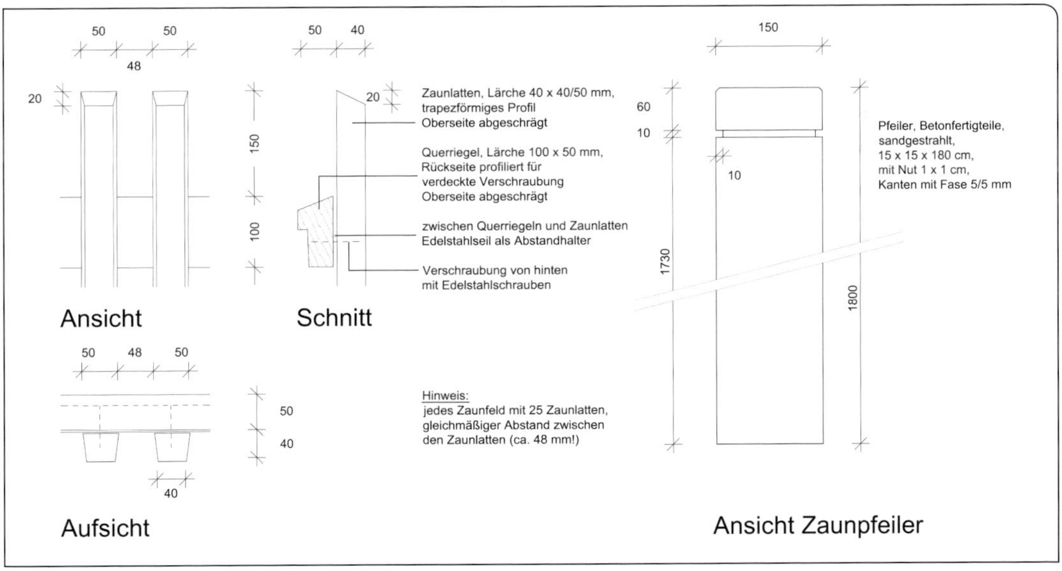

Abb. 194. Detaillösungen zu Latten, Riegel und Pfeiler (vgl. auch Farbtafel 15, Abb. 88, Seite 320).

Abb. 195. Zaun zu Projektbeispiel.

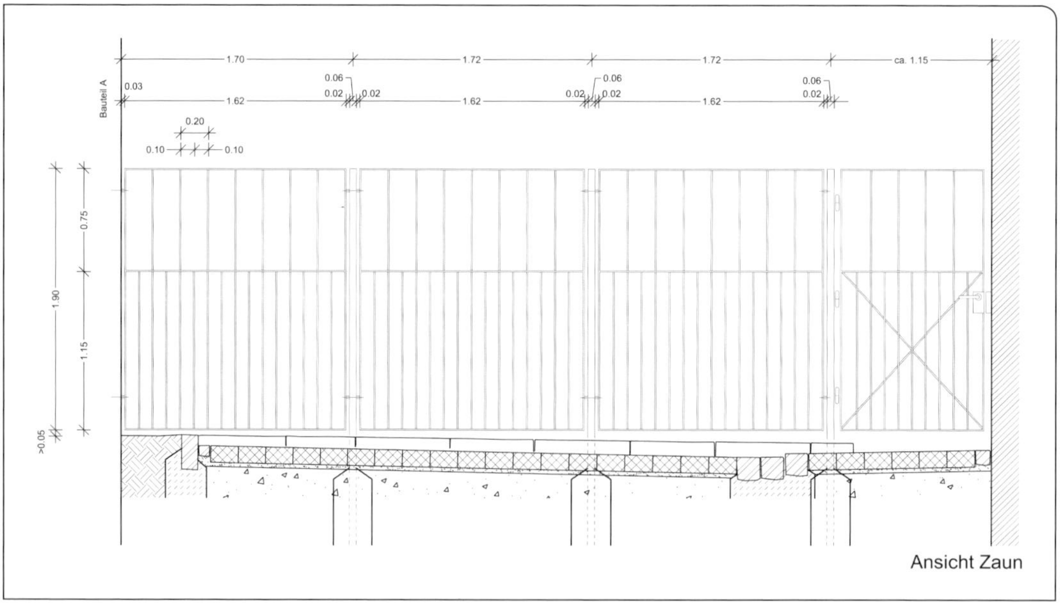

Abb. 196. Projektbeispiel: Stahlgitterzaun mit Tor: Pfosten aus Stahl-Quadratrohr 50 × 50 mm, Gitter aus Flachstahl 30 × 10 mm, gekreuzte Diagonalstreben im Tor aus Stahlstäben d = 10 mm.

Weitere Abbildungen zu Projektbeispielen: Abbildung 88 auf Farbtafel 15, Seite 320, Abbildung 93 auf Farbtafel 16, Seite 321.

10 Plattformen und Stege

In diesem Kapitel werden Skelettbaukonstruktionen beschrieben, die eine wesentliche Gemeinsamkeit verbindet: Es handelt sich um begehbare Flächen, die als Stabwerk konstruiert werden. Der Gehbelag ist immer der oberste, sichtbare Bestandteil der Konstruktion und steht niemals – so wie alle anderen Beläge (vgl. Kap. 13) – selbst in direktem Kontakt zum Boden. Er besteht meist aus Holz.

10.1 Grundlagen

Entsprechend obiger Eingrenzung gehören in diese Gruppe der Konstruktionen alle mehr oder weniger horizontal ausgerichteten, flächigen Bauelemente wie Holzterrassen, Decks, Podeste und Plattformen, Galerien, Aussichtskanzeln, Stege und Brücken, die als Skelettbau bzw. als Stabwerk identifiziert werden können.

10.1.1 Funktionen und Typologie

Die Hauptfunktion der hier behandelten Elemente ist die einer Aufenthalts- oder Verkehrs- bzw. Belagsfläche für geringe Belastungen wie Fußgänger oder Radfahrer. Anders als die üblichen Belagsflächen im Landschaftsbau haben Konstruktionen wie Plattformen, Decks, Stege und Brücken jedoch keine unmittelbare Bodenberührung, sondern ruhen auf Trägern und fallweise sonstigen Auflagern. Dementsprechend liegen sie häufig als Ebene über einer anderen und überbrücken diese.

Nachstehende Übersicht versucht eine Einteilung in Typen nach Funktionen und anhand charakteristischer Merkmale, die für die Konstruktion von Bedeutung sind. Die Begriffsdefinitionen sind dabei nicht völlig scharf abgegrenzt. Je nach Funktion reicht die Bandbreite von bodenbündigen oder bodennahen Flächen bis hin zu deutlich erhöhten Verbindungs- und Überquerungselementen.

10.1.2 Konstruktives System

Entsprechend der unterschiedlichen Funktionen und Konstruktionsmerkmale der horizontalen ausgerichteten mehr oder weniger ebenflächigen Elemente lassen sich zwei Gruppen einteilen, deren konstruktives System sich charakteristisch unterscheidet: Bodenbündige oder bodennahe plattformartige Elemente, hier vereinfachend als **Plattformen** bezeichnet, deren Träger bzw. Unterzüge auf ganzer Länge oder mit geringer Distanz zum Gelände auf Auflagern, Fundamenten oder Tragschichten aufliegen, und steg- oder brückenartige Elemente, folgend **Stege** genannt, die einen deutlichen Abstand zum Erdboden oder Baugrund haben, ein Hindernis überqueren und deren Träger dementsprechend über eine gewisse Distanz freitragend sind.

Tab. 10.1: Unterschiedliche Typen und Funktionen von horizontalen zweidimensionalen Skelettbauten

Typ*	Definition, Erklärung	Ausdehnung, Grundform	Lage, Situierung	Funktionen	Konstruktionsbestandteile
Terrasse	vom Lateinischen „terra“ = Erde, Erdboden; meist hausnahe Fläche in der EG-Ebene	flächig, oft rechteckig oder polygonal	überwiegend bodenbündig	Aufenthalt	Gehbelag, Träger/Unterzüge
Deck	Ebene, auch im Sinne von Abdeckung (Boot), meist aus Holz	flächig, eckig oder frei geformt	bodenbündig, bodennah	Aufenthalt, Abdeckung	Gehbelag, Träger/Unterzüge
Plattform	ebene, oft etwas erhöhte Fläche	flächig, meist eckig	bodennah oder erhöht	Aufenthalt, Ausschau	Gehbelag, Träger, ggf. Kanten und Auflager
Podest	meist deutlich erhabene Plattform, oft in Verbindung mit Treppe oder als Bühne	meist kleinflächig, eckig, oft quadratisch	erhöht, oft mit Stufen/Treppen	Aufenthalt, Ausschau, Präsentation	Gehbelag, Träger, Stufen, ggf. Kanten und Auflager
Kanzel	abgeleitet von Kanzel in Kirchen, deutlich erhöhtes Podest, oft Teil eines Stegs	meist kleinflächig, rund, eckig, oft quadratisch	deutlich erhöht, mit Zugang über Stufen/Treppen	Ausschau, Überblick, Präsentation	Gehbelag, Träger, Stützkonstruktion, Geländer/Brüstung
Galerie	vom Italienischen „galleria“ = langer Säulengang; hier einseitig offener, deutlich erhöhter Gang oder Steg, Empore	linear, Länge >> Breite, lang gestreckt, ggf. mit Richtungswechsel	deutlich erhöht, ggf. Lage oberhalb des Geländes	Verbinden, Überqueren, Ausschau, Überblick	Gehbelag, Träger, Stützen bzw. Stützkonstruktion, Geländer
Steg	vom Alt-/Mittelhochdeutschen „stec“; Gang am oder über dem Wasser, kleine Brücke	linear, Länge >> Breite, lang gestreckt, ggf. mit Richtungswechsel	etwas erhöht, oft über Wasser oder Gelände	Verbinden, Überqueren (oft Wasser)	Gehbelag, Träger, Stützen/Pfähle, ggf. Widerlager/Auflager
Brücke	vom Althochdeutschen „brucca“; Bauelement zum Überqueren von Hindernissen	linear, Länge >> Breite, meist lang gestreckt, gerade	erhöht, über Wasser oder Hindernissen	Verbinden, Überqueren	Gehbelag, Träger, Widerlager, ggf. Stützen, Geländer

* Begriffe hier ausschließlich auf Elemente in Skelettbauweise bezogen

Abb. 197. Abgrenzung Plattform – Steg: im Vordergrund liegen die Träger komplett auf, weiter hinten müssen sie das tiefer gelegene Niveau überspannen (Fußgängerbrücken Riemer Park, München).

Bei den Trägern bzw. Unterzügen der Plattformen steht den Einwirkungen quer zur Achse der Widerstand der Auflagefläche entgegen, sie liegen meist auf gesamter Länge direkt auf und können sich so praktisch nicht durchbiegen. Stützen kommen nicht vor.

Die Träger der Stege dagegen sind frei gespannt und müssen Verkehrslasten aufnehmen, die generell mit 5 kN/m^2 anzusetzen sind. Sie erfordern daher einen statischen Nachweis. Auch bei dieser Gruppe von Stabwerken spielen Stützen nur im Einzelfall eine Rolle, z. B. bei größeren Spannweiten, galerieartigen Elementen oder Aussichtskanzeln (vgl. Farbtafeln 17 und 18, Seiten 336 und 337).

10.2 Konstruktion von bodennahen Plattformen und Terrassen

Entsprechend ihres konstruktiven Systems umfasst diese Gruppe alle bodenbündigen oder bodennahen Plattformen wie Terrassen, Decks und Podeste. Für die Dimensionierung der Bauteile ist kein statischer Nachweis erforderlich. Vielmehr spielt aufgrund der Bodennähe der konstruktive Holzschutz eine bedeutende Rolle und ist bei Planung und Ausführung zu berücksichtigen (vgl. Farbtafel 17, Seite 336).

10.2.1 Gehbelag

Der Gehbelag von Plattformen besteht in aller Regel aus Holzbrettern, Holzbohlen oder Kanthölzern aus Nadelholz, Laubholz oder modifiziertem Holz, z. B. Thermobuche, sowie fallweise auch aus Holzwerkstoffen, z. B. Holz-Kunststoff-Produkten (WPC's). Damit soll bei hausnahen Terrassen, Sonnendecks oder Flächen, Podesten und Bühnen

Abb. 198. Gewelltes Holzdeck im Münchner Petuelpark.

im öffentlichen Raum eine Aufenthaltsqualität erreicht werden, die Belagsmaterialien aus Naturstein, Beton oder Klinker nicht gewährleisten. Holz und Holzwerkstoffe sind schlechte Wärmeleiter und daher bei kühlen Außentemperaturen vergleichsweise warm. Bei Hitze heizen sie sich nicht so stark auf und bleiben benutzbar. Eine verschlechterte Begehbarkeit bei Regen und Nässe aufgrund einer rutschigen Oberfläche wird meist billigend in Kauf genommen, da die Flächen bei schlechtem Wetter in der Regel nicht betreten werden müssen. Eine gezielte Oberflächenbehandlung kann helfen, diesen

Abb. 199. Holzgehbelag mit aufkaschierten Gummibahnen zur besseren Griffigkeit (Oerliker Park, Zürich).

Nachteil etwas zu reduzieren. Üblich sind Sandstrahlen der Holzoberfläche, Einfräsen von Rillen oder Aufkaschieren von griffigen Materialien.

Da auf ebenen Flächen ein zügiger Abfluss von Niederschlagswasser nicht ohne Weiteres gewährleistet werden kann, sind bei Holzplattformen gezielte Maßnahmen erforderlich.

Es kommen in Betracht:
- die Auswahl einer Holzart mit hoher natürlicher Dauerhaftigkeit (vgl. Kap. 7.2.3 und Tab. 10.2),
- die Verlegung der Hölzer mit Fugen, deren Breiten je nach Nutzungsansprüchen, Dimensionierung der Hölzer und jeweiligem Quell- und Schwindverhalten von 5 bis etwa 15 mm variieren können,
- die Verlegung der Hölzer mit einem leichten Eigengefälle von 0,5 bis 1,5 %, sofern dies der Nutzung und dem Erscheinungsbild nicht widerspricht,
- die Überdachung der Fläche.

Für Plattformen im privaten Bereich werden meist Bretter in gängigen Schnittmaßen verwendet, im öffentlichen Bereich wird oft auf dickere bzw. stärkere Bohlen oder Kanthölzer zurückgegriffen. Ihre Dimensionierung richtet sich nach dem Abstand der Unterzüge (vgl. Tab. 10.3). Je dichter diese liegen, desto geringer kann die Brettstärke sein. Für Verschleiß, Verwitterung und Reserve für Rillen oder Sandstrahlen ist ein Zuschlag auf die Stärke anzuraten.

Tab. 10.2: Holzarten und Holzwerkstoffe für Plattformen

Holzart für Gehbelag	Eigenschaften	Technisch-konstruktive Hinweise
Europäische Lärche	natürliche Dauerhaftigkeit 3 bis 4, Haltbarkeit maximal 10 bis 15 Jahre, nachteilig für Liegeflächen durch Harz und Schiefer	höhere Schnittklassen mit geringem Astanteil verwenden, Sicherheitszuschlag bei der Dicke von 1 cm
Sibirische Lärche	natürliche Dauerhaftigkeit mit 2 bis 3 anzusetzen (aktuell untersucht, noch keine Aussage in Normen), vorteilhaft gegenüber europäischer Art	zertifiziertes Holz allgemein noch nicht verfügbar
Douglasie	vergleichbar mit europäischer Lärche, teilweise weniger harzig	Vergleichbar mit europäischer Lärche, Sicherheitszuschlag bei der Dicke von 1 cm
Eiche	natürliche Dauerhaftigkeit 2, gute Haltbarkeit, hartes Holz, das zu Rissen neigt, anfangs starkes „Bluten“ (Gerbsäureabsonderung)	Dimensionierung kompakt wählen, Benutzbarkeit anfangs durch Bluten eingeschränkt, keine hellen oder säureempfindlichen Unterlagen und Nachbarflächen, als Verbindungsmittel Edelstahlschrauben hoher Festigkeit verwenden
Robinie	natürliche Dauerhaftigkeit 1 bis 2, sehr gute Haltbarkeit, wegen krummen Wuchses große Längen oft schlecht verfügbar	Dimensionierung kompakt wählen, keine großen Baulängen, als Verbindungsmittel Edelstahlschrauben hoher Festigkeit verwenden
Edel-Kastanie	natürliche Dauerhaftigkeit 2, gute Haltbarkeit, kann anfangs „Bluten“ wie die Eiche, oft schwierig verfügbar, insbesondere große Längen	Dimensionierung kompakt wählen, keine großen Baulängen, keine hellen oder sehr empfindlichen Unterlagen und Nachbarflächen, als Verbindungsmittel Edelstahlschrauben hoher Festigkeit verwenden
Tropische Edellaubhölzer	viele Arten mit natürlicher Dauerhaftigkeit 1, sehr gute Haltbarkeit und oft hohe bis sehr hohe Dimensionsstabilität, meist geringe Neigung zu Schiefern, deshalb oft vorteilhaft für große Plattformen im öffentlichen Bereich	auf Nachhaltigkeitszertifikat, z. B. FSC, achten (bei asiatischen Arten noch kaum verfügbar), auf ausreichende Trocknung achten (kostengünstige Arten werden teilweise sehr feucht geschnitten und verladen), als Verbindungsmittel Edelstahlschrauben höchster Festigkeit (V 6) verwenden
Thermobuche	Dauerhaftigkeit durch thermische Behandlung von 5 auf 1 bis 2 erhöht, dunkler Farbton, der nur durch regelmäßige Oberflächenbehandlung erhalten werden kann	durch thermische Behandlung Veränderung der Baustoffeigenschaften, z. B. Verlust der Zugfestigkeit, daher geringe Abstände der Unterkonstruktion erforderlich
WPC-Dielen	brettartige Elemente aus Wood-Plastic-Composites (60 bis 80 % Holzanteil, 20 bis 40 % Kunststoffanteil), Haltbarkeit und Dimensionsstabilität hoch bis sehr hoch, unterschiedliche Farben verfügbar	Herstellerhinweise je nach Produkt beachten, insbesondere Längenänderung, bei Hohlprofilen Schnittkanten verdeckt ausführen, z. B. umlaufende Einfassungsdiele mit Gehrungsschnitt an den Ecken; passende Verbindungsmittel verwenden

Tab. 10.3: Dimensionierung von Terrassenbelag aus Brettern bzw. Dielen b/d (Quelle: Herstellerangaben)

L (in cm)	**30**	**40**	**50**	**60**	**70**	**80**	**90**	**100**	**110**	**115**	**b in mm**
d (in mm)	20	24	27	30	33	36	39	42	45		120
d (in mm)		22	25	28	31	34	37	40	43	45	145

L = Abstände Unterkonstruktion, Trägerabstand, b = Brettbreite, d = Brettdicke, -stärke

Die Bretter oder Bohlen des Gehbelags werden meist direkt auf die Unterzüge verschraubt. Dabei ist die gestalterische Wirkung des Fugenbildes und der Schraubenanordnung zu berücksichtigen. Ausreichende Abstände der Schrauben von den Schnittkanten sind dringend einzuhalten. Bei Edellaubhölzern, insbesondere bei tropischen Arten, sind Edelstahlschrauben höchster Festigkeit (V6) angezeigt.

Um eine Verschraubung von oben zu vermeiden, z. B. aus Gründen der besseren Benutzbarkeit, des geringeren Verletzungsrisikos und des konstruktiven Holzschutzes, bietet sich eine Verbindung von unten mit einem Querriegel aus Kantholz oder vorgebohrtem und verzinktem Flach- oder Winkelstahl an. Da meist der Arbeitsraum unter dem Gehbelag fehlt, ist es empfehlenswert, die Plattformfläche in einzelne, gerade noch handhabbare Fertigelemente zu gliedern, die vollständig von unten verschraubt und dann auf die Unterkonstruktion gelegt werden. Zur Sicherung sind dann nur noch wenige Verbindungen der Querriegel mit den Unterzügen erforderlich (vgl. Projektbeispiel, Seite XX). Diese Lösung hat den Vorteil, dass ein Austausch oder eine Erneuerung der Elemente bei Bedarf sehr leicht möglich ist und die Fläche unter der Plattform grundsätzlich erreichbar bleibt.

Alternative Materialien für den Gehbelag von Plattformen wie Gitterroste oder in Rahmen eingelegte Platten spielen eine relativ geringe Rolle und können somit hier unberücksichtigt bleiben.

Vergrauung
Zu beachten ist, dass alle unbehandelten Hölzer unter Bewitterung und Sonneneinstrahlung, die im Bereich von Plattformen meist hoch sein wird, relativ rasch ihren natürlichen Farbton verlieren und vergrauen.

10.2.2 Unterkonstruktion

Die Unterkonstruktion unter den Gehbelägen von Plattformen, die in der Regel aus parallelen oder im Raster angeordneten Unterzügen besteht, hat zwei wesentliche Aufgaben: die Aufnahme der auf den Gehbelag einwirkenden Lasten und deren Übertragung auf den Baugrund sowie die Belüftung des Gehbelags von unten als Maßnahme des konstruktiven Holzschutzes durch Einhaltung eines Abstands zur Baugrundoberfläche.

Für die Unterzüge eignen sich Kanthölzer, ggf. aus einer Holzart mit einer höheren Dauerhaftigkeit als der Gehbelag, Stahlträger oder sonstige Metallprofile. Auf Stahlprofilen ist eine direkte Verschraubung des Gehbelags unbedingt zu vermeiden.

Abb. 200. Plattform mit von unten verbundenen Holzrosten; nur jedes achte und neunte Kantholz ist von oben auf die Unterkonstruktion geschraubt; die Hölzer haben Entlastungsnuten auf der Unterseite (Louis-Häfliger-Park, Zürich).

Abb. 201. Bündiger Geländeanschluss des Gehbelags aus Lärchenholz unter Beachtung des konstruktiven Holzschutzes (Riemer Park, München).

Die Unterkonstruktion wird entweder auf unstarr gegründete Auflageelemente wie liegende Betonbordsteine oder -platten, auf Kiestragschichten oder auf Punkt oder Streifenfundamente aufgelegt. Dabei sind Distanzhalter bzw. Ausgleichsschichten, die etwa den Lagern bei Brücken entsprechen, z. B. in Form von Neoprenstreifen, zu verwenden. Bei etwas erhöht liegenden Konstruktionen bietet sich für Unterzüge aus Kantholz auch die Verwendung von U-förmigen Balkenschuhen an, die im Streifen- oder Punktfundament einbetoniert werden.

10.2.3 Geländeanschluss

Ganz wesentlich bei bodennahen Plattformen aus Holz ist die Berücksichtigung des konstruktiven Holzschutzes. Liegt die Konstruktion etwas erhöht, etwa um eine oder mehrere Stufen, ist eine durchweg belüftete Ausführung ohne Bodenkontakt meist gut zu realisieren. Schwieriger ist dies bei bodenbündigen Holzterrassen. Ein besonders wichtiges Detail stellt hier der bündige Randanschluss dar. In diesem Bereich muss verhindert werden, dass die Konstruktion im nassen Boden steht. Dies kann beispielsweise durch eine Aufkantung aus Leistensteinen, Borden, Stahlwinkeln etc. erfolgen, dessen Oberkante bündig mit der Oberfläche des Gehbelags auf der einen und mit der des Geländes auf der anderen Seite abschließt. Die Höhe der Aufkantung muss so gewählt werden, dass Gehbelag und Unterzug, sofern sie aus Holz sind, luftumspült liegen. Zwischen den Auflagern sollte mit großkörnigem Schüttstoff, z. B. Kies 16/32, bis maximal an deren Oberkante aufgefüllt werden, sodass auch die Unterseite der Unterkonstruktion keine Bodenberührung hat und belüftet ist. Zwischen Gehbelag und Aufkantung sowie zwischen Gehbelag und ggf. benachbarten Gebäuden sollte dementsprechend eine Fuge bleiben, auch als Ausgleich von Dimensionsänderungen des Holzes beim Quellen. Benachbarte, bündig anschließende Flächen sollten nicht in Richtung Plattform entwässert werden.

Projektbeispiel: Große Holzterrasse mit Stufen

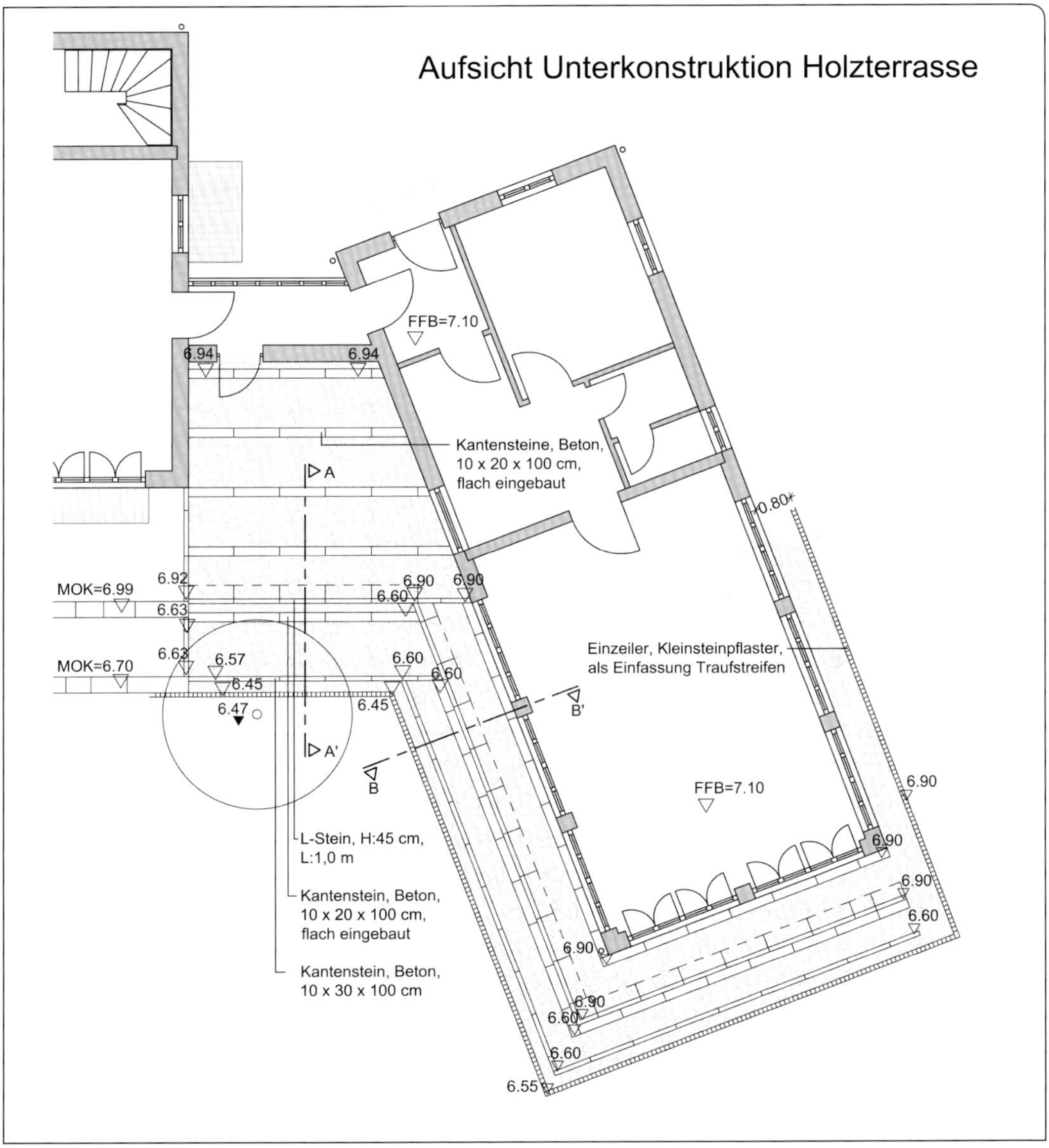

Abb. 202a. Aufsicht auf Unterkonstruktion. Der Gehbelag besteht aus unterschiedlichen Typen von vorgefertigten und von unten verschraubten Holzrosten.

Hinweise zu den Holzelementen:

alle Einzelteile bestehend aus:
- Holzbelag, Lärche, 70 x 45 mm, glatt gehobelt, Fugenbreite 5 mm
- Unterzüge, Tropenholz

Gesamthöhe (Unterzug + Holzbelag) 13 cm

zwischen Unterzügen und Holzbelag Trennlage aus Neopren zur Dämpfung einlegen!

Achsabstand der Unterzüge max. 1000 mm

alle Befestigungselemente unsichtbar (Verschraubung auf Unterseite Holzbelag)

alle Befestigungselemente aus Edelstahl

Alle Maße sind vor Ort zu kontrollieren

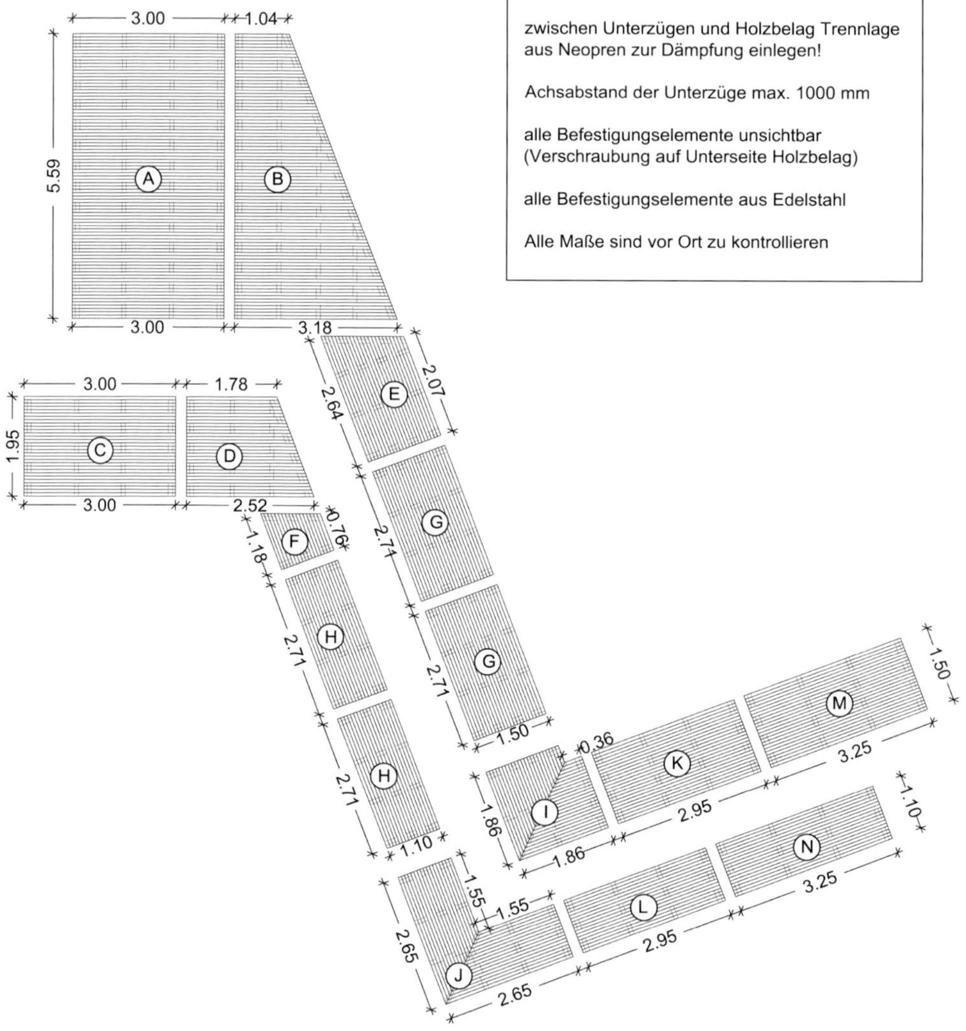

Aufsicht Einzelelemente Holzterrasse

Abb. 202b. Aufsicht auf Holzroste aus Sibirischer Lärche.

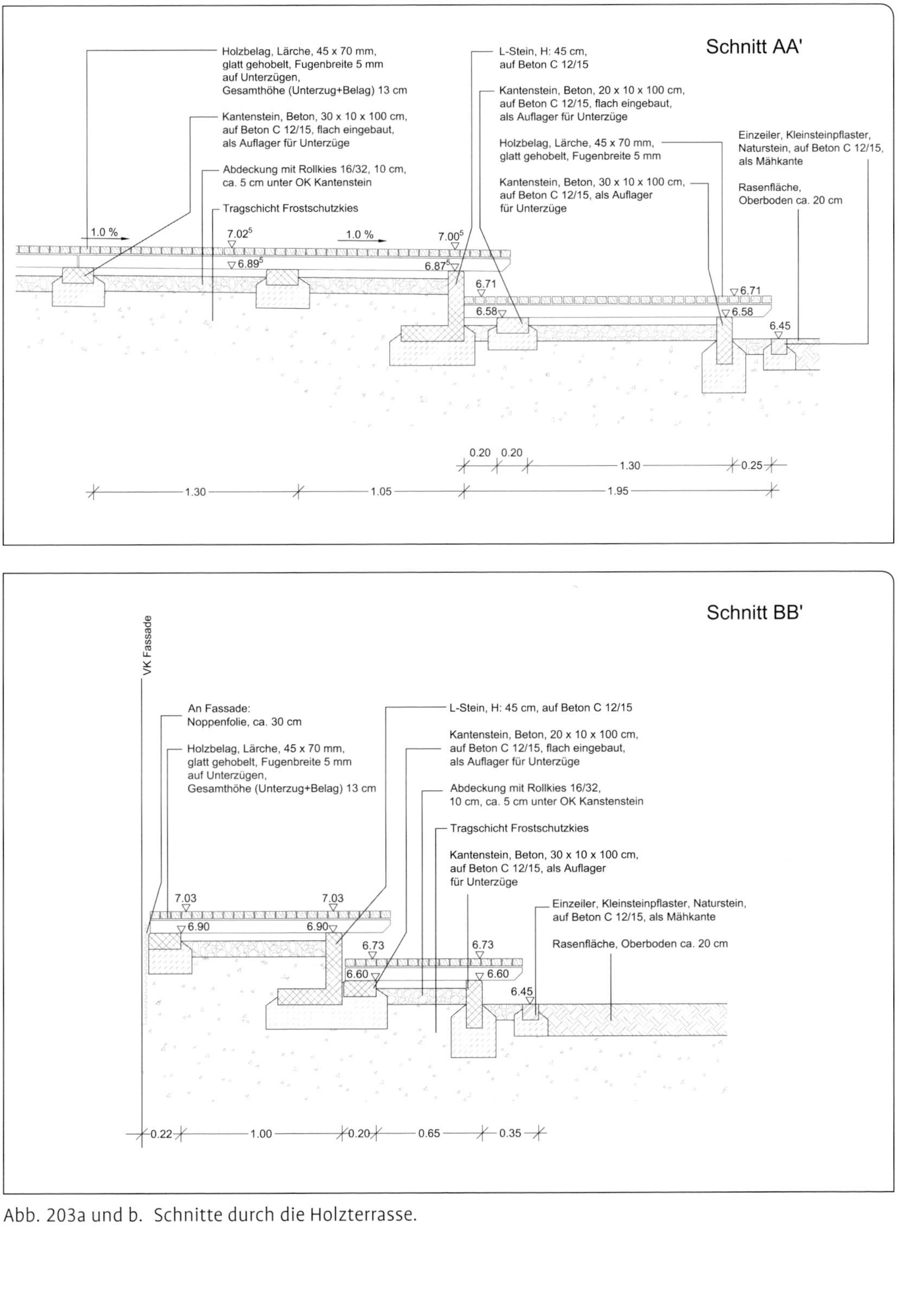

Abb. 203a und b. Schnitte durch die Holzterrasse.

Abb. 204. Unterzüge mit Auflagen aus Neoprenstreifen auf Streifenfundamenten aus liegend eingebauten Betonleistensteinen.

Abb. 205. Einbau der Eckroste mit Gehrungsfuge.

Abb. 206. Fertige Holzterrasse: die Roste sind nur jeweils an den Seiten an der Unterkonstruktion verschraubt (vgl. auch Farbtafel 17, Seite 336, Abb. 101).

Farbtafel 17

Bild 96. Holzplattform im öffentlichen Raum: Großflächiges Holzdeck im Oerliker Park in Zürich.

Bild 97. Wellen-Holzdeck im Petuelpark in München.

Bild 98. Holzterrassen und -stufen aus zertifiziertem Ipé-Holz im San Pedro-Park, La Coruna, Spanien.

Bild 99. Holzplattform und Sitzpodeste im Campus des University College in Dublin, Irland.

Bild 100. Holzterrasse mit geriffeltem Gehbelag und Sitzelemente (Landesgartenschau Bingen 2008).

Bild 101. Eckdetail einer Holzterrasse aus Sibirischer Lärche.

96

97

98

99

100

101

102

103

104

105

106

107

10.3 Konstruktion von Stegen und Brücken

Stege und Brücken sind Bauwerke zum Überspannen bzw. Überqueren von Hindernissen, ursprünglich wohl ganz überwiegend zum Überqueren von Gewässern.

Die ältesten Brücken waren je nach regionaler Materialverfügbarkeit und jeweils herrschenden baukulturellen Standards aus Stein oder Holz. Massive Steinbrücken wurden meist als Spannbögen aus konisch gearbeiteten Steinen gebaut. Holz dagegen eignete sich aufgrund seiner Zugfestigkeit für Stege und Brücken in Skelettbauweise. Aus Gründen des konstruktiven Holzschutzes wurden Holzbrücken sehr oft überdacht ausgeführt.

Erst gegen Ende des 18. Jahrhunderts kam als dritter Baustoff für den Brückenbau Stahl hinzu. Die erste Stahlbrücke wurde 1779 vom Eisenfabrikant Abraham Darby III. bei Coalbrookdale in England über den Severn gebaut und hatte eine Spannweite von ca. 30 m. Im 19. Jahrhundert setzten sich Stahlbrücken mehr und mehr durch.

Stege und Brücken waren spätestens seit der Epoche des Landschaftsgartens im 18. und 19. Jahrhundert auch in der Gartenkunst ein unverzichtbares Element. Die in dieser Zeit weit verbreitete Chinoiseriebewegung wirkte sich auch stark auf die Gestaltung der Garten- und Parkbrücken aus (vgl. Kap. 11.1.1).

Im Wörlitzer Park beispielsweise, der im Zeitraum von 1740 bis 1817 entstand und ein Teil des Dessau-Wörlitzer Gartenreiches ist, existieren 17 Brücken in ganz unterschiedlichen Stilen, darunter die vielleicht bekannteste Chinesische oder Weiße Brücke.

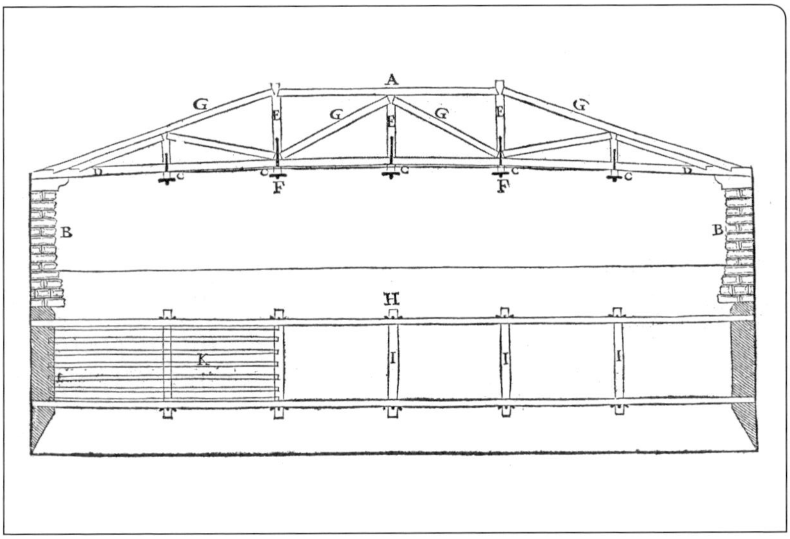

Abb. 207. Entwurf für Holzbrücke von Andrea Palladio (aus: Die vier Bücher zur Architektur, Venedig, 1570).

Farbtafel 18

Bild 102. Bogenbrücke aus Holz mit Diagonalabstrebungen der Geländerpfosten.

Bild 103. Eichenholzsteg (841 m lang, 2,40 m breit) mit Unterkonstruktion aus Stahl auf gerammten Eichenpfählen im Zürichsee; der Steg ist wie sein Vorgänger aus dem 14. Jahrhundert Teil des Jakobswegs.

Bild 104. Fußgänger-Bogenbrücke aus Cortenstahl über ein „HaHa“ (Bezeichnung für typische Grenzgräben mit Mauern in England).

Bild 105. Untersicht einer Aussichtskanzel (Landesgartenschau Bingen 2008): die Holzdielen sind auf Holzunterzügen, nicht direkt auf der Stahlkonstruktion verschraubt.

Bild 106. Holzdeck über der historischen Caponniere in Neu-Ulm (Landesgartenschau Neu-Ulm 2008).

Bild 107. Neue Besucherpassarelle mit Gehbelag aus Cortenstahl und Edelstahlhandlauf in den Kaiserforen in Rom.

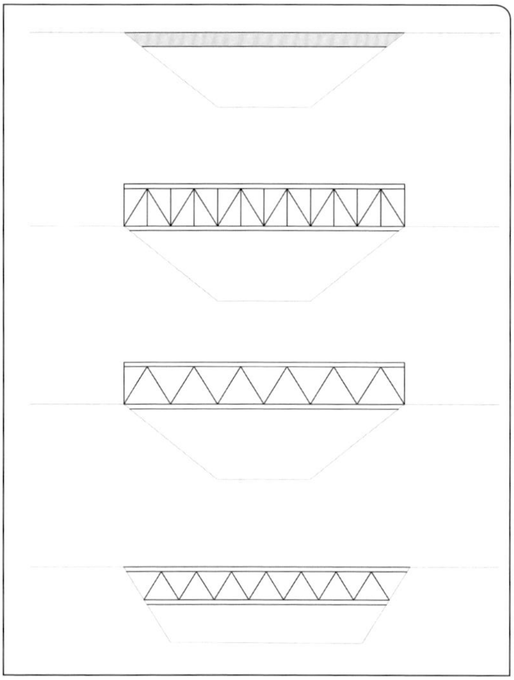

Abb. 208. Balkenbrücke, Fachwerkbrücken mit parallelgurtigem Fachwerk und mit pfostenlosem Fachwerk (von oben).

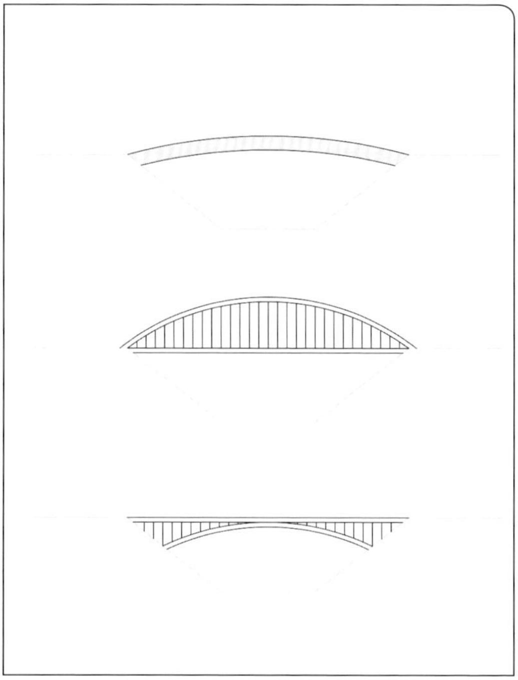

Abb. 209. Verschiedene statische Prinzipien der Bogenbrücke.

Abb. 210. Flache Bogen-Fachwerkbrücke (LGS Neu-Ulm 2008).

Abb. 211. Hängebrücke: der zweite Traversinersteg in der Via Mala (CH) des Tragwerkplaners Jürg Conzett.

Brücken gehören zu den anspruchsvollsten Bauwerken der Ingenieurbaukunst. Auch in der Landschaftsarchitektur stellen Stege und kleine Brücken als konstruktive Elemente in unmittelbarer Interaktion mit der Landschaft immer wieder besonders interessante, meist interdisziplinär zu bewältigende Entwurfs- und Konstruktionsaufgaben (vgl. Farbtafel 18, Seite 337).

10.3.1 Statische Grundtypen

Je nach Prinzip des Stabwerks lassen sich vier Grundtypen von Stegen und Brücken unterscheiden:
- die Balkenbrücke,
- die Fachwerkbrücke,
- die Bogenbrücke,
- die Hängebrücke.

Balken- und Bogenbrücke sind die ältesten Brückenformen und für die Zwecke der Landschaftsarchitektur die wichtigsten Grundtypen. Die Balkenbrücke kann bei größeren Längen als ein-, zwei- oder mehrfaches Sprengwerk, Hängewerk, Hängesprengwerk oder unterspannter Balken variiert werden. Durch diese Varianten lässt sich eine Unterstützung des Balkens, z. B. beim einfachen Spreng- oder Hängewerk in der Mitte, realisieren, ohne dass Stützen im überbrückten Querschnitt erforderlich sind.

Norm zu Brücken
DIN 1074 Holzbrücken, Mai 1991

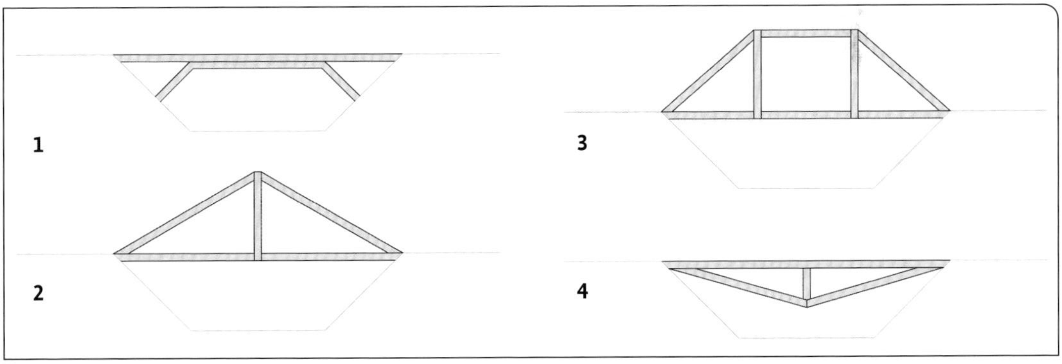

Abb. 212. 1 = Sprengwerk, 2 = einfaches Hängewerk, 3 = zweifaches Hängewerk, 4 = unterspannter Balken.

10.3.2 Gehbelag

Begehbare Ebenen außerhalb von Gebäuden sind mit einer Verkehrslast von $p = 5{,}0\ kN/m^2$ zu bemessen (vgl. Kap. 10.1.2). Im Übrigen gelten die unter den Kapiteln 3 und 10.2. genannten Grundlagen.

Für Holzbeläge gelten die Ausführungen in Kapitel 10.2.1 entsprechend. Die Oberfläche kann profiliert oder auch sägerau belassen werden, da mit der Dauer der Abnutzung und Bewitterung die Jahresringe ohnehin hervortreten. Dafür sollte bei der Bemessung der Dicke für Nadelholz 1 cm Sicherheitszuschlag angesetzt werden.

Der lichte Abstand, die Fugenbreite zwischen den einzelnen Bohlen, sollte zwischen 1 und 2 cm liegen. Bei größerem Abstand können kleine Gegenstände durchfallen, bei kleinerem bleibt der Splitt der Winterstreuung hängen und lässt sich nur schwer wieder herauslösen.

Die Bohlen sind an jedem Auflager mit mindestens zwei Schrauben zu sichern, um eine Verwindung zu verhindern. Auf die geeignete Qualität der Verbindungsmittel ist zu achten (vgl. Kap. 10.2.1). Dennoch ist bei neu verlegtem Belag immer damit zu rechnen, dass sich einzelne Bohlen stark verformen. Daher sollte mit dem Ausführenden vereinbart werden, dass diese Bohlen etwa zwei bis drei Monate nach Montage markiert und ausgewechselt werden. Eine leichte Auswechselbarkeit der Holzbohlen sollte generell möglich sein. Sie begünstigt den Unterhalt des Bauwerks erheblich.

Holzbohlen dürfen nicht direkt auf Stahlprofilen aufliegen, weil beim Einschrauben der Korrosionsschutz zerstört wird. In der Regel wird ein Lagerholz aus Laubholz dazwischengesetzt. Bei der Verwendung von Laubhölzern mit starker Gerbsäureabsonderung, z. B. der Eiche, ist die Widerstandsfähigkeit des Korrosionsschutzes dagegen sicher zu stellen. Überdies sind die Auswirkungen auf das Widerlager und sonstige unterhalb des Gehbelags liegende Bauteile zu prüfen, auch hinsichtlich Verfärbung.

Bei Fußgänger- und Fahrradbrücken ist fallweise auch ein anderer Gehbelag als Holzbohlen angezeigt. Dieser kann beispielsweise als kunstharz- oder bitumengebundene Decke mit einer entsprechenden Stahlunterlage ausgeführt werden. Auch Stahlgitterroste, eingelegt in auf den Trägern liegenden Stahlrahmen, werden verwendet. Aufgrund der geringeren Bedeutung gegenüber Holz für Aufgabenstellungen aus Landschaftsarchitektur und Landschaftsbau werden diese Lösungen hier nicht weiter behandelt.

10.3.3 Träger

Für Stege und Brücken im Landschaftsbau hat der Typus der Balkenbrücke die größte Bedeutung. Je nach Funktion wird bei den Trägern in Haupt- und Nebenträger unterschieden.

Hauptträger
Grundsätzlich eignet sich Holz und Metall als Baustoff für Hauptträger von Stegen. Da sich Anforderungen und Eigenschaften beider Materialien deutlich unterscheiden, wird hier auf beide Varianten gesondert eingegangen.

Hauptträger aus Holz
Bei Stegen über fließende Gewässer ist bei Nadelholz eine rasche Verwitterung zu erwarten. Es ist daher zu prüfen, ob Holz im jeweiligen Fall der geeignete Baustoff und welche Holzart die richtige ist. Bei Holzbrücken sollte immer auch eine Überdachung zur Verlängerung der Lebensdauer erwogen werden.

Abb. 214. Zweiter Traversiner Steg – hier wurden beidseits jeweils vier Träger aus BSH verwendet.

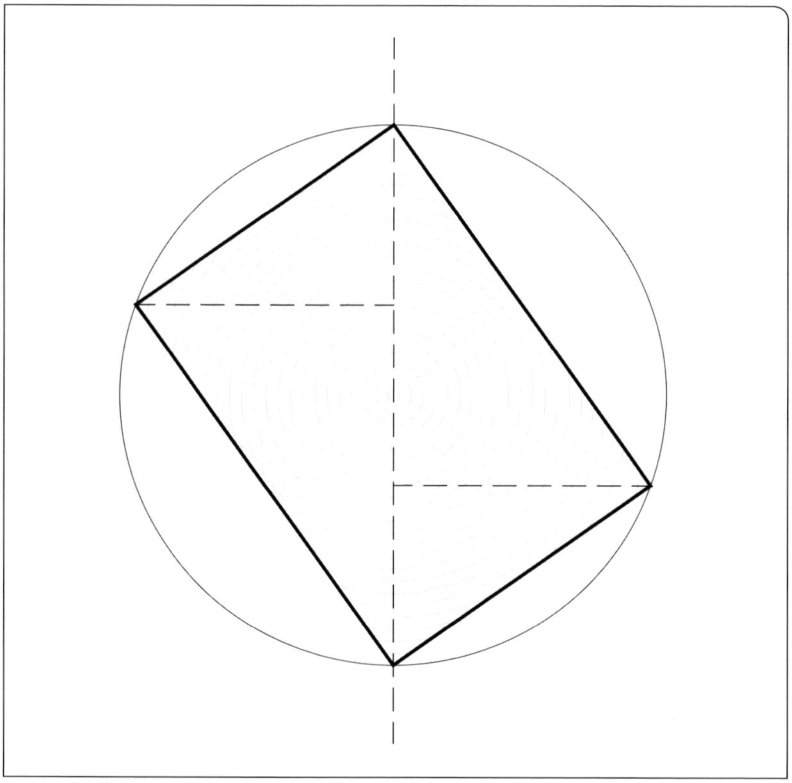

Abb. 215. Größter Balkenquerschnitt.

Vollquerschnitte aus Holz sind etwa bis 30 cm Kantenlänge lieferbar. Damit ist die Spannweite einer 2,50 m breiten einfeldrigen Geh- und Radwegbrücke mit zwei Hauptträgern auf ca. 6,00 m begrenzt.

Bei größeren Spannweiten gibt es beispielsweise folgende Möglichkeiten:

- mehrere Hauptträger mit relativ geringen Abständen nebeneinander,
- verdübelte Balken übereinander,
- Verwendung von Brettschichtholz oder
- aufgelöste Konstruktionen wie Sprengwerke, Bogen- oder Fachwerkträger.

Bei Fußgänger- und Fahrradbrücken im öffentlichen Raum wird grundsätzlich ein statischer Nachweis entsprechend Kapitel 3.3.2 erforderlich sein. Dabei ist von einer Verkehrslast von $p = 5\ kN/m^2$ auszugehen. Häufig sind darüber hinaus Räum- und Kehrfahrzeuge zu berücksichtigen.

Zur Vorbemessung der Querschnitte im Entwurf können Faustformeln dienen, die sich im traditionellen Zimmermannshandwerk entwickelt und bewährt haben. Daher werden nachfolgend einige aufgeführt (vgl. Tab. 10.4).

Bei einem Rechteckquerschnitt des Trägers b × h ist insbesondere die Höhe h die statisch ausschlaggebende Größe (vgl. Kap. 3.3.2). Kanthölzer werden daher in aller Regel hochkant zu verwenden sein.

Der größte tragfähige Querschnitt, den man aus einem Baustamm erhält, hat folgende Proportionen:

$$b : h = 1 : \sqrt{2} \approx 5 : 7$$

oder

$$b = \frac{5}{7}\,h$$

In Abhängigkeit von der freien Länge des Trägers und vom Abstand der Hauptträger untereinander ergeben sich die in Tabelle 10.4 dargestellten Querschnittswerte.

Auch folgende Faustformeln, die im Zimmermannshandwerk zur Dimensionierung von Deckenbalken mit vergleichbaren Verkehrslasten dienten, können zur Vorbemessung dienen (Stade, 1904):

$$h = 15\,\text{cm} + 2{,}5 \times L\ (\text{cm}),$$

$$h = 16\,\text{cm} + 2 \times L\ (\text{cm}),$$

wobei für L die freie Länge des Balkens in m ohne Einheit eingesetzt wird.

Tab. 10.4: Querschnittsdimensionen für Träger (Quelle: Stade, 1904)

Freie Trägerlänge L (in m)	**Querschnittsmaße b und h (in cm) bei einem Trägerabstand von Mitte zu Mitte**			
	0,90 m		**1,00 m**	
	b	**h**	**b**	**h**
2,50	12	15	12	16
3,00	13	17	13	18
3,50	14	19	14	20
4,00	15	21	16	22
4,50	17	22	18	23
5,00	18	24	19	25
5,50	19	26	20	27
6,00	21	27	21	28

Abb. 216. Querträger.

In der Umsetzung sollte darauf geachtet werden, dass für die Querschnittsabmessungen verfügbare Richtmaße in geraden 2-cm-Sprüngen (12, 14, 16 cm usw.) verwendet werden (vgl. Kap. 7.2.2).

Hauptträger aus Stahl

Mit Stahlbrücken lassen sich nahezu ungegrenzte Spannweiten verwirklichen. Bei einfeldrigen Trägern tritt ab ca. 8 m Spannweite das Schwingungsproblem in den Vordergrund. Es besteht dann die Gefahr, dass kein ausreichender Abstand zwischen der Eigenfrequenz der Brücke und der Erregerfrequenz durch die Fußgänger, die etwa bei 2 Hz liegt, zu erreichen ist. Die Folge wären Resonanzerscheinungen, welche die Gebrauchstauglichkeit der Brücke beeinträchtigen würden.

Bei der Planung von Stahlbrücken ist besondere Sorgfalt auf den Korrosionsschutz zu richten. Außen liegende Stahlteile sind grundsätzlich einer Feuerverzinkung zu unterziehen. Das Bauwerk muss bereits planerisch so in Einzelteile zerlegt werden, dass diese sowohl transportabel und einhebbar sind, als auch in die begrenzten Abmessungen der Tauchbecken der Verzinkereien passen.

Es ist darauf zu achten, dass auf der Baustelle keine Bohrungen oder Schweißungen durchgeführt werden müssen, da dadurch die Zinkhaut beschädigt wird.

Querträger

Querträger sind in der Regel dann erforderlich, wenn Geländer vorhanden sind oder größere Spannweiten eine Kippsicherung schlanker Hauptträger erfordern.

Die Holmkräfte, die in Handlaufhöhe horizontal angreifen, führen zu einer Biegebeanspruchung der Geländerpfosten oder ihrer Abstrebung, die von den Hauptträgern meist nicht aufzunehmen ist. Die Querträger übernehmen diese Aufgabe.

Schließlich bilden die Querträger bei längeren Brücken die Pfosten eines Horizontalfachwerks zur Aufnahme der Wind- und sonstigen quer zur Brückenachse wirkenden Kräfte. Sie können über, unter oder zwischen den Hauptträgern liegen.

Stützen

Stützen können zur Verminderung der Spannweite sinnvoll sein. Häufig bereitet jedoch die Gründung im unterführten Gelände Probleme, insbesondere dann, wenn es sich um ein Gewässer handelt. Die Folge sind dann kostenaufwändige Tiefgründungen. Stützen im Bachbett sind außerdem anfällig gegen Horizontalstöße aus Schwemmgut. Gegebenenfalls gilt das in Kapitel 3 dazu Ausgeführte.

10.3.4 Widerlager und Lager

Die Bauelemente, auf denen die Träger von Brücken und Stegen beidseits des Hindernisses bzw. des überquerten Gewässers oder Geländes aufliegen, bezeichnet man als **Widerlager**. Sie haben die Aufgaben, die Lasten des Brückenüberbaus in den Baugrund zu leiten und außerdem alle Kräfte aus dem dahinter liegenden Erdkörper aufzunehmen. Sie erfüllen somit Fundament- und Stützbauwerkfunktion. Günstig ist eine Ausbildung in Stahlbeton mit erdseitiger Kammerwand, die gleichzeitig den Übergang zum Wegebau darstellt. Das Widerlager kann als Sichtbetonelement gestaltet oder mit einer Verblendung, z. B. aus Natursteinen, verkleidet werden.

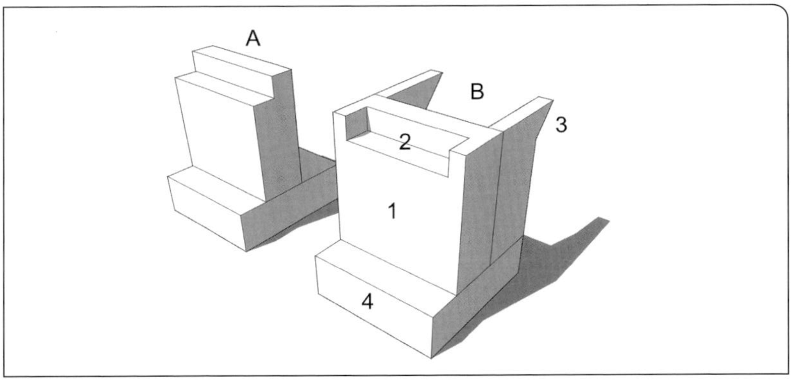

Abb. 217. Einfaches offenes Widerlager (A) ohne Flügel und Kastenwiderlager (B) mit 1 = Kammerwand, 2 = Auflagerbank, 3 = Flügel, 4 = Fundament.

Abb. 218. Stahlträger auf Elastomerlager.

Abb. 219. Rollenlager.

Abb. 220. Diagonalabstrebungen der Geländerpfosten von längeren Querträgern.

Abb. 221. Geländerpfosten auf Querträgern, welche die Horizontalkräfte (Holmkräfte) aufnehmen.

Je weiter ein Widerlager von der Brückenmitte in die Böschung zurückgesetzt ist, umso kleiner und kostengünstiger fällt es aus. Häufig können auf diese Weise aufwändige Wasserhaltungsmaßnahmen in der Bauzeit vermieden werden. Es steigen allerdings damit die Spannweite und die Kosten des Überbaus.

Falls das Gesamtbauwerk unter Auftrieb steht, kommt dem Widerlager zusätzlich die Funktion der Ballastierung zu. Möglicherweise ist dieser Lastfall für die Dimensionierung der Widerlager maßgebend. In Überflutungsbereichen ist auf eine ausreichende Verankerung für Auftriebs- und Strömungskräfte im Widerlager zu achten.

Der Bereich des Widerlagers, auf dem die Träger aufliegen, ist die **Auflagerbank**. Sie ist als Schutzzone für die Auflagerköpfe der Hauptträger so zu gestalten, dass diese dort keiner Verunreinigung, dauernden Durchfeuchtung oder Behinderung der Bewegungsmöglichkeiten ausgesetzt sind.

Besondere Aufmerksamkeit ist hier der Ausbildung der **Lager** selbst, also derjenigen Punkte der Auflagerbank, auf denen die Träger unmittelbar aufliegen, zu widmen. Hier ist die Einhaltung der Regeln für den konstruktiven Holzschutz, die eine dauerhafte Durchfeuchtung verhindern sollen, besonders wichtig. Lager müssen die Kräfte und Bewegungen des Überbaus aufnehmen können.

Die Lager bei Holzstegen können aus Laubholz, Stahl oder Neopren bestehen. Bei Stahlbrücken sind Elastomerlager, bei größeren Spannweiten in Verbindung mit Stahlknaggen zur Horizontalkraftaufnahme, zu empfehlen.

10.3.5 Geländer

Die Notwendigkeit eines Geländers sowie die relevanten Sicherheitsanforderungen ergeben sich aus den Länderbauordnungen. Der Bund/Länder-Fachausschuss Brücken- und Ingenieurbau (BMV Abt. StB) schreibt für Brückengeländer eine Höhe von ≥ 1 m, bei Absturzhöhen ≥ 12,00 m eine Höhe von ≥ 1,10 m und bei Fahrradbrücken eine Höhe von ≥ 1,20 m vor.

Maßgebend für die Konstruktion des Geländers sind die Horizontalkräfte, die in Handlaufhöhe anzusetzen sind und in der Regel Einspannmomente in den Fußpunkten der Geländerpfosten hervorrufen. Diese sogenannten Holmkräfte erfordern Querträger im Bereich der Geländerpfosten (vgl. Kap. 10.3.3). Ein verbreitetes Detail bei Holzbrücken ist die Diagonalabstrebung, z. B. als Zange ausgeführt, vom Geländerpfosten zum Ende des Querträgers, der dafür entsprechend länger als der Geländerabstand zu wählen ist (vgl. Farbtafel 18, Seite 337, Abb. 102).

Eine leicht demontierbare Geländerkonstruktion führt zu geringen Instandhaltungskosten. Bei Holzgeländern sind alle den Passanten zugewandten Flächen einschließlich Handlauf gehobelt auszuführen.

Projektbeispiele: Fußgängerbrücke über Stadtbach

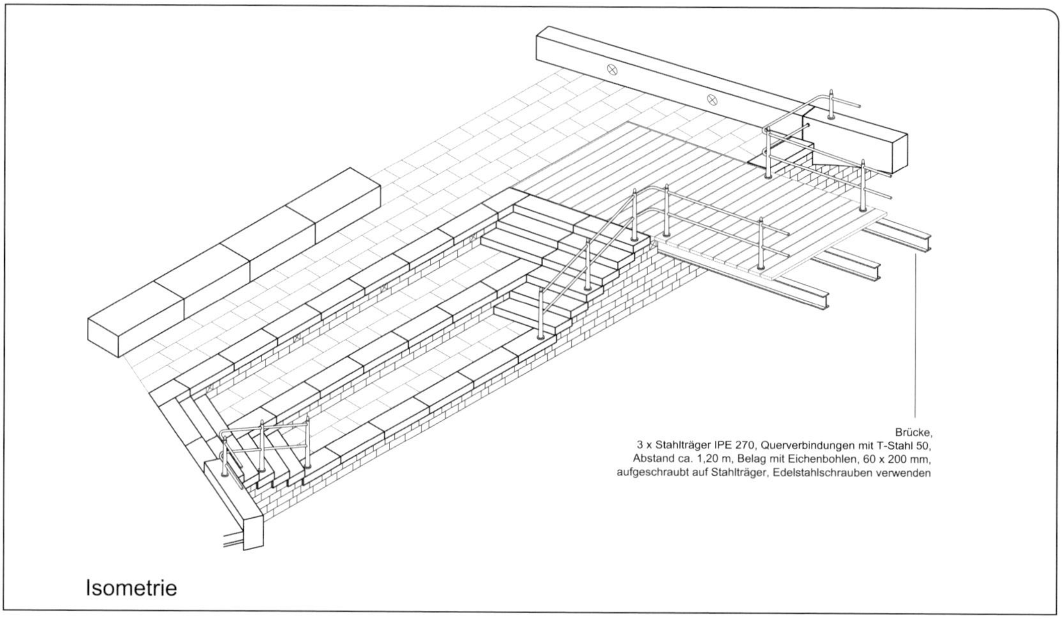

Abb. 222. Fußgängerbrücke (Gehbelag aus Eichenholz) in Verbindung mit neu gestalteter Situation am Stadtbach.

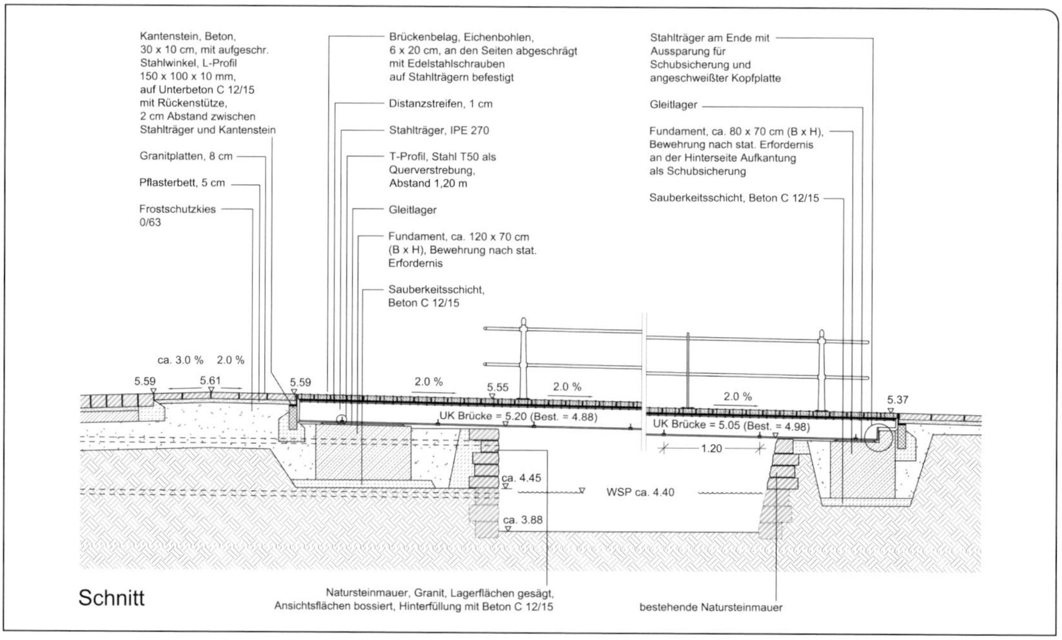

Abb. 223. Schnitt durch die Brücke: die Querverstrebungen aus T-Stahl verlaufen aufgrund der Gesamtgeometrie schräg zur Schnittrichtung und liegen auf einer Flucht mit den Geländerpfosten.

11 Pergolen und Überdachungen

Dieses Kapitel fasst wichtige Gestaltungs- und Konstruktionsprinzipien für dreidimensionale Stabwerke in der Landschaftsarchitektur zusammen. Mit dem Titel „Pergolen und Überdachungen“ wird dabei die Fülle von konstruktiven Elementen und Kleinarchitekturen überschrieben, die als gestalterisches und funktionales Element in der Gartenkunst und Freiraumgestaltung eine wichtige Rolle spielen und im engeren oder weiteren Sinne in das Aufgabenfeld des Landschaftsarchitekten gehören. Die Amplitude reicht vom Rankbogen oder Laubengang, der als Stützkonstruktion für Pflanzen dient, über den Gartenpavillon im klassischen Sinne bis hin zu stark funktional geprägten Freiraumelementen wie Fahrradüberdachungen oder Bushäuschen.

Für die Planung und Ausführung derartiger Kleinarchitekturen im Grenzbereich zum Hochbau ist häufig eine interdisziplinäre Zusammenarbeit verschiedener Planungsdisziplinen und Baugewerke erforderlich. In vielen Fällen wird der Landschaftsarchitekt zweckmäßig einen Tragwerksplaner hinzuziehen, das ausführende Garten- und Landschaftsbauunternehmen wird die Unterstützung eines Zimmerei- oder Schlosserbetriebes benötigen. Gerade aufgrund dieser Interdisziplinarität ist es als Basis für eine erfolgreiche Fachkommunikation zwischen den Beteiligten wichtig, wesentliche Konstruktionsbegriffe und -prinzipien zu klären.

Die Gestaltung dreidimensionaler Kleinarchitekturen in der Landschaftsarchitektur beschränkt sich freilich nicht zwingend auf Skelettbauten. Aufgrund ihrer größeren Bedeutung gegenüber Massivbauten werden die jeweiligen Ausführungen zur Konstruktion jedoch hierauf, d. h. auf Holz- und Metallkonstruktionen oder Kombinationen aus beiden, fokussiert. Für Stützpfeiler oder Wände aus Mauerwerk oder Beton gilt prinzipiell das in Kapitel 5 dargestellte.

11.1 Grundlagen

Bauten im Garten, Rankelemente für Pflanzen, Pergolen, Laubengänge, offene Pavillons oder geschlossene Gartenhäuser haben eine Vielzahl geschichtlicher Vorfahren.

Zwei grundsätzliche Entwicklungsstränge erscheinen hier signifikant: einmal die Entstehung von konstruktiven Gartenelementen aus der landwirtschaftlichen Nutzung heraus als Stützkonstruktion für (Nutz-) Pflanzen, zum anderen die Entwicklung der Parkarchitekturen als Element aus der Architektur, sei es als Anbau oder Übergang zwischen Gebäude und Freiraum oder sei es als verkleinertes und oft romantisierendes Abbild von „großen“ Vorlagen aus der Architektur, häufig auch aus anderen Ländern oder Kulturen. Bei den Erstgenannten prägt meist der Bewuchs mit Pflanzen und somit die gärtnerische Komponente den Hauptaspekt, bei den zweiten die architektonische.

Die Grenze zwischen beiden Typologien ist zwar grundsätzlich fließend, kann jedoch durch die Existenz eines geschlossenen Daches markiert werden, die folgend auch als Abgrenzungskriterium der Konstruktionen Pergola und Überdachung herangezogen wurde (vgl. Kap. 11.2 und 11.3).

11.1.1 Entwicklung und Typologie

In unserem Kulturkreis, Europa, Vorderasien und Nordafrika, lässt sich die Geschichte der leichten Gartenbauwerke überwiegend „grüner“ Prägung in einen engen Zusammenhang mit der Weinbaukultur im alten Ägypten bringen: Die Ägypter haben schon sehr früh, im 3. Jahrtausend v. Chr., ihren Wein an laubenartigen Rankgerüsten gezogen. Hieraus entwickelten sich bald bewusst gestaltete, für den Menschen nutzbare Lauben und Pergolen, die in Wandmalereien und Darstellungen aus diesem Zeitraum zu erkennen sind.

Auch in der römischen Gartenkunst war die als „Stibadium“ bezeichnete Laube, der berankte Laubengang oder die Pergola als Gestaltungselement sehr beliebt, wie beispielsweise Gemälde aus Pompeji zeigen.

Ebenso sind in Gartendarstellungen des Mittelalters immer wieder Lauben oder pergolenähnliche Konstruktionen zu erkennen, auch im Europa nördlich der Alpen.

Doch erst im italienischen Renaissancegarten wurden in Anlehnung an die antiken Vorbilder Laubengänge und Pergolen als prägendes und Raum bildendes gartenarchitektonisches Gestaltungselement verwendet, in konsequenter Ergänzung zu den in Form geschnittenen Hecken und Gehölzen.

Abb. 224. Typische Pergola italienischer Renaissancegärten.

Abb. 225. Treillage-Pavillon aus Holz und Laubengang (um 1750) im Schlosspark Wien-Schönbrunn ...

Zu Beginn des 18. Jahrhunderts entstanden die sogenannten „Treillagen“. Der Begriff leitet sich vom lateinischen „trichila“ ab, was Laube oder Gitter bedeutet, und bezeichnet Spaliere, Laubengänge oder pavillonartige Bauten aus filigranem Holzgitterwerk. In Barock- und Rokokogärten wurden so durch leichte Skelettbauten massive wirkende Architekturen simuliert (Niederstrasser et al. 1991; Uerscheln und Kalusok, 2001).

Parallel zu den offenen Gartenbauten entwickelten sich geschlossene Gartenhäuser, wie eine frühe Erwähnung aus dem Jahre 1465 belegt. Daraus geht hervor, dass vor den Mauern Nürnbergs polizei-

Abb. 226. ... und seine zeitgenössische Neuinterpretation als Aussichtsbauwerk aus Edelstahl.

Farbtafel 19

Bild 108. Treillagesalon (1746 in Holz, knapp 30 Jahre später in Eisen errichtet) und Laubengang bei Schloss Sanssouci in Potsdam.

Bild 109. Riesige begehbare Pergola mit der Kubatur einer Fabrikhalle: der MFO-Park in Zürich.

Bild 110. Stadtpergola in Portocristo auf Mallorca.

Bild 111. Stahlpergola auf Mauerpfeilen mit Wandelement aus Kambalaholz.

Bild 112. Pergola mit Holzstützen und Bambusgittern (Landesgartenschau Marktredwitz 2006).

Bild 113. Stahlkonstruktion mit Aussichtssteg: Voliere in den Gärten von Schloss Trauttmansdorff.

lich nur noch ein kleines „Lusthäuslein" pro Grundstück erlaubt war (Niederstrasser et al. 1991).

In China und Japan gestaltete man schon lange vor unserer Zeitrechnung Gartenlandschaften mit Architekturelementen in Form von Pavillons und Tempeln oder Teekultgärten mit Teehäusern. Im Spätbarock und in der Zeit des daran anschließenden Klassizismus entwickelte sich bei uns eine höfische Chinabegeisterung und regelrechte Chinamode, die sogenannte Chinoiserie, die sich auch auf die Gartenkunst erstreckte. Der Stil des englischen Landschaftsgartens war stark davon beeinflusst. Gartenkünstler wie William Kent (1685–1748) und William Chambers (1726–1796) entwarfen pittoreske Parkszenen mit Pavillons, Kiosken und Pagoden im chinesischen Stil und prägten damit den anglo-chinoisen Gartenstil, der sich auch in Deutschland, Österreich, Frankreich und weiteren europäischen Nachbarländern stark verbreitete (Vogel, 2004). Die Chinoiserie-Bewegung hat die Pavillon-Kultur in Europa stark beeinflusst, was teilweise bis heute spürbar und von Bedeutung ist.

Aus konstruktiver Sicht tritt mit dem ausgehenden 18. und dem Beginn des 19. Jahrhunderts an die Stelle der Treillagebauten eine stärkere konstruktive und gestalterische Unterscheidung von tragenden Elementen und Wandflächen. Pavillons werden zunehmend mit festen Dächern versehen (Niederstrasser et al. 1991). Das Spektrum der Kleinarchitekturen war in dieser Zeit sehr vielfältig und reichte von den Staffagebauten der Landschaftsparks in Form von Tempeln, Pagoden oder Einsiedeleien über Jagd- oder Badehäuschen, Vogelvo-

08

109

10

111

12

113

114

115

116

117

118

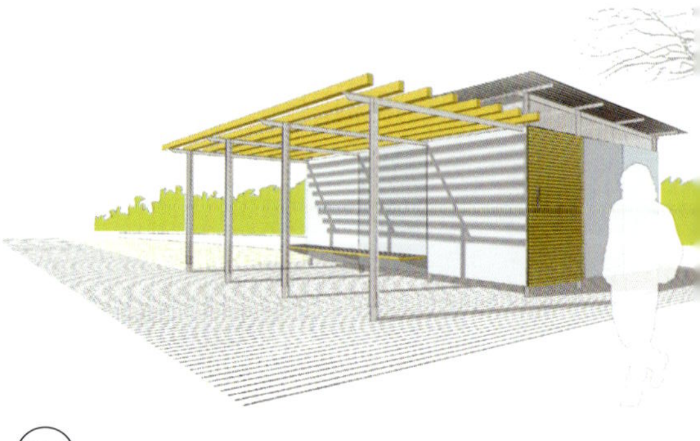
119

Abb. 227. Chinoiser Pavillon im Höhenrieder Landschaftspark.

lieren, Schwanen- oder Taubenhäuser bis hin zur Laubenromantik des Biedermeier.

Gegen Ende des 19. Jahrhunderts und zu Beginn des 20. Jahrhunderts kamen treillageartige Spalierkonstruktionen im jetzt schon historischen Stil wieder in Mode. Die späten „zivilisierten“ Landschaftsgärten der Jahrhundertwende, die Architekturgärten der ersten Jahrzehnte des 20. Jahrhunderts, wie auch die Gärten der Gartenstadtbewegung waren reich an vielfältigen Pergolen- und Pavillon-Konstruktionen. In dieser Zeit wurde auch vermehrt Metall, insbesondere für Rankbögen und bogenförmige Laubengänge, verwendet.

Als Ausgleich zu den von der Industrialisierung geprägten Wohnbedingungen in den Städten und später, während der Wohnungsnot nach dem Zweiten Weltkrieg, hatten die Gartenhäuser, vor allem als Schrebergartenhäuschen, eine für viele Menschen besonders große Bedeutung.

Auch in der heutigen Freiraumgestaltung spielen leichte Baulichkeiten im Freien wie Pergolen und Pavillons nach wie vor eine wichtige Rolle, bis hin zum tragenden Gestaltungselement der Parkanlage wie die rasterförmig angeordneten roten „Folies“ des Architekten Bernhard Tschumi im Pariser Park de La Vilette, die in den 1980er-Jahren als völlige Neuinterpretation des französischen Begriffs, der soviel wie Verrücktheit und in der Gartenkunst „Lusthäuschen“ bedeutet, im Stil des Dekonstruktivismus Aufmerksamkeit erregten. Mit einem Gartenhaus im klassischen Sinne haben sie nichts mehr gemein. Viel häufiger jedoch sind Zweckarchitekturen wie Überdachun-

Farbtafel 20

Bild 114. Treillage-Pavillons aus Holz (um 1750) in den Meidlinger Kammergärten, Schlosspark Wien-Schönbrunn.

Bild 115. Chinesischer, auch Indianischer Pavillon genannt, im Rokoko-Schlosspark von Veitshöchheim.

Bild 116. Pavillon mit Zeltdach am Wasser (Gelände der Bayerischen Landesanstalt für Weinbau und Gartenbau in Veitshöchheim).

Bild 117. Fahrradüberdachung am IBZ in München-Martinsried.

Bild 118. Fahrradhaus in Wohnanlage: Stahlkonstruktion mit Holz-Kunststoff-Verbundplatten, Holztor und begrüntem Dach.

Bild 119. Entwurfsplanung mit ersten Konstruktionsdetails zu Bild 118.

Tab. 11.1: Typologie der Kleinarchitekturen in Garten, Park und Freiraum

Typus **Bezeichnung**	**Definition** **Begriffsherkunft und Erklärung**	**Funktion** **Nutzungen**
Laube (manchmal synonym für Gartenhaus)	von Louba = Schutz, Hütte, Loube = Vorbau, Halle, Gang (alt-/mittelhochdeutsch); entstanden aus altgermanischen Laubhütten (lobia, lobium) bzw. aus jüdisch-orientalischem Laubhüttenfest; berranktes, vom Laub geprägtes Element	geschützter, schattiger Aufenthalt im Freien („Geißblattlaube“); seltener Abstellfunktion
Laubengang, Rankbogen	lang gestreckte Laube in Kombination mit Wegeverbindung; Architektur: überdachter, ein- oder zweiseitig offenen Gang, auch anstelle eines Flures = Arkade;	schattige Erschließung und Verbindung in Kombination mit Wegen, Zu-/Eingängen
Pergola	von pergula = Anbau (lat.); seitlich ganz oder teilweise offene, meist mit geeigneten Pflanzen berankte oder bewachsene Konstruktion, selten mit Glas überdacht	schattige Aufenthaltsplätze oder Verbindungswege (ähnlich Laubengang)
Carport	Variante der Pergola als Garagenersatz	Abstellplatz für PKW
Orangerie, Glashaus, Verglasung	Orangerie = Sammlung von Zitrusfrüchten bzw. ab 16. Jh. verbreiteter Glashaustyp; später Palmenhaus (18. Jh.), Vorläufer der Gartengewächshäuser und Verglasungen	Wintergarten, Überwinterung von Pflanzen, Passivnutzung der Sonnenenergie
Monopteros	Begriff altgriechisch („einflügelig“); kleiner offener Rundtempel nach antikem Vorbild in barocken u. klassizistischen Gärten	gartenkünstlerisches Element, Betonung von Situationen
Pagode, Turm	ostasiatischer Turmtempel, nach oben verjüngt; seit 18. Jh. (Pagode von William Chambers 1761/62 im Kew Gardens) Gartenelement des anglo-chinoisen Gartenstils (Chinesischer Turm, München); vielleicht Vorläufer von Aussichtstürmen in Parks	gartenkünstlerisches Element in chinoisen Parkszenerien; Aussichtsturm, diverse moderne Funktionen (Gastronomie)
Pavillon	von papillon = Schmetterling (franz.) für leichtes, „fliegendes“, schnell aufschlagbares Gebäude; Begriff auch für quadratische/radialsymmetrische Lauben ohne geschl. Dach und leichte oder temporäre Bauten, teilweise experimenteller Typ	gartenkünstlerisches Element in exponierten Situationen („Belvedere“, „Gloriette“), Ausblick, Aufenthalt, Ausstellung
Gazebo	= Pavillon (engl. to gaze at = etwas anblicken)	Aufenthalt, Ausblick

Prägung					Konstruktive Merkmale		
Garten		→		Haus	Kubatur, Grundriss	Dach	Wand
1	2	3	4	5			
■					meist hölzerne Stützkonstruktion mit Bewuchs; meist 4 Stützen	nicht geschlossen, gitterartig; Begriff manchmal Synonym für geschlossenes Gartenhaus (s. u.)	
■		■			berankte, oft bogenförmige Konstruktion; Metall oder Holz	offen, berankt oder geschlossen	keine, teils an Wand angebaut
■	■				Doppelreihe senkrechter Stützen oder Pfeiler mit Sparren	horizontale Sparren, Holz, meist offen	keine, teils seitliche Gitter- oder Bankelemente
	■	■	■		wie Pergola	oft Flachdach	Teilweise eine Wand
		■	■		frei stehend oder Anbau, Glas/Holz oder Glas/Metall	geschlossen, heute oft Glas	große Glasflächen oder Fenster
			■		steinerne Säulen, oft auf Podest	geschlossen, meist Kuppel	keine
			■	■	radialsymmetrisch (6-/8-Eck, Polygon) oder quadratisch, mehrstöckig	stets ungerade Zahl an Etagen und Dächern (3, 5, 7, ...)	seitlich offen oder je nach Stockwerk geschlossen
			■	■	radialsymmetrisch oder quadratisch, oft 6- oder 8-Eck, 4, 6, 8 Stützen, oft Holz, auch Metalle	geschlossenes Zeltdach, selten Gitterkonstruktion (Laube)	offen, oft mit Gitter-, hohen oder halbhohen Wandelementen
			■		wie Pavillon	Zeltdach	keine, offen

Tab. 11.1: Fortsetzung

Typus **Bezeichnung**	**Definition** **Begriffsherkunft und Erklärung**	**Funktion** **Nutzungen**
Kiosk	von kushk (persisch) bzw. köshk (türkisch), leichter, oft zeltartiger Pavillon der islamisch-orientalischen Gartenkunst (Maurischer Kiosk, Linderhof); urbanes Element	gartenkünstlerisches Element, Imbiss, Verkauf (auch innerstädtisch auf Plätzen)
Schirm(-pavillon)	= Parapluie, Parasol, Schirmpilz, Umbrella; Variante des Pavillons (ab spätem 18. Jh.), heute meist als mobile Gartenmöbel oder Schirmkiosks/Schirmbar	Schattenspender, Regendach, Aufenthalt, auch Karussell oder Wasserspiel, Imbiss/Bar
Zelt, (Sonnen-) Segel	leichte transportable, zerlegbare Bauten, meist temporär; historisch oft im exotischen Stil mit Leinen, Fell, Leder; ortsfest auch als Sonnensegel, ausrollbar	temporäre Nutzung für Events, ortsfest Sonnen-/Regenschutz z. B. über Plätzen, Spiel etc.
Gartenhaus	Kleingebäude in Park und Garten als Badehaus, Jagdhütte, Eremitage, Lustschloss, Teehaus, Folie, Casino etc. (18. und 19. Jh.), heute oft Zweckbauten an Wohnanlagen oder im Freizeitbereich	gartenkünstlerisches Element, Aufenthalt, Freizeit (Sauna, Kleingarten), Abstellen (Geräte, Fahrräder, Müll)
Tierhäuser	Schwanen-, Enten- oder Taubenhäuser in Gartenanlagen des Barock oder Klassizismus/Historismus; oft Miniatur großer Gebäude; teilweise Vorläufer der Tiergärten und Zooarchitektur	Unterschlupf oder Dauerwohnung für Vögel und andere Kleintiere (Hunde, Schildkröten), Zoo und Tierpark
Volieren	von voler = fliegen (franz.), spezielles Vogelhaus, das freies Fliegen erlaubt; historische Volieren oft ähnlich Pavillons, heute oft begehbare Volieren (Schloss Trauttmansdorff, Meran), in Zoos	Haltung seltener oder exotischer Vögel, Erleben der Vogelwelt, Zoo und Tierpark, Park-Element
Überdachung	Sammelbegriff für Zweckarchitektur im öffentlichen und privaten Freiraum; auch als Anbau an bestehenden Wänden oder als Durchgang zwischen Gebäuden	Abstellfunktion: Fahrräder, Müll-, Wertstoffbehälter, Brennholzlager; Aufenthalt, Warten (Bushalt)

Erläuterung zu „Prägung":

1 = ausgeprägtes Gartenelement, wesentlich von Vegetation bestimmt; 2 = Gartenelement, meist deutlich von Vegetation geprägt; 3 = Garten-, Freiraumelement, durch Offenheit/Transparenz starker Freiraumbezug; 4 = Architekturelement, meist mit starkem Freiraumbezug; 5 = ausgeprägtes Architekturelement mit starker Eigenständigkeit

Prägung					Konstruktive Merkmale		
Garten		→		Haus	Kubatur, Grundriss	Dach	Wand
1	2	3	4	5			
			■	■	ähnlich Pavillon, oft bewegliche Teile (Verkauf), Holz/Stahl	Zeltdach, oft Blech	oft Klapptheke oder Fenster für Verkauf
		■			Schirmkonstruktion auf Mittelsäule, oft Stahl, Blech oder Textilien	Schirm, rund oder polygonal, Blech, Gewebe	keine
		■			rechteckig oder quadratisch, leichte Konstruktion, textile Materialien	Zeltdach, Segel, oft ein- und ausrollbar	aus Gewebe, Textilien; keine bei Segeln
				■	meist rechteckige geschlossene Konstruktion, oft aus Holz, mit Holzelementen	Flach-, Sattel-, Pult-, Walmdach, verschiedene Deckungen	geschlossene Wände mit Fenstern, Türen, oft Holz
				■	oft Grundrissminiaturen großer Gebäude, heute spezielle Anforderungen	wie Gartenhaus	geschlossen mit tierspezifischen Öffnungen
			■	■	oft großräumig, hoch, freie Form, meist Stahlkonstruktion	geschlossenes Dach, meist aber feines Gitter oder Netz	feines Gitter/Netz, Zugangsschleusen
			■		oft ähnlich Laubengang oder Pergola mit Stützen; Holz- oder Stahlkonstruktion	geschlossenes Flach- oder Pultdach, oft Blech oder Glas	keine oder an 1 bis 3 Seiten, teilweise Blech oder Glas

gen für Fahrräder, Mülltonnen und Geräte, städtische Info-Punkte oder Buswartestellen.

Entsprechend ihrer geschichtlichen Entwicklung und ihrer unterschiedlichen Funktionen haben sich unterschiedliche Typen von architektonischen Elementen in Garten und Park herausgebildet, die sich auch hinsichtlich ihrer Konstruktion charakteristisch unterscheiden. Aufgrund der großen Vielfalt und des häufig ungenauen Gebrauchs der Begriffe werden die wichtigsten Typen in der Tabelle 11.1 vorgestellt (vgl. Farbtafeln 19 und 20, Seiten 352 und 353).

11.1.2 Funktionen

Für die Gestaltung und Konstruktion eines „leichten“ Bauwerks in einer Garten- bzw. Freianlage sind die geplanten Funktionen von großer Bedeutung. Die zuvor in der Übersicht beschriebenen Typen können im Wesentlichen die nachfolgend vorgestellten Funktionen übernehmen.

Schutzfunktion für Aufenthalt des Menschen

Kleinarchitekturen in Form von Lauben, Pergolen oder Pavillons werden meist dort geplant, wo ein Aufenthaltsplatz im Freien für die Nutzer aufgewertet werden soll. Aspekte dabei sind Sonnenschutz und Schattenspende, Sichtschutz (z. B. im verdichteten Wohnungsbau), Wind- und Regenschutz (z. B. durch teilweise geschlossene Wände und ein geschlossenes Dach) sowie die Ausstattung mit Angeboten für den Aufenthalt (z. B. mit Sitzgelegenheiten in Zusammenhang mit den schützenden Funktionen).

Bei Elementen im öffentlichen Raum sind teilweise auch Aspekte der Zweckentfremdung, z. B. in Form von Begehen oder Erklettern des Bauwerks durch jugendliche Nutzer, konstruktiv zu berücksichtigen.

Stütze, Wuchs- und Rankhilfe für Pflanzen

Die historische Entwicklung zeigt, dass Ansprüche an Sonnen- und Sichtschutz in Verbindung mit dem Aufenthalt in der Laube oder unter der Pergola sehr zweckmäßig und angenehm durch eine entsprechende Begrünung mit geeigneten Pflanzen erfüllt werden können. Die Konstruktion bietet dabei auch für die Pflanze Standortvorteile: Sie ist mechanische Stütze für Schling-, Rank-, Kletterpflanzen oder Spreizklimmer, sie schafft mittels des sogenannten Spaliereffekts ein günstiges Kleinklima.

Zudem ermöglicht sie bei Nutzpflanzen eine erleichterte Ernte der Früchte. Für die Gestaltung der Konstruktion ist es daher zwingend erforderlich, Arten und Ansprüche der vorgesehenen Pflanzen genau zu kennen (vgl. Kap. 11.2.4).

Unterstand- und Aufbewahrungsfunktion

Soll das bauliche Element vorrangig dem Unterstand von Fahrzeugen und Geräten oder der Aufbewahrung von Gerät und Materialien dienen, ist meist ein effizienter Witterungsschutz in Form eines geschlossenen Daches und oft auch geschlossener Wände erforderlich. Es ist zu prüfen, ob bequemer Zugang für jedermann oder die Sicherung durch ein verschließbares Tor erforderlich sind. Die Grundrissorganisation und Detailgestaltung sollte fein auf das einzustellende Gut und die damit verbundene Logistik und Ergonomie abgestimmt sein. Unterdimensionierte Zugänge, störende Stützen oder fehlende Belichtung und Belüftung können hier die Funktionsfähigkeit erheblich beeinträchtigen.

Spezielle Anforderungen, die meist nur interdisziplinär mit entsprechenden Architekten und Fachleuten zu lösen sind, stellt die Aufbewahrung von Lebensmitteln, etwa in Kiosken.

Tierhaltung

Die Haltung von Tieren stellt meist besondere Anforderungen auch hinsichtlich Pflege und Unterhalt, die vor der Konzeption des baulichen Elements genau zu klären sind.

Gestalterische Funktion als raumwirksames, betonendes oder verdeutlichendes Element

In historischen wie in zeitgenössischen Freianlagen haben Kleinarchitekturen in aller Regel auch eine mehr oder weniger wesentliche gestalterische Funktion. So fungieren sie als räumlich wirksames Element, als Raumdefinition und räumlicher Abschluss oder schaffen einen Übergang zwischen Gebäude und Garten. Sie dienen als Element zur Betonung oder Verdeutlichung bestimmter Funktionen und Bezüge, wie der Rankbogen über dem Eingang oder die Leitfunktion eines Laubenganges für die Wegeführung. Schließlich eignen sie sich zur Betonung oder gestalterischen Überhöhung bestimmter Situationen und Topografien, wie beispielsweise der Pavillon auf dem Hügel oder die Pergola am Seeufer. Auch die gestalterischen Aufgaben haben eine Auswirkung auf die Wahl des Typus und die Konstruktion des Elements.

11.1.3 Konstruktives System

Trotz der großen typologischen und funktionalen Vielfalt weisen Freiraumarchitekturen in Skelettbauweise eine Reihe von gemeinsamen Konstruktionsprinzipien auf. Das Tragwerk besteht aus einem dreidimensionalen System aus vertikalen und horizontalen und/oder schräg geneigten Stäben, aus **Stützen** und **Trägern** (vgl. Kap. 3.1.2). Dieses System wird je nach Typus um Dach- und Wandelemente ergänzt.

Abb. 228. Leitfunktion für den Weg (Bambus-Laubengang, Gärten Schloss Trauttmansdorff, Meran).

Innerhalb dieser Grundkonstruktion können bei ungeeigneter Dimensionierung der Bauteile und Gestaltung der Verbindungen im Wesentlichen drei konstruktive Probleme auftreten (vgl. Kap. 1, 3, 11.2 und Abb. 230):

- das Knicken der Stütze,
- das Durchbiegen (Brechen) des Trägers,
- das horizontale Verschieben der Konstruktion.

Während die ersten beiden Versagensfälle quantitativ durch ausreichende Dimensionierung der Stäbe bzw. der Bauteile verhindert werden können, erfordert der dritte Fall eine qualitative Behandlung in Form einer **Horizontalaussteifung** (vgl. Kap. 3.2.3) der Konstruktion. Diese ist für Funktionsfähigkeit und Dauerhaftigkeit des Bauelements von überragender Bedeutung.

Es gibt dafür drei grundsätzliche Lösungsmöglichkeiten:

- die horizontale Anbindung an vorhandene Bauwerke über mindestens drei Punkte, die nicht auf einer Linie liegen;
- die Ausbildung von mindestens einer Dach- und drei Wandscheiben, wobei sich die drei Wandscheiben nicht in einem Punkt schneiden dürfen; die Scheibenwirkung kann aus einer geeigneten Beplankung oder einer Diagonalauskreuzung bestehen; Kopfbänder sind bei geringen Lasten unter bestimmten Bedingungen ebenfalls als Wandscheibe geeignet; Glasscheiben eignen sich nicht als Aussteifung;
- Fußeinspannung aller Stützen mit entsprechender Dimensionierung des Fundamentes und der Einspannung.

11.2 Konstruktion von Pergolen

Pergolen (vom lateinischen *pergula* = Anbau) gehören seit Jahrhunderten zu den wichtigsten und häufigsten Architekturen in der Gartenkunst und Freiraumgestaltung.

Im Gegensatz zu anderen Elementen wie etwa der Laube kann die Pergola relativ eindeutig definiert werden als horizontale, offene Konstruktion aus parallelen Sparren bzw. Schatt- oder Gitterelementen, die auf einer Doppelreihe senkrechter Stützen oder Pfeiler ruht. Seitlich zwischen den Stützen ist sie ganz oder teilweise offen, zwischen den Stützen können sich Spaliergitter oder Bankelemente befinden. Pergolen sind in der Regel mit geeigneten Pflanzen berankt oder bewachsen und überstellen Aufenthaltsplätze oder Verbindungswege. Sie werden als Holz- oder Stahlkonstruktion oder Materialkombination konzipiert, was jeweils unterschiedliche Anforderungen mit sich bringt. Stahl hat gegenüber Holz Vorteile im Hinblick auf Haltbarkeit und Statik. Schlanke, leicht wirkende Konstruktionen sind unter Umständen mit Stahl leichter zu realisieren als mit Holz. Bei der Abwägung Holz oder Stahl werden neben funktionalen und gestalterischen Aspekten aber immer auch ökologische und ökonomische Gesichtspunkte zu berücksichtigen sein, die in der Regel für Holz sprechen werden. Auch Materialkombinationen können funktional und gestalterisch richtig sein.

Als Witterungsschutz wird die Sparrenlage heute manchmal geschlossen, z. B. als Glas- oder transparentes Dach, ausgeführt.

Vom Grundtypus der Pergola abgeleitet ist das sogenannte „Carport", das einen seitlich offenen überdachten Abstellplatz für den PKW bezeichnet. Dafür gelten die Ausführungen in Kapitel 11.3 entsprechend.

Solange Pergolen keine geschlossenen Dach- oder Wandflächen aufweisen, bedürfen sie keiner statischen Untersuchung. Allerdings kann auch bei Anordnung eines Rankgerüstes und dessen dichter Bepflanzung eine geschlossene Fläche entstehen, wenn dadurch Schnee- oder Windkräfte aufgenommen werden.

Die Planung und Ausführung von Pergolen erfordern die Beachtung wichtiger Grundsätze und die sorgfältige Entwicklung von Details. Insbesondere auf eine ausreichende horizontale Aussteifung (vgl. Kap. 11.2.3) und Sogsicherung ist zu achten. Hier sind in der Praxis häufig Defizite festzustellen.
Eine freistehend konstruierte Pergola setzt sich in der Regel mindestens aus folgenden Bauelementen zusammen:

- **Stützen** auf geeignet gegründeten (Punkt-)**Fundamenten,**
- **Trägern**, die auf den Stützen aufliegen und mit diesen verbunden sind; analog zur Dachkonstruktion (vgl. Kap. 11.3.1) nennt man diese auch **Pfetten**,
- **Auflagen** auf den Trägern bzw. Unterzügen, auch **Sparren, Ober- oder Schattholz** genannt; im statischen Sinne sind dies auch Träger,
- ergänzende Elemente, z. B. Spaliergitter.

Pfetten und Auflagen können als Rahmenkonstruktion (vgl. Kap. 9.2.1), die als konstruktive Einheit wirkt, konzipiert werden.

Bei der Konzeption der Pergola und ihrer Einzelelemente ist die Baustellenlogistik, d. h. der Transport der Bauteile auf die Baustelle und die Montage vor Ort, zu berücksichtigen. Bei Stahlpergolen ist beispielsweise darauf zu achten, dass die Verzinkung von Bauteilen nicht mehr verletzt wird, d. h. das alle Verbindungen, die vor Ort durchzuführen sind geschraubt werden und nicht mehr geschweißt werden müssen (vgl. Farbtafel 19, Seite 352).

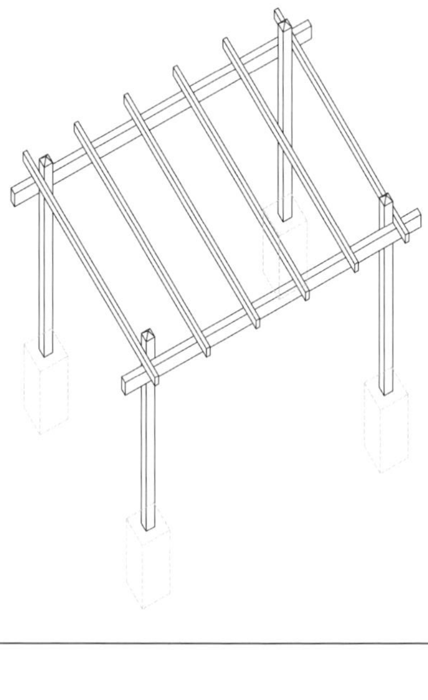

Abb. 229. Grundbausteine einer Pergola: Stützen auf Fundamenten, Pfetten und Auflagen bzw. Sparren.

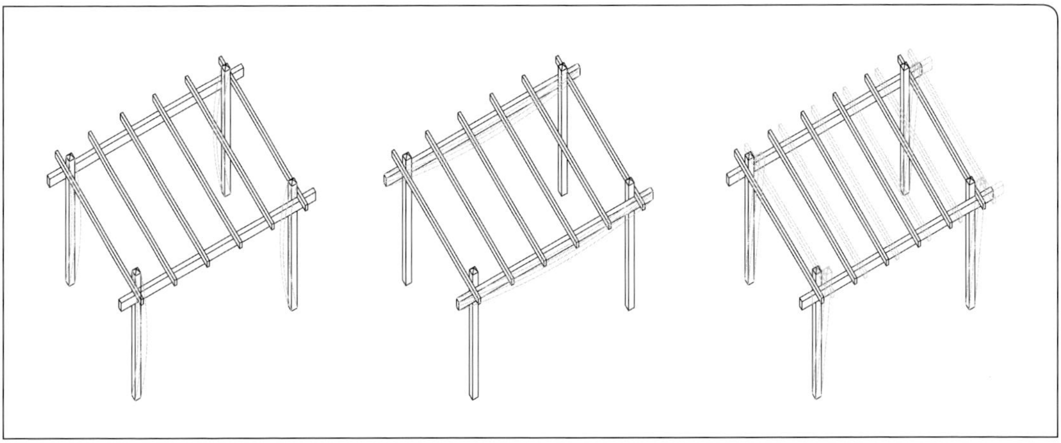

Abb. 230. Möglichkeiten des statischen Versagens einer Pergola: Knicken der Stütze, Durchbiegen oder Bruch der Träger, Horizontalverschiebung der Konstruktion (von links).

11.2.1 Stützen

Als Stützen eignen sich Kant- oder Rundhölzer aus Massivholz oder Stahl-Langerzeugnisse in Form von Stahlprofilen (vgl. Kap. 7.3.2). Teilweise werden Stützen auch als gemauerte oder betonierte Pfeiler oder massive Natursteinstelen ausgeführt. Hierfür gilt das in Kapitel 4 und 5 Ausgeführte entsprechend.

Das Versagen der Stütze in Form von Knicken (vgl. Kap. 11.1.3) wird durch eine entsprechende Dimensionierung des Stützenquerschnitts vermieden (vgl. Kap. 3.3.3 und Tab. 11.2, 11.3, 11.4).

Bei den Überlegungen zu den auf die Stütze einwirkenden Lasten und deren Dimensionierung ist zu bedenken, dass auch durch eine dichte Begrünung der Pergola eine geschlossene Fläche, die bei Schnee wie eine Dachfläche wirken kann, entsteht. Ein Ansatz für Schneelast ist in diesem Fall zu berücksichtigen.

Bei Stützen von Carports ist ein ausreichender Abstand bzw. zusätzlich ein entsprechender Anfahrschutz vorzusehen.

Geteilte Stützen

Aus gestalterischen Gründen kann es interessant sein, den Stützenquerschnitt zu teilen bzw. die Stütze aus zwei oder vier Kanthölzern, z. B. 2 × 16/8 cm oder 4 × 6/6 cm, oder zwei oder vier Stahlprofilen, z. B. 2 U-Profilen oder 4 L-Profilen, zusammen zu setzen. Oft ermöglichen derartige Lösungen kraftschlüssige und vorteilhaft zu montierende Verbindungsdetails.

Für die Ermittlung der Tragfähigkeit bzw. für den statischen Nachweis geteilter Stützen können die Querschnittsflächen der Stützenteile prinzipiell addiert werden, für jedes Stützenelement ist der ent-

Tab. 11.2: Tragfähigkeit von quadratischen Nadelholzstützen mit zulässigen $\sigma = 8{,}5\ MN/m^2$ (Quelle: FRIEDRICH, 1992)

Seitenlänge a × a (in cm)	Querschnitt A (in cm²)	Maximale Tragfähigkeit in kN bei einer Knicklänge (in m) von ...				
		2,00	**2,50**	**3,00**	**3,50**	**4,00**
10	100	45,7	34,8	26,3	19,3	14,8
12	144	77,5	62,8	50,0	39,9	30,5
14	196	118	100	83,0	68,0	56,5
16	256	166	145	125	106	89,2
18	324	222	200	175	152	131
20	400	283	260	233	209	183
22	484	353	329	301	271	243
24	576	429	405	374	342	311
26	676	508	487	456	423	386
28	784	600	574	546	509	473

Anmerkung: Bei Hölzern, die zum Zeitpunkt der Belastung einen Feuchtigkeitsgehalt > 30 % aufweisen oder dauernd im Wasser stehen, sind die Werte auf zwei Drittel zu ermäßigen.

Tab. 11.3: Tragfähigkeit von Rundholzstützen aus Nadelholz mit ungeschwächter Randzone und zulässigen $\sigma = 1{,}2 \times 8{,}5\ MN/m^2 = 10{,}2\ MN/m^2$ (Quelle: FRIEDRICH, 1992)

Durchmesser d (in cm)	Querschnitt A (in cm²)	Maximale Tragfähigkeit in kN bei einer Knicklänge (in m) von ...				
		2,00	**2,50**	**3,00**	**3,50**	**4,00**
10	78,5	36,3	26,6	18,5	13,6	10,4
12	113	64,3	49,6	38,4	28,2	21,6
14	154	101	81,7	65,2	52,3	40,1
16	201	144	122	101	82,7	68,4
18	255	196	169	145	122	102
20	314	254	226	198	170	146
22	380	320	289	256	227	198
24	452	391	358	325	290	258
26	531	466	436	401	361	326
28	616	551	519	483	442	403

Anmerkung: Bei Hölzern, die zum Zeitpunkt der Belastung einen Feuchtigkeitsgehalt > 30 % aufweisen oder dauernd im Wasser stehen, sind die Werte auf zwei Drittel zu ermäßigen.

Tab. 11.4: Tragfähigkeit von Stahlstützen aus einem Breitflanschträger, leichte Ausführung IPBl (HEA)-Profil (St 37) mit zulässigen $\sigma = 140\ N/mm^2$ (Quelle: FRIEDRICH, 1992)

Nennhöhe (mm)	Maximale Tragfähigkeit in kN bei einer Knicklänge (in m) von ...					
	3,00	**3,50**	**4,00**	**4,50**	**5,00**	**5,50**
100	122	91	69,5	54,9	44,4	36,6
120	188	156	120	94,5	76,2	63,4
140	271	234	199	159	129	107
160	367	323	283	249	203	169
180	466	423	378	334	296	253
200	579	534	486	440	396	357
240	889	840	785	726	676	618
260	1030	980	921	868	810	750
300	1388	1329	1286	1217	1155	1091

sprechende Anteil an der Last anzusetzen. Die Verwendung von Distanz- bzw. Zwischenstücken in ausreichenden Abständen ist, insbesondere bei Holzstützen, dringend zu empfehlen.

Fundamente

Jede Stütze wird in der Regel auf ein Punktfundament mit den Abmessungen von ca. 40 × 40 cm gesetzt. Dies kann auch als Köcherfundament, z. B. als senkrecht eingegrabenes Beton- oder Kunststoffrohr, das mit Beton vergossen wird, ausgeführt werden. Alternativ eignet sich auch ein durchgehendes Streifenfundament. Der Beton sollte mindestens C 16/20 entsprechen, bei höheren zu erwartenden Windlasten ist bei C 20/25 eine Bewehrung in Form eines Bewehrungskorbes zu erwägen.

Konstruktiver Holzschutz

Bei Holzpergolen ist der konstruktive Holzschutz besonders zu berücksichtigen und bedingt bestimmte Konstruktionsformen der Pergola. Dies gilt ganz besonders für Holzstützen. Ähnlich wie bei einem Holzhaus ist bei den Pergolenstützen auf einen ausreichenden Abstand der Holzunterkante vom Boden zu achten. Die im Holzbau hierfür vorgeschriebenen 30 cm würden bei Pergolen zu gestalterisch un-

Abb. 231. Geteilte Stütze aus 2 T-Profilen, Schatthölzer aufgekämmt auf zwischen die Profile geschraubtes Schlitzblech.

günstigen Proportionen führen. Je nach Höhe der Pergola und Gefällesituation sollten jedoch mindestens 15 cm (+/- 5 cm) Abstand eingehalten werden. Hierfür gibt es unterschiedliche konstruktive Lösungen (vgl. Tab. 11.5).

Bei der Ausführung der Details ist auf ausreichende Abstände der Schraubverbindungen von den Schnittkanten der Holzstützen sorgfältig zu achten (vgl. Kap. 8.1.3).

Für Lösung 3 bis 4 wird in verschiedenen Quellen aus Gründen der Aussteifung empfohlen, die Drehrichtung des Schuhs jeweils von Stütze zu Stütze wechseln, d. h. bei der ersten Stütze ist der Schuh

Tab. 11.5: Konstruktiver Holzschutz im Bereich des Stützenfußes, Standardlösungen

Bevorzugte Eignung für …	Beschreibung in Stichpunkten	Schemazeichnung
Rundholzstützen	**Runde Stahlplatte mit Dorn,** der in die untere Hirnholzfläche der Stütze getrieben wird; Stahlplatte auf Stahlstab- oder Stahlrohrstück aufgeschweißt, das einbetoniert und im Betonfundament aufgeflanscht wird	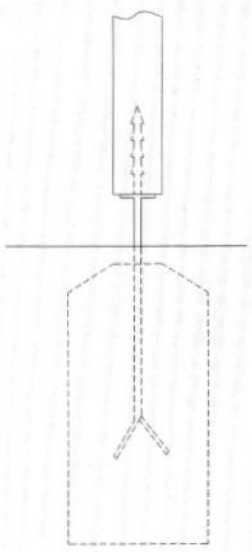
Kantholzstützen	**U-förmiger Stützenschuh** mit Schraubenbolzen einschließlich Scheiben und Muttern verbunden; Schuh auf Stahlstab- oder Stahlrohrstück aufgeschweißt, das einbetoniert und im Betonfundament aufgeflanscht wird	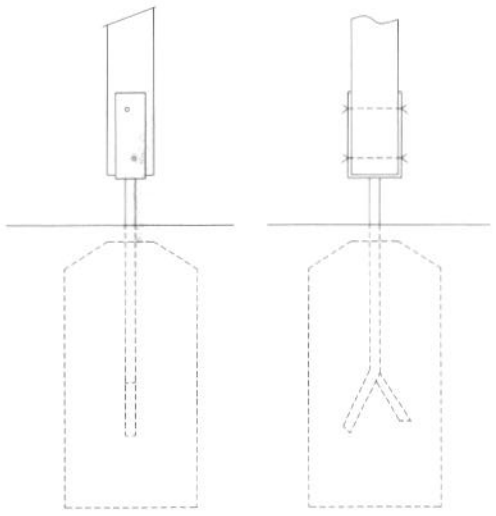
Kantholzstützen	**Beidseitiger Flachstahl** mit Schraubenbolzen verbunden; Stütze seitlich mit einer Tiefe entsprechend der Dicke des Flachstahls ausgenommen; zur Verbesserung der Stabilität Querstege zwischen Flachstahlelemente geschweißt	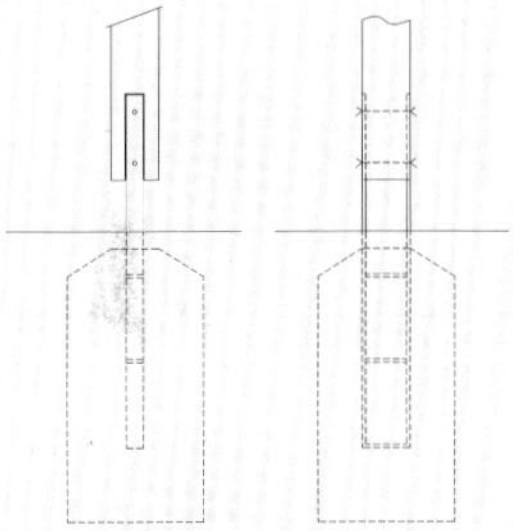
Rund- und Kantholzstützen	**Schlitzblech bzw. innen liegender Flachstahl** nahezu unsichtbare Lösung; Stütze von unten geschlitzt und mit dem Blech/Flachstahl zweifach mit Schraubenbolzen verbunden; Schlitzblech/Flachstahl im Fundament aufgeflanscht	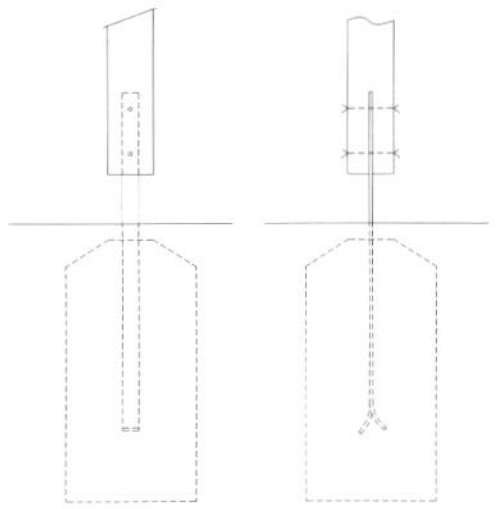

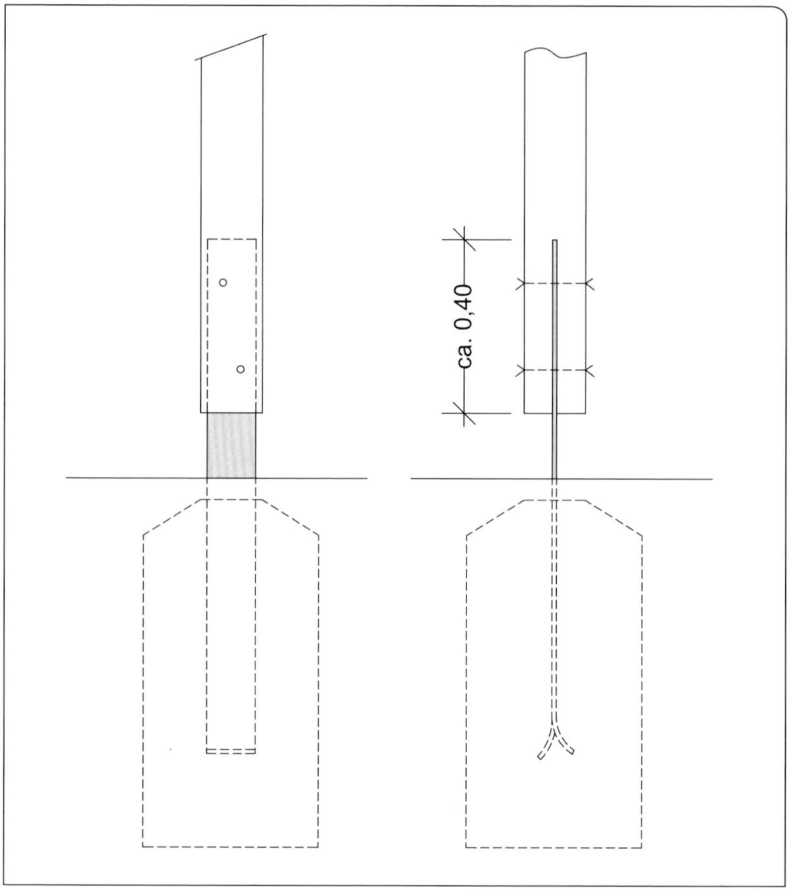

Abb. 232. Holzstütze mit eingespanntem Stützenfuß.

parallel zur Pfette, bei der zweiten Stütze wird er um 90° gedreht, steht senkrecht zur Pfette, bei der dritten wieder parallel zur Pfette usw. Da diese Maßnahme allein nicht zur Aussteifung der Konstruktion ausreicht (vgl. Kap. 11.2.3), wird sie fallweise auch gestalterisch zu bewerten sein. Die Außenstützen sollten unter diesem Aspekt am besten immer gleich gerichtete Lösungen aufweisen.

Eingespannter Stützenfuß

Soll eine Einspannung des Stützenfußes (vgl. Kap. 11.2.3) erreicht werden, darf die Verbindung zwischen Stütze und Boden bzw. Fundament kein Gelenk im statischen Sinne darstellen. Dazu sind besondere Maßnahmen erforderlich. Eine Stahlstütze kann beispielsweise in ein Köcherfundament einbetoniert werden.

- Für eine Einspannung im Holzbau bietet sich beispielsweise der in der Übersicht als Lösung 4 beschriebene Stützenfuß mit Schlitzblech an. Dabei sind bestimmte Bedingungen zu beachten:

- Das Schlitzblech sollte annähernd die gleiche Breite wie die Stütze haben.
- Das Schlitzblech muss weit genug in das Holz einbinden, bei einer Pergolenstütze mit üblicher Knicklänge etwa 40 cm.
- Schlitzblech und Holz müssen kraftschlüssig miteinander verbunden werden, beispielsweise mit mindestens zwei Schraubenbolzen, die möglichst etwas gegeneinander versetzt angeordnet sind.

11.2.2 Träger und Auflagen

Für die Träger eignen sich Rundhölzer, Kanthölzer und Elemente aus Brettschichtholz, z. B. für größer dimensionierte oder gebogene Teile, sowie viele Arten von Stahlprofilen.

Das Versagen der Träger, d. h. zu starkes Durchhängen oder gar Bruch, wird durch eine entsprechende Dimensionierung vermieden. Dazu gilt prinzipiell das unter Kapitel 3.3. und 10.3.2 Erläuterte.

Pfetten und Auflagen aus Holz

Da für Pergolen in der Regel kein statischer Nachweis erforderlich ist, bietet sich bei Holzpfetten besonders die Verwendung von bewährten Faustformeln aus dem Zimmermannshandwerk an.

Für Pergolenpfetten aus Massivholz sind Querschnittsproportionen Breite b zu Höhe h gestalterisch und statisch günstig, die der Gleichung entsprechen

$$b : h = 1 : 2$$

Abb. 233. Kleine Pergola mit Stahlstützen, Stahlpfetten und Holzsparren.

Abb. 234. Pergolenpfette aus T-Profil mit von unten verschraubten Schatthölzern.

Sie eignen sich auch für sogenannte Zangenkonstruktionen, bei denen die Pfette in zwei Kanthölzer beidseits der Stütze aufgeteilt wird.

Für die Dimensionierung von Pfetten und Auflagen aus Massivholz kann auf die Erfahrungen beim traditionellen Dachstuhlbau zurückgegriffen werden (vgl. Tab. 11.9 in Kap. 11.3.1). Für die Pfetten ist dementsprechend folgende Faustregel einsetzbar:

$$h = \frac{1}{20} \times L,$$

wobei L die freie Länge der Pfette bedeutet bzw. den Abstand von Stütze zu Stütze.

Für die Dimensionierung der Auflagen, der Sparren oder Schatthölzer, können die in der Tabelle 11.9 wiedergegebenen Richtwerte für Dachsparren herangezogen werden:

$$h = L \langle m \rangle \times 4\ \text{cm}$$

oder

$$h = L \langle m \rangle \times 4\,\text{cm} + 2{,}5\,\text{cm}.$$

In der Regel wird die erste Formel zu ausreichenden Dimensionen führen. Ist ein intensiver Bewuchs zu erwarten, auf dem ggf. auch Schnee liegen bleiben kann, sollte die zweite sichere Formel zugrunde gelegt werden.

Freilich bedeuten derartige Faustformeln immer nur einen durchschnittlichen Richtwert. Im Einzelfall kann dadurch das Bauteil unter- oder überdimensioniert sein. Dementsprechend sind Zu- oder Abschläge auf die errechneten Querschnittsmaße zu machen. Je nach verwendetem Bauschnittholz und Konstruktionsform gibt es für die Verbindungen Stütze – Pfette zahlreiche Möglichkeiten (vgl. Tab. 11.6).

Auch für die Verbindung der Auflagen bzw. Sparren mit den Pfetten gibt es eine Vielzahl von Lösungen (vgl. Kap. 8.1). Eine traditionelle und meist sehr gut geeignete Verbindung stellt der Kamm dar.

Träger und Auflagen aus Stahl

Bei der Ausführung der Träger und ggf. der Auflagen aus Stahlprofilen gibt es eine Vielzahl von konstruktiven Möglichkeiten, bei denen man kaum von Standard- oder Regeldetails sprechen kann. Zangenkonstruktionen sind beispielsweise aus zwei U- oder zwei T-Profilen möglich.

Tab. 11.6: Standardlösungen für die Verbindung Stütze – Pfette

Bevorzugte Eignung für …	Beschreibung in Stichpunkten	Schemazeichnung
Rundhölzer	**Stumpfer Stoß** mit diagonaler Nagelung gesichert; Pfette unterseits etwas ausgenommen; Kanten der Hölzer mit Fase	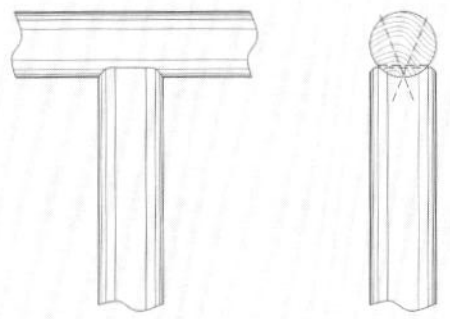
Rundhölzer	**Zapfenverbindung** mit diagonaler Nagelung gesichert; Stütze oben kegelstumpfförmig bearbeitet und wird in der Art eines Zapfens in die Unterseite der Pfette eingesenkt	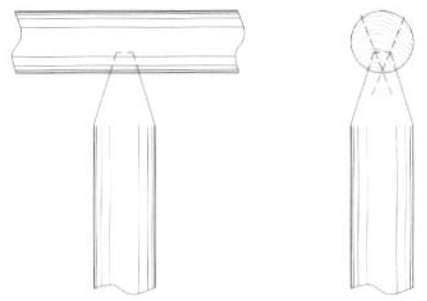
Rund- und Kanthölzer	**Stahlblech – Formteil, Schlitzblech** mit Schraubenbolzen; Pfette wird unterseits geschlitzt, Stütze am oberen Ende; auf konstruktiven Holzschutz ist hierbei zu achten, Schlitz abdecken und mit schräger Unterkante ausführen; stabile mechanische Verbindung; entsprechend auch mit Kanthölzern möglich	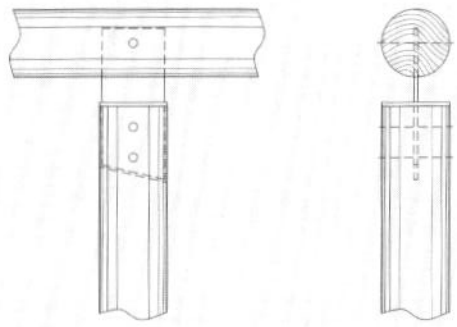
Kanthölzer	**Stumpfer Stoß** mit Dübel gesichert oder kombiniert mit Zapfen; traditionelle Zimmermannsverbindung; Breite der Stütze = Breite der Pfette	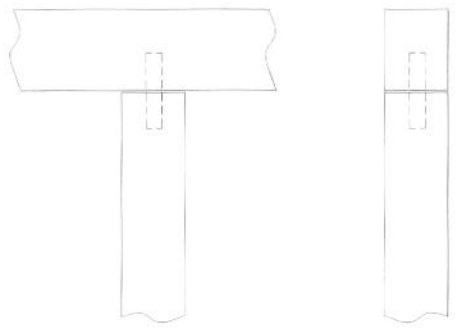
Kanthölzer, ggf. auch Rundhölzer	**Zangenkonstruktion** bei zweiteiliger Pfette und mittiger Stütze mit Schraubenbolzen verbunden; Stütze oberseits dachförmig abgeschrägt (konstruktiver Holzschutz); stabilisierend wirkende Verbindung; entsprechend auch mit Rundhölzern möglich	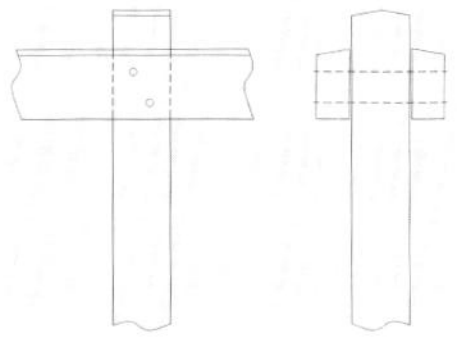
Kanthölzer, ggf. auch Rundhölzer	**Zangenkonstruktion** bei zweiteiliger Stütze und mittiger Pfette mit Schraubenbolzen verbunden; Stützenhölzer oben abgeschrägt (konstruktiver Holzschutz); bei Einspannung der Stütze sehr stabile Verbindung	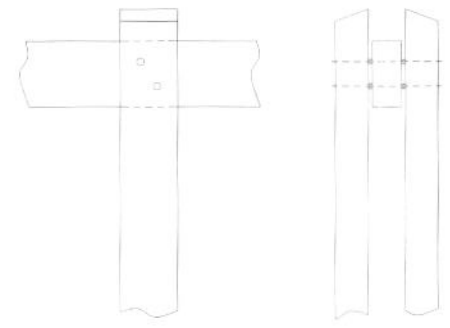

Abb. 235. Hohe Zugkräfte treten bei Seilverspannungen für Sonnensegel auf.

Folgende generelle Hinweise sind zu beachten:

Bei den für die Montage auf der Baustelle erforderlichen Verbindungen sollte es sich möglichst um Schraubverbindungen handeln (vgl. Kap. 8.2). Der Korrosionsschutz der Stahlelemente darf beim Auf- bzw. Einbau der Konstruktion nicht verletzt werden. Die Bohrlöcher müssen bereits gebohrt und korrosionsgeschützt und ggf. wegen der thermischen Dehnung von Stahl als Langloch ausgeführt sein. Schweißverbindungen sind vor Auftrag des Korrosionsschutzes, der Verzinkung oder des Anstrichs, in der Schlosserei auszuführen.

Bei der Kombination von Stahl- mit Holzbauteilen sollten jeweils die Elemente mit der statisch geringeren Bedeutung aus Holz bestehen, also beispielsweise Holzauflagen auf Stahlträger gesetzt werden.

Bei der Verwendung von Stahlseilen zur Berankung und Begrünung der Konstruktion (vgl. Kap. 11.2.4) ist zu bedenken, dass große Zugkräfte entstehen können.

11.2.3 Aussteifung

Ein in der Praxis gerade bei Pergolen relativ häufig auftretender Schaden ist die horizontale Verschiebung der Konstruktion aufgrund mangelnder Aussteifung. Die grundsätzlichen Möglichkeiten, z. B. die Einspannung der Stützenfüße, wurden bereits behandelt (vgl. Kap. 11.2.1 und 11.1.3). Falls die Möglichkeit besteht, die Pergola an ein Gebäude oder Bauelement anzuschließen, sollte diese genutzt werden. Zu bedenken ist dabei, dass die Anbindung der Pergola an einer Seite, z. B. an eine Hauswand oder Einfriedungsmauer, noch keine vollständige Aussteifung bedeutet, da die Anschlusspunkte alle auf einer Linie liegen.

Abb. 236. Begrünung und Konstruktion sind aufeinander abzustimmen.

Bei Holzpergolen, bei denen keine Wandscheiben in Form von geschlossenen Wandelementen oder als Spaliergitter in festen Rahmen vorgesehen werden sollen, ist die Verwendung von sogenannten „Kopfbändern“ möglich. Mit diesem Begriff werden Diagonalaussteifungen im Bereich der oberen Ecken der Konstruktion bezeichnet, die sowohl mit der Stütze als auch mit dem Träger verbunden sind. Ein traditionelles Verbindungsdetail dafür ist der sogenannte Versatz (vgl. Kap. 8.1.2).

Bei Stahlkonstruktionen tritt an ihre Stelle meist eine Diagonalauskreuzung aus Stahlstäben.

11.2.4 Begrünung

Die meisten Pergolen sollen mit geeigneten Schling-, Rank- oder Kletterpflanzen begrünt werden. Um hierbei auch längerfristig ein gutes Ergebnis zu erreichen, sind Konstruktion und Pflanzenauswahl sorgfältig aufeinander abzustimmen.

Wichtige Details sind beispielsweise die Dimensionierung, die räumliche Ausrichtung und die Stabilität der als Rankhilfe dienenden Konstruktionselemente. Ein 4 mm starkes Stahlseil kann sich durchaus für krautige Schlinger eignen, entspricht aber nicht den Anforderungen eines stark verholzenden Klettergehölzes, welches das Seil durch zunehmendes Gewicht immer wieder lockern oder aus der Verankerung lösen wird oder sich daran sogar irgendwann selbst stranguliert. Auch muss bedacht werden, dass Pflanzen nicht über größere Strecken waagerecht wachsen, sondern sich immer nach oben zum Licht richten werden. Horizontale Konstruktionselemente sind daher

nur in begrenzten Längen sinnvoll und müssen für die Belastung durch die ggf. oben aufliegende Kletterpflanze ausgelegt sein.
Folgende Fragestellungen sind in Zusammenhang mit den Pflanzenarten wichtig:
Kletterstrategie: Handelt es sich um windende Arten (= Schlinger), um rankende, kletternde oder klimmende Arten? Welches Material und welcher Durchmesser der Konstruktionselemente sind geeignet? Sind Spaliergehölze, die spezielle Gerüste benötigen, an denen sie gezogen werden vorgesehen?
Lebensdauer: Sind die Arten einjährig oder mehrjährig?
Spross: Sind die Arten krautig oder verholzend?
Wachstum: Welche Höhe wird in welchem Zeitraum erreicht? Mit welchem sekundären Dickenwachstum ist zu rechnen? Mit welchen Lasten und Beanspruchungen der Konstruktion durch die Pflanzen ist zu rechnen?
Standortansprüche: Welche Nährstoff- und Feuchteverhältnisse sind erforderlich? Können diese im Fußbereich der Stützen gewährleistet werden? Welche Lichtansprüche haben die Arten?
Kombination: Passen die gewählten Arten hinsichtlich der Ansprüche zueinander? Ist mit einem Verdrängen/Unterdrücken der einen Art durch die andere zurechnen?
Unterhalt: Können die erforderlichen Unterhaltungs- und Pflegemaßnahmen, z. B. Anbinden von Pflanzenteilen, Rück- und Erziehungsschnitt am Spalier, Nachspannen der Rankseile usw., geleistet werden?

Projektbeispiel: Stahl-/Bambuspergola

Abb. 237. Stahlpergola mit Schattierungselementen und Zaunfeldern aus Bambusrohren.

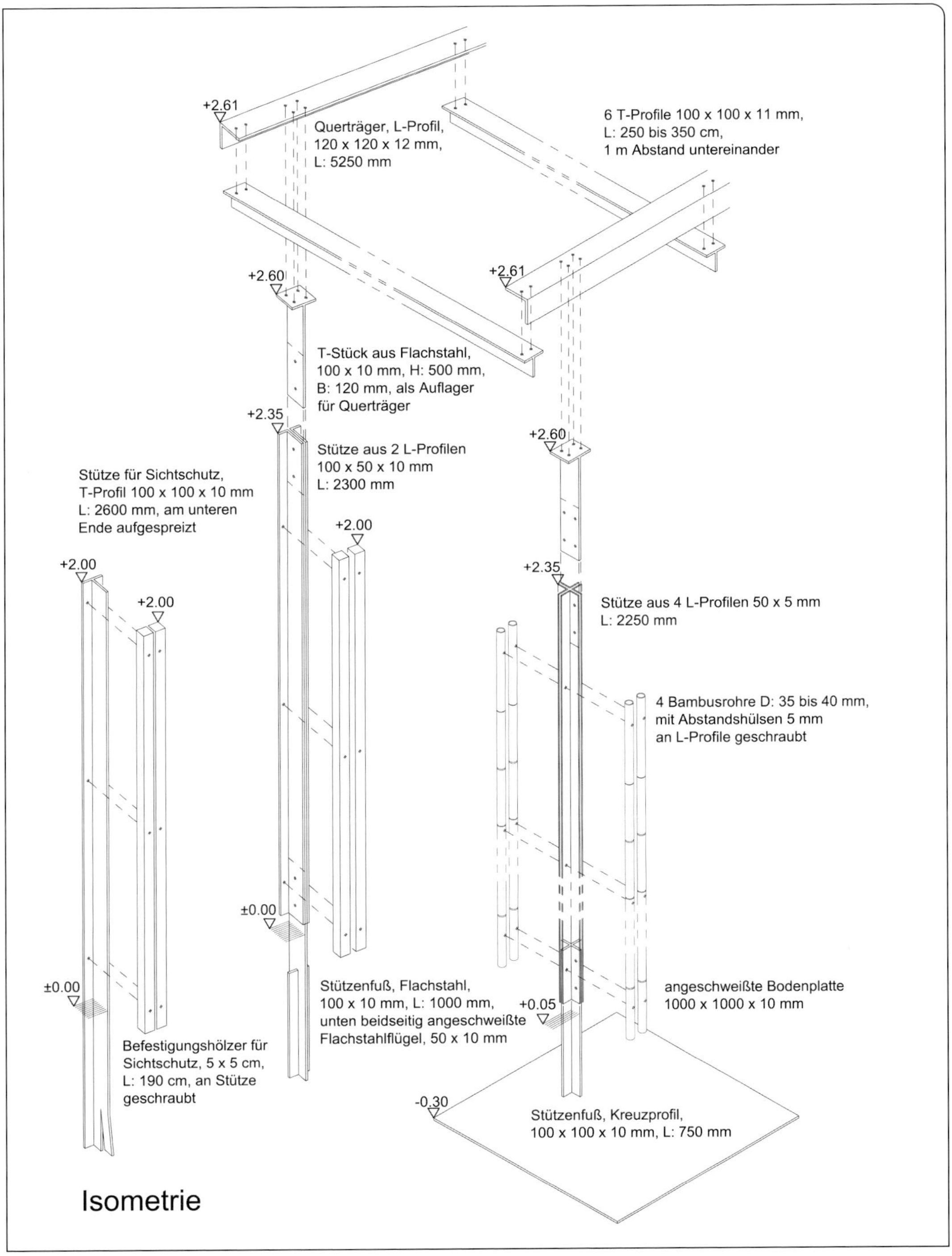

Abb. 238. Stahlstütze der Pergola in 3D-Darstellung.

Abb. 239. Abgehängtes Schattierungselement aus Bambusrohren.

11.3 Konstruktion von Überdachungen

Wie eingangs schon ausgeführt, kann der Übergang von Pergolen zu Überdachungen prinzipiell als fließend betrachtet werden. Als Abgrenzungskriterium eignet sich die Existenz einer geschlossenen Dachkonstruktion am besten. Diese soll daher in diesem Kapitel schwerpunktmäßig betrachtet werden. Für das aus Stützen und Trägern bestehende Tragwerk gilt das in den Kapiteln 3 und 11 bereits Ausgeführte, sinngemäß auch für jede Art von Überdachung und Kleinarchitektur (vgl. Farbtafel 20, Seite 353).

11.3.1 Dach

Im Konstruieren von Dächern verfügt der Mensch über Jahrtausende lange Erfahrung. Das einfache Grundprinzip, einen Witterungsschutz durch schuppenartig überlagerte Materialien oder Elemente auf mehr oder weniger geneigter Fläche zu erreichen, wurde immer wieder weiter entwickelt, hat sich aber im Grundsatz bis heute unverändert erhalten.

Dabei besteht ein enger Zusammenhang zwischen der Neigung der Dachfläche und der Art der Dachdeckung und Dachkonstruktion. Ein Flachdach erfordert eine wasserundurchlässige Dachhaut in Form einer Abdichtung. Dies ist bei einer Neigung unter 11° der Fall. Weniger eindeutig ist die Abgrenzung zwischen flach geneigtem und Steildach, die in manchen Quellen bei 22°, in anderen bei 30° gesehen wird (vgl. Tab. 11.7).

Tab. 11.7: Zusammenhang zwischen Dachneigung und Dachhaut

Dachtyp	Neigung	Dachhaut
Flachdach	< 11°	Dachabdichtung, wasserundurchlässig
Geneigtes Dach	≥ 11°	Dachdeckung, regensicher
Flach geneigtes Dach	11 bis 22° (11 bis 30°)	Dachdeckung, meist Tafeldeckung
Steildach	> 22° (> 30°)	Dachdeckung, meist Schuppendeckung

Dachformen

Für geneigte Dächer haben sich regional, meist in Abhängigkeit von Wind- und Witterungsverhältnissen sowie von verfügbaren Baumaterialien und -traditionen, ganz unterschiedliche Formen entwickelt.

Die für die hier behandelten Konstruktionen wichtigsten geneigten Dachformen sind das Pultdach, das Satteldach und das Zeltdach – die klassische Dachform des Pavillons. Vereinzelt können die Umkehrform des Satteldachs, das Schmetterlingsdach oder die Kuppel von Bedeutung sein.

Flachdächer für Kleingebäude sind insbesondere in Verbindung mit einer extensiven Begrünung interessant.

Abb. 240. Zeltdach.

Abb. 241. Kuppel.

Dachkonstruktion

An die Dachkonstruktion wird eine Reihe von Anforderungen gestellt. Zu den funktionalen Anforderungen gehören der Schutz des überdachten Bereiches vor Witterungseinflüssen, die Reduzierung des Wärmeverlustes im Winter und der Wärmezufuhr im Sommer sowie der Schutz von sonstigen störenden Außeneinflüssen wie Lärm etc. Die konstruktiven Anforderungen lassen sich in statische und in bauphysikalische untergliedern (Dierks et al. 1997). Bei den Überdachungen in Freiräumen stehen die Funktion des Witterungsschutzes und die statisch-konstruktiven Anforderungen im Vordergrund. Statisch zu berücksichtigende Lasten sind Eigenlast, Schneelast, Windlast und bei begehbaren Flachdächern Verkehrslasten (vgl. Tab. 11.8).

Tab. 11.8: Statische Anforderungen an die Dachkonstruktion: Lasten

Lastart	**Mittlerer Ansatz in kN/m²**	**Erläuterung, Normenbezug**
Eigenlast	0,7 bis 3,5	abhängig von Materialien und Dachaufbau, nach DIN 1055, Teil 1 und 3
Extensive Begrünung	1,0 bis 1,5	meist bei Flach- oder flach geneigten Dächern, Sonderform der Eigenlast
Schneelast	1,0 bis 2,0	zu ermitteln nach DIN 1055, Teil 5, abhängig von Ort und Schneelastzone, für Neigungen > 30° Abschläge möglich
Verkehrslast	5,0	nur für voll begehbare Flachdächer, nach DIN 1055, Teil 3
Windlast	0,6 (horizontal)	nach DIN 1055, Teil 4

Die Lastannahmen für Schnee sind der DIN 1055, Teil 5, zu entnehmen. Sie hängen von der geodätischen Höhe des Bauorts und der Schneelastzone ab. Ab 30° Dachneigung sind Abminderungen möglich. Die Windlasten sind in der DIN 1055, Teil 4, enthalten. Wesentlich ist auch die von der Dachhaut bis ins Fundament durchgehende Sogverankerung, d. h. ein zugfester Anschluss aller Bauteile.

Für die Konstruktion geneigter Dächer stehen zwei Grundtypen zur Verfügung, das Pfettendach und das Sparrendach.

„Alle Dächer, deren Sparren auf Pfetten gelagert sind und die unter senkrechter Belastung nur senkrechte Kräfte auf die Pfetten abgeben, werden **Pfettendächer** genannt. In Pfettendächern tragen mit der Traufe parallel laufende Pfetten die aufliegenden Sparren. Die Sparren sind als Einfeldbalken oder als durchlaufende oder auskragende Balken vorwiegend auf Biegung beansprucht“.

„Alle Dächer, deren Sparren am Fußpunkt in senkrechter und horizontaler Richtung gelagert sind und die ein Dreigelenksystem bilden, werden **Sparrendächer** genannt. Paarweise gegeneinander geneigte Sparren, die im First kraftschlüssig verbunden sind und am Fußpunkt ein festes, vertikal und horizontal unverschiebliches Auflager haben, bilden ein tragfähiges Dreigelenksystem“ ohne First- und Mittelpfette. Die Sparren werden auf Biegung und auf Druck beansprucht (DIERKS 1997).

Innerhalb dieser Grundtypen gibt es zahlreiche Konstruktionsvarianten.

Für die Dimensionierung der einzelnen Elemente kann auf umfassende Erfahrungen des Zimmererhandwerks zurückgegriffen werden. Tabelle 11.9 gibt bewährte Faustformeln und Richtwerte, die auch gut

Tab. 11.9: Faustformeln und Richtmaße für Dachhölzer (Quelle: STADE, 1904)

Bauteil, Anforderung	**Faustformeln, Richtmaße**	**h (cm) für Länge L = …**		
1. Träger, Pfetten, Deckenbalken, L = 3,50 bis 6,00 m		**4,00 m**	**5,00 m**	**6,00 m**
≥ 5 kN/m² (Verkehrslast)	h = (15 cm + 2,5 L <m>) cm	25	27,5	30
≥ 5 kN/m² (Verkehrslast)	h = (16 cm + 2 × L <m>) cm	24	26	28
< 5 kN/m²	h = L <m> × 4 cm + 4 cm	20	24	28
< 5 kN/m²	h = (L <dm>: 2) cm = 1/20 L	20	25	30
Günstige Querschnitte*: **b/h = 5/7** (fett gedruckt)	**12/16**, 14/16, 14/18, **14/20**, 16/18, 16/20, **16/22, 18/24, 18/26, 20/28**	**18/24** 16/20	**18/26** **18/24**	**20/28**
2. Zangen, L = 3,50 bis 6,00 m		**4,00 m**	**5,00 m**	**6,00 m**
2 × b/h	h = (10 cm + 2 × L <m>) cm	18	20	22
Günstige Querschnitte*: **b/h = 1/2** (fett gedruckt)	je 2 × **8/16**, 10/16, 8/18, 10/18, 8/20, **10/20**, **12/24**, 12/26	8/18 10/18	8/20 **10/20**	
3. Sparren, L ≤ 4,50 m		**3,00 m**	**4,00 m**	**4,50 m**
steile Dachneigung, >> 22°	h = L <m> × 4 cm	12	16	18
flache Dachneigung, < 22°	h = L <m> × 4 cm + 2,5 cm	14,5	18,5	20,5
Günstige Querschnitte*: **b/h = 5/7** (fett gedruckt)	**8/12**, **10/14**, **12/16**, 14/16, 14/18, **14/20**, 16/18, 16/20, **16/22**	**8/12** **10/14**	**12/16** 14/16 14/18	14/18 **14/20** 16/18 16/20

* jeweils nur Schnittholz-Richtmaße, keine Zwischenmaße ausgewiesen

Tab. 11.10: Deckungsmaterialien für Dächer (Quelle: DIERKS et al. 1997)

Deckungsmaterial			Mindestneigung	Gewicht kN/m² nach DIN 1055	Unterkonstruktion Art	Unterkonstruktion Abstand (in cm)	Abmessungen (in cm) Anzahl (in Stück/m²)
Schuppendeckung	ohne Unterdach	Stroh, Rohr, Reet	45 bis 50°	0,70	Latten	25 bis 40	Dicke Deckung: Reet 30 bis 35 Stroh 25 bis 30
		Mönch und Nonne	30 bis 40°	0,70	Latten	ca. 33	11 × 40/21 × 40 11× 35 Deckfläche je 13/m²
		Biberschwanzziegel	30°	0,75	Latten	ca. 16	18 × 38 35/m²
		Holzschindeln	28°	0,25	Latten	L** / 3,2	
		Schiefer-Dachplatten	25° (1 : 2)	0,45 bis 0,60	Latten	abhängig von der Deckungsart	
		Falzziegel	22°	0,55	Latten	ca. 33	26 × 42 20 × 33,3 Deckfläche 15/m²
	mit Unterdach	Faserzement-Dachplatten	15°	0,20	Latten		
		Flachdachpfannen	12°	0,55	Latten	ca. 33	26 × 42 20 × 33,3 Deckfläche 15/m²
		Betondachsteine	12°	0,50 bis 0,60	Latten	31 bis 35	33 × 42 30 × 33 Deckfläche 10/m³
Tafeldeckung		Faserzement-Kurzwellplatten	10°	0,20	Sparrenpfetten*	115 bis 140	
		Glas (dichtend)	10°		Sprossen Stahl, Alu, Holz	je nach Plattengröße	
		Profilbleche	8°	0,30	Sparrenpfetten* o.Ä.	je nach Tafelgröße	
		Faserzement-Wellplatten	7°		Sparrenpfetten*	115 bis 140	
Bahnendeckung		Blechtafeln	5°	0,30	Holzschalung		
		Blechbänder	2°	0,30	Holzschalung		
		Kunststoff- oder Bitumenbahn	2°	ca. 0,20	Holzschalung oder Massivdach		

* Sparrenpfette = Koppelpfette, übernimmt Funktion von Sparren und Pfetten; ** L = Schindellänge

zu einer Vorbemessung für den statischen Nachweis dienen können und teilweise bereits in vorangegangenen Kapiteln zu Hilfe genommen wurden, wieder.

Besondere Detaillösungen erfordert das Zeltdach. Im zentralen Punkt laufen vier, sechs, acht oder mehr Sparren zusammen.

Für Dachkonstruktionen aus Stahl gilt entsprechendes. Die Unterscheidung Pfetten- und Sparrendach kann hier sinngemäß übertragen werden.

Dachdeckung

Die oberste Lage des Dachaufbaus ist die Dachdeckung. Je nach Material erfordert sie eine Unterkonstruktion über der Sparrenlage, z. B. eine Lattung. Entsprechend Material und Dachneigung gibt es drei Arten von Dachdeckung, die Schuppendeckung, die Tafeldeckung und die Bahnendeckung. Je flacher die Dachneigung ist, desto höher sind die Ansprüche an Material und Verlegung der Dachdeckung. Die Schuppendeckung dagegen ist beweglich, anpassungsfähig und risikoarm.

Projektbeispiel: Fahrradüberdachung

Abb. 242. Überdachung für Fahrradparker mit Pultdach und Wellblechdeckung (vgl. auch Farbtafel 20, Abb. 117, Seite 353).

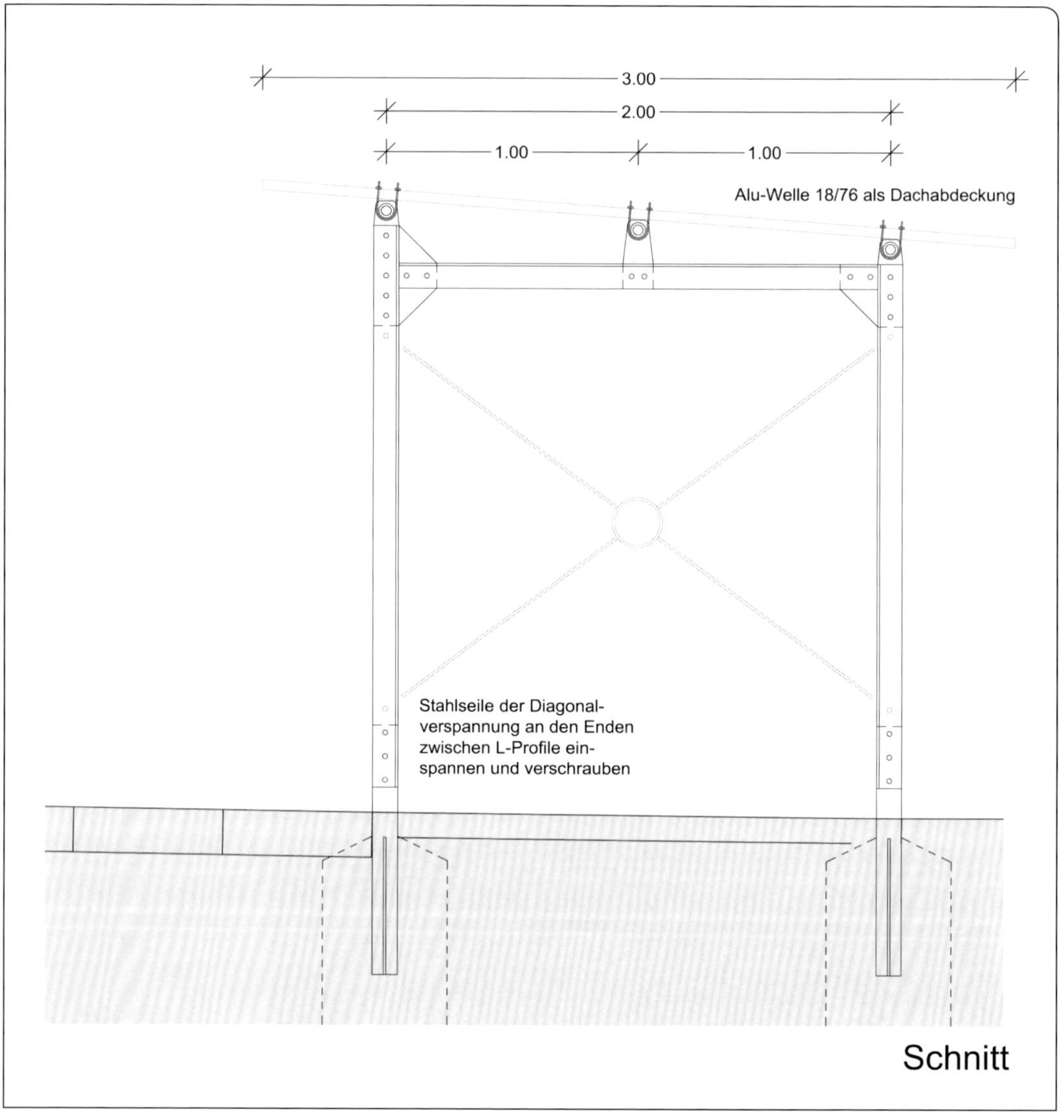

Abb. 243. Schnitt durch die Überdachung.

Verglasung

Soll für die Überdachung Glas verwendet werden, erfordert dies einen zwängungsfreien Einbau mit entsprechenden, mit elastischen Dichtungen versehenen Pressleisten, welche die Glasplatten auf den Sprossen der Unterkonstruktion halten. Für Überkopfverglasungen, zu denen Glasüberdachungen gehören, ist die Verwendung von Verbundsicherheitsglas (VSG) Vorschrift. Dieses Glas besteht aus zwei oder mehr Glasscheiben, verklebt mit einer zähen Kunststofffolie, die bei Bruch die Splitter an sich bindet und zusammenhält.

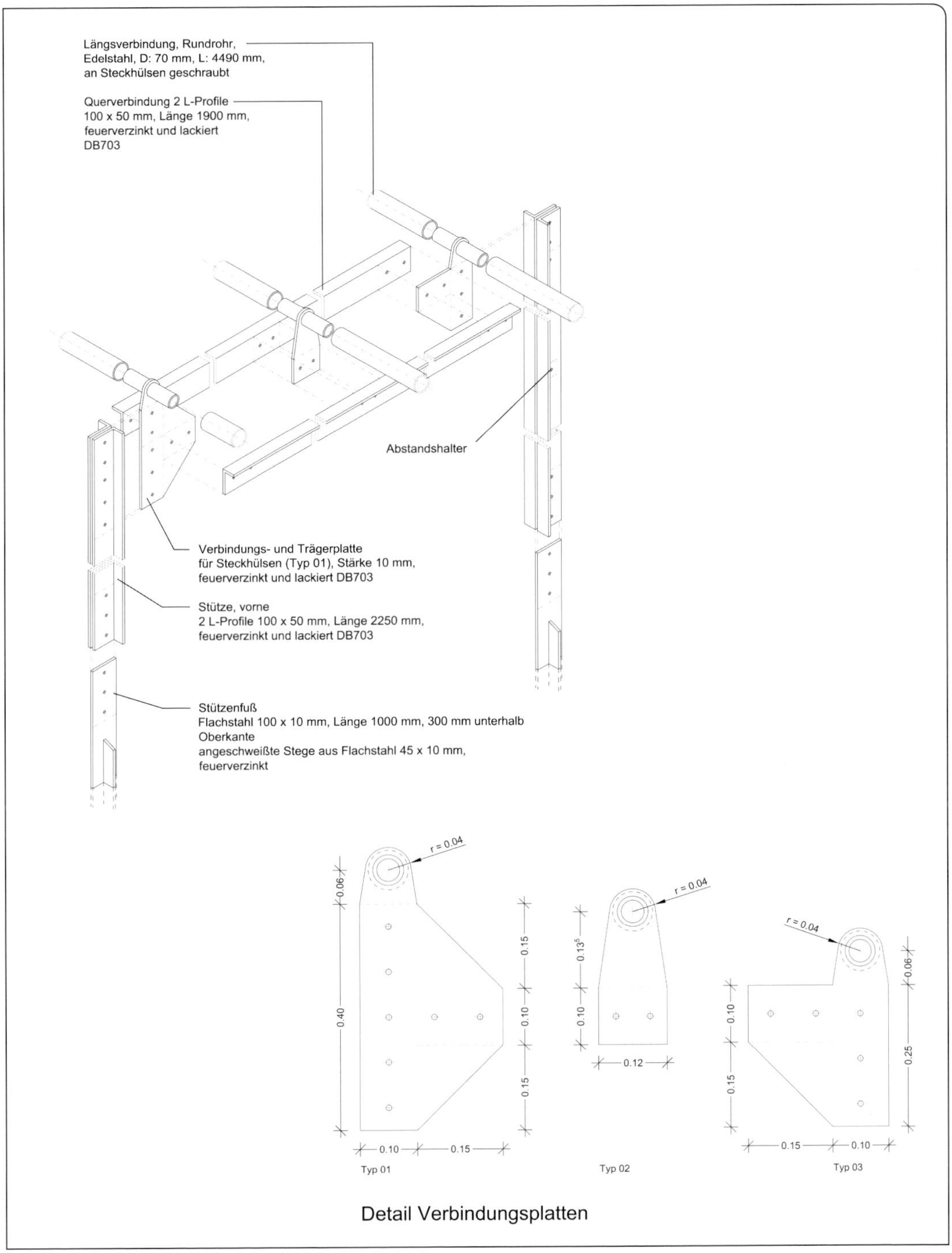

Abb. 244. Details: Stützen, Dachkonstruktion, Stahlformteile.

Projektbeispiel: Glasüberdachung

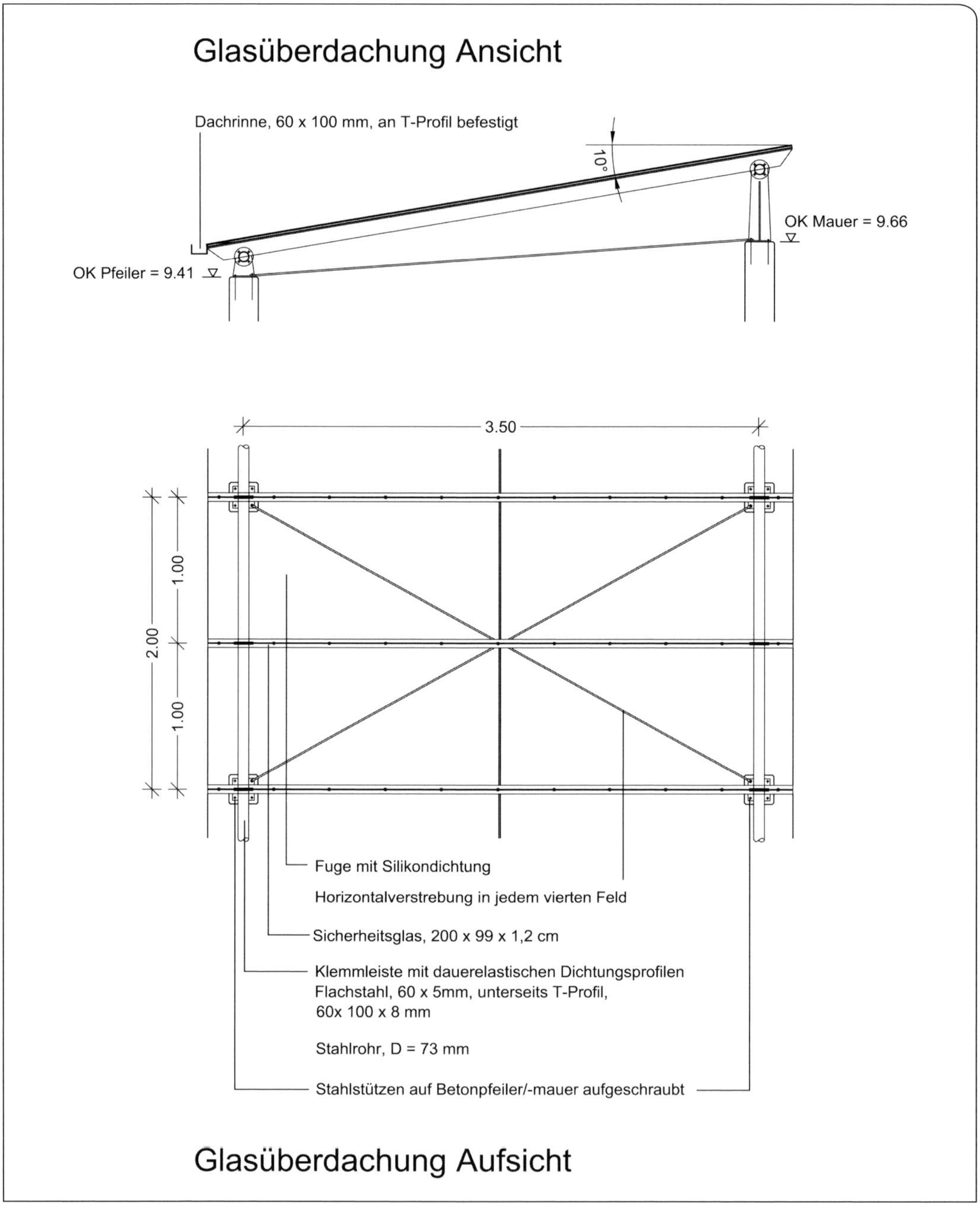

Abb. 246. Überdachung eines Durchgangs mit Fahrradständern mit Pultdach aus Glas, Aufsicht und Schnitt.

Abb. 247. Stahlkonstruktion mit Glasdach auf Betonstützen.

11.3.2 Wand

In manchen Fällen wird die Funktion der Überdachung Füllungen in Form von Wandelementen zwischen den Stützen erfordern. Wandscheiben spielen konstruktiv eine wichtige Rolle für die Aussteifung der Konstruktion.

Entsprechend der Ausführungen in Kapitel 9 kann die Wandscheibe als Riegel- oder Rahmenkonstruktion konzipiert werden. Bei der Riegelkonstruktion werden Querriegel mit den Stützen verbunden, auf denen dann Füllungen, z. B. Quer-, Senkrechtlattungen oder Brettschalungen, befestigt werden. Alternativ wird ein maßgenau vorgefertigter Rahmen mit den Stützen verbunden. Für die Füllung eignen sich hier auch unterschiedliche Holzwerkstoffe oder Lochblech.

Projektbeispiel: Fahrrad- und Gerätehaus

Abb. 248. Fahrrad- und Gerätehaus für Wohnanlage mit begrüntem Flachdach und Wandfüllungen aus Trespa-Platten (vgl. auch Farbtafel 20, Abb. 118 und 119, Seite 353).

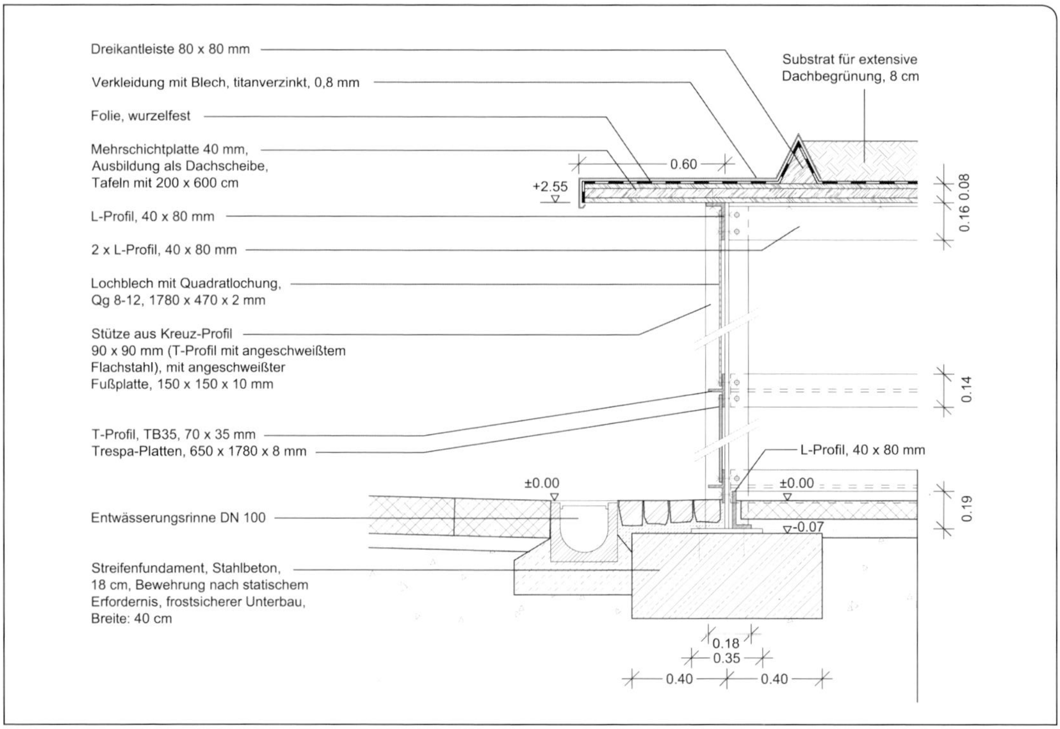

Abb. 249. Konstruktion der Eckstütze, Dachaufbau (holzfaserverstärkte Kunstharzplatten).

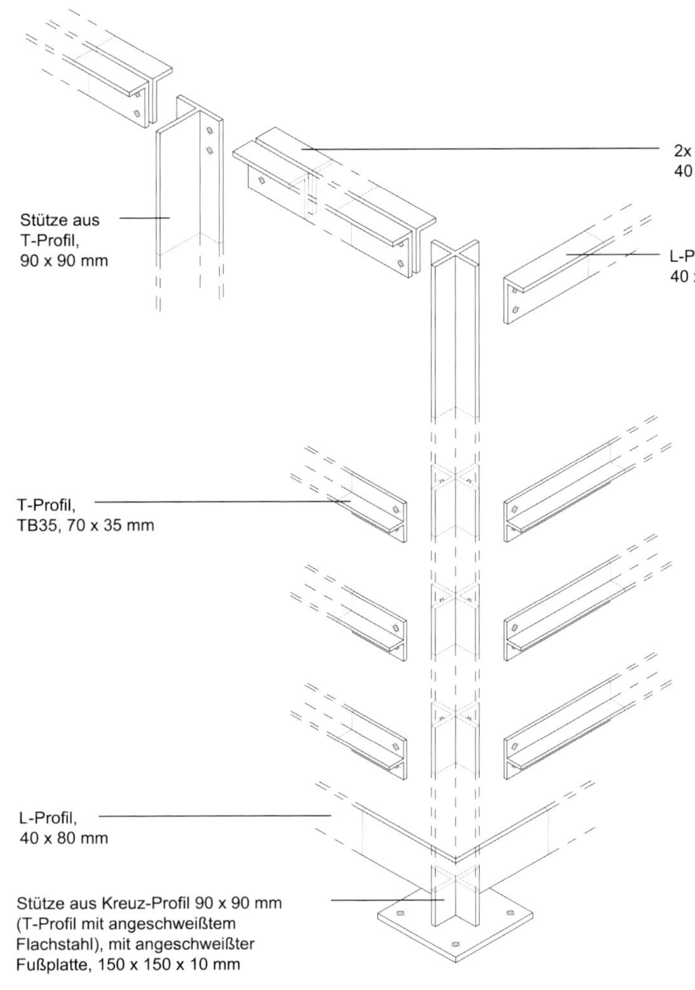

Abb. 250. Konstruktion der Eckstütze (Isometrie).

Wichtige Normen und Regeln (Auswahl)

DIN 1052 Berechnung und Bemessung von Holzbauwerken – Allgemeine Bemessungsregeln und Bemessungsregeln für den Hochbau, Dezember 2008

DIN 1055–1 Einwirkungen auf Tragwerke, Teil 1: Wichten und Flächenlasten von Baustoffen, Bauteilen und Lagerstoffen, Juni 2002

DIN 1055–3 Einwirkungen auf Tragwerke, Teil 3: Eigen- und Nutzlasten für Hochbauten, März 2006

DIN 1055–4 Einwirkungen auf Tragwerke, Teil 4: Windlasten, März 2005

DIN 1055–5 Einwirkungen auf Tragwerke, Teil 5: Schnee- und Eislasten, Juli 2005

Teil IV: Flächen und Schichten – Elemente des konstruktiven Landschaftsbaus

12 Baustoffe des konstruktiven Landschaftsbaus

Unter dem Begriff konstruktiver Landschaftsbau werden hier konstruktive Elemente zusammengefasst, die im Schnittstellenbereich von Erd- und Massivbau liegen. Während es sich bei den Elementen des Massivbaus um Volumina und bei den Elementen des Skelettbaus um aus linearen Bauteilen zusammengesetzte Tragwerke handelt, arbeitet der konstruktive Landschaftsbau mit Flächen und Schichten, die vorrangig Funktionen wie Tragen, Dichten, Entwässern, Versickern und Filtern erfüllen. Hinzu können Funktionen als Schutz-, Abdeck- und Auflastschicht oder als Vegetationstragschicht kommen.

Die Elemente des konstruktiven Landschaftsbaus liegen im Boden bzw. stellen die konstruktiv veränderte Oberfläche des Bodens dar. Der Aufbau und die Kombination der unterschiedlichen Schichten und -flächen werden von der Funktion des konstruktiven Elements bestimmt. In den folgenden Kapiteln werden Belagsdeckschichten, bei denen Funktionen wie Frostschutz, Tragen und Bettung von Bedeutung sind (vgl. Kap. 13), künstliche Wasseranlagen, bei denen vor allem Schichten und Flächen, die Dichtungsfunktion übernehmen eine Rolle spielen (vgl. Kap. 14) sowie die Konstruktion von unterbauten Freiflächen auf Gebäuden, wo mit Flächen und Schichten ein künstlicher und voll funktionsfähiger Bodenaufbau geschaffen werden muss (vgl. Kap. 15), behandelt. Hier spielen insbesondere Funktionen der Flächen und Schichten wie Dränieren, bestehend aus den Teilfunktionen Sickern und Filtern, eine Rolle.

Beim konstruktiven Landschaftsbau handelt es sich ganz überwiegend um unstarre Bauweisen. Ausnahmen gibt es im Bereich der Wasseranlagen, wo Unterkonstruktion oder Dichtung im Einzelfall einem

Abb. 250. Dichten …

Abb. 251. ... und dränieren.

konstruktiven Element des Massivbaus – Wand, Mauer oder Becken – entspricht.

12.1 Anforderungen an Baustoffe im konstruktiven Landschaftsbau

Für die genannten Elemente des konstruktiven Landschaftsbaus eignen sich Baustoffe, die sich als Schicht oder Fläche einbauen lassen, d. h. Baustoffe, die geschüttet werden oder als bahnenartige flächig zu verlegende Produkte vorliegen.

12.1.1 Bautechnische Eigenschaften

Da die Bauwerke des konstruktiven Landschaftsbaus immer im Boden liegen bzw. den speziellen für die Konstruktion erforderlichen Bodenaufbau bilden und mit ihrer Oberfläche meist mehr oder weniger bündig mit der Geländeoberfläche abschließen oder diese definieren, gehört für ihre Baustoffe – ähnlich wie bei den Materialien des Massivbaus – die Beständigkeit gegenüber Wasser und Außentemperatur zu den wesentlichsten Anforderungen. Die **Witterungs- und Frostbeständigkeit** muss bei allen in Funktion und Beschaffenheit insgesamt sehr unterschiedlichen Baustoffen gegeben sein.

Die weiteren bautechnischen Eigenschaften sind abhängig von der Funktion der Schicht oder Fläche, für die die Materialien verwendet werden. Für Schüttstoffe, die als Tragschicht, Bettungsschicht, Ausgleichsschicht oder Sickerschicht eingebaut werden, sind Eigenschaften wie **Korngröße** und **Korngrößenzusammensetzung**, **Verdichtungsfähigkeit** und **Filterstabilität** von Bedeutung.

Baustoffe, die zum Dichten verwendet werden, müssen insbesondere Eigenschaften wie **Wasserundurchlässigkeit**, **Wurzelfestigkeit** und **Reißfestigkeit** aufweisen. Dagegen sind für Geotextilien und Geogitter, die zum Trennen und Filtern eingesetzt werden, Eigenschaften wie **Wasserdurchlässigkeit**, **Durchwurzelbarkeit**, **Reißfestigkeit** und **Beanspruchbarkeit** maßgeblich.

Da sich die Anforderungen an die meisten bautechnischen Eigenschaften der Baustoffe des konstruktiven Landschaftsbaus wie auch die Baustoffe selbst in Abhängigkeit von der Funktion erheblich voneinander unterscheiden, werden diese Eigenschaften erst in den folgenden Kapiteln im Zusammenhang mit dem jeweiligen Baustoff genauer erläutert.

12.1.2 Gestalterische Eigenschaften

Aufgrund ihrer Verwendung für Funktionsschichten in Belags-, Gewässerdichtungs- oder Dach- bzw. Deckenaufbauten sind die Baustoffe im konstruktiven Landschaftsbau in der fertig gestellten Anlage überwiegend nicht sichtbar und daher gestalterisch nicht wirksam. Die einzige Ausnahme bilden Schüttstoffe, die an der Oberfläche des Konstruktionsaufbaus ganz oder teilweise sichtbar bleiben. Dazu zählen beispielsweise Stoffe für die Fugenfüllung von Pflaster- und Plattenbelägen oder für Auflast-, Schutz- und Überdeckungs- bzw. Vegetationstragschichten über der Dichtungsschicht.

12.1.3 Ökologische Eigenschaften

Eine Anforderung, die allen Baustoffen des konstruktiven Landschaftsbaus gemeinsam ist, ist ihre **Verträglichkeit** mit der unmittelbar benachbarten Umwelt. Dies bedeutet, dass die verwendeten Baustoffe weder durch ständige Emissionen noch durch Auswaschungen oder ähnliche durch die Interaktion mit der bewitterten Umwelt bedingte Einträge die Nachbarflächen und -schichten sowie infolgedessen Boden, Luft- und Wasserhaushalt negativ beeinflussen dürfen. Bei auswaschungsgefährdeten Schüttstoffen aus dem Bauschuttrecycling beispielsweise ist darauf besonders zu achten. Wichtig ist in diesem Zusammenhang auch die Verträglichkeit der geschichteten Stoffe untereinander.

Auch hinsichtlich Herstellungsenergie und allgemeiner Umweltverträglichkeit sind die Baustoffe der hier beschriebenen Gruppe sehr unterschiedlich. Eine Kunststoffdichtungsbahn weist eine wesentlich energieintensivere Ökobilanz auf als ein lokal gewonnenes Sediment. Kunststoffe erfordern eine Primärenergie von ca. 24 000 Kilowattstunden pro Kubikmeter, das Sediment selten mehr als 300. Auch innerhalb der Kunststoffdichtungsbahnen gibt es erhebliche Unterschiede hinsichtlich der ökologischen Eigenschaften, z. B. hinsichtlich der Entsorgung bzw. Recycelbarkeit. Daher werden auch diese Eigenschaften, soweit konstruktiv relevant, jeweils in Zusammenhang mit dem jeweiligen Baustoff oder Produkt betrachtet.

12.2 Mineralstoffe

Als Mineralstoffe werden im Bauwesen Gesteinskörnungen bezeichnet. Im Folgenden schließt dieser Begriff in Form von Asphalt gebundene Mineralstoffe (vgl. Kap. 12.2.4) sowie analog zu den Schüttstoffen aus Gestein verwendete Körnungen aus Glas (vgl. Kap. 12.2.5) mit ein.

12.2.1 Grundlagen und Begriffe

Ein Mineralstoff bzw. eine **Gesteinskörnung** ist definiert als „körniges Material für die Verwendung im Bauwesen, das natürlich, industriell hergestellt oder rezykliert sein“ kann. Eine „natürliche Gesteinskörnung“ stammt aus „mineralischen Vorkommen“ und ist „ausschließlich einer mechanischen Aufbereitung unterzogen worden“ (FGSV, 2004). Das wesentliche Einteilungskriterium für mineralische Böden bzw. natürliche Gesteinskörnungen ist die Korngröße bzw. der Korngrößenbereich, angegeben als kleinster (d) und größter (D) Durchmesser der Körner (vgl. Tab. 12.1).

Tab. 12.1: Korngrößenfraktionen

Bereich		**Benennung**	**Kurzzeichen nach DIN EN ISO 14688–1**	**Kurzzeichen nach DIN 4022–1 (alt)**	**Korngröße > d bis D (in mm)**
Sehr grobkörniger Boden		Große Blöcke	LBo		über 630
		Blöcke	Bo	Y	über 200 bis 630
		Steine	Co	X	über 63 bis 200
Siebkorn	Grobkörniger Boden	**Kies**	**Gr**	**G**	**über 2 bis 63**
		Grobkies	CGr	gG	über 20 bis 63
		Mittelkies	MGr	mG	über 6,3 bis 20
		Feinkies	FGr	fG	über 2,0 bis 6,3
		Sand	**Sa**	**S**	**über 0,06 bis 2,0**
		Grobsand	CSa	gS	über 0,6 bis 2,0
		Mittelsand	MSa	mS	über 0,2 bis 0,6
		Feinsand	FSa	fS	über 0,06 bis 0,2
Schlämmkorn	Feinkörniger Boden	**Schluff**	**Si**	**U**	**über 0,002 bis 0,06**
		Grobschluff	CSi	gU	über 0,02 bis 0,06
		Mittelschluff	MSi	mU	über 0,006 bis 0,02
		Feinschluff	FSi	fU	über 0,002 bis 0,006
		Ton	**Cl**	**T**	**unter 0,002**

Abb. 252. Mineralstoffe, nach Körnung sortiert.

Eine zweite für die praktische Verwendung wichtige Unterteilung erfolgt entsprechend der Kornoberfläche bzw. entsprechend der mechanischen Aufbereitung in ungebrochene Mineralstoffe, zu denen Kiese und Natursande zählen, und gebrochene Mineralstoffe wie Schotter, Splitt, Brechsand und Füller (Körner < 0,09 mm).

Als „industriell hergestellte Gesteinskörnung" wird eine „Gesteinskörnung mineralischen Ursprungs, die industriell unter Einfluss thermischer oder sonstiger Prozesse entstanden ist“, bezeichnet, beispielsweise Hochofenstückschlacke, Hüttensand oder Stahlwerksschlacke.

Eine rezyklierte Gesteinskörnung ist „durch Aufbereitung anorganischen Materials entstanden“, „das zuvor als Baustoff eingesetzt war“. Sind die Anteile einzelner Stoffgruppen in dieser Gesteinskörnung begrenzt, spricht man von einem **RC-Baustoff**.

Die „Bezeichnung einer Gesteinskörnung mittels unterer (d) und oberer (D) Siebgröße, ausgedrückt als d/D“, ist die **Korngruppe** oder **Lieferkörnung**. Ein Gemisch aus Gesteinskörnungen mit festgelegter Korngrößenverteilung, üblicherweise mit d = 0, das in Schichten ohne Bindemittel verwendet wird, wird als **Baustoffgemisch** bezeichnet (FGSV, 2007).

Für die Verwendung im konstruktiven Landschaftsbau hat die Korngrößenzusammensetzung eines Mineralstoffs entscheidende Bedeutung. Für Belagsarbeiten werden beispielsweise für Tragschichten korngestufte Gemische benötigt, für Sickerschichten Material einer Korngruppe aus dem gröberen Bereich und für Dichtungsschichten feinste Körnungen aus dem Schlämmkornbereich. Letztere werden folgend als Dichtstoffe aus Gesteinskörnungen bezeichnet im Gegensatz zu den Schüttstoffen, die tatsächlich auch geschüttet werden können.

Normen und Regeln zu Mineralstoffen (Auswahl)

DIN EN ISO 14688-1 Geotechnische Erkundung und Untersuchung – Benennung, Beschreibung und Klassifizierung von Boden, Teil 1: Benennung und Beschreibung, Januar 2003

DIN EN ISO 14688-2 Geotechnische Erkundung und Untersuchung – Benennung, Beschreibung und Klassifizierung von Boden, Teil 2: Grundlagen für Bodenklassifizierungen, November 2004

DIN 18123 Baugrund, Untersuchung von Bodenproben – Bestimmung der Korngrößenverteilung, November 1996

12.2.2 Schüttstoffe aus Gesteinskörnungen

Für Schüttstoffe aus Gesteinskörnungen existiert aufgrund ihrer Bedeutung für den Straßenbau ein umfassendes Regelwerk. Im Hinblick auf die konstruktive Verwendung sind insbesondere die Technischen Lieferbedingungen der FGSV zu beachten (vgl. Kasten, Seite 398). Die TL Gestein-StB beschreiben generelle Anforderungen, die TL SoB-StB überwiegend funktionsbezogene Anforderungen an die Gesteinskörnungen. Eine generelle Anforderung ist die Verwitterungsbeständigkeit bzw. die Begrenzung quellender, zerfallender, löslicher oder chemisch umsetzbarer Bestandteile. Ebenso werden Anteile an organischen oder Fremdstoffen begrenzt. Weitere Anforderungen sind die

Tab. 12.2: Mindestschichtdicken in Abhängigkeit vom Größtkorn

Einbaubereich, Funktion der Schicht		Größtkorn D	Mindestdicke, verdichtet	Regelwerke
Tragschichten, Frostschutzschichten, Planumsschutzschichten		bis 32 mm	12 cm	ATV DIN 18315
		bis 45 mm	15 cm	
		bis 56 mm	18 cm	
		bis 63 mm	20 cm	
Deckschichten (Bettung)		bis 11 mm	3 cm	ATV DIN 18315
		bis 16 mm	5 cm	
		bis 22 mm	7 cm	
Sickerschichten im Bereich unterbauter Verkehrsflächen	1*	bis 22 mm	10 cm	FLL-Empfehlungen Verkehrsflächen auf Bauwerken
	2, 3*	bis 32 mm	12 cm	
		bis 45 mm	15 cm	
Dränschichten im Bereich unterbauter Vegetations-, Dachbegrünungsflächen**		bis 12 mm	4 cm	FLL-Dachbegrünungsrichtlinie
		bis 16 mm	10 cm	
		bis 32 mm	20 cm	

* = Belastungsklasse; ** bei empfohlener Kornverteilung

stoffliche Kennzeichnung sowie die Angabe der Roh- und Schüttdichte.

Für Gesteinskörnungen müssen Lieferkörnungen bzw. Korngruppen unter der Verwendung bestimmter Siebgrößen festgelegt werden. Verwendbare Korngruppen sind 0/2, 2/5, 5/8, 8/11, 11/16, 16/22 oder Kombinationen benachbarter Korngruppen daraus, 0/5, 5/11, 11/22, 22/32, 22/45, 45/56 oder Kombinationen benachbarter Korngruppen daraus sowie 0/2, 0/4, 2/4, 4/8, 8/16, 16/32, 32/63 oder Kombinationen benachbarter Korngruppen daraus. Für jede Korngruppe werden Über- und Unterkornanteile begrenzt. Aus diesen Korngruppen lassen sich Gesteinskörnungen für nahezu alle Zwecke des konstruktiven Landschaftsbaus zusammenstellen.

Die höchsten Anforderungen sind dabei meist an die im Bereich von Verkehrs- bzw. Belagsflächen zum Einsatz kommenden Schüttstoffe zu stellen. Für diesen Bereich gibt es eine Vielzahl von Normen und Regeln der Technik, auf die teilweise in Kapitel 13 Bezug genommen wird. Zu den wichtigsten Anforderungen zählen Filterstabilität und Verdichtbarkeit. Deshalb müssen die Baustoffgemische 0/D bestimmten Sieblinienbereichen entsprechen, die in den TL SoB-StB dargestellt sind.

Abb. 253. Bettungsmaterial (Sand-Splitt-Gemisch) und Bettungsschicht.

Abb. 254. Auflastschicht für Teichdichtung ohne Feinkorn.

Abb. 255. Geotextil, hier als Unterlage für Kunststoffdichtungsbahn.

Die einzubauende Mindestschichtdicke hängt vom Größtkorn D ab. Es gilt: Je größer das Größtkorn, umso dicker die Schicht.

Bei Gesteinskörnungen für Auflast- und Schutzschichten über Dichtungen in Wasseranlagen (vgl. Kap. 14.2) kann es angezeigt sein, Gemische mit Körnungen von 4/8, 4/16, 8/16 oder 8/32 etc. zu verwenden, um das Aufschwemmen von Feinkorn und Trüben des Wassers zu vermeiden (vgl. Farbtafel 21, Seite 400).

Normen und Regeln zu Schüttstoffen (Auswahl)

DIN EN 13242 Gesteinskörnungen für ungebundene und hydraulisch gebundene Gemische für den Ingenieur- und Straßenbau, März 2008

VOB, Teil C: Allgemeine Technische Vertragsbedingungen für Bauleistungen (ATV) Verkehrswegebauarbeiten – Oberbauschichten ohne Bindemittel – DIN 18315, Oktober 2006

Forschungsgesellschaft für Straßen- und Verkehrswesen (FGSV): Technische Lieferbedingungen für Gesteinskörnungen im Straßenbau TL Gestein-StB, Ausgabe 2004 (FGSV 613)

Forschungsgesellschaft für Straßen- und Verkehrswesen (FGSV): Technische Lieferbedingungen für Baustoffgemische und Böden zur Herstellung von Schichten ohne Bindemittel im Straßenbau TL SoB-StB, Ausgabe 2004, Fassung 2007 (FGSV 697)

Forschungsgesellschaft für Straßen- und Verkehrswesen (FGSV): Technische Lieferbedingungen für Recycling-Baustoffe in Tragschichten ohne Bindemittel TL RC-ToB, Ausgabe 1995 (FGSV 621)

Forschungsgesellschaft Landschaftsentwicklung Landschaftsbau (FLL): Empfehlungen zu Planung und Bau von Verkehrsflächen auf Bauwerken, Ausgabe 2005

12.2.3 Dichtstoffe aus Gesteinskörnungen

Prinzipiell eignen sich alle natürlichen Böden als Abdichtung, die aufgrund ihrer Materialeigenschaften, z. B. ihrem Quellvermögen, und der Verarbeitung, z. B. der Verdichtung, einen Wasserdurchlässigkeitsbeiwert von $k_f < 1 \times 10^{-9}$ m/s aufweisen (vgl. Tab. 12.3). Es kommen in Frage: leicht plastischer Ton (TL), mittelplastischer Ton (TM), ausgeprägt plastischer Ton (TA), mittelplastischer Schluff (UM), leicht plastischer Schluff (UL), Sand-Schluff-Gemisch (SU*), Kies-Schluff-Gemisch (GU*), Kies-Ton-Gemisch (GT), Sand-Ton-Gemisch (ST) nach DIN 18196 (FLL, 2005).

Entscheidend für die erforderlichen Eigenschaften ist ein ausreichender Gehalt an Ton (vgl. Kap. 4.4.2). Ton ist ein Verwitterungsprodukt aus Tonmineralen, die vorwiegend aus blättchenförmigen Aluminiumsilikaten mit reversibel angelagerten Wasser-Molekülen bestehen. Sein Korndurchmesser liegt unter 2 µm bzw. 0,002 mm und kennzeichnet das feinste Korn nach DIN EN ISO 14688–1.

Tab. 12.3: Anforderungen an mineralische Dichtstoffe (Quelle: FLL, 2005)

Parameter	Anforderungen	Technische Regel
Kornanteil < 0,002 mm	> 15 Gewichts-%	DIN 18123
organische Substanz VGL	< 5 Gewichts-%	DIN 18128
Kalkgehalt VCA	< 15 Gewichts-%	DIN 18129
Durchlässigkeitsbeiwert k*	$< 1 \times 10^{-9}$ m/s	DIN 18130
Verdichtungsgrad DPr	≥ 95 %	DIN 18125
Einbauwassergehalt	$w_{Pr} \leq w \leq w_{0,95Pr}$**	DIN 18121, 18127

* bei hydraulischem Gradient i = 30; ** bei $w \leq w_{0,95Pr}$: Luftporenanteil $n_a \leq 5$ %

Dichtend wirken dementsprechend auch pulverförmige Tonmineral-Mischungen aus Calcium- oder Natriumbentonit, die 60 bis 80 % des Dreischichtsilikats Montmorillonit enthalten. Sie werden als Zusatzstoffe im Dichtungsbau von Wasseranlagen eingesetzt.

12.2.4 Asphalt

Asphalt ist ein Gemisch aus Mineralstoffkörnungen und Bitumen als Bindemittel, das bei der Destillation von Erdöl als Rückstand entsteht. Die Einzelkörner des Mineralstoffs werden durch das Bitumen zu einem neuen steinartigen Material dauerhaft verbunden. Aufgrund der Eigenschaften des Bitumens wird Asphalt heiß eingebaut. Er lässt sich als Walzasphalt verdichten und als Gussasphalt verstreichen, ist standfest und risssicher. Asphaltschichten benötigen keine Dehnungsfugen. Bei einem Hohlraumanteil von 3 bis 5 Vol.-% sind Asphaltschichten praktisch wasserundurchlässig (Scholz und Hiese, 2003).

Asphalt wird für Trag- und Deckschichten im Straßenbau und in Dichtungsaufbauten für Gewässer verwendet (vgl. Kap. 14.2.3).

Wichtige Normen und Regeln zu Asphalt (Auswahl)

DIN 18317 VOB C ATV: Verkehrswegebauarbeiten – Oberbauschichten aus Asphalt, Oktober 2006

Forschungsgesellschaft für Straßen- und Verkehrswesen (FGSV): Zusätzliche Technische Vertragsbedingungen und Richtlinien für den Bau von Fahrbahndecken aus Asphalt ZTV Asphalt-StB, Ausgabe 2001 (FGSV 799)

12.2.5 Schüttstoffe aus Glas

Seit etwa einem Jahrzehnt werden bei der Gestaltung von Freiflächen vermehrt Schüttstoffe aus Glas, speziell gefertigt oder aus Altglas gewonnen, verwendet, meist als Substitut für Gesteinskörnungen wie Splitt oder Kies, seltener als Schüttstoff einer Korngröße oder als großkörnige Gabionenfüllung. Wie Gesteine ist Glas mineralischer

Herkunft, hat jedoch keine kristalline, sondern aufgrund des Schmelzvorgangs eine amorphe Struktur.

Die Verwendung liegt überwiegend noch im experimentellen Bereich, es gibt weder einheitliche Körnungen noch irgendwelche Verwendungsregeln. Eine Untersuchung an der Hochschule Weihenstephan ergab, dass überwiegend Schüttungen in Zierflächen, auch in Verbindung mit Wasseranlagen, und Wegebeläge aus Glas gebaut werden. Die Größe der Flächen bewegt sich meist im Bereich zwischen 20 und 50 m², selten über 100 m². Eine besondere Bedeutung hat dabei aufgrund der enormen Leuchtkraft immer wieder die Farbe Blau, die in dieser Intensität mit keinem anderen Material im Freiraum beständig zu realisieren ist.

Die Herkunft des Materials ist extrem unterschiedlich, dementsprechend variieren die Endprodukte der verschiedenen Hersteller, Lieferanten und Bezugsquellen stark. Das Material umfasst Recycling-Schüttstoffe, die aus sortiertem Altglas gebrochen und gesiebt werden, wobei auch die Scharfkantigkeit reduziert werden kann, aber ebenso sondergefertigte „Nuggets“ oder Brocken zur Gabionenfüllung. Die verwendeten Korngrößen liegen in einem Spektrum von 2 (0) bis 400 mm. Zu finden sind Körnungen d/D als 2/5, 2/8, 4/8, 6/8, 0/16, 16/32, 8/16, 4–5/10–12, 10/20, 20–30/40–50, 35/35 sowie 100/300–400 (Botschen, 2006).

Im Bereich der behandelten Elemente des konstruktiven Landschaftsbaus eignen sich Schüttstoffe aus Glas besonders für gestalterisch wirksame Schichten und Flächen, beispielsweise als Fugenfüllung in Pflaster- und Plattenbelägen oder Auflast-, Schutz- und Abdeckschichten im Bereich von Wasseranlagen (vgl. Farbtafel 21).

Farbtafel 21
Bild 120. Sand-Splitt-Gemisch als Pflasterbettung.

Bild 121. Abdeckung/Schüttung aus Hartgesteinkies 16/63.

Bild 122. Kies und Blöcke als Abdeckung/Auflast bzw. Trittsteine über der Teichdichtung.

Bild 123. Splitt aus hellem und dunklem Gestein und blauem Glas.

Bild 124. Splitt aus grünem Glas als Fugenfüllung.

Bild 125. Aus Altglas (Flaschen) gebrochene und gesiebte Körnungen (0/1,25, 1,25/2, 2/5, 5/10, 10/20) in unterschiedlichen Farben.

12.3 Geokunststoffe

Die Baustoffgruppe Geokunststoffe umfasst „vollständig oder zu wesentlichen Teilen aus polymeren Werkstoffen“ hergestellte und meist als Bahnenwahre konfektionierte Produkte, die im Erd- und Landschaftsbau eingesetzt werden (FGSV, 2005).

12.3.1 Grundlagen und Begriffe

Kunststoffe oder **Polymerwerkstoffe** wurden ursprünglich als Ersatzmaterialien für Naturprodukte wie Kautschuk, Horn, Elfenbein oder Harz hergestellt. Sie bestehen aus Riesenmolekülen, sogenannten Polymeren, die überwiegend aus den Elementen Kohlenstoff (C), Wasserstoff (H) und Sauerstoff (O) gebildet werden. Entsprechend der Molekularstruktur lassen sich drei Arten von Kunststoffen mit unterschiedlichem thermischen Verhalten unterscheiden, die Thermoplaste oder Plastomere, die Elastomere, die sich wiederum in Thermoplastische Elastomere und Thermoelaste gliedern, und die Duroplaste. Bautechnisch wichtige **Plastomere** sind die Polyolefine Polyethylen

20

121

22

123

24

125

126

127

128

129

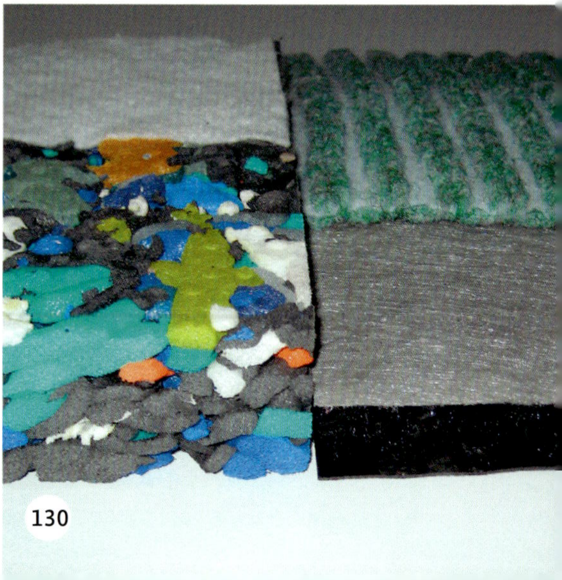
130

(= Polyethen, PE), Polypropylen (PP), Polybutylen, die Polyvinyle Polyvinylchlorid (PVC) und Polystyrol (PS) sowie Polyamide und lineare Polyester. Zu den **Duroplasten** gehören Formaldehydharze, Polyurethane, Polyester- und Epoxidharze sowie die Glasfaserverstärkten Kunststoffe (GFK). Wichtige **Elastomere** sind die synthetischen Kautschukarten wie Ethylen-Propylen-Kautschuk (EPM) oder Ethylen-Propylen-Dien-Mischpolymerisate (EPDM) (Scholz und Hiese, 2003). Die Zugehörigkeit der behandelten Kunststoffprodukte zu den jeweiligen Gruppen hat wesentliche Konsequenzen für die Verwendung und Verarbeitung (vgl. Kap. 12.3.3).

Die Geokunststoffe werden eingeteilt in **Geotextilien, Geogitter** und **Dichtungsbahnen** sowie **Verbundstoffe**, bei denen zwei oder mehrere Geokunststoffe miteinander kombiniert sind. Sie werden eingesetzt zum Trennen, Filtern, Entwässern, Bewehren, Schützen und Abdichten (FGSV, 2005).

Für die jeweiligen Geokunststoffe existiert eine Fülle von Produkt- und Prüfnormen. Die wesentlichen Regeln zur Anwendung werden in einem Merkblatt der FGSV zusammengefasst.

Farbtafel 22

Bild 126. Geovlies als Schutzlage im Wasserbau.

Bild 127. Verschiedene Farben und Qualitäten von Kunststoffdichtungsbahnen (KDB).

Bild 128. Kunststoffdichtungsbahn aus PE-HD (Polyethylen hoher Dichte), die in großen Bahnenbreiten lieferbar ist und sich gut für große Teichanlagen eignet, über Geovlies.

Bild 129. Schweißarbeiten an der Kunststoffdichtungsbahn.

Bild 130. Verbundstoffe mit kombinierten Funktionen (Trenn-, Drän-, Filter-, Schutzschicht).

12.3.2 Geotextilien, Geogitter und Verbundstoffe

Geotextilien sind wasserdurchlässige Vliesstoffe sowie Gewebe und Kettengewirke. Vliesstoffe werden durch die Verfestigung von Matten, sogenannten Vliesen, aus flächenhaft aufeinander gelegten Polypropylenfasern hergestellt, die mechanisch, durch thermische Einwirkung oder durch Bindemittel miteinander verbunden und teilweise mit Polyesterfäden bewehrt werden. Sie werden in fünf Geotextilrobustheitsklassen (GRK) eingeteilt (vgl. Tab. 12.4, Seite 402).

Geovliese werden im konstruktiven Landschaftsbau als Trenn- und Filterschicht sowie als Schutzlage unter- oder oberhalb von Dichtungen, insbesondere Dichtungsbahnen, verwendet. Für die Schutzfunktion sollte generell GRK 5 gewählt werden (vgl. Farbtafel 22, Abb. 126).

Spielt die Dauerhaftigkeit des Geotextils für die Funktion keine entscheidende Rolle, kann auf natürliche Baustoffe wie Jute- und Kokosgewebe sowie Flachsvlies zurückgegriffen werden. Diese werden beispielsweise als Krallmatten im Erosionsschutz eingesetzt, wo ihre Funktion später von der entwickelten Vegetation übernommen werden kann.

Technische Regel zu Geokunststoffen
Forschungsgesellschaft für Straßen- und Verkehrswesen (FGSV): Merkblatt über die Anwendung von Geokunststoffen im Erdbau des Straßenbaues M Geok E, Ausgabe 2005 (FGSV 535)

Geogitter sind aus Polymerwerkstoffen oder Polymerfasern und -garnen hergestellte Gitterstrukturen mit Öffnungsweiten über 10 mm. Neben gewebten, kettengewirkten, gestreckten und gelegten Geogittern gibt es auch Bänder und Stabelemente. Sie werden insbesondere zur Bewehrung von ungebundenen Tragschichten im Wegebau auf wenig tragfähigem Grund, von Erdkörpern, z. B. auch zur Quer-

Tab. 12.4: Geotextilrobustheitsklassen (GRK) für Vliesstoffe nach M GeoK E

GRK	Stempeldurchdrückkraft erf. $F_{P,5\,\%}$	Masse pro Flächeneinheit erf. $m_{A,5\,\%}$
1	$\geq$ 0,5 kN	$\geq$ 80 g/m²
2	$\geq$ 1,0 kN	$\geq$ 100 g/m²
3	$\geq$ 1,5 kN	$\geq$ 150 g/m²
4	$\geq$ 2,5 kN	$\geq$ 250 g/m²
5	$\geq$ 3,5 kN	$\geq$ 300 g/m²

schnittsreduzierung von Trockenmauern (vgl. Kap. 5.4), von Flächengründungen sowie zur Asphalt- und Betonbewehrung eingesetzt.

Verbundstoffe können aus flächig miteinander verbundenen Vliesstoffen, Geweben, Gittern, Dichtungsbahnen etc. bestehen. Ein wichtiges Beispiel für Verbundstoffe im konstruktiven Landschaftsbau sind Dränmatten, bei denen beispielsweise PE-, PP- oder Polyamid-Wirrgelege zwischen Vliesstoffen bzw. einer Vlieslage und einer Dichtungsbahn angeordnet sind und so die Filterfunktion im Vlies und die Sicker- bzw. Entwässerungsfunktion im Wirrgelege miteinander verbinden. Sie spielen insbesondere im Bereich von unterbauten Freiflächen und Dachbegrünungen eine Rolle, z. B. als Ersatz für Sickerschichten aus Schüttstoffen bei geringen Aufbauhöhen (vgl. Farbtafel 22, Abb. 130, Seite 401).

Geotextilien, Geogitter und Verbundstoffe müssen mit CE-Zeichen gekennzeichnet sein.

Wichtige Normen zu Geotextilien und verwandten Produkten (Auswahl)

DIN EN 13249 Geotextilien und geotextilverwandte Produkte – Geforderte Eigenschaften für die Anwendung beim Bau von Straßen und sonstigen Verkehrsflächen, April 2001

DIN EN 13251 Geotextilien und geotextilverwandte Produkte – Geforderte Eigenschaften für die Anwendung in Erd- und Grundbau sowie in Stützbauwerken, April 2001

DIN EN 13252 Geotextilien und geotextilverwandte Produkte – Geforderte Eigenschaften für die Anwendung in Dränanlagen, April 2001

Forschungsgesellschaft für Straßen- und Verkehrswesen (FGSV): Hinweise für die Ausschreibung von Geotextilien und Geogittern bei Anwendungen im Erdbau des Straßenbaus, Ausgabe 2001 (FGSV 554)

Abb. 256. Geogitter, hier als Bewehrung im Belagsaufbau.

12.3.3 Dichtungsbahnen

Dichtungsbahnen sind flächige Produkte, die als **Kunststoffdichtungsbahn (KDB)** wasserundurchlässig bzw. als **geosynthetische Tondichtungsbahn (GTD)** oder **Quellmitteldichtungsbahn (QDB)** gering wasserdurchlässig sind. Im konstruktiven Landschaftsbau spielen diese als Dichtungsschicht insbesondere beim Bau von künstlichen Gewässern und Wasseranlagen eine Rolle.

Die letztgenannten **QDB** entsprechen Vliesstoffen, die mit abdichtenden polymeren Quellmitteln ausgerüstet sind. Laut „Merkblatt über die Anwendung von Geokunststoffen im Erdbau des Straßenbaus“ (M Geok E) handelt es sich um Neuentwicklungen, zu denen noch wenig Praxiserfahrung vorliegt.

Eine bedeutendere Rolle für den Landschaftsbau spielen die **GTD**, in der Praxis auch als Tondichtungsbahnen oder Bentonitmatten bezeichnet. Die Abdichtung erfolgt hier beim Quellen von Tonmineralen wie Natrium- oder Calciumbentonit zwischen zwei vernadelten oder vernähten Geotextillagen. Sie dürfen eine sehr geringe Wasserdurchlässigkeit, die sogenannte Permittivität, von dauerhaft $\leq 1 \times 10^{-7}$ (s^{-1}) aufweisen.

Die deutlich größte Bedeutung innerhalb der Dichtungsbahnen in der Praxis haben die **KDB**. Es werden im Handel insbesondere Produkte aus Weich-PVC (PVC-P), aus flexiblen Polyolefinen, auch mit Gewebeeinlagen armiert, sowie aus EPDM in verschiedenen Dicken und Farben angeboten. PVC-Bahnen sind meist am kostengünstigsten, EPDM-Bahnen sind in der Regel etwas teurer, gelten aber als vergleichsweise umweltfreundlich und extrem alterungsbeständig (SCHOLZ, 2008).

Abb. 257. PE-Kunststoffdichtungsbahn.

Abb. 258. Verschweißte Nahtstellen der KDB und Durchdringungen mit Flansch.

Erforderliche Eigenschaften sind neben der absoluten Wasserdichtheit Dehnungsfähigkeit, Reißbeständigkeit, hohe Beständigkeit gegen Alterung, Korrosion, UV-Belastung und Ozon, Mikroorganismen, Chemikalien und Temperatur sowie Wurzelfestigkeit. Sie müssen überdies frei von Cadmium, schädlichen Emissionen, Regeneraten, d. h. eingeschmolzenen Resten von recycelten Kunststoffen unbekannter Herkunft, sowie umweltgerecht entsorgbar, im Idealfall recyclebar, sein (MAHABADI und ROHLFING, 2005).

Die Dicke soll bei einlagig lose verlegten, d. h. nicht auf ein Bauelement aufgeklebten, Bahnen mindestens 2 mm betragen (M Geok E, DIN 18195-6). Auf Böschungen sind zur Übertragung der Scherkräfte Bahnen mit strukturierter Oberfläche günstig.

Entscheidend für die Wasserdichtigkeit der Anlagen ist die Verbindung der Bahnen an den Nahtstellen. Hier gibt es je nach Kunststoffart unterschiedliche Verfahren (vgl. Tab. 12.5). Für KDB aus Thermoplasten stehen vor allem Schweißverfahren zur Auswahl, bei Elastomerbahnen eigneten sich diese aufgrund des unterschiedlichen thermischen Verhaltens bislang nicht, inzwischen sind jedoch erste heißluftschweißbare EPDM-Bahnen auf dem Markt (vgl. Farbtafel 22, Seite 401).

Tab. 12.5: Verfahren zur Herstellung von Nahtverbindungen bei KDB (Quelle: MAHABADI und ROHLFING, 2005)

Verfahren	Kurzbeschreibung	KDB-Gruppe	Eignung, Hinweise
Quellschweißen (chemomolekulare Verbindung)	die trockenen und sauberen Überlappungsflächen werden mit Quellschweißmittel, z. B. Tetrahydrofuran, angelöst und mit gleichzeitigem Druck, meist durch eine Andruckrolle, miteinander verbunden	KDB mit thermoplastischen Eigenschaften	nur im Freien, bei Temperaturen von > 5 °C
Warmgas- oder Heißluftschweißen (thermomolekulare Verbindung)	Überlappungsflächen werden mit einem Heißluftgerät (keine Flamme), plastifiziert und aufeinander gepresst werden; richtige Schweißtemperatur entscheidend; es dürfen keine Löcher durch Überhitzung entstehen	KDB mit thermoplastischen Eigenschaften	sehr wichtige Methode für thermoplastische Bahnen auf der Landschaftsbaustelle
Heißkeilschweißen	mittels eines elektrisch beheizten Metallkeils erfolgt die Plastifizierung der Überlappungsflächen; sonst wie Heißluftschweißen	KDB mit thermoplastischen Eigenschaften	Keillänge = Überlappungsbreite
Extrusionsschweißen	entspricht in etwa der Kombination aus Heißluft- und Quellschweißen	KDB mit thermoplastischen Eigenschaften	besonders für dicke Bahnen, vor allem aus PE-HD
Lichtstrahl-Extrusionsschweißen	entspricht Extrusionsschweißen, bei dem zur Erhitzung Laserstrahlen eingesetzt werden	KDB mit thermoplastischen Eigenschaften	
Hochfrequenzschweißen	die Plastifizierung erfolgt mit Hilfe eines elektrischen Hochfrequenzfeldes; die Überlappungsflächen werden mit Elektrodendruck verbunden	KDB mit thermoplastischen Eigenschaften	Ausführung werksseitig bzw. in der Werkstatt
Klebeverbindung mit **Dichtungsbändern**	beidseitig selbstklebende Dichtungsbänder werden zwischen Überlappungsflächen geklebt und zusammengedrückt	KDB mit thermoplastischen Eigenschaften / KDB mit elastomeren Eigenschaften	wird bei Bahnen mit thermoplastischen Eigenschaften für Wasseranlagen kaum eingesetzt
Klebeverbindung mit **Abdeckbändern**	einseitig selbstklebende Abdeckbänder werden auf die Bahnenstöße ohne Überlappung geklebt und zusammengedrückt	KDB mit thermoplastischen Eigenschaften / KDB mit elastomeren Eigenschaften	
Klebeverbindung mit **Dichtrand**	Bahnen mit seitlichen selbstklebenden Dichträndern werden überlappend verklebt	KDB mit thermoplastischen Eigenschaften / KDB mit elastomeren Eigenschaften	Breite Dichtrand = Überlappungsbreite
Vulkanisation = „hot bonding“	die Überlappungsflächen werden vulkanisiert und unter gleichzeitigem Druck verbunden	KDB mit elastomeren Eigenschaften	Ausführung nur werksseitig
Klebeverbindung mit **Kontaktklebestoffen**	Kontaktklebemittel (nur nach Herstellerempfehlung) wird auf Überlappungsflächen aufgetragen, die Bahnen werden nach gewisser Trockenzeit unter Druck verbunden	KDB mit elastomeren Eigenschaften	Eignung eher für kleine Naht- und Flickstellen
Klebeverbindung mit **Schmelzklebebändern**	Verfahrenstechnisch etwa mit dem Extrusionsverschweißen zu vergleichen; Schmelzklebebänder werden aufgeklebt, erhitzt und gleichzeitig zusammengedrückt		

Normen zu Kunststoffbahnen (Auswahl)

DIN 18195–1 bis 7 Bauwerksabdichtung, Teile 1, 3 bis 6, August 2000, Teil 2, April 2009, Teil 7, Juli 2009

DIN 7864–1: Elastomerbahnen für Abdichtungen, Teil 1: Anforderungen, Prüfung, April 1984

DIN 16726 Kunststoffbahnen – Prüfungen, Februar 2008 (Entwurf)

DIN EN 1107–2 Abdichtungsbahnen – Bestimmung der Maßhaltigkeit, Teil 2: Kunststoff- und Elastomerbahnen für Dachabdichtungen, April 2001

DIN EN 1850–2 Abdichtungsbahnen – Bestimmung sichtbarer Mängel, Teil 2: Kunststoff- und Elastomerbahnen für Dachabdichtungen, September 2001

DIN EN 12730 Abdichtungsbahnen – Bitumen-, Kunststoff- und Elastomerbahnen für Dachabdichtungen – Bestimmung des Widerstandes gegen statische Belastung, April 2001

DIN EN 14150 Geosynthetische Dichtungsbahnen – Bestimmung der Flüssigkeitsdurchlässigkeit, September 2006

Deutsche Gesellschaft für Geotechnik (DGGT): Empfehlungen des AK 5.1 Kunststoffe in der Geotechnik und im Wasserbau zum Einsatz von geosynthetischen Tondichtungsbahnen (EAG-GTD), Ausgabe 2002

13 Belagsdeckschichten aus Pflaster und Platten

Zu den wichtigsten konstruktiven Elementen des Landschaftsbaus, bei denen Flächen und Schichten entstehen, gehören Belagsflächen. Nahezu in jeder Freianlage nehmen befestigte Flächen einen wesentlichen Anteil ein und spielen funktional eine bedeutende Rolle. Ihre fachgerechte Planung und Ausführung ist ein sehr komplexes Arbeitsfeld. Auch innerörtliche Verkehrsflächen fallen heute im Zuge von städtebaulichen Maßnahmen und Umgestaltungen vermehrt in den Arbeitsbereich des Landschaftsarchitekten. Dieses Kapitel widmet sich daher dem konstruktiv anspruchsvollsten Teilaspekt dieser Thematik, der Gestaltung von Deckschichten aus Pflaster und Platten.

13.1 Grundlagen und Begriffe

Belagsdeckschichten sind der sichtbare und gestalterisch erlebbare, oberste Bestandteil des Schichtaufbaus von Belagsflächen, der in nicht motorisiert befahrenen Bereichen zu den Freiflächen gezählt wird. Da die Freifläche und die (befahrenen) Verkehrsflächen weder begrifflich, noch gestalterisch eindeutig abzugrenzen und konstruktiv generell unterschiedlich zu behandeln sind, schließen die folgenden Kapitel die befahrenen Verkehrsflächen zunächst grundsätzlich mit ein.

Bevor die konstruktiv bedeutenden Deckschichten aus Pflaster und Platten konkret behandelt werden, ist es erforderlich, als Grundlage die Entwicklung des Pflasterbaus, die geltenden Regeln der Technik sowie Begriffe und Grundsätze des Schichtaufbaus und seiner Erstellung zu betrachten.

13.1.1 Entwicklung des Pflasterbaus und seiner Regeln

In den antiken Hochkulturen wie Ägypten, Griechenland oder dem Römischen Reich war die Konstruktion von dauerhaften und standfesten Pflasterbelägen bereits hoch entwickelt.

So entdeckten amerikanische Geologen in der ägyptischen Wüste, etwa 70 km südwestlich von Kairo, ein ca. 12 km langes gepflastertes Straßenstück, das aus der Zeit um 2600 bis 2200 v. Chr. stammt.

Technisch ausgesprochen anspruchsvoll war das Konstruktionsprinzip der etwa 2300 Jahre alten Römischen Via Appia, deren Deckschicht aus einem exakt polygonal gearbeiteten Zyklopenpflaster aus regional gewonnenem Vulkanit besteht (Cibin, 2003). Historische Darstellungen und Forschungen zeigen, dass sie wie viele andere Römerstraßen, die in Fragmenten heute noch in vielen Teilen Europas erhalten sind, durch einen hoch entwickelten differenzierten Schichtaufbau, die Art der Einfassung und der Deckschicht tatsächlich für die

Abb. 259. Zyklopenpflaster der Via Appia Antica heute, das nicht wie vielfach zu lesen aus Basalt, sondern aus einem Foidit-ähnlichen Vulkanit besteht.

Ewigkeit gebaut war. Straßenbau und Pflasterkunst waren Bestandteile des Kriegs-, Verwaltungs- und Ordnungsprinzips des Römischen Reiches.

Bei uns in Mitteleuropa ging die fortschrittliche römische Pflastertechnologie nach dem Zerfall des Römischen Reiches verloren. Erst sehr viel später, etwa ab dem 18. Jahrhundert, wurden Regeln zum Pflasterbau formuliert.

Bis dahin wurden Pflastersteine, überwiegend Findlinge, eher zufällig in den zu uneben gewordenen Boden gesetzt. Als eine der ältesten bei uns gebräuchlichen Pflasterformen kann daher das Findlings- oder Flusskieselpflaster angesehen werden, bei dem Findlinge, Feldsteine, Fluss- oder Bachkiesel in den Boden gesetzt werden. Dieser Typus war besonders in Orten an geschiebereichen Flüssen und Bächen verbreitet. Teilweise wurden die Kiesel gespalten, um eine bessere Benutzbarkeit zu erreichen. Manchmal wurden die Findlinge mit anderen Materialien, z. B. Spalt- und Bruchsteinen, Bruchstücken von Mauersteinen oder Resten vom Bau unterschiedlicher Größe, in einer Art Wildpflaster kombiniert. In steinarmen Gegenden herrschten Ziegelbeläge vor (vgl. Kap. 13.2.4).

Regelmäßig verlegte Pflasterbeläge zeigten sich im Mittelalter überwiegend in den reichen Marktstädten. So wurden beispielsweise in den wohlhabenden flandrischen Städten im 14. und 15. Jahrhundert regelmäßig gearbeitete Großpflastersteine im Reihenverband unter Vermeidung von Kreuzfugen als „flandrischer Verband" verlegt. Um Spurrillen der Fuhrwerke besser zu vermeiden entstanden Diagonal- und Fischgrätverbände.

Abb. 260. Historisches Wiener „Pferdepflaster" in Kombination mit Bischofsmützen für den anschließenden Diagonalverband.

Die wichtigsten historischen Pflasterformate waren Würfel mit einer Kantenlänge von etwa 20 cm, Binder oder Anderthalber mit anderthalbfacher Würfellänge und Doppelsteine mit zweifacher Würfellänge, nach unten konisch zulaufende längliche Prismensteine und quadratische Kopfel, die teilweise wenig handlichere Formate hatten, sowie Fünfecksteine oder Bischofsmützen für den Randanschluss von diagonalen Reihenverbänden.

Im Zuge der fortschreitenden Entwicklung des Straßenbaus wurde schließlich, in der zweiten Hälfte des 19. Jahrhunderts, das Kleinsteinpflaster den Quellen zufolge vom Königlichen Baurat Gravenhorst eingeführt. Es hatte ein handlicheres Format als das bisher gebräuchliche Großpflaster und konnte so bequemer und schneller verlegt werden. Daher verbreitete es sich rasch und erhielt bis zur Jahrhundertwende Einzug in nahezu allen Großstädten. In vielen Stadtvierteln aus der Gründerzeit sind diese Pflasterbeläge heute noch zu finden.

Um die Kleinsteinpflasterkunst, speziell um seine fachgerechte Verlegung im Segmentbogenverband, hat sich der Bayerische Hofpflastermeister Friedrich Wilhelm Noll besonders verdient gemacht. Er kam vor 1900 von Preußen nach Bayern. Sein Lehrbuch „Zur Vervollkommnung des Kleinpflasters" von 1911 ist heute noch vielen alten Pflastermeistern bekannt und als Reprint wieder im Handel erhältlich. Es erläutert die Verlegetechnik des Segmentbogenpflasters und anhand von 20 Zeichnungen die konstruktive Lösung komplizierter Kreuzungen und Gefällesituationen. Diese Pflasterlehre hat nach wie vor ihre Gültigkeit, viele Lehrbücher und Regeln der Technik beziehen sich darauf.

In der Nachkriegszeit verschwanden zunächst viele Pflasterbeläge unter Asphaltdecken. Als Alternative zu Naturstein- oder Klinkerpflaster verbreitete sich Betonpflaster in vielfältiger Formgebung.

Seit den frühen 80er-Jahren erfährt der Pflasterbau erneut einen regelrechten Boom, auch und gerade im Bereich von innerstädtischen Verkehrsflächen.

Die Tendenz geht heute zu immer feiner bearbeiteten Natursteinbelägen, die so komfortabel wie Betonpflaster zu benutzen sind, sowie zu Betonsteinbelägen, die in Gestaltung und Haltbarkeit die Vorteile von Naturstein zu erreichen versuchen. Dabei werden oft verschiedene Steinformate gemischt.

Die aktuellen Gestaltungstendenzen in der Landschaftsarchitektur reichen von bunten Belägen aus gemischten bzw. gebrauchten Pflastermaterialien ab bis hin zu großformatigen „XXL“-Platten mit klarer Linienführung (vgl. Farbtafel 23 und 24, Seiten 416 und 417).

In Konsequenz der historischen Entwicklung existiert heute ein umfassendes Regelwerk für Beläge und Belagsdeckschichten, das sich laufend weiterentwickelt. Die wichtigsten Grundlagen sind hier zusammengestellt. Es wird immer wieder darauf Bezug genommen.

Wichtige Regelwerke zu Belagsdeckschichten

VOB, Teil C: Allgemeine Technische Vertragsbedingungen für Bauleistungen (ATV) Verkehrswegebauarbeiten – Pflasterdecken und Plattenbeläge in ungebundener Ausführung, Einfassungen – DIN 18318, Oktober 2006

Forschungsgesellschaft für Straßen- und Verkehrswesen (FGSV): Richtlinien für die Standardisierung des Oberbaus von Verkehrsflächen RStO 01 (FGSV 499), Ausgabe 2001

Forschungsgesellschaft für Straßen- und Verkehrswesen (FGSV): Technische Lieferbedingungen für Bauprodukte zur Herstellung von Pflasterdecken, Plattenbelägen und Einfassungen TL Pflaster – StB 06 (FGSV 643), Ausgabe 2006

Forschungsgesellschaft für Straßen- und Verkehrswesen (FGSV): Zusätzliche Technische Vertragsbedingungen und Richtlinien zur Herstellung von Pflasterdecken, Plattenbelägen und Einfassungen ZTV Pflaster-StB 06 (FGSV 699), Ausgabe 2006

Forschungsgesellschaft für Straßen- und Verkehrswesen (FGSV): Merkblatt für Flächenbefestigungen mit Pflasterdecken und Plattenbelägen, Teil 1 Regelbauweise (Ungebundene Ausführung) M FP 1 (FGSV 618/1), Ausgabe 2003 (in Überarbeitung)

Forschungsgesellschaft für Straßen- und Verkehrswesen (FGSV): Richtlinien für die Anlage von Straßen; Teil: Entwässerung RAS-Ew (FGSV 539), Ausgabe 2005

Deutscher Naturwerksteinverband (DNV): Merkblatt Pflasterdecken und Plattenbeläge aus Naturstein für Verkehrsflächen, Ausgabe 2002

Deutscher Naturwerksteinverband (DNV): Bautechnische Information Naturwerkstein: Bodenbeläge außen, Ausgabe 2008
Forschungsgesellschaft für Straßen- und Verkehrswesen (FGSV): Merkblatt für wasserdurchlässige Befestigungen von Verkehrsflächen (FGSV 947), Ausgabe 1998
Forschungsgesellschaft Landschaftsentwicklung Landschaftsbau (FLL): Richtlinie für die Planung, Ausführung und Unterhaltung von Begrünbaren Flächenbefestigungen, Ausgabe 2008
Fachvereinigung Betonprodukte für Straßen-, Landschafts- und Gartenbau (SLG): Merkblatt für die Planung und Ausführung von Verkehrsflächen mit großformatigen Pflastersteinen und Platten aus Beton, Ausgabe 2003

Innerhalb dieser Regelwerke und Richtlinien gibt es Überschneidungen, unterschiedliche Begriffsverwendungen und teilweise auch etwas widersprüchliche Aussagen, die es aufzuzeigen und zu bewerten gilt.

13.1.2 Schichtaufbau vom Belägen

Die Richtlinien für die Standardisierung des Oberbaus von Verkehrsflächen (RstO) unterteilen den Aufbau einer Verkehrsfläche in den Oberbau, den Unterbau, falls dieser erforderlich ist, sowie den Untergrund. Die Fläche, auf die der Oberbau eingebaut wird, ist das Planum. Der Oberbau besteht aus der Decke und einer oder mehreren Tragschichten.

Der Oberbau kann gebunden ausgeführt werden, wie insbesondere bei Asphalt- oder Betonbelägen, oder ungebunden. Bei Decken aus Pflaster und Platten ist gemäß dem Merkblatt M FP 1 die ungebundene Bauweise die Regelbauweise. Als ungebunden oder auch als „flexibel" wird eine Pflaster- oder Plattendecke dann bezeichnet, wenn das Bettungsmaterial ungebunden, also ohne die Verwendung hydraulischer oder bituminöser Bindemittel verwendet wird. Die ungebundene Bauweise schließt jedoch die Verwendung von Bindemitteln in der Tragschicht, z. B. in Form eines wasserdurchlässigen Dränbetons, oder beim Fugenfüller, z. B. in Form von wasserdurchlässigem, epoxidharzgebundenem Fugenmörtel nicht generell aus, auch wenn im Bereich der Freiflächen der durchweg ungebundene Oberbau die Regel sein wird.

Für Treppen und Rampen (vgl. Kap. 6), die dieser Bauweise entsprechen und dementsprechend unstarr gegründet sind, gilt das nachfolgend Ausgeführte entsprechend.

In den ZTV Pflaster-StB 06 ist der Aufbau einer Belagsfläche in Schichten dargestellt.

Die Dicke der Trag- und Deckschichten richtet sich nach den sieben in der RStO entsprechend der Beanspruchung definierten Bau-

Tab. 13.1: Begriffe aus dem Schichtaufbau von Verkehrs-/Belagsflächen

Begriff	**Definition, Erklärung**	**Regelwerk**
Untergrund	unmittelbar unter dem Ober- oder Unterbau angrenzender Boden bzw. Fels	RStO 01
Unterbau	künstlich hergestellter Erdkörper zwischen Untergrund und Oberbau (falls erforderlich)	RStO 01
Oberbau	Decke und eine oder mehrere Tragschichten	RStO 01
Planum	Fläche zwischen Unterbau und Oberbau bzw. Untergrund und Oberbau, Unterseite des Oberbaus	RStO 01
Tragschicht	Unterlage der Decke, je nach Zusammensetzung unterschieden in Tragschicht ohne Bindemittel (Frostschutzschicht, Schottertragschicht, Kiestragschicht) und Tragschicht mit Bindemittel (Verfestigung mit hydraulischem Bindemittel, hydraulisch gebundene Tragschicht, Betontragschicht, Dränbetontragschicht, Asphalttragschicht)	RStO 01
Unterlage	Bereich unterhalb der Pflasterdecke bzw. des Plattenbelags; die Unterlage kann aus Baustoffgemischen ohne Bindemittel (ungebunden) oder aus Baustoffgemischen mit Bindemittel (gebunden) ausgeführt sein	M FP 1, ZTV Pflaster-StB 06
Pflasterdecke	Pflasterstein, Pflasterbettung und Fugenfüllung	RStO 01
	oberste Schicht des Oberbaus, bestehend aus Pflastersteinen einschließlich ihrer Bettung und der Fugenfüllung	ZTV Pflaster-StB 06
Plattenbelag	Platten, Plattenbettung und Fugenfüllung	RStO 01
	oberste Schicht des Oberbaus, bestehend aus Platten einschließlich ihrer Bettung und der Fugenfüllung	ZTV Pflaster-StB 06
Pflasterdecke bzw. Plattenbelag, ungebunden	unter Verwendung von Baustoffgemischen ohne Bindemittel als Bettungs- und Fugenmaterial hergestellte(r) Pflasterdecke bzw. Plattenbelag	M FP 1
Pflastersteine	Pflastersteine aus Beton, Pflasterziegel oder Pflasterklinker, Pflastersteine aus Naturstein gemäß TL Pflaster-StB	ZTV Pflaster-StB 06
Platten	Platten aus Beton, Klinkerplatten, Platten aus Naturstein gemäß TL Pflaster-StB, wenn bei rechteckigen oder quadratischen Formen das Verhältnis Gesamtlänge zu Dicke (Nennmaße) größer als 4 ist; bei sonstigen Formen gilt als Gesamtlänge die Länge des kleinsten umhüllenden Rechtecks	ZTV Pflaster-StB 06

Tab. 13.1: Fortsetzung

Begriff	Definition, Erklärung	Regelwerk
Bettung	unterer Teil der Pflasterdecke oder des Plattenbelags, auch Pflaster- oder Plattenbett genannt	ZTV Pflaster-StB 06
Bettungsmaterial	Baustoffgemische ohne Bindemittel gemäß TL Pflaster-StB für den unteren Teil der Pflasterdecke oder des Plattenbelags, auch Bettung genannt	ZTV Pflaster-StB 06
Fugen	Zwischenraum zwischen den Pflastersteinen oder den Platten oder zu den Randeinfassungen bzw. zu den Einbauten in der jeweiligen Verkehrsfläche hin	ZTV Pflaster-StB 06
Fugenmaterial	Baustoffgemische ohne Bindemittel gemäß TL Pflaster-StB, mit denen der Zwischenraum zwischen den Pflastersteinen oder den Platten oder zu den Randeinfassungen bzw. zu den Einbauten in der jeweiligen Verkehrsfläche hin verfüllt wird	ZTV Pflaster-StB 06
Verband	die geometrische Anordnung, in der Pflastersteine, Pflasterklinker oder Platten versetzt bzw. verlegt werden	ZTV Pflaster-StB 06

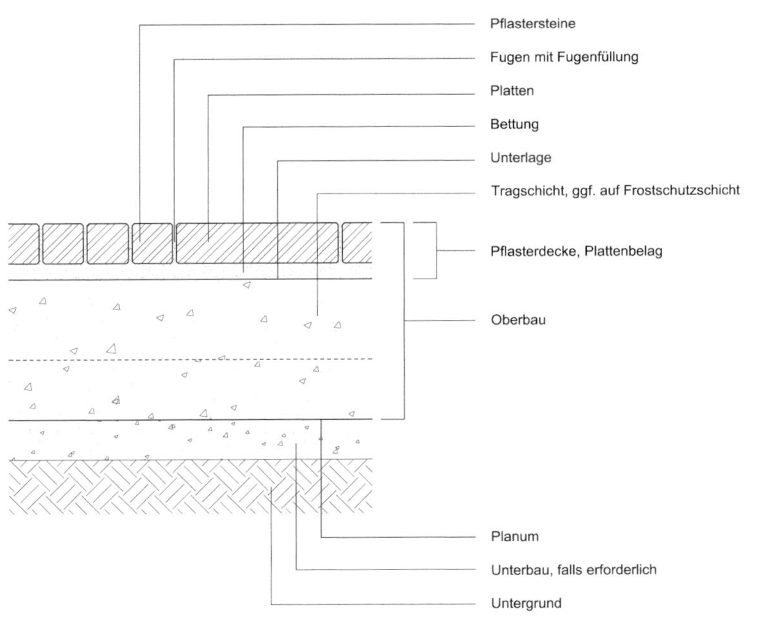

Abb. 261. Schichtaufbau von Belägen.

Tab. 13.2: Mindestschichtdicken für Trag- und Deckschichten in Bauweisen mit Pflasterdecken für Fahrbahnen nach RStO

Bauklasse	**III**	**IV**	**V**	**VI**
Äquivalente 10-t-Achsübergänge in Mio.	> 0,8 bis 3	> 0,3 bis 0,8	> 0,1 bis 0,3	≤ 0,1
Beispiel für Bauklasse	Orts-, Wohnsammelstraße	Fußgängerzone	Befahrener Wohnweg	
Schicht	**Schichtdicke in Abhängigkeit von Bauklasse**			
Pflastersteine	10 cm	8 cm	8 cm	8 cm
Bettung	3 cm	3 cm	3 cm	3 cm
Schottertragschicht auf Frostschutzschicht	25 cm	20 cm	15 cm	15 cm
Kiestragschicht auf Frostschutzschicht	30 cm	25 cm	20 cm	20 cm
Schotter- oder Kiestragschicht auf Schicht aus frostunempfindlichen Material	30 cm	30 cm	25 cm	25 cm
Dränbetontragschicht auf Frostschutzschicht	20 cm	15 cm	15 cm	15 cm
Gesamtdicke des frostsicheren Oberbaus incl. Frostschutzschicht	45 bis 75 cm	45 bis 75 cm	35 bis 65 cm	35 bis 65 cm

klassen, I bis VI sowie SV. Pflasterdecken sind in den mittel bis schwach belasteten Bauklassen III, IV, V und VI möglich, Plattendecken nur für Rad- und Gehwege (vgl. Tab. 13.2).

Die Dicke der Frostschutzschichten bzw. des frostsicheren Oberbaus insgesamt hängt von den Frosteinwirkungszonen, in denen der Bauort liegt, ab.

13.1.3 Herstellen der Belagsdeckschichten

Die Herstellung ungebundener Deckschichten aus Pflaster und Platten erfolgt in folgenden Arbeitsschritten:

(1) Zunächst erfolgt der **Auftrag** des gleichmäßig gemischten und gleichmäßig durchfeuchteten **Bettungsmaterials** auf die gefälle- und profilgerecht geformte und verdichtete Oberfläche der (obersten) Tragschicht (= Unterlage) in der erforderlichen Dicke zwischen den fertig versetzten Randeinfassungen bzw. Entwässerungseinrichtungen. Dabei dürfen unzulässige Unebenheiten der Tragschicht nicht durch die Bettung ausgeglichen werden. Als Bettungsmaterial eignen

sich kornabgestufte Mineralstoffgemische (vgl. Kap. 12.2.2) mit begrenztem Feinkornanteil und begrenztem Überkornanteil. Grundsätzlich sollen hierfür Baustoffgemische 0/4, 0/5, 0/8 oder 0/11 verwendet werden. In Fällen mit höherer Belastung (Bauklasse III und IV) empfiehlt sich, die Bettung beim Einbau vorzuverdichten, beispielsweise mittels Rüttelbohle.

(2) Danach werden **Pflastersteine** oder **Platten** auf die profilgerecht vorbereitete Bettung bzw. in die vorbereitete Bettung (bei Natursteinpflaster) fluchtgerecht und an den Fugen höhengleich im vereinbarten Verband und unter Einhaltung der vorgeschriebenen bzw. vorgegebenen Fugenbreite **verlegt**. Bei Materialkombinationen in der Deckschicht ist auf möglichst gleiche Dicke dieser Materialien zu achten; der genaue Abstand der Randeinfassungen ist so auf Steingröße und Verbandsart abzustimmen, dass ein Anarbeiten des Belags, z. B. durch unzulässige Steingrößen, vermieden wird. Der gleichmäßige Fugenverlauf ist durch Schnüre in Längs- und Querrichtung vorzugeben und nach jeder 10. Reihe mittels Schnur und Winkel zu prüfen. Für Verbände ohne Reihung gilt Entsprechendes.

(3) Anschließend folgt das **Verfugen des Belags** mit geeignetem Fugenmaterial. Die Fugen sind vollständig und kontinuierlich mit dem Verlegefortschritt durch Aufbringen und Einschlämmen des Fugenmaterials zu verfüllen. Überschüssiges Material wird entfernt. Als Fugenmaterial eignen sich Mineralgemische wie in Schritt 1 beschrieben, die hinsichtlich der Korngrößenverteilung so auf das Bettungsmaterial abgestimmt sind, dass eine ausreichende Filterstabilität erreicht wird. Das Fugenmaterial sollte sich in die Fugen einbringen lassen, aber einem möglichen Aussaugen größtmöglichen Widerstand entgegensetzen. Je nach Lage und Reinigungsart der Fläche sind dies Natursand, Brechsand, Edelbrechsand, Brechsand-Splitt-Gemisch oder Edelbrechsand- Splittgemisch mit einem Kornanteil < 0,09 mm zwischen 4 und 12 Masse-% bei maschineller Kehr- bzw. Reinigungstätigkeit. Kehrgeräte mit Saugvorrichtung sind zu vermeiden.

(4) Das **Abrütteln/Abrammen des Belags** mit geeignetem Gerät (z. B. mit geeigneter Plattengleitvorrichtung) und geeigneter Rüttelfrequenz hat bis zum Erreichen der Standfestigkeit zu erfolgen. Zuvor ist die Decke abzukehren. Plattenbeläge sind aufgrund ihrer Geometrie meist bruchempfindlicher als Pflasterbeläge.

(5) Ein abschließendes **Verfüllen der Fugen** durch erneutes Auftragen und Einschlämmen (= Füllen der Fugen unter Wasserzugabe) von Fugenmaterial nach dem Abrütteln ist unabdingbar. Erst wenn die Fugen nach dem Einschlämmen vollständig verfüllt sind, kann die Fläche für die Verkehrsnutzung freigegeben werden. Es ist anzuraten, die Belagsfläche drei bis vier Wochen vor der Freigabe zur Inbetriebnahme der natürlichen Bewitterung auszusetzen, damit sich Fugen und Verband weiter verfestigen können. In der Regel müssen im Zuge

Abb. 262. Einschlämmen der Fugen.

Farbtafel 23

Bild 131. Kieselpflasterkunst aus dem 19. Jahrhundert (Powerscourt Gardens, Irland).

Bild 132. Pflasterverband „in der Passe“, eingefasst mit Klinkerzeile, hochkant (Savigny-Platz, Berlin).

Bild 133. Spaltraues Großpflaster aus Gneis, radial verlegt (Castelgrande, Bellinzona, CH).

Bild 134. Gestocktes Granitgroßpflaster und Klinkerpflaster im Reihenverband.

Bild 135. Gemischt formatiges Pflaster aus Travertin im Römischen Verband.

Bild 136. Klinkerpflaster im Parkett- oder Blockverband mit Einlagen aus Natursteinklein- und Mosaikpflaster (Granit, Marmor, Basalt).

der Fugenpflege weitere Arbeitsgänge zum Nachverfüllen der Fugen nach der Verkehrsfreigabe vorgesehen werden.

13.2 Deckschichten aus Pflaster

Mit Deckschichten aus Pflaster können grundsätzlich alle Verkehrsflächen unter Berücksichtigung der Verkehrsbelastung befestigt werden. Befahrene Flächen sollen aufgrund der ungünstigen Geometrie nicht mit Plattenbelägen befestigt werden. Im Sinne der Benutzbarkeit und Sicherheit sollte der Pflasterbelag ausreichend und dauerhaft griffig sein.

13.2.1 Grundsätze

Pflasterdecken sind nach der Herstellung in der Regel schnell benutzbar, insbesondere, wenn es sich um Belagskonstruktionen ohne Verwendung von Bindemittel handelt. Reparaturstellen sind hier unauffällig, die Pflastersteine können unbeschädigt ausgebaut und wieder verwendet werden. Pflasterdecken, auch solche mit starrer Verfugung, sind in der Regel gegenüber Flüssigkeiten nicht dicht.

Das Verhalten von Fugenmaterial, Bettung und Unterlage ist bautechnisch aufeinander abzustimmen. Die Unterlage muss ausreichend standfest, tragfähig, profilgerecht und ebenflächig sein und das Gefälle des Belags aufweisen. Sie darf bei der Verlegung des Pflasterbelags nicht gefroren sein. Das Mineralgemisch der Tragschicht muss so korngestuft sein, dass kein Bettungsmaterial in die Unterlage eindringen kann. Die Korngrößenverteilung des Bettungsmaterials ist entsprechend auf die des Tragschichtmaterials abzustimmen, sodass eine

131

132

133

134

135

136

137

138

139

140

141

142

ausreichende Filterstabilität der Materialien untereinander gewährleistet ist. Entsprechendes gilt für die Abstimmung von Fugen- und Bettungsmaterial.

Verkehrsflächen mit hohen Horizontalbeanspruchungen, z. B. im Bereich von Steigungen ab 6 % Längsneigung, erfordern Pflasterverbände mit einem hohen Widerstand gegen Verdrehung und Verkippung in Fahrtrichtung, z. B. Diagonal- oder Fischgrätverbände, oder Pflastersteine mit Verbundwirkung. Die Dicke der Pflaster sollte ausreichend sein und das Verlegen der Pflastersteine immer entgegen dem Gefälle, d. h. von unten nach oben, erfolgen. Bei Neigungen ab etwa 15 % sollte von der Regelbauweise abgesehen und geprüft werden, ob die Pflasterdecke mit einer Sonderbauweise, beispielsweise in gebundener Ausführung, funktionsfähig hergestellt werden kann.

Bei Anschlüssen dürfen zugearbeitete Pflastersteine oder Platten nur verwendet werden, wenn die verbleibende kürzere Seite mindestens der Hälfte der größten Kantenlänge des ungeschnittenen Steines entspricht. Die Verwendung keilförmig zugearbeiteter Steine, besonderer Materialien für Zwickelflächen sowie die Ausführung von Anschlüssen sind in der Leistungsbeschreibung vorzusehen (ZTV Pflaster-StB).

Die Oberfläche des Pflasterbettes muss die geforderte Querneigung mit dem gleichen Genauigkeitsgrad aufweisen wie die Pflasteroberfläche selbst. Die Dicke der Bettung beträgt im verdichteten Zustand 3 bis 5 cm, bei Steinen mit Nenndicken ab 120 mm ist auch eine Dicke von 4 bis 6 cm möglich (ATV DIN 18318).

Generell wird für Verkehrsflächen in der ATV DIN 18318 ein Versetzen der Fugen vorgeschrieben. Da die Norm einen Geltungsbereich für Straßen und Wege aller Art angibt, sind Kreuzfugenverbände in Verkehrsflächen nicht normgerecht, ebenso wenig wie durchgehende Fugen in Fahrtrichtung bei befahrenen Flächen. Dies bedeutet, die Pflasterreihen müssen quer zur Fahrtrichtung liegen.

Die Fugenbreite hängt von Belagsart und Steingröße ab (vgl. Tab. 13.3). Als Pflastermaterial eignen sich Natursteinpflaster, Betonpflaster und Pflasterklinker.

Farbtafel 24

Bild 137. Klinkerpflaster im Fischgrätverband, Blick quer zur Fahrtrichtung.

Bild 138. Rasenlochklinker vor der Verfüllung und Betonplatten.

Bild 139. Betonpflaster mit Vegetationsfugen.

Bild 140. Nicht linearer Verband aus polygonalen Natursteinplatten und gemischtformatigem Pflaster.

Bild 141. Großformatige Betonplatten im Kreuzfugenverband.

Bild 142. Linienentwässerung: Schlitzrinne aus Cortenstahl, Travertinpflaster im Römischen Verband.

Tab. 13.3: Fugenbreiten in Pflaster- und Plattenbelägen nach ATV DIN 18318

Nenndicke der Steine	Naturstein	Betonstein	Klinker	Steine in Rinnen	Platten
unter 60 mm	maximal 6 mm	3 bis 5 mm	3 bis 5 mm	mindestens 8 bis maximal 12 mm	3 bis 5 mm
60 bis 120 mm	maximal 10 mm				
ab 120 mm	maximal 15 mm	5 bis 8 mm			5 bis 10 mm
bearbeitete Steine	maximal 10 mm				

Abb. 263. Pflasterbau.

Neben den bereits genannten Regelwerken sind für Pflasterdeckschichten die entsprechenden Produktnormen relevant, die in der TL Pflaster-StB zitiert und teilweise differenziert bzw. präzisiert werden.

Normen zu Pflastersteinen

DIN EN 1342 Pflastersteine aus Naturstein für Außenbereiche. Anforderungen und Prüfverfahren, März 2000

DIN EN 1338 Pflastersteine aus Beton. Anforderungen und Prüfverfahren, August 2003

DIN EN 1344 Pflasterziegel – Anforderungen und Prüfverfahren, Juli 2002

DIN 18503 Pflasterklinker – Anforderungen und Prüfverfahren, Dezember 2003

13.2.2 Beläge aus Natursteinpflaster

Die Norm DIN EN 1342 definiert Pflastersteine aus Naturstein als „kleine aus Naturstein bestehende Quader mit Nennmaßen zwischen 50 mm und 300 mm und Flächenmaßen, die im Allgemeinen das Zweifache der Dicke (Höhe) nicht überschreiten. Die Mindestnenndicke (Mindestnennhöhe) ist 50 mm“. Pflastersteine werden in dieser Regelung durch Nennmaße beschrieben. Das Nennmaß ist jedes für die Herstellung eines Pflastersteins festgelegte Maß, mit dem das Ist-Maß innerhalb festgelegter zulässiger Abweichungen übereinstimmen soll. Dabei wird zwischen „gespaltenen“ und „bearbeiteten“ Steinflächen unterschieden. Die zulässigen Abweichungen der Ist-Maße von den Nennmaßen werden hinsichtlich Abweichung von den Nenn-Flächenmaßen, Abweichung von den Nenndicken und Abweichung für Unregelmäßig-

Tab. 13.4: Nach DIN EN 1342 zulässige Abweichungen von Nenn-Flächenmaßen und Nenndicke

Zulässige Abweichungen …	**… von den Nenn-Flächenmaßen**	**… von der Nenndicke**	
		Klasse T1	**Klasse T2**
zwischen zwei gespaltenen Flächen	± 15 mm	± 30 mm	± 15 mm
zwischen bearbeiteter und gespaltener Fläche	± 10 mm	± 30 mm	± 10 mm
zwischen zwei bearbeiteten Flächen	± 5 mm	± 30 mm	± 5 mm

keiten von Sichtflächen geregelt (vgl. Tab. 13.4). Die TL Pflaster-StB unterscheidet entsprechend der Nenndicke drei Größen (vgl. Tab. 13.5). Sie fordert, dass bei Pflastersteinen mit Nenndicken unter 120 mm (Mosaik- und Kleinpflastersteine) die Abweichungen nicht mehr als ± 10 mm betragen dürfen, bei Pflastersteinen, die in Reihe versetzt werden sollen, nicht mehr als ± 5 mm.

Tab. 13.5: Steingrößen nach TL Pflaster-StB 06

Pflastersteine nach TL Pflaster-StB	**Nenndicke d**
Mosaikpflastersteine	$d \leq 60$ mm
Kleinpflastersteine	60 mm $< d <$ 120 mm
Großpflastersteine	$d \geq 120$ mm

Die zulässigen Abweichungen für Unregelmäßigkeiten von Sichtflächen betragen für gespaltene Flächen 5 mm und für bearbeitete Flächen 3 mm. Die Euronorm sieht zwei Frostbeständigkeits-Klassen vor, Klasse 0 = F0, die keine Anforderung an die Beständigkeit gegen Frost-Tau-Wechsel enthält, und Klasse 1 = F1, die beständig gegen Frost-Tau-Wechsel sein muss.

Die Messung der Ist-Maße und die Prüfung der Pflastersteine hinsichtlich Frostbeständigkeit, Druckfestigkeit, Abriebwiderstand, Griffigkeit, Wasseraufnahme etc. werden in der Norm genau beschrieben.

Für die Belastbarkeit wie auch für die gestalterische Wirkung des Pflasterbelags entscheidend ist der **Verband**, d. h. die geometrische Anordnung der Steine zueinander bzw. das Fugenbild. Im Gegensatz zu regelmäßigen Pflasterklinkern, Betonpflastern und Platten wird das unregelmäßige Natursteinpflaster nicht **auf** ein fertig vorbereitetes und abgezogenes Pflasterbett, sondern **in** die Bettung versetzt. Die Korrektur zur Ebenflächigkeit erfolgt als „hammerfestes Versetzen" mit dem Pflasterhammer. Die Pflastersteine müssen mindestens zu einem Drittel und dürfen höchstens bis zur Hälfte ihrer Dicke eingebet-

Abb. 264. Arbeit „vor Kopf“ beim Pflastern mit Natursteinpflaster, die Steine werden in die Bettung gesetzt.

Abb. 265. Arbeit vom fertig verlegten Pflasterbelag aus beim Pflastern von Klinker- oder Betonpflaster, die Steine werden auf die Bettung gesetzt.

tet sein. Anders als bei Beton- oder Klinkerpflaster wird von der Bettung aus oder „vor Kopf“ gearbeitet.

Die gebräuchlichste Verlegeart für Großpflaster ist der **Reihenverband**, wobei die Stoßfugen, d. h. die Fugen senkrecht zu den Reihen, jeweils um etwa einen halben Stein versetzt werden. Die Lieferung von Pflastersteinen mit einer Nenndicke ab 120 mm muss mindestens 10 % Steine mit bis zu 300 mm Gesamtlänge enthalten, wenn nicht ausdrücklich etwas anderes gefordert ist (TL Pflaster-StB). Diese längeren Steine bzw. Bindersteine werden einerseits benötigt, um den Fugenversatz sicherzustellen, und andererseits zur fachgerechten Pflasterung von Richtungswechseln oder von Radialreihen.

Abb. 266. Netzverband mit Bischofsmützen zum Randanschluss.

Besonders stabil gegen erhöhte Horizontalbeanspruchung wirkt ein Verband aus **diagonalen** Reihen. Dieser erfordert jedoch spezielle Anschlusssteine am Belagsrand in Form von trapezförmigen „Schmiegen", für die wiederum längere Binder erforderlich sind, Dreiecks- bzw. besser Fünfeckssteine. Letztere werden als Bischofsmützen bezeichnet.

Für Kleinsteinpflaster eignet sich der Reihen- oder Diagonalverband nur, wenn die Reihen nicht sehr lang sind bzw. die Belastung der Fläche gering bleibt. Dies ist beispielsweise im Bereich von Gehwegen oder beim Auspflastern von Rasterfeldern zwischen Großpflasterzeilen der Fall.

Abb. 267. Römischer Verband aus Travertinpflaster (Musterfläche).

Entsprechendes gilt für sogenannte **Netzverbände**, bei denen Diagonalreihen ohne klaren Fugenversatz verlegt werden. Es entsteht, je nach Toleranzen der Steingrößen, ein diagonaler Kreuzfugenverband, der besonders bei kleinen Steingrößen entsprechend weniger belastbar ist. Damit entspricht dieser traditionelle Verband nicht der aktuellen ATV DIN 18318.

Wesentlich stabiler lassen sich dagegen Varianten des **Römischen Verbandes** gestalten. Diese Bezeichnung steht eigentlich für einen Plattenverband aus unterschiedlichen Steinformaten, der keine über mehr als etwa drei Steine durchgehenden Fugen aufweist und damit prinzipiell richtungslos ist. Mit entsprechenden Pflasterformaten können in diagonaler oder orthogonaler Verlegung belastungsfähige und regelgerechte Verbände entstehen.

Der **Segmentbogenverband** ist die stabilste und gebräuchlichste Form der Verlegung für Natursteinpflaster unter einem Nennmaß von etwa 100 mm. Für eine fachgerechte Ausführung sind aufgrund der Konstruktion dieses Verbandes auch schmale, trapezförmige und längliche Pflastersteine bzw. Zwischengrößen erforderlich. Die Lieferung muss dementsprechend 15 bis 20 % Steine mit Zwischengrößen und trapezförmiger Oberfläche enthalten. Bis zu 5 % Steine, deren Gesamtlänge und Gesamtbreite die zulässigen Abweichungen von den Nennmaßen der Oberseite bis zu 10 mm über- oder unterschreiten, dürfen mitgeliefert werden (TL Pflaster-StB).

Die Grundlage des Segmentbogenverbandes ist ein Viertelkreis. An die Randeinfassung schließt der Bogen immer im Scheitelpunkt an. Die Wegebreite ergibt sich somit als ganzes Vielfaches der Bogen-

Abb. 268. Flechtverband als Variante des Römischen Verbandes in diagonaler Verlegung für die Gestaltung von Verkehrsflächen: gestocktes Granitpflaster in zwei Formaten, Anschluss mit Bischofsmützen, hier vor der Fugenverfüllung.

breite bzw. die Bogenbreite ist ein ganzer Teiler der Wegebreite. Der konstruktive Zusammenhang zwischen Bogenbreite = Sehnenlänge, Bogenradius, Stichhöhe und Steingröße wird aus folgender Übersicht deutlich.

Konstruktion Segmentbogenverband

L = Sehnenlänge = Bogenbreite = 13 – 15 × Steingröße

h = Stich des Bogens, errechnet nach zwei Faustformeln:

$h_1 = 3 \times$ Steingröße

$h_2 = 1/5 \times L + 1$ cm

R = Bogenradius = $0{,}707 \times L$

Abb. 269. Segmentbogenverband.

Tab. 13.6: Zusammenhang Steingröße, Bogenbreite, Stichhöhe, Bogenradius und Wegebreite im Segmentbogenverband

Steingröße nach TL Pflaster-StB	**Nennmaß (in cm)**	**L (in cm)**	**h_1 (in cm)**	**h_2 (in cm)**	**R (in cm)**	**Wegebreiten (2, 3, 4 × L, in m)**
	12*	156 bis 180	36	32 bis 37	110 bis 127	3,12 bis 3,60 4,68 bis 5,40 6,24 bis 7,20
	11*	143 bis 165	33	30 bis 34	101 bis 117	2,86 bis 3,30 4,29 bis 4,95 5,72 bis 6,60
	10	130 bis 150	30	27 bis 31	92 bis 106	2,60 bis 3,00 3,90 bis 4,50 5,20 bis 6,00
Kleinpflaster-steine	9	117 bis 135	27	24 bis 28	83 bis 95	2,34 bis 2,70 3,51 bis 4,05 4,48 bis 5,40
	8	104 bis 120	24	22 bis 25	74 bis 85	2,08 bis 2,40 3,12 bis 3,60 4,16 bis 4,80
	7	91 bis 105	21	19 bis 22	64 bis 74	1,82 bis 2,10 2,73 bis 3,15 3,64 bis 4,20
	6	78 bis 90	18	17 bis 19	55 bis 64	1,56 bis 1,80 2,34 bis 2,70 3,12 bis 3,60
Mosaikpflaster-steine	5	65 bis 75	15	14 bis 16	46 bis 53	1,30 bis 1,50 1,95 bis 2,25 2,60 bis 3,00

* weniger für Segmentbogenverband geeignet

Bei geneigten Flächen zeigt der Scheitel des Segmentbogens bergauf. Im Gefällesattel stoßen demnach die Bögen im Scheitel aneinander, die Linie des Gefällewechsels bzw. der Hochpunkte ist gewissermaßen die Tangente, die Gefälletieflinie eine Sekante.

Bei breiter werdender Verlegefläche werden Bögen eingeschoben.

Der **Schuppenbogenverband** eignet sich am besten für Mosaikpflaster, nicht zuletzt wegen seiner optischen Wirkung. Die Konstruktion des Schuppenbogens basiert auf einem Halbkreis. Anders als beim Segmentbogen, werden die Schuppenbögen jeweils gegeneinander versetzt. Die Linien durch die Scheitelpunkte der Halbkreisbögen ergeben das Konstruktionsraster.

Konstruktion Schuppenbogenverband

Rasterbreite	=	$10 \times$ Steingröße = Bogenradius + $1/2$ Steingröße = $1/2$ Bogenbreite + $1/2$ Steingröße
Rasterhöhe	=	$9 \times$ Steingröße = Bogenradius − $1/2$ Steingröße
Bogenbreite	=	$20 \times$ Steingröße − $2 \times 1/2$ Steingröße = $19 \times$ Steingröße
Bogenradius	=	$10 \times$ Steingröße − $1/2$ Steingröße = $9{,}5 \times$ Steingröße ($1/2$ Bogenbreite)

Abb. 270. Schuppenbogenverband.

Abb. 271. In der Passe.

Für historische Pflasterflächen aus regional typischen Natursteinmaterialien wurden häufig keine nach heutigen Vorstellungen normierten Pflasterformate verwendet, sondern unregelmäßig trapezförmig bzw. polygonal geformte Steine. Dementsprechend haben sich typische Verbände für derartige Materialien entwickelt, die auch in zeitgenössischen Freiflächen ihre Bedeutung haben.

Mit „**In der Passe**" (Passée) bezeichnet man einen richtungslosen Pflasterverband für Klein- und Mosaiksteinformate, bei dem die Steine mit möglichst schmaler Fuge aneinandergesetzt werden. Die Verlegerichtung wechselt etwa nach jedem dritten Stein. Diese Verlegetechnik funktioniert, ähnlich wie die Bogenverbände, am besten mit einem ausreichend hohen Anteil an trapezförmigen Formaten, die über das zulässige Maß hinaus von der Norm abweichen. Die Verlegeart ist daher unbedingt bei der Lieferung des Pflastermaterials zu berücksichtigen.

Als **Wildpflaster** bezeichnet man meist richtungslose Verbände, bei denen Steine unterschiedlicher Größe, Form oder Steinart miteinander kombiniert werden. Häufig werden beim Wildpflaster auch Bruchsteine, z. B. Pflasterabfall oder Findlinge mit verwendet. Der Begriff Wildpflaster wird im Sprachgebrauch zuweilen auch für andere Verlegearten, z. B. für Mischformatverbände, verwendet.

Von **Polygonpflaster** kann man sprechen, wenn die überwiegende Anzahl der Pflastersteine nicht mehr würfelförmig, sondern polyedrisch ist bzw. eine polygonale Oberfläche aufweist. Die begriffliche Abgrenzung zum Wildpflaster ist nicht scharf. Bei richtiger Verlegung entstehen durch die starke Verzahnung der Steine sehr stabile, belastbare Belagsflächen. Polygonales Großpflaster wird beispielsweise als Böschungspflaster im Wasserbau oder unter Brücken verwendet, po-

Abb. 272. „Wildpflaster“ aus verschiedenen Materialien und Formaten, richtungslos verlegt.

Abb. 273. Großformatiges Betonpflaster.

lygonales Kleinpflaster findet man meist nur noch auf historischen Pflasterflächen.

Historisch und landschaftlich bedingt waren zahlreiche Gassen in flussnahen Altstädten mit Steckkieseln belegt, die in der Regel einfach zu beschaffen waren. Auch dieses **Kieselpflaster** wird heute als Belagsart im Zuge von Stadt- oder Dorfsanierungsprojekten, wenngleich überwiegend in kleineren Flächen wie Haustraufen oder Reststreifen, fallweise wieder verwendet. In der Regel werden die Kiesel mit der längsten Dimension in der Senkrechten im Reihenverband versetzt. Eine angenehmere Begehbarkeit wird durch die Verwendung von Spaltkieseln erreicht, die mit der Spaltfläche nach oben, oft im gebundenen Pflasterbett, versetzt werden. Als Pflastermaterial eignet sich hierfür beispielsweise kalkarmer Hartgesteinkies, beispielsweise Material aus dem Oberrhein (vgl. Farbtafel 23, Seite 416).

13.2.3 Beläge aus Betonpflaster

Beläge aus Betonsteinpflaster haben in den letzten Jahrzehnten stetig an Bedeutung gewonnen. Neben einer großen gestalterischen Vielfalt bieten die Produkte heute auch ganz spezielle technische Eigenschaften für nahezu jede Verkehrs- und Freifläche.

Ein Pflasterstein aus Beton ist in der DIN EN 1338 definiert als „vorgefertigtes Erzeugnis aus Beton, das als Belagsmaterial für Oberflächen verwendet wird". Es hat zwei Bedingungen zu erfüllen: „In einem Abstand von 50 mm von jeder Kante weist kein Querschnitt ein horizontales Maß von weniger als 50 mm auf." Zudem darf das Verhältnis aus Gesamtlänge zu Dicke maximal vier betragen. Meist wird es deutlich kleiner sein. Die Gesamtlänge der Pflastersteine darf nach ZTV Pflaster-StB 320 mm nicht überschreiten. Geregelt sind überdies Abweichungen von den Nennmaßen, Witterungswiderstand, Abriebwiderstand und weitere wesentliche Baustoffkriterien.

Als **großformatig** gilt ein Beton-Pflasterstein mit einer **Nennlänge > 320 mm und ≤ 800 mm** bei einem Verhältnis **Nennlänge zu Nenndicke ≤ 4**.

Definiert wird in der DIN EN 1338 auch ein „durchlässiger Pflasterstein", der „aufgrund seines Gefüges den Wasserdurchgang durch den Stein ermöglicht." Gerade dieser wasserdurchlässige Pflastertyp findet in den letzten Jahren in geringer belasteten Verkehrsflächen vielfach Verwendung.

Daneben gibt es eine Vielzahl von Produkten, angefangen bei verschiedenen Verbundpflastersteinen mit einer verzahnten Form oder speziellen Abstandsnocken, die eine Mindestfuge, die oftmals nicht der geforderten Regelfuge entspricht, gewährleisten, obwohl die Steine einander beim Verlegen über die Abstandshilfe berühren, über Mehrschichtpflasterelemente, die aus mindestens zwei übereinander angeordneten, dauerhaft fest miteinander verbundenen Schichten aus unterschiedlichen Materialien bzw. Baustoffen bestehen, bis hin zu mit Nanopartikeln gefertigte Steine, die eine schadstoff- und CO_2-bindende Wirkung haben.

Für Betonpflastersteine eignen sich vor allem Reihenverbände oder richtungslose „römische" Verbände, die speziell auf die Formatkombinationen der Hersteller ausgerichtet sind.

13.2.4 Beläge aus Klinkerpflaster

Als Alternative zu Belägen aus Naturstein war die Befestigung von Straßen und Plätzen mit Ziegeln besonders in natursteinärmeren Gegenden in der Geschichte weit verbreitet. Florenz war im 14. Jahrhundert mit Ziegeln gepflastert, Zürich im 15. Jahrhundert, Ulm im

Abb. 274. Opus spicatum, der besonders stabile Fischgrätverband (Belag auf dem „Campo“ in Siena).

18. Jahrhundert. In Norddeutschland wurde die Gestaltung der Straßen mit Klinkern teilweise sogar im Stadtrecht festgelegt.

Im Bereich von innerstädtischen Plätzen war die Hochkant-Verlegung der Ziegel im Fischgrätmuster sehr gebräuchlich, welche die Römer als *opus spicatum* bezeichneten. Dieser Verband bietet eine besonders gute Stabilität und entsprechende Belastbarkeit.

Ein architektonisch besonders bedeutendes Beispiel für die Verwendung von Ziegeln in der Freiraum- und Stadtgestaltung ist der Hauptplatz von Siena „Il Campo“ aus der Zeit der italienischen Renaissance, der auch hinsichtlich seiner differenzierten Entwässerungstopografie beeindruckt (vgl. Kap. 17.2.2).

Um 1900 waren quadratische Klinkerplatten, oft mit profilierter Oberfläche, z. B. mit der typischen Ringprägung der „Alt-Münchner Gehwegplatten“ oder mit eingeprägten floralen Jugendstilmotiven, als Gehwegbelag modern.

Die bewährten historischen Formate und Verbände haben sich bis heute im Wesentlichen nahezu unverändert erhalten.

Pflasterziegel müssen gemäß TL Plaster-StB die Anforderungen der DIN EN 1344 erfüllen, Pflasterklinker in Deutschland überdies der Ergänzungsnorm DIN 18503 entsprechen. In unseren Breiten haben Pflasterklinker (vgl. Kap. 4.5.4) die weit größere Bedeutung. Daher wird hier schwerpunktmäßig Klinkerpflaster behandelt.

Die Formate von Pflasterklinkern entsprechen im Wesentlichen der Maßordnung im Hochbau (vgl. Kap. 4.5.2) und stehen in engem Zusammenhang mit den Pflasterverbänden. Neben oktometrischen

Formaten, die auf einem Raster von 25 × 25 cm basieren, z. B. 24 × 11,5 cm, sind auch dezimetrische Formate, z. B. 20 × 10 cm, gebräuchlich. Das Verhältnis von Länge zu Breite beträgt in der Regel 2 zu 1, es gilt:

Länge $l = 2 \times$ Breite b + Fuge.

Für bestimmte Verlegearten gibt es auch längliche Steine (Riegel), für die gilt:

Länge $l = 3 \times$ Breite + 2 Fugen

oder

Länge $l = 4 \times$ Breite + 3 Fugen.

Die Kanten können ungefast oder mit einer Fase versehen sein.

In der Bezeichnung der Pflasterklinker macht es einen Unterschied, ob der Stein für engfugige Verlegung (E) vorgesehen ist oder für eine Verlegung mit breiter Fuge (F). Entsprechend variiert auch die Steinbreite. Man unterscheidet beispielsweise die Herstellmaße 240 × 115 × 52 mm (F) und 240 × 118 × 52 mm (E).

Die Steinbezeichnung nach DIN 18503 lautet dementsprechend:

- Pflasterklinker DIN 18503 – 240 × 115 × 52 – F bzw.
- Pflasterklinker DIN 18503 – 240 × 118 × 52 – E.

Teilweise werden jedoch nur noch E-Formate angeboten, da die ATV DIN 18318 für Klinker eine Fuge von 3 bis 5 mm vorsieht.

Klinker in quadratischen Formen gibt es als Quadrat-Pflasterklinker und als Gehsteigplatten. Diese werden für eine gute Griffigkeit standardmäßig auch mit geriffelter und gekuppter Oberfläche angeboten.

Pflasterklinker können flach oder hochkant (Lagerfläche vertikal, Läuferseite horizontal) verlegt werden. Steine für die Hochkantverlegung müssen eigens dafür hergestellt/gebrannt werden.

Aus den typischen Formaten ergeben sich folgende Möglichkeiten für Verbände:

- Der **Läufer- oder Reihenverband** ist die häufigste Verlegeform für rechteckige Pflasterklinker. Da die Stoßfugen in der Regel jeweils um eine halbe Steinbreite versetzt werden, nennt man ihn auch **Halber Verband**.
- Der **Fischgrät- oder Keperverband** hat eine sehr gute Verbundwirkung und eignet sich daher, besonders auch in Hochkantverlegung für geneigte oder belastete Flächen. Die Verlegung erfolgt im Winkel von 45° zur Wegeachse und erfordert besondere Pass-

Tab. 13.7: Wichtige handelsübliche Pflasterklinkerformate

Pflasterart, Produktgruppe	**Abmessungen (in mm)***		
	l	**b**	**s**
Pflasterklinker, Rechteckformate	180	90	52, 62, 71
	200	100	52, 62, 71
	240	118 (115)	52, 62, 71
	290	115	71
	290	140	71
	320	115	71
	340	90	52
	340	115	71
	365	90	52
	365	115	71
Riegelformate, auch für Hochkantverlegung	490	90	52
	490	115	71
	200, 240	100	71
	200	80	52
	240	80	52
	290	100	71
	290	80	52
Quadratformate, einschließlich Bischofsmützen	180	180	52, 71
	200	200	52, 62, 71
	240	240	71
Gehsteigplatten, gekuppt und geriffelt	205	205	45 (43), 65
	200	200	71
Klinkerplatten	200	200	40, 45
	205	205	45 (43)
	240	240	40
	300	300	40
Rinnenplatte	200	200	71
Kleinsteinpflaster	60	60	52, 71
Rasenlochklinker mit Quadratlochung	240	115	71, 113
	300	145	113
Treppenklinker	320	145	65, 71

* l = Länge, b = Breite, s = Stärke (nach DIN 18503), Dicke

Abb. 275. Läufer- oder Reihenverband.

Abb. 276. Klinkerfischgrätverband.

Stücke, z. B. Bischofsmützen, an den Wegrändern (vgl. Farbtafel 24, Abb. 137, Seite 417).

- Wird der gleiche Verband orthogonal zur Wegeachse verlegt, bezeichnet man ihn als **Ellbogenverband**.
- Der **Diagonalverband** stellt eine Variante des Läuferverbandes dar. Die Reihen werden im 45°-Winkel zur Wegeachse verlegt. Die Randanschlüsse werden wie beim Fischgrät- oder Keperverband ausgeführt.
- Der **Block- oder Parkettverband** bietet viele gestalterische Variationsmöglichkeiten. Wegen der geringen Verbundwirkung aufgrund der Kreuzfugen eignet er sich nicht für befahrene Flächen. Eine Verlegung in gebundener Bauweise kann die Belastbarkeit unter Umständen verbessern (vgl. Farbtafel 23, Abb. 136, Seite 416).
- Quadratische Pflasterklinker werden im halben (Reihen-)Verband oder im nicht der ATV DIN 18318 entsprechenden **Kreuzfugenverband**, seltener auch in Kombination mit anderen Formaten verlegt.

Zeilen und Bänder aus in Mörtel versetzten Rollschichten können helfen, Verlegearten mit geringer Verbundwirkung zu stabilisieren oder eignen sich als Randabschluss bzw. Einfassung (vgl. Kap. 13.5).

13.2.5 Beläge mit Vegetationsfugen

Für wenig belastete Flächen, beispielsweise auf PKW-Stellplätzen, werden seit Jahren sowohl aus gestalterischen wie auch aus ökologischen Gründen nach dem Vorbild spontan vergrünter Belagsflächen Pflasterbeläge mit Vegetationsfugen gebaut. Darunter sind Pflasterdeckschichten zu verstehen, deren Schichtaufbau und Fugen sich hinsichtlich Breite und Füllungsmaterial für die spätere Begrünung durch Einsaat eignen, oder Deckschichten aus speziell zur Begrünung hergestellten, nicht genormten Belagsprodukten, wie Rasengittersteinen aus Beton, Rasenklinker oder Rasenwaben aus Kunststoff, die hier jedoch unberücksichtigt bleiben.

Für derartige Belagsarten existiert als einziges Regelwerk die „Richtlinie für die Planung, Ausführung und Unterhaltung von Begrünbaren Flächenbefestigungen" der Forschungsgesellschaft Landschaftsentwicklung Landschaftsbau (FLL). Darin werden vier Belastungsklassen definiert, nach denen sich die Schichtdicken richten.

Die Funktion der Vegetationstragschicht müssen in Deckschichten mit begrünten Fugen die Bettung und insbesondere die Fugenfüllung übernehmen. Beides sollte aus dem gleichen filterstabilen Material hergestellt werden, andernfalls ist die Filterstabilität nach TL Pflaster-StB nachzuweisen. Die Vegetationstragschicht/Verfüllung muss die in Tabelle 13.9 dargestellten Anforderungen erfüllen. Die Fugenbreite ist auf das verwendete Baustoffgemisch abzustimmen. Je größer diese ist, desto besser ist der langfristige Begrünungserfolg. Dabei sind jedoch bautechnische Erfordernisse zu berücksichtigen (FLL-Richtlinie). Speziell für diese Anforderungen stehen Betonpflasterprodukte

Tab. 13.8: Schichtdicken bei begrünbaren Belägen in Abhängigkeit von der Belastungsklasse (Quelle: FLL, 2008)

Belastungsklassen			**Richtwerte für Schichtdicken in cm**			
Klasse	**zulässiger Fahrzeugtyp**	**Nutzungs-intensität**	**Dicke der Steine**	**Dicke der Bettung**	**Dicke der Tragschicht**	**Gesamtdicke Oberbau***
1	≤ 3,5 t (PKW)	gelegentlich	6 bis 8	3 bis 5	15 bis 25	26 bis 38
2	≤ 3,5 t (PKW)	ständig	8 bis 10	3 bis 5	25 bis 35	36 bis 50
	≤ 11,5 t (LKW)	gelegentlich				
3	≤ 3,5 t (PKW)	periodisch	10 bis 14	3 bis 5	30 bis 50	43 bis 69
	≤ 11,5 t (LKW)	gelegentlich				
4	≥ 11,5 t (z. B. Feuerwehr)	Einzelfälle	10 bis 14	3 bis 5	30 bis 50	43 bis 69

* ohne Frostschutzschichten

Abb. 277. Rasengittersteine aus Beton auf PKW-Stellplätzen mit Gehbändern aus Betonplatten.

Tab. 13.9: Anforderungen an die Vegetationstragschicht für begrünbare Beläge (Quelle: FLL, 2008)

Eigenschaft	Anforderungen
Körnung	0/5 mm nach vorgegebener Sieblinie
Organische Substanz	$\geq 1 \leq 3$ Masseanteile in %
Wasserdurchlässigkeit k*	$\leq 1{,}0 \times 10^{-3}$ cm/s = $1{,}0 \times 10^{-5}$ m/s oder 36 l/h × m²
Wassergehalt	erdfeuchter Zustand, im Regelfall mit einem Wassergehalt von 0,5 bis 0,7 W_{Pr}
Wasserspeicherfähigkeit	≥ 20 Vol.-%, ≤ 40 Vol.-%
Salzgehalt	≤ 150 mg/100 g

mit Abstandsnocken zur Verfügung, die trotz breiter Fuge gemeinsam mit der entsprechenden Fugenfüllung eine gute Verbundwirkung gewährleisten. Zur Einsaat der Fugen werden je nach Standort und Nutzung insbesondere die Regel-Saatgut-Mischungen RSM 5.1 Parkplatzrasen und RSM 7.2 Landschaftsrasen für Trockenlagen empfohlen. Zur besseren Entwicklung und zum Schutz der Vegetation darf die Fugenfüllung im gesetzten Zustand nur bis ca. 20 mm unter die Oberkante der Deckschicht reichen. Das Abrütteln erfolgt analog zu den vegetationslosen Belägen. Danach ist nochmals Fugenmaterial nachzufüllen (vgl. Farbtafel 24, Abb. 138 und 139, Seite 417).

13.3 Deckschichten aus Platten

Plattenbeläge eignen sich nach RStO nur für nicht regelmäßig mit Kraftfahrzeugen befahrene Flächen wie Geh- und Radwege oder autofreie Plätze und Höfe. Gerade dort sind sie jedoch ein unverzichtbares Gestaltungselement in der Landschaftsarchitektur.

13.3.1 Grundsätze

Der Begriff Platte wird in den unterschiedlichen technischen Regeln stets anhand ihres Verhältnisses von Länge zu Dicke definiert. Allerdings bestehen dabei signifikante Unterschiede, insbesondere zwischen Beton- und Naturstein (vgl. Tab. 13.10). Die ZTV Pflaster-StB weisen ausdrücklich darauf hin, dass aufgrund der bislang nicht ausreichenden positiven Erfahrungen mit Plattenbelägen auf Verkehrsflächen diese nicht Bestandteil der Regel sind.

Tab. 13.10: Definitionen und Anforderungen zu Plattenbelägen im Regelwerk

Technische Regel	**DIN EN 1341**	**DIN EN 1339**	**ZTV Pflaster-StB**	**DNV-Merkblatt**
Gegenstand, Inhalt	Platten aus Naturstein	Platten aus Beton	Plattenbeläge	Plattenbeläge Naturstein
Definition	jede Natursteinplatte, die als Straßenbelag eingesetzt wird	vorgefertigtes Erzeugnis aus Beton, das als Belagsmaterial für Oberflächen verwendet wird	Platten aus Beton, Klinker, Naturstein gemäß TL Pflaster StB	Unterscheidung in Platten (1) und Pflasterplatten (2), nur anhand der Dimensionen
Anforderungen an Dimensionen	Nennbreite > 150 mm Nennbreite > 2 × Dicke	Gesamtlänge ≤ 1 m Gesamtlänge: Dicke > 4	Gesamtlänge ≤ 600 mm* Gesamtlänge: Dicke > 4**	(1) Größte Länge : Dicke ≥ 3 : 1 (2) Größte Länge : Dicke ≥ 3 : 1

* bei Betonplatten; ** bei rechteckiger und quadratischer Form

Da aus der RStO nicht klar hervorgeht, auf welche Definition hier Bezug genommen wird, kann davon ausgegangen werden, dass sich Platten mit einem Verhältnis von Länge zu Dicke < 4, besser < 3 (Definition Merkblatt des Deutschen Naturwerksteinverbandes – DNV), unter bestimmten Voraussetzungen bedingt auch für befahrene Flächen eignen. Plattenbeläge für Fuß- und Radwege sind nach RStO mit Nenndicken von mindestens 80 mm zu wählen.

Als **großformatig** gilt eine Betonplatte mit **Nennlänge > 600 mm und ≤ 1000 mm** bei einem Verhältnis **Nennlänge zu Nenndicke > 4.**

Nach DIN ATV 18318 sollte die Bettung bei Plattenbelägen 30 bis 50 mm dick sein und aus Baustoffgemischen 0/4, 0/5 oder 0/8 mm bestehen. Bei Platten mit Nenndicken ab 120 mm und einer Bettungs-

Abb. 278. Großformatige Betonplatten.

dicke von über 40 mm ist die Körnung 0/11 zu verwenden. Die Fugenbreite ist Tabelle 13.3 zu entnehmen.

Die gebundene Bauweise ist bei Platten verbreiteter als bei Pflasterbelägen, insbesondere auch bei geringen Nenndicken und bei Verlegung auf Terrassen und Flächen mit starrer Unterkonstruktion.

Normen zu Platten
DIN EN 1341 Platten aus Naturstein für Außenbereiche. Anforderungen und Prüfverfahren, März 2000
DIN EN 1339 Platten aus Beton. Anforderungen und Prüfverfahren, August 2003

13.3.2 Plattenverbände

Der Verband, in dem der Plattenbelag verlegt wird, ist in der Regel gestalterisch sehr bedeutsam. Er sollte daher unbedingt passend zum Zuschnitt der Belagsfläche gewählt werden. Wegebreiten und Plattenformate sind sorgfältig aufeinander abzustimmen.

- Der **Reihenverband** ist der gebräuchlichste Plattenverband für Rechteckformate. Bei gleichen Plattenformaten wird er meist als halber Verband ausgeführt. Er eignet sich aber auch als unregelmäßiger Reihen- oder Rechteckverband für Platten mit ungleichen, freien Längen und unterschiedlichen Breiten, wie sie häufig bei Natursteinplatten verwendet werden. Die Breite bleibt innerhalb einer Reihe jedoch gleich. Beim diagonal verlegten Reihenverband werden für die Randanschlüsse Bischofsmützen oder Dreiecksplatten benötigt. Bei Reihenverbänden ist darauf zu achten, dass im Bereich des Randanschlusses keine Plattenformate, die kleiner als die Hälfte des Ausgangsmaterials sind, entstehen.
- Für den **Kreuzfugenverband** eignen sich in erster Linie quadratische Formate oder Rechteckformate. Alle Platten sind dabei gleich groß. Beim diagonal im 45°-Winkel verlegten Kreuzfugenverband werden für die Randanschlüsse Bischofsmützen oder Dreiecksplatten benötigt. Diese Verlegeart entspricht nicht der DIN ATV 18318,

Abb. 279. Natursteinplatten mit freien Längen und verschiedenen Breiten im Reihenverband.

Abb. 280. Großformatige Betonplatten im Kreuzfugenverband.

ist also für Verkehrsflächen nicht anzuwenden (vgl. Farbtafel 24, Abb. 141, Seite 417).

- Der **Römische Verband** ist für Platten mit unterschiedlichen Rechteckformaten geeignet, die hierfür richtungslos, d. h. mit den längsten Plattenkanten teils parallel und teils senkrecht zur Wegeachse, im Verband verlegt werden. Er eignet sich für Plätze und Höfe, auch mit unregelmäßigem oder polygonalem Grundriss.
- Nicht rechteckige Platten werden im **Polygonalverband** verlegt. Diese Art der Verlegung ist besonders bei polygonalen Natursteinplatten mit bruchrauen Kanten zweckmäßig, aber auch mit entsprechenden Betonmaterialien möglich. Kreuzfugen und lange durchgehende Fugen, sogenannte Schneiderfugen, sind dabei unbedingt zu vermeiden. Polygonalverbände eignen sich für größere Flächen mit amorphen Grundrissen (vgl. Farbtafel 24, Abb. 140, Seite 417).

Bei kombinierten Verbänden aus Platten und Pflastersteinen müssen beide nach ATV DIN 18318 gleiche Nenndicke haben.

13.4 Entwässerung von Belagsdeckschichten

Um die volle Funktionsfähigkeit und Nutzbarkeit von Verkehrs- bzw. Belagsflächen bei und nach Niederschlägen aufrecht zu erhalten und ihre Dauerhaftigkeit zu sichern, ist eine entsprechende Entwässerung erforderlich. Dies erfolgt über die Neigung in einem ausreichenden Gefälle hin zu geeignet gestalteten Tiefpunkten oder Tieflinien, die das ablaufende Oberflächenwasser aufnehmen bzw. abführen können. Dadurch erhält die Belagsoberfläche eine Topografie, die gestalterisch sehr wirksam ist, insbesondere bei Deckschichten aus Pflaster und Platten auf Plätzen und größeren Flächen. Die Entwässerung von Belagsflächen sollte daher durchaus als Entwurfs- und Gestaltungsaufgabe gesehen werden. Sie steht in engem Zusammenhang mit der Funktion der Materialwahl, dem Grundriss und der Gliederung der Flächen sowie der bestehenden Topografie.

13.4.1 Grundsätze und Anforderungen

Alle geltenden Regelwerke schreiben eine ausreichende Entwässerung von Belagsflächen vor. Auf die Notwendigkeit einer genauen Entwässerungsplanung bzw. eines entsprechenden Planes wird ausdrücklich hingewiesen, z. B. in den ZTV Pflaster-StB oder im M FP 1. Sie beziehen sich dabei u. a. auf die RAS-Ew, die einschlägige technische Regel zur Entwässerung, die unabhängig von der Art der Deckschicht gilt.

Die Entwässerung von Verkehrsflächen wie Straßen und Wegen erfolgt meist über ein ausreichendes Quergefälle q quer zur Wegeachse und ein meist deutlich geringeres Längsgefälle l parallel zur

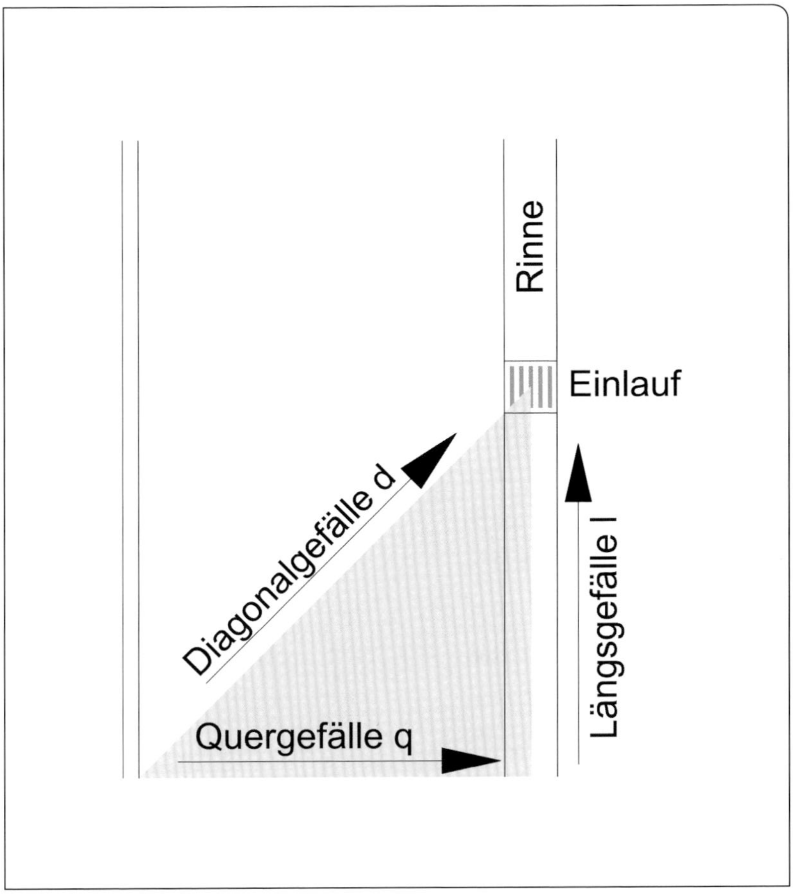

Abb. 281. Quer-, Längs- und Diagonalgefälle.

Wegeachse, z. B. in einer Rinne oder an einer wasserführenden Kante zum Einlauf hin. Aus beiden resultiert das Diagonalgefälle d. Das abfließende Wasser beschreibt tatsächlich einen Bogen. Nur wenn q = l entspricht die Fließlinie in etwa der Diagonalen. Das Diagonalgefälle d ist dann deutlich größer als q und l (vgl. Tab. 13.11, Seite 440).

Nach ATV DIN 18318 darf die „abflusswirksame, resultierende Neigung der Pflasterdecke und des Plattenbelages", d. h. die größte vorhandene Flächenneigung, bestimmte material- und nutzungsabhängige Werte nicht unterschreiten.

Bei wasserdurchlässigen Pflasterdeckschichten können diese Werte nach den geltenden Regeln reduziert werden (vgl. Tab. 13.12, Seite 441), entsprechen dann aber nicht mehr der DIN ATV 18318.

Aus der Beziehung von Quer- und Längsgefälle (vgl. Tab. 13.11, Seite 440) wird deutlich, dass bei entsprechenden bestehenden Längsneigungen des Geländes, die Querneigung entsprechend reduziert werden könnte.

Tab. 13.11: Zusammenhang Quer-, Längs- und Diagonalgefälle

Quergefälle q	Längsgefälle l	Diagonalgefälle d
3 %	0,50 %	0,99 %
	1,00 %	1,90 %
	1,50 %	2,68 %
	2,00 %	3,33 %
	2,50 %	3,84 %
	3,00 %	4,24 %
2,5 %	0,50 %	0,98 %
	1,00 %	1,86 %
	1,50 %	2,57 %
	2,00 %	3,12 %
	2,50 %	3,54 %
	3,00 %	3,84 %
2 %	0,50 %	0,97 %
	1,00 %	1,79 %
	1,50 %	2,40 %
	2,00 %	2,83 %
	2,50 %	3,12 %
	3,00 %	3,33 %

Planum und Unterlage sollten generell die gleiche Neigung wie die Decke aufweisen.

13.4.2 Entwässerungstopografien

Innerhalb der geltenden Regeln stehen verschiedene Grundtypen von Entwässerungstopografien zur Verfügung. Nicht alle eignen sich gleich gut für jede Situation. Grundsätzlich lassen sich zentriert und linear ausgerichtete Gefälleformen unterscheiden. Für Erstere eignen sich punktförmige Entwässerungseinrichtungen wie Straßen- oder Hofeinläufe, für die zweiten lineare Entwässerungseinrichtungen wie Rinnen. Eine wichtige Rolle spielen dabei zu berücksichtigende Gebäudekanten, von denen aus die Neigung in aller Regel fallen sollte. In Tabelle 13.13 sind die wichtigsten Grundtypen der Entwässerungstopografien gegenüber gestellt. Die Addition der Grundtypen, z. B. die Aneinanderreihung mehrerer Sattelgefälle, sowie deren Kombination ist je nach Flächengröße und -zuschnitt möglich.

Tab. 13.12: Einzuhaltende Mindestneigungen von Belagsdeckschichten; ausführungsbedingte Maximalabweichung gegenüber planmäßigem Gefälle bei (1) und (2) = 0,4 % (ATV DIN 18318)

Nr.	Art, Ort und Neigung der Belagsdeckschicht		Gefällewert	Regelwerk
(1)	Naturstein mit gespaltener oder grob bearbeiteter Oberfläche	auf Fahrbahnen	3,5 %	ATV DIN 18318
		sonstige Flächen	3,0 %	ATV DIN 18318
(2)	alle Pflaster- und Plattenbeläge anders als (1)		2,5 %	ATV DIN 18318
(3)	Entwässerungsrinne	Längsgefälle	0,5 %	ATV DIN 18318
(4)	wasserdurchlässige Belagsdeckschichten		1,0 % (maximal 5 %)	Merkblatt FGSV 947
(5)	Belagsdeckschichten mit Vegetationsfugen		1,0 % (maximal 5 %)	FLL-Richtlinie
(6)	Verkehrsflächen (Straßen) unabhängig von Deckschicht	Querneigung	2,5 %	RAS-Ew
(7)	nur Verkehrsflächen, bei denen (6) nicht zu erreichen ist	Schrägneigung ...	2,0 %	RAS-Ew
		... bei Pflasterdecken	3,0 %	
		... in Verwindungsstrecken	0,5 %	

Lineare Entwässerungselemente wie Muldensteine, Rinnensteine und Rinnen aus Pflastersteinen sind nach ATV DIN 18318 auf ein 20 cm dickes Fundament aus Beton C 12/15 zu versetzen und ggf. mit Bewegungsfugen zu versehen.

Bei Belagsdecken aus Pflaster und Platten ist beim Formen der Oberfläche besondere Sorgfalt geboten, da sich konstruktive Zwänge ergeben. Eine wichtige Rolle für die Gestaltung spielen insbesondere die Bruchkanten, die durch Gefällewechsel, Tiefpunkte und Kehllinien oder Hochpunkte und Grate entstehen. Deutlich wird dies beispielsweise bei Segmentbogenpflaster, bei dem die Bögen immer entgegen der Fließrichtung zeigen sollen. Dies erfordert eine entsprechende Verlegung im Bereich von Tieflinien oder Sätteln. Bei Platten mit größeren Formaten bewirkt eine Grat- oder eine Kehllinie beim Zeltdach- bzw. Trichtergefälle, die nicht genau auf einer Fuge liegt, einen Plattenschnitt. Auch die lage- und höhengerechte Einbindung von Entwässerungseinrichtungen verlangt eine genaue Detaillierung. Für einen Hofeinlauf ist ein Einzugsbereich von etwa 100 bis 200 m^2 anzusetzen, für einen Straßeneinlauf im Bereich von nicht befahrenen oder verkehrsberuhigten Bereichen etwa 300 bis 400 m^2. Im Bereich von Straßen und befahrenen Platzflächen sind die Einläufe je nach Erfordernis dichter vorzusehen. Genaueres regelt die RAS-Ew.

Abb. 282. Pendelrinne: Pflasterrinne mit Längsgefälle zum Einlauf; die Belagsfläche „pendelt" mit, hat Quer- und Längsgefälle.

Abb. 283. Hohlbordrinne: Bord- bzw. Leistensteine mit Entwässerungsöffnungen; die Belagsfläche hat nur Quergefälle.

Tab. 13.13: Übersicht über wichtige Grundtypen der Entwässerungstopographie

Art, Ausrichtung und Lage der Verkehrsfläche	**Gefälleform**	**Quergefälle q**	**Längsgefälle l**	**Gestaltung Hochpunkt**	**Gestaltung Tiefpunkt, Entwässerungselemente**
Lineare Ausrichtung, Straßen, Wege, geringe bis mäßige Breite, ggf. einseitige Bebauung	**Pult-, Pultdachgefälle**	einseitig, q ≥ 2,5 %	l = 0	einseitige Hochlinie am Flächenrand, eine Höhe	einseitig, linearer Einlauf, z. B. gedeckte Rinne mit Eigengefälle
		einseitig, q ≥ 2,5 %	gleichmäßig, l ≥ 0,5 %	einseitige Hochlinie am Rand, geneigt ≥ 0,5 %	einseitig, linearer Einlauf, punktuelle Einläufe in Rinne/an Kante
		einseitig, q ≥ 2,5 %	pendelnd, ≥ 0,5 %	einseitige Hochlinie am Flächenrand, pendelnd	einseitig, punktuelle Einläufe etwa gleicher Höhe in Rinne/an Kante
		einseitig, q ≥ l	bestehend, l ≥ 2,5 % ≥ q Diagonalgefälle d ≥ l ≥ q	einseitige Hochlinie am Rand, geneigt ≥ 2,5 %	einseitig, linearer Einlauf, punktuelle Einläufe in Rinne/an Kante
Lineare Ausrichtung, Straßen, Wege, mäßige bis größere Breite	**Sattel-, Dachgefälle**	beidseitig, q ≥ 2,5 %	l = 0	mittiger Grat auf einer Höhe	beidseitig, lineare Einläufe, z. B. 2 gedeckte Rinnen mit Eigengefälle
		beidseitig, q ≥ 2,5 %	gleichmäßig, l ≥ 0,5 %	mittiger Grat, geneigt ≥ 0,5 %	beidseitig, lineare Einläufe, punktuelle Einläufe in 2 Rinnen/an 2 Kanten
		beidseitig, q ≥ 2,5 %	pendelnd, ≥ 0,5 %	mittiger Grat, pendelnd, ggf. auf einer Höhe	beidseitig, punktuelle Einläufe in 2 Rinnen an 2 Kanten
		beidseitig, q ≥ l	bestehend, l ≥ 2,5 % ≥ q Diagonalgefälle d ≥ l ≥ q	mittiger Grat, geneigt ≥ 2,5 % ≥ q	beidseitig, lineare Einläufe, punktuelle Einläufe in 2 Rinnen/an 2 Kanten
		beidseitig, q ≥ 2,5 %	l = 0	beidseitige Hochlinien am Rand, eine Höhe	mittig, linearer Einlauf, z. B. gedeckte Rinne mit Eigengefälle

Tab. 13.13: Fortsetzung

Art, Ausrichtung und Lage der Verkehrsfläche	**Gefälleform**	**Quergefälle q**	**Längsgefälle l**	**Gestaltung Hochpunkt**	**Gestaltung Tiefpunkt, Entwässerungselemente**
Lineare Ausrichtung, Straßen, Wege, geringe bis mäßige Breite, beidseitige Bebauung	**V-Gefälle, Gefälle zur Mitte, Mittelrinne** (Umkehrung Dachgefälle)	beidseitig, q ≥ 2,5 %	gleichmäßig, l ≥ 0,5 %	beidseitige Hochlinien am Rand, geneigt ≥ 0,5 %	mittig, linearer Einlauf, punktuelle Einläufe in Rinne/an Zeile
		beidseitig, q ≥ 2,5 %	pendelnd, ≥ 0,5 %	beidseitige Hochlinien am Rand, pendelnd	mittig, punktuelle Einläufe etwa gleicher Höhe in Rinne/an Zeile
		beidseitig, q ≤ l	bestehend, l ≥ 2,5 % ≥ q Diagonalgefälle d ≥ l ≥ q	beidseitige Hochlinien am Rand, geneigt ≥ 2,5 %	mittig, linearer Einlauf, punktuelle Einläufe in Rinne/an Zeile
Flächig – zentrierte Ausrichtung, umbauter Platz	**Trichtergefälle**	zur Mitte, mehrere Richtungen, q ≥ 2,5 %	l = 0	umlaufende Hochlinie, eine Höhe	mittig zentriert, punktueller Einlauf, z. B. Gully, (4) Kehllinien
Flächig – zentrierte Ausrichtung, mittig bauliches Element	**Zeltdachgefälle** (= Umkehrung Trichtergefälle)	nach außen, mehrere Richtungen, q ≥ 2,5 %	l = 0	mittig zentrierter Hochpunkt, (4) Grate	umlaufende Tieflinie, linearer Einlauf, z. B. gedeckte Rinne mit Eigengefälle
		nach außen, mehrere Richtungen, q ≥ 2,5 %	pendelnd, ≥ 0,5 %	mittig zentrierter Hochpunkt, (4) Grate	umlaufend, punktuelle Einläufe etwa gleicher Höhe in Rinne/an Kante

13.5 Randgestaltung von Belagsdeckschichten

Beläge aus Pflaster und Platten müssen seitlich mit „der Verkehrsbelastung angepassten“ (M FP 1) Einfassungen bzw. Randbegrenzungen gesichert bzw. zwischen Randeinfassungen versetzt werden. Dabei sind unterschiedliche Funktionen und Anforderungen zu berücksichtigen, die mit unterschiedlichen Gestaltungsvarianten erfüllt werden können.

13.5.1 Funktionen und Anforderungen

Die Hauptfunktion von Einfassungen besteht im Verhindern des seitlichen Ausweichens oder Wegbrechens des Belags, wodurch die Belagsfläche insgesamt instabil werden könnte. Sie tragen damit erheblich zur Stabilität und Tragfähigkeit der Belagsfläche bei.

Einfassungen können als lineares Entwässerungselement, in Form einer Mulde oder Rinne gestaltet, zusätzlich Entwässerungsfunktion, beispielsweise bei Pult- oder Sattelgefällen, übernehmen.

Sie dienen überdies der optischen und funktionalen Nutzungsabgrenzung und damit ggf. auch dem Schutz anschließender Vegetationsflächen beispielsweise vor Überfahren.

Randeinfassungen sind nach ATV DIN 18318 auf ein 20 cm dickes Fundament mit Rückenstütze aus Beton C 12/15, die 15 cm dick in Schalung herzustellen ist, zu versetzen.

13.5.2 Varianten der Randgestaltung

Die notwendigen Funktionen lassen sich auf unterschiedliche Art und Weise erreichen, z. B. durch

- ein- oder mehrfache Zeilen aus Belagselementen wie Pflastersteinen oder Platten,
- lineare Entwässerungselemente wie Rinnen oder Mulden aus speziellen Rinnenelementen oder mehrzeilig angeordneten Belagselementen bzw. Pflastersteinen,
- spezielle Einfassungselemente wie Borde, Leistensteine oder Blockstufen,
- nicht sichtbare Belagssicherung.

Für ein- oder mehrfache Zeilen aus Belagselementen ist eine ausreichende Dicke der Steine erforderlich.

Für Klinkerbeläge eignen sich Rollschichten, die als Variante auch stehend mit vertikaler Läuferseite als sogenannte „Soldaten“ eingebaut werden können.

Ein weiteres verbreitetes Beispiel ist der höhenversetzte Pflasterzweizeiler aus Großpflaster, auch als „Homburger Kante“ bezeichnet. Dieser Einfassungstyp wird häufig im Straßenbau verwendet, wenn kein Bordstein erwünscht ist. Durch einen Höhenversatz der äußeren Pflasterzeile bis zu 3 cm gegenüber der inneren werden zwei Funktio-

Abb. 284. Einfassung mit Borden, Anschluss mit Bischofsmützen.

nen erfüllt: man erhält eine wasserführende Kante zur Entwässerung bzw. Führung des Oberflächenwassers mit Hilfe eines Längsgefälles in Richtung Einlauf und eine Art Tiefbord zur Abgrenzung der Gehwegbereiche von der Fahrbahn. Dieser Typus kann wahlweise auch mit drei Pflasterzeilen, eine oben, zwei wasserführend unten, gebaut werden, wenn ein 50 × 30 cm messender Straßeneinlauf komplett in die wasserführenden Zeilen integriert werden soll.

Für Pflasterrinnen oder -mulden werden drei oder fünf Pflasterzeilen muldenförmig auf Beton versetzt und mit gebundenem Füllstoff verfugt. Die Breite ist auf die verwendeten Einläufe, die hierfür einen muldenförmigen Abdeckrost haben müssen, abzustimmen. Ein V-förmig ausgebildeter Pflasterzweizeiler eignet sich ausschließlich als Mittelentwässerung.

Werden Entwässerungsrinnen als Randeinfassung verwendet, müssen sie nach ATV DIN 18318 auch eine Rückenstütze (vgl. Kap. 13.5.1) erhalten und mit Dehnfugen versehen werden.

Die stabilste Möglichkeit, einen Belag einzufassen, besteht in extra dafür vorgesehenen Leisten- oder Bordsteinen. Darunter sind in der Regel genormte riegelartige Werkstücke aus Naturstein, Beton oder Klinker zu verstehen, die senkrecht als Randeinfassung in Beton versetzt werden. Sie dienen meist dazu, einen Höhenversatz zwischen der einzufassenden bzw. abzugrenzenden Belagsfläche und der anschließenden Fläche herzustellen, der als Tiefbord zwischen 2 und 5 cm und als Hochbord zwischen 10 und 18 cm liegen kann. Es sind unterschiedliche Ausformungen möglich. So gibt es bei Straßenbordsteinen aus Natursteinen Typen mit Anlauf (Form A – nur für Hochborde) und ohne Anlauf (Form B), entsprechende radial geformte Kurvensteine sowie unterschiedliche Formen der Oberflächenbehandlung wie gestockt, scharriert oder spaltrau.

Die Breite variiert bei Naturstein-Borden zwischen 100 und 300 mm, die Höhe beträgt 250 oder 300 mm und die Länge 500 bis 1500 mm, bei Beton-Borden gibt es Breiten von 80 bis 200 mm und Höhen von 200 bis 300, seltener auch 400 mm, bei Längen von 1000 mm.

Im Straßenbau und bei Platzflächen ist häufig eine Kombination von Borden und Pflasterzeilen oder -rinnen sinnvoll.

Normen zu Einfassungselementen

DIN EN 1343 Bordsteine aus Naturstein für Außenbereiche. Anforderungen und Prüfverfahren, März 2000

DIN 482 Straßenbordsteine aus Naturstein, April 2002

DIN EN 1340 Bordsteine aus Beton. Anforderungen und Prüfverfahren, August 2003

DIN 483 Bordsteine aus Beton. Formen, Maße, Kennzeichnung, Oktober 2005

Nicht sichtbare Randsicherungen eignen sich für gering belastete Beläge in Gärten, Parks oder Höfen, bei denen aus gestalterischen Gründen ein sichtbares Einfassungselement nicht erwünscht ist und das Oberflächenwasser möglichst ungehindert über den Belagsrand in die benachbarte (Vegetations-)Fläche fließen soll.

Folgende Varianten sind gebräuchlich:
- eine Randsicherung in Form einer Beton-Rückenstütze, deren Oberkante etwas unter der Oberkante der randlichen Pflastersteine oder Platten endet, sodass das an die Belagsfläche anschließende Material, beispielsweise Oberboden, direkt bis an den Belagsrand eingebaut bzw. angedeckt werden kann,
- eine Randsicherung durch Versetzen der randlichen Steine auf 20 cm Beton in Kombination mit der von der Norm geforderten Rückenstütze, beispielsweise wenn kein geradliniger, sondern ein möglichst frei verlaufender Belagsrand erzielt werden soll,
- eine Randeinfassung der Belagsfläche mit einem versenkt eingebauten Rabatten- oder Leistenstein, dessen Oberkante soweit unter die Belagsoberkante zu liegen kommt, das er komplett mit dem an die Belagsfläche anschließenden Material überbaut werden kann; diese Methode ist sehr aufwändig, aber stabil; es ist darauf zu achten, dass durch die Nutzung der Nachbarfläche die versenkte Einfassung nicht freigelegt wird,
- eine Randeinfassung mit einem als Linie sichtbaren Stahl- oder Aluminiumband bzw. einem Breitflachstahl, der ähnlich wie ein Leistenstein vertikal in Beton versetzt wird; die Dimensionierung und Dauerhaftigkeit der Metalleinfassung ist entsprechend der Belastung des Belags zu wählen.

Farbtafel 25
Bild 143. Garten der Villa Lante in Bagnaia (Latium): Wasserbecken im Parterre mit der Fontana dei Mori.

Bild 144. Die Kaskade „Catena d'Acqua" auf der Achse des Gartens.

Bild 145. Die spektakulären Wasserspiele im Garten der Villa d'Este: der Roma-Brunnen.

Bild 146. Der „Weg der Kanäle".

Bild 147. Die Wasserkaskade mit seitlichen Rampen im Garten zwischen Palazzo und Villa Farnese in Caprarola (Latium).

Bild 148. Grotten der Wassertreppe im Park der Villa Garzoni in Collodi (Toskana) aus dem 17. Jh.

143

144

145

146

147

148

149

150

151

152

153

154

14 Wasseranlagen

Wasser ist ein unverzichtbares Element in der Garten- und Landschaftsarchitektur. Es ist der Ursprung und die Voraussetzung allen Lebens auf der Erde und war meist der ausschlaggebende Faktor für menschliche Siedlungstätigkeit und Stadtgründungen. Seit Jahrtausenden wird Wasser in die Gestaltung von Haus, Stadt und Garten mit einbezogen. Die Planung und Anlage von Wasseranlagen haben heute in der Landschaftsarchitektur große Bedeutung. Aufgrund der hohen Komplexität sowie der sehr wesentlichen Aspekte der Wirtschaftlichkeit und Unterhaltung gehören Wasseranlagen zu den anspruchsvollsten Konstruktionsaufgaben, die meist nur interdisziplinär zu bewältigen ist.

14.1 Grundlagen

In der Antike war die Gestaltung mit Wasser oft rein funktional. Beispiele sind die Wasserkanäle der Inkas, die Wasserbecken im römischen Atriumhaus oder die Aquädukte.

Seinen gestalterischen und technischen Höhepunkt erreichte der Umgang mit Wasser in der Gartenarchitektur in den Renaissancegärten und Barockanlagen. Hier gab es ausgeklügelte Wasserspiele, die eine komplizierte, jedoch rein auf Wasserdruck basierende Technik erforderten. Herausragende Beispiele sind die ganz auf die Wasseranlagen hin konzipierten Gärten der Villa Lante oder der Villa d'Este in Italien oder – wohl vergleichsweise unerreicht – der Garten von Versailles.

Ein bedeutendes süddeutsches Beispiel für barocke Landschaftsgestaltung mit Wasser ist das historische Kanalsystem der Wittelsbacher aus dem 17. Jahrhundert im Münchner Norden, das heute noch auf ca. 50 km die Schlösser Nymphenburg, Schleißheim und Dachau miteinander verbindet und eine Fläche von ca. 320 km^2 durchzieht. Es diente als Transportsystem, aber auch der Freizeitnutzung, z. B. für Gondelfahrten, und der Speisung von Mühlen, Brunnen und Wasserspielen in den Schlossparks.

In den Landschaftsparks des ausgehenden 18. und der ersten Hälfte des 19. Jahrhunderts wurden im Gegensatz dazu möglichst „natürlich" wirkende Gewässer angelegt. Fürst von Pückler-Muskau hat dazu in seinen „Andeutungen über Landschaftsgärtnerei" von 1834 Prinzipien für eine „natürliche" Ufergestaltung im Gegensatz zur „unnatürlichen" entwickelt.

Im ausgehenden 19. Jahrhundert wurden die Stile zunehmend vermischt, architektonische Elemente begannen sich in der Landschaftsarchitektur wieder durchzusetzen, z. B. in der Lenné-Meyerschen-Schule und den „Architekturgärten" des beginnenden 20. Jahrhunderts.

Farbtafel 26

Bild 149. Begehbarer Brunnen im Campus des IZB in München-Martinsried.

Bild 150. Wassertisch vor der Biosphärenhalle in Potsdam (Areal der BUGA Potsdam 2001).

Bild 151. Innenhof mit Wasserbecken, das über eine Rinne und das „Wasserbild" mit dem höher gelegenen Dachgarten korrespondiert.

Bild 152. Betonbrunnen im Oerliker Park in Zürich.

Bild 153. Wasserspielplatz (BUGA Potsdam 2001).

Bild 154. Innenhof eines Bürogebäudes in München-Riem.

Abb. 285. Berühmte spätbarocke Wasseranlage: die Fontana di Trevi in Rom von Niccolo Salvi, erbaut zwischen 1732 und 1751.

Während in der Geschichte die Gestaltung von Wasseranlagen überwiegend von Techno-Funktionalismus und Design geprägt war, bildeten sich in den letzten beiden Jahrzehnten zwei charakteristische neue Gestaltungslinien: das Öko-Design der 80er-Jahre, zu dem die naturnah formulierten Teichanlagen der Naturgartenbewegung zählen, und der Öko-Funktionalismus der Neunziger, der ökologisch begründete Funktionseinheiten wie Versickerungssysteme gestalterisch integriert. Vor diesem Hintergrund kennzeichnet die Gestaltung von Wasseranlagen heute eine große Vielfalt, vom Schwimmteich bis hin zum kinetischen Wasserspiel (vgl. Farbtafel 25 und 26, Seiten 448 und 449).

Abb. 286. Wasser fallend ...

Abb. 287. ... und steigend.

Tab. 14.1: Typologie der Wasseranlagen und künstlichen Gewässer nach natürlichen Vorbildern

Gewässer-Typus, natürliches Vorbild		**Gestaltungsform**	**Baulich-konstruktive Konsequenz**
- -	Temporäres Gewässer	Tümpel, Sickermulde, Entwässerungsgraben, Entwässerungsrinne	keine Dichtung erforderlich
- - -	Stillgewässer	Teich, Weiher, See, Wasserbecken, Wasserfläche	flächige Hohlform, Speisung durch Niederschlagswasser, ständige Wasserzufuhr oder Umwälzung nicht erforderlich, Wasserspiegel horizontal
→	Fließgewässer	Bach, Graben, Wasserrinne, Kanal	lineare Hohlform mit Längsgefälle, ständige Wasserzufuhr oder Umwälzung erforderlich
↓	Wasserfall	vertikaler Wasserabsturz, meist als Teil eines Fließgewässers	Höhensprung, vertikales Element ggf. in Verbindung mit Hohlform, ständige Wasserzufuhr oder Umwälzung erforderlich
↑	Quelle, Geysir	Quellstein, Fontaine, Brunnen, Wasserspiel	Druck wird künstlich erzeugt durch Pumpe, Wasserzufuhr erforderlich
↑ → ↓	Kombination	Quelle mit Bachlauf, Bachlauf mit Teich, Wasserlauf mit Wasserfall etc.	Kombination der Systeme nach natürlichem Vorbild eines Fließgewässers
→ - - - ↑	Hybrid	aufgestautes Fließgewässer, Stillgewässer mit Fontänensystem etc.	artifiziell-technische Kombination der Systeme, biologische Komponente und Biotopfunktion oft weniger wichtig

- - - = stehend; → = fließend; ↓ = fallend; ↑ = steigend

14.1.1 Gestaltungs- und Planungsfaktoren

Bei der Gestaltung von Wasseranlagen sind drei, fallweise vier Faktoren bestimmend: die **topografisch-morphologische** Komponente, d. h. die Hohlform, Mulde oder Rinne, in der Wasser fließt oder steht, die **pedologische** Komponente, d. h. eine dichte, wasserundurchlässige Bodenschicht innerhalb der Hohlform und die **hydrologische** Komponente, die den Wasserkreislauf mit Zu- und Ablauf umfasst.

Dazu kommen kann die **biologische** Komponente, also die Bedeutung der Anlage als Lebensraum für Flora und ggf. Fauna.

Bei der Gestaltung von Wasseranlagen werden diese Voraussetzungen in der Regel künstlich mit entsprechendem konstruktivem

Aufwand, der Hohlform, der Dichtung, dem Umwälzkreislauf sowie der Bepflanzung, geschaffen.

Wenngleich mehr oder weniger verfremdet, werden dabei natürliche Gewässertypen nachgebildet. Das Wasser wird dabei grundsätzlich **stehend**, **fließend**, **fallend** oder **steigend** verwendet.

14.1.2 Funktionale Aspekte

Wasseranlagen und künstliche Gewässer erfüllen entsprechend ihrer Gestaltung unterschiedliche Aufgaben. Wesentlich sind die ökologische Funktion, die Freizeit- und Erholungsfunktion sowie die gestalterische Funktion. Meist werden sich mehrere Funktionen überlagern. Jede dieser Funktionen erfordert bestimmte planerische und konstruktive Konsequenzen, von denen folgend einige wichtige behandelt werden.

Ökologische Funktion

Ganz besonders im Zuge der Naturgartenidee der 1980er-Jahre rückten die ökologischen Funktionen künstlicher Gewässer verstärkt in den Vordergrund. Dabei sind Aspekte wie Wasserhaushalt, Kleinklima und Biotopfunktion wichtig.

In den letzten Jahren hat der Schutz der Ressource Wasser stark an Bedeutung gewonnen. Eine Auswirkung ist die zunehmend **dezentrale Bewirtschaftung des Regenwassers**, d. h. die Rückhaltung, Nutzung oder Versickerung am Ort des Niederschlags mit möglichst geringen Leitungswegen. Elemente hierfür sind künstliche Mulden und Rinnen, in denen das Wasser aus Regenfallrohren und von Belagsflächen gesammelt wird und schließlich durch die Vegetationsdecke gefiltert, versickert. Die wichtigste Voraussetzung für die Versickerung ist eine geeignete Durchlässigkeit des Bodens. Für Versickerungsanlagen kommen Lockergesteine in Betracht, deren k_f-Werte im Bereich von 5×10^{-3} bis 5×10^{-6} m/s liegen. Zum Schutz des Grundwassers sollte der Grundwasserflurabstand umso größer sein, je höher die Durchlässigkeit des Bodens ist, d. h. unter den Versickerungseinrichtungen in Form von Flächen, Mulden oder Rigolen sollten in Abhängigkeit von der Art und Belastung des Wassers und dem Typ der gewählten Versickerungseinrichtungen ausreichende Mächtigkeiten der Bodenpassage erreicht werden.

Ein weiterer wichtiger Aspekt ist die kleinklimatische Wirkung von Gewässern und Wasseranlagen. Besonders in Großstädten bieten Wasseranlagen im Sommer je nach Größe Erfrischung und Kühlung bzw. Durchlüftung und kleinklimatische Verbesserungen.

Die Bedeutung künstlicher Gewässer als **Lebensräume** bzw. Teillebensräume ist nicht nur in der freien Landschaft gegeben. Daher wird versucht, Aspekte des Artenschutzes auch in Form von Dorfteichen oder renaturierten Stadtbächen sowie Trittstein- und Linear-

Abb. 288. Anlage zur Versickerung des gesamten Oberflächenwassers des Turbinenplatzes in Zürich.

biotope als Bestandteil und Vernetzungselement im übergeordneten Biotopverbund anzubieten. Steht die Zielsetzung des Lebensraumverbundes im Vordergrund, ist es wesentlich, die Ansprüche der zu fördernden Arten an die Konstruktion genau zu kennen. Ein wesentliches Kriterium für Amphibien ist beispielsweise die Neigung der Uferböschung, die für bestimmte Arten sehr flach sein muss.

Oft entsteht eine Biotopfunktion auch in Kombination mit anderen Funktionen wie Wasserhaushalt und Wasserreinigung, etwa bei Pflanzenkläranlagen, oder Freizeit und Erholung wie bei Schwimmteichen. Eine naturnahe Bepflanzung von künstlichen Gewässern und insbesondere ein entsprechender Besatz an Mikroorganismen haben auch technische Bedeutung für die Reinigung des Wassers.

Freizeit- und Erholungsfunktion

Die Freizeit- und Erholungsfunktion von Wasseranlagen ist besonders in Stadtgebieten von großer Bedeutung. Zwei wichtige Aufgabenfelder für Landschaftsarchitekten neben dem komplexen Gebiet rund um den Wassersport im größeren Stil sind künstliche Gewässer zum Schwimmen und Baden, insbesondere Schwimmteiche, sowie Anlagen zum Spielen.

Zur Planung von Becken und **Teichen zum Schwimmen und Baden** sind zunächst einige ergonomische Daten zur Dimensionierung zu beachten. Für einen Schwimmstoß rechnet man in der Länge 1,50 m zuzüglich einer ausgestreckten Körperlänge von 2,00 m und in der Breite ca. 2,25 m. Vier Schwimmstöße hintereinander ergeben so eine Mindestlänge von 8,00 m für private Schwimmbecken.

Tab. 14.2: Dimensionierung von Schwimmanlagen (Quellen: NEUFERT, 1992; MAHABADI und ROHLFING, 2005)

Anlagentypus	Wasserfläche	Wassertiefe	Gestaltung
Privates Gartenschwimmbecken, Swimmingpool	mindestens 2,25 × 5,25 m, besser 4,25 × 9,00 m (3 bis 5 Personen)	Becken: 2,00 bis 2,50 m Wasser: 1,60 bis 2,35 m	konstruktiv bedingt
Privater Schwimmteich, Schwimmbereich	mindestens 4,00 × 8,00 m	1,20 bis 1,40 m im Durchschnitt	zuzüglich Fläche für Aufbereitungs/Regenerationsbereich
Planschbecken im Freibad	100 bis 400 m^2	0 bis 0,50 m	ab 200 m^2 Aufteilung in mehrere Becken unterschiedlicher Tiefe
Nichtschwimmerbecken im Freibad	500 bis 1200 m^2	0,50/0,60 bis 1,35 m	eventuell Aufteilung in mehrere Becken unterschiedlicher Tiefe
Schwimmerbecken im Freibad	417 bis 1250 m^2	1,80 m	nach Zahl der Schwimmbahnen (vgl. Tab. 14.3)

Tab. 14.3: Gebräuchliche Schwimmbeckengrößen (Quelle: NEUFERT, 1992)

Bahnenzahl	Beckenbreite	Beckenlänge
6	16,66 m	25,00 m
6	16,66 m	50,00 m
8	21,00 m	50,00 m
10	25,00 m	50,00 m

Ein für den Landschaftsbau besonders bedeutender Wasseranlagen-Typus in diesem Zusammenhang ist der Schwimmteich, dessen Grundidee einen Swimmingpool mit einem naturnahen Gartenteich kombiniert, wobei die Selbstreinigungskraft natürlicher Gewässer gezielt als Alternative zu chemischen Wasserzusätzen genutzt wird.

Der erste derartige Schwimmteich entstand wohl schon 1984 in Österreich, als Werner Gamerith in die Mitte eines Folienteichs ein Becken setzte und nur die Uferzone bepflanzte.

Seither wurden und werden zahlreiche Schwimmteiche gebaut, im Bereich privater Hausgärten, an Hotels und auch vermehrt im Bereich kommunaler Freibäder. Der Garten- und Landschaftsbau und spezielle Systemanbieter haben den Schwimmteich in den letzten 20 Jahren als Geschäftsfeld entdeckt und fulminant entwickelt. Die Tendenz geht heute in Richtung differenziert konzipierter Anlagen mit komplexer technischer Ausstattung, wobei das Grundprinzip im Wesentlichen immer das Gleiche ist: Es besteht in der baulichen Trennung der Wasseranlage in mindestens zwei Funktionsbereiche, den unbepflanzten, ausreichend dimensionierten **Schwimmbereich** und den als mehr oder weniger bepflanzte Flachwasserzone gestalteten **Regenerations- oder Aufbereitungsbereich**, welche der biologischen Reinigung und der Erwärmung des Wassers dient. Beide Bereiche können als Einkammer- oder Eintopfsystem in einem Gewässer kombiniert oder als Zweikammer- bzw. Zweitopfsystem getrennt voneinander angelegt werden. Beim ersten Typus erfolgt eine Abtrennung beider Funktionsbereiche mit Wand- oder Wallelementen, deren Oberkante 40 bis 60 cm unter der Wasseroberfläche liegt, beim zweiten System sind beide Bereiche über Rohrleitungen und fallweise Wasserläufe miteinander verbunden.

Galt lange die Regel **Regenerationsbereich ≥ Schwimmbereich**, erlauben heute Systeme mit effizienter Filtertechnik eine Reduktion des Flächenbedarfs für die Aufbereitungszone auf bis zu 20 % der Schwimmbereichsfläche. Innerhalb dieser beiden Extreme hat sich eine Kategorisierung mit fünf Schwimmteichgrundtypen entwickelt, die planerisch und konstruktiv relevant ist.

Abb. 289. Vereinen die ökologische mit der Freizeitfunktion: Schwimm- und Badeteiche, die sich in einen Schwimmbereich und einen bepflanzten Regenerations- oder Aufbereitungsbereich gliedern.

Tab. 14.4: Schwimmteichtypen (Quelle: FLL, 2006)

Schwimmteich Kategorie	**Typ 1**	**Typ 2**	**Typ 3**	**Typ 4**	**Typ 5**
System	**Einkammer-System**	**Einkammer-System**	**Einkammer-System**	**Mehrkammer-System**	**Mehrkammer-System**
Technisches Prinzip Merkmale	ohne Technik, natürlich	Oberflächenströmung	gezielt durchströmter Aufbereitungsbereich	teilweise ausgelagerter, gezielt durchströmter Aufbereitungsbereich	komplett ausgelagerter, gezielt durchströmter Aufbereitungsbereich
Ziel der Technik	–	Pflegeerleichterung	Verbesserung der Aufbereitung, Qualitätsoptimierung und Funktionsstabilisierung des Wassers, Pflegeerleichterung		
Regelausführung Aufbereitungsbereich	nicht gezielt durchströmte Pflanzzone und Freiwasser		(bepflanzte) gezielt durchströmte Filterzone und ggf. Freiwasser, ggf. nicht gezielt durchströmte Pflanzzone		
Durchströmung	natürliche Zirkulation	Oberflächenströmung	Oberflächenströmung und durchströmter Aufbereitungsbereich		
Wasserreinigung durch:	Pflanzen, Zooplankton, Mikroorganismen	Pflanzen, Zooplankton, Mikroorganismen zunehmende Unterstützung durch hydraulische und technische Einrichtungen			
Gesamtwasserflächenbedarf*	≥ 120 m²	≥ 100 m²	≥ 80 m²	≥ 60 m²	≥ 50 m²
... davon Aufbereitungsbereich	≥ 60 %	≥ 50 %	≥ 40 %	≥ 40 %	≥ 30 %
Wassertiefe im Nutzungsbereich	mindestens 65 % ≥ 2 m	mindestens 65 % ≥ 2 m	mindestens 60 % ≥ 2 m	mindestens 40 % ≥ 2 m	je nach Situation
Wartungsaufwand	gering		<<< zunehmend <<<		hoch
Pflegeaufwand	hoch		>>> abnehmend >>>		gering

* empfohlene Richtwerte für Mindestgrößen für eine Familie mit 3 bis 4 Personen

Die Anlage, Technik und Unterhaltung von Schwimmteichen ist gegenwärtig immer wieder Gegenstand von Forschungen, Untersuchungen und Publikationen. Es sind bereits erste Bestandteile eines Regelwerks entstanden.

Technische Regeln zu Schwimmteichen

Forschungsgesellschaft Landschaftsentwicklung Landschaftsbau (FLL): Empfehlungen für Planung, Bau, Instandhaltung und Betrieb von öffentlichen Schwimm- und Badeteichanlagen, Ausgabe 2003

Forschungsgesellschaft Landschaftsentwicklung Landschaftsbau (FLL): Empfehlungen für Planung, Bau, Instandhaltung und Betrieb von privaten Schwimm- und Badeteichen, Ausgabe 2006

Wasseranlagen haben im Allgemeinen einen hohen Erlebniswert, meist auch eine besondere Anziehungskraft für Kinder. Der Übergang zwischen bespielbaren Brunnen und gezielt gestalteten Wasserspielanlagen ist beinahe fließend.

Wasserspielplätze zählen mit zu den attraktivsten und beliebtesten Kinderspieleinrichtungen überhaupt, sowohl naturnah als auch eher technisch gestaltet. Der Spielgerätemarkt bietet eine Vielzahl von Ausstattungselementen für Wasserspielanlagen an. Dazu gehören Pumpen, Wasserräder, Rinnensysteme, Matschtische, archimedische Spiralen etc. (vgl. Farbtafel 26, Abb. 153, Seite 449).

Planerisch-konstruktiv sind folgende Aspekte zu berücksichtigen:

- Für Wasseraustrittsstellen wie Hähne, Druckventile oder Pumpen, die von den Kindern bedient werden können, ist in aller Regel Trinkwasser zu verwenden. Die Wassergabe sollte daher automatisch begrenzt werden können.
- Bei Anlagen in Verbindung mit Spielsand ist eine ausreichende Versickerungsleistung zu berücksichtigen.
- Wasserspielbereiche sind für Kinder auch bei kaltem Wetter sehr attraktiv. Neben Planschzonen sollten daher auch Bereiche, die bespielbar sind, ohne nass zu werden, vorgesehen werden.
- In Planschbereichen sind ggf. Sicherheits- bzw. hygienische Aspekte wie maximale Wassertiefe (vgl. Kap. 14.1.3), Reinigungsmöglichkeit etc. zu berücksichtigen.
- Da Wasserspielanlagen im Sommer für viele Kinder sehr attraktiv sind, sollten die Ausstattungen belastbar und großzügig angeordnet sein. Auch nicht ausschließlich für das Kinderspiel bestimmte Wasseranlagen weisen häufig eine gewisse Bespielbarkeit auch für Jugendliche oder Erwachsene auf und werden oft entsprechend zweckentfremdet.
- Bei der Planung und Anlage von Wasserspielanlagen sind normative Anforderungen und sicherheitstechnische Aspekte zu berücksichtigen (vgl. Kap. 14.1.3).

Abb. 290. Wasserspielplätze – attraktiv bei jedem Wetter und für jedes Alter.

Abb. 291. Erlebniswert durch kinetische Elemente: der Brunnen des Künstlers Jean Tinguely in Basel.

Technische Regel zu Spielplätzen
DIN 18034 Spielplätze und Freiräume zum Spielen, Anforderungen und Hinweise für die Planung und den Betrieb, Dezember 1999

Gestalterische Funktion

Spätestens seit der Gartenepoche des Barocks werden Wasseranlagen häufig aus überwiegend gestalterischen Gründen, zur Unterstützung der Gesamtidee oder einzelner Funktionen konzipiert. Dabei spielen insbesondere zwei Aspekte eine Rolle. Wasseranlagen sind formales Element, Betonung, Abgrenzung als Wasserachsen, Stadtbrunnen, Fontänenreihen, leitenden oder abgrenzenden Wassergerinnen etc. Darüber hinaus bieten sie einen einzigartigen Erlebniswert im Sommer oder Winter, bei Tag und Nacht, durch Spiegelwirkung, unterschiedliche Aggregatzustände, die Geräuschkomponente etc. Auch die Wasserkraft kann in die Gestaltung mit einbezogen werden, z. B. in Form kinetischer Elemente (vgl. Farbtafel 26, Seite 449).

14.1.3 Baurechtliche und sicherheitstechnische Aspekte

Eine Wasseranlage kann ohne Baugenehmigung errichtet werden, wenn die erforderlichen Teilmaßnahmen nicht in die **Genehmigungspflicht** fallen. Diese ist geregelt durch die Bauordnungen der Länder, die durchaus Unterschiede aufweisen können. Dabei werden verschiedene Kriterien herangezogen.

Eingriff ins Grundwasser: Ist mit der Wasseranlage ein Eingriff ins Grundwasser oder seine Nutzung verbunden, bedarf es meist eines wasserrechtlichen Genehmigungsverfahrens.

Rauminhalt des Wasserbehälters: Bis zu 50 m^3 sind Wasserbehälter häufig genehmigungsfrei, Schwimmbecken mit einem Beckeninhalt bis zu 100 m^3, außer im Außenbereich.

Bauhöhen von Elementen: Denkmäler, Zierbrunnen und sonstige Kunstwerke mit einer Höhe bis zu 3 m sind meist genehmigungsfrei.

Aufschüttungen und Abgrabungen: Bei einer Grundfläche von bis zu 500 m^2 und Abgrabungs- oder Aufschüttungshöhe oder -tiefen bis zu 2 m ist häufig keine Genehmigung erforderlich.

Grenzabstand: Bauliche Anlagen haben generell bestimmte Abstände vom benachbarten Grundstück einzuhalten, die in ländereigenen Nachbarrechtsgesetzen oder dem Bürgerlichen Gesetzbuch (BGB) geregelt werden. Meist gelten 2 oder 3 m (Mahabadi und Rohlfing, 2005).

Im Einzelfall können Wasseranlagen eine Gefahrenquelle darstellen. Dies gilt insbesondere dann, wenn größere Wassertiefen erreicht werden. Für den Grundstückseigentümer besteht daher generell **Verkehrssicherungspflicht**, d. h. er muss ggf. den ungehinderten Zugang zur Anlage verwehren. Als Sicherung gilt eine Einfriedung mit mind. 80 cm Höhe. Ist das Grundstück nicht eingezäunt, muss der Grundstückseigentümer durch Vorkehrungen in zumutbarer Größe einen Unfall verhindern. Dabei ist zu bedenken, dass Kleinkinder unter Umständen schon in Wasseranlagen mit sehr geringem Wasserstand ertrinken können. Dies ist bei allen Wasseranlagen im öffentlichen Raum sowie bei Wasseranlagen, die in erster Linie für die Nutzung durch Kinder bestimmt sind, zwingend zu berücksichtigen. Als Anhaltswerte gelten folgende Angaben:

Eine Wassertiefe bis zu maximal 20 cm gilt allgemein als nahezu ungefährlich. Im Zweifelsfall ist der Wasserstand in der frei zugänglichen bzw. öffentlichen Anlage entsprechend zu beschränken.

Die Wassertiefe in Spielbereichen für Kinder darf nach der DIN 18034 maximal 40 cm betragen. Der Zu- und Abgang im Uferbereich muss sicher gestaltet sein, mit rutschhemmendem Boden und einer maximalen Neigung von 6 %. Für Teiche in Kindergärten gilt das Gleiche.

Schulteiche müssen der DIN 18034 entsprechen oder eingezäunt sein, wenn das Gelände frei betreten werden kann. Die Tiefe darf dann bei flachen Uferzonen maximal 80 cm, niemals jedoch über 130 cm betragen.

14.2 Konstruktion von Dichtungsaufbauten

Jede Wasseranlage erfordert bestimmte topografische und pedologische Voraussetzungen, die in der Regel künstlich geschaffen werden müssen. Überall dort, wo der Wasserdurchlässigkeitsbeiwert oder k_f Wert größer als 1×10^{-9} m/s ist, ist eine künstliche Dichtung erforderlich (vgl. Kap. 12.2.3). Dafür stehen unterschiedliche Materialien und Bauweisen zur Verfügung, die wiederum die Topografie des Geländes bzw. der für die Wasseranlage erforderlichen Hohlform beeinflussen.

Abb. 292. Die Hohlform: hier eine Kombination aus steilen Wänden und flacher Böschung.

14.2.1 Topografie des Baugrunds

Die Hohlform für ein künstliches Gewässer oder eine Wasseranlage entsteht durch Verformung der Erdoberfläche in Erdbauweise, die sich für naturnähere Anlagen mit flacher geneigten Uferböschungen eignet, oder ein technisches Bauwerk, z. B. aus Stahlbeton, bei senkrechten oder steiler geneigten Seitenwänden.

Die Neigung der Uferböschung hängt mit der späteren Funktion der Wasseranlage zusammen. Bestimmte Anlagen erfordern eine senkrechte Wand, aus ökologischen oder sicherheitstechnischen Gründen können dagegen Neigungen von 1 : 20 oder 1 : 25 erforderlich sein. Teilweise werden beide Bauweisen kombiniert, z. B. beim Bau von Schwimmteichen im Einkammersystem.

Häufig erfolgt, auch im Hinblick auf eine spätere Bepflanzung, eine Abstufung der Uferbereiche in unterschiedliche Tiefenzonen.

Die **Sumpfzone** liegt im Schwankungsbereich des Wasserspiegels und reicht von ca. 10 cm über der Wasserlinie bis ca. 20 cm darunter.

Die **Flachwasserzone** weist einen ständigen Wasserstand von ca. 20 bis 40, maximal 50 cm auf. In Schwimmteichen entspricht diese der Aufbereitungszone, in der bestimmte Filtermaterialien auch etwas abweichende Tiefen erfordern können.

Die **Tiefwasserzone** beginnt ab einer Mindestwassertiefe von etwa 70 bis 80 cm.

In der Regel bildet die Dichtung einen derartigen Höhenverlauf nach und ist im fertigen Gewässer aus funktionalen und gestalterischen Gründen nicht sichtbar, sondern abgedeckt. Bereits beim Formen der Baugrundtopografie ist daher der gesamte spätere Dichtungsaufbau zu berücksichtigen.

Die Dichtung ist eine der wesentlichen Komponenten beim Bau von Wasseranlagen. Sie entscheidet über Gelingen und Funktionsfähigkeit des Bauwerks. Nicht jede Dichtung eignet sich für jede Anforderung. Als Dichtungsmaterialien stehen mineralische Stoffe, Kunststoffbahnen sowie weitere Materialien zur Verfügung, die aus funktionaler, technischer und ökologischer Sicht ganz unterschiedlich zu beurteilen sind. Die Wichtigsten werden nachfolgend vorgestellt.

Gesamtdicke des Dichtungsaufbaus =
(ggf. Tragschicht)
+ Sauberkeits-/Ausgleichsschicht
+ Dichtungsschicht
+ Schutzschichten
+ Auflage-, Auflast- und sonstige Abdeckschichten

Technische Regel zu Gewässerabdichtungen

Forschungsgesellschaft Landschaftsentwicklung Landschaftsbau e.V. (FLL): Empfehlungen für Planung, Bau und Instandhaltung von Gewässerabdichtungen im Garten-, Landschafts- und Sportplatzbau, Ausgabe 2005

14.2.2 Dichtungen aus Ton

Dichtungen aus Ton bzw. Lehm sind die natürlichste und traditionellste Form der Teichdichtung. Aus ökologischer Sicht sind sie insbesondere bei naturnahen künstlichen Gewässern allen anderen Dichtungsformen vorzuziehen. Sie sind prinzipiell kein Fremdkörper im Boden und umweltgerecht recyclebar bzw. sogar renaturierbar. Tonminerale haben die Eigenschaft, schädliche Eintragstoffe, z. B. Metall-Ionen, an sich zu binden. Dadurch kommt es zu einer wichtigen Klärwirkung.

Dichtungen aus Tonprodukten sind vor allem dort zu erwägen, wo
- der Boden ohnehin lehmig bzw. tonreich ist bzw. ausreichende Tonvorkommen in der Nähe liegen,
- ein wechselfeuchtes Gewässer, z. B. als Retentionsmulde für Oberflächenwasser, geschaffen werden soll, d. h. geringste Wasserverluste durch Versickerung in Kauf genommen werden,
- die Biotopfunktion des Gewässers im Vordergrund steht, d. h. kein Badebetrieb oder intensive Nutzungen vorgesehen sind,
- keine oder kaum Einbauten bzw. Durchdringungen durch die Dichtung erforderlich sind.

Als technische Regeln für diese Dichtungsart sind insbesondere die genannten FLL-Empfehlungen heranzuziehen bzw. auch die Hinweise der Hersteller von speziellen Tonprodukten zu beachten.

Tondichtungen gehören in die Gruppe der mineralischen Abdichtungssysteme und können in verschiedene Untersysteme eingeteilt werden.

Dichtung aus natürlich vorkommendem Sediment
Geeigneter Boden (vgl. Kap. 12.2.3) kann in der Hohlform bzw. Mulde belassen oder als, in Abhängigkeit von den Standortverhältnissen, ausreichend dicke Schicht in Form einer „Lehmschlagdichtung" lagenweise eingebaut und verdichtet werden.

Vergütung mit Tonmineralen
Die dichtende Wirkung des Bodens wird durch das Einbringen quellfähiger Tonmineral-Mischungen erhöht (vgl. Kap. 12.2.3). Beim Einbau werden zwei Methoden unterschieden: Das Baumischverfahren oder „mixed in place", bei dem das pulverförmige Gemisch trocken in eine ca. 20 cm dicke Schicht als Vergütung des anstehenden Muldenbodens eingearbeitet wird, und das Zentralmischverfahren, „mixed in plant", bei dem durch Zwangsmischung fertiges Material hergestellt wird, das als Dichtungsschicht auf dem Boden der Hohlform eingebaut wird (FLL, 2005).

Geosynthetische Tondichtungsbahnen (GTD)
Die Verarbeitung der GTD (vgl. Kap. 12.3.3) ist relativ komfortabel. Die Bahnen werden mit vorgefertigter oder auf der Baustelle hergestellter Überlappung von mindestens 30 cm nach M Geok E in Längs- und Querrichtung verlegt und mit einer zu verdichtenden Auflastschicht versehen, die ein für den Dichtungserfolg wesentlicher Systembestandteil ist. Das M Geok E legt dafür eine Mindestschichtdicke von 30 cm außerhalb von Wasserschutzgebieten fest und empfiehlt Körnungen mit kleinem Größtkorn, z. B. 0/32. Die GTD müssen am Gewässerrand mindestens 5 cm, bei Schwimmteichen 10 cm, über den maximalen Wasserrand hinausreichen. Sie sind außerhalb des Gewässers durch eine Auflast aus kapillarsperrendem Schüttstoff mit mindestens 20 cm Schichtdicke zu sichern (FLL, 2005).

Teichbauelemente
Als Teichbauelemente werden spezielle vorgefertigte Quader aus hochdichtem Ton bezeichnet, die mit beim Einbau ineinander greifenden seitlichen Falzen versehen sind, sodass beim Verdichten eine gute Verzahnung erreicht wird. Die beiden Kanten ohne Falz sind abgeschrägt. Die Elemente werden in einer bestimmten Reihenfolge in der Hohlform von oben nach unten in die Sohle und von dort nach oben zum gegenüberliegenden Gewässerrand verlegt, rasch, beginnend am Rand, durch Vibrationsstampfen verdichtet, dabei gewissermaßen verknetet, und abgedeckt. Als Auflast- und Schutzschicht eignet sich beispielsweise ein zweischichtiger Aufbau aus einer 20 cm dicken unteren Schicht aus kalkfreiem Kies 8/16 mm oder kalkfreiem Schotter 2/32 mm und einer Deckschicht aus 10 bis 30 cm Kies oder geeigne-

Abb. 293. Sich verzahnende Teichbauelemente erleichtern den Einbau von Tondichtungen.

tem Füllboden. Von den Herstellern wird der vorherige Einbau eines Geovlieses empfohlen.

Beim Bau jeder Art von Tondichtung sind generell folgende Aspekte zu berücksichtigen:

- Die Bodenverhältnisse sollten prinzipiell für diese Technologie geeignet sein. Die Hohlform ist sorgfältig zu planieren und zu verdichten. Zu beachten ist dabei die stets große Mächtigkeit des Dichtungsaufbaus.
- Die Uferböschungen dürfen konstruktiv nicht steiler als 1 : 3 bis 1 : 4 geneigt sein, für GTD wird von Herstellern teilweise 1 : 1,75 angegeben.
- Bei steinreichen oder grobkörnigen Böden muss unter die Lehmdichtung eine Sauberkeits- bzw. Ausgleichsschicht aus Sand von ca. 10 cm Stärke aufgebracht werden.
- Zum Schutz der Dichtungsschicht empfiehlt sich ggf. oberhalb und unterhalb jeweils ein Geotextil, sofern nicht ökologische Überlegungen dagegen sprechen.
- Die Dichtung sollte über den geplanten Wasserstand hinaus hochgezogen werden. Die Überschüttung muss hier als Kapillarsperre für die Dichtung wirken, damit diese nicht austrocknet und Risse bekommt. Alle Tondichtungen, insbesondere die GTD, sind im Randbereich empfindlich gegenüber Austrocknung. Trocken gefallene GTD-Ränder verlieren ihre Abdichtungseigenschaft.
- Nahtstellen sind generell sorgfältig zu verstreichen.
- Dichtungen aus natürlichem oder vergütetem Boden und Teichbauelementen werden nach dem Einbau mit dem Stampfer oder bei großen Anlagen mit der Schaffußwalze verdichtet.
- Die Lehmdichtung wird mit einer ausreichend starken Auflast- und Schutzschicht, Dicke 20 bis 40 cm, ggf. auf einem Geovlies, versehen.

Farbtafel 27
Bild 155 bis 157:
Bau eines Wasserbeckens:
Hohlform aus Betonsteinen, – KDB mit Vlies und Natursteinverblendung sowie Pumpensumpf im Beckenboden – Auflastschicht aus Hartgesteinschotter im fertigen Becken.

Bild 158 bis 160:
Bau einer Schwimmteichanlage:
Hohlform aus Beton-Mauerscheiben – Abtrennung Schwimm-/Aufbereitungsbereich auf Schutzschichten über KDB, Filteranlage in Technikkammer – fertig verfüllte Teichanlage, Unterkonstruktion für späteres Holzdeck über Technikkammer.

Tab. 14.5: Bauteilabmessungen für Wasserbecken aus WU-Beton (Quelle: FLL, 2005)

Bauteil	**Mindestdicke**	**Beton-Druckfestigkeit**
Sauberkeitsschicht	$d \geq 5$ cm	Beton ≥ C 8/10
Sohlplatte aus bewehrtem Beton	$d_S \geq 25$ cm	Beton ≥ C 25/30
Wände aus bewehrtem Ortbeton	$d_W \geq 30$ cm	Beton ≥ C 25/30

- Unvermeidbare Durchdringungen müssen so ausgeführt werden, dass die Anschlussstellen nicht bewegt oder verformt werden können. Sie können mit vorgefertigten Formteilen oder Dichtungsplomben aus Ton ausgeführt werden. Im Einzelfall sind Überlappungsbereiche mit Fremdmaterialien wie Beton oder Kunststoffbahnen zu erwägen.
- Lehmdichtungen können nur bei geeigneter Witterung ausgeführt werden. Es darf weder regnen, noch zu heiß sein.

14.2.3 Dichtungen aus Beton

Dichtungen aus Beton gehören nach den FLL-Empfehlungen zu den Abdichtungssystemen aus mineralischen Stoffen mit hydraulischen Bindemitteln. Damit sind neben **Spritzbetonbauweisen** in erster Linie Wasserbecken aus **Beton mit hohem Wassereindringwiderstand**, kurz **WU-Beton**, gemeint, die eigentlich zu den Elementen des Massivbaus zählen.

Dementsprechend ist das Bauwerk frostfrei zu gründen (vgl. Kap. 4.3.3), z. B. mit Hilfe von Streifenfundamenten. Dabei ist zu be-

Abb. 294. Brunnenbecken aus WU-Beton (Turbinenplatz, Zürich).

Abb. 295. Kreisrundes Becken aus WU-Beton (Wahlenpark, Zürich); im Vordergrund sind feine Radial-Risse erkennbar.

155

156

157

158

159

160

161

162

163

164

165

166

rücksichtigen, ob das Becken im Winter entleert wird oder nicht. Gegebenenfalls muss die Bodenplatte so fundamentiert werden, dass die Fundamentsohle von der Beckensohle aus gerechnet bis in frostfreie Tiefe reicht.

Betonbecken müssen grundsätzlich aus Stahlbeton mit einer Rissbreiten beschränkenden Bewehrung angefertigt werden. Die Bewehrungsanordnung erfolgt entsprechend der statischen Berechnung. Bei der Dimensionierung sind die erforderlichen Mindestbauteildicken zu beachten.

Bei Becken, die im Winter gefüllt bleiben, kann die Innenwand mit einem leichten Anlauf ausgeführt werden, da Wasser beim Gefrieren sein Volumen vergrößert. Die Wirksamkeit dieser Maßnahme reicht jedoch unter Umständen nicht aus, weil das Wasser von oben her gefriert und sich fest mit der ggf. rauen Betonwand verbindet.

Arbeits- und Bewegungsfugen sind mit entsprechenden Fugenbändern zu versehen (vgl. Kap. 4.3.3).

Die Oberfläche des Betonbauwerks kann vielfältig behandelt werden (vgl. Kap. 4.3.4). Werden Abdeckungen, beispielsweise aus Naturstein oder Klinker, vorgesehen, sollte deren Unterkante oberhalb des maximalen Wasserspiegels liegen. Die Fuge muss dann nicht zwingend wasserdicht ausgebildet werden. Die Abdeckung kann aus gestalterischen Gründen einen Überstand haben, der Ablagerungen und Verfärbungen auf Höhe des Wasserspiegels verdeckt.

Durchdringungs- und Einbauteile, z. B. Bodenablauf, Zulauf oder Skimmer, bestehen aus rostfreiem und säurebeständigem Metall oder Kunststoff. Sie werden vor dem Betonieren im Boden bzw. in der Schalung befestigt und einbetoniert.

Nach dem Abbinden des Betons sollte das Becken bald befüllt werden, um Schwindrisse zu vermeiden.

Betonfertigteile eignen sich gut für kleinere Becken. Beim Einbau ist sorgfältig auf einen exakt horizontalen Beckenrand zu achten.

Technische Regeln zu WU-Beton

Deutscher Ausschuss für Stahlbeton (DAfStb): DAfStb-Richtlinie – Wasserundurchlässige Bauwerke aus Beton (WU-Richtlinie), Ausgabe 2003

Deutscher Beton- und Bautechnik-Verein e.V. (DBV): Merkblatt Wasserdurchlässige Baukörper aus Beton, Ausgabe 1996

Spritzbeton

Die Spritzbetonbauweise eignet sich für freie Gestaltungsformen, z. B. für Wasserläufe oder geschwungene Wasseranlagen mit fließendem Wasser, oder für die Sanierung bestehender Becken aus Beton oder Mauerwerk. Die Oberfläche sollte spritzrau bleiben. Wird eine glatte

Farbtafel 28

Bild 161. Wasseraustrittsstelle, Ablauf/Rücklauf über Pflastermulde und Einläufe.

Bild 162. Wasseraustrittsstelle über Schütte, Wassertisch und Rinne (Fließstrecke).

Bild 163. Überlauf und Rücklauf über Kastenrinne (Fließstrecke).

Bild 164. Rücklauf/Ablauf mit Laubfangkorb aus Lochblech (Reinigungsbaustein).

Bild 165. Oberflächenabsaugung mittels Rundskimmer (Reinigungsbaustein).

Bild 166. Dicht bepflanztes Reinigungsbeet in Verbindung mit Wasserspielanlage (BUGA Potsdam 2001).

Tab. 14.6: Möglichkeiten der Gewässerdichtung mit Asphalt

Mischgutart, Dichtungsart	**Definition gemäß Empfehlungen der FLL**	**Einbau**	**Mögliche Neigungen**	**Nenndicken für den Einbau**		
				Mindestdicke	**Maximaldicke**	**Mittelwert/ Nenndicke**
Asphaltbeton*	Mineralstoffgemisch abgestufter Körnung mit Straßenbaubitumen als Bindemittel	heiß meist maschinell eingebaut und verdichtet	1 : 1 (100 %)			40 mm
Asphaltmastix	wasserdichte, in heißem Zustand gießbare hohlraumfreie Masse aus Bitumen, Sand und Gesteinsmehl (Füller)	meist Handeinbau, keine Verdichtung	1 : 3 (~ 30 %)	7 mm	15 mm	10 mm
Gussasphalt	hohlraumfreies und wasserdichtes Gemisch aus Bitumen, Füller, Splitt und Sand; der Bindemittelgehalt ist so auf die Hohlräume abgestimmt, dass diese ausgefüllt sind	meist Handeinbau, bei größeren Flächen auch maschinell, keine Verdichtung	1 : 5 (20 %)	25 mm	40 mm	

* Hohlraumgehalt von ≤ 3,0 Vol.-% im Einbauzustand

Fläche gewünscht, muss diese aus Spritzmörtel oder feinkörnigem Spritzbeton in einer zweiten Lage von 5 bis 10 mm aufgespritzt und geglättet werden (vgl. Kap. 4.3.3).

14.2.4 Dichtungen aus Asphalt

Dichtungen aus Asphalt (vgl. Kap. 12.2.4) sind mineralische Abdichtungssysteme mit bitumenhaltigen Bindemitteln und eignen sich besonders für größere künstliche Seen. Es werden Asphaltmastix, Gussasphalt und Asphaltbeton verwendet.

Dichtungen aus Asphaltbeton können auf ungebundenen oder hydraulisch gebundenen Tragschichten, auf Beton und auf bitumenhaltigen Tragschichten bzw. Asphaltbinderschichten eingebaut werden. Gussasphalt kann nicht auf ungebundenen Unterlagen, jedoch neben der Standardbauweise auf der Asphaltbinderschicht auch auf Beton im Verbund mit einer Bitumenschweißbahn verwendet werden. Für Randausbildungen empfiehlt die FLL die Verwendung von Bitumenbahnen, ebenso bei Abschlüssen bei aufgehenden Bauteilen und im

Bereich von Durchdringungen auf der Unterlage. Die Dichtung sollte über den Wasserspiegel herausgezogen werden.

Die Herstellung der Dichtungen sollte möglichst nahtlos und in einem Arbeitsgang erfolgen. Gegebenenfalls sind Fugen und Arbeitsnähte wasserundurchlässig auszuführen. Schutzschichten sind in der Regel nicht erforderlich.

Normen und Regeln zu Asphaltdichtungen

DIN EN 12970 Gussasphalt und Asphaltmastix für Abdichtungen – Definitionen, Anforderungen und Prüfverfahren, Februar 2001

Deutsche Gesellschaft für Geotechnik e.V.: Empfehlung für die Ausführung von Asphaltarbeiten im Wasserbau – EAAW, Ausgabe 1990

14.2.5 Kunststoffdichtungsbahnen (KDB)

Kunststoffdichtungsbahnen (vgl. Kap. 12.3.3) stellen wohl die wichtigste Form der Abdichtung für Wasseranlagen dar. Sie eignen sich gleichermaßen für Teiche mit organischen oder freien Formen wie für die Abdichtung geometrisch geformter Becken aus Beton oder Mauerwerk. Im Vergleich zu den anderen beschriebenen Abdichtungssystemen ermöglichen sie geringere Aufbaudicken.

Kunststoffdichtungsbahnen eignen sich somit konstruktiv für

- Erdbauweisen mit flacher Uferböschungsmodellierung,
- Steilböschungen in technischer Ausbildung, ggf. in Verbindung mit entsprechender Unterkonstruktion,
- Betonbauwerke,
- Mauerbauweisen und
- kombinierte Bauweisen, wie z. B. im Schwimmteichbau.

Abb. 296. Große Teichanlage in Erdbauweise: Auslegen der KDB auf vorbereitetem Grund, hier auf Geovlieslage.

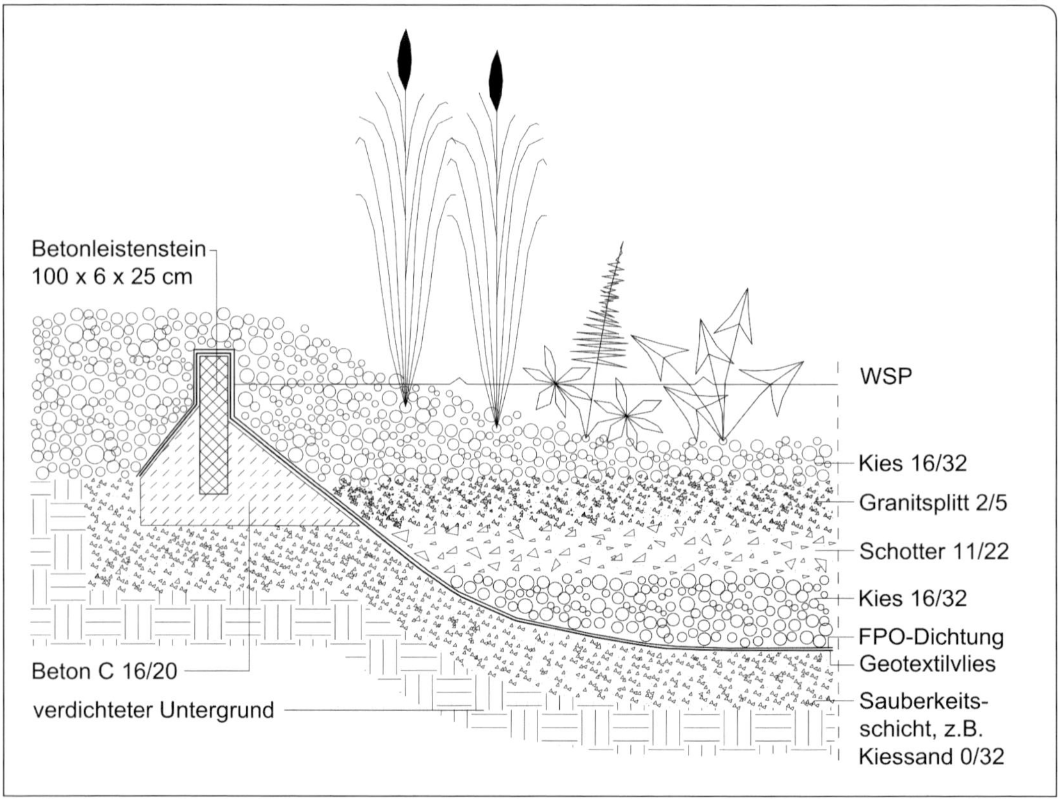

Abb. 297. Randausbildung mit Kapillarsperre, die ein Vernässen der Uferzone verhindert; bei größeren Anlagen sollte auch über der Dichtungsbahn eine Schutzlage (z.B. Geovlies) vorgesehen werden; der Aufbau der Auflastschicht aus verschiedenen Körnungen wirkt sich positiv auf die Wasserqualität aus.

Der Einbau von KDB gliedert sich in drei Abschnitte, die aufgrund der prinzipiellen Verletzlichkeit der Dichtungsbahnen sehr sorgfältig auszuführen sind: die Vorbereitung des Einbaugrundes, die Verlegung und die Abdeckung bzw. der Auftrag der Schutzschicht (Mahabadi und Rohlfing, 2005).

Auf dem Verlegegrund dürfen keine Steine, Wurzeln oder ähnliche Fremdkörper die Bahn gefährden, damit keine punktförmigen Belastungen entstehen. Dies gilt entsprechend bei betonierten oder gemauerten Becken, die abgedichtet werden sollen. Die Flächen sind zu glätten und zu säubern.

Vor dem Auslegen der Bahn kann bei Erdbauweisen eine 5 bis 10 cm dicke Schutzschicht aus Sand, bei Betonbauweisen mindestens 5 cm Mörtel oder Estrich, angelegt werden. In der Praxis wird inzwischen meist dem Einbau eines Geovlieses mit 200 bis 300 g/m² (GRK 3 bis 5) der Vorzug gegeben. Im Randbereich der Wasseranlage kann der Einbau eines Nagetierschutzes in Form eines speziellen Drahtgeflechts sinnvoll sein.

Die Kunststoffbahnen werden lose, d. h. ohne Befestigung, und weitgehend faltenfrei auf dem vorbereiteten Untergrund verlegt. Bis

Abb. 298. Befestigung der Dichtungsbahn am Rand oberhalb des Wasserspiegels.

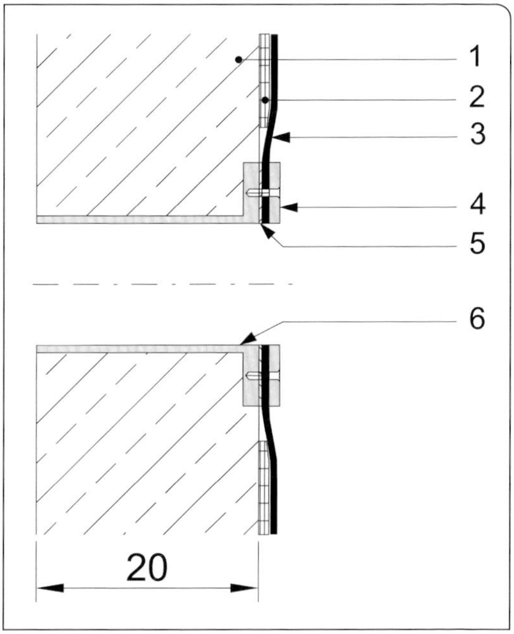

Abb. 299. Durchdringung der Dichtung mit einer Los- und Festflanschkonstruktion: 1 = Stahlbetonwand, 2 = Geotextilvlies, 3 = KDB, 4 = Losflansch, 5 = Flachdichtung, 6 = Festflansch (wird einbetoniert) (Maße in cm).

Abb. 300. Los- und Festflansch-Durchdringung.

zu einer Größe von 1000 bis 1500 m^2 können KDB einbaufertig hergestellt und geliefert werden. Andernfalls müssen die Bahnen mit einer dem Material entsprechenden und für die Baustelle geeigneten Technik mit einer Überlappungsbreite von mindestens 5 cm verbunden werden (vgl. Kap. 12.3.3).

Die **Randgestaltung** muss schon im Zuge der Erdarbeiten vorbereitet werden. In der Regel wird die Bahn ca. 15 cm über den höchsten Wasserstand hinausgeführt und gegen Hinterlaufen gesichert. Bei Erdbauweisen kann sie durch eine Art Ringplateau oder Ringgraben geführt und durch Überdeckung befestigt werden. Anschlüsse an Bauwerke oder Wände lassen sich mit mehrteiligen Anschlussprofilen bzw. Klemmschienen, durch Aufschweißen der Bahn auf spezielle einbetonierte Profile oder durch entsprechende Bauweisen herstellen. Die Dichtung sollte möglichst nirgends unbedeckt oder unverblendet bleiben, in Schwimmbereichen von Schwimmteichen auch nicht oberhalb des Wasserspiegels.

Durchdringungen sind wasserundurchlässig auszuführen. Dazu dürfen hier keine mechanischen Beanspruchungen der Dichtung entstehen. Dies wird in der Praxis mit Los- und Festflanschkonstruktionen, in denen die Bahn verklemmt wird, sowie, besonders wenn Durchdringungsteile in die Wasseranlage hineinragen, mit Anschlussmanschetten, mit denen die Dichtung verschweißt oder verklebt wird, realisiert.

Auch unterhalb des Wasserspiegels sollte die Dichtung aus optischen Gründen und zu ihrem Schutz vollständig überdeckt werden, von den Schwimmbereichen in Badeteichen einmal abgesehen. Vor dem Auftrag der **Abdeckschicht** ist eine Schutzlage aus Geovlies vorzusehen. Fallweise kommt auch eine Abdeckung mit Pflasterungen oder Beton in Betracht.

Vor der vollständigen **Befüllung** der Anlage sollte mit einer Teilbefüllung überprüft werden, ob Wasserverlust durch Versickern feststellbar ist. Beim Einlassen des Wassers ist darauf zu achten, dass Feinanteile aus Abdeck- und Auflastschüttungen nicht zu stark aufgeschwemmt werden (vgl. Farbtafel 27, Seite 464).

Projektbeispiel: KDB-gedichtetes Wasserbecken

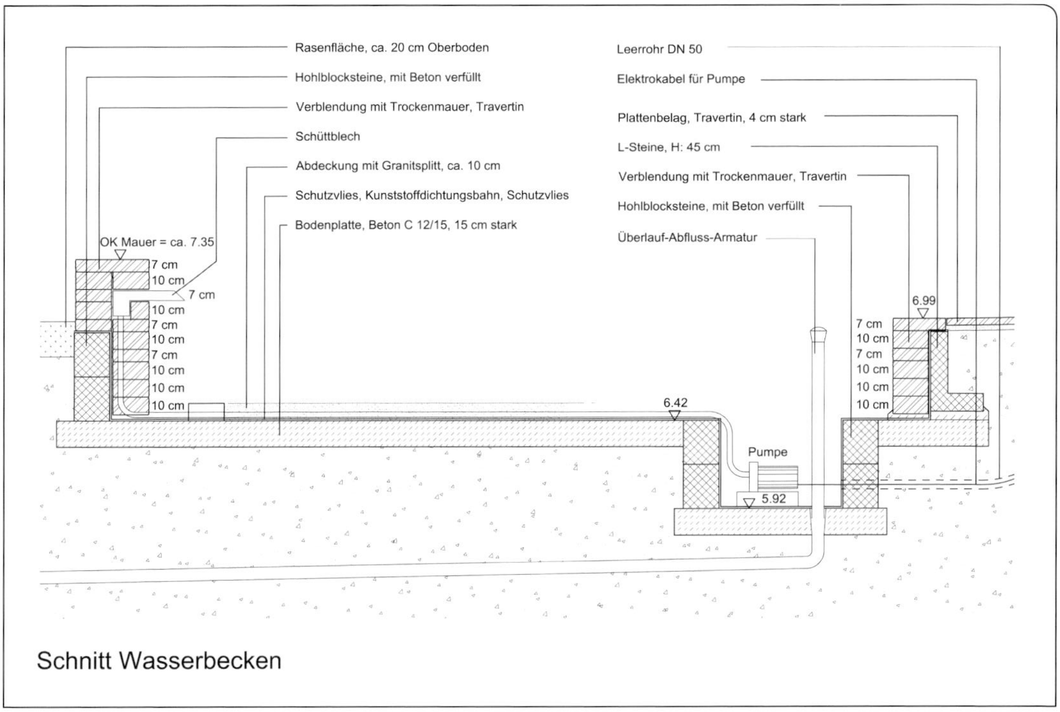

Abb. 301. Kleines Wasserbecken aus Naturstein mit Foliendichtung, Schnitt (zum Aufbau vgl. Farbtafel 27, Abb. 155 bis 157, Seite 464).

14.2.6 Sonstige Dichtungsbauweisen

Neben den behandelten Möglichkeiten können je nach Situation und Typus der Wasseranlage weitere Dichtungsbauweisen in Betracht kommen. Zu nennen sind insbesondere Dichtungen aus **Glasfaserverstärktem Kunststoff (GFK)** als Fertigbecken oder in Ortbauweise sowie Dichtungen bzw. Becken aus **Metall**.

GFK eignen sich für sehr dauerhafte Dichtungen in Anlagen mit hoher Belastung, z. B. für Schwimmteiche mit intensiver Nutzung, Wasseranlagen in Zoos etc. Sie sind prinzipiell frei formbar bei sehr geringer Schichtdicke und ohne Nähte und Bewegungsfugen sowie praktisch wartungsfrei, jedoch aufwändig zu erstellen und daher vergleichsweise teuer. Sie bestehen aus den Komponenten Epoxidharz, Glasfasergewebe und Härter oder aus Polyesterharz, Glasfasermatten und Härter. Als Unterkonstruktion ist eine ca. 10 cm dicke Betonwanne oder Vergleichbares geeignet. Die mit Harz und Härter getränkten Glasfasermatten werden mehrlagig ausgelegt und mit einer Handwalze ausgewalzt und geglättet. Nach der Aushärtung des Laminats kann die Oberfläche geschliffen und im gewünschten Farbton

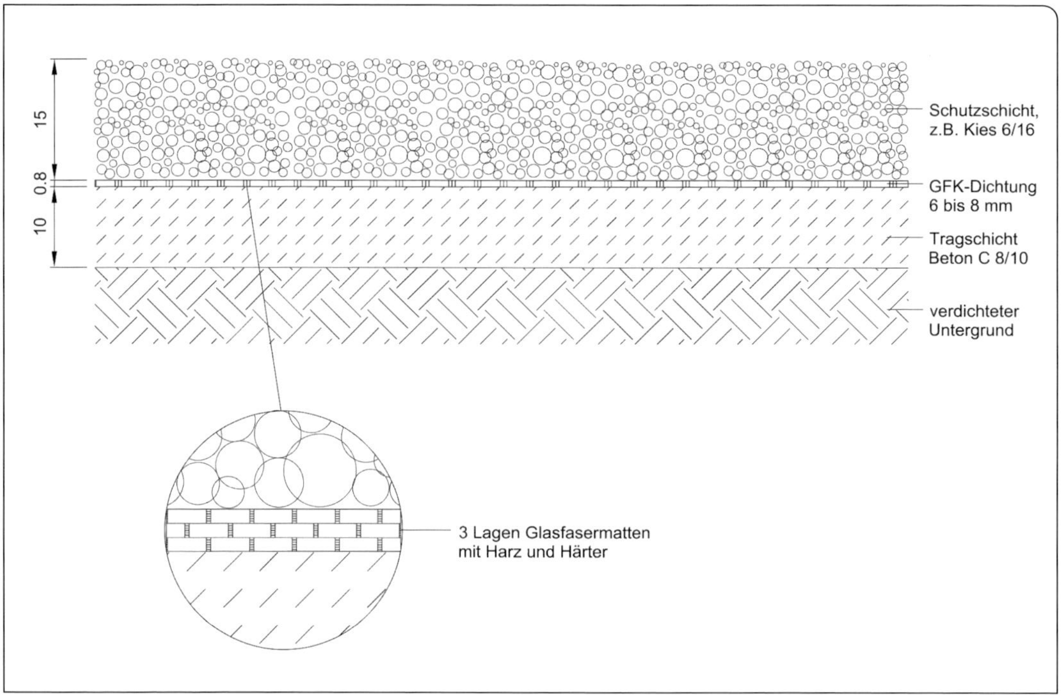

Abb. 302. Prinzipieller Aufbau einer GFK-Dichtung.

versiegelt werden. Spätestens eine Woche danach kann das Becken befüllt werden.

Becken aus Metall sind vor allem als Schwimmbecken oder kleinere Wasser- und Pflanzbecken geeignet. Standard-Schwimmbecken bestehen aus Stahlblech mit innenseitiger Folienkaschierung und erdseitiger Isolierung oder aus Edelstahlblech. Meist reichen eine unbewehrte, ca. 20 cm dicke Betonbodenplatte aus Unterkonstruktion und eine Kies- oder Betonhinterfüllung der Seitenwände aus. Die Beckentiefe liegt zwischen 130 und 180 cm, Länge und Breite basieren häufig auf einem bestimmten Rastermaß.

Für freistehende Stahlbecken nach Plan müssen die Wände je nach Größe ausreichend stark und ggf. die Ecken ausgesteift sein.

14.2.7 Einbauten und Bepflanzung

Sind Einbauten wie Stützen für Stege und Plattformen, Quellsteine, Mauern, Treppen und Stufenanlagen, Felsen, Spiel- oder Kunstobjekte über der Dichtung vorgesehen, müssen diese so gegründet werden, dass die Dichtung nicht durch Druckbelastung gefährdet wird. Dies gilt insbesondere für Punktlasten, z. B. durch Stützen über Kunststoffdichtungsbahnen. Zur Druckverteilung empfiehlt sich hier eine Schutzschicht oder -platte aus Beton über einem Geotextil der GRK 5, die ggf. durch eine entsprechende Schicht als Gegenstück un-

Tab. 14.7: Ansprüche und Eigenschaften von Pflanzen in Wasseranlagen

Pflanzengruppe	**Makrophyten = Höhere Wasserpflanzen**			
		Hydrophyten = Wasserpflanzen		
Untergruppe	**Helophyten = Sumpfpflanzen**	**Unterwasserpflanzen** = submerse Hydrophyten	**bodenwurzelnde Schwimmblattpflanzen**	**Schwimmpflanzen** = Pleustophyten
Beispiele für Arten	Sumpfdotterblume = *Caltha palustris*, Europäisches Schilf = *Phragmites australis*	Tannenwedel = *Hippuris vulgaris*, Wasserfeder = *Hottonia palustris*	Weiße Seerose = *Nymphaea alba*, Gelbe Teichrose = *Nuphar lutea*	Wasserhyazinthe = *Eichhornia*, Wasserlinse = *Lemna* in Arten
Zone	**Sumpfzone**			
	Flachwasserzone			
		Tiefwasserzone		
Anatomische Eigenschaften	Pflanzen mit dicht vernetztem Wurzelwerk, wachsen häufig aufrecht über WSP hinaus	an das Wasser angepasste Statik:		
		Spross bleibt meist ganz unter Wasser, wurzeln im Gewässergrund	Wurzelt im Boden, Blätter und Blüten schwimmen auf der Wasseroberfläche	Spross schwimmt ganz oder teilweise auf Wasseroberfläche
Technische Wirkung	durch dichte und fein vernetzte Bodendurchwurzelung hohe Bindewirkung und Reinigungskraft	wichtige Sauerstoffproduzenten und Nährstoffzehrer, daher Bedeutung als Repositionspflanzen		
		gut für Schwimmteiche geeignet	aufgrund dominanten Wuchses meist nicht für Schwimmteiche zu empfehlen	
Hinweis	aufgrund Fähigkeit zur vegetativen Vermehrung häufig starkwüchsig; ggf. Verwendung von Pflanzkörben	entwickeln teilweise Wuchs hemmende Stoffe für andere Pflanzen, z. B. Hornkraut = *Ceratophyllum demersum*	beschatten den Gewässergrund oft stark und nehmen so den submersen Arten das Licht weg	

terhalb der Dichtung ergänzt wird. Einbauten in Form von Treppen, Mauern und Stützelementen sind so zu dimensionieren, dass sie auch vor Befüllung der Anlage, d. h. ohne Wasser, hinreichend standsicher sind. In Betonbecken kann es wirtschaftlicher sein, mit Hilfe derartiger Elemente eine Tiefenzonierung für die Bepflanzung zu schaffen, als die Bodenplatte abzustufen (vgl. Kap. 14.2.1).

Soll die Anlage bepflanzt werden, übernimmt die Auflastschicht über der Dichtung meist auch die Funktion als Vegetationstrag-

Abb. 303. Einbauten auf der Dichtung (KDB) mit Schutzlage und Betonunterlage.

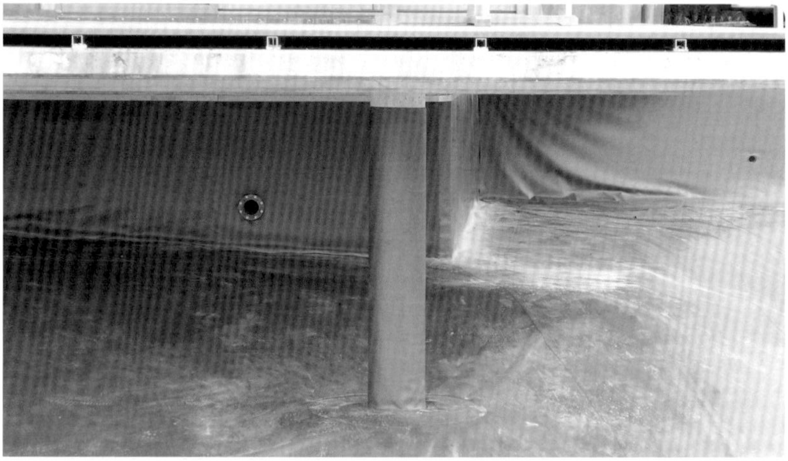

Abb. 304. Einbauten mit bis über den Wasserspiegel hochgezogener Dichtung (KDB).

Abb. 305. Bepflanzung in der konstruktiv nachgebildeten Sumpfzone (Aufbereitungsbereich Schwimmteich).

schicht. Diese sollte nährstoff- und kalkarm sein, keine Erhöhung des pH-Wertes begünstigen, eine geringe Trübungstendenz und ausreichende Absinkgeschwindigkeit aufweisen und möglichst frei von humosen Bestandteilen sein.

Für die Bepflanzung eignen sich im Wesentlichen zwei Pflanzengruppen, die **Helophyten oder Sumpfpflanzen** und die **Hydrophyten oder Wasserpflanzen**, die sich hinsichtlich Eigenschaften und technischer Funktion für die Wasseranlage unterscheiden.

14.3 Bausteine des Wasserkreislaufs

Künstliche Wasseranlagen werden durch Wasser ohne Druck oder durch Druckwasser gespeist. Unter drucklosem Wasserzufluss versteht man die Speisung durch Niederschlagswasser, bestehende Quellen oder Fließgewässer.

Bewegte Wasseranlagen, künstliche Bäche, Wasserfälle, Fontänen, Brunnenanlagen etc., bei denen keine natürliche Wasserzufuhr außer dem Niederschlagswasser zur Verfügung steht, werden umgewälzt, d. h. mit Hilfe einer Pumpe wird ein künstlicher Wasserkreislauf geschaffen. Die Wassermenge zirkuliert dabei durch das System, ohne dass zunächst Wasser zu- oder abgeführt werden muss. Die Hauptbestandteile des Umwälzkreislaufes sind dabei folgende.

Die **Austrittsstelle**, aus der das Wasser sichtbar an die Oberfläche tritt, liegt im oberirdischen **Wasserspeicher**, z. B. einem Becken, oder ist über eine **Fließstrecke**, z. B. einen Bachlauf, angebunden. Eine **Pumpe** saugt das Wasser aus dem Wasserspeicher an. Diese ist entweder direkt im Wasser positioniert oder mit einer weiteren Fließstrecke, der **Saugleitung**, angebunden. In diesem Fall ist eine **Pumpenkammer** erforderlich. An die Stelle der Saugleitung kann eine drucklose **Überlaufleitung** treten, über die das Wasser in einen unterirdischen Wasserspeicher, z. B. in der Pumpenkammer, fließt. Die Pumpe saugt dann aus diesem Wasserspeicher an. Über eine weitere Fließstrecke, die **Druckleitung**, pumpt die Pumpe das Wasser zurück an die Austrittsstelle.

Da die oberirdischen Bestandteile des Systems stets unterschiedlichen Umwelteinflüssen und Beeinträchtigungen der Wasserqualität ausgesetzt sind, umfasst der Umwälzkreislauf in aller Regel auch Bausteine zur **Reinigung** des Wassers.

Aufgrund von Verdunstungsverlusten in den oberirdischen Systembestandteilen sollte die Möglichkeit zusätzlicher Wasserzuführung, d. h. ein **Zulauf** gegeben sein. Auch die Entleerung des Systems, beispielsweise im Winter, und damit ein **Ablauf** sind in der Regel erforderlich.

Für die Bedienung der Bausteine des Umwälzsystems, z. B. für das Öffnen oder Schließen des Wasserzulaufs, das Öffnen des Ablaufs oder die Bedienung der Pumpe, sind bei komplexeren Anlagen **Regelungs- und Steuerungselemente**, z. B. Schalter, erforderlich.

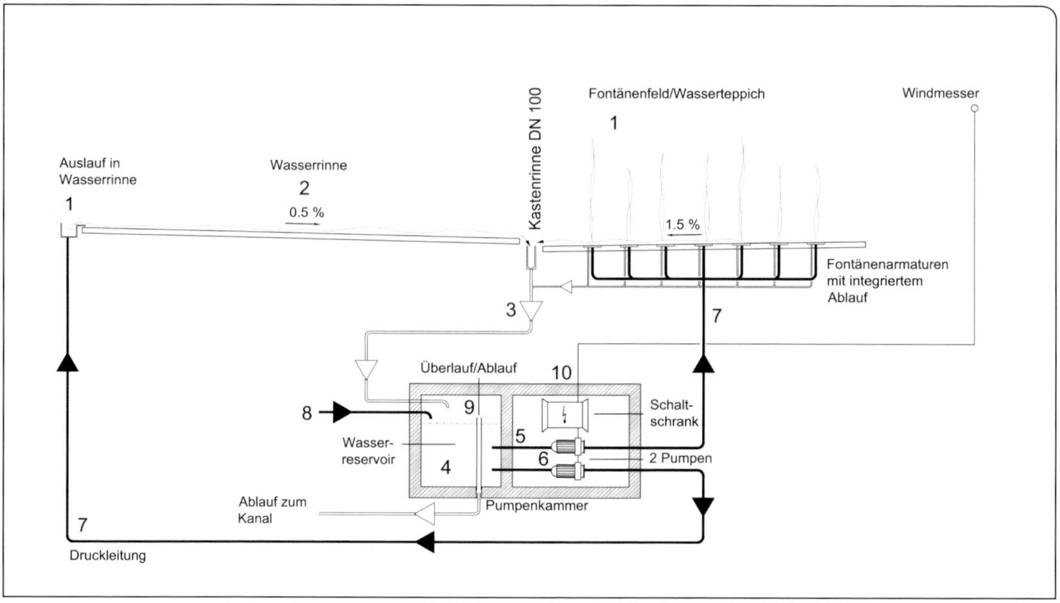

Abb. 306. Prinzipskizze eines Wasserkreislaufs: 1 = Wasseraustrittsstellen (Fontainenfeld, Quelle der Wasserrinne), 2 = Fließstrecke: offenes Gerinne, 3 = Fließstrecke: Rücklaufleitungen, 4 = Wasserspeicher (unterirdisch in Pumpenkammer), 5 = Fließstrecke: Saugleitungen, 6 = Pumpen, 7 = Fließstrecke: Druckleitungen, 8 = Frischwasserzulauf zum Ausgleich von Verdunstungsverlusten, 9 = Überlauf/Ablauf zum Ausgleich von Wasserüberschuss, 10 = Regelung/Steuerung im Schaltschrank.

Der Entwurf einer Wasseranlage sollte in qualitativer Form immer auch den Umwälzkreiskauf mit allen geplanten Bestandteilen umfassen. Anhand einer entsprechenden Schemazeichnung oder Prinzipskizze kann dann die Bemessung der Elemente durch den Fachprojektanten oder Anlagenbauer gezielt erfolgen. Die folgenden Ausführungen verstehen sich als methodische Hilfe dazu.

14.3.1 Austrittsstelle

Als Wasseraustrittsstelle bezeichnet man den Punkt im Umwälzsystem, an dem das umgewälzte Wasser zutage tritt. Je nachdem, ob der Umwälzkreislauf überwiegend gestalterische oder hauptsächlich reinigungstechnische Zwecke erfüllt, wird die Austrittsstelle als eigenständiges gestalterisches Element konzipiert oder kaum wahrnehmbar, ggf. unter dem Wasserspiegel, platziert sein.

Anforderungen an Stabilität, Verletzungsfreiheit etc. sind stets zu beachten. Für ersteren Zweck bietet der Produktmarkt eine große Auswahl an Effektdüsen an, welche die unterschiedlichsten Wasserbilder erzeugen (vgl. Farbtafel 28, Abb. 161 und 162, Seite 465).

Abb. 307. Winddrift (Fontäne im Schlosspark Schleißheim).

Bei der Dimensionierung und Konzeption der Wasseranlage sind bei der Verwendung von steigenden Wasserelementen, z. B. Fontänen, zwei Faktoren zu berücksichtigen – das Spritzwasser durch das Herabfallen der Wassertropfen und die Winddrift, die den Spritzeffekt noch verstärken kann.

Zur Reduzierung und Vermeidung von Spritzwasser außerhalb der Wasseranlage ist als Faustformel anwendbar:

Abstand Fontäne – Anlagenrand = Springhöhe H der Fontäne

An windexponierten Stellen mit Sicherheitszuschlag:

Abstand Fontäne – Anlagenrand = 1,25–1,5 × Springhöhe H der Fontäne

Zu berücksichtigen ist dies, um ggf. Irritationen im Straßenverkehr oder die zunehmende Befeuchtung und Rutschigkeit des Bodenbelags zu verhindern. Bei extremeren Windverhältnissen können derartige Effekte zunehmend störend wirken. Für diesen Fall sind spezielle windabhängige Fontänensteuerungen einsetzbar. Das Steuergerät kann die Fontänenhöhe stufenweise herunterfahren oder die Pumpe ganz abschalten. Dazu ist ein Windmesser oder Anemometer erforderlich, das in vergleichbarer Windexposition wie die Fontäne platziert wird.

14.3.2 Fließstrecken

Fließstrecken verbinden unterschiedliche Systembestandteile des Umwälzkreislaufs miteinander. Sie untergliedern sich in oberirdische Fließstrecken, wie Bachläufe oder Gerinne, und unterirdische Leitungen, die wiederum unter Betriebsdruck stehen können, wie die Saug- und Druckleitung, oder als sogenannte Gefälleleitungen (Mahabadi und Rohlfing, 2005) ohne Druck sind wie die Rücklauf-, Überlauf- und Abflussleitung. Eine ausreichende Bemessung aller Fließstrecken ist entscheidend, um die Ableitung der gesamten Fördermenge ohne Zeitverzögerung und Rückstaueffekte zu gewährleisten.
Rohrleitungen werden in aller Regel in frostfreier Tiefe verlegt. Als Bestandteile einer Umwälzanlage müssen die Rohre druckfest, dicht, glatt, abriebfest, beständig gegen chemische Wirkungen und allgemein unempfindlich gegen Beanspruchungen sein. Dies erfüllen heute vor allem Kunststoff- (PVC, PE, PP) und Stahlrohre.

Die **Saugleitung** verbindet die Pumpe mit einem Wasserspeicher, sofern die Pumpe nicht direkt im Wasserspeicher aufgestellt wird. Der in der Pumpe erzeugte Unterdruck saugt Wasser über die Saugleitung an. Tritt hier Luft ein, kann dies die Pumpe schädigen. Die Saugleitung sollte möglichst kurz sein und zur Pumpe hin leicht ansteigen. Entscheidend dabei ist die ausreichende Überdeckung der Ansaugstelle mit Wasser. Eine zu geringe Überdeckung birgt die Gefahr einer Luftwirbelbildung und Kavitation.

Als Faustformel für die Mindestüberdeckung von Ansaugstellen gilt:

$$S_{min} = (v_s^2 : 2\,g) + 0{,}1 \text{ (in m)},$$

wobei
S_{min} = Mindestüberdeckung in m,
v_s = Strömungsgeschwindigkeit in m/s (ca. 1 bis 2 m/s),
g = Erdbeschleunigung (9,81 m/s²).

Die **Druckleitung** stellt die Verbindung zwischen Pumpe und Austrittsstelle dar, sofern die Austrittsdüse nicht direkt auf der Pumpe verschraubt ist. Sie dient der Beförderung des angesaugten Wassers in Richtung Austritt. Die Druckleitung wird auf den Pumpenstutzen montiert. Die Bemessung der Druckleitungen erfolgt über sogenannte Druckabfalltabellen. Für den jeweiligen Durchfluss Q können für unterschiedliche Nenndurchmesser DN der Rohrreibungsverlust in Bar je 100 m Leitungslänge und die Fließgeschwindigkeit v abgelesen werden.

Rohrleitungen, welche die Aufgabe haben, bestimmte Bausteine des Umwälzkreislaufs, z. B. eine Filtereinrichtung, fallweise zu umgehen, werden als **Bypass** bezeichnet.

Abb. 308. Fließstrecken: Rohrleitungen aus PVC mit Armaturen (hier Kugelventilen).

Abb. 309. Verteiler, druckseitig, vor Wasseraustrittsstelle mit fünf gleichen Teilströmen.

Armaturen sind Einrichtungen zur Veränderung des Wasserstroms in den Rohrleitungen. Sie können aus Messing, Stahl oder Kunststoff bestehen. Wichtige Armaturen sind Regel- und Absperrorgane wie Hähne, Ventile, Schieber und Klappen, Rückschlagklappen oder -ventile und Entleerungsorgane.

Bei mehreren Wasseraustrittsstellen muss der Hauptstrom auf verschiedene Teilströme aufgeteilt werden. Dazu wird auf der Druckseite oder auf der Saugseite der Pumpe ein **Verteiler** eingebaut. Es ergeben sich zwei Varianten:

- eine Pumpe, Verteiler druckseitig, gleiche Teilströme und
- mehrere Pumpen, Verteiler saugseitig, unterschiedliche Teilströme.

14.3.3 Wasserspeicher

Innerhalb des Umwälzsystems können **Wasserspeicher** und **Zwischenspeicher** unterschieden werden. Der Zwischenspeicher dient als Durchflussbecken. In der Regel ist das der oberirdische und gestaltete Teil der Wasseranlage. Der Wasserspeicher befindet sich am tiefsten Punkt der Anlage und dient als Vorratsspeicher, aus dem die Pumpe über eine Saugleitung oder direkt über ihren Saugstutzen Wasser ansaugt. In diesem Fall ist die Pumpe im Wasserspeicher aufgestellt. Bei sehr einfachen Wasseranlagen gibt es oft nur einen oberirdischen, z. B. den Gartenteich mit Tauchmotorpumpe, oder unterirdischen, z. B. den Schacht mit Tauchmotorpumpe unter dem Quellstein, Wasserspeicher. Mit Hilfe eines Wasserstandsmessers kann der Wasserstand im Speicher reguliert werden.

Im Wasserspeicher sollten folgende Wassermengen gespeichert werden können: der gesamte Umwälz-Rücklauf, eine Reservemenge als Trockenlaufschutz für die Pumpe sowie eine Ausgleichsmenge,

z. B. zum Ausgleichen von Verdunstungsverlusten, möglichst aus Regenwassernachspeisung, sofern nicht eine Badenutzung o. Ä. dagegen spricht.

14.3.4 Pumpe

Das Kernstück des Umwälzkreislaufes ist die Pumpe. Sie ermöglicht die Zirkulation des Wassers. Pumpen werden hinsichtlich ihrer Art der Energieumwandlung unterschieden in statisch arbeitende Pumpen, die nach dem Verdränger-, Auftriebs- oder Reibungsprinzip Flüssigkeit fördern, und in dynamisch arbeitende Pumpen, die das Strömungs-, das Stoß- oder das Strahlprinzip anwenden. Für die Förderung von Wasser im Freien werden überwiegend Kolbenpumpen (Verdrängerprinzip) oder Kreiselpumpen (Strömungsprinzip) verwendet. Kolbenpumpen dienen beispielsweise der Hebung von Wasser aus tiefer gelegenen Speichern oder dem Grundwasser. Im Umwälzkreislauf von Wasseranlagen werden ausschließlich Kreiselpumpen eingesetzt.

Die **Kreiselpumpe** ist eine Strömungsmaschine, die mit Hilfe eines rotierenden Laufrades die Energie der Förderflüssigkeit erhöht. Die erste derartige Pumpe wird dem französischen Physiker Denis Papin zugeschrieben, der 1689 einen Prototyp baute.

Die Leistung einer Kreiselpumpe stellt sich in der Beziehung zwischen dem **Förderstrom Q** und der **Förderhöhe H** dar. Die Förderhöhe H ist diejenige vertikale Höhe, welche die Pumpe den Förderstrom Q = Wassermenge pro Zeiteinheit, die am Austrittspunkt ankommt, fördern kann. Die Beziehung zwischen Q und H bei der jeweiligen Pumpe wird grafisch in der sogenannten Q-H-Kurve, auch als **Pumpenkennlinie**, Drosselkennlinie oder Drosselkurve bezeichnet, dargestellt. Daneben sind weitere Kennlinien wie die Wirkungsgradkurve, die Leistungsbedarfkurve und die NPSH(= Net Positive Suction Head = Haltedruckhöhe)-Linie von Bedeutung.

Um eine möglichst wirtschaftliche Pumpenlösung zu finden, wird in der Regel eine **Anlagenkennlinie** oder Rohrkennlinie erstellt, die nicht nur Förderstrom und Förderhöhe, sondern sämtliche in Rohren und Armaturen entstehenden Reibungsverluste berücksichtigt. Den Schnittpunkt zwischen den Graphen der Anlagen- und der Pumpenkennlinie nennt man Betriebspunkt B. Die Pumpe wird bei den anlagenspezifischen Gegebenheiten (z. B. den jeweiligen Reibungsverhältnissen) den im Betriebspunkt liegenden Förderstrom Q auf die im Betriebspunkt erreichte Höhe H fördern.

Kreiselpumpen können je nach Bauart vertikal oder horizontal, im Wasser oder trocken aufgestellt werden. Im Wasser aufgestellte Pumpen bezeichnet man als Tauchmotorpumpen. Universalpumpen können im Wasser und außerhalb verwendet werden.

Abb. 310. Trocken aufgestellte Kreiselpumpe.

Abb. 311. Kleiner Pumpenschacht mit Energiesparpumpe.

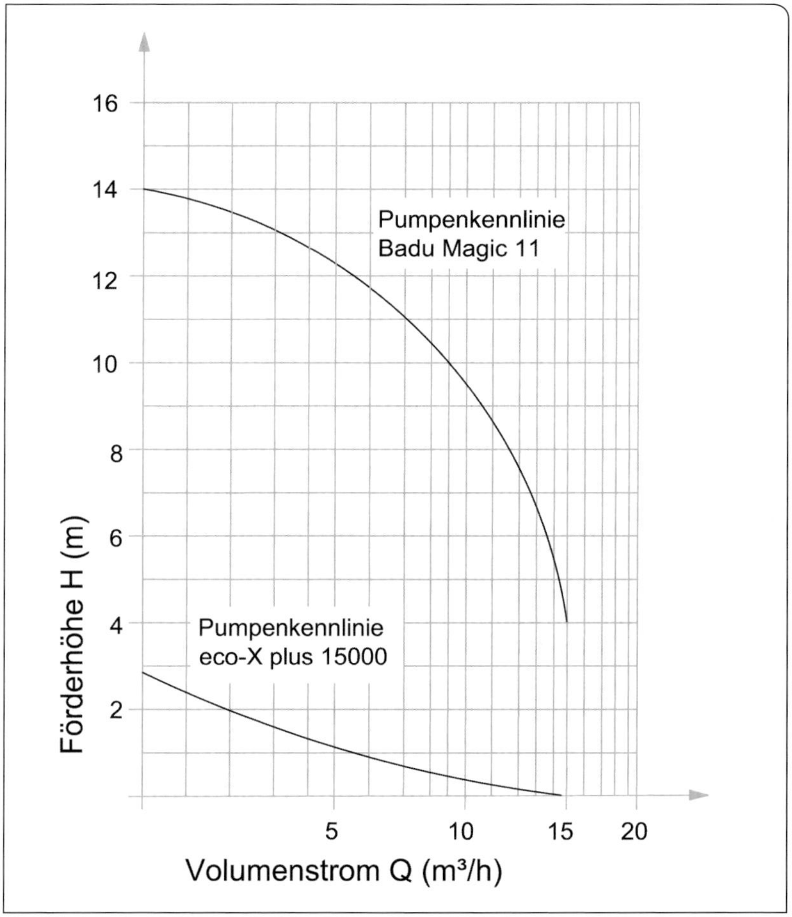

Abb. 312. Pumpenkennlinien für unterschiedliche Produkte.

Tauchmotorpumpen werden auf dem Anlagenboden, in einer Bodenvertiefung, dem sogenannten Pumpensumpf, oder einem separaten unterirdischen Wasserspeicher installiert.

Trocken aufgestellte Kreiselpumpen können in einem Kellerraum oder in einer eigenen Pumpenkammer platziert werden. Die **Pumpenkammer** sollte ausreichend dimensioniert, gut zugänglich und vor eindringender Feuchtigkeit geschützt sein. Hier sollten möglichst alle hydraulischen und sonstigen technischen Komponenten der Anlage untergebracht werden. Neben der Pumpe selbst mit Druck- und Saugleitung sowie Elektroanschluss sind dies der Schaltschrank für die sonstige elektrische Ausstattung, die Regel- und Absperrorgane, Wasserreinigungseinrichtungen, Be- und Entlüftungsleitungen, Zulauf, Abfluss, Entleerungsleitung etc.

14.3.5 Reinigung

Jede Wasseranlage kann das System beeinträchtigende Verunreinigungen erfahren durch

- **wasserunlösliche Stoffe** = Sink-, Schweb- und Schwimmstoffe (meist $\geq 0{,}1$ mm),
- **wasserlösliche Stoffe** = suspendierte, nicht absetzbare und gelöste Stoffe ($\approx 0{,}0001$ bis $0{,}000001$ mm) aus organischer oder anorganischer Herkunft,
- **Mikroorganismen**, wie Algen oder Viren.

Bei Zieranlagen sind in der Regel nicht dieselben hygienischen Belange zu berücksichtigen, wie bei Schwimm- und Planschbecken. Trotzdem sind zur Erhaltung der Wasserqualität und zum Schutz der Anlagenbestandteile meist geeignete Reinigungseinrichtungen und Pflegemaßnahmen erforderlich (vgl. Tab. 14.8).

Es lassen sich vier methodisch unterschiedliche Reinigungsansätze unterscheiden.

Bei der **biologischen Reinigung** entsteht im Wasser, z. B. durch geeignete Bepflanzung, günstig wirkende Mikroorganismen und einen ausgewogenen Sauerstoffhaushalt ein biologisches Gleichgewicht (vgl. Farbtafel 28, Abb. 166, Seite 465).

Die **mechanische Reinigung** entfernt oder filtert Verunreinigungen regelmäßig mit speziellen Einrichtungen aus dem umgewälzten Wasser (vgl. Farbtafel 28, Abb. 164 und 165, Seite 465). Schwebstoffe, die das Wasser trüben, können mit Hilfe von Ausfällungsmitteln zur Flockenbildung gebracht werden, sodass sie von den Filtern zurückgehalten werden.

Bei der **chemischen Reinigung** werden Mikroorganismen durch entsprechende chemische Verbindungen, wie Chlor, Ozon, Algizide etc., bzw. durch die entsprechenden Reaktionen abgetötet.

Tab. 14.8: Reinigungsbausteine im Umwälzkreislauf (Quelle: nach Eisenbarth, 1998)

Reinigungsziel	Reinigungsbaustein, Reinigungsmethode	(Verfahrens-)Beschreibung
Mechanische Grobfiltration	Rechen	Grob-, Mittel-, Feinrechen mit Stabweite 10 bis 0,3 cm; auf gute Zugänglichkeit ist achten
	Lochblech, Laubfang	Gelochtes Edelstahlblech bzw. fein gelochter Eimer
	Skimmer	Oberflächenabsaugung als Wandeinbau-, Flachwasser-, Rund- oder Schwimmskimmer, Situierung entsprechend Hauptwindrichtung
	Absetzbecken, Absetzschacht	Schacht, auf dessen Grund sich Sinkstoffe ablagern; nur gereinigtes Wasser läuft weiter
	Tauchwand	Schwimmstoffabscheider, der meist im Absetzbecken integriert wird; ragt ca. 10 bis 15 cm über den Wasserspiegel
Mechanische Feinfiltration – Flächenfilter	Saug-Filterkorb	Fein gelochter Korb, der am Anfang der Saugleitung bzw. bei Nassaufstellung am Saugstutzen der Pumpe montiert wird
	Filtersack-Verfahren	Feinmaschiger Vliessack an der Zulaufmündung einer Rohrleitung
	Mikro-Trommelsieb	Kombination aus engmaschigen Feinsieben aus Kunststoff- oder Edelstahlgewebe von 0,032 bis 0,63 mm und Rotation der Trommel (D = 1 bis 4 m)
	Feinfilteranlage	Filterkörbe, Gewebefilter, Papier- oder Vliespatronen, die als Inline-, Parallel- oder Bypassfilter eingebaut werden
Mechanische Feinfiltration – Raumfilter	Langsamfilter = Sickerpackung	Filter nach natürlichem Vorbild aus feinen Mineralgemischen (Sand); Korngröße 1 bis 3 mm, eventuell gestuft verwenden
	Reinigungsbeet	Kombiniert mechanische mit biologischer Reinigung durch Pflanzen; mit feinem Filtermaterial (k_f-Wert ca. 10^{-4} m/s) gefüllte und mit Helophyten bepflanzte Bodenkörper mit guter Bindekapazität (Tonminerale, Zeolithe); Pflanzen nehmen Nährstoffe auf und geben Sauerstoff ab, Reduktion der Keime („Hygienisierung"); teilweise auch Beseitigung von Mikroverunreinigungen als Nebeneffekt
	Schnellfilter = Mehrschichtfilter	Mehrere Filterschichten (Bims, Sand etc.), durch die das Wasser mit Druck (erhöhte Filtergeschwindigkeit) befördert wird; ph-Wert-Verschiebung als Nebeneffekt
Reinigung durch chemische Reaktion	Flockungsmittel Flockungsanlage	manuelle oder automatisierte Zugabe hochwertiger Ionen (z. B. Eisen-III-Chlorid, Eisen-II-Sulfat, Al-Sulfat, Poly-Al-Chlorid), die zum Zusammenballen (Ausflocken) kolloidaler Teilchen führen, die sich aufgrund ihrer negativen Ladung abstoßen und als Trübung im Wasser sichtbar sind; ausgeflockte Bestandteile sind mechanisch filterbar; teilweise Entfernung von Keimen und pH-Wert-Verschiebung als Nebeneffekt
	Aktivkohle-Filter	Adsorption (= Anlagerung von Ionen oder Molekülen an die Oberfläche) von Geruchs- und Geschmacksstoffen, Bioziden, Mineralölen etc. durch Aktivkohle (Oberfläche 600 bis 900 m^2/g), z. B. als Schicht im Schnellfilter
	Oxidations-Verfahren	Oxidative Desinfektion von z. B. Bakterien durch Chlorgas (Cl_2) bzw. Chlordioxid (Chlorung) oder Ozonisierung (O_3): Ozon ist 100mal reaktionsschneller als Chlor, teures Verfahren, erfordert „Ozonschrank" + Zusatzeinrichtungen

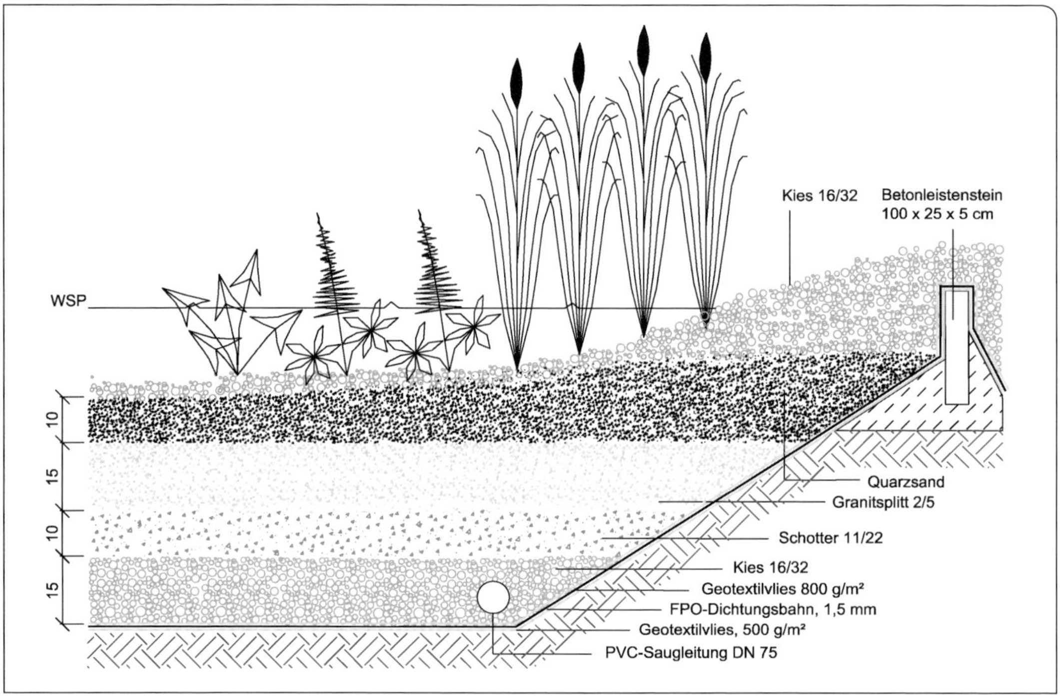

Abb. 313. Prinzip eines Mehrschichtkiesfilters, z.B. für die Aufbereitungszone von Schwimmteichanlagen.

Physikalische Reinigung bedeutet die Abtötung von Keimen durch Bestrahlung.

14.3.6 Zu- und Ablauf

Wasseranlagen im Freien sind keine geschlossenen Systeme, sondern trotz ihres künstlich geschaffenen Umwälzkreislaufs in den übergeordneten natürlichen Wasserkreislauf eingebunden. Der Umwälzkreislauf ist nicht autark, sondern erfährt Wasserzufuhr durch Niederschlag und Wasserverluste durch Verdunstung, die je nach baulicher Konzeption der Anlage erheblich sein können. Daher werden Möglichkeiten des Zulaufs und des Ablaufs eingebaut.

Es lassen sich **nicht steuerbare** und **steuerbare Zuläufe** unterscheiden. Unter nicht steuerbaren Zuläufen sind temporäre Zuläufe zu verstehen, die nicht gleichmäßig zur Verfügung stehen, z. B. direkt einfallendes Regenwasser. Sie werden in der Berechnung des Umwälzvolumens nicht berücksichtigt. Stehen für den Ausgleich von Wasserverlusten feste Wassermengen zur Verfügung, z. B. Frischwasser aus der Leitung oder Regenwasser aus einem Reservoir, spricht man vom steuerbaren Zufluss. Die Steuerung erfolgt manuell, wasserstandsabhängig mechanisch mittels Schwimmer oder automatisch mit Wasserstandskontrolleinrichtung bzw. Sensor. Zur Kontrolle des Wasserstands sind Wasserstandsmesser vorzusehen.

Die Anordnung des Zulaufs muss bei Trinkwasser aus hygienischen Gründen 15 cm über dem Höchstwasserstand im Wasserspeicher erfolgen. Bei anderen Wasserquellen kann der Zulauf sowohl ober- als auch wie unterhalb des Wasserspiegels liegen. Die Einleitung unterhalb des Wasserspiegels muss unter Druck erfolgen, d. h. das Wasser muss eine Mindestfließgeschwindigkeit von 1 m/s aufweisen.

Unter dem Begriff **Ablauf** können sämtliche Einrichtungen verstanden werden, über die Wasser den Umwälzkreislauf verlassen kann. Der **Ablauf** kann über einen Grundablass bzw. Bodenablauf oder über einen Überlauf erfolgen.

Der **Grundablass** sitzt an der tiefsten Stelle der Anlage. Umwälzsysteme in Frostlagen werden alljährlich mindestens zu Winterbeginn über diesen Ablauf entleert. Ständig Wasser führende Anlagen benötigen nicht zwingend einen Ablauf. Trotzdem ist dieser oft empfehlenswert, um ein aufwändiges Leerpumpen der Anlage bei notwendigen Wartungs- oder Pflegearbeiten zu vermeiden. Der Ablauf ist vor Schmutzeintrag zu schützen. Im einfachsten Fall wird er durch einen Stopfen oder ein Standrohr, das gleichzeitig als Überlauf dient, verschlossen. Bei größeren Anlagen ist ein von außen zu steuerndes Schieberventil sinnvoll. Fallweise kann ein Geruchsverschluss bzw. ein Rückschlagorgan erforderlich sein.

Der **Überlauf** dient der Regulierung des Wasserstandes. Die einfachste, für öffentliche Anlagen weniger geeignete Form stellt ein Standrohr über dem Bodenablauf dar, das zur Entleerung der Anlage herausgezogen wird. Der Überlauf kann aber auch als Öffnung oder Rinne am Anlagenrand ausgeführt werden (vgl. Farbtafel 28, Abb. 163, Seite 465). Über den Überlauf wird das Wasser der Pumpe oder bei Anlagen ohne Umwälzung, dem Sickerschacht oder Kanal zugeführt. Bei größeren Gewässern kann der Überlauf auch in Verbindung mit einer Anstaueinrichtung, einem Wehr oder einem Mönch erfolgen.

14.3.7 Regelung und Steuerung

Über Regel- und Steuerbausteine lassen sich alle Bestandteile bzw. Parameter des Umwälzsystems, z. B. der Förderstrom oder der Wasserstand, gezielt beeinflussen und kontrollieren.

Unter **Steuerung** versteht man die Zustandsänderung eines Anlagenbausteins oder -parameters über ein Stellglied, bei dem es nur zwei Zustände (ein – aus, auf – zu) gibt. Die Steuerung kann manuell oder elektronisch erfolgen.

Im Unterschied zur Steuerung bedeutet **Regelung** die kontinuierliche Beeinflussung einer Messgröße. Die Regelung kann direkt erfolgen, z. B. die Veränderung der Pumpendrehzahl, oder indirekt mittels eines Zwischenbausteins, z. B. ein Motor oder Treiber, der die Armaturstellung verändert.

Abb. 314. Regelung und Steuerung: Schaltschrank für eine Wasseranlage.

Die Notwendigkeit einer Regelung oder Steuerung ist meist von bestimmten in der Wasseranlage messbaren Größen bzw. Messwerten abhängig. In der automatisierten Anlage sind dazu **Messorgane** (= Sensoren) zur Erfassung der Messwerte erforderlich. Durch **Messwertgeber** werden diese Werte mit Sollwerten verglichen und bei Bedarf über entsprechende Stellglieder beeinflusst. Wichtige Messwertgeber sind beispielsweise Wasserstandsmesser, Druckmesser, Trübungsmesser, Anemometer (Wind), Optometer (Licht), Zeitschaltuhr etc.

Die Unterbringung sämtlicher Einrichtungen zur automatischen Regelung und Steuerung der Anlage erfolgt zweckmäßig in einem **Schaltschrank** in der Pumpenkammer.

Projektbeispiel: KDB-gedichtetes Wasserbecken aus Betonfertigteilen

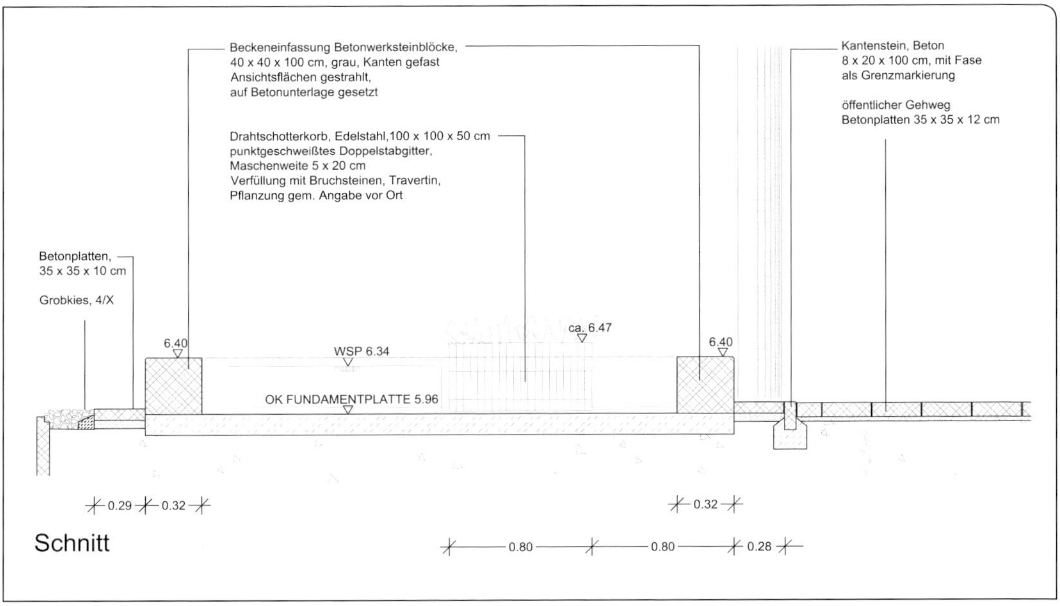

Abb. 315. Mit KDB gedichtetes Wasserbecken aus Betonfertigteilen, Schnitte Dichtungsaufbau.

Abb. 316. Wasserbecken aus Betonfertigteilen/ Betonblöcken.

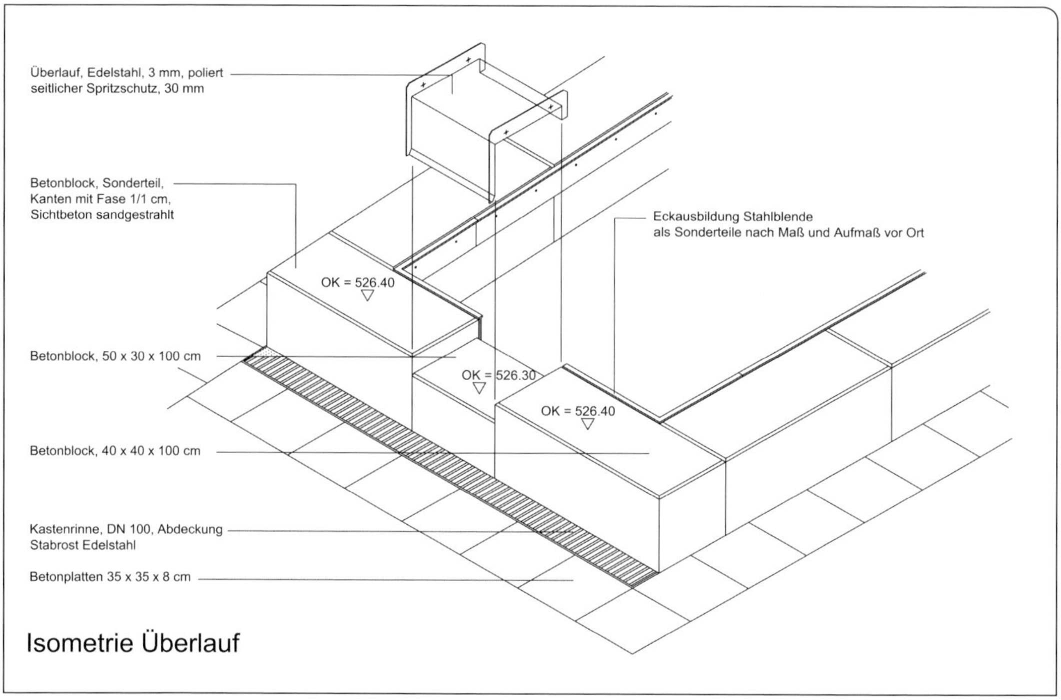

Abb. 317. 3D-Detail Überlauf.

Abb. 318. Bau des Dichtungsaufbaus mit KDB.

Abb. 319. Detail Überlauf aus Edelstahlblech.

15 Unterbaute Freiflächen

Die Bodenfläche in Ballungsräumen ist ein knappes und daher wertvolles Gut, das zunehmend mehrschichtig, d. h. in mehreren Stockwerken genutzt wird. Infrastrukturelle Nutzungen wie Straßen oder Parkraum für Kraftwagen werden unter die Erde verlegt. Dächer werden begrünt und als Freifläche genutzt.

Die Planung und der Bau von Gärten, Grünanlagen, Plätzen und Parks über Tiefgaragen, Keller oder auf Flachdächern und der damit verbundene Umgang mit künstlich geschichteten Bodenaufbauten und völlig veränderten Wasserverhältnissen sind längst zur allgegenwärtigen Aufgabe für die Landschaftsarchitekten geworden.

Unter unterbauten Freiflächen sind nutzbare Freianlagen zu verstehen, die auf Kellerdecken oder Flachdächern gebaut werden. Sie gliedern sich in Verkehrsflächen, die mit Belägen ausgestattet sind, und in Vegetationsflächen. Beide erfordern die Konstruktion eines funktionsfähigen Schichtaufbaus, der sich dieses Kapitel widmet. Spezielle Fragen der Dachbegrünung, insbesondere der Extensivdachbegrünung sind dabei meist nicht relevant.

15.1 Grundlagen

Dachbegrünungen und unterbaute Freiflächen sind keine Erfindungen unserer Zeit, sie begleiten die Architektur seit fast fünf Jahrtausenden. Im Alten Ägypten und in Mesopotamien wurden schon ab dem 3. Jahrtausend v. Chr. hängende Gärten mit großen Bäumen und künstlichen Gebirgen auf Stufenpyramiden und Terrassenhäusern angelegt. Als eines der sieben Weltwunder bekannt sind die Hängenden Gärten von Semiramis in Babylon, die vermutlich im 6. Jahrhundert v. Chr. errichtet wurden. Die Dachdichtung bestand aus asphaltgetränktem Schilf, Ziegeln und einer Bleischicht, für Großbäume wurden Pflanzgruben in ausgehöhlten Pfeilern des darunter liegenden Gewölbes vorgesehen. Die Bewässerung erfolgte über Aquädukte und Wasserhebeanlagen in Form archimedischer Schnecken. Die Römer verfügten mit ihren *horti pensiles* (hängenden Gärten) und *solaria* (Dachgärten), die teilweise sogar *laci pensiles* (hängende Seen) enthielten über eine ähnlich hoch entwickelte Kultur (Ahrendt, 2007).

Die Anfänge der Gründächer der Neuzeit lassen sich ins frühe 19. Jahrhundert datieren, als Wilhelm A. Lampadius 1828 eine Teerdachpappe erfand. Damit war zu den schuppenartigen Dachdeckmaterialien (vgl. Kap. 11.3.1) eine Alternative gefunden. Im Jahr 1839 entwickelt der Böttchermeister Samuel Häusler ein Holzzementdach mit Kiesschüttung auf Teerpappe. Dächer dieser Bauart sind teilweise bis heute dicht. Die Erfindung und Verbreitung des Stahlbetons im ausgehenden 19. und beginnenden 20. Jahrhundert bedeutete schließlich den Siegeszug des Flachdachs und die Basis für die Dach-

Abb. 320. Dachterrasse bzw. öffentlicher Platz auf der großen Markthalle im Park Güell (erbaut 1900–1914) in Barcelona von Antoni Gaudí; die Attika ist als Sitzbank ausgebildet.

gartenkultur der Neuzeit. Le Corbusier, einer der wichtigsten Architekten der Moderne, vertrat die Meinung, dass der beste Schutz für ein Betondach ein auf ihm angelegter Garten sei und propagiert immer wieder die Nutzung der Dächer.

15.1.1 Gestaltungs- und Planungsfaktoren

Freiflächen auf Bauwerken lassen sich in zwei konstruktiv zwar verwandte, gestalterisch jedoch unterschiedlich wirksame Kategorien differenzieren, die **Freiflächen über Tiefgeschossen**, die meist bündig mit dem benachbarten Gelände abschließen, und **Freianlagen auf Dachflächen**, die sich ein oder mehrere Stockwerke über dem Grundstücksniveau befinden. Zwischen beiden gibt es Übergänge, etwa bei Bauwerken im geneigten Gelände. Generell jedoch ist für den Nutzer in Freiflächen über Tiefgeschossen der künstliche Standort auf dem Bauwerk viel weniger erlebbar als bei Dachgärten, die erkennbar ein Teil des Gebäudes sind. Trotzdem existieren für die Planung auch über Tiefgeschossen oft zahlreiche Sachzwänge, wie notwendige technische Einrichtungen, Schächte, Notausgänge oder die Begrenzung der Belastbarkeit. Tiefgaragendecken beispielsweise sind in der Regel über den Stützen belastbarer als in der Mitte dazwischen (vgl. Kap. 15.1.2, Tab. 15.1). Auch der Übergang zwischen unterbauter und auf gewachsenem Baugrund liegender Fläche erfordert häufig gestalterisch wie konstruktiv spezielle Lösungen. Im Bereich von Dachgärten dagegen stellt sich beispielsweise die Frage der Absturzsicherung sowie der Erschließung und Anbindung, die stets über das Gebäude erfolgt.

In beiden Fällen ist es vorteilhaft, wenn der Landschaftsarchitekt so früh wie möglich in den Planungsprozess eingebunden ist und Bauwerk und Freiflächen in interdisziplinärer Zusammenarbeit entwickelt werden können. Besonders wichtig ist diese beispielsweise bei der Gestaltung des Gefälles und der Platzierung der Einläufe (vgl. Kap. 15.1.3).

In örtlichen kommunalen Bauordnungen und Richtlinien sind teilweise einzuhaltende Mindesthöhen für den Dach- oder Deckenaufbau vorgeschrieben, in der Stadt München beispielsweise 60 cm, festgeschrieben in der Freiflächensatzung, die im Bauantrag nachzuweisen und zu realisieren sind. Damit soll eine gewisse Mindestqualität auch hinsichtlich der Begrünung gesichert werden.

Zu Flachdächern existiert überdies ein umfassendes Regelwerk, insbesondere die Normengruppe DIN 18195 (vgl. Kap. 15.1.3) zu Abdichtungen. Für den Verantwortungsbereich des Landschaftsarchitekten sind vor allem zwei technische Regeln relevant, auf die folgend immer wieder Bezug genommen wird.

Technische Regeln zu Unterbauten Freiflächen

Forschungsgesellschaft Landschaftsentwicklung Landschaftsbau e.V. (FLL): Empfehlungen zu Planung und Bau von Verkehrsflächen auf Bauwerken, Ausgabe 2005

Forschungsgesellschaft Landschaftsentwicklung Landschaftsbau e.V. (FLL): Richtlinie für die Planung, Ausführung und Pflege von Dachbegrünungen – Dachbegrünungsrichtlinie, Ausgabe 2008

15.1.2 Funktionale Aspekte

Unterbaute Freiflächen erfüllen vielfältige Funktionen und Wirkungen. Als zusätzlicher Freiraum mit Verkehrs- und Vegetationsflächen bieten sie Raum für Aufenthalt, Freizeit und Erholung, Spiel, Parkplätze und andere infrastrukturelle Einrichtungen im Gebäudeumfeld. Die möglichen Nutzungen stehen in engem Zusammenhang mit

Tab. 15.1: Belastungsklassen (Quelle: FLL, 2005)

Belastungs-klasse	Definition/Nutzung gemäß DIN 1055–3	Nutzlast als gleichmäßig verteilte Flächenlast (qk)
1	**Dachterrassen, Wege, ausschließlich begehbare Flächen**	**4,0 kN/m²**
2	**Verkehrs- und Parkflächen für leichte Fahrzeuge mit zulässigem Gesamtgewicht bis 2,5 t = 25 kN**	**2,5 bis 5,0 kN/m²**
2 a	Garagen, Parkhäuser, Parkflächen einschließlich Fahrgassen zum Erreichen der Parkflächen mit Deckenstützweite $\geq$ 3 m	2,5 kN/m²
2 b	Garagen, Parkhäuser, Parkflächen einschließlich Fahrgassen zum Erreichen der Parkflächen mit Deckenstützweite $<$ 3 m	3,5 kN/m²
2 c	Zufahrtsrampen und Verbindungsrampen zum Erreichen anderer Geschoße	5,0 kN/m²
3	**Verkehrs- und Parkflächen für Fahrzeuge mit zulässigem Gesamtgewicht bis 16 t = 160 kN**	**8,9 kN/m²**

der Konstruktion der Dächer und Decken, insbesondere ihrer statischen Belastbarkeit. Je nach anfallender Nutzlast werden für begeh- oder befahrbare Verkehrsflächen drei **Belastungsklassen** definiert, die für viele konstruktive Aspekte von Bedeutung sind.

Daneben haben begrünte und nutzbar gestaltete Dächer und Decken noch zahlreiche positive Auswirkungen, in gestalterischer, ökologischer, bauphysikalischer und ökonomischer Hinsicht:

- Verbesserung der optischen Wirkung und des Erlebniswerts einsehbarer Dachflächen,
- Schaffung von Ersatzlebensräumen für Flora und Fauna,
- Rückhaltefunktion und Abflussverzögerung für das Niederschlagswasser, positive Wirkung auf den Gesamtwasserhaushalt, auch durch Evaporation und Transpiration, Entlastung des örtlichen Entwässerungssystems,
- Verbesserung des Kleinklimas durch Ausgleich von Temperaturextremen, Verminderung der Rückstrahlungsintensität und Erhöhung der Luftfeuchtigkeit,
- Wirkung als Schadstofffilter und erhöhte Staubbindung,
- Verringerung der Beanspruchung des Dachaufbaus durch temperaturausgleichende Wirkung, UV- und Immissionsschutz,
- Schutz des Dachaufbaus vor mechanischen Beschädigungen sowie Windsog, Flugfeuer und Wärmestrahlung,
- luft- und trittschalldämmende Wirkung,
- winterlicher und insbesondere sommerlicher Wärmeschutz,
- Wertsteigerung und Imagegewinn der Immobilie.

Abb. 321. Unterschiedliche Lasten: Dachgarten auf dem ersten Obergeschoss und Wasserbecken auf dem Untergeschoss.

15.1.3 Hochbautechnische Aspekte

Der Baugrund für unterbaute Freiflächen ist immer ein Gebäude, z. B. ein Flachdachhaus oder eine Tiefgarage. Die Unterkonstruktion bzw. der Unterbau ist das Dach oder die Decke des Bauwerks. Für die Konstruktion von unterbauten Freiflächen ist es zwingend erforderlich, die Anforderungen, die an derartige Hochbauten gestellt werden, sowie wesentliche Bauvarianten zu kennen.

Bauweisen

Die Hauptanforderung an Flachdächer ist die Wasserdichtigkeit. Diese wird mit zwei unterschiedlichen Bauweisen erreicht.

Dächer und Decken mit Abdichtung sind wasserdicht durch flächige Abdichtungen nach DIN 18195 aus (thermoplastischen) Kunststoff- oder Elastomerbahnen (vgl. Kap. 12.3.3), Bitumen- oder Polymerbitumenbahnen, Gussasphalt oder entsprechende Beschichtungen bzw. Flüssigabdichtungen. Aufgrund dieser Dichtungsbaustoffe nennt man sie im praktischen Sprachgebrauch auch „Schwarze Decken". Die Abdichtung ist mit einer Schutzlage oder Schutzschicht (vgl. Kap. 15.2.3) zu versehen, die in der Regel hochbauseits eingebracht wird.

Alternativ werden **Dächer und Decken aus Beton mit hohem Wassereindringwiderstand (WU-Beton)**, auch als „Weiße Wannen" bezeichnet, gebaut. Diese bestehen aus Beton, bei dem die Breite von Trennrissen normgemäß so beschränkt ist, dass ein unzulässiger Wasserdurchtritt ausgeschlossen werden kann. Derartige Dächer und Decken benötigen keine Schutzschichten oder -lagen.

Ist bauseits eine Wärmedämmung erforderlich, wird diese in den meisten Fällen unter der Abdichtung bzw. bei Weißen Wannen im Gebäudeinneren eingebaut. Liegt die Wärmedämmung auf der Abdichtung bzw. der dichten Betondecke, handelt es sich um ein sogenanntes **Umkehrdach**.

Dementsprechend werden Wärmedämmungen in zwei Arten eingeteilt:

- DAA = Außendämmung von Dach und Decke, vor Bewitterung geschützt, Dämmung unter Abdichtung,
- DUK = Außendämmung des Daches, der Bewitterung ausgesetzt (Umkehrdach).

Je nach Druckbelastbarkeit werden die Dämmmaterialien mit den Kurzzeichen dh für hohe, ds für sehr hohe und dx für extrem hohe Druckbelastbarkeit versehen (FLL, 2005).

Entwässerung

Um stehendes und stauendes Wasser auf der Abdichtung zu vermeiden, wird diese im Gefälle verlegt. Dies kann durch die Tragkonstruktion, d. h. die Decke oder das Dach selbst, geschehen oder durch einen auf die Tragkonstruktion unter der Abdichtung aufgebrachten Gefällekörper, meist ein Gefälleestrich oder eine Gefälledämmung. Das Gefälle soll mindestens 2 %, für Abdichtungen im Bereich von befahrenen Verkehrsflächen 2,5 % betragen. Weiße Wannen werden teilweise auch mit geringeren Neigungen gebaut.

Die Entwässerung kann auf zwei Arten erfolgen.

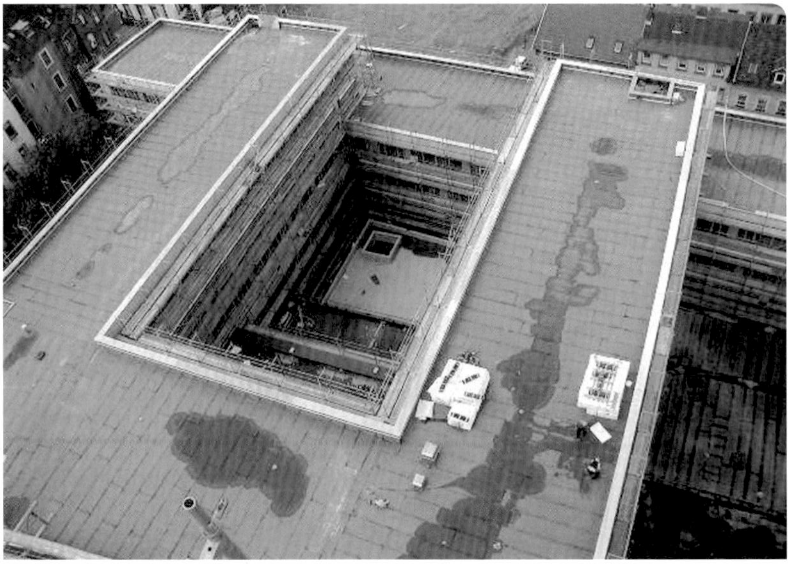

Abb. 322. Standorte für unterbaute Freiflächen und Dachgärten: Flachdächer und Decke über Untergeschoss/Tiefgarage (ganz unten im Innenhof) mit Abdichtung auf unterschiedlichen Geschossen.

Abb. 323. Weiße Wanne: Decke aus Beton mit hohem Wassereindringwiderstand.

Bei der **Innenentwässerung** wird das Niederschlagswasser auf der Abdichtung in einen Ablauf im Tiefpunkt der Dach- oder Deckenfläche geleitet. Zusätzlich ist je Entwässerungsfläche mindestens ein Notab- oder -überlauf vorzusehen, bei entsprechenden Flächenzuschnitten sind es ein oder mehrere zusätzliche Abläufe. Der erforderliche Neigungsverlauf mit entsprechenden Kehllinien ist Teil der Planung.

Die **Außenentwässerung** erfolgt über die Kante der Decke in entsprechende Dränungen im angrenzenden Erdreich, über vorgehängte Dachrinnen etc. (FLL, 2005).

Anschlüsse

Die Abdichtung soll in Anschlussbereichen über die Oberkante des Freiflächenaufbaus, z. B. die Oberkante des Belages, hinausgeführt werden (vgl. Tab. 15.2). Die Abschlüsse sind zu schützen, in der Regel abzudecken. Diese Regelung erfordert bestimmte Detaillösungen. Im Bereich von barrierefreien Eingängen sind besondere Maßnahmen, z. B. Entwässerungsrinnen, Überdachungen etc., vorzusehen.

Tab. 15.2: Anforderung an die Anschlüsse der Abdichtung (Quelle: FLL, 2005)

Dachneigung	**Abdichtung reicht vertikal ...**	
	an aufgehenden Bauteilen	**an freien Dachrändern**
$\leq 5°$	$\geq$ 15 cm über OK Freifläche	$\geq$ 10 cm über OK Freifläche
$> 5°$	$\geq$ 10 cm über OK Freifläche	$\geq$ 5 cm über OK Freifläche

Wichtige Normen zur Bauwerksabdichtung

DIN 18195–1 bis 6 Bauwerksabdichtungen, Teil 1 bis 6, August 2000

DIN 18195–7 Bauwerksabdichtungen – Abdichtungen gegen von innen drückendes Wasser, Teil 7: Bemessung und Abdichtung, Entwurf vom Juni 2008

DIN 18195–8 Bauwerksabdichtungen, Teil 8: Abdichtung über Bewegungsfugen, März 2004

DIN 18195–9 Bauwerksabdichtungen, Teil 9: Durchdringungen, Übergänge, An- und Abschlüsse, März 2004

DIN 18195–10 Bauwerksabdichtungen, Teil 10: Schutzschichten und Schutzmaßnahmen, März 2004

15.2 Bestandteile des Schichtaufbaus

Die fachliche Schnittstelle bei Dachbegrünungsaufgaben zwischen Hoch- und Landschaftsbau bzw. zwischen Architekt und Landschaftsarchitekt stellt in der Regel die Abdichtung bzw. die auf der Abdichtung verlegte Trenn- bzw. Schutzschicht dar.

Die Zuständigkeit des Landschaftsarchitekten beginnt somit oberhalb der Abdichtung bzw. oberhalb der bauseits über der Abdichtung aufgebrachten Schutzschicht (vgl. Kap. 15.2.2) oder beim Umkehrdach oberhalb der Wärmedämmung bzw. der Schutz- bzw. Trennlage über der Wärmedämmung. Die Schnittstelle zwischen den Gewerken sollte in jedem Fall eindeutig festgelegt und die entsprechende Schicht gemeinsam abgenommen werden. Eine Kenntnis über die unterhalb dieser Schicht gewissermaßen als Unterbau eingebrachten Lagen und Schichten, z. B. über Art und Eigenschaften der Wärmedämmung (vgl. Kap. 15.1.3), ist trotzdem unabdingbar.

Tab. 15.3: Schichtaufbauten bei unterbauten Freiflächen, (...) = optional, fallweise

	Bauweisen	**Dächer/Decken mit Abdichtung „Schwarze Decken“**			**Dächer/Decken aus WU-Beton „Weiße Wannen“**	
	Gewerk Zuständigkeit	**mit zusätzlichem Wurzelschutz**	**ohne zusätzlichen Wurzelschutz**	**Umkehrdach**	**Normaldach**	**Umkehrdach**
Freiflächenkonstruktion „Oberbau“	**Landschaftsarchitekt**		Außenraum		Außenraum	
		Vegetationsdecke	Belagsdeckschicht	Belagsdeckschicht	Vegetationsdecke	Belagsdeckschicht
		Vegetationstragschicht	Tragschicht	Tragschicht	Vegetationstragschicht	Tragschicht
		Filterschicht	Filterschicht	Filterschicht	Filterschicht	Filterschicht
		Sickerschicht	Sickerschicht	Sickerschicht	Sickerschicht	Sickerschicht
		Schutzschicht/ **Wurzelschutz**	(Schutzschicht, Schutzlage)	Filterschicht	(Schutzschicht/ Wurzelschutz)	Filterschicht
Hochbaukonstruktion „Unterbau“	**Architekt, Tragwerksplaner**	Gleit-, Trenn-, Schutzschicht	Gleit-, Trenn-, Schutzschicht	(Gleitschicht, Trennschicht)	(Gleitschicht, Trennschicht)	(Gleitschicht, Trennschicht)
		Dachabdichtung	**Dachabdichtung**	**Wärmedämmung**	**Unterkonstruktion: Dach/Decke aus Beton mit hohem Wassereindringwiderstand (WU-Beton)**	**Wärmedämmung**
		Gleitschicht, Trennschicht	Gleitschicht, Trennschicht	Gleitschicht, Trennschicht		**Unterkonstruktion: Dach/ Decke aus Beton mit hohem Wassereindringwiderstand (WU-Beton)**
		(Wärmedämmung)	(Wärmedämmung)	**Dachabdichtung**		
		(Dampfsperre + Trennschicht)	(Dampfsperre + Trennschicht)	Gleitschicht, Trennschicht		
		Voranstrich	Voranstrich	Voranstrich		
			Unterkonstruktion: Dach/Decke aus Beton		(Wärmedämmung)	
			Innenraum		Innenraum	

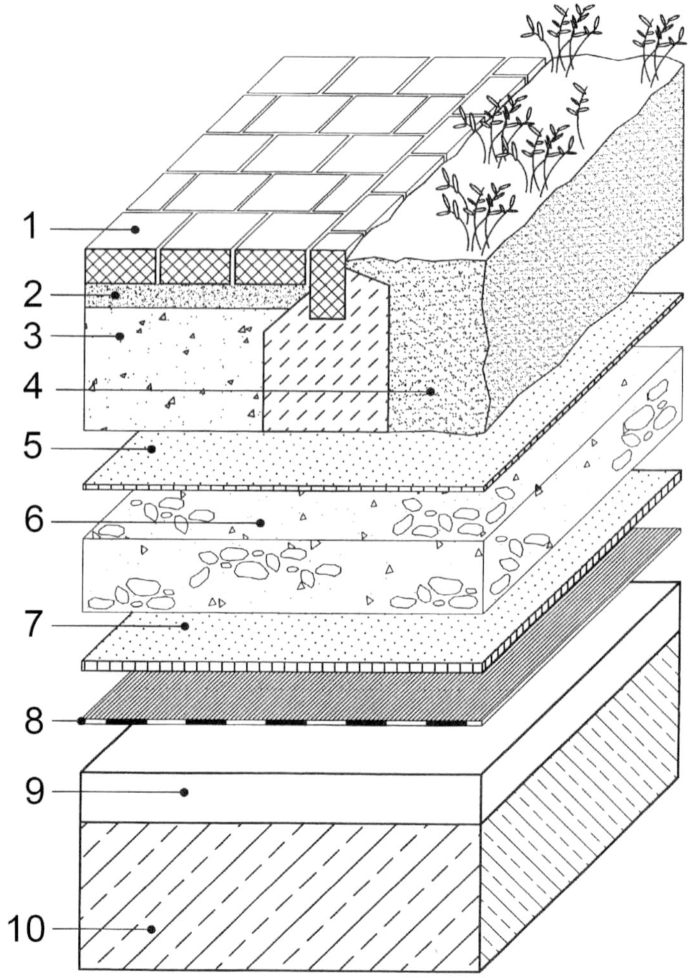

Abb. 324. Prinzip des Schichtaufbaus unterbauter Freiflächen:
1 = Belagsdeckschicht,
2 = Bettung,
3 = Tragschicht,
4 = Vegetationstragschicht,
5 = Filterschicht,
6 = Sickerschicht (5 + 6 = Dränschicht),
7 = Schutz- bzw. Trenn-/Gleitschicht,
8 = Wurzelschutzschicht (falls erforderlich),
9 = Dichtungsaufbau bauseits,
10 = Decken-/Flachdachkonstruktion.

15.2.1 Wurzelschutz

Prinzipiell ist die Dachabdichtung wurzelbeständig auszuführen. Der Durchwurzelungsschutz muss Beschädigungen durch eindringende Pflanzenwurzeln dauerhaft verhindern. Diese Anforderung wird häufig bereits durch die hochbauseitige Abdichtung selbst erfüllt. Andernfalls ist eine zusätzliche Wurzelschutzschicht erforderlich.

Decken aus WU-Beton sind konstruktionsbedingt wurzelfest. Die Bewegungsfugen in diesen Decken und Dächern sind gesondert wurzelfest auszubilden (FLL, 2008). Im Einzelfall ist daher zu prüfen, inwieweit ein zusätzlicher flächiger Wurzelschutz noch erforderlich ist.

Dieser sollte in der Regel nicht auf Teilflächen der Dachfläche beschränkt werden, sondern ggf. auch unter Verkehrsflächen verlaufen.

Der Durchwurzelungsschutz kann aus ganzflächigen Beschichtungen bzw. Flüssigabdichtungen oder Bahnen bestehen. Durch die Anbieter von Dachdichtungen oder Dachbegrünungssystemen wird eine Vielzahl unterschiedlicher Wurzelschutzbahnen überwiegend aus Kunststoffen wie PVC, thermoplastischen Polyolefinen oder EPDM (vgl. Kap. 12.3.3) angeboten, die in der Regel den Dachdichtungen sehr ähnlich sind, darunter kaschierte und armierte Bahnen mit Auflagen aus Vlies als Trenn- oder Gleitlage oder Einlagen aus Gewebe oder Metallgeflecht zur Bewehrung. Das wesentlichste technische Problem beim Einbau ist die Schaffung wurzeldichter Nahtstellen und Anschlüsse (vgl. Kap. 12.3.3). Gewebeverstärkte Bahnen erfordern fallweise zusätzliche Nahtversiegelungen, um mögliche Kapillaren zu schließen (FLL, 2008).

15.2.2 Schutzlage und Schutzschicht

Schutzschichten werden über der Abdichtung, in bestimmten Fällen zusätzlich auch darunter, eingebaut. Die DIN 18195, Teil 1 unterscheidet zwischen Schutzschichten, Schutzlagen und Schutzmaßnahmen.

Die **Schutzschicht** muss die Abdichtung bzw. die Wurzelschutzschicht „dauerhaft vor schädigenden Einflüssen statischer, dynamischer und thermischer Beanspruchung schützen. Sie können in Einzelfällen Nutzschichten des Bauwerks bilden, z. B. bei Dachterrassen" (DIN 18195, Teil 10).

Die **Schutzlage** ist ein zusätzlicher Schutz einer Abdichtung oder Wurzelschutzschicht aus bahnenförmigen Baustoffen, die jedoch keine Schutzschicht ersetzt.

Die **Schutzmaßnahme** ist eine bauliche Maßnahme zum vorübergehenden Schutz einer Abdichtung während der Bauarbeiten.

Tab. 15.4: Schutzwirksamkeitsklassen (SWK) (Quelle: FLL, 2005)

Belastungsklasse gemäß Tab. 15.1	**Dynamische Belastung in kN***	**SWK – notwendig bei Untergrund/Dämmstoff**		
		hart, z. B. Beton C 20/25	**mittel**, z. B. Dämmung dx	**weich**, z. B. Dämmung dh
1	8,2	1	2	3
2	17,1	2	3	3
3	43,7	3	3	3

* jeweils 200 000 Beanspruchungen

Tab. 15.5: Anforderungen an Schutzmatten und Schutzlagen

	Art der Schutzschicht oder Schutzlage	Eigenschaft	Anforderung	Quelle, Regel
Schutzschichten	**Beton**	Druckfestigkeit	C 8/10 C 12/15 bewehrt	DIN 18195–10
		Dicke	≥ 50 mm	DIN 18195–10
		Fugenanordnung	im Bereich von Neigungswechseln, nach Bauwerksfugen	DIN 18195–10 FLL-Empfehlungen
		Qualität, Oberfläche	dicht, ohne Karbonatauswaschungen, um Sintereffekte in den Abläufen zu vermeiden, ggf. WU-Beton	FLL-Richtlinie
		Gleit-/Trennschicht zur Abdichtung	aus 2 Gleitlagen	FLL-Empfehlungen
	Betonplatten	Verlegung	bei Belastungsklasse 2 und 3 im Mörtelbett	DIN 18195–10
		Dicke	≥ 50 mm Mörtelbett ≥ 20 mm	DIN 18195–10
	Gussasphalt	Dicke	≥ 25 mm	DIN 18195–10
Schutzlagen	**Geotextil**	Dicke	≥ 2 mm	DIN 18195–2
		Flächengewicht	≥ 300 g/m²	DIN 18195–2
		Überlappung	≥ 10 cm	FLL-Empfehlungen
	Bautenschutzmatte aus ...	Gleit-/Trennschicht zur Abdichtung	aus 2 Gleitlagen	FLL-Empfehlungen
	... Gummigranulat	Dicke	≥ 6 mm	DIN 18195–2
	... Kunststoffgranulat	Dicke	≥ 4 mm	DIN 18195–2
	Bahnen aus PVC halbhart	Dicke	≥ 1 mm	DIN 18195–2
		Überlappung	≥ 10 cm (lose verlegt)	FLL-Empfehlungen

Als Schutzschichten oder -lagen eignen sich Beton, Gussasphalt, Bitumen- oder Kunststoffbahnen, Geotextilien, Kunststoff- oder Kunststoffgranulatmatten sowie Verbundstoffe, die ggf. Zusatzfunktionen im Schichtaufbau erfüllen, z. B. als Filter- und Sickerschicht (vgl. Tab. 15.5).

Die Auswahl der Schutzschicht oder Schutzlage ist abhängig von der Art des Untergrundes, der Abdichtung und der Art der Nutzung der Freifläche. Dabei sind die Schutzwirksamkeitsklassen (SWK) 1 bis 3 (größte Wirksamkeit) sowie die Anforderungen an die unterschiedlichen Materialien zu beachten (vgl. Tab. 15.4).

In der Regel gehören Schutzschichten für die Abdichtung zum „Unterbau" und in den Zuständigkeitsbereich der Hochbauprojektanten. Der Landschaftsarchitekt hat jedoch generell die Verantwortung, die Eignung und Funktionsfähigkeit des bauseits verlegten Schutzes sowie die Notwendigkeit eines Wurzelschutzes zu überprüfen und ggf. die Schutzlage oder Schutzschicht dafür zu planen. In Tabelle 15.2 wurde die Schnittstelle zwischen Hochbaukonstruktion und Freifläche daher entsprechend im Bereich der Schutzschicht angeordnet.

15.2.3 Dränschicht (Filter- und Sickerschicht)

Die Dränschicht besteht aus der Sickerschicht, in der einsickerndes Wasser abgeführt wird, und der Filterschicht, welche die Funktion der Sickerschicht aufrechterhält, indem sie ein Einschwemmen von Feinanteilen verhindert. Folgende Bauweisen sind möglich:

- mineralische Schüttstoffe (Sickerschicht) + Geotextilien (Filterschicht),
- Dränelemente (Sickerschicht) + Geotextilien (Filterschicht),
- Verbundstoffe in Form von Dränmatten (Sicker- + Filterschicht).

Bei einer filterstabilen Sickerschicht aus Schüttstoffen ist eine Filterschicht nicht zwingend notwendig. Die Verwendung von Betonrecycling- und Kalkschotter ist dafür unzulässig, um Aussinterungen in den Abläufen zu verwenden (FLL, 2008).

Die FLL beschreibt detailliert die weiteren Anforderungen an Sickerschichten auch hinsichtlich Vegetationsverträglichkeit, z. B. pH-Wert und Salzgehalt.

Das Flächengewicht von Filterschichten soll mindestens 100 g/m² betragen, unter Verkehrsflächen der Belastungsklasse 1 ist mindestens GRK 2, für die Belastungsklasse 2 und 3 mindestens GRK 4 (vgl. Kap. 12.3.2) zu verwenden.

15.2.4 Trenn- und Gleitlagen

Alle Stoffe und Bauelemente des Schichtaufbaus müssen untereinander verträglich sein. Andernfalls müssen **Trennlagen** nachteilige Wechselwirkungen verhindern. Eine Wirkung, die stets zu berücksichtigen ist, ist die Übertragung von Bewegungen aus dem Schichtaufbau auf die Abdichtung und Dachkonstruktion. Diese Übertragung lässt sich durch zweilagige **Gleitschichten** vermindern.

Als Gleit- und Trennlagen werden Kunststofffolien, das sind Kunststoffbahnen mit einer Dicke unter 1 mm, aus PE, PP, PS etc. mit einer Mindestdicke von 0,2 mm für Gleit- und teilweise 0,1 mm für Trennlagen verwendet. Als Trennlage eignen sich zusätzlich insbesondere Vliese mit mindestens 150 g/m², als Gleitlage Baustoffe, die bestimmte Reibwerte nicht überschreiten. Die Überlappung muss bei loser Verlegung mindestens 10 cm betragen.

Bei speziellen Verbundstoffen für den Schichtaufbau sind die Funktionen der Gleit- und der Trennlage sehr oft mit anderen Schichtfunktionen wie Schutz, Sickern und Filtern kombiniert. Entsprechende Nachweise für die Produkte müssen vorliegen.

15.3 Konstruktion von unterbauten Freiflächen

Bei der Konstruktion unterbauter Freiflächen werden über den beschriebenen Schichtaufbauten Verkehrs- und Grünflächen, Spielplätze etc. mit entsprechenden Bauelementen und Ausstattungen angelegt. Je größere Aufbauhöhen zur Verfügung stehen, desto stärker ähneln die Bauweisen dem Vorgehen über natürlich gewachsenem Baugrund. Meist jedoch sind schon aus ökonomischen Gründen die erlaubten Aufbauhöhen bzw. Lasten auf Dächern und Decken begrenzt und erfordern besondere Maßnahmen.

Zusätzlich zu den anzusetzenden Nutz- bzw. Verkehrslasten (vgl. Kap. 15.1.2) sind Eigenlast der im Ober- und Unterbau entsprechend Tabelle 15.3 verwendeten Materialien (vgl. Tab. 15.6) sowie Schnee- und Windlasten zu berücksichtigen (vgl. Farbtafel 29 und 30, Seiten 512 und 513).

15.3.1 Unterbaute Verkehrsflächen

Für unterbaute Verkehrsflächen gelten im Wesentlichen die Ausführungen aus Kapitel 13. Die Tragschicht wird auf die Oberfläche der Dränschicht, in der Regel die Filterschicht, aufgetragen, darüber die Deckschicht. Gegebenenfalls zweckmäßige Oberbauschichten aus Beton oder Dränbeton dürfen nicht durch Karbonatauswaschungen zu Aussinterungen in Abläufen und Entwässerungseinrichtungen führen.

Bei Wegeflächen der Belastungsklasse 1 und geringen Aufbauhöhen kann anstelle von Tragschicht und Bettung eine **Ausgleichsschicht**, die den Anforderungen an die Bettung entspricht, eingebaut werden. Ihre Dicke muss mindestens 5 und darf höchstens 15 cm be-

Tab. 15.6: Orientierungswerte für Eigenlasten (Flächenlasten) in unterbauten Freiflächen (Quellen: FLL, 2005; FLL, 2008)

	Material, Element	Eigenschaft	Flächenlast in kN/m²
Funktionsschichten des Dach-/Deckenaufbaus	Kunststoffdichtungsbahnen		0,020 bis 0,030
	Schutzvlies	300 g/m², 0,3 cm dick	0,025 bis 0,035
	Schutzvlies	500 g/m², 0,5 cm dick	0,050 bis 0,060
	Schutzvlies	800 g/m², 0,8 cm dick	0,065 bis 0,075
	Schutzplatten mit Poren	1,0 cm dick	0,180 bis 0,190
	Schutzplatten mit Noppen	2,0 cm dick	0,110 bis 0,130
	Bautenschutzmatte, Gummigranulat	je 1 cm Dicke	0,090
	Bautenschutzmatte, Vollgummi	je 1 cm Dicke	0,150
	Gussasphalt, Asphaltschichten	je 1 cm Dicke	0,250
	Beton	je 1 cm Dicke	0,200 bis 0,260
	Dränmatte, Kunststoffnoppen	1,2 cm dick	0,019 bis 0,021
	Dränmatte, Fadengeflecht	2,2 cm dick	0,022 bis 0,023
	Dränplatte, Hartkunststoff	4,0 cm dick	0,060 bis 0,070
	Dränplatte, Schaumstoff	7,5 cm dick	0,030 bis 0,040
Verkehrsflächen Schüttstoffe, Deckschichten	Recycling-Ziegelsplitt	4/8, je 1 cm Dicke	0,130 bis 0,150
	Basaltsplitt	2/8, je 1 cm Dicke	0,150 bis 0,170
	Granitsplitt	5/8, je 1 cm Dicke	0,140 bis 0,150
	Tuffsplitt	2/8 bis 2/12, je 1 cm Dicke	0,110 bis 0,120
	Kies	2/8 bis 16/32, je 1 cm Dicke	0,160 bis 0,180
	Schottertragschicht	0/22 bis 0/45, je 1 cm Dicke	0,155 bis 0,180
	Sand	0/2, je 1 cm Dicke	0,150 bis 0,160
	Sand-Splitt-Gemisch	0/5, je 1 cm Dicke	0,150 bis 0,180
	Betonplatten	je 1 cm Dicke	0,230
	Betonpflaster	je 1 cm Dicke	0,210
	Pflasterklinker	je 1 cm Dicke	0,190 bis 0,210
	Natursteinpflaster	je 1 cm Dicke	0,240 bis 0,260

Tab. 15.6: Fortsetzung

	Material, Element	**Eigenschaft**	**Flächenlast in kN/m²**
Grünflächen Substrat, Vegetation	Substrat für Intensivbegrünung	je 1 cm Dicke	0,110 bis 0,190
	Substrat für Extensivbegrünung	je 1 cm Dicke	0,100 bis 0,175
	Extensivbegrünungen		0,100
	Einfache Intensivbegrünungen	maximal 150 cm hoch	0,100 bis 0,200
	Rasen		0,050
	Stauden und Gehölze	niedrig	0,100
	Stauden und Gehölze	maximal 150 cm hoch	0,200
	Gehölze, Sträucher	maximal 300 cm hoch	0,300
	Großsträucher	maximal 600 cm hoch	0,400
	Kleinbäume	bis 10 m Höhe	0,600
	Bäume	bis 15 m Höhe	1,500

tragen. Auf Umkehr- und Warmdächern werden Baustellenversuche zu Körnung und sonstigen Eigenschaften der Ausgleichschicht empfohlen (FLL, 2005). Die FLL-Empfehlungen enthalten eine Fülle von Regeldetails zum Aufbau von unterbauten Verkehrsflächen.

Das Oberflächengefälle der Deckschicht verläuft am besten parallel zur Dach- oder Deckenentwässerung. Zu beachten ist, dass bei Innenentwässerung (vgl. Kap. 15.1.3) gemäß den FLL-Empfehlungen die Entwässerungspunkte der unterschiedlichen Entwässerungsebenen übereinander liegen sollen. Ist dies gestalterisch nicht überall vereinbar, müssen entsprechende Möglichkeiten, etwa über herausnehmbare Belagselemente, zur Erreichbarkeit und Revision der Dachabläufe gefunden werden.

Fundamente und Rückenstützen von Randeinfassungen (vgl. Kap. 13.5) dürfen den Wasserabfluss in der Dränschicht nicht behindern. Sie werden in der Regel auf die Filterschicht aufgesetzt. Einfassungen und Verkehrsflächen generell dürfen nicht ohne entsprechende Schutzschichten an aufgehende Bauteile anschließen.

Projektbeispiel: Unterbaute Freifläche

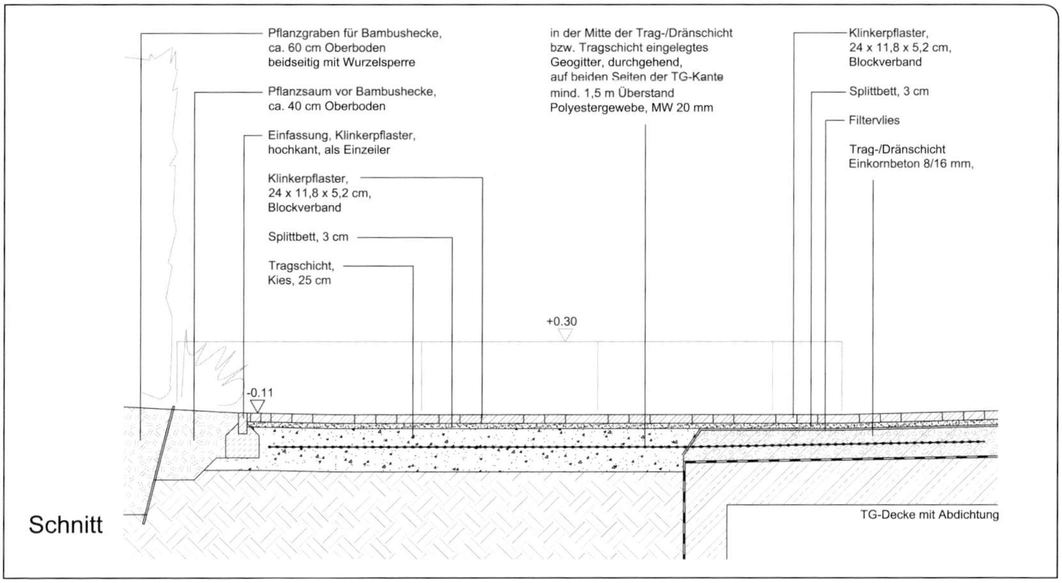

Abb. 325. Verkehrsfläche der Belastungsklasse 1, Schnitt durch Anschluss ans gewachsene Gelände mit Geogitter-Bewehrung (vgl. auch Farbtafel 29, Abb. 169, Seite 512).

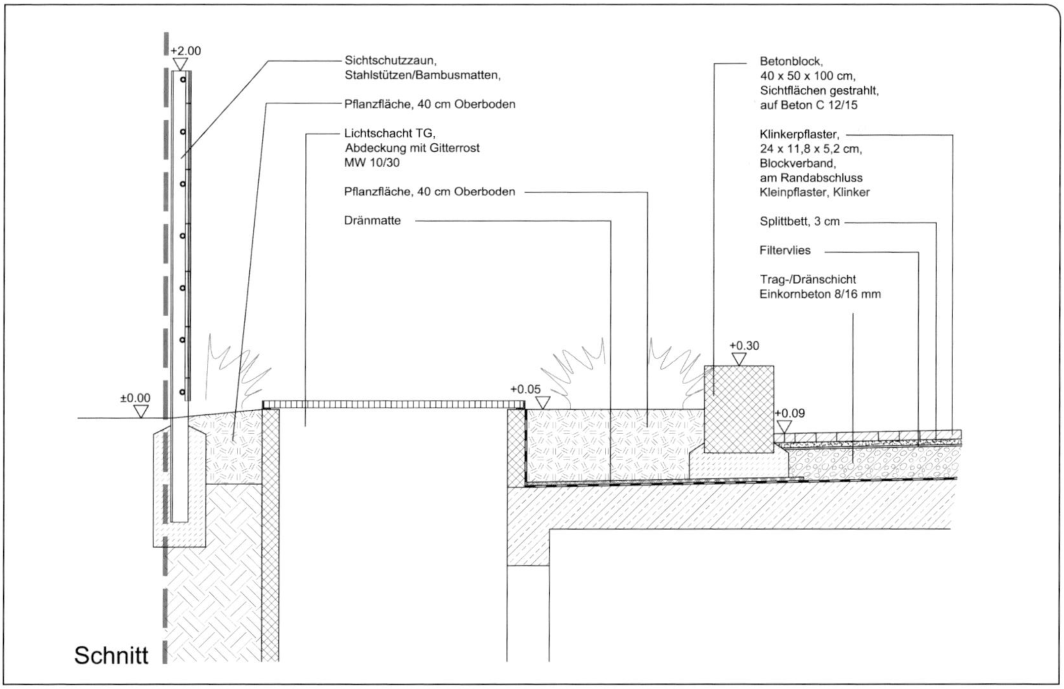

Abb. 326. Schnitt durch TG-Kante mit Schacht.

15.3.2 Unterbaute Vegetationsflächen – Dachbegrünungen

Bei begrünten Dächern werden drei Begrünungsarten unterschieden. Als **Extensivbegrünung** bezeichnet man naturnah gestaltete Vegetationsformen mit hoher Anpassung an die extremen Standortverhältnisse auf dem Dach sowie infolgedessen mit geringem Pflegeaufwand und ohne zusätzliche Bewässerung. Die durchwurzelbare Aufbaudicke liegt zwischen 4 und 20 cm. Je nach Pflanzenartenzusammensetzung unterscheidet man Moos-Sedum-, Sedum-Moos-Kraut-, Sedum-Kraut-Gras- und Gras-Kraut-Begrünungen.
Intensivbegrünungen sind mit der Vegetationsausstattung von bodengebundenen Freiflächen vergleichbar. Sie setzen sich aus Stauden, Zwiebelpflanzen und Gehölzen sowie Rasenflächen zusammen. Die Dicke des Begrünungsaufbaus liegt zwischen 15 und 150 cm oder mehr. Intensivbegrünungen erfordern intensive Pflege und regelmäßige Wasser- und Nährstoffversorgung (vgl. Farbtafel 29, Abb. 167, Seite 512).
Einfache Intensivbegrünungen liegen zwischen den beiden vorgenannten Vegetationsformen. Bei Aufbaudicken von 12 bis 50 cm, fallweise auch bis 100 cm, bestehen sie aus bodendeckenden Gräsern, Stauden und Gehölzen mit geringeren Ansprüchen an Schichtaufbau sowie Wasser- und Nährstoffversorgung. Die Dachbegrünungsrichtlinie der FLL regelt die Anforderungen an Vegetationstragschichten detailliert (vgl. Farbtafel 29, Abb. 170 und Farbtafel 30, Seiten 512 und 513).

Ein Durchwurzelungsschutz ist bei intensiven wie auch extensiven Begrünungsformen (vgl. Kap. 15.3.2) notwendig. Bei Verwendung von Pflanzenarten mit starkem Rhizomwachstum, zu denen beispielsweise Gräser wie Chinaschilf oder Bambus gehören, reicht der Wurzelschutz in der Regel nicht aus, weil die Nahtstellen durchdrungen werden. Hier sollten weitergehende bauliche Maßnahmen, z. B. spezielle Rhizomsperren, vorgesehen werden. Die Verwendung derartiger Arten auf Dächern und Decken ist generell sorgfältig abzuwägen.

Besondere Anforderungen an den Aufbau stellen Großgehölze und Bäume. Um ausreichend Wurzelraum zu erhalten, erfordern sie oft Aufhügelungen oder mit Stützelementen erhöhte Baumstandorte, die lastenmäßig zu berücksichtigen sind. Die Sicherung der Standfestigkeit von Bäumen während der Anwachszeit kann mit unter den Wurzelballen, z. B. auf die Filterschicht, eingelegten Unterflursystemen, an denen der Baumstamm mit Stahlseilen verspannt oder an Gestellen verankert wird, oder oberirdisch mit Verspannungen zu Gebäudeteilen oder Ausstattungselementen wie Stützmauern, Bauminseln, Hochbeeten etc. erfolgen. Unterflursysteme müssen mit lastverteilenden Auflageplatten versehen werden (vgl. Farbtafel 29, Abb. 168, Seite 512).

15.3.3 Bauelemente und Ausstattungen

Je nach Funktion der Fläche, Aufbauhöhe und Belastbarkeit können alle bisher behandelten konstruktiven Elemente wie Mauern und Einfassungselementen, z. B. in Verbindung mit Gehölzpflanzungen oder Spielflächen, Treppen, Zäune, Plattformen, Kleinarchitekturen wie Pergolen oder Überdachungen oder Wasseranlagen im Bereich unterbauter Freiflächen entstehen. Hinzu können Ausstattungselemente wie Spielgeräte, Möblierungen oder technische Ausstattungen kommen.

Die Übertragung von Bewegungen dieser Konstruktionen und Ausstattungen auf die Abdichtung ist durch entsprechende Gleitschichten sorgfältig zu vermeiden.

Häufig bewirken bauliche Elemente Punktlasten, z. B. im Bereich von Stützen. Zum Schutz der Abdichtungen sind hier besondere Maßnahmen zur Druckverteilung, z. B. in Form größerer Auflageplatten, vorzusehen.

Dabei ist zu beachten, dass Druckverteiler und Fundamente nicht als Barrieren für das im Gefälle abzuführende Sickerwasser wirken dürfen. Die Funktion der Sickerschicht muss aufrechterhalten bleiben. Dies kann beispielsweise durch spezielle Dränelemente, -matten oder Noppenfolien, die vor dem Betonieren des Fundaments auf die wasserführende Schicht gelegt werden und einen Wasserdurchtritt in Gefälle- bzw. Fließrichtung ermöglichen, erfolgen. Aus dem Fundamentbeton dürfen keine Karbonate in größerem Umfang gelöst werden, die zur Versinterung der Entwässerungseinrichtungen führen können. Einkornbeton als Dränbeton unter Ausstattungen ist daher nur fallweise geeignet.

Bei der Konstruktion von Brunnen, Wasserbecken oder sonstigen Wasseranlagen ist dafür generell eine separate Dichtung (vgl. Kap. 14.2) vorzusehen. Die Dränschicht läuft in der Regel unter der Dichtung, z. B. in Form einer Dränmatte mit kombinierter Schutz-, Trenn- und Gleitfunktion, durch.

Bei Sandspielanlagen für Kinder muss verhindert werden, dass durch tiefes Graben die Abdichtung, der Wurzelschutz oder Bestandteile der Dränschicht verletzt werden können. Dies geschieht beispielsweise durch eine über der Filterschicht eingebrachte Schutzschicht in Form von mit weiten Fugen verlegten Betonplatten, Rasengittersteinen aus Beton etc.

Projektbeispiel: Unterbaute Freifläche mit Sandspielanlage

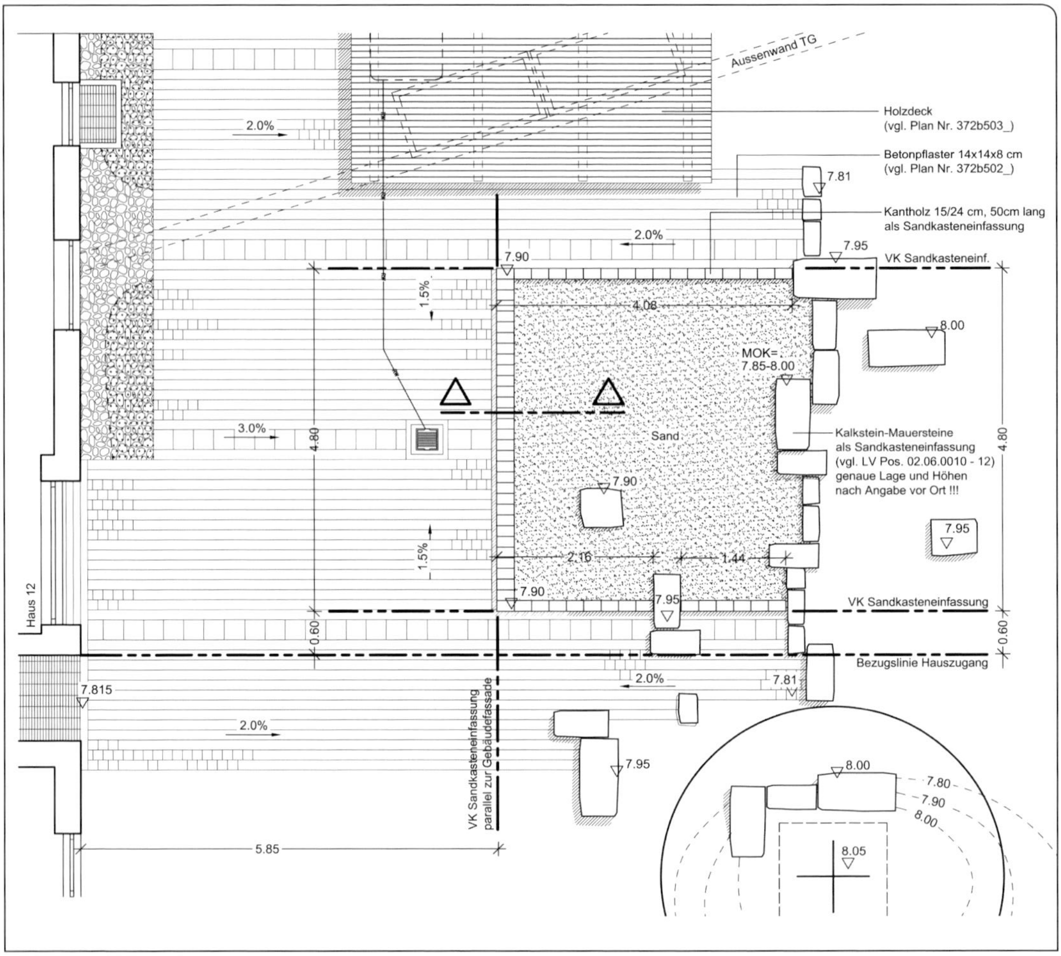

Abb. 327. Sandspielbereich auf Tiefgarage, Grundriss; unter dem Holzdeck verbergen sich Schächte.

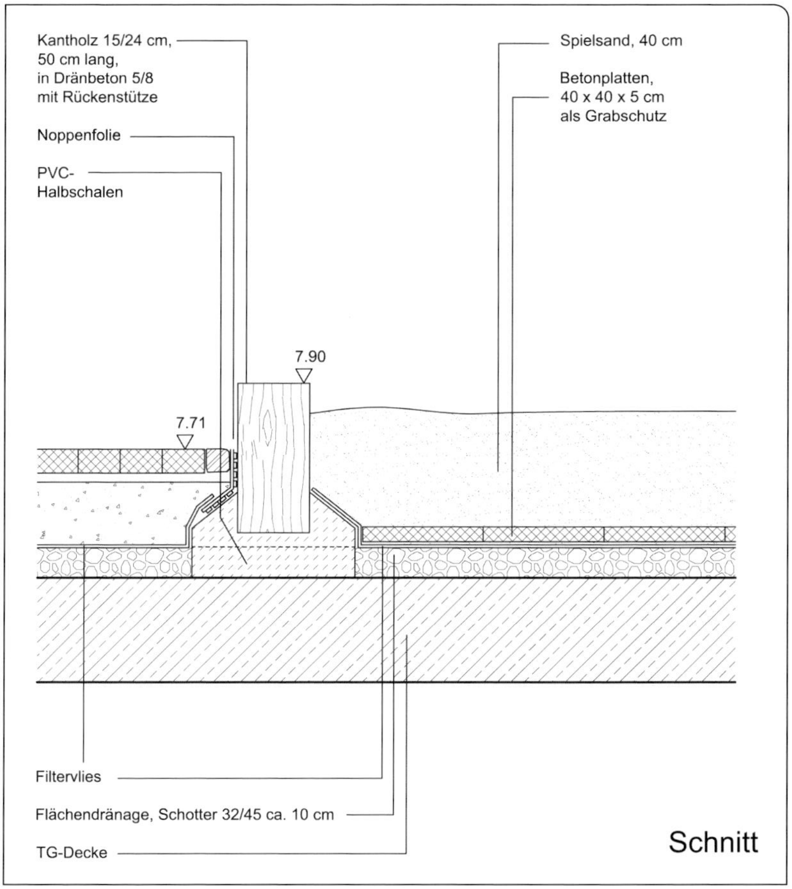

Abb. 328. Schnitt durch die Holzeinfassung des Spielbereichs.

Abb. 329. Fertiger Sandspielbereich.

Teil V: Vom Entwurf zum Detail Grundlagen der konstruktiven Planung

16 Methodische Aspekte der konstruktiven Planung

Es erscheint wenig sinnvoll, die konstruktiven Elemente der Landschaftsarchitektur hinsichtlich ihrer Baustoffe, Bauweisen und der geltenden Regeln der Technik zu betrachten, ohne auch den Planungsprozess, in dem diese Elemente entwickelt werden, zu beleuchten. Die letzten drei Kapitel dieses Buches sind daher eben diesem Planungsprozess, der konstruktiven Planung mit ihren methodisch-verfahrenstechnischen (Kap. 16), ihren inhaltlichen (Kap. 17) und ihren grafisch-darstellerischen (Kap. 18) Komponenten gewidmet.

16.1 Grundlagen und Begriffe

Als konstruktive Planung werden hier alle Bestandteile des Planungsprozesses bezeichnet, die sich mit der Umsetzung der architektonischen Idee in die gebaute Wirklichkeit befassen.

Diese Phase der Planung wird allgemein auch als technische Planung bezeichnet. Der Begriff Technik kommt aus dem Altgriechischen und bedeutet dort „Fähigkeit, Kunstfertigkeit, Handwerk". In unserem Sprachgebrauch, nach dem Fremdwörterbuch des Duden beispielsweise, bezeichnet Technik einmal die Verfahren, Einrichtungen und Maßnahmen, die der praktischen Nutzung naturwissenschaftlicher Erkenntnisse dienen – insbesondere in Fachgebieten wie Elektrotechnik, Bauingenieurwesen, Maschinenbau und Informationstechnik – oder die ausgebildete Fähigkeit oder Kunstfertigkeit, die zur richtigen Ausübung einer Sache notwendig ist, sowie die Gesamtheit der Verfahren und Kunstgriffe, die auf einem bestimmten Fachgebiet üblich sind und als „Stand der Technik" bezeichnet werden. Prinzipiell umfasst die Technik damit auch die Bautechnik. Der Begriff Konstruktion, der vom lateinischen *construere* = zusammenbauen abgeleitet ist, erscheint jedoch hierfür präziser und deshalb besser geeignet.

In der Honorarordnung für Architekten und Ingenieure (HOAI) wird die konstruktive Planung als „Ausführungsplanung" (vgl. Kap. 16.1.2), in der fachlichen Umgangssprache der Architekten und Planer häufig auch als „Werkplanung" bezeichnet. Damit ist aber jeweils eine relativ scharf abgegrenzte Phase im Fortschritt des Planungsprozesses gemeint.

Mit dem Begriff „konstruktive Planung" soll jedoch stärker zum Ausdruck gebracht werden, dass bereits in der vorwiegend gestaltenden Phase der Vorentwurfs- und Entwurfsplanung konstruktive Überlegungen und Ansätze enthalten sind, die bis zur baulichen Umsetzung konsequent weiterentwickelt und dabei konkretisiert werden (vgl. Kap. 16.1.2, Tab. 16.1). Eine Konstruktion oder ein Bauwerk stellt stets einen Dreiklang aus Funktion, Gestalt und Technik dar, der

Farbtafel 29

Bild 167. Unterbaute Freiflächen und begrünte Dachflächen auf verschiedenen Ebenen: Wasserbecken auf Tiefgarage, Dachgärten (intensive Dachbegrünung) auf den Geschossen darüber, extensive Dachbegrünung auf den höchsten Dachflächen.

Bild 168. Baumverankerung mit Spannseilen an der Aufkantung der Bauminsel.

Bild 169. Unterbaute Freifläche mit Hochbeeten für Bepflanzung und Sitzelement vor Tiefgaragenschacht.

Bild 170. Einfache Intensivbegrünung (Projektbeispiel vgl. Farbtafel 30).

167

168

169

170

171

172

173

174

175

176

schon bei Vitruvius als Zusammenspiel von *utilitas* (Nutzbarkeit, Funktionalität), *venustas* (Schönheit, Gestaltung) und *firmitas* (Festigkeit, Haltbarkeit) beschrieben wird.

Aus diesem Grund soll hier überwiegend von konstruktiver Planung gesprochen werden.

16.1.1 Entwicklung und Bedeutung

Eine kurze Betrachtung der geschichtlichen Entwicklung des Planungs- und Bauprozesses anhand einzelner Beispiele zeigt den Bedeutungswandel der konstruktiven Planung in der Architektur und in der relativ jungen Planungs- und Baudisziplin der Landschaftsarchitektur.

Grundsätzlich gibt es zur historischen Entwicklung des Planungsprozesses in der Architektur nur relativ bescheidene Erkenntnisse, weil das wissenschaftliche Interesse meist viel stärker den Bauwerken selbst galt als dem Weg, der zu diesen Ergebnissen führte. Hinzu kommt, dass Dokumente, die Planungsprozesse nachvollziehbar machen, wie Planzeichnungen, Arbeitsmodelle, Berechnungen etc., vielfach verloren gingen, auch deshalb, weil ihre Bedeutung nach Fertigstellung des geplanten Bauwerks sank und von den Beteiligten auch gering eingeschätzt wurde.

Herausragende Einzelfälle

Wissenschaftliche Aufarbeitungen der Planungsmethodik und des Planungsprozesses fanden bis heute nur für einzelne, in dieser Hinsicht geschichtlich herausragende Bauwerke, z. B. das Pantheon in Rom, erbaut zwischen 110 bis 125 n. Chr., oder für das Bauwesen bedeutende Persönlichkeiten, z. B. Michelangelo, statt.

Aus derartigen Quellen wird deutlich, dass Bauprojekte schon in der Antike und Jahrhunderte lang danach von in großer fachlicher Breite interdisziplinär tätigen Planerpersönlichkeiten, Künstlern und Baumeistern bewegt wurden. Eine klare Trennung zwischen gestalterisch-formaler Architekturleistung und technisch-konstruktiver Ingenieurbaukunst gab es nicht. Vom Pantheon, Werk des römischen Architekten Apollodorus aus Damaskus (65–130 n. Chr.), ist bekannt, dass ein sehr detaillierter Planungsprozess stattgefunden haben muss, sowohl hinsichtlich der konstruktiven Ausführung und Materialverwendung als auch hinsichtlich der Baustellenlogistik. Nichts wurde dem Zufall überlassen. Sein Konzept ist das „Resultat einer hohen Kapazität an kreativem Denken, eines hohen Maßes an Wissen, Können und Erfahrung und der Fähigkeit zum dreidimensionalen Vorstellungsvermögen ... Die Lösung liegt im Bereich des Genialen“ (Heene, 2004). Gerade deshalb kann dieses Bauwerk aber auch nicht als typisches Beispiel für einen antiken Bau- und Planungsprozess angeführt werden.

Farbtafel 30
Bild 171 bis 176: Projektbeispiel: Einfache Intensivbegrünung.

Bild 171. Flächendränage auf WU-Betondecke aus Lavakörnung 4/8, Cortenstahleinfassungen zur Abgrenzung der Pflanzflächen auf Decke verschraubt.

Bild 172. Aufbringen der Filterschicht (Geovlies).

Bild 173. Aufbringen der Vegetationstragschicht.

Bild 174. Fertig eingebaute Vegetationstragschicht in zwei unterschiedlichen Aufbaustärken.

Bild 175. Bepflanzung (Blick in die andere Richtung).

Bild 176. Bereits entwickelte einfache Intensivbegrünung.

Abb. 330. Antiker Themenpark eines planenden Bauherrn: die Hadriansvilla in Tivoli (Modell).

Die Rolle des Bauherrn

Teilweise brachte sich der Bauherr „als entscheidender Innovator des Werkes“ (Heene, 2004) mehr oder weniger kompetent in die Projektierung mit ein. So ist überliefert, dass Kaiser Hadrian (76–138 n. Chr., römischer Kaiser von 117 bis 138) sich für die Planung seines Villen-Geländes in Tivoli, der Villa Adriana, selbst als Architekt und Planer versuchte, wobei ihm seine zahlreichen Reisen als Inspiration dienten. Als „Fachleute“ wirkten vielleicht – wenigstens als Einfluss- und Beispielgeber – der oben genannte Apollodor, der Hadrians Architekten-Leistungen kritisierte und dafür verbannt und hingerichtet wurde, und Decrianus mit (Ministero per i Beni e la Attività Culturali, 2000). Gebäude und Freiflächen bzw. Garten- und Wasseranlagen bilden hier eine untrennbare Einheit, bei der in Teilbereichen die sehr eigene Handschrift des dilettierenden Entwurfsverfassers durchaus ablesbar ist. Die Anlage gilt als eine der wichtigsten antik-römischen Parkanlagen und gehört seit 1999 zum Weltkulturerbe der UNESCO.

Bauhütten und Musterbücher

Ebenso wenig wie die einzelnen Baudisziplinen untereinander sind in der Antike und dem Mittelalter unterschiedliche Planungsphasen zu differenzieren.

Die Bauausführung insbesondere klerikaler Bauten oblag Baukooperationen, die heute meist als „Bauhütten“ bezeichnet werden. In der römischen Kaiserzeit waren dies die Baucollegia, die eine innere Organisation mit Regelungen und Gesetzen aufwiesen und teilweise über großen Einfluss verfügten.

Für fast alle mittelalterlichen klerikalen Großprojekte wie etwa gotische Kathedralen sind Bauhütten nachweisbar, in denen wie in einem Unternehmen Baumeister, Handwerker, insbesondere die Steinmetze, Bauherrenvertreter und auch die Versorgung der Baustelle organisiert waren. Es gab Lehrlinge, Gesellen, Vorarbeiter (Parliere) und Meister. Die Gebräuche der Bauhütten und das jeweilige Wissen um die Baukunst unterlagen der Geheimhaltung. Die technischen Standards waren teilweise als Skizzen oder Zeichnungen in Musterbüchern niedergelegt, die häufig normativen Charakter im Sinne eines Lehrbuchs oder Regelwerks hatten. Ein bekanntes Beispiel ist das Bauhüttenbuch des Villard de Honnecourt, der in der Zeit von 1230 bis 1240 gewirkt hat. Sein Musterbuch gilt als das bedeutendste erhaltene Exemplar des Mittelalters.

Bedeutung der Gartenkunst

Die von Italien ausgehende Renaissance und die Reformation leiteten das Zeitalter der Aufklärung ein, mit dem die wissenschaftliche Erforschung der Naturgesetze begann und das für Bauwesen und Darstellungstechnik (vgl. Kap. 18.1.1) wesentliche Neuerungen auf wissenschaftlicher Basis brachte.

Die Gartenkunst erlangte in Form berühmter weltlicher Gartenanlagen Eigenständigkeit und Bedeutung auch außerhalb der Klöster. Es entstanden Garten-Bauwerke von hohem technischem Standard mit differenzierter Erschließung über Wege und Treppen und ausgeklügelten Wasserspielen.

Trotzdem lassen sich auch in den für die Gartenarchitektur so entscheidenden Epochen der Renaissance und des Barock die unterschiedlichen Baudisziplinen und -gewerke nicht immer klar abgrenzen. Die „Gestalter und Erbauer“ der Gartenanlagen waren häufig „Ingenieure, Künstler, Architekten, Gartenbauer“ in Personalunion (Merkel in Frontinus-Gesellschaft e.V., 2004).

Ein herausragendes Beispiel für diesen interdisziplinären Ansatz ist die Villa Lante in Bagnaia nördlich von Rom. In diesem Garten aus der Spätrenaissance (entstanden von etwa 1566 bis etwa 1600) ist die Einheit von Gartenanlage und Gebäude in idealer Weise verwirklicht: die beiden kleinen Villen (*casini*) ordnen sich, achsensymmetrisch angeordnet, der Hauptgeometrie des Gartens unter. Der Entwurf wird dem Architekten Giacomo Barozzi da Vignola (1507–1573), meist kurz Vignola genannt, zugeschrieben, der auch den wenig früher entstandenen Palazzo Farnese in Caprarola erschaffen hat, wobei nicht völlig geklärt ist, inwieweit hier noch andere Planer tätig waren. Vignola starb im Jahr 1573, das als Jahr des Baubeginns der Gartenanlage angegeben wird. Danach war beispielsweise der seinerzeit ebenfalls realtiv bekannte und nachgefragte Carlo Maderno am Projekt tätig (Barth, 2001). Vignola verfasste 1562 unter dem Titel „Regole delle cinque ordini d'architettura" (Regeln der 5 Ordnungen der Architektur) ein für die Zeit bedeutendes Lehrbuch.

Erfahrung statt wissenschaftlicher Kompetenz

Trotz der in der Renaissance deutlich weiter entwickelten Planungs- und Baukultur sowie Darstellungstechnik (vgl. Kap. 18.1.1) lassen sich die unterschiedlichen Phasen des architektonischen Entwurfs nur unscharf voneinander abgrenzen. Forschungen über den Entwurfsprozess und die Planungspraxis des Michelangelo (1475–1564) zeigen, dass für den Maler, Bildhauer und Architekt neben Entwurfszeichnungen und Proportionsstudien auch unmaßstäbliche, aber mit Maßangaben versehene und maßstäbliche Zeichnungen, Detailskizzen für einzelne Bauteile und Werkstücke sowie Berechnungen für Baumaterialmengen und Baukosten zur Gesamtleistung gehörten. Es gab also Planungsphasen, die mit den heutigen Aufgaben des Architekten wie Werkplanung, Mengenermittlung, Leistungsbeschreibung und Kostenverfolgung durchaus vergleichbar waren.

In seinem breiten gesamtkünstlerischen Ansatz war Michelangelo auch als Freiraumplaner tätig: Er entwarf im ersten Drittel des 16. Jahrhunderts die Neugestaltung des Kapitolsplatzes in Rom im Auftrag des Papstes Paul III. sowie 1544 die dort hinaufführende gestufte Rampe, die Cordonata (vgl. Kap. 6). Beide Planungen wurden erst deutlich später, die Rampe durch Giacomo della Porta von 1577 bis 1581, die ovale Belagsgestaltung des Platzes erst 1940, realisiert. Auch dies erinnert an zeitgenössische Planungsprozesse.

Ansonsten hatte selbst im vergleichsweise fortschrittlichen 16. Jahrhundert „die Umsetzung eines Projekts nur wenig mit der Planungsarbeit moderner Ingenieure gemeinsam". Den Architekten „fehlten einfach die wissenschaftlichen Grundlagen", die – etwa für den Bereich der Statik – „erst im 18. Jahrhundert gelangen. Bis dahin stand die Bautechnik auf einer noch vorwissenschaftlichen Stufe". „Was den fähigen Baumeister auszeichnete, war der Grad seines aus empirischer Erfahrung gebildeten Wissens" (Maurer, 2004).

Gartenkunst in Theorie und Praxis

Im Zuge der wachsenden Bedeutung der Gartenkunst und der Gartenanlage selbst erfolgte im 17. Jahrhundert schließlich teilweise eine Differenzierung der Planungsdisziplinen. Der Gartengestalter trat zunehmend als eigenständige Planerpersönlichkeit neben dem (Hochbau- bzw. Gebäude-)Architekten auf. Berühmtes Beispiel ist der französische Garten- und Landschaftsarchitekt Andrè Le Nôtre (1613–1700), der Schöpfer der Barockgärten von Vaux-Le-Vicomte und Versailles, wo er mit dem Baumeister Louis Le Vau (1612–1670) und dem Maler und Ornamentstecher Charles Le Brun (1619–1690) zusam-

Abb. 331. Einer der ersten Garten- und Landschaftsarchitekten: André Le Notre (Porträt von Carlo Maratta, 1678).

menarbeitete. Die Gartenkunst ist hier eine eigene Kunstform innerhalb der baukünstlerischen Disziplinen.

In dieser Zeit entstanden zahlreiche gartentheoretische Schriften vorwiegend französischer Architekten und Gartenkünstler. Detaillierte Hinweise zum Bau und Betrieb von Wasserspielen trugen der herausragenden Bedeutung des Wassers als Gestaltungselement im Barockgarten Rechnung. Erwähnenswert sind hier die bereits 1620 erschienenen Bücher des französischen Architekten, Ingenieurs und Physikers Salomon de Caus (1576–1626) und ganz besonders das 1709 publizierte Standardwerk des hohen Beamten, Schriftstellers und Gartenliebhabers Antoine Joseph Dézailler d'Argenville (1680–

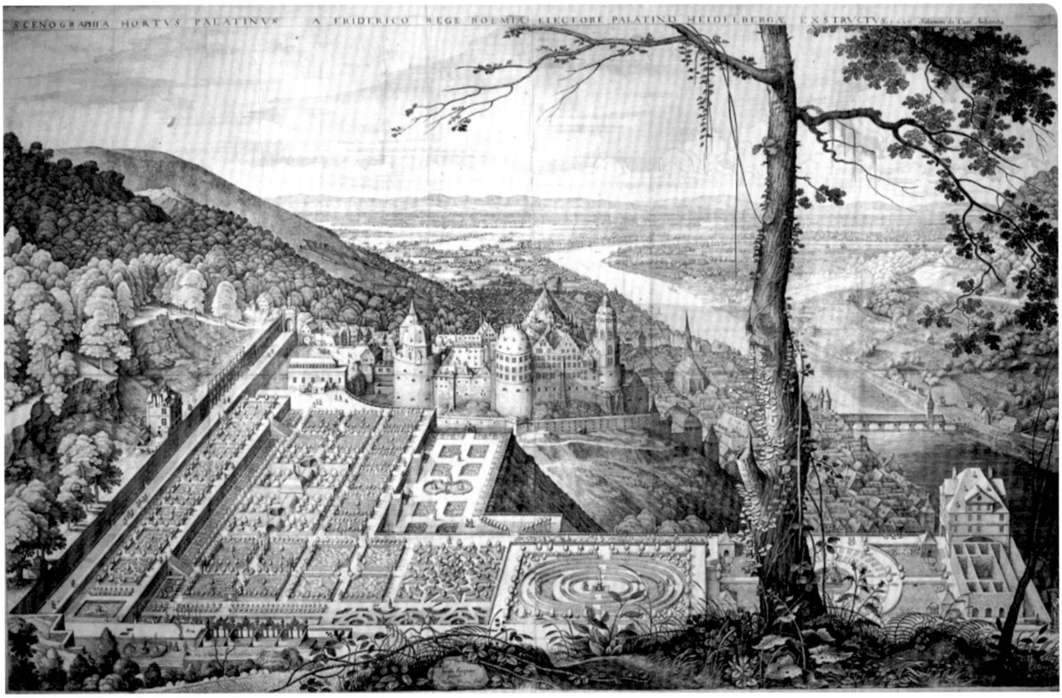

Abb. 332. Aus dem Musterbuch des Salomon de Caus: Entwurf für den Hortus Palatinus am Heidelberger Schloss.

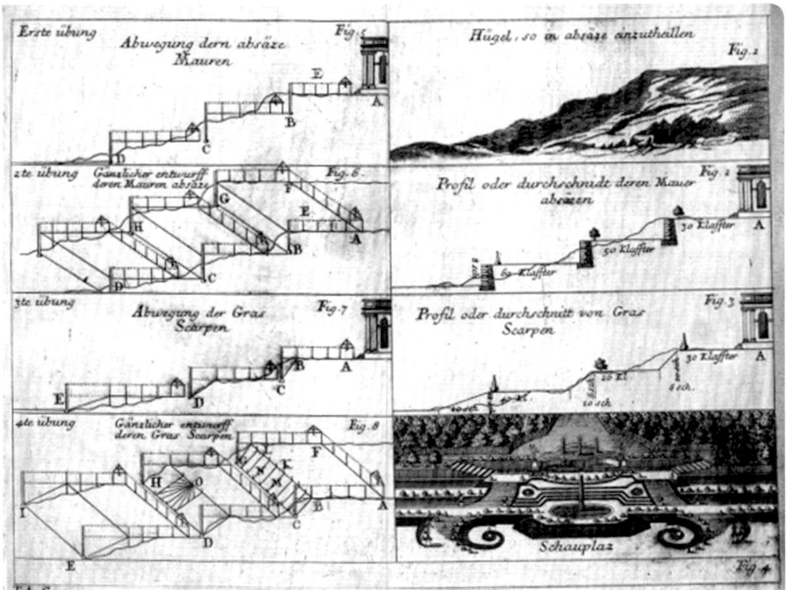

Abb. 333. Antoine Joseph Dézailler d'Argenville gibt praktische Anleitungen und Übungen zur Absteckung von Geländeterrassierungen.

1765) mit dem Titel „La Theorie et la Pratique du Jardinage ou l'on traite a fond des Beaux Jardins" (BAUR in Frontinus-Gesellschaft e.V., 2004. Das Buch erschien 1731 unter dem Titel „Die Gärtnerey sowohl in ihrer Theorie oder Betrachtung als Praxi oder Übung" als Übersetzung ins Deutsche. Es enthält Musterpläne für Gärten und Wasseranlagen und auf Tafeln dargestellte detaillierte Anleitungen und Übungen zur Absteckungsarbeit im Gelände.

Für die Realisierung der teilweise riesigen Gartenanlagen des Barocks, welcher die umgebende Landschaft stets miteinbezogen, waren neben der Konzeption der Wasseranlagen umfangreiche Erdbewegungen, die Trockenlegung von Sumpfgebieten, die Anlage von Kanälen sowie die Konzeption von Bauten im Garten erforderlich. Dies erforderte zahlreiche Baufachleute und Arbeitskräfte sowie einen detaillierten Planungs- und Bauprozess. An der Erstellung der Wasserspiele wirkten Konstrukteure, Mechaniker und Hydrauliker mit, beispielsweise François Francini (1617–1688) und Pierre Francini (1621–1686) in Versailles (BAUR in Frontinus-Gesellschaft e.V., 2004). Es entstanden Ausführungs- und Detailpläne für Teilbereiche und Bauwerke und Pflanzpläne für die Parterres. Für die Beschickung der Orangerien erfand Andrè Le Nôtre sogar einen speziellen Kübel-Transportwagen.

Durch Wettbewerbe zur besten Lösung

Das Werkzeug des Architekten-Wettbewerbs war zu dieser Zeit bereits ein gebräuchliches Verfahren zur Findung der besten planerischen Lösung für repräsentative Projekte. So lobte beispielsweise Papst Clemens XII. für den Trevi-Brunnen in Rom (vgl. Kap. 14.1) einen Wettbewerb aus, für den 47 Vorschläge namhafter zeitgenössischer Architekten eingereicht wurden und den Nicola Salvi (1697–1751) gewann. Die Idee für das Projekt stammte bereits aus dem 15. Jahrhundert, die Realisierungszeit betrug von 1732 bis 1762 fast 30 Jahre, sodass nach dem Tod des siegreichen Entwurfsverfassers Salvi Guiseppe Pannini und Pietro Bracci das Werk fertig stellen mussten (BAUR in Frontinus-Gesellschaft e.V., 2004). Der Bauherr hatte es sich jedoch nicht nehmen lassen, den Brunnen bereist 1735, lange vor der Fertigstellung, einzuweihen.

Technischer Fortschritt und komplexerer Planungsprozess

Ab Mitte des 18. Jahrhunderts differenzierten sich der Planungs- und Bauprozess sowie die Bautechnik im Landschaftsbau weiter. Von da ab vollzog sich „vermutlich im Zuge des allgemeinen, von der Aufklärung beeinflussten, technischen Fortschritts ein entscheidender Wandel vom experimentellen, erfahrungsgestützten Bauen zum wissenschaftlich fundierten Planen und Bauen – auch der Gärten und Parks, insbesondere bestimmter Elemente, wie Wege und Wasseranlagen" (Hallmann und Forner, 2003). Technische Neuerungen wie die Weiterentwicklung des Betons (vgl. Kap. 4.3) und die Errungenschaften der Industrialisierung prägten zunehmend auch die Gartenarchitektur und den Landschaftsbau.

Für die ab 1761 geplante und 1771 in Betrieb genommene Wasserkaskade im Rokoko-Garten von Schloss Seehof bei Bamberg war ein enormer technischer Aufwand erforderlich. Für die technischen Lösungen war der Ingenieurhauptmann Johann Michael Fischer, für die künstlerische Ausgestaltung der Hofbildhauer Ferdinand Tietz (1708–1777) verantwortlich. Die Wasseranlage erforderte den Bau eines Aquäduktunnels, für den wie auch für die Kaskade selbst zeitgenössische Pläne und Materiallisten mit Mengenangaben für die Rohrleitungen existieren (Baur in Frontinus-Gesellschaft e.V., 2004). Anhand der Signaturen und Eintragungen sind verschiedene Planverfasser bzw. -bearbeiter sowie Planänderungen dokumentiert, die Rückschlüsse auf einen relativ komplexen, interdisziplinären und langwierigen Planungsprozess zulassen.

Durch Veränderungen auf Seiten der Machthaber und Auftraggeber, insbesondere die Trennung von Kirche und Staat im Zuge der Säkularisierung, und den Aufbau von „rationalen" Verwaltungssystemen wurden die Bauprojekte komplexer, die Zahl der Projektbeteiligten stieg an.

Der optimierten Übertragung der planerischen Idee in die gebaute Wirklichkeit, der Bauleitung gewissermaßen, wurde auch unter methodischen Gesichtspunkten große Bedeutung beigemessen. So beschreibt der Gartenarchitekt und Begründer des deutschen Landschaftsgartens Friedrich Ludwig von Sckell in seinem 1825 in einer 2. Auflage erschienenen Werk „Beiträge zur bildenden Gartenkunst für angehende Gartenkünstler und Gartenliebhaber" seine Methode, mit Hilfe eines Zeichenstabes mit Eisenspitze die auf dem Plan entwickelte Wegeführung als Grundlage für die Bauausführung ins Gelände zu übertragen. Die mit dem Stab gezogene Linie wird anschließend mit Pflöcken abgesteckt. Sckell zog diese Verfahrensweise der exakten Übertragung der Planung ins Gelände mittels Ordinaten vor (Hallmann und Forner, 2003).

Der Planungs- und Bauprozess im 19. und 20. Jahrhundert lässt sich anhand vieler erhaltengebliebener Plandokumente, zahlreicher Lehrbücher sowie nicht zuletzt erhaltener Garten- und Parkanlagen relativ gut nachvollziehen. Gleichzeitig verstärkte sich das Interesse an historischer Bauforschung, – die allerdings für den Landschaftsbau auch heute noch kaum entwickelt ist –, und Architekturgeschichte und -theorie, später auch an Technikgeschichte.

Durch die flächige Landesvermessung nach der Säkularisation im 19. Jahrhundert entstanden zunächst die Urkataster und danach durch immer genauere Karten, Pläne und Bezugspunkte ein immer realeres zweidimensionales Abbild der dreidimensionalen Wirklichkeit in Stadt und Flur. Gerade für die Planung in der Landschaftsarchitektur stellen diese essentielle Planungsgrundlagen für alle Maßstabsebenen dar.

Landschaftsarchitektur, die jüngste Planungs- und Baudisziplin
Der Begriff Landschaftsarchitektur als Bezeichnung einer eigenständigen Bau-Disziplin entstand als Nachfolger der historischen Bezeichnungen Gartenkunst und Gartenarchitektur erst Mitte des 19. Jahrhunderts. Der Encyclopedia of Gardens zufolge soll sich der Amerikaner Frederick Law Olmsted (1822–1903), der gemeinsam mit Calvert Vaux den siegreichen Wettbewerbsentwurf für den Central Park in New York einreichte, erstmalig als Landscape Architect bezeichnet haben. Wenige Jahrzehnte später setzte sich der Begriff Landschaftsarchitektur auch in Europa durch. Die neue Bezeichnung trug den tiefgreifenden Veränderungen des Landschaftsbildes in den 30er- und 40er-Jahren des 20. Jahrhunderts in Europa Rechnung und definierte einen neuen Beruf, der die baugestalterischen Aufgaben des Architekten, die technischen Aufgaben des Ingenieurs sowie gärtnerische Aufgaben in einem neuen Berufsbild, in dessen Zentrum die Gestaltung der Landschaft steht, vereinte.

Bedeutung heute
Seither ist die Bedeutung der Landschaftsarchitektur stetig gewachsen, die Planungsaufgaben und -projekte sind komplexer geworden.

Insbesondere drei Aspekte sind für die aktuellen Rahmenbedingungen kennzeichnend:

- Im demokratischen Entscheidungsprocedere gibt es zahlreiche Projektbeteiligte wie von der Planung betroffene Bürger, Vertreter des Auftraggebers, beteiligte Planer und Fachleute etc.
- Die Bedeutung international ausgeschriebener Wettbewerbe und grenzüberschreitend durchgeführter Planungen steigt; dies führt häufig zu einer Aufgabenverteilung von (Entwurfs-)Planung und Bauüberwachung auf unterschiedliche, örtlich weit voneinander entfernte Planungsbüros.
- Seit den 80er-Jahren des letzten Jahrhunderts sind durch digitale Werkzeuge veränderte Planungs-, Präsentations- und Kommunikationsmethoden gebräuchlich; der Austausch von Daten auch über große Distanzen ist sehr rasch möglich; die Bearbeitungszeiten sind durch den Einsatz der EDV verkürzt, die Anforderungen an die Datenverwaltung und -organisation sind erheblich gestiegen.

Mit der zunehmenden Komplexität der Bauprojekte werden die einzelnen Phasen des Planungsprozesses für sich immer wichtiger. Dies gilt insbesondere für die Anteile der konstruktiven Planung in ihrer Funktion als Schnittstelle zwischen Entwurf und Bauausführung.

Dabei ist auch zu berücksichtigen, dass die „Ausführungsplanung" als Planungsphase gemäß HOAI, zusammen mit der „Vorbereitung der Vergabe" den haftungstechnisch relevantesten Abschnitt der Planung darstellen. Hier ist es besonders wichtig, fachliche und organisatorische Fehler zu vermeiden.

16.1.2 Die Ausführungsplanung gemäß HOAI

Die deutsche Honorarordnung für Architekten und Ingenieure (HOAI), die 1977 die Gebührenordnung für Architekten (GOA) aus dem Jahr 1950 und die Gebührenordnung der Ingenieure (GOI) aus dem Jahr 1956 abgelöst hat, legt einen Honorarrahmen für die jeweiligen Architektenleistungen fest. In § 15 beschreibt sie das „Leistungsbild Objektplanung für Gebäude, Freianlagen und raumbildende Ausbauten" anhand von neun unterschiedlichen aufeinander aufbauenden Leistungsphasen. Die Ausführungsplanung folgt als Phase 5 der Entwurfs- bzw. der Genehmigungsplanung (Phasen 3 und 4) und geht der Phase 6, der Vorbereitung der Vergabe, voraus. Ausführungsplanung wird hier definiert als das „Erarbeiten und Darstellen der ausführungsreifen Planungslösung".

Die HOAI beschreibt in dieser Phase folgende **„Grundleistungen"** und gibt damit einen recht guten Überblick über deren inhaltliche und methodische bzw. verfahrenstechnische Anforderungen:

- „Durcharbeiten der Ergebnisse der Leistungsphasen 3 und 4 (stufenweise Erarbeitung und Darstellung der Lösung) unter Berücksichtigung städtebaulicher, gestalterischer, funktionaler, technischer, bauphysikalischer, wirtschaftlicher, energiewirtschaftlicher (z. B. hinsichtlich rationeller Energieverwendung und der Verwendung erneuerbarer Energien) und landschaftsökologischer Anforderungen unter Verwendung der Beiträge anderer an der Planung fachlich Beteiligter bis zur ausführungsreifen Lösung.
- Zeichnerische Darstellung des Objekts mit allen für die Ausführung notwendigen Einzelangaben, z. B. endgültige, vollständige Ausführungs-, Detail- und Konstruktionszeichnungen im Maßstab 1 : 50 bis 1 : 1, bei Freianlagen je nach Art des Bauvorhabens im Maßstab 1 : 200 bis 1 : 50, insbesondere Bepflanzungspläne, mit den erforderlichen textlichen Ausführungen.
- .... (Passage zu raumbildenden Ausbauten).
- Materialbestimmung.
- Erarbeiten der Grundlagen für die anderen an der Planung fachlich Beteiligten und Integration ihrer Beiträge bis zur ausführungsreifen Lösung.
- Fortschreiben der Ausführungsplanung während der Objektausführung."

Tab. 16.1: Anteile der konstruktiven Planung in den Leistungsphasen der HOAI für das Leistungsbild Freianlagen

Leistungsphasen nach HOAI			Honorar-anteil in %	Bedeutung der konstruktiven Planung
Nr.	**Bezeichnung**	**Ziel, Kurzbeschreibung**		
1	Grundlagenermittlung	Ermitteln der Voraussetzungen zur Lösung der Bauaufgabe durch die Planung	3	
2	Vorplanung (Projekt- + Planungsvorbereitung)	Erarbeiten der wesentlichen Teile einer Lösung der Planungsaufgabe	10	Grundsätze der Lage- und Höhenplanung für alternative Lösungen, Kostenschätzung
3	Entwurfsplanung (System- + Integrationsplanung)	Erarbeiten der endgültigen Lösung der Planungsaufgabe	15	Lage- und Höhenplanung sowie Grundsätze der Detailplanung einschließlich textlicher Objektbeschreibung, Kostenberechnung
4	Genehmigungsplanung	Erarbeiten und Einreichen der Vorlagen für die erforderlichen Genehmigungen	6	Abgleich der Lage-, Höhen- und Detailplanung mit den behördlichen Anforderungen
5	Ausführungsplanung	Erarbeiten und Darstellen der ausführungsreifen Planungslösung	24	Vollständige Ausarbeitung der Lage- und Höhenabsteckung sowie der vollständigen Detailplanung
6	Vorbereitung der Vergabe	Ermitteln von Mengen und Aufstellen von Leistungsverzeichnissen	7	Quantitative Erfassung der Ergebnisse der Lage- und Höhenabsteckung sowie quantitative und qualitative Beschreibung der Detailplanung, Kostenanschlag
7	Mitwirkung der Vergabe	Ermitteln der Kosten und Mitwirkung bei der Auftragsvergabe	3	Schaffung der vertraglichen Grundlage für die Bauausführung entsprechend der Lage-, Höhen- und Detailplanung

Tab. 16.1: Fortsetung

Leistungsphasen nach HOAI			Honorar-anteil in %	Bedeutung der konstruktiven Planung
Nr.	**Bezeichnung**	**Ziel, Kurzbeschreibung**		
8	Objektüberwachung (Bauüberwachung)	Überwachen der Ausführung des Objekts	29	Begleiten der Bauausführung entsprechend der Lage-, Höhen- und Detailplanung, Fortschreiben der Planung, Überwachen von Qualitäten, Kosten und Terminen
9	Objektbetreuung + Dokumentation	Überwachen der Beseitigung von Mängeln und Dokumentation des Gesamtergebnisses	3	Feststellen von Abweichungen gegenüber der Lage-, Höhen- und Detailplanung, Überwachen der Beseitigung der Abweichungen und Dokumentation

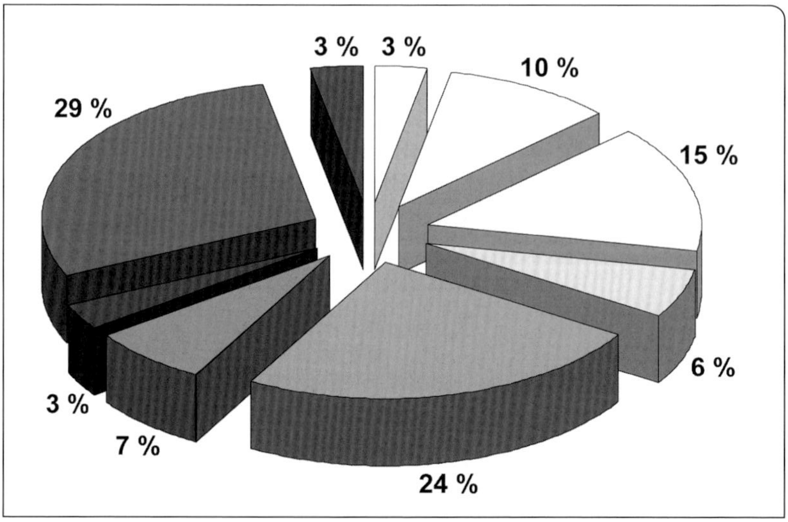

Abb. 334. Aufteilung des Honorars auf die Leistungsphasen: Die Ausführungsplanung umfasst 24 % (vgl. Tab. 16.1).

Nicht in den Grundleistungen enthalten, sondern als **„Besondere Leistungen"** bezeichnet, sind folgende Leistungen:

- „detaillierte Objektbeschreibung als Baubuch zur Grundlage der Leistungsbeschreibung mit Leistungsprogramm,
- Aufstellen einer detaillierten Objektbeschreibung als Raumbuch zur Grundlage der Leistungsbeschreibung mit Leistungsprogramm,
- Prüfen der vom bauausführenden Unternehmen aufgrund der Leistungsbeschreibung mit Leistungsprogramm ausgearbeiteten Ausführungspläne auf Übereinstimmung mit der Entwurfsplanung,
- Erarbeitung von Detailmodellen,
- Prüfen und Anerkennen von Plänen Dritter nicht an der Planung fachlich Beteiligter auf Übereinstimmung mit den Ausführungsplänen (z. B. Werkstattzeichnungen von Unternehmen, Aufstellungs- und Fundamentpläne von Maschinenlieferanten), soweit die Leistungen Anlagen betreffen, die in den anrechenbaren Kosten nicht erfasst sind".

Das Paket der Grundleistungen bewertet die HOAI bei den Freianlagen mit 24 % des Gesamthonorars. Damit wird die Ausführungsplanung des Landschaftsarchitekten als knapp ein Viertel der gesamten Planungsleistung eingestuft.

16.2 Anforderungen an die konstruktive Planung

Trotz der Einstufung nach HOAI und der hohen Relevanz für Schadensfälle und Architektenhaftung spielt die konstruktive Planung in vielen Planungsprozessen nicht die Rolle, die ihr eigentlich zustehen müsste. In seinem Buch „Methodik der Architekturplanung" beschreibt Heino Engel diesen Sachverhalt so: „Nicht nur in der Architekturausbildung, sondern auch in der Diskussion zur Theorie der Architekturplanung erfährt die Phase der Ausführungsplanung lediglich zweitrangige Bedeutung. Selbst von Fachkreisen in der Kategorie der Objektplanungen des Hochbaus wird sie – besonders festzustellen in Europa – gar nicht als richtige Planung im Sinne eines kreativen Bemühens um Problemlösungen oder vielleicht Formgestaltung verstanden, sondern eher als Routinepflicht angesichts von unmündig gewordenen Ausführungsinstanzen" (Engel, 2002).

Dies gilt schon aufgrund der verhältnismäßig viel kürzeren Entwicklungsgeschichte, der höheren Komplexität und der bislang nur sehr begrenzt vorhandenen methodischen Grundlagen für die Objektplanung in der Landschaftsarchitektur ganz genauso. Daher sollen Ziele und Aufgabenkomplex folgend etwas genauer betrachtet werden.

16.2.1 Zielsetzung und Aufgabe

Die konstruktive Planung als Teilaspekt der Entwurfsplanung und insbesondere als eigenständige Phase der Ausführungsplanung dient der Umsetzung eines Entwurfs in die gebaute Wirklichkeit in der Regel durch einen Dritten (Ausführungsfirma). Sie entspricht der Kommunikation zwischen Planer und Ausführendem in überwiegend grafischer Darstellung.

Konstruktive Planung bedeutet somit die endgültige (= baubare) Durcharbeitung der Entwurfsidee hinsichtlich

- funktionaler Erfüllung,
- gestalterischer Zielsetzung und Qualität,
- technischer Machbarkeit und Beständigkeit,
- Wirtschaftlichkeit in Umsetzung und Unterhaltung,
- ökologischer Verträglichkeit.

Als „Begleitfunktionen“ der Ausführungsplanung sind entsprechend zu nennen: „Nachweis für die Durchführbarkeit des Planungsvorhabens überhaupt, Sicherstellung der notwendigen Eigenschaften des Vorhabens im Hinblick auf Nutzung, Erhalt und Entwicklung, Grundlage für exakte Kostenkalkulation (...), Ausschließung von ungewollten Interpretationen infolge offener Ausführungsspielräume, Vermeidung von nachträglichen (und daher verteuernden) Ausführungsänderungen oder -ergänzungen“ (Engel, 2002).

Engel beschreibt die Ausführungsplanung sehr abstrakt als „Dekomposition“ des Entwurfs, das heißt als die „sinnvolle Aufgliederung des Entwurfs in seine bestimmenden Funktionen und Bestandteile“ und „Rückführung der Ganzheit auf ihre kompositorischen Einzelheiten als System und Gestalt“. Der Entwurf wird dabei gewissermaßen planerisch in seine Systembestandteile zerlegt, ohne deren Zusammenwirken in der gebauten Anlage aus den Augen zu verlieren. „Mittels Darstellung aller technischen und operationellen Einzelheiten der gewollten Ausführung wird der Planungsbetreff auf Machbarkeit, Performanz und Beständigkeit geprüft und für seine Verwirklichung durch Planungsfremde ausgerüstet“ (Engel, 2002).

16.2.2 Umgang mit Regeln der Technik

Der Planungsprozess wird von drei wesentlichen „Eingrenzungsinstrumenten“ bestimmt: den „Normen“, womit Regeln, Vorschriften, Gesetze, Standards und naturwissenschaftliche Fakten und Daten gemeint sind, den „Zwängen“, das heißt bindenden Anforderungen und Rahmenbedingungen, sowie den „Parametern“, den vom Planer „selbstverfügten Bindungen“ (Engel, 2002).

Im Zuge der konstruktiven Planung sind nach den Anforderungen der Vergabe- und Vertragsordnung (VOB) die anerkannten Regeln der (Bau-)Technik, die gesetzlichen und behördlichen Bestimmungen,

Tab. 16.2: Für Landschaftsarchitektur und Landschaftsbau relevante Regelwerksgeber (Auswahl)

Regelwerksgeber, Institution	**Abkürzung**	**Technische Regeln**, Beispiele
Deutsche Institut für Normung	DIN	**DIN-Normen**
Europäische Komitee für Normung	CEN	**EN-Normen**
International Standard Organisation	ISO	**ISO-Normen**
Deutscher Vergabe- und Vertragsausschuss für Bauleistungen	DVA	**VOB, Teil C: Allgemeine Technische Vertragsbedingungen (ATV)**, DIN-Normen
Forschungsgesellschaft für Straßen- und Verkehrswesen e.V.	FGSV	**ZTV**, z. B. ZTV Pflaster-StB 06 **TL**, z. B. TL Pflaster-StB 06 **Richtlinien**, z. B. RAS-Ew **Merkblätter**, z. B. M Geok E
Forschungsgesellschaft Landschaftsentwicklung Landschaftsbau e.V.	FLL	**ZTV**, z. B. ZTV Baumpflege **Richtlinien**, z. B. Dachbegrünungsrichtlinie **Empfehlungen**, z. B. Empfehlungen für Planung, Bau und Instandhaltung von Gewässerabdichtungen im Garten-, Landschafts- und Sportplatzbau **Gütebestimmungen**, z. B. Gütenestimmungen für Stauden
Deutscher Naturwerksteinverband e.V.	DNV	**Bautechnische Informationen** **Merkblätter**, z. B. Merkblatt Pflasterdecken und Plattenbeläge aus Naturstein für Verkehrsflächen
Fachvereinigung Betonprodukte für Straßen-, Landschafts- und Gartenbau	SLG	**Merkblätter**, z. B. Merkblatt für die Planung und Ausführung von Verkehrsflächen mit großformatigen Pflastersteinen und Platten aus Beton
Deutscher Ausschuss für Stahlbeton	DAfStb	**Richtlinien**, z. B. DAfStb-Richtlinie „Wasserundurchlässige Bauwerke aus Beton" (WU-Richtlinie)
Deutsche Vereinigung für Wasserwirtschaft, Abwasser und Abfall e.V.	DWA	**Merk- und Arbeitsblätter**, z. B. DWA-A 138 Planung, Bau und Betrieb von Anlagen zur Versickerung von Niederschlagswasser

nach obiger Definition also in etwa die „Normen" (nicht zu verwechseln mit DIN- und EN-Normen im Sinne von Standards, s. u.), zu berücksichtigen. Der Begriff „Regeln der Technik" bedarf hier einer genaueren Betrachtung. Dabei handelt es sich um „technische Regeln für den Entwurf und die Ausführung baulicher Anlagen, die in der technischen Wissenschaft als theoretisch richtig erkannt sind und feststehen sowie insbesondere in dem Kreise der für die Anwendung der betreffenden Regeln maßgeblichen, nach dem neuesten Erkenntnisstand vorgebildeten Techniker durchweg bekannt und aufgrund fortdauernder praktischer Erfahrung als technisch geeignet, angemessen und notwendig anerkannt sind" (Ingenstau und Korbion, 2007).

Kenntnis und Beherrschung der Regeln bedeutet vorausschauende Mängelvermeidung. Die VOB drückt dies in Teil B, § 13 Satz 1 so aus: „Die Leistung ist zur Zeit der Abnahme frei von Sachmängeln, wenn sie die vereinbarte Beschaffenheit hat und den anerkannten Regeln der Technik entspricht."

Zu den anerkannten Regeln der Technik gehören in der Landschaftsarchitektur im Wesentlichen folgende:
- Allgemeine Technische Vertragsbedingungen für Bauleistungen (ATV) = Teil C der VOB (DIN-Normen),
- Nationale (DIN) und internationale (EN, ISO) Normen bzw. Standards,
- Zusätzliche Technische Vertragsbedingungen (ZTV),
- Technische Lieferbedingungen (TL),
- Richtlinien,
- Merkblätter,
- Arbeitsblätter,
- Empfehlungen,
- Gütebestimmungen,
- Technische Informationen.

Farbtafel 31

Bild 177. Digitales 3-D-Arbeitsmodell von Zellgarten auf der BUGA 2005 in München.

Bild 178. Wettbewerbsbeitrag „Hexagonium" für Zellgarten auf der BUGA 2005 in München: Grafik-Collage (Photoshop) auf der Basis des 3-D-Modells.

Bild 179. Schnitte bzw. Profile (Wettbewerbsbeitrag).

Bild 180. Detail mit Grundriss und Schnitt (Wettbewerbsbeitrag).

Als Regelwerksgeber fungiert dementsprechend beispielsweise das Deutsche Institut für Normung (DIN), das Europäische Komitee für Normung (CEN), die Forschungsgesellschaft Landschaftsentwicklung Landschaftsbau (FLL) und weitere (vgl. Tab. 16.2).

Diese Regeln können ergänzt werden durch Forschungs-, Fach- und Praxisberichte sowie Fachpublikationen in Buch- oder Artikelform, auch ohne dass die beschriebenen Fachinhalte bereits als Teil des Technischen Regelwerkes eingeführt sind.

Je nach Projektart, Planungsphase und Vertrag können Regeln unterschiedliche Stufen der Gültigkeit erfüllen.

Die höchste Stufe ist die **normative Gültigkeit** der zuvor beschriebenen Regeln der Technik sowie von gesetzlichen und behördlichen Bestimmungen. Sie ist im Allgemeinen uneingeschränkt anzuerkennen und zu befolgen. Allerdings ist bei manchen auf in erster

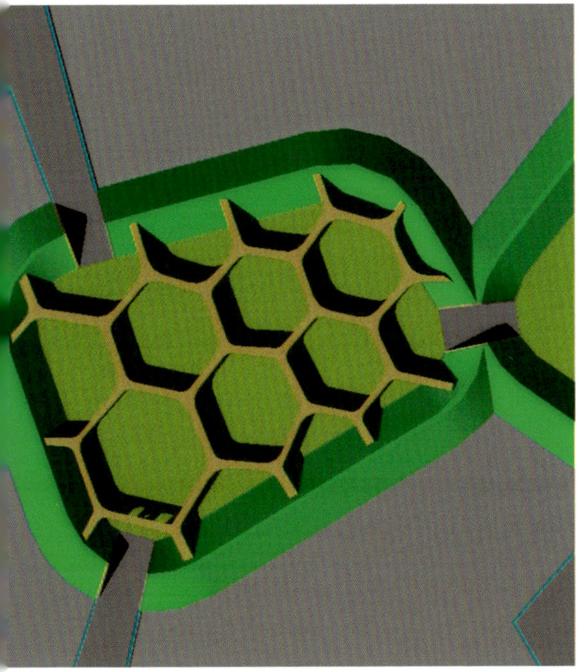

177

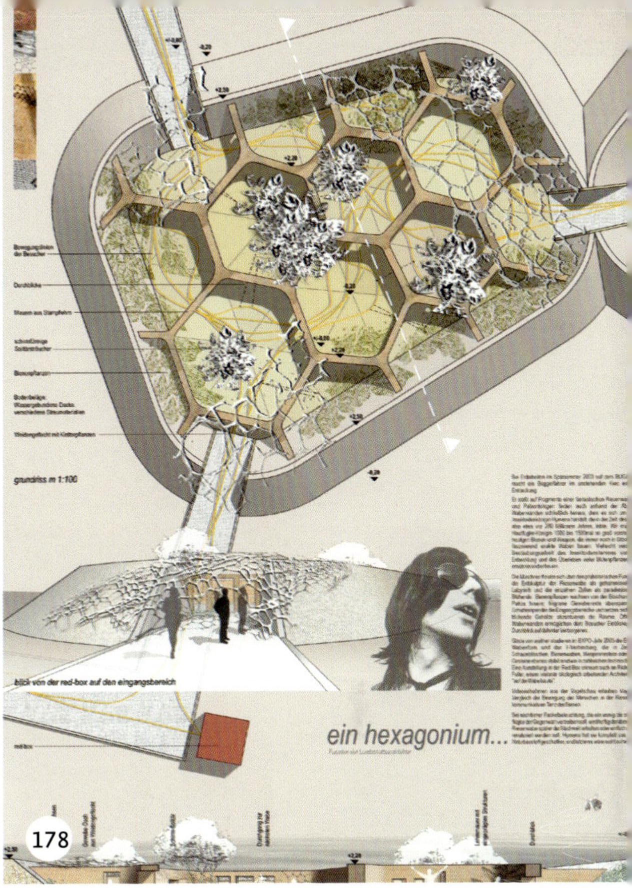

178

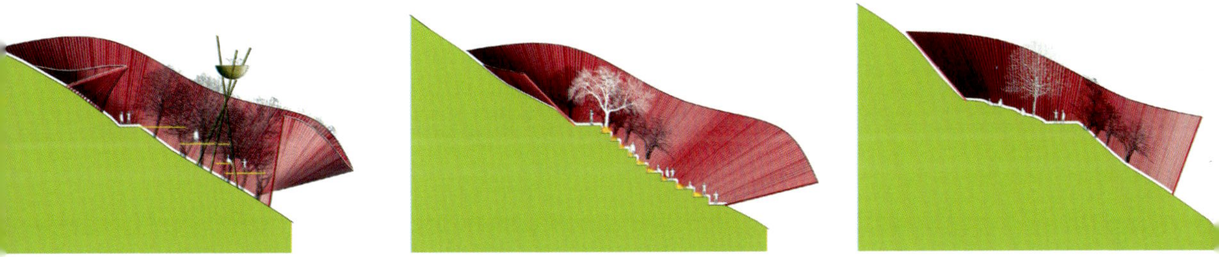

179

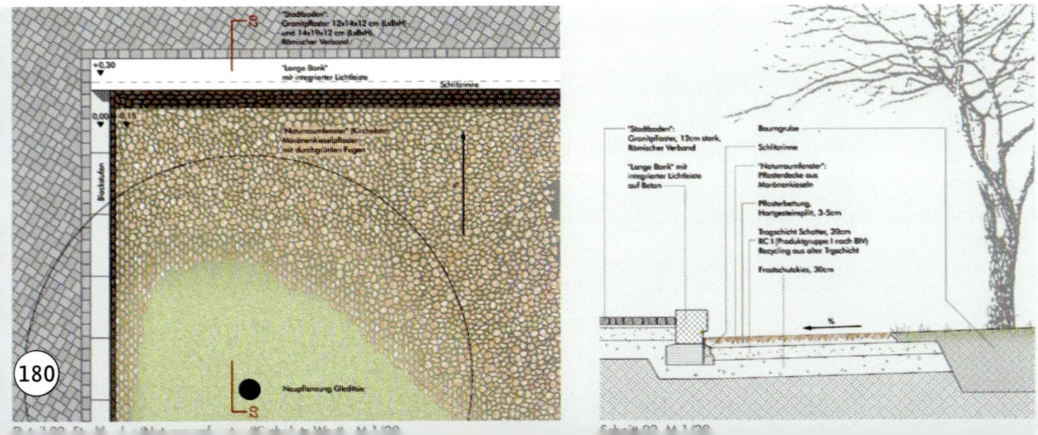

180

181

184

182

185

183

Linie hochbauliche Anforderungen bezogene Normen und Regeln unklar, inwieweit sie im Landschaftsbau als „theoretisch richtig erkannt sind und feststehen“ sowie „aufgrund fortdauernder praktischer Erfahrung als technisch geeignet, angemessen und notwendig anerkannt sind“. Als Beispiel können hier die hohen statischen Anforderungen der DIN 1053–1 an Trockenmauerwerk angeführt werden (vgl. Kap. 5.4).

Als **faktische Gültigkeit** lassen sich die Funktionserfüllung bestimmter Anlagen oder die technische Eignung von Materialien für eine bestimmte Verwendung aufgrund ihrer bekannten Eigenschaften, ihrer Haltbarkeit etc. ansprechen.

Ist der PKW-Stellplatz zu klein dimensioniert, erfüllt er faktisch seine Funktion nicht. Faktische Gültigkeit wird dementsprechend häufig in Planungsvorschriften zum Ausdruck gebracht.

Ein nicht beständiger Baustoff eignet sich faktisch nicht als Belagsmaterial für einen Aufenthaltsbereich, da dieser seine Funktion als solcher nach kurzer Zeit nicht mehr erfüllen kann.

Häufig lassen sich Verstöße gegen die faktische Gültigkeit bzw. die Zuordnung zum Verursacher des Verstoßes nur schwer und unter erhöhtem Aufwand nachweisen. So ist es oft schwierig festzustellen, ob es sich um einen Verwendungsfehler oder ein Materialdefizit handelt. Dies gilt beispielsweise für die Verwendung für den Standort ungeeigneter Pflanzen, die faktisch eingehen.

Eine **intersubjektive oder interpersonelle Gültigkeit** liegt vor, wenn Bauherr und Planer festlegen, ob und inwieweit eine Regel anerkannt wird und gilt. Solche Festlegungen bedürfen immer der Schriftform.

Dies wäre beispielsweise angezeigt für eine experimentelle Treppenanlage im Freiraum, die aus gestalterischen Gründen oder wegen des besonderen Erlebniswerts mit wechselnden oder nicht regelgerechten Steigungsverhältnissen oder ohne die nach jeweiliger Länderbauordnung vorgeschriebene Absturzsicherung ausgeführt werden soll. Eine erhöhte Gefährdung der Nutzer, z. B. durch schlechte Wahrnehmbarkeit der baulichen Besonderheit oder Abweichung, sollte dabei allerdings in jedem Fall ausgeschlossen werden können. Bei dem Bauwerk sollte es sich nach Möglichkeit um keine „notwendige Treppe“ (vgl. Kap. 6.3.3) handeln.

Die schwächste Form der Gültigkeit ist die **subjektive**, nach Möglichkeit jedoch als solche transparent gemachte **Gültigkeit**. Im Einzelfall kann dies bedeuten, dass eine Bau-Regel nicht angewandt wird, dies jedoch so offensichtlich ist, dass dadurch keine Gefährdung oder Schädigung von Nutzern zu erwarten ist. Solche Fälle können bei Kunstwerken, z. B. LandArt-Objekten, offenen begehbaren Kunstwerken im Sinne eines „opera aperta“, oder stark künstlerisch geprägten Anlagen, bzw. der Beauftragung von Künstlern auftreten. Auch hier

Farbtafel 32
Bild 181 bis 183. 3-D-Modell eines Bushäuschens mit bedruckten Glaswänden, 3 Entwurfsvarianten.

Bild 184. Handskizze zur ersten Veranschaulichung der Pergolenkonstruktion.

Bild 185. Handskizze zur ersten Veranschaulichung der Belagskonstruktion.

Abb. 335. Faktische Gültigkeit: die Stützmauer ist eingestürzt.

Abb. 336. Intersubjektive Gültigkeit: die Laurintreppe an der Arbeitsstelle für Treppenforschung, die unterschiedliche Steigungsverhältnisse je Stufe aufweist.

Abb. 337. Subjektives, aber deutlich erkennbares Nicht-Gelten von Regeln und Baukonventionen: Treppenaufgang auf eine Großskulptur der Künstlerin Niki de SaintPhalle im Tarot-Garten.

sollte die Akzeptanz der Abweichung von den anerkannten Regeln der Technik durch den Auftraggeber schriftlich dokumentiert werden.

16.3 Planungsprozessmanagement

Prozessmanagement ist ein relativ junger Managementansatz, der bereits in vielen Wirtschaftsbereichen und Unternehmensformen Einzug gefunden hat.

Durch die in den vorigen Kapiteln beschriebene

- zunehmende Internationalität und Komplexität durch Integration und Partizipation zahlreicher Planungsbeteiligter und -betroffener,
- die kürzeren Bearbeitungszeiten und die stetig rasche Veränderungen von Rahmenbedingungen,
- die anspruchsvolleren Auftraggeber und den härteren Wettbewerb,
- den steigenden Innovationsdruck und den raschen Technologiewandel bei immer kürzeren Lebenszyklen von Bauwerken und Produkten sowie
- die Notwendigkeit, sich auf die Kernkompetenzen zu konzentrieren,

sind gerade im Planungs- und Bauwesen prozessuale Methoden und Ansätze gefragt.

Bau- und Planungsprozessmanagement kombiniert mit Werkzeugen des Qualitätsmanagements werden als zeitgemäße Steuerungsinstrumente erkannt und angewandt. Es scheint daher angezeigt, die Planung von Projekten und ganz besonders die konstruktive Planung als Prozess zu betrachten und zu beleuchten, mit Methoden des Prozessmanagements zu steuern und mit Instrumenten des Qualitätsmanagements Fehler zu vermeiden und (organisatorische) Qualität zu sichern.

Prozessmanagement kann definiert werden als

- aus der Strategie abgeleitete,
- die Ressourcen (Mitarbeiter, Infrastruktur etc.) berücksichtigende,
- ziel- und ergebnisorientierte Gestaltung, Überwachung, Steuerung, Regelung, Verbesserung oder Erneuerung der Prozesse (= Abläufe) einer Unternehmung bzw. Organisation (nach Lenz, 2005).

Durch die Novellierung der Normengruppe DIN EN ISO 9000 ff. Qualitätsmanagementsysteme seit dem Jahr 2000 wurde der prozessorientierte Ansatz eingeführt. Seither ist die Normengruppe zur Einführung eines Qualitätsmanagementsystems auch auf eine Organisation wie ein Planungs- bzw. Landschaftsarchitekturbüro anwendbar.

16.3.1 Planung als Prozess

Je nach Beitrag zur Wertschöpfung und Funktion lassen sich die Prozesse im Planungsbüro in drei hierarchischen Gruppen, die Führungs- oder Managementprozesse, die Kernprozesse und die Unterstützungs-

Tab. 16.3: Prozesstypen im Planungsbüro (nach LENZ, 2005)

Prozesstyp	**Nutzenstiftung**	**Funktion**	**Beispiele**
Kernprozesse	Nutzen für den externen Kunden bzw. Auftraggeber, **wertschöpfend**	**Generieren die Wertschöpfung** Kernleistung, Teil der Wertschöpfungskette	Projektbearbeitung, Planungsleistungen, z. B. nach HOAI
Supportprozesse = Unterstützungsprozesse	Interner Nutzen, **nicht (direkt) wertschöpfend**	**Unterstützen** die Kernprozesse Interne Dienstleistung	Mitarbeiter, EDV
Führungsprozesse = Managementprozesse	Interner Nutzen, **nicht wertschöpfend**	**Steuern** Kern- und Supportprozesse Führungsleistung	Strategische Planung, Controlling

oder Supportprozesse einteilen (LENZ, 2005). Alle Projektplanungen bzw. Planungsphasen sind dementsprechend Kernprozesse, für welche die Kernkompetenzen des Planungsteams erforderlich sind.

Wichtige Prinzipien des Qualitätsmanagements sind die Kunden- bzw. Auftraggeberorientierung, die diesbezügliche Qualitätskontrolle der Ergebnisse, ggf. mit Fehler- oder Defizitanalyse, sowie die ständige Verbesserung der Prozesse.

Alle Prozesse innerhalb einer Organisation lassen sich in Form einer „Prozesslandkarte“ darstellen, welche die Grundlage für die Beschreibung der Prozesse innerhalb eines Qualitätsmanagementsystems darstellt.

Nach der DIN EN ISO 9000 ist ein Prozess „ein Satz von in Wechselbeziehung oder Wechselwirkung stehenden Tätigkeiten, der Eingaben = Inputs in Ausgaben (Ergebnisse) = Outputs umwandelt“. Diese Definition passt exakt auf den Planungsprozess, bei dem – vereinfacht dargestellt – die Eingaben die funktionalen und gestalterischen Anforderungen, überlagert von den zuvor beschriebenen Eingrenzungsinstrumenten, sind und die Ergebnisse die planerischen Lösungen, dargestellt als Plangrafiken, Planzeichnungen, Modelle, Beschreibungen etc. Jeder Planungsprozess und jede Planungsphase kann mit Hilfe dieses Input-/Output-Modells beschrieben werden.

16.3.2 Der Prozess der Ausführungsplanung

In der konstruktiven Planung und speziell in der Phase der Ausführungsplanung ist Fehlervermeidung bzw. Qualitätsmanagement besonders wichtig, da diese Phase neben der „Objektüberwachung“ für die Planer die haftungsrelevante Planungsphase darstellt. Formale, im Planungsprozess fest verankerte Überprüfungen und Freigaben der Outputs anhand von Checklisten sind hier besonders wichtig.

Tab. 16.4: Input – Output – Schema zur Prozessbeschreibung

Input = Eingaben in den Prozess; Daten/Informationen, Dienstleistung, materielle Produkte		**Prozess-Schritt, Teilprozess, Arbeitsschritt**		**Output** = Ausgaben des Prozesses: Daten/Informationen, Dienstleistung, materielle Produkte
Input 1	→	**Schritt 1** ↓	→	**Output 1**
Input 2	→	**Schritt 2** ↓	→	**Output 3**
Input 3	→	**Schritt 3**	→	**Output 3**

Die Übersicht am Ende des Kapitels zeigt eine beispielhafte Ablaufdokumentation bzw. Prozessbeschreibung zur Phase der Ausführungsplanung als Input-/Output-Modell. Wichtige Outputs werden in einem eigenen Tätigkeitsschritt zur Überprüfung und Freigabe kontrolliert. Dazu dienen entsprechende Checklisten (CL). Checklisten sind wichtige Hilfsmittel und Dokumente des Qualitätsmanagements. Gemeinsam mit den zu prüfenden Planunterlagen sind sie Input für die Kontroll- und Freigabe-Aktivität. Die erfolgte Prüfung und Freigabe wird durch das Abhaken und Abzeichnen der Checkliste dokumentiert.

Für den Prozess der Ausführungsplanung sind beispielsweise folgende Checklisten zweckmäßig:

- Checkliste Planeingang (zur vollständigen Zusammenstellung/Eingangsprüfung für Pläne der Architekten und Fachplaner),
- Checkliste Grundlagen Ausführungsplanung (zur vollständigen Zusammenstellung/Prüfung der erforderlichen Grundlagen aus den vorangegangenen Planungsphasen),
- Checkliste Prüfung Ausführungsplanung (zur Prüfung/Kontrolle und Freigabe der Ausführungspläne), vgl. Kap. 18.3,
- Checkliste Planausgang (zur vollständigen Zusammenstellung/Ausgangsprüfung der eigenen Ausführungspläne).

Eine Checkliste ist am besten dreispaltig aufgebaut:

- in der Auswahlspalte wird Zutreffendes angekreuzt, d. h. ausgewählt, was kontrolliert werden muss,
- in der mittleren Spalte sind die zu prüfenden Inhalte/Kriterien aufgelistet,
- in der Abhakspalte wird mit einem Häkchen die erfolgte Prüfung jedes relevanten Inhalts/Kriteriums dokumentiert.

Tab. 16.5: Prozessbeschreibung Ausführungsplanung

Input	Prozess-Schritt	Output
Genehmigter Entwurf/FFG, Genehmigungsbescheid, Freigabe/Beauftragung der Phase 5 durch Auftraggeber *CL Grundlagen der AP* ☐	(1) **Vorbereitung** Zusammenstellen und Aktualisieren vorhandener Grundlagen, Beschaffung fehlender Grundlagen	
Beiträge/Leistungen anderer Fachplaner im aktuellsten Stand, Sparten-Pläne Bestands-Pläne *CL Planeingang* ☐	(2) **Integration** Durch-/Einarbeitung sämtlicher fachlich relevanter Beiträge, Abstimmung innerhalb des Planungsteams, ggf. Beteiligung	Dokumentation der Ergebnisse, Aktennotizen o.Ä. Planinhalte für Teilschritt (4) *CL Planeingang* ☑
Genehmigter Entwurf, Planinhalte aus Teilschritt (2)	(3) **Plangrundlage(n)** Ausarbeiten von digitalen Plangrundlagen mit Outputs aus (2)	Plangrundlage in zeichnerischer Darstellung (digital als Datei) *CL Grundlagen der AP* ☑
Plangrundlage	(4) **Konzept** Höhen- und Lageabsteckung, Detailplanung	Höhen- + Absteckplan, thematische Pläne (z. B. Pflanz-, Beleuchtungsplan) Schnitte, Detailkatalog
Ausführungskonzept, genehmigte Kostenberechnung aus Phase (3), (4)	(5) **Kostenkontrolle** Überprüfung der Mengen und der veranschlagten Baukosten	Ggf. Überarbeitung des Konzepts ab (4), Aktualisierung der Kostenberechnung
Sämtliche Ausführungsunterlagen im Konzept *CL Prüfung AP* ☐	(6) **Freigabe, intern** Bürointerne Prüfung/Freigabe durch Büro- oder Projektleitung	Ausführungsunterlagen als Vorabzug, Auswahl von Materialien und Mustern *CL Prüfung AP* ☑
Präsentationsreife Ausführungsplanung (ggf. in Konzeptform)	(7) **Präsentation** Vorstellen der Ausführungsplanung vor den Auftraggebern	Ggf. Überarbeitung der Ausführungsplanung ab (5) oder (6)

Tab. 16.5: Fortsetzung

Input		Prozessschritt		Output
		(8) **Freigabe, extern** durch AG ↓		
Vom AG freigegebene Ausführungsplanung im Konzept	→	(9) **Abstimmung** Austausch/Abstimmung des Standes mit den Beteiligten ↓	→	Ggf. Beginn Phase 6 – Vorbereitung der Vergabe, Teilschritt (1)
Vom AG freigegebene Ausführungsplanung im Konzept	→	(10) **Ausarbeitung** Formale Ausarbeitung der Ausführungsunterlagen, endgültige Zusammenstellung von Materialien + Ausstattungen ↓	→	Höhen- + Absteckplan, Pflanzplan, sonstige thematische Pläne, Schnitte, Details, Muster, Liefernachweise
Sämtliche Ausführungsunterlagen ***CL Prüfung AP*** ☐	→	(11) **Freigabe, intern** Bürointerne Prüfung/Freigabe durch Büro- oder Projektleitung ↓	→	Ausführungsunterlagen, mit Freigabevermerk ***CL Prüfung AP*** ☑
Vollständige freigegebene Ausführungsunterlagen *CL Planausgang* ☐	→	(12) **Zusammenstellen/ Versand** Vervielfältigung und Verteilen der gesamten Ausführungsplanung an die Beteiligten ↓	→	Verteiler *CL Planausgang* ☑ Beginn der Phasen 6 bis 8 Vergabe, Bauüberwachung
Vollständige Ausführungsunterlagen, Leistungsverzeichnis, ggf. Bauvertrag	→	(13) **Fortschreibung** Laufende Ergänzung + Aktualisierung der Unterlagen während der Phasen 6, 7, 8, Information der Beteiligten ↓	→	Aktualisierte Ausführungsunterlagen, Änderungsvermerke, Planausgangsliste o.Ä.
Ausführungsunterlagen im Stand der Bauausführung *CL Planausgang* ☐	→	(14) **Abschluss + Übergabe** Zusammenstellen aller Unterlagen nach Bauabschluss	→	Übergabe an AG, *CL Planausgang* ☑ Grundlage für Unterhaltung und Pflege der Anlage

Tab. 16.6: Checkliste zur Prüfung/Freigabe der Ausführungsplanung

Projekt-Nr.	**Projekt-Kürzel**	**Datum:**	**Bearbeiter/geprüft**

Trifft zu ☒ (ankreuzen)	**zu prüfen** (Bestandteil/Elemente der Ausführungsplanung)	**o. k./ja ☑** (abhaken)
○	**Grundlagen/Vorbereitung**	
	Grundlagen vollständig?	☐
	CL-Grundlagen Ausführungsplanung abgehakt?	☐
○	**Höhen- und Absteckplan/Lageabsteckung**	
	Lageabsteckung vollständig?	☐
	Lageabsteckung plausibel?	☐
	Stichproben (Maße, Achsen) überprüft?	☐
○	**Höhen- und Absteckplan/Höhenabsteckung**	
	Höhenabsteckung vollständig? (Hoch-, Tief-, Anschlusspunkte)	☐
	Höhenabsteckung plausibel?	☐
	Meereshöhen angegeben?	☐
	Stichproben überprüft?	☐
○	**Höhen- und Absteckplan/Entwässerung**	
	Entwässerungsmethode technisch abgesichert?	☐
	Entwässerungsgefälle ausreichend nach Regeln der Technik?	☐
	Entwässerungsmethode ökologisch vertretbar?	☐
	Entwässerungsmethode genehmigt?	☐
	Angaben zu Entwässerung (Gefälle, Einrichtungen) vollständig?	☐
	Angaben zu Entwässerung plausibel?	☐
	Stichproben überprüft (Höhen/Gefälle)?	☐
○	**Höhen- und Absteckplan/Flächen- und Grenzendarstellung**	
	Darstellung der Flächen und Grenzlinien eindeutig lesbar?	☐
	Darstellung der Flächen und Grenzlinien vollständig? (Belags-, Vegetations-, sonstige Flächen, Einfassungen)	☐
	Standardlegenden verwendet?	☐
	Verlegung/Fugenbild von Belägen korrekt angedeutet?	☐
○	**Schnitte und Profile**	
	Schnitte/Profile vollständig?	☐
	Schnitte/Profile plausibel, passend zum H- + A-Plan?	☐
	Schnittlinien korrekt im H- + A-Plan dargestellt?	☐
○	**Details**	
	Details vollständig?	☐
	Details plausibel, Inhalte in H- + A-Plan eingearbeitet?	☐
	Lage der Details korrekt im H- + A-Plan dargestellt?	☐

Tab. 16.6: Fortsetzung

Projekt-Nr.	**Projekt-Kürzel**	**Datum:**	**Bearbeiter/geprüft**

Trifft zu ☒ (ankreuzen)	**zu prüfen** (Bestandteil/Elemente der Ausführungsplanung)	**o. k./ja** ☑ (abhaken)
○	**Materialkonzept, Ausstattungen**	
	Ist das Materialkonzept vollständig und eindeutig?	☐
	Sind die Materialien/Ausstattungen nutzergerecht?	☐
	Sind die Materialien/Ausstattungen umweltgerecht?	☐
	Sind die Materialien/Ausstattungen verfügbar/realisierbar, kann die Ausschreibung erfolgen?	☐
○	**Pflanzplan**	
	Wurden die Entwurfsabsichten erkannt und berücksichtigt?	☐
	Wurden die Standorteigenschaften (Boden, Belastung, Klima, Belichtung etc.) erkannt und berücksichtigt?	☐
	Ist die Bepflanzung schlüssig durchgeplant, für ○ Bäume/Großgehölze ○ Funktions- und Füllpflanzung/Sträucher ○ Unter- und Flächenpflanzung/Bodendecker und Stauden ○ Kletterpflanzen ○ Zwiebeln ○ Einjährige ○ Kübel ○ Innengrün?	☐
	Ist die Bepflanzung eindeutig lesbar dargestellt?	☐
	Gibt es eine Pflanzenliste/Legende mit eindeutigen Angaben zur ○ Art, ○ Qualität/Wuchsform, ○ Stückzahl/Pflanzdichte?	☐
○	**Sonstige Themenpläne**	
	Versickerungskonzept	☐
	Beleuchtungsplan	☐
	Einrichtungsplan	☐
	Sonstige Themenpläne (eintragen):	☐
		☐
		☐
○	**Regeln und Vorgaben**	
	Sind gestalterische Leitlinien berücksichtigt?	☐
	Sind Genehmigungen (Wasserrecht, Immissionsschutz, Fällerlaubnis etc.) vollständig erteilt?	☐
	Sind technische Regeln berücksichtigt (Vorgaben des FFG, Feuerwehr, DIN-Normen, Bestimmungen der FLL etc.)?	☐
	Wurde ggf. an statische Nachweise gedacht?	☐
	Sind entsprechende Vermerke vorgesehen, z. B. auf Details?	☐
	Sind ökologische Anforderungen berücksichtigt?	☐
	Sind sonstige Vorgaben relevant? Wurden sie berücksichtigt?	☐

Tab. 16.6: Fortsetzung

Projekt-Nr.	**Projekt-Kürzel**	**Datum:**	**Bearbeiter/geprüft**

Trifft zu ☒ (ankreuzen)	**zu prüfen** (Bestandteil/Elemente der Ausführungsplanung)	**o. k./ja ☑** (abhaken)
○	**Baukosten**	
	Wurden die Baukosten auf der Grundlage der Ausführungsplanung nochmals überpüft?	☐
	Entsprechen sie der Kostenberechnung?	☐
○	**CAD – Organisation**	
	Wurden die Regeln zur CAD-Darstellung berücksichtigt?	☐
	Sind die Dateien richtig benannt und abgelegt?	☐
	Gibt es entsprechende Dateien zum Plotten (.pdf o.Ä.)?	☐
○	**Formale Ausarbeitung**	
	Stimmen die Planlayouts? Nach DIN faltbar?	☐
	Stimmen die Maßstabsangaben?	☐
	Sind die Angaben im Plankopf richtig und vollständig?	☐
	○ Projekt ○ Planinhalt ○ Plannummer ○ Verfasser	
	○ Datum/Stand ○ Dateiname vermerkt?	☐
	○ Formalia des Auftraggebers berücksichtigt?	☐
○	**Abstimmung**	
	Wurden die Planungsinhalte abgestimmt:	
	○ im Büro, mit der Projekt-/Geschäftsleitung?	☐
	○ mit dem Auftraggeber? Freigabe durch den Auftraggeber?	☐
	○ mit den Planungsbeteiligten?	☐
	○ mit sonstigen relevanten Projektbeteiligten?	☐
○	**Dokumentation**	
	Stimmt der angegebene Prüfstatus („Vorabzug")?	☐
	Wurden alle Planausgänge richtig dokumentiert?	☐
	Wurden alle Planeingänge richtig dokumentiert?	☐
	Wurde das elektronische Plantagebuch für Änderungen konsequent geführt?	☐
○	**Projektmanagement, -ablauf**	
	Wurden die Stunden vollständig erfasst?	☐
	Liegt die Planung im Terminrahmen des Auftraggebers?	☐
	Entspricht die Planung noch der bürointernen Zeitbudgetierung?	☐

ggf. Anmerkungen, Unterschrift

17 Inhalte der konstruktiven Planung

Heino Engel unterscheidet in seiner „Methodik der Architekturplanung“ drei „Gestaltungsinhalte“ der Ausführungsplanung: die „ganzheitliche Integrationsplanung“, die „ganzheitliche Fachplanung“ sowie die „partielle Komponentplanung“ (Engel, 2002). Diese treffende, aber sehr abstrakte Darstellung soll in diesem und im folgenden Kapitel praxis- und anwendungsnah konkretisiert werden.

Die konstruktive Planung enthält demnach drei wesentliche inhaltliche Komponenten:

- die Lageplanung und Lageabsteckung,
- die Höhenplanung und Höhenabsteckung,
- die Detailplanung/Detaillierung.

Keine dieser Komponenten lässt sich komplett auf die Phase der Ausführungsplanung beschränken – Lage- und Höhenplanung werden bis zu einem gewissen Grad bereits in der Entwurfsphase zu leisten sein, vielfach auch Ansätze der Detaillierung, z. B. Vorstellung von Materialien und grundsätzlichen Bauweisen.

Die baulich umsetzbare Kommunikation der Lösung muss jedoch erst in der Phase der eigentlichen Ausführungsplanung erfolgen.

Die im Folgenden aus methodischen Gründen eingehaltene Trennung der drei Aufgabenbereiche ist im praktischen Planungsprozess nicht möglich. Lageplanung und -absteckung, Höhenplanung und -absteckung sowie Detailplanung/Detaillierung bilden vielmehr ein Wirkungsdreieck und werden gleichzeitig, d. h. in ständiger Abglei-

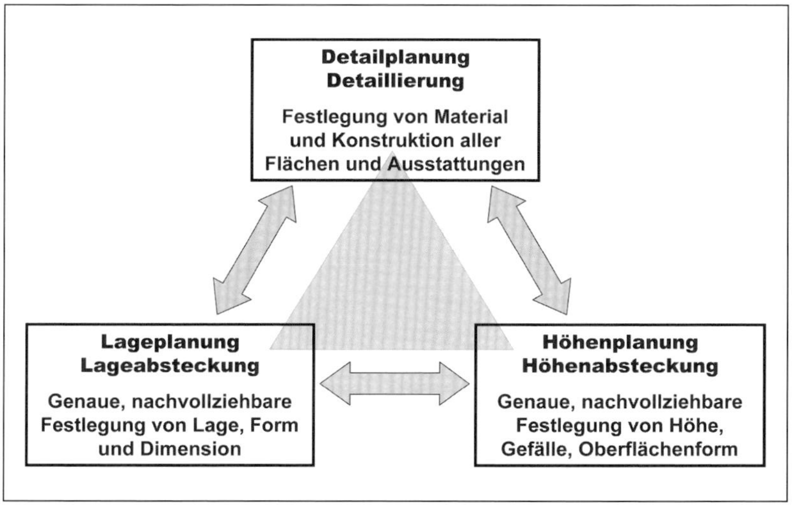

Abb. 338. Inhaltliche Komponenten der konstruktiven Planung.

chung der Ergebnisse und Konsequenzen bearbeitet. Dies stellt ein ganz wesentliches Merkmal des Prozesses der konstruktiven Planung dar.

Anhand eines Beispiels lässt sich die konstruktive Planung für einen gepflasterten Weg (vgl. Kap. 13) im Wirkungsdreieck verdeutlichen:

- Im Zuge der **Detailplanung** wurde als Material Granitpflaster mit einer bestimmten Kantenlänge und als Konstruktionsart der Segmentbogenverband festgelegt.
- Durch den konstruktiven Zusammenhang von Steingröße und Bogenbreite sowie den fachgerechten Anschluss des Bogens im Scheitelpunkt an die Randeinfassung ergibt sich eine genaue Dimensionierung der Wegebreite und damit eine Konkretisierung der **Lageplanung** und **Lageabsteckung**.
- Für einen derartigen Belag ist ein bestimmtes Mindest-Entwässerungsgefälle einzuhalten (vgl. Kap. 13.4). Bei Ausführung eines entsprechenden Quergefälles sowie eines ausreichenden Längsgefälles in der seitlichen Rinne zu den Einläufen ergibt sich in Abhängigkeit von der Wegbreite und der Lage der Gullys die genaue **Höhenplanung** als Grundlage der **Höhenabsteckung** im Gelände.

Für anschließende Flächen und Baukonstruktionen, die ihrerseits wiederum im Wirkungsdreieck bearbeitet werden müssen, ergeben sich Rückkopplungen aus der Wegeplanung.

So bilden alle drei inhaltlichen Komponenten gemeinsam gewissermaßen die eingangs genannte Integrationsplanung, die aus unterschiedlichen Fachebenen, z. B. der Bepflanzungsplanung, der dezentralen Entwässerungsplanung etc. bestehen kann. Die Detailplanung, die sich oft auf Einzelheiten bzw. einzelne Ausschnitte des Gesamtplans bezieht und ihrerseits, wie im Beispiel gezeigt, Auswirkungen auf den Gesamtplan hat, entspricht der partiellen Komponentplanung.

Es wird aber auch deutlich, dass die konstruktive Planung in der Landschaftsarchitektur sich durch die andersgeartete und meist wesentlich umfangreichere Höhenplanung und Höhenabsteckung deutlich von der in der Hochbauplanung unterscheidet.

17.1 Lageplanung und Lageabsteckung

Der Zweck der Lageplanung besteht darin, die Lage, Form und Dimensionen sämtlicher Planungsinhalte, d. h. sämtlicher Flächen und Ausstattungen, in Bezug auf ein bekanntes System nachvollziehbar, d. h. absteckbar, festzulegen.

Abb. 339. Konstruktionsachsen und Bezugslinien der Freianlage parallel zum Gebäude (Arnulfpark, München).

17.1.1 Lage-Bezugssysteme

Als Bezugssystem eignen sich absolute Lage-Bezugssysteme (Systeme der Landesvermessung: Breiten-/Längengrad, Gauß-Krüger-Koordinaten) und relative Lage-Bezugssysteme, die in der praktischen Umsetzung meist die weit größere Bedeutung haben. Relative Lage-Bezugssysteme sind mehr oder weniger individuelle Systeme mit Bezug zur jeweiligen Örtlichkeit, d.h. Koordinatensysteme mit frei gewähltem Ursprung. Häufig wird ein Bezug zwischen absolutem und relativem System hergestellt, z.B. über die Gauß-Krüger-Koordinaten.

Als relativer Bezug eignen sich bestehende bzw. im Bau befindliche Gebäude, bestehende und zu erhaltende bauliche Kanten, Grenzlinien, Ausstattungen, Landschaftselemente, ausgemarkte Vermessungspunkte oder vor Ort frei gewählte und ausgemarkte Punkte.

Der Aufbau des relativen Bezugssystems kann über Konstruktions- und Bezugslinien erfolgen, die als Hilfslinien für die Ansteckung die innere Geometrie der Planung verdeutlichen, z.B.

- Gebäudeachsen (soweit relevant),
- Konstruktions- und Symmetrieachsen,
- Fluchten und Richtungslinien.

17.1.2 Maß- und Abstecksysteme

In Landschaftsarchitektur und Landschaftsbau werden geeignete Abstecksysteme aus drei Nachbardisziplinen, der (Hochbau-) Architektur, dem Vermessungswesen, dem Straßen- und Tiefbau sowie dem Wasserbau verwendet (vgl. Tab. 17.1).

Häufig müssen diese Systeme an die spezifischen Anforderungen im Freiraum angeglichen und entsprechend variiert werden. Es ist da-

Tab. 17.1: In der Freianlagenplanung gebräuchliche Absstecksysteme

Fachdisziplin	**Absstecksystem/-hilfe**	**geeignet für …**
Architektur/Hochbau	**Maßketten** gemäß DIN 1356–1, parallel oder rechtwinklig zu den Planungsinhalten, ggf. ergänzt durch …	geometriebasierte Planungen, z. B. Parallelen, Rechtecke, Polygone, Kreismittelpunkte oder -tangenten, Brennpunkte von Ellipsen etc.
	Spannmaße = sich ergebende Maße zwischen zwei Punkten, oft als ca.-Maße anzugeben	Kontrolle der Absteckung, z. B. anhand von Diagonalen, wichtig z. B. beim Planen im Bestand
	Radien, Winkelangaben (oft in Verbindung mit Hilfs-/Konstruktionsachsen)	Kreisbögen, geplante Winkel ≠ 90° (nicht sich ergebende Zufallswinkel)
Vermessungswesen	**Rechtwinkelverfahren**, Absteckachsen mit rechtwinkligen Stichmaßen	freie Planung, die keiner geometrischen Gesetzmäßigkeit folgt, z. B. frei geformte lineare Elemente
	Absteckraster, Koordinatenabsteckung, Bezugsraster, Koordinatensystem, -raster	frei geformte überwiegend flächige Elemente
Bauingenieurwesen, Straßen-, Tief- und Wasserbau	**„Ingenieur-Absteckung“, Achsabsteckung** (= Stationierung, Kilometrierung), stationierte Mittelachse mit absolutem oder relativem Bezug zum Bestand	Straßen, Wege, Fließgewässer

her wenig sinnvoll, umfangreiche Regeln für die Lageabsteckung aufzustellen. Der wichtigste Grundsatz für jede Absteckung sollte sein, dass sie für die Ausführenden widerspruchsfrei und logisch nachvollziehbar ist und so Fehlinterpretationen vermieden werden.

Generell sollten daher nur Maße angegeben werden, die gemäß der Detailplanung zwingend umzusetzen sind. Maße, die sich in Konsequenz anderer zufällig oder nur im Plan ergeben, dürfen allenfalls als ca.-Maße zur Kontrolle dargestellt werden. Je nach Gegebenheit kann fallweise eine verbale Angabe wie „4 ganze Plattenreihen“ die Planungsabsicht sogar besser verdeutlichen als eine Maßangabe. Bei der Verwendung von Fertigteilen nach Verlegeplan ist dies oft zweckmäßig. Dabei sollte auch an „Puffer“ gedacht werden, d. h. Bereiche, wo Abweichungen der Wirklichkeit vom Plan aufgefangen werden können. Diese können beispielsweise mit einer ca.-Maßangabe versehen werden.

Die Bemaßung bzw. Absteckung muss durchweg so konsequent und eindeutig sein, dass sich die Ausführenden nirgends veranlasst sehen, dem Plan ein Maß zu entnehmen.

Alle Bemaßungs- und Absstecksysteme beruhen prinzipiell auf der Angabe von x- und y-Koordinaten in unterschiedlicher Darstellungskonvention.

Wie schon von Friedrich Ludwig von Sckell empfohlen (vgl. Kap. 16.1.1) sollte jede anhand des Plans erfolgte Absteckung im Gelände überprüft und abgenommen werden. Dies gilt insbesondere für freie Formen.

Maßlinien, Maßketten

Für orthogonale oder geometriebasierte Planungen eignet sich in der Regel eine Bemaßung gemäß DIN 1356–1 Bauzeichnungen. Die Maßlinien oder treffender die Maßketten unter (oder über) der Darstellung entsprechen der x-Achse, die Maßangaben den x-Koordinaten, die Maßlinien bzw. Maßketten rechts (oder links) von der Darstellung der y-Achse mit den y-Koordinaten.

Nach der Norm sind „bei mehreren parallelen Maßketten die Maßketten entsprechend der Lage der zu bemaßenden Bauteile von innen nach außen anzuordnen“, wobei die „zusammenfassenden Maße“ außen stehen.

Abb. 340. Planausschnitt: Maßketten und Konstruktionsachsen.

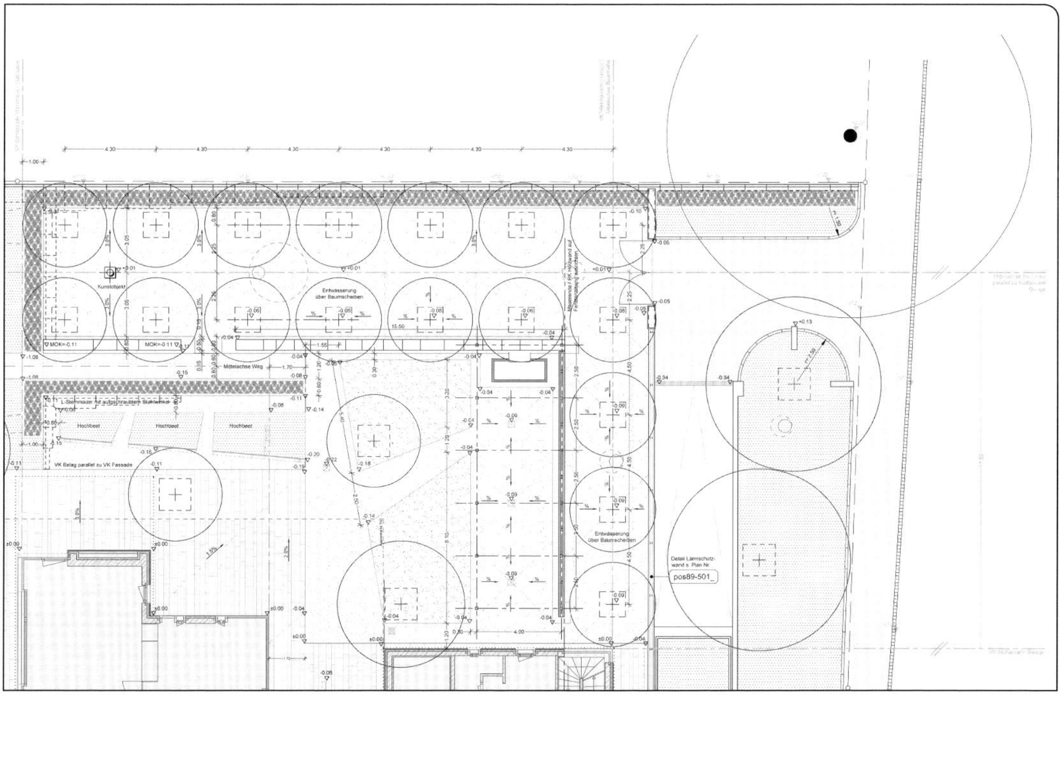

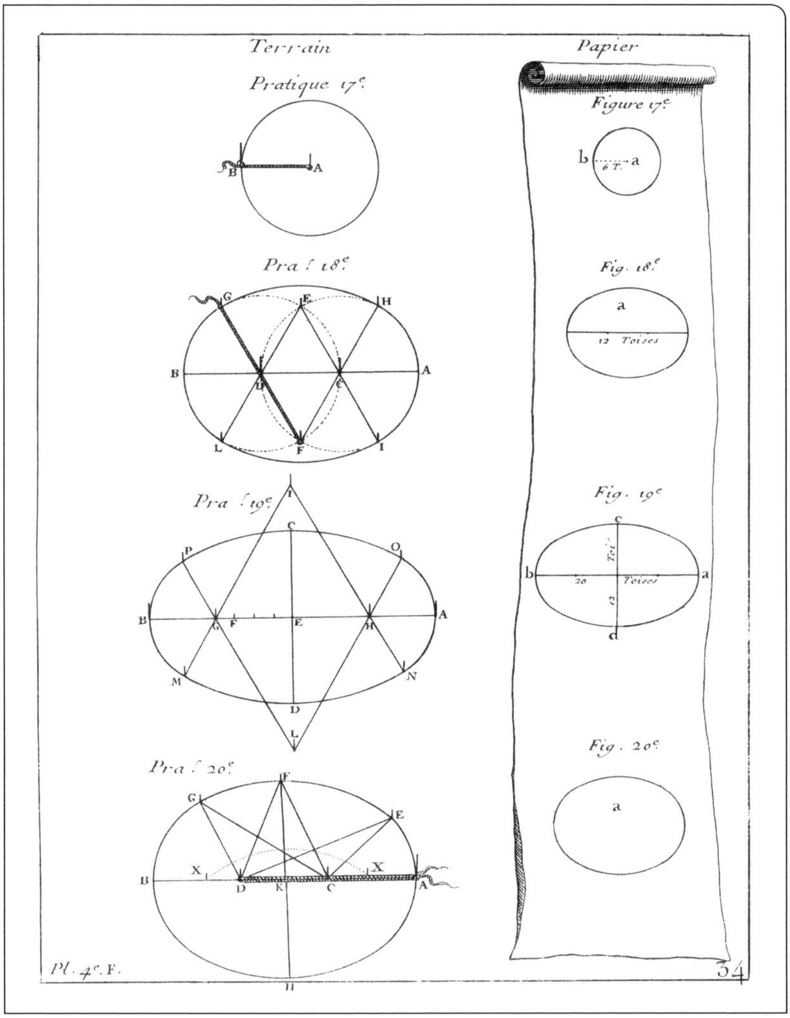

Abb. 341. Für kleine Flächen nach wie vor tauglich: die Absteckung von Kreis und Ellipse mit Schnüren nach Antoine Joseph Dézailler d'Argenville.

Maßketten können auch parallel zu Konstruktionslinien angeordnet werden, die zu einer horizontalen oder vertikalen Bezugslinie einen bestimmten Winkel, der in Grad angegeben wird, bildet.

Zur Absteckung eines Kreises werden für einfache Absteckungen die Lage des Mittelpunkts und die Radiuslänge, zur Absteckung einer Ellipse die Lage des Zentrums, der Brennpunkte sowie die Längen des größten und des kleinsten Halbmessers benötigt.

Für die Absteckung eines Kreisbogens mit dem elektronischen Tachymeter ist es zweckmäßig, neben dem Kreisradius zwei Kreistangenten anzugeben bzw. drei Punkte, die diese festlegen, den Schnittpunkt der beiden Tangenten sowie jeweils einen Punkt auf jeder Tangente.

Rechtwinkelverfahren, Absteckachsen

Im Gegensatz zu den beschriebenen Maßketten, die eine abstrakte Absteckinformation im Plan darstellen und daher, solange der Bezug eindeutig ist, auch außerhalb des abzusteckenden Bereichs platziert werden können (nach DIN 1356–1 darunter oder rechts daneben), müssen Absteckachsen im Rechtwinkelverfahren, mit deren Hilfe freie, nicht geometriebasierte Planungen wie geschwungene Wege, Beetkanten und ähnliche Elemente abgesteckt werden, ganz oder abschnittsweise im Baugelände darstellbar, d. h. abzustecken sein. Daher eignet sich als Absteckachse gut eine Linie, die ohnehin abgesteckt werden muss, z. B. eine (gerade) Wegekante oder eine klar definierte Grenzlinie.

Legt man auch hier ein kartesisches Koordinatensystem zugrunde, was nicht völlig schlüssig ist, da das Rechtwinkelverfahren aus dem

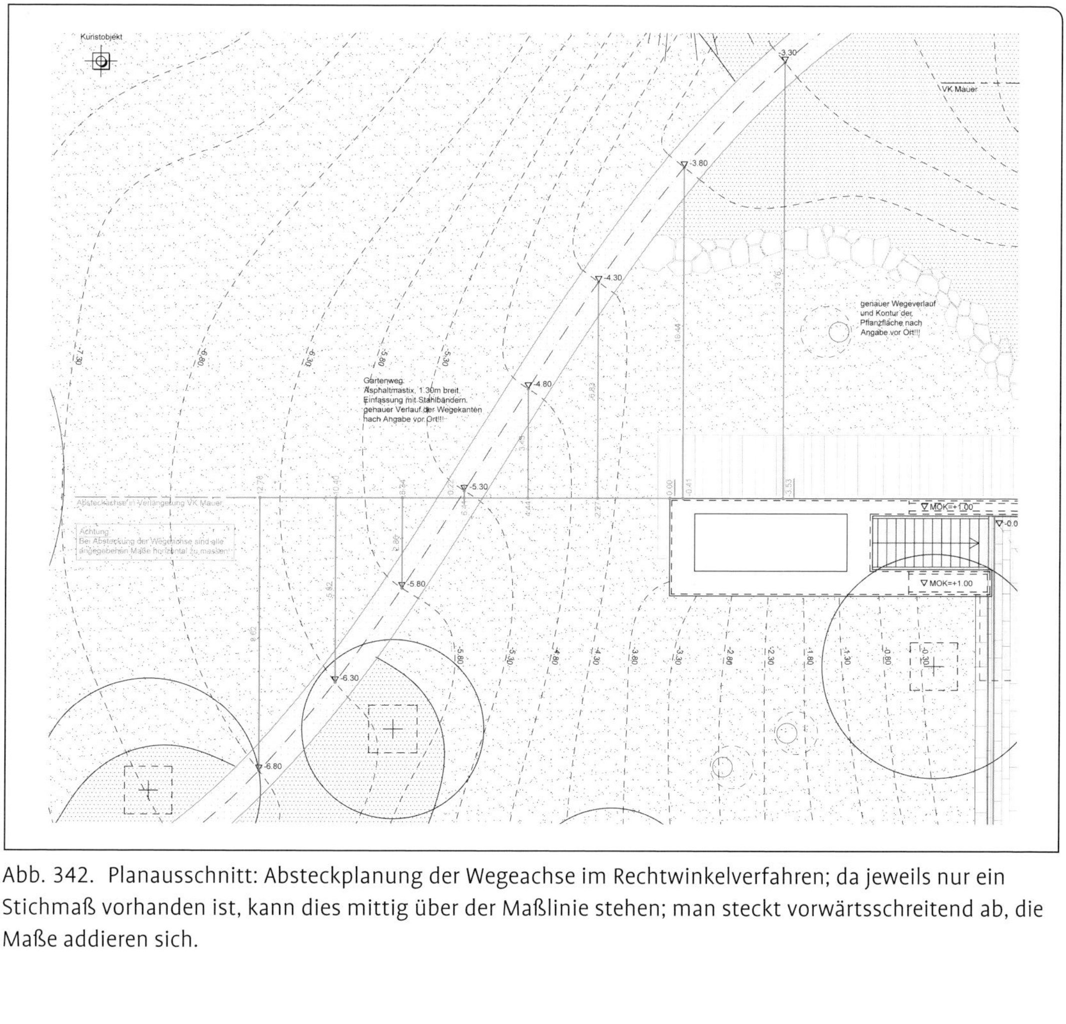

Abb. 342. Planausschnitt: Absteckplanung der Wegeachse im Rechtwinkelverfahren; da jeweils nur ein Stichmaß vorhanden ist, kann dies mittig über der Maßlinie stehen; man steckt vorwärtsschreitend ab, die Maße addieren sich.

Vermessungswesen kommt und die x-Achse in Nord- Süd-Richtung, also vertikal verläuft, entsprechen die „Stationen“ auf der Absteckachse (Ordinate) den Hochwerten oder y-Koordinaten und die parallel zur Abszisse verlaufenden Stichmaße den x-Koordinaten.

Wichtig für die Konzeption einer Absteckung im Rechtwinkelverfahren ist, dass sowohl die Werte auf der Absteckachse, die falls möglich gleiche Abstände haben, als auch die Stichmaße vorwärts schreitend abgesteckt werden können; die Werte bzw. Maßangaben sollten dazu in Leserichtung des Absteckenden im Plan stehen. Auf eine ausreichende Anzahl von Punkten ist zu achten ohne dabei überzogene Genauigkeitsanforderungen zu stellen.

Die Lage des Start- bzw. des 0-Punkts und die Richtung der Achse müssen für den Absteckenden eindeutig und einfach nachvollziehbar sein. Die Absteckung erfolgt mit Maßlinien bzw. bei fehlendem Bezug durch Festlegung vor Ort.

Wird mit einfachen Hilfsmitteln wie Bandmaß, Messrad o.Ä. abgesteckt, ist zu bedenken, dass sehr große Distanzen bzw. sehr lange Achsen und Stichmaße im Gelände zu höheren Ungenauigkeiten führen können.

Bei Planungen von Verkehrsflächen oder Fließgewässern, z. B. im Zuge von städtebaulichen Gestaltungsmaßnahmen bzw. Bachrenaturierungen, bildet die Absteckachse auch die Grundlage für die detaillierte Höhenplanung der Belags- bzw. der Sohl- und Uferhöhen. Jeder, der meist in gleichen Abständen angegebenen Station der Absteckachse, wird ein Querprofil, d. h. ein Querschnitt, mit Höhenangaben zugeordnet (vgl. auch Kap. 17.2.2 und 18.2.2).

Absteckraster

Das Absteckraster ist die konsequente Weiterentwicklung des Rechtwinkelverfahrens. Mit einem Absteckraster wird das Koordinatensystem aus dem Plan ins Gelände übertragen. Die Absteckung mittels Absteckachse und Stichmaßen entspricht einer Reduktion oder Vereinfachung eines Absteckrasters. Es können auch Übergangsformen zweckmäßig sein, z. B. mehrere zueinander parallele oder senkrechte Absteckachsen.

Absteckraster eigenen sich für freie flächige Formen wie Teiche, frei geformte Pflanzflächen oder Ähnliches. Der Absteckaufwand kann je nach Gegebenheit erheblich sein.

Die DIN EN ISO 11091 „Zeichnungen für Außenanlagen“ (Oktober 1999) zeigt die beispielhafte Darstellung eines „Bezugsrasters“.

Absteckachsen und die Linien des Absteckrasters, ebenso wie der Absteckung zugrunde liegende Gebäude-, Konstruktions- und Symmetrieachsen, Flucht-, Richtungs- und Bezugslinien sollten deutlich als solche dargestellt und ggf. bezeichnet werden (z. B. Achse A, B, C

Abb. 343. Absteckung von geschwungenen Wegeeinfassungen aus Stahlbändern/Breitflachstahl im Gelände.

oder 1, 2, 3, „Mittelachse Eingang", „Mittelachse Stütze", „Fluchtlinie Vorderkante Fassade" etc.).

Durch die aktuellen Möglichkeiten der digitalen Plandarstellung in immer genaueren Plangrundlagen, durch immer leistungsfähigere Vermessungsgeräte und den immer wichtigeren Einsatz von immer genaueren Global Positioning Systems (GPS) im Bauwesen werden zukünftig die Daten aus dem Plan immer unmittelbarer auf die Baustelle übertragen werden können.

17.2 Höhenplanung und Höhenabsteckung

Der Zweck der Höhenplanung besteht darin, die geplante Topografie der Freianlage in Bezug auf eine bekannte Höhe bzw. ein Bezugssystem nachvollziehbar, d. h. absteckbar, festzulegen. Dabei ist die fachlich erforderliche Belagsentwässerung durch entsprechende Gefälle sicherzustellen.

Höhenplanung muss in einem gewissen Umfang immer schon in der Entwurfsphase stattfinden und wird dann im Zuge der Ausführungsplanung überprüft und verfeinert.

17.2.1 Höhenbezugssysteme

Als Bezug für die Höhenplanung/-absteckung wird in der Regel die absolute Bezugshöhe des Meeresspiegels = Normal-Null (NN) gewählt. Alle Höhenangaben erfolgen dann als Höhen über NN, z. B. 654,85 m bzw. verkürzt unter Weglassung der Hunderter und Zehner als 4,85 m, wobei diese Verkürzung im Plan deutlich gemacht werden muss.

Alternativ kann ein relatives Bezugssystem gewählt und beispielsweise die Oberkante des fertigen Fußbodens (OK FFB) des geplanten Gebäudes mit ± 60,00 angegeben, wobei die Höhe über NN im Plan ausgewiesen werden muss (OK FFB ± 60,00 = 615,30 m ü.NN). Diese Methode ist in Hochbauplanungen gebräuchlich. Die Höhen in den Freianlagen ergeben sich dann in Bezug auf diese 0-Höhe (z. B. – 0,18, + 0,60 etc.).

Welche Art der Höhenangabe gewählt wird, ist in Abhängigkeit von den Projektgegebenheiten zu entscheiden. Bei Planungen ohne den Bezug von Neubauten, in denen der zu verändernde und zu erhaltende Bestand eine wichtige Rolle spielt, ist meist der Angabe absoluter Höhen der Vorzug zu geben. Die Grundlagen dazu liefert der Vermessungsplan, der ebenfalls absolute Höhenangaben enthält.

Die Höhenplanung bzw. Höhenabsteckung wird zweckmäßig in einem Deckenhöhenplan oder häufiger gemeinsam mit der Lageabsteckung in einem Höhen- und Absteckplan sowie in Schnittzeichnungen (vgl. Kap. 18.2) dargestellt. Dazu dienen unterschiedliche Hilfsmittel.

17.2.2 Hilfsmittel der Höhenabsteckung

Je nach Art der Freianlage stehen vier unterschiedliche planerische und grafische Hilfsmittel zur Verfügung, um im zweidimensionalen Plan die dreidimensionale Topografie des Geländes darzustellen:
- die Angabe von **Punkthöhen**,
- die Darstellung der **Entwässerungstopografie**,
- die Darstellung von **Böschungen**,
- **Höhenlinien**.

Die Angabe von **Punkthöhen** erfolgt in allen Bereichen der Freianlage zweckmäßig an folgenden Punkten, sowohl in Grundrissen (mit Punktsymbol) als auch ggf. in Schnittzeichnungen (mit Dreiecksymbol):
- in Anschlussbereichen der Freianlage zu Neubauten, z. B. an Eingängen, Zufahrten, Lichtschächten (jeweils Höhe OK, auch ggf. UK) etc.,
- an (zu erhaltenden) Beständen, z. B. an Eingängen zu Gebäuden, am Fuß bestehender Bäume, an Grundstücksgrenzen, -ecken etc.,
- generell an Hoch- und Tiefpunkten,
- an Grenzlinien, z. B. Belagsgrenzen, und an Einfassungen: Höhe OK und Höhe UK Einfassung,
- an Mauern, jeweils an der Oberkante und am Fuß: Höhe MOK und Höhe MUK,
- an Treppen: Höhe Treppenfuß, Höhe(n) Podest, Höhe Austritt/oberste Stufe.

Widersprüche in der Höhenplanung, die sich beispielsweise aus der Angabe von Anzahl und Höhe der Treppensteigungen und Punkt-

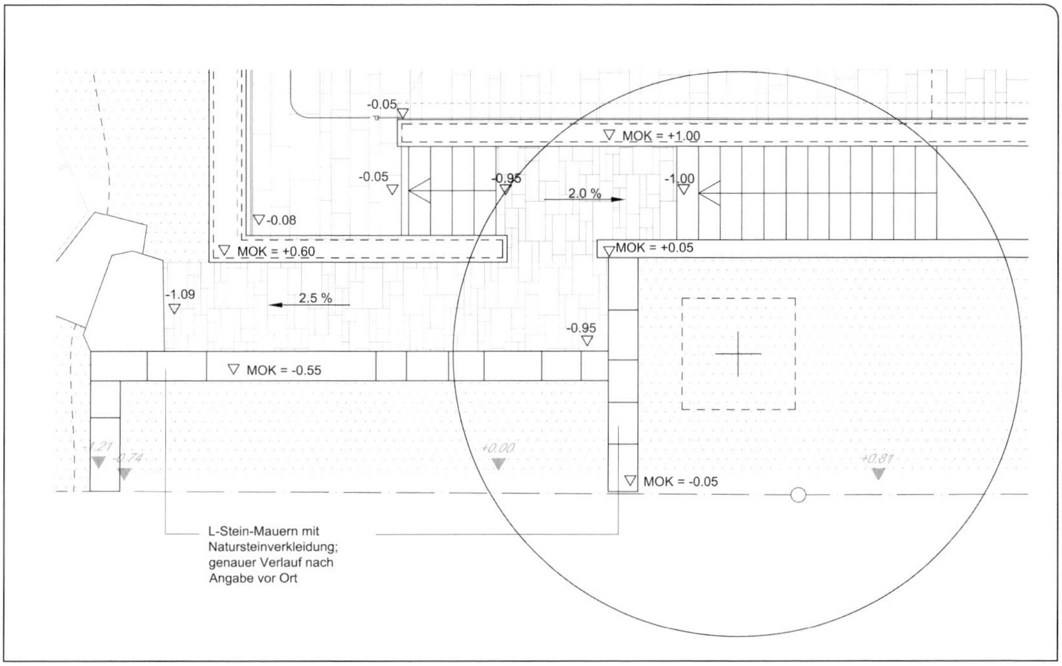

Abb. 344. Planausschnitt: Punkthöhen und Gefälleangaben im Bereich des Treppenaufgangs.

höhen am Fuß, Austritt oder Podest der Treppe ergeben könnten, sind sorgfältig zu vermeiden. Im Zweifelsfall werden nur die für die Planung entscheidenden Größen, z. B. Punkthöhe am Treppenfuß und Steigungsverhältnis, angegeben.

In der Regel werden in der Ausführungsplanung für Außenanlagen keine „Rohhöhen", nach DIN 1356–1 dargestellt als gefüllte Dreiecke, wie in der Hochbauplanung angegeben, sondern ausschließlich Höhen auf der fertigen Oberfläche, in Hochbauplänen dargestellt als nicht gefüllte Dreiecke. Ausnahmen können im Bereich von unterbauten Freiflächen (z. B. Angabe der Höhe Rohdecke Tiefgarage), im Bereich von Fundamenten oder in Detailschnittzeichnungen, in denen Aufbauten bzw. Schichten dargestellt werden, bestehen.

Dagegen ist es häufig sinnvoll, zusätzlich zu geplanten Höhen auch bestehende Höhen anzugeben. Dies erleichtert die Mengenermittlung bezüglich Auf- und Abtrag. Bestehende, zu erhaltende und neu geplante Punkthöhen sollten grafisch unterschiedlich dargestellt werden. Nach DIN EN ISO 11091 – Zeichnungen für Außenanlagen sind „nicht mehr länger gültige" Bestandshöhen in Klammer zu setzen.

Punkthöhen sind die Grundlage jeder vermessungstechnischen Aufnahme und jeder Form der Höhenabsteckung. Sie werden auch jeweils als Teil der drei anschließend beschriebenen Hilfsmittel benötigt.

Die **Entwässerungstopografie** ist für die Funktion und die gestalterische Wirkung von Belagsflächen entscheidend. Gerade der zweite Aspekt wird häufig nicht angemessen berücksichtigt (vgl. Kap. 13.5). Für lang gestreckte Belagsflächen wie Wege und Zufahrten eignen sich die verschiedenen Arten der Linienentwässerung, für Plätze und Höfe kann ein Trichtergefälle geeignet sein.

Die Entwässerungstopografie wird mit folgenden Angaben dargestellt:

- Punkthöhen an Hoch- bzw. Tiefpunkten, d. h. Punkthöhen an allen Entwässerungseinrichtungen (Rinne, Gully),
- Punkthöhen am Gefällewechsel,
- Gefällepfeile (zeigen von oben nach unten, anders als bei Treppen und Rampen!) mit Angabe des Gefälles in %, in der Regel für Quer- und Längsgefälle (die Angabe verschiedener resultierender Diagonalgefälle ist bei vielen Belagsarten unrealistisch bzw. kaum baulich nachvollziehbar),
- Kehllinien, Grate, Sättel und sonstige Bruchkanten (wichtig in Abhängigkeit von der Belagsart!).

Das Berücksichtigen und Darstellen der Bruchkanten im Belag, die sich durch die Entwässerungstopografie ergeben, ist wichtig, da sie gestalterisch wirksam sind, insbesondere bei Trichtergefällen. Bei großformatigen Plattenbelägen lassen sich Bruchkanten wie Grate,

Abb. 345. Trichtergefälle mit Plattenbändern als Bruchkanten/Kehlen.

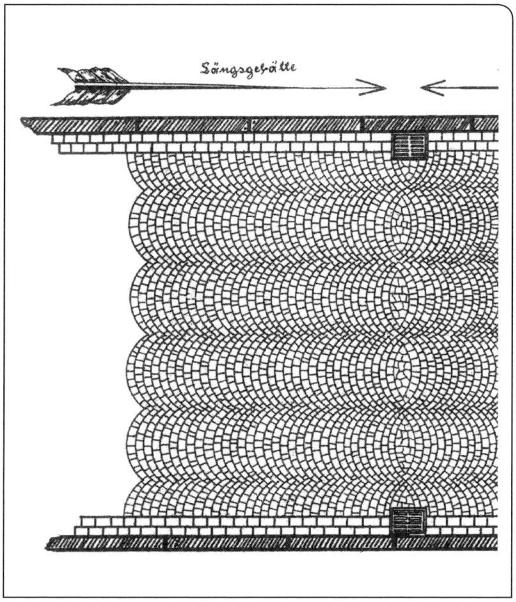

Abb. 346. Fachgerechte Ausbildung eines Tiefpunkts im Segmentbogenverband.

Abb. 347. Fachgerechte Ausbildung eines Hochpunkts im Segmentbogenverband.

Sättel oder Tieflinien häufig nur durch Schneiden der einzelnen Platten (z. B. einen Diagonalschnitt) baulich umsetzen.

Die Lageabsteckung der Entwässerungstopografie (z. B. der Punkthöhen) erfolgt zweckmäßig mit Maßketten oder jeweils an den Stationen der Absteckachsen, kombiniert mit Querprofilen oder Schnitten (vgl. Kap. 17.1.2).

Die Entwässerungstopografie ist auf die jeweilige Belagsart abzustimmen, die geltenden Regeln und Normen (für mindestens einzuhaltende Quer- und Längsgefälle) sind zu beachten.

Die Angabe von Punkthöhen und Gefälle-% dürfen nicht zu Widersprüchen führen.

Ein einzigartiges historisches Beispiel für das optimale Zusammenspiel von städtebaulicher Situation, Materialwahl und Entwässerungstopografie stellt der Hauptplatz von Siena „Il Campo“ dar. Der wohl im 14. Jahrhundert in der heutigen Form entstandene muschelförmige Stadtplatz wird von hellen Plattenbändern in neun Sektoren gegliedert, die mit Ziegeln im Fischgrätverband gepflastert und zur Entwässerung etwas gewölbt ausgeführt sind. Die Plattenbänder wirken als Linienentwässerung und fallen mit einem von oben immer geringer werdenden Gefälle auf einen großen muschelförmigen Einlauf im Tiefpunkt des Platzes zu. Funktion und Gestaltung bilden eine beispielhafte Einheit.

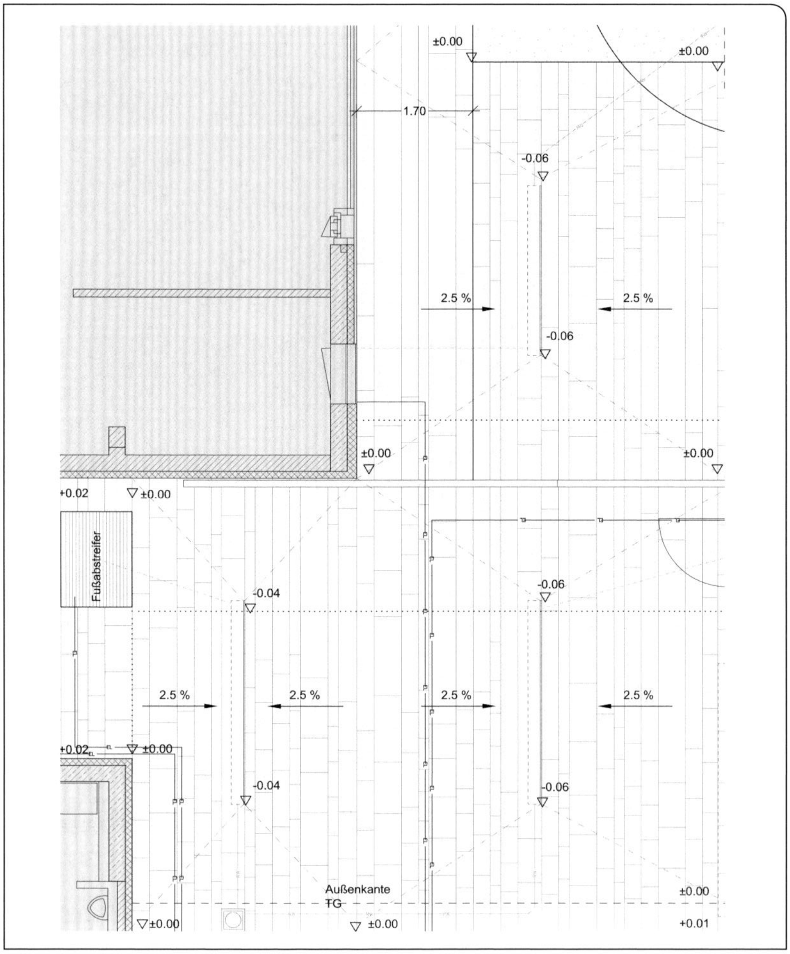

Abb. 348. Planausschnitt: Darstellung der Bruchkanten (Kehlen und Sättel) im Ausführungsplan.

Abb. 349. Kehlschnitt im Plattenbelag.

Abb. 350. Fallbeispiel „Il Campo“ – Hauptplatz in Siena: die Entwässerung erfolgt über eine umgekehrt muschelförmige Platztopografie.

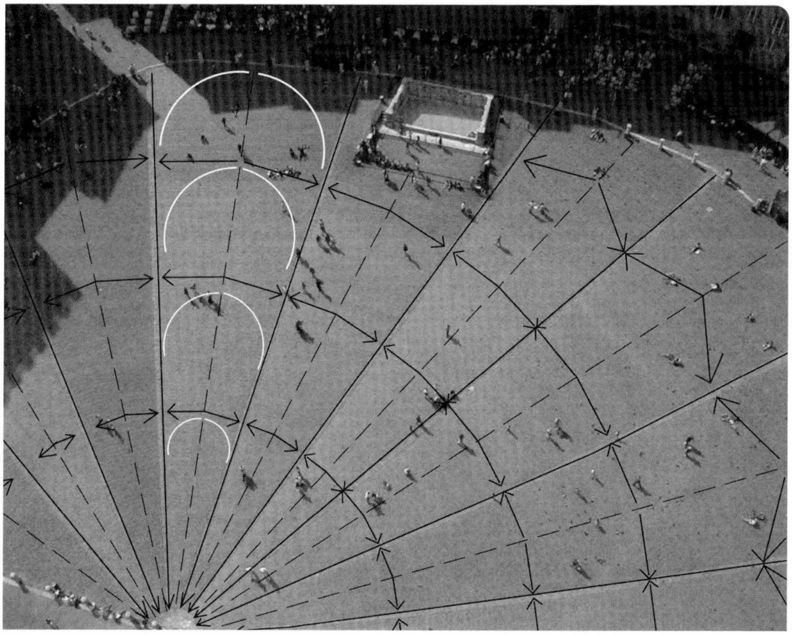

Abb. 351. Quer- und Längsgefälle und die daraus bogenförmig Resultierenden.

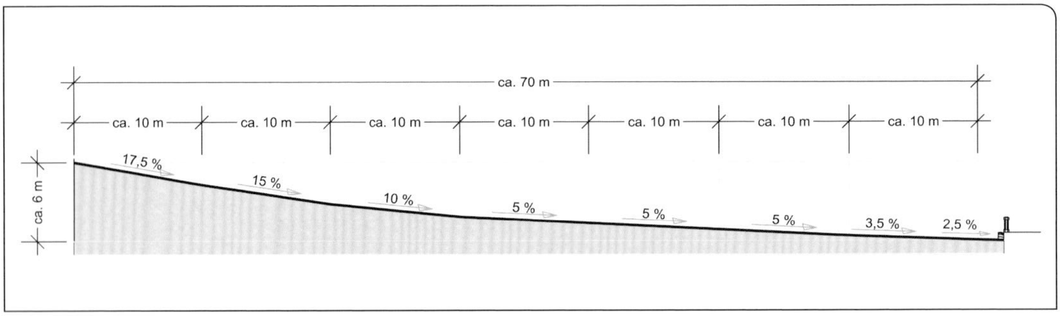

Abb. 352. Prinzip-Schnitt entlang des Längsgefälles: das Längsgefälle nimmt zum Tiefpunkt hin ab.

Abb. 353. Tiefpunkt mit muschelförmigem Einlauf, die Kehlen/Tieflinien sind als Plattenbänder ausgebildet.

Abb. 354. Ziegel-Fischgrätverband mit im Sattel überwölbt ausgebildetem Quergefälle.

Böschungen sind relativ gleichmäßig geformte, meist lineare Geländestrukturen, in der Regel für Vegetationsflächen. Zur Absteckung werden folgende Angaben benötigt:
- Punkthöhe(n) am Böschungsfuß,
- Punkthöhe(n) an der Böschungs-OK,
- Böschungssignatur (Schraffur mit abwechselnd kürzeren und längeren Linien).

Die Lage der Böschung wird zweckmäßig im Rechtwinkelverfahren abgesteckt. Die Absteckachse liegt dabei etwa parallel zum Böschungsverlauf, Stichmaße werden jeweils in regelmäßigen Abständen zur Böschungsoberkante und zur Böschungsunterkante festgelegt.

Höhenlinien bzw. **Höhenschichtlinien** oder Isohypsen sind in die (Zeichen-) Ebene projizierte Umrisslinien von exakt waagerechten, in gleichmäßigen Vertikalabständen liegenden Schnittebenen durch ein Gelände. Alle Punkte der Isohypsen haben die gleiche Höhe. Entsprechend dieser Definition können Höhenlinien nur im Bereich senkrechter Wände und Mauern genau übereinander liegen, können sich nicht schneiden oder verzweigen.

Die Darstellung von Höhenlinien eignet sich zur Höhenplanung und -absteckung bei einer differenzierten, stärker bewegten Geländegestaltung. Die konstruktive Arbeit mit Höhenlinien erfolgt in der Regel immer bereits in der Vor- oder Entwurfsplanung.

Die Lage der Höhenlinien wird zweckmäßig mit Hilfe von Absteckachsen oder einem Absteckraster abgesteckt.

Die Höhenplanung mit Hilfe von Höhenschichtlinien erfolgt zweckmäßig in folgenden Teilschritten:

(1) Erstellen einer Planungsgrundlage des bestehenden Geländes in Höhenliniendarstellung, ggf. Interpolation von weiteren Höhenlinien.
(2) Entwurf der geplanten Inhalte in Überlagerung zum Bestand.
(3) Festlegen erster Punkthöhen, die sich im Entwurf durch das bestehende Gelände ergeben, dabei Berücksichtigung von Wegegefällen etc.
(4) Angleichen der Höhenlinien an die Planung.
(5) Prüfen und ggf. Korrektur der Planung, der Punkthöhen und der Wegegefälle.
(6) Darstellung der angeglichenen (= geplanten) Höhenlinien.
(7) Ggf. Verfeinern des Höhenliniennetzes, z. B. durch Interpolation von 50-cm-Linien im 1-m-Netz.
(8) Optimierung der Geländemodellierung im Hinblick auf Gestaltung, Nutzung und Pflege, z. B. durch Vermeiden von Steilheiten, Kanten, Brüchen, falls diese nicht Teil der Gestaltung sind.

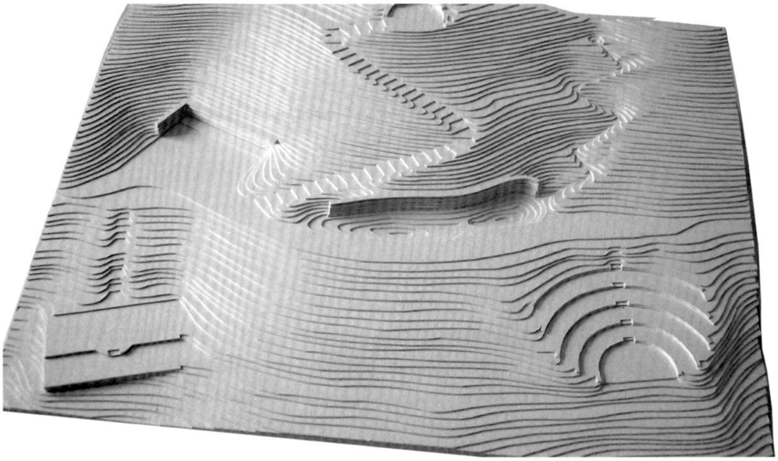

Abb. 355. Verdeutlichung der Auswirkungen von Geländeerschließung und -gestaltung am Höhenlinienmodell.

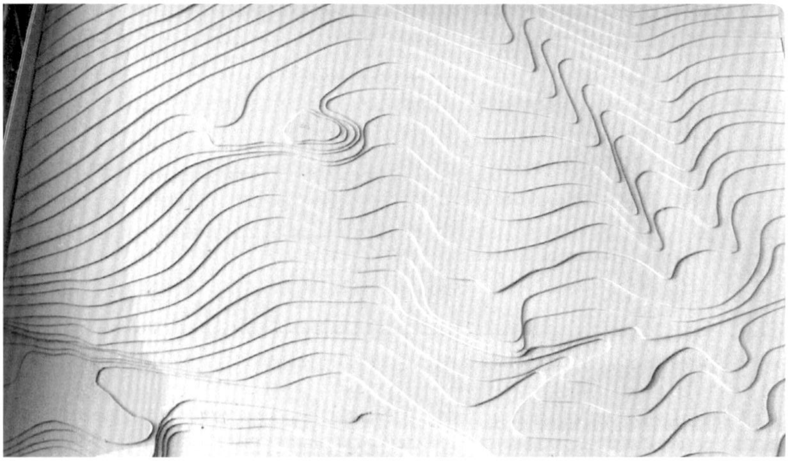

Abb. 356. Entwickeln der Planung am Höhenlinienmodell: Ausgangsgelände.

Abb. 357. Veränderung des Geländes durch Sportplätze.

(9) Ergänzen und Vervollständigen des Entwurfs in Abhängigkeit von der Höhenplanung, z. B. durch Hangsicherung, Bepflanzung etc.
(10) Endgültige Darstellung der Planung in Höhenliniendarstellung.

Gegenüber diesen zweidimensionalen Hilfsmitteln hat die Planung im dreidimensionalen Bereich anhand von **analogen** oder **digitalen (Gelände-)Modellen** große Vorzüge. Sie ermöglicht die unmittelbarste Überprüfung, Entwicklung und Visualisierung der Planung.

Für analoge Arbeitsmodelle eignen sich beispielsweise Modelle aus Höhenschichten, die sich einfach auf der Grundlage eines jeden Höhenlinienplans bauen lassen. Die Höhenlinien aus dem Plan bilden dabei jeweils die Vorder- bzw. Schnittkante der Höhenschichten. Für den Entwurfsprozess sind derartige Arbeitsmodelle auch in Zeiten von Digitalen Geländemodellen (DGM) (s. u.) sehr wertvoll.

DGM ermöglichen dreidimensionale Höhenplanung von Anfang an. Sie erlauben die laufende Überprüfung des planerischen Eingriffs und der räumlichen Wirkung, die Visualisierung mit Hilfe von Perspektiven, die begleitende Mengenermittlung und die Bereitstellung von Absteckdaten für elektronische Tachymeter oder GPS (vgl. Farbtafel 31, Abb. 177 bis 179, Seite 528).

Während bislang die Ergebnisse der Arbeit mit dem DGM wiederum nur in zweidimensionalen Drucken ausgegeben werden konnte, setzen sich inzwischen auch in der Architektur und Landschaftsarchitektur immer mehr 3-D-Drucker und 3-D-Plotter durch, mit denen durch einen durch die jeweilige DGM-Datei gesteuerten schichtweisen Auftrag von Pulver Modelle mit einer Größe von 2 bis 3 m hergestellt werden können.

17.3 Detailplanung, Detaillierung

Der Begriff Detail (aus dem französischen détailler = abteilen oder aufteilen, bzw. in Einzelteile zerlegen) bezeichnet eine Einzelheit bzw. einen exakteren, darstellerisch oft vergrößerten Ausschnitt aus einem größeren Ganzen (vgl. Kap. 18.2.3). Er wird im Zusammenhang mit den hier verwendeten Begriffen „Detailplanung“ und „Detaillierung“ vor allem mit Genauigkeit in Verbindung gesetzt.

Der Zweck der Detailplanung besteht somit darin, sämtliche Planungsinhalte (= Flächen und Ausstattungen) „genau“, d. h. hinsichtlich Material und Konstruktion eindeutig und nachvollziehbar festzulegen. Dies geschieht in ständiger Wechselwirkung mit der lagemäßigen (z. B. Dimensionierung und Verlegeart des Belagsmaterials bestimmen die genaue Wegebreite) und der höhenmäßigen (z. B. Belagsmaterial erfordert bestimmtes Entwässerungsgefälle, s. o.) Festlegung.

Die Detaillierung erfolgt Im Wesentlichen in der Phase der Ausführungsplanung. Wobei auch hier gilt, dass Ansätze dafür schon in der Entwurfsphase zu leisten sind wie z. B. die Festlegung gestalterisch und strukturell wirksamer Materialien oder grundsätzlicher Bauweisen.

17.3.1 Grundsätze und Ablauf der Detaillierung

Detailplanung heißt, den Entwurf gedanklich zu bauen.

Detaillierung bedeutet nach obigem Verständnis nicht nur das Bearbeiten und Darstellen von Teilbereichen im großen Maßstab, sondern die detaillierte Durcharbeitung des Entwurfs wals Gesamtheit in allen erforderlichen Maßstabsebenen (z. B. sich ergebende Verlegerichtungen, Wegebreiten und Höhensituationen für den eingangs erwähnten Belag im gesamten Gelände).

Die Detailplanung stellt eine wesentliche Grundlage für die Leistungsbeschreibung dar. Auch wenn die Phase „Vorbereitung der Vergabe“ gemäß HOAI der Ausführungsplanung nachfolgt, werden in der Praxis beide Leistungsphasen häufig in zeitlicher Überlappung oder sogar parallel bearbeitet.

Es ist daher sinnvoll, die Detailplanung ebenso wie die Leistungsbeschreibung dem Bauablauf entsprechend zu strukturieren. Dies bedeutet, dass zuerst Detaillösungen für Situationen entwickelt werden, die auch zuerst gebaut werden. Diese Vorgehensweise ist zwar selten durchweg konsequent einzuhalten, hilft aber dabei, Fehler zu vermeiden und notwendige Detailüberlegungen zu vergessen. Zu berücksichtigen ist überdies, dass einzelne Details in Wechselwirkung zueinander stehen und einander beeinflussen (z. B. Fundamentierung von Baukonstruktionen und Belagsgestaltung, Entwässerung und Belagsgestaltung etc.).

Als Systematik für die Detaillierung bzw. den Prozess ihrer Konzeption eignen sich – ebenso wie für die Gliederung des Leistungsverzeichnisses und der Legende auf dem Höhen- und Absteckplan (vgl. Kap. 18.2.1) – die Gliederung nach den Kostengruppen der DIN 276 oder die nach dem Bauarbeitsschlüssel des Landschaftsbaus (BAS-LB), der sich stärker als die DIN 276 am tatsächlichen Bauablauf orientiert. Nach der DIN 276 müssen in Deutschland in der Regel Kosten für öffentliche Bauten bzw. Freianlagen ermittelt werden.

17.3.2 Hilfsmittel der Detailplanung

Auch für die Detailplanung stehen unterschiedliche planerische Hilfsmittel zur Verfügung. In der Regel wird die Detaillierung im Planungsablauf in drei unterschiedlichen Darstellungsformen, die sich aufeinander beziehen und einander ergänzen, kommuniziert:
grafisch und textlich in Kurzform, abstrakt,
grafisch in ausführlicher Form, konkret,
textlich in ausführlicher Form, konkret.

Tab. 17.2: Strukturierung der Freianlagenplanung nach DIN 276 Kosten im Bauwesen, Dezember 2008

Nr. **500**	**Kostengruppe** **Außenanlagen**	**Details erforderlich**
510	**Geländeflächen**	
511	Oberbodenarbeiten (Oberbodenabtrag und -sicherung)	
512	Bodenarbeiten (Bodenabtrag und -auftrag)	
519	Geländeflächen, Sonstiges	o
520	**Befestigte Flächen**	
521	Wege (befestigte Flächen für den Fuß- und Radfahrverkehr)	+
522	Straßen (Flächen für den Leicht- und Schwerverkehr; Fußgängerzonen)	+
523	Plätze, Höfe (gestaltete Platzflächen, Innenhöfe)	+
524	Stellplätze (Flächen für den ruhenden Verkehr)	+
525	Sportplatzflächen (Sportrasenflächen, Kunststoffflächen)	+
526	Spielplatzflächen	+
527	Gleisanlagen	
529	Befestigte Flächen, Sonstiges	o
530	**Baukonstruktionen in Außenanlagen**	
531	Einfriedungen (Zäune, Mauern, Türen, Tore, Schrankenanlagen)	+
532	Schutzkonstruktionen (Lärmschutzwände, Sichtschutzwände, Schutzgitter)	+
533	Mauern, Wände (Stütz-, Schwergewichtsmauern)	+
534	Rampen, Treppen, Tribünen (Kinderwagen- und Behindertenrampen ...)	+
535	Überdachungen (Wetterschutz, Unterstände, Pergolen)	+
536	Brücken, Stege (Holz- und Stahlkonstruktionen)	+
537	Kanal- und Schachtbauanlagen	o
538	Wasserbauliche Anlagen (Brunnen, Wasserbecken)	+
539	Baukonstruktionen in Außenanlagen, Sonstiges	+
540	**Technische Anlagen in Außenanlagen**	
541	Abwasseranlagen	o
542	Wasseranlagen	o
543	Gasanlagen	
544	Wärmeversorgungsanlagen	
545	Lufttechnische Anlagen	

Tab. 17.2: Fortsetzung

546	Starkstromanlagen	
547	Fernmelde- und informationstechnische Anlagen	
548	Nutzungsspezifische Anlagen	o
549	Technische Anlagen in Außenanlagen, Sonstiges	o
550	**Einbauten in Außenanlagen**	
551	Allgemeine Einbauten	o
552	Besondere Einbauten	o
559	Einbauten in Außenanlagen, Sonstiges	o
560	**Wasserflächen (naturnahe Wasserflächen)**	
561	Abdichtungen (einschließlich Schutzschichten, Bodensubstrat und Uferausbildung)	+
562	Bepflanzungen	+
569	Wasserflächen, Sonstiges	o
570	**Pflanz- und Saatflächen**	
571	Oberbodenarbeiten (Oberbodenauftrag, Oberbodenlockerung)	
572	Vegetationstechnische Bodenbearbeitung (Bodenverbesserung)	
573	Sicherungsbauweisen (Vegetationsstücke, Geotextilien, Flechtwerk)	+
574	Pflanzen (einschl. Fertigstellungspflege)	o
575	Rasen und Ansaaten (einschl. Fertigstellungspflege)	o
576	Begrünung unterbauter Flächen (auf Tiefgaragen)	+
579	Pflanz- und Saatflächen, Sonstiges	o
590	**Sonstige Außenanlagen**	
591	Baustelleneinrichtung	
592	Gerüste	
593	Sicherungsmaßnahmen	o
594	Abbruchmaßnahmen	
595	Instandsetzungen	o
596	Materialentsorgung	
597	Zusätzliche Maßnahmen	
598	Provisorische Außenanlagen	
599	Sonstige Maßnahmen für Außenanlagen, Sonstiges	

+ = Detaillierung meist/in der Regel erforderlich, o = Detaillierung möglicherweise sinnvoll

Der Integrationsplan der Ausführungsplanung (Engel, 2002), in der Regel als Höhen- und Absteckplan oder Ausführungsplan bezeichnet (vgl. Kap. 18.2.1), enthält die Ergebnisse der Detailplanung in grafischer Abstraktion als Signaturen oder Schraffuren. Belagsflächen werden beispielsweise mit Signaturen, die der tatsächlichen Konstruktion, d. h. der Verlegeart bzw. dem Fugenbild, möglichst deutlich entsprechen, Entwässerungseinrichtungen mit geeigneten Symbolen wiedergegeben.

Die unterschiedlichen Schraffuren, Signaturen und Symbole werden durch die Planbeschriftung, in der Regel in einer **Legende** erklärt. Die Erläuterungen in der Legende entsprechen etwa einer Kurzfassung der Positionstexte im Leistungsverzeichnis. Sie geben Aufschluss über Material, seine Dimensionierung und Einbaudetails, die aus der abstrahierten Grafik im jeweiligen Planmaßstab nicht hervorgehen. Die Legende sollte im Aufbau der Leistungsbeschreibung entsprechen und in die für die Detailplanung relevanten Titel des LVs ge-

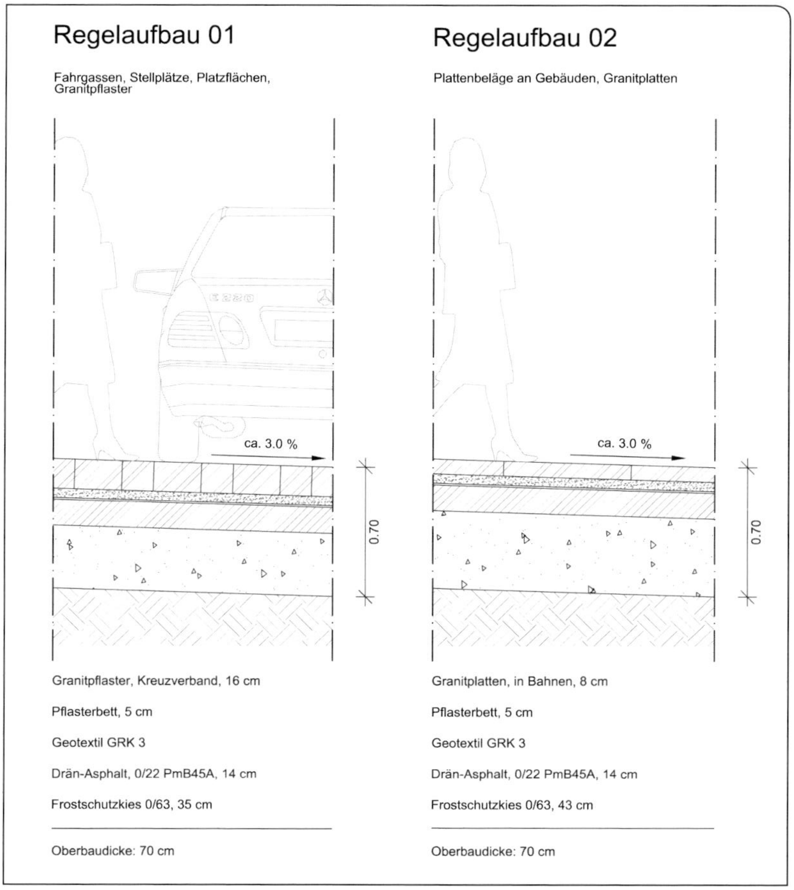

Abb. 358. Festlegen von Material und Konstruktion: Regelaufbau der Belagsflächen.

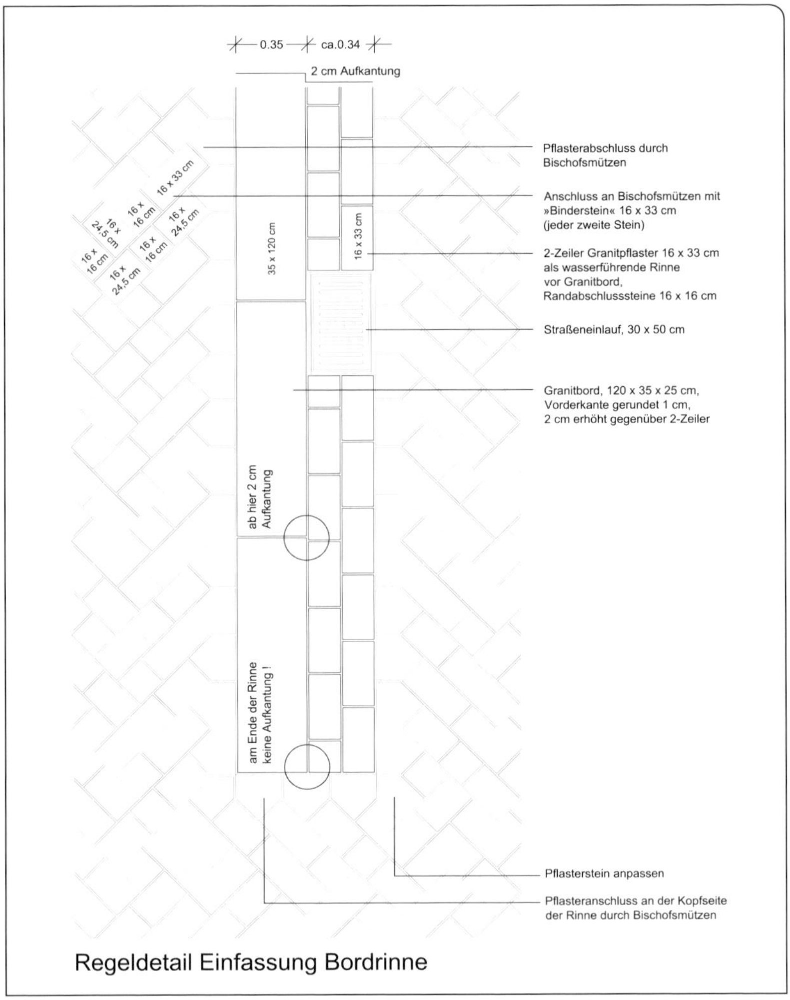

Abb. 359. Regeldetail zum „Flechtverband" (Variante des Römischen Verbandes) des Pflasterbelags.

gliedert sein. Der Höhen- und Absteck- oder Ausführungsplan zeigt somit die Detailplanung in **abstrakter grafischer und textlicher Kurzform** (vgl. Kap. 18.2.1).

Für einzelne Teilbereiche und Ausschnitte der Freianlage oder einzelne Baukonstruktionen wie Mauern, Treppen, Wasseranlagen etc. sind Detailzeichnungen oder Detailpläne erforderlich, in denen die Konstruktionsart in Abhängigkeit vom gewählten Material in **ausführlicher grafischer Form** gegenüber der beschriebenen Kurzform im Gesamtplan konkretisiert wird (vgl. Kap. 18.2.3).

Im Leistungsverzeichnis schließlich, das als Teil der Vergabeunterlagen anzufertigen ist, werden die Ergebnisse der Detailplanung, Material und Konstruktionsart **in ausführlicher textlicher Form** konkretisiert.

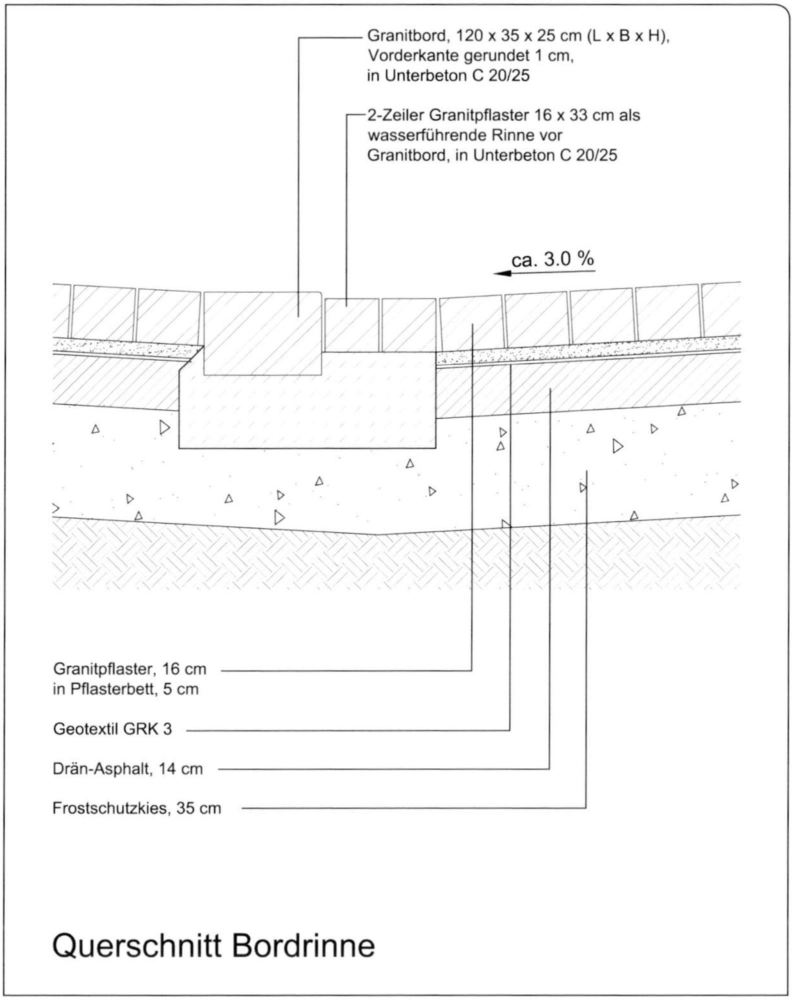

Abb. 360. Regelschnitt zum Detail.

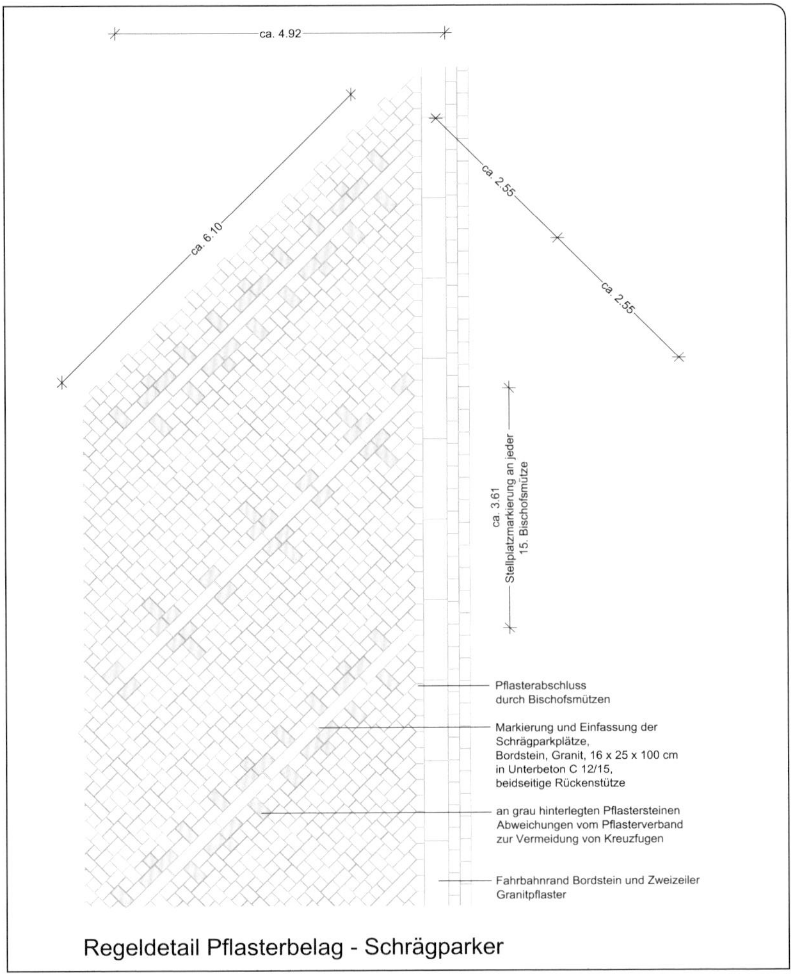

Abb. 361. Verlegedetail im Bereich der Schrägparker ...

Abb. 362. ... und Ausführung.

18 Darstellung in der konstruktiven Planung

Wie in den vorangegangenen Kapiteln gezeigt wird, stellt die konstruktive Planung einen in Abhängigkeit von Projektgröße und Vielzahl der Beteiligten komplexen Prozess mit zahlreichen Eingaben (= Inputs), einzelnen Arbeitsschritten und entsprechenden Ergebnissen (= Outputs) dar.

Neben den methodischen Aspekten und den inhaltlichen Komponenten dieser Planungsphase ist auch die Darstellung der Ergebnisse in Form von Plänen und Zeichnungen besonders wichtig. Für die Qualität der Bauausführung ist es entscheidend, wie aussagekräftig und ausführlich die Planunterlagen die Inhalte zur Lage-, Höhen- und Detailplanung vermitteln und wie eindeutig sie infolgedessen von den Ausführenden verstanden werden. Dabei gelten andere Prämissen als für Entwurfspläne, die in erster Linie die Ideen des Konzepts vermitteln müssen und dies häufig in einer auch für Nicht-Fachleute verständlichen und anschaulichen Form.

Neben der textlichen Leistungsbeschreibung im Leistungsverzeichnis sind Ausführungspläne Bestandteil der Verdingungsunterlagen und des Bauvertrags und spielen dementsprechend auch als Dokumentation bei Streit- und Schadensfällen eine entscheidende Rolle. In ihnen wird auch die fachgerechte Anwendung der geltenden Regeln der Technik offensichtlich.

Der Bedeutung von Ausführungszeichnungen wird, wie auch der konstruktiven Planung selbst, in der Planungspraxis sehr unterschiedliche und häufig noch zu geringe Bedeutung beigemessen (vgl. Kap. 16.2).

Die nachfolgenden Ausführungen möchten das bestehende Fachwissen zur Darstellung in dieser letzten und entscheidenden Planungsphase vor der Bauausführung zusammentragen und damit einen Beitrag zur Qualitätssicherung leisten.

18.1 Grundlagen

Anders als die Darstellung für Vorentwurfs- und Entwurfspläne gibt es für technische Pläne klar definierte Regeln, die teilweise auch in Normen festgelegt sind (vgl. Kap. 18.1.2). Während für Entwurfsdarstellungen, beispielsweise Wettbewerbspläne, auch künstlerische Kriterien eine Rolle spielen und sich in der Darstellung der Gestaltungsabsicht entsprechend ganz unterschiedliche Stilrichtungen und immer wieder neue Trends auch in Abhängigkeit der Darstellungsmedien erkennen lassen, verfolgt die Darstellung der technisch-konstruktiven Planung das ausschließliche Ziel, die bauliche Realisierung zweifelsfrei zu ermöglichen. Dabei wirkt sich die stark gewachsene Komplexität im Bauprozess auch auf die Darstellung aus. Ein kurzer geschichtlicher Abriss ihrer Entwicklung soll dies verdeutlichen. Dabei wird auch deutlich, dass immer schon ein „innerer Zusammenhang zwischen Architekturtheorie und Zeichenkunst“ bestand (Andrews, 2004).

18.1.1 Entwicklung und Bedeutung

Die geschichtliche Entwicklung der Darstellung in der Landschaftsarchitektur ist, ähnlich wie die einschlägige Planungsmethodik und die landschaftsbauliche Technik, noch relativ wenig erforscht. Die Erkenntnisse dazu stammen überwiegend aus der Erforschung der Geschichte der Bau- und Gartenkunst, wobei es in Gartenkunst und Landschaftsarchitektur noch zahlreiche, wenig behandelte Themen gerade für den Bereich der Darstellung gibt. Bekanntes bezieht sich häufig auf die Architektur im Allgemeinen.

Bevor die zeichnerischen Bestandteile der konstruktiven Planung im Einzelnen betrachtet werden, soll zunächst ein kurzer Überblick über die verschiedenen Arten von Architekturzeichnungen und die geschichtliche Entwicklung der Darstellung gegeben werden.

Typologie der Architekturzeichnung

Für die Planung und Ausführung konkreter Bauaufgaben haben sich in der Architekturgeschichte bis heute folgende Typen von Zeichnungen bewährt (Kieven, 1993).

Abb. 363. Skizzenhafte Bauaufnahme.

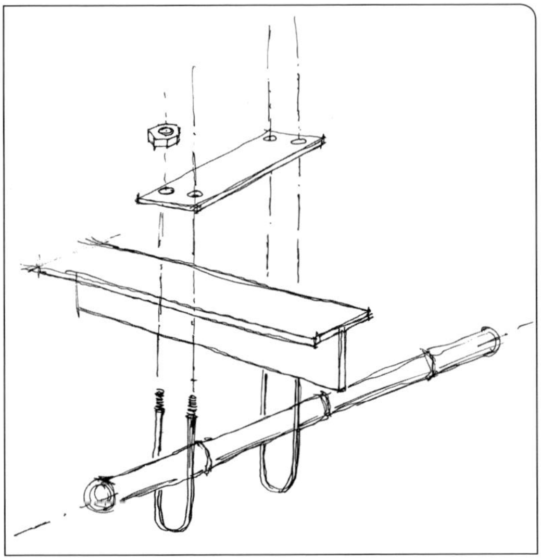

Abb. 364. Skizzierte Konstruktionsidee für ein Pergolendetail.

Abb. 365. Studie.

Abb. 366. Reiseskizze.

Skizzen dienen dem „Festhalten von Ideen in knapper, das Wesentliche wiedergebenden Form“ und sind „da meist freihändig gezeichnet, charakteristische und wesentliche Elemente des persönlichen Stils des Architekten“.

Reinzeichnungen „übertragen die geistige Vorstellung in eine sichtbare, durchstrukturierte Form“. „Maßstäblich konstruiert und sauber gezeichnet“ stehen sie „am Ende der Planung und stellen das Projekt vor“.

Präsentationszeichnungen können die Reinzeichnungen ergänzen. Sie dienen der „Vorlage für den Bauherrn“ und sind durch die „Beifügung figuraler, topografischer und vegetativer Ausstattungselemente“ im Vergleich zur Reinzeichnung „anschaulicher und optisch reizvoll aufbereitet“.

Werkzeichnungen werden „für die Bauausführung in großer Zahl benötigt". Sie werden „mit größter Präzision und Maßgenauigkeit gezeichnet". Durch den „enormen Verschleiß" dieses Zeichnungstyps im Baugeschehen „haben sich kaum Beispiele erhalten".

Daneben spielen Architekturzeichnungen, die Ausbildungs- und Studienzwecken dienen, eine Rolle. Zu ihnen gehören: **Studienblätter,** zu denen Übungsskizzen oder auch maßgenaue Bauaufnahmen bestehender Bauten von Studierenden gehören. Sie stellen seit Jahrhunderten einen festen Bestandteil aller Architekturstudiengänge dar. Im weiteren Sinne gehören dazu auch **Nachzeichnungen** und Reiseskizzen.

Historische Studienblätter sind wertvolle Dokumente für die Erforschung der Entwicklung des Planens und Bauens, weniger um ein konkretes Projekt zu dokumentieren als vielmehr um Rückschlüsse auf in der jeweils betrachteten Epoche geltende Regeln der Technik, Bauweisen und Darstellungsmodi zu ziehen.

Als **Akademiezeichnungen** werden bei Elisabeth Kieven Planungen mit „idealtypischem Charakter" für „ideelle Projekte", die im Rahmen von studentischen Wettbewerben erarbeitet werden, bezeichnet.

Wertvolle Dokumente, welche die Darstellungstechniken einerseits und andererseits auch die Bauweisen und stilistischen Besonderheiten der jeweiligen Epoche zeigen, sind **Illustrationszeichnungen**. Im Rom des 17. und 18. Jahrhunderts beispielsweise, in dem Tourismus und Interesse an der Antike eine immer größere Rolle zu spielen begannen, verdienten viele Architekten durch das Anfertigen von Zeichnungen und Kupferstichen für Bücher oder Einzelblätter mehr als mit ihren Bauprojekten (Kieven, 1993).

Besonders interessante Dokumente stellen die bereits in Kapitel 16.1.1 erwähnten **Musterbücher** dar, die in Kunst und Architektur etwa seit dem Mittelalter gebräuchlich waren. In den mittelalterlichen Werkstätten und Bauhütten liegen wohl die Anfänge der Handzeichnung (Koschatzky, 2003). Von bedeutenden Baumeistern wurden sowohl Ideenskizzen als auch bewährte bzw. standardisierte Baudetails als normative Vorlagen für Bauwerke in Büchern gesammelt.

Die zeitgenössische Entsprechung zu den Musterbüchern sind Architektur- bzw. Landschaftsarchitektur-Dokumentationen zu aktuellen Projekten, Lehrbücher mit Detailzeichnungen oder Fachzeitschriften mit Projektdokumentationen, z. B. DETAIL.

Für Rückschlüsse auf die historische Entwicklung der Konstruktionszeichnung eignet sich von den genannten Darstellungstypen die Werkzeichnung prinzipiell am besten. Wegen der wenig dauerhaften Aufbereitung, des hohen Verschleißes sowie des gegenüber anderen Zeichnungstypen häufig geringeren kunsthistorischen Interesses existieren heute außerhalb von Muster- und Lehrbüchern nur relativ we-

Abb. 367. Skizze zur Konstruktion von Marktständen in zentralperspektivischer Darstellung.

Abb. 368. Repräsentative Darstellung von Villa und Garten Pratolino von Giusto Utens (1598).

nige und meist jüngere Beispiele. Gerade für die Landschaftsarchitektur ist es daher schwierig, die Entwicklung der Darstellung in der technisch-konstruktiven Planung genauer darzulegen.

Trotzdem ist die folgend angestellte schlaglichtartige geschichtliche Spurensuche aufschlussreich für die heutige Bedeutung der Darstellung in der konstruktiven Planung.

Geschichtliche Entwicklung der Plandarstellung

Planartige Darstellungen von Gartenanlagen gab es schon in vorchristlicher Zeit. Allerdings dienten diese – soweit sie etwa als Darstellungen in Grabkammern oder als Wandfresken und -mosaiken überliefert sind – in erster Linie als vielleicht idealisierte Dokumentation des existierenden, nicht jedoch als Vision des geplanten Gartens.

Die zehnbändige lateinische Architekturlehre des Römischen Baumeisters Marcus Vitruvius Pollio (84/80–27/20 v. Chr.) enthält bereits klare Regeln zu Darstellungsformen in der Architektur. Vitruv erklärt drei Formen der Darstellung (*dispositio*): den Grundriss (*ichnographia*), den Aufriss bzw. die Vorderansicht (*orthographia*) und die „Aussicht“ (*scenographia*), womit eine perspektivische Darstellung gemeint ist. Die Inhalte der Vitruv'schen Architekturlehre werden in späteren Lehrbüchern zur Architekturzeichnung immer wieder zitiert.

Eines der frühesten Plandokumente, in dem auch der Garten eine zentrale Rolle spielt, repräsentiert der St. Gallener Klosterplan aus dem frühen 9. Jahrhundert (um 830). Dieser als Grundriss dargestellter Idealplan für ein Benediktinerkloster zeigt für die Gartenbereiche Baumgarten/Friedhof, Kreuzgang, Gemüse- und Heilkräutergarten Beetanordnung und Bepflanzung mit genauer Angabe der Arten. Er kann als eine Art Ausführungsplan oder Standard für alle Benediktinerklöster angesehen werden.

Entscheidende Impulse und Innovationen für die Architekturdarstellung einerseits und für die Gartenarchitektur andererseits (vgl. Kap. 16.1.1) bringt die Epoche der Renaissance, in der die Ideale der Antike wiedergeboren werden, im späten 14. bis zum 16. Jahrhundert. Dem Florentiner Architekt und Bildhauer Filippo Brunelleschi (1377–1446) wird die Erfindung bzw. Wiederentdeckung der Zentralperspektive mit Blick aus menschengerechter Augenhöhe zugeschrieben, die seither eine völlig neue Darstellung der geplanten Wirklichkeit ermöglicht.

Albrecht Dürer (1471–1528) veröffentlichte 1525 das Buch „Underweysung der messung mit dem zirckel un richtscheyt", in dem erstmalig eine Zusammenfassung der mathematisch-geometrischen Verfahren der Zentralperspektive dargestellt ist, und das damit das älteste Lehrbuch zur „Darstellenden Geometrie" sein dürfte.

In dieser Zeit wurde „zwischen einer technischen und einer nichttechnischen Zeichnung" sprachlich kaum unterschieden. Die nach heutigem Verständnis technischen Zeichnungen der Renaissance entstanden „zum einen aus dem Handwerk, ..., zum anderen aus den gotischen Baurissen Nordeuropas ..." (Maurer, 2004).

In Italien entstehen bedeutende Gartenanlagen, die gewissermaßen als Ursprung der Landschaftsarchitektur in Mitteleuropa angesehen werden können (vgl. Kap. 16.1.1). Entsprechend existieren vielfältige bedeutende Gartenpläne aus dieser Epoche, beispielsweise der berühmte Zyklus der dreidimensionalen Darstellungen der Medici-Villen von Giusto Utens von 1598, die allerdings Dokumentations- und Repräsentationszwecken dienen und keine Baupläne darstellen. Der Detaillierungsgrad ist so hoch, dass Rückschlüsse auf Baukonstruktionen, Materialien und Bepflanzung möglich sind.

Vincenzo Scamozzi gab in seiner 1615 in Venedig publizierten Architekturlehre „L'idea della architettura universale" eine ausführliche Anleitung für die Erstellung von Architekturzeichnungen, die Regeln zu Grafik und Layout enthält, die teilweise heute noch Verwendung finden, wie etwa der Lichteinfall von links mit einem Winkel von 30 bis 45° oder Attribute wie bilderklärende Elemente, schriftliche Erläuterungen, Planleiste oder Maßskala. Allerdings lag auch hier der Schwerpunkt auf der Rein- und Präsentationszeichnung, nicht auf der Ausführungszeichnung.

Die Konstruktionszeichnungen in den zahlreichen Lehrbüchern zur Bau- und Gartenkunst, die ab dem 16. Jahrhundert entstanden und die man aus heutiger Sicht als Standards oder Regeldetails ansprechen könnte, lassen jeweils Rückschlüsse auf die Darstellung der Zeit zu. Freilich ist dabei zu berücksichtigen, dass diese für die Veröffentlichung aufwändiger ausgearbeitet wurden als reine Bauzeichnungen der Zeit.

Maßstab

Die Praxis, Bauzeichnungen in festen Maßstäben, z. B. 1 : 100 anzulegen, hat sich im 19. Jahrhundert entwickelt. In früheren Jahrhunderten war die Maßstäblichkeit von der Objekt- und der zur Verfügung stehenden Blattgröße abhängig, wodurch keine runden Maßstäbe möglich waren und nahezu jeder Plan in einem anderen Maßstab gezeichnet wurde. Auf den Blättern wurde deshalb eine Maßskala vorgesehen, von der die Maße mit dem Zirkel abgegriffen werden konnten (Kieven, 1993).

Gebräuchliche Maßeinheiten für die Länge waren seit dem Altertum der Fuß, in einer Variationsbreite von 25 bis 33,3 cm allein im deutschsprachigen Raum und die Elle, in der Renaissance der palmo romano (= 22,23 cm) und der braccio fiorentino (= 58,36 cm). Der Meter wurde erst im 18. Jahrhundert festgesetzt.

Die Architekturzeichnung als völlig eigenständige Gattung setzte sich erst im 18. Jahrhundert durch (Andrews, 2004).

Durch die Aufgabenteilung auf der Baustelle und die zunehmende Funktionstrennung von Planenden und Ausführenden (vgl. Kap. 16.1.1) wuchs die Bedeutung der Werkzeichnungen als Ergänzung und Detaillierung des Entwurfs. Die Ausführenden konnten nicht mehr ausschließlich auf ihre Musterbücher zurückgreifen, es wurden individuelle Lösungen für die jeweilige Situation entwickelt und dargestellt. Durch die zunehmende Bedeutung von öffentlichen Parks und Freiflächen bildeten sich allmählich getrennte Arbeitsfelder für Architektur und Landschaftsarchitektur heraus.

Ausführungszeichnungen für Freianlagen, die tatsächlich als Ausführungsgrundlage und nicht generelle Vorlagenzeichnung oder Lehrzeichnung angefertigt werden, gehören wohl praktisch erst seit dem 19. Jahrhundert zum allgemeinen Standard im Bauwesen.

Bedeutung heute

In den 80er-Jahren des 20. Jahrhunderts begann mit der Entwicklung der Personal Computer (PC) und der Zeichen- und Konstruktionssoftware AutoCAD für das Betriebssystem DOS, die 1982 auf den Markt kam, auch in der Landschaftsarchitektur das digitale Zeitalter. Der Einzug der Computer und die Möglichkeiten der digitalen Plandarstellung bis hin zur fotorealen Simulation der gebauten Wirklichkeit in die Planungsbüros veränderte das Planungsgeschehen weitreichend.

Heute ist Computer Aided Design (CAD), inzwischen meist kombiniert mit digitalen Geländemodellen (DGM), in den verschiedensten Fachapplikationen für die Landschaftsarchitektur das einschlägige

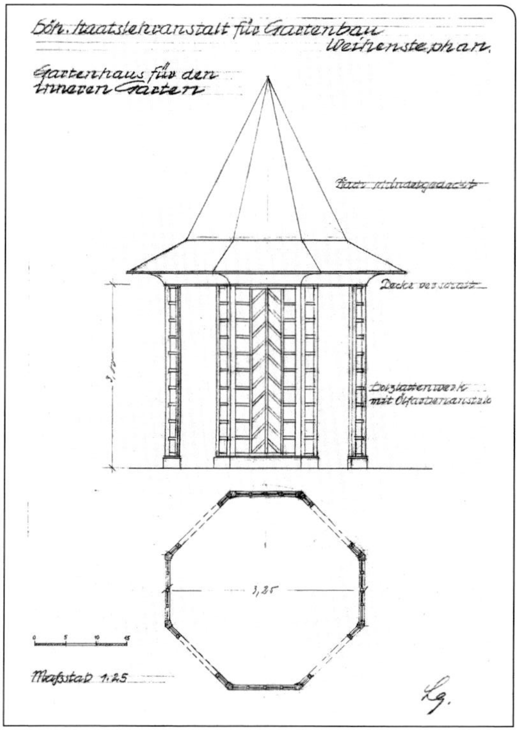

Abb. 369. Detailplan für Gartenlaube in der Lehr- und Versuchsanstalt Weihenstephan von 1925.

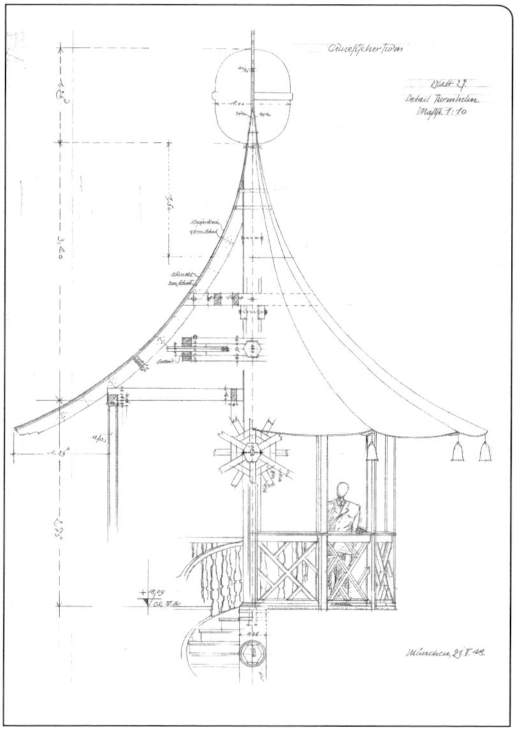

Abb. 370. Detail für den Wiederaufbau des Chinesischen Turms in München (Schnitt, Aufriss).

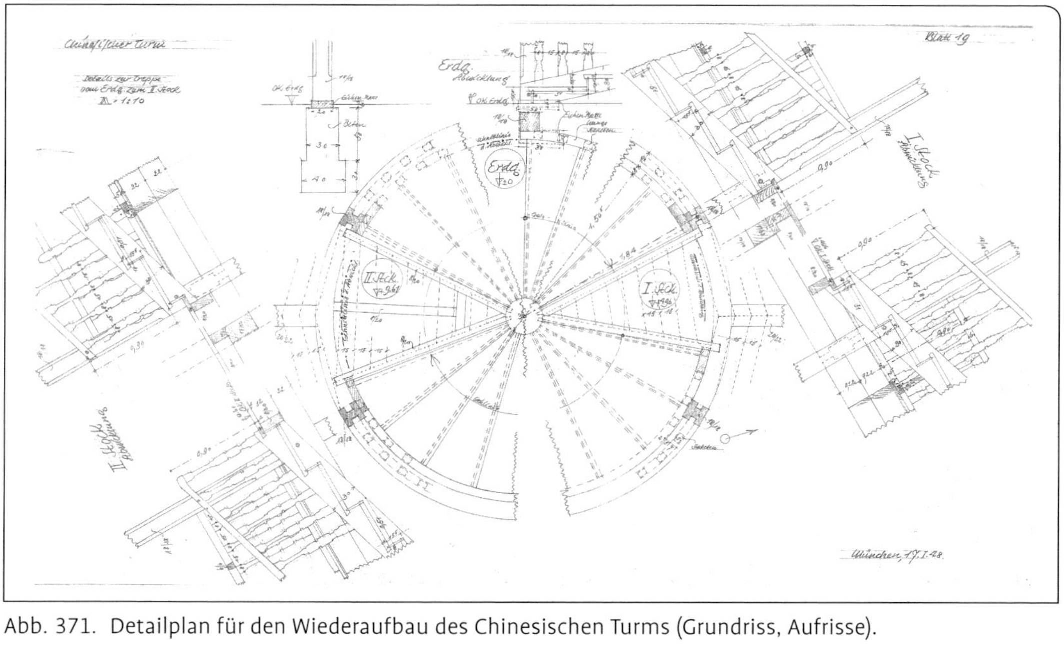

Abb. 371. Detailplan für den Wiederaufbau des Chinesischen Turms (Grundriss, Aufrisse).

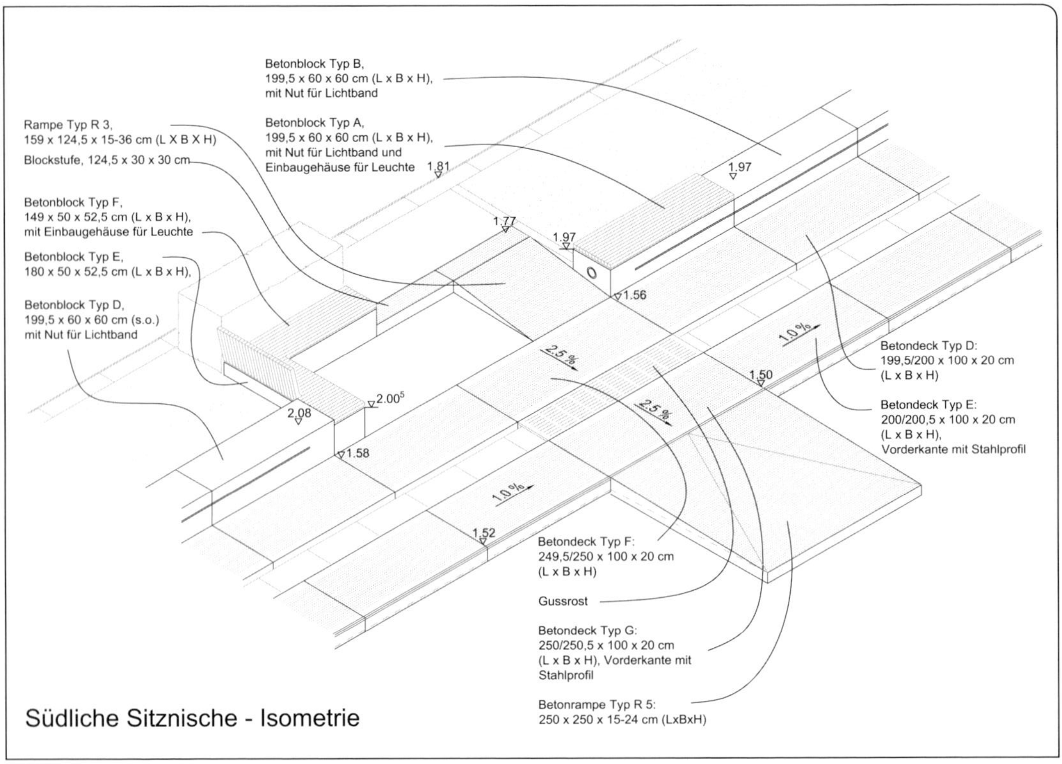

Abb. 372. CAD-unterstützt entwickeltes 3-D-Detail für Wassergerinne.

Darstellungsmittel für die konstruktive Planung (vgl. Kap. 18.3.1). Aufgrund der Komplexität und Leistungsfähigkeit dieser Werkzeuge sind die Anforderungen an die Planenden und Darstellenden und deren Verständnis für die Bedeutung der Planzeichnung für die Bauausführung dabei erheblich gestiegen (vgl. Farbtafeln 31 und 32, Seiten 528 und 529).

18.1.2 Darstellungsregeln und -konventionen

Bei der Darstellung von Ausführungsplänen kann auf bestehende Regeln und Konventionen zurückgegriffen werden, die sich als Standard bewehrt haben. Zu nennen sind hier insbesondere die DIN EN ISO 11091 und die bereits erwähnte DIN 1356–1.

Beide Normen enthalten wertvolle, aber auch kritisch zu betrachtende und daher zu relativierende Darstellungsregeln. So sieht beispielsweise die DIN EN ISO 11091 auf Seite 11 unter der Überschrift „Festlegung von Kurven“ eine Absteckungsmethode für freie Linien vor, die nicht durchweg praktikabel und verstandlich erscheint, zumal in der Beispielzeichnung bei Distanzen von bis zu 135 m Maße in mm angegeben sind, was im Widerspruch zu den Bemaßungsregeln und -beispielen der DIN 1356–1 steht.

Die in den beiden Normen enthaltenen Regeln sind weitestgehend in den Kapiteln 17 und 18.2 berücksichtigt.

Auch in Zeiten digitaler Plandarstellung und Plotausgabe bewährt sich für Ausführungszeichnungen eine reine Schwarzweißgrafik, die einfach und kostengünstig zu vervielfältigen ist (vgl. Kap. 18.3.1).

Dazu sind in der DIN 1356–1 unterschiedliche Linientypen und -breiten angegeben, die auch in Freianlagenplänen beachtet werden sollten (vgl. Tab. 18.1).

Die Zeichnungsformate sind so zu wählen und einzuteilen, dass die Pläne auf das DIN A4-Format gefaltet werden können. Die Planfaltung regelt die DIN 824. Der Plankopf mit allen relevanten Angaben (vgl. Kap. 18.3.2) steht im Layout unten rechts.

Tab. 18.1: Linienarten und -breiten nach DIN 1356–1

Linienart	Anwendung	Zuordnung zu (Plot-)Maßstab			
		≤ **1 : 100**		≥ **1 : 50**	
		schmal	**Linienbreite**		breit
________ **Volllinie**	Begrenzung von Schnittflächen	0,5	**0,5**	**1,0**	1,0
	Sichtbare Kanten und sichtbare Umrisse von Bauteilen, Begrenzung von Schnittflächen von schmalen oder kleinen Bauteilen	0,25	**0,35**	**0,5**	0,7
	Maßlinien, Maßhilfslinien, Hinweislinien, Lauflinien, Begrenzung von Ausschnittdarstellungen, vereinfachte Darstellungen	0,18	**0,25**	**0,35**	0,5
---------- **Strichlinie**	Verdeckte Kanten und verdeckte Umrisse von Bauteilen	0,25	**0,35**	**0,5**	0,7
—·—·—·— **Strichpunktlinie**	Kennzeichnung der Lage der Schnittebenen	0,5	**0,5**	**1,0**	1,0
	Achsen	0,18	**0,25**	**0,35**	0,5
.... **Punktlinie**	Bauteile vor bzw. über der Schnittebene (z. B. Balkone, Vordächer im Grundrissplan)	0,25	**0,35**	**0,5**	0,7
Maßzahlen	Schriftgröße (-höhe)	2,5	**3,5**	**5,0**	7,0

Wichtige Normen zur Plandarstellung

DIN EN ISO 11091 Zeichnungen für Außenanlagen (Oktober 1999)

DIN 1356–1 Bauzeichnungen, Teil 1: Arten, Inhalte und Grundregeln der Darstellung, Februar 1995

DIN 1356–6 Bauzeichnungen, Teil 6: Bauaufnahmezeichnung, Dezember 2003

DIN 824 Technische Zeichnungen; Faltung auf Ablageformat, März 1981

18.2 Die „Outputs“ der konstruktiven Planung

Die Ergebnisse der konstruktiven Planung, die letztendlich in der Ausführungsplanung mündet, die Höhenabsteckung, die Lageabsteckung und die Detaillierung werden in unterschiedlichen Ausführungsplänen dargestellt.

Die DIN 1356–1 definiert „Ausführungszeichnung“ als „Bauzeichnungen mit zeichnerischen Darstellungen des geplanten Objekts mit allen für die Ausführung notwendigen Einzelangaben. Ausführungszeichnungen enthalten unter Berücksichtigung der Beiträge anderer an der Planung fachlich Beteiligter alle für die Ausführung bestimmten Einzelangaben in Detailzeichnungen und dienen als Grundlage der Leistungsbeschreibung und Ausführung der baulichen Leistungen“. Die Norm unterscheidet „Werkzeichnungen (Werkpläne)“ und „Detail- und/oder Teilzeichnungen“.

Anders als in der Entwurfsphase dient die grafische Darstellung hier weniger der optimalen Vermittlung der planerischen Idee bzw. des Konzepts, sondern als Grundlage für die bauliche Umsetzung. Eine gute Verständlichkeit für die Bauausführenden ist besonders wichtig. Deshalb sollten generell, soweit möglich, die zuvor beschriebenen Darstellungsregeln beachtet werden.

Entsprechend der drei wesentlichen Gestaltungsinhalte der Ausführungsplanung, der „ganzheitlichen Integrationsplanung“, der „ganzheitlichen Fachplanung“ und der „partiellen Komponentplanung“ lassen sich drei Typen von Ausführungsplänen unterscheiden: der Integrationsplan, die Fachpläne und die Detailpläne (ENGEL,

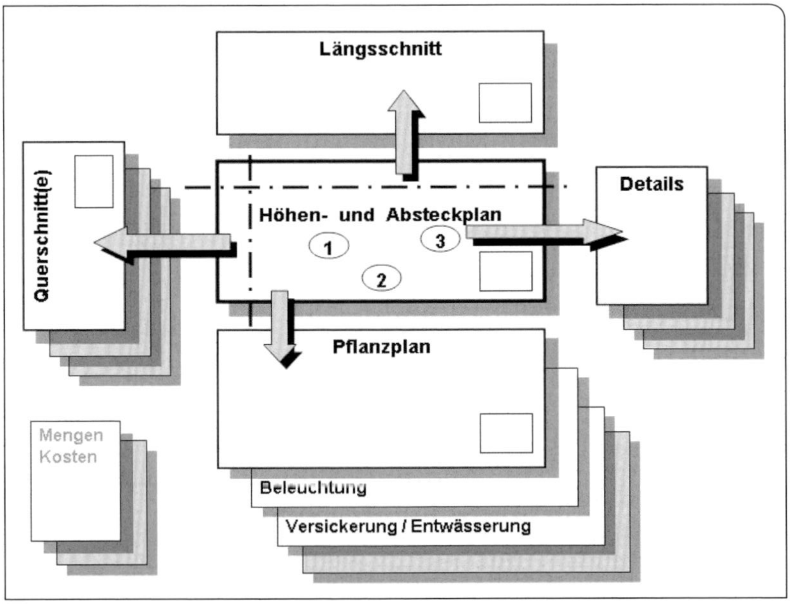

Abb. 373. Zusammenstellung verschiedener Pläne für ein Projekt.

Tab. 18.2: Outputs der Ausführungsplanung

Plan = Output	Funktion	Darstellung
Höhen- und Absteckplan (Deckenhöhen- und Absteckplan)	**Integrationsplan** zur exakten höhen- und lagemäßigen Darstellung der Planung, Grundlage für die Absteckung im Gelände, zentraler Output der Ausführungsplanung	Ausgabe in M 1 : 200, 1 : 100, seltener M 1 : 50 (kleinere Höfe, Gärten), M 1 : 250 (Straßen, Fließgewässer), Schwarz-Weiß-Grafik oder mehrfarbig (oligochrom), nach LV gegliederte Standardlegende
Schnitte	**Detailpläne** zur genaueren Darstellung der Höhenplanung bzw. der Konstruktion (z. B. Schichtaufbau)	M 1 : 50, 1 : 20, 1 : 10 alle geschnittenen Bauteile werden nach DIN 1356–1 schraffiert bzw. (bei Schichten) gekennzeichnet
Profile	**Vereinfachte Schnitte**, die die Decken- bzw. Oberflächentopografie verdeutlichen, teilweise (z. B. bei Straßen, Fließgewässern) untergliedert in Längs- und Querprofile	Wie Schnitte, teilweise auch überhöht (z. B. bei Straßen- oder Gewässerplanung): M 1 : 100/1 : 10 M 1 : 250/1 : 25
Details	**Detailpläne** zur Darstellung von Einzelheiten in ausreichend großem Maßstab zur genauen Festlegung der Konstruktion	M 1 : 20, 1 : 10, 1 : 50, (1 : 25) Darstellung als Grundriss, Aufsicht, Schnitt, Ansicht und/oder Axonometrie bzw. als 3-Tafel-Projektion
Thematische Pläne, z. B. Pflanzplan, Entwässerungsplan, Beleuchtungsplan etc.	**Fachpläne** zur Darstellung von Inhalten der Detailplanung, die im Höhen- und Absteckplan nicht mehr darstellbar sind, bzw. fachlich oder arbeitstechnisch begründeter Teilaspekte	Maßstab wie Höhen- und Absteckplan oder größer, mit Legende
Mengenplan, Mengennachweis (Formblatt)	Nachvollziehbare Ermittlung der erforderlichen Mengen zu den einzelnen LV-Positionen in eigenen Layern, Ebenen, Teilbildern	Maßstab wie Höhen- und Absteckplan, von vielen Systemen wird direkte Übernahme der Mengen in AVA unterstützt
Pflanzenliste	Genaue Aufstellung über Mengen, Art und Qualität der geplanten Pflanzen, Ergänzung des Pflanzplans	Liste, später Bestandteil des LV
Ausstattungsliste, Liefernachweis für Ausstattungen und Materialien	Genaue Aufstellung über Menge, Art, Qualität und möglichen Bezug der geplanten Ausstattungen oder Möblierungen Grundlage für das LV	Liste, später ggf. Bestandteil des LV als Liefernachweis, Musterordner

2002). Diese drei Typen werden in den folgenden Kapiteln konkretisiert und differenziert.

Die folgend beschriebenen Pläne (Outputs) sind zweckmäßig zu erstellen. Freilich ist nicht jeder Plantypus bei jedem Projekt erforderlich oder sinnvoll.

18.2.1 Der Höhen- und Absteckplan als Integrationsplan

Das zentrale Dokument, der zentrale Output, der Ausführungsplanung und damit der Integrationsplan ist der Höhen- und Absteckplan, im Einzelfall auch als Ausführungsplan bezeichnet. Er entspricht der exakten höhen- und lagemäßigen Darstellung der Planung im Grundriss bzw. in der Aufsicht und stellt damit die Grundlage für die Absteckung im Gelände dar.

Die Detailplanung (vgl. Kap. 17.3.2) wird im Höhen- und Absteckplan durch eine entsprechend genaue Darstellung aller Flächen, Grenzlinien, Baukonstruktionen und ggf. ortsfester Ausstattungen dargestellt. Belagsflächen beispielsweise werden durch eine geeignete Signatur bzw. Schraffur dargestellt, welche die Konstruktionsart, z. B. Reihenverlegung, Segmentbögen etc. einschließlich der jeweils einzuhaltenden Verlegerichtung, im jeweiligen Maßstab möglichst anschaulich repräsentiert. Entsprechendes gilt für Vegetationsflächen, bei denen Angaben zu Art und Dicke des Bodenauftrages gemacht werden müssen und für Baukonstruktionen wie Treppen oder Mauern.

Dabei ist zu beachten, dass in der Landschaftsarchitektur die auszuführende fertige Bodenoberfläche dargestellt wird. Verdeckte Linien, z. B. die unter der fertigen Oberfläche liegenden Tiefgaragenkante, normgerecht gestrichelt dargestellt. Rohhöhen wie im Hochbau, etwa Höhenangaben des Planums, werden in der Regel nicht angegeben, sondern gehen ausschließlich aus Schnittzeichnungen (vgl. Kap. 18.2.2) hervor. Bei Überdachungen sind die Stützen dementsprechend im Querschnitt dargestellt, die Dachkante ist als punktierte Linie zu zeichnen.

Die grafischen Elemente, Schraffuren, Signaturen und Symbole des Höhen- und Absteckplanes sind zweckmäßig in einer Legende zu erklären, die analog zur Leistungsbeschreibung gegliedert sein sollte (vgl. Kap. 17.3.1). Auch eine Angabe der Positionsnummer in der Legende kann sinnvoll sein. Allerdings kann dies bei nachträglichen Änderungen und unterschiedlichen Bearbeitern eine potentielle Fehlerquelle bedeuten.

Als Integrationsplan sollte der Höhen- und Absteckplan Querverweise auf sämtliche andere im unmittelbaren Zusammenhang mit ihm stehende Ausführungszeichnungen enthalten, d. h. auf Schnitte und Profile durch entsprechende Schnittlinien nach DIN 1356–1, auf Detailpläne durch Kennzeichnung des detaillierten Teilbereichs oder

Tab. 18.3: Anforderungsliste an wichtige Inhalte des Höhen- und Absteckplanes, Aufbau der Legende

Planinhalt, Legendentext, ggf. mit Positions-Nummer des LV's	**Darstellung (nach DIN EN ISO 11091 und DIN 1356–1)**
1. Bestand, Schutzeinrichtungen, grafische Festlegungen, Abgrenzung	
Abzubrechendes Bauteil	Umrisslinie (schmale Voll-, ggf. Strichlinie), mit x-Kennzeichnung (ausgekreuzt)
Abzubrechende Belagsfläche	
Zu fällender Baum	Kreis (Durchmesser = Stammdurchmesser) mit x-Kennzeichnung (ausgekreuzt)
Zu erhaltender Baum	(Durchmesser = Stammdurchmesser), ggf. mit Kronenumrisslinie (Kreis, freie schmale Volllinie, ggf. Punktlinie)
Zu schützende Bereiche, ggf. Schutzzaun	Umrisslinie (breite Strichpunktlinie) des zu schützenden Bereichs, z. B. Baum oder Stamm
Ursprüngliche Höhe, nicht länger gültig	Höheangabe, eingeklammert
Geplante, zu erstellende Höhe	Höhenangabe bei nicht ausgefülltem Punkt oder Dreieck
Rohhöhe (z. B. der Tiefgaragendecke)	Höhenangabe bei ausgefülltem Punkt oder Dreieck
Bestehende Höhenlinie	Linie mit Höhenangabe (schmale Voll-, evtl. Strichlinie)
Geplante Höhenlinie	Linie mit Höhenangabe (breite Volllinie)
Vertrags-/Bearbeitungsgebiet bzw. -grenze	Umrisslinie des Vertragsgebiets (breite Strichpunktlinie)
2. Baukonstruktionen, Massiv- und Skelettbaukonstruktionen, jeweils mit Verweis auf Detailplan	
Fundamente	Umrisslinie (schmale Strichlinie – verdeckt)
Freistehende Mauern	Querschnitt in 1 m Höhe (schraffiert), breite Doppellinie
Stützmauern	Signatur mit breiter Volllinie an der Luftseite
Treppen, Rampen	Mit Lauflinien gemäß DIN 18065
Stützen, Zaunpfosten, Wände	Querschnitt in 1 m Höhe (schraffiert)
Dach	Umrisslinie (Punktlinie)
Zäune (Felder, Füllung)	Dicke Volllinie, Tore als Türsymbol
Plattformen, Stege und ähnliches	Abstrahierte Aufsicht Gehbelag (durchgehende Fugen)
3. Entwässerungseinrichtungen, ggf. Bewässerungseinrichtungen	
Rinnen	Schmale Doppel- oder Mehrfachlinien, ggf. mit Signatur, ggf. mit Pfeil und %-Angabe für das Oberflächengefälle
Einläufe	Rechteck mit Höhenangabe
Entwässerungstopographie, Gefälle	Pfeil mit %-Angabe in Richtung des stärksten Gefälles
Entwässerungstopographie, Bruchkanten	Kehlen und Grate im Belag (schmale Voll-/Strichlinie)

Tab. 18.3: Fortsetzung

Planinhalt, Legendentext, ggf. mit Positions-Nummer des LV's	**Darstellung (nach DIN EN ISO 11091 und DIN 1356–1)**
4. Belagsflächen, jeweils mit Schnittlinien und Verweis auf Schnitte/Profile sowie Detailpläne	
Deckschichten aus Pflaster und Platten	Signatur, die das Fugenbild (durchgehende Fugen) bzw. die Verlegeart und -richtung abstrahiert wiedergibt
Gebundene Decken	Flächige Darstellung, z. B. Grauwert
Einfassungen	Schmale Doppellinie oder entsprechend
5. Vegetationselemente und -flächen, jeweils mit Verweis auf Pflanzplan, Pflanzpläne	
Geplantes Solitärgehölz mit Angaben zur Pflanzgrube (Länge, Breite, Tiefe)	Kreuz in Stamm-/Pflanzgrubenmitte, Umrisslinie der Pflanzgrube, ggf. Umrisskreis der Krone
Pflanzfläche mit Angabe des Oberbodenauftrags (Dicke)	Flächige Signatur (Punktraster) mit Umrisslinie (Volllinie oder Doppellinie für Einfassung)
Heckenfläche mit Angabe zur Breite und Tiefe der Heckengrabens	Umrisslinie Heckengraben (gerade breite Volllinie) oder Hecke (unregelmäßige breite Volllinie)
Rasenfläche mit Angabe des Oberbodenauftrags (Dicke)	Flächige Signatur (freie Punktierung) mit Umrisslinie (Volllinie oder Doppellinie für Einfassung)
6. Ggf. Geländeflächen (Spiel-, Sport- Wasserflächen)	
Sport- und Spielflächen	Flächige Signatur mit Umrisslinie
Wasserflächen	Umrisslinie der Abdichtung (Strichlinie – verdeckt)
7. Ggf. Ausstattungselemente, Möblierung	
Beleuchtungskörper	Kreise
Spielgeräte, incl. Sicherheitsbereich	Fundamente vgl. 2., Umrisslinie Sicherheitsbereich als Punktlinie
Sonstige Ausstattungselemente	Sinnfälliges Symbol (Aufsicht), ggf. Fundamente vgl. 2.

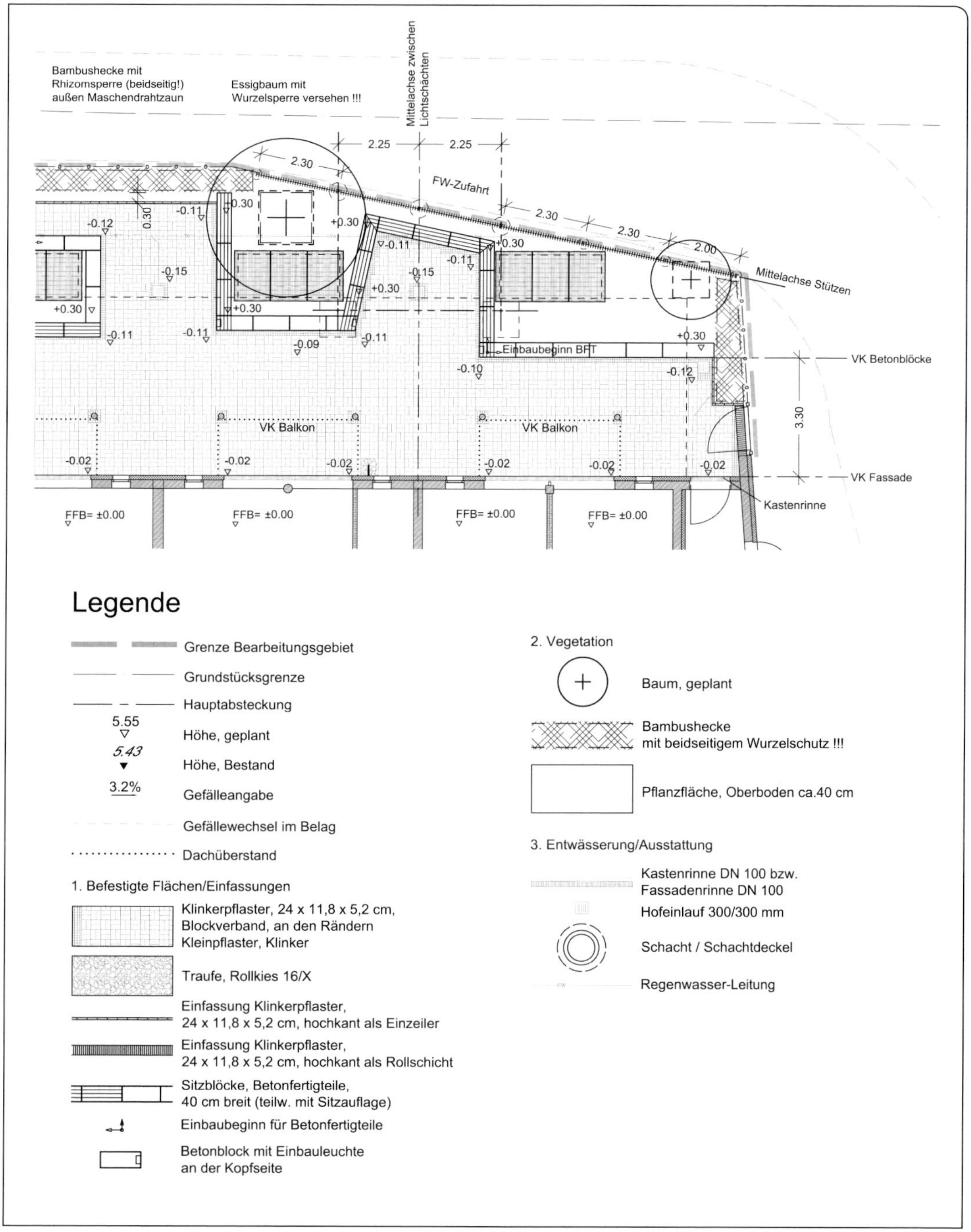

Abb. 374. Beispiel für einen Höhen- und Absteckplan mit Legende.

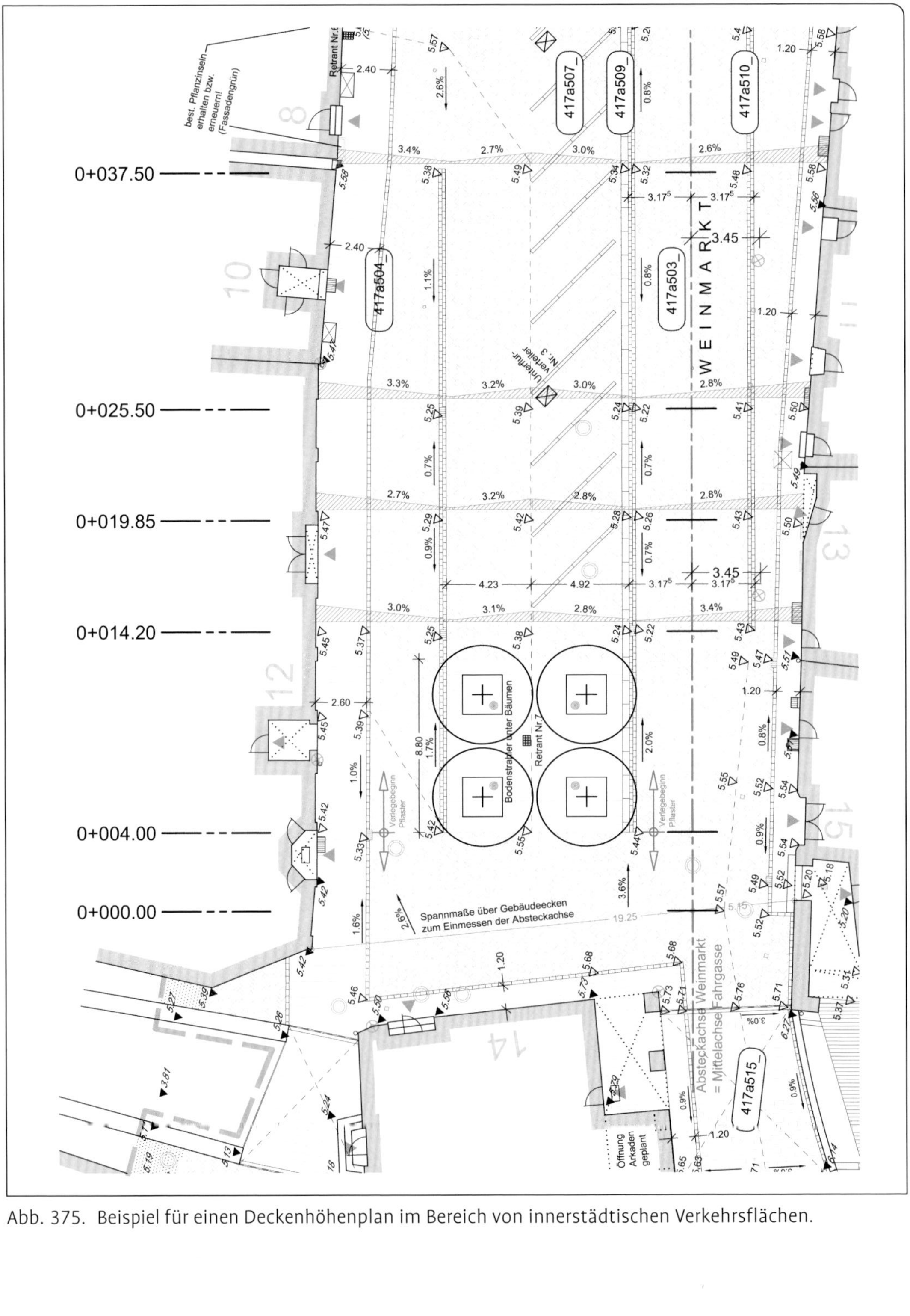

Abb. 375. Beispiel für einen Deckenhöhenplan im Bereich von innerstädtischen Verkehrsflächen.

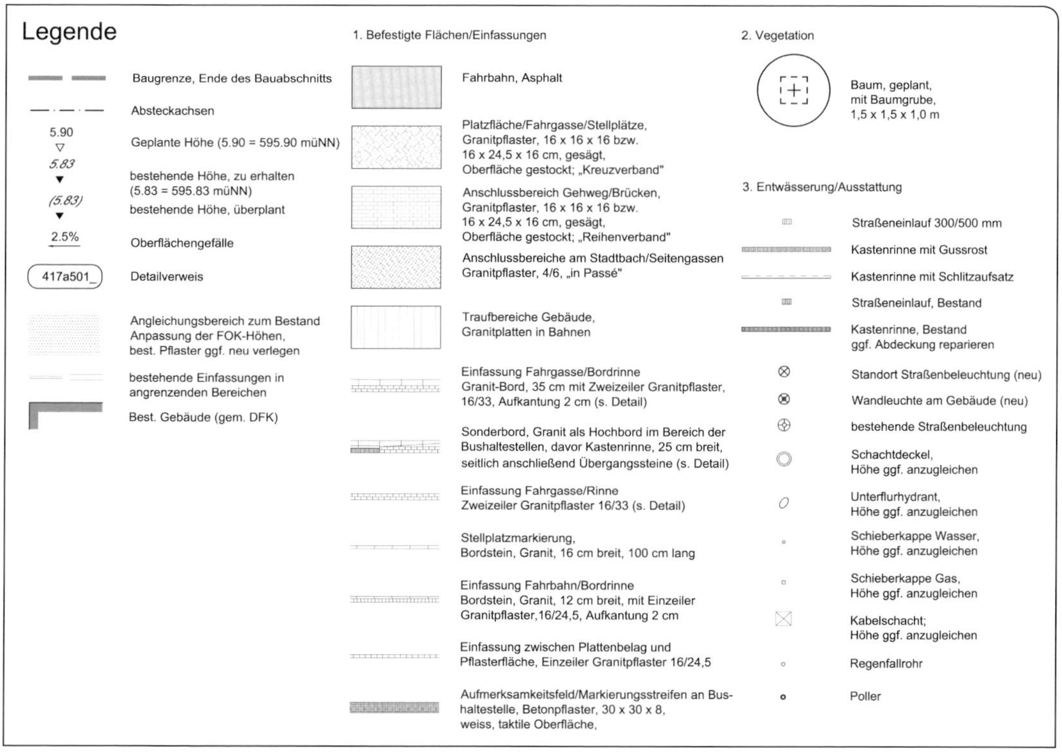

Abb. 376. Legende zum Deckenhöhenplan.

verbalen Verweis an der entsprechenden Stelle und auf thematische Pläne (Fachpläne), z. B. den Pflanzplan oder den Leitungsplan (vgl. Kap. 18.2.4).

Gebräuchliche Maßstäbe für die Ausgabe des Höhen- und Absteckplanes sind 1 : 200 und 1 : 100, seltener M 1 : 50 (kleinere Höfe, Gärten) oder M 1 : 250 (größere Freianlagen, Verkehrsanlagen, landschaftspflegerische Ausführungspläne etc.).

18.2.2 Schnitte und Profile

Schnitte und Profile gehören nach dem methodischen Ansatz von Engel zu den Detailplänen. Sie dienen der genaueren Darstellung der Höhenplanung, z. B. der Entwässerungstopografie, und der Konstruktion, z. B. des Schichtaufbaus. Sie nehmen daher eine besondere Funktion innerhalb der Detailpläne ein.

In der Straßen- und Tiefbauplanung sind Schnitte, z. B. bei Straßen oder Fließgewässern, unverzichtbar. Es sind **Längsschnitte**, z. B. durch die Bachsohle, und **Querschnitte** gebräuchlich. Geschnitten wird dabei meist in regelmäßigen Abständen, quer zur stationierten Absteckachse (vgl. Kap. 17.2.1 und 17.2.2). Gängige Maßstäbe für Querschnitte sind 1 : 50, 1 : 20 und 1 : 10, seltener auch 1 : 25.

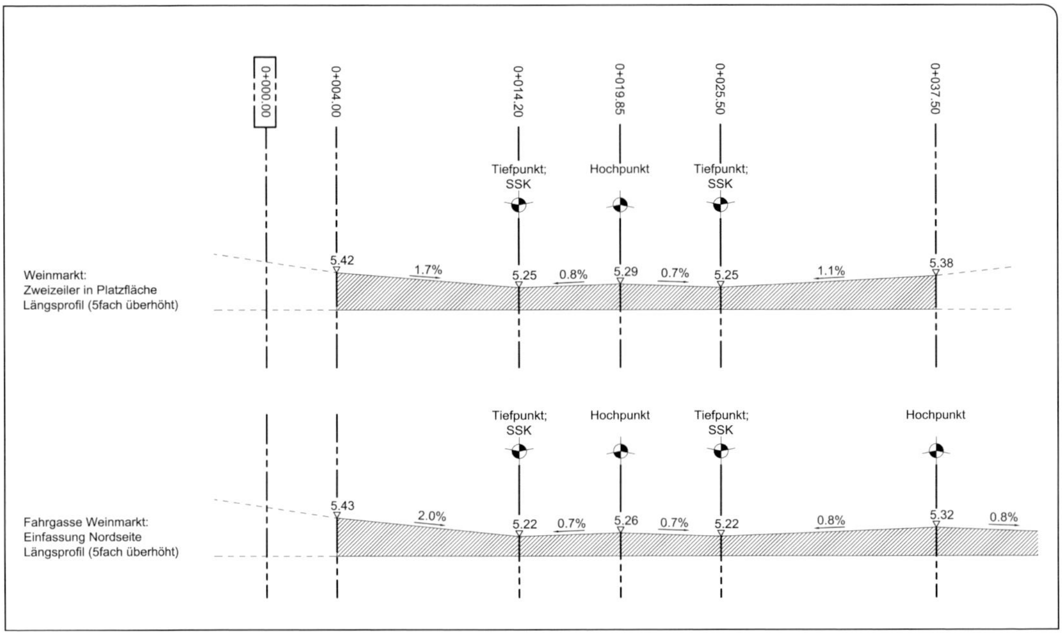

Abb. 377. Profile zum Deckenhöhenplan.

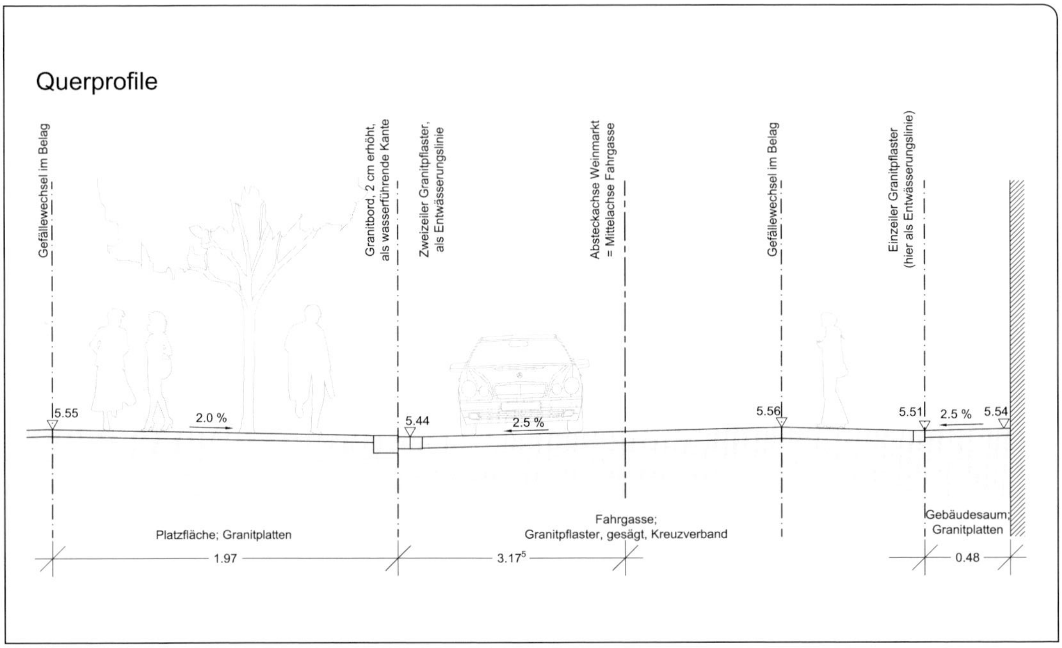

Abb. 378. Querprofile/Querschnitte mit Entwässerungstopografie durch den Platzraum (siehe auch Seite 585 oben).

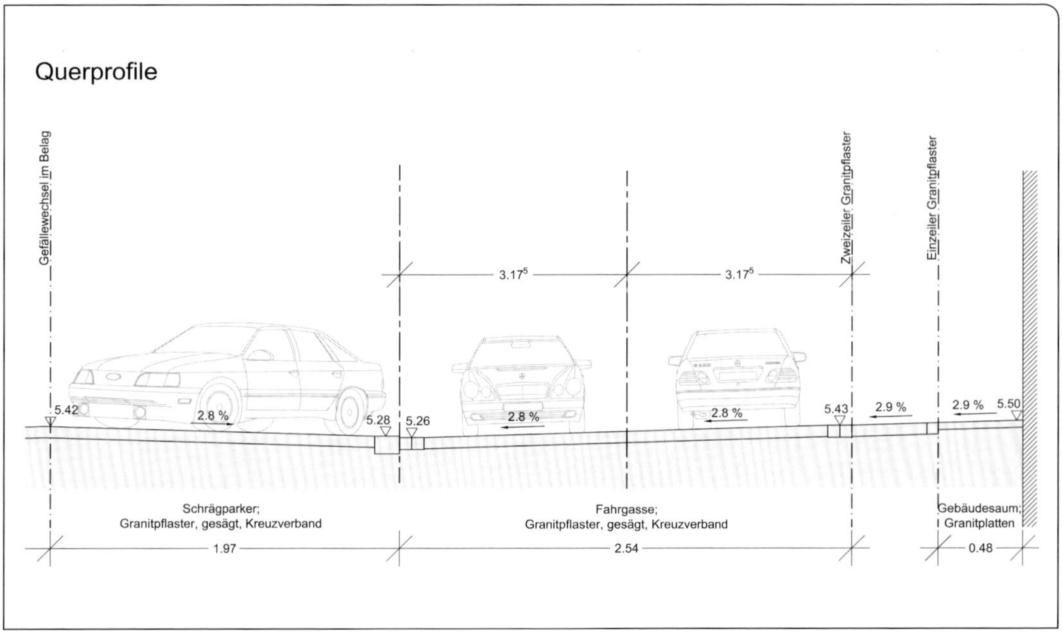

Schnitte, die nur den Höhenverlauf der Decke, nicht aber den konstruktiven Aufbau zeigen, werden auch als **Profile** bezeichnet. Sie werden teilweise überhöht dargestellt, d. h. die horizontalen projizierten Längen werden in einem kleineren Maßstab gezeichnet als die vertikal projizierten Höhen. Üblich ist z. B. eine zehnfache Überhöhung in der Maßstabskombination 1 : 100 und 1 : 10 oder 1 : 250 und 1 : 25.

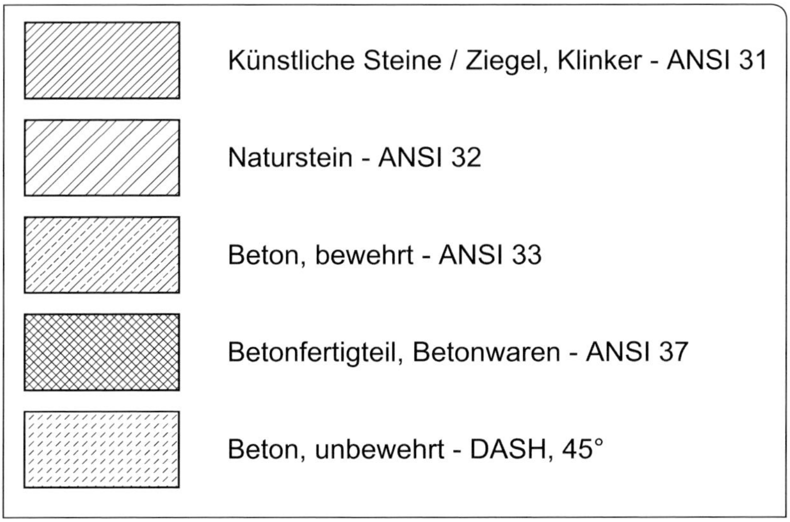

Abb. 379. Materialschraffuren für geschnittene Bauteile nach DIN 1356–1.

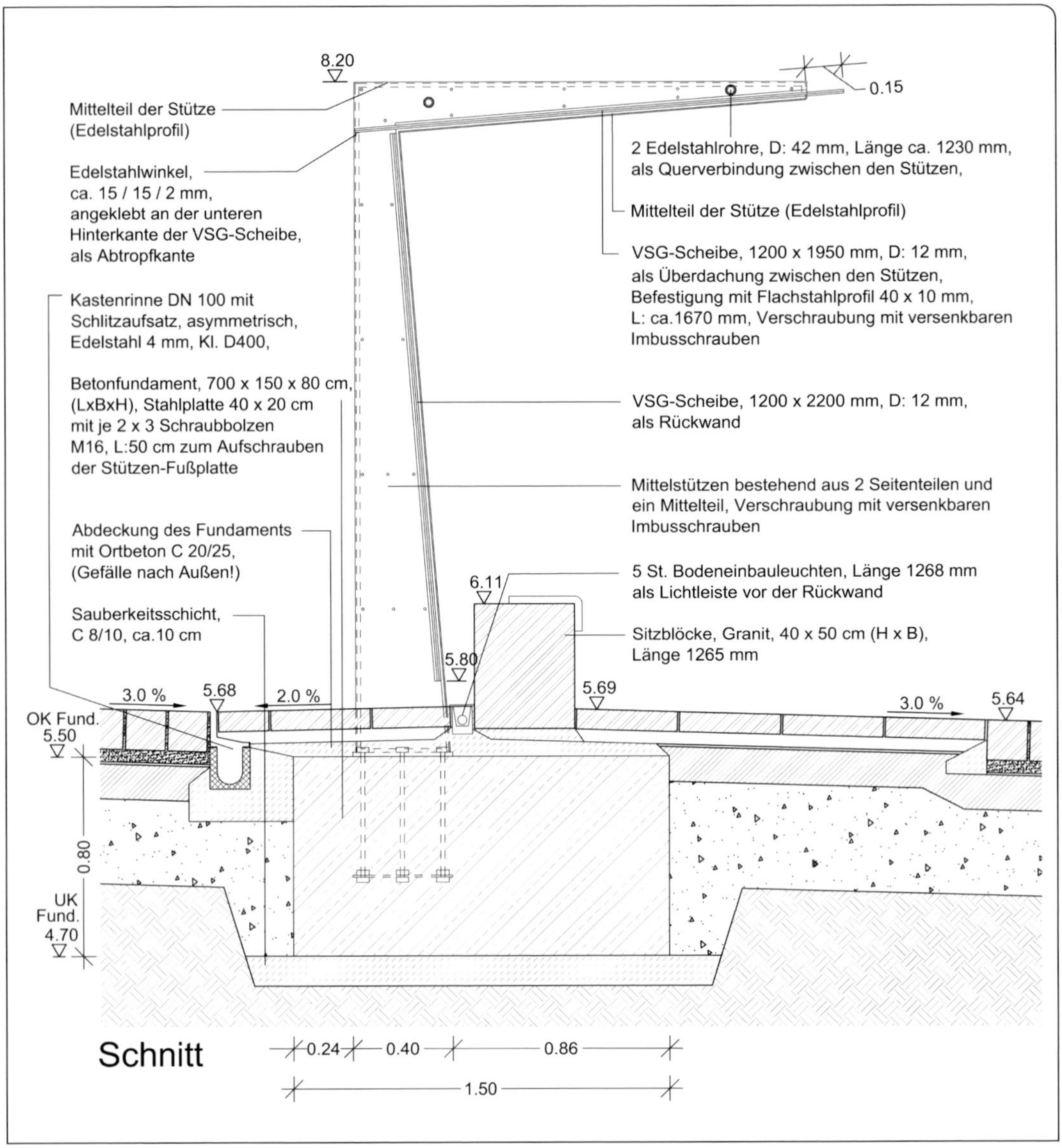

Abb. 380. Schnitt durch Bodenplatte und Stahl-Glas-Konstruktion eines Buswartehäuschens mit dazugehörigen Isometriezeichnungen (siehe Seite 587; vgl. dazu auch Farbtafel 32, Abb. 181 bis 183, Seite 529).

Schnittzeichnungen eignen sich auch, um die Konstruktion von Bauelementen wie Mauern oder Treppen oder den konstruktiven Aufbau von Belagsflächen, Wasseranlagen oder unterbauten Freiflächen zu zeigen. Alle geschnittenen Bauteile sind nach DIN 1356–1 zu schraffieren.

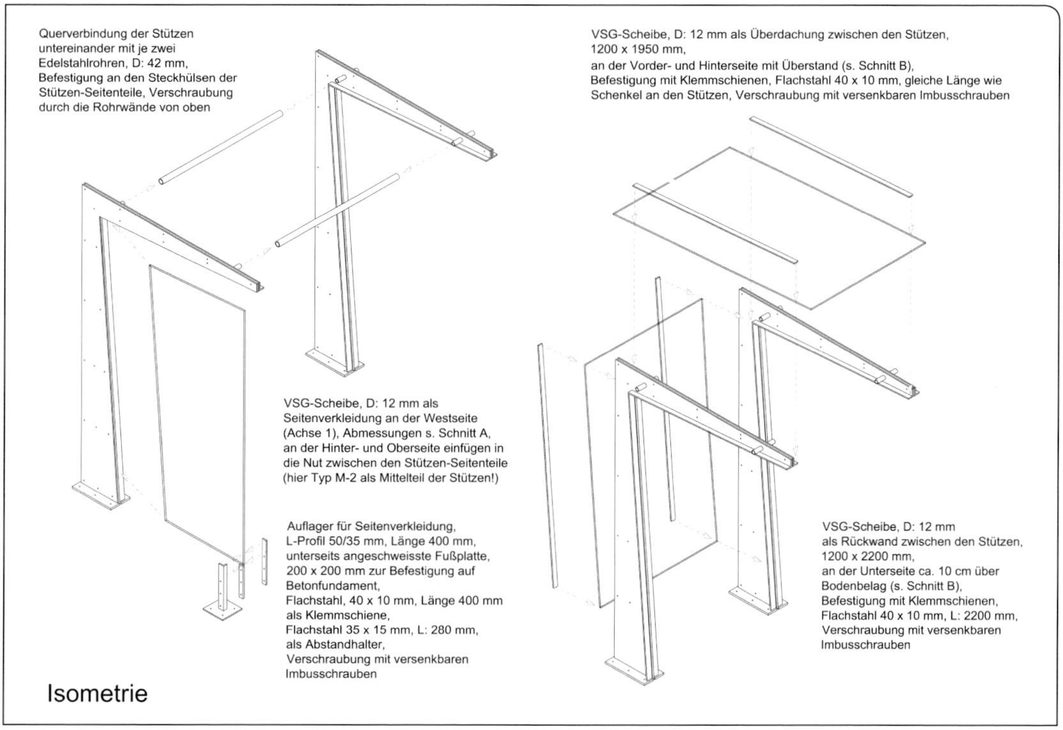
Querverbindung der Stützen untereinander mit je zwei Edelstahlrohren, D: 42 mm, Befestigung an den Steckhülsen der Stützen-Seitenteile, Verschraubung durch die Rohrwände von oben
VSG-Scheibe, D: 12 mm als Überdachung zwischen den Stützen, 1200 x 1950 mm, an der Vorder- und Hinterseite mit Überstand (s. Schnitt B), Befestigung mit Klemmschienen, Flachstahl 40 x 10 mm, gleiche Länge wie Schenkel an den Stützen, Verschraubung mit versenkbaren Imbusschrauben
VSG-Scheibe, D: 12 mm als Seitenverkleidung an der Westseite (Achse 1), Abmessungen s. Schnitt A, an der Hinter- und Oberseite einfügen in die Nut zwischen den Stützen-Seitenteile (hier Typ M-2 als Mittelteil der Stützen!)
Auflager für Seitenverkleidung, L-Profil 50/35 mm, Länge 400 mm, unterseits angeschweisste Fußplatte, 200 x 200 mm zur Befestigung auf Betonfundament, Flachstahl, 40 x 10 mm, Länge 400 mm als Klemmschiene, Flachstahl 35 x 15 mm, L: 280 mm, als Abstandhalter, Verschraubung mit versenkbaren Imbusschrauben
VSG-Scheibe, D: 12 mm als Rückwand zwischen den Stützen, 1200 x 2200 mm, an der Unterseite ca. 10 cm über Bodenbelag (s. Schnitt B), Befestigung mit Klemmschienen, Flachstahl 40 x 10 mm, L: 2200 mm, Verschraubung mit versenkbaren Imbusschrauben
Isometrie

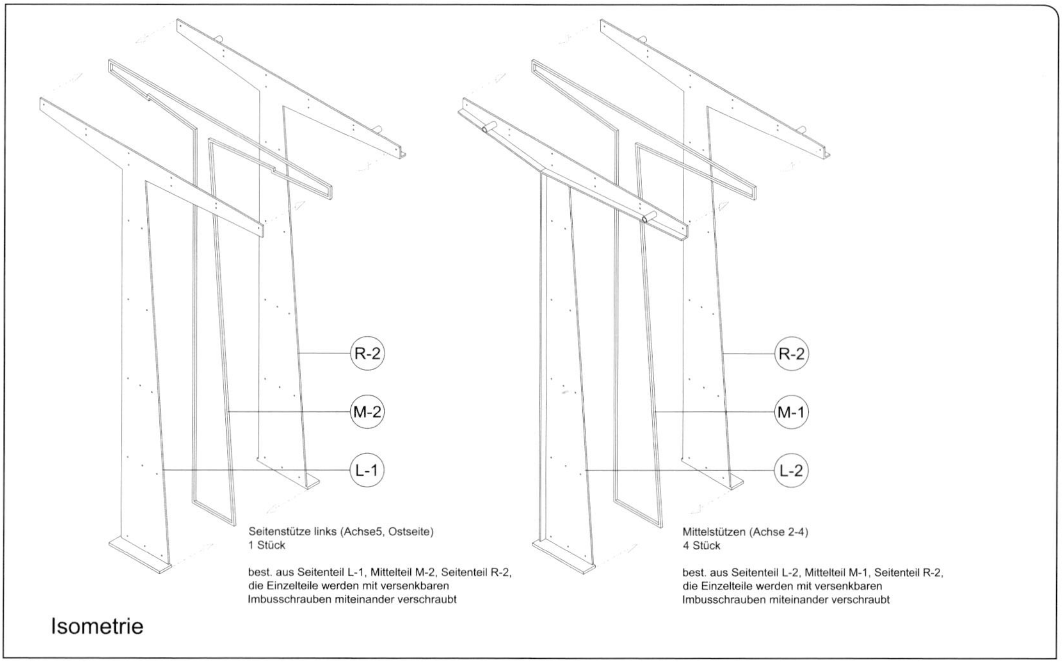
R-2
M-2
L-1
Seitenstütze links (Achse5, Ostseite)
1 Stück
best. aus Seitenteil L-1, Mittelteil M-2, Seitenteil R-2, die Einzelteile werden mit versenkbaren Imbusschrauben miteinander verschraubt
R-2
M-1
L-2
Mittelstützen (Achse 2-4)
4 Stück
best. aus Seitenteil L-2, Mittelteil M-1, Seitenteil R-2, die Einzelteile werden mit versenkbaren Imbusschrauben miteinander verschraubt
Isometrie

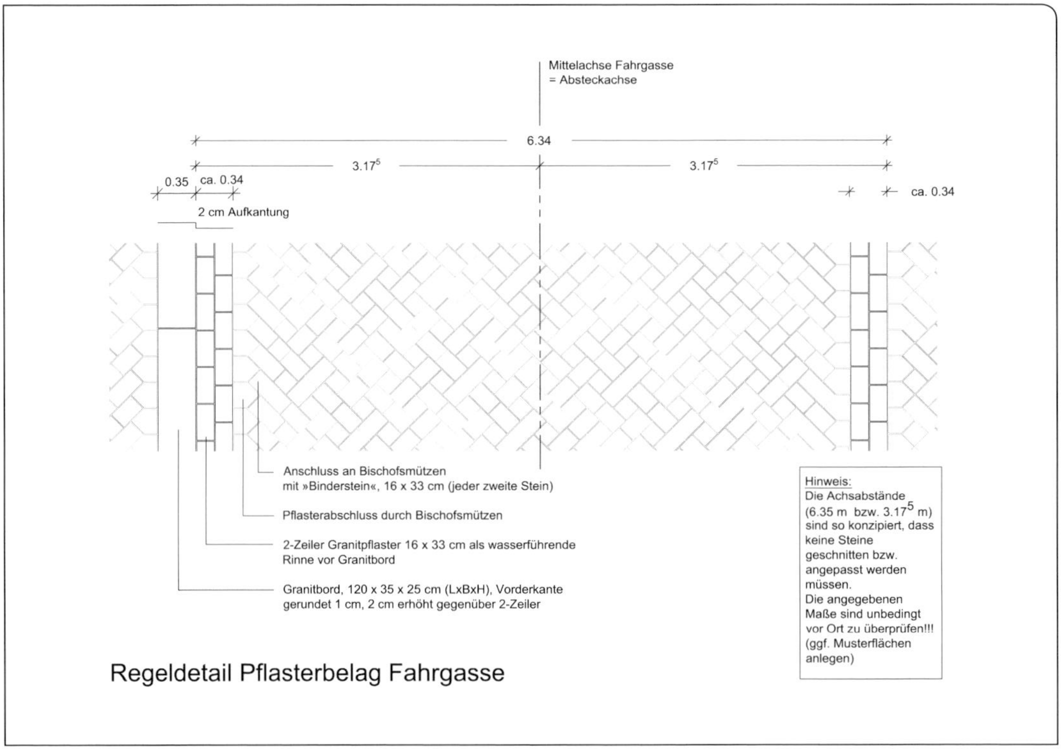

Abb. 381. Verlegeplan zum Pflasterbelag im „Flechtverband".

18.2.3 Detailpläne

Detailpläne dienen der Darstellung von Einzelheiten in ausreichend großem Maßstab zur genauen Festlegung der Konstruktion (vgl. Kap. 17.3). Detailpläne für konstruktive Elemente enthalten meist die detaillierte Durcharbeitung der Konstruktion als 3-Tafel-Projektion mit Grundriss bzw. Aufsicht, Aufriss (Vorderansicht) und Seitenriss (Seitenansicht), fallweise ergänzt durch Schnitte oder dreidimensionale Darstellungen (Axonometrien).

Bewährte Maßstäbe sind 1 : 20, 1 : 10, 1 : 50 und im Einzelfall auch 1 : 25. Bei Bedarf, z. B. bei Holz- oder Stahlkonstruktionen, enthält der Detailplan weitere Einzelheiten, z. B. Verbindungen, in größeren Maßstäben wie 1 : 5 oder 1 : 2.

Für manche Teilbereiche, z. B. für Belagsdetails, genügen Aufsichten und/oder Schnitte. Nach DIN 1356–1 sind dies „Verlegezeichnungen", die dort definiert sind als „Bauzeichnungen für die Verwendung von Fertigteilen. Sie enthalten alle für den Einbau und Anschluss der Fertigteile erforderlichen Angaben". Handelt es sich bei den Fertigteilen nicht um handelsübliche Produkte, sondern um maßgefertigte

Bauteile, ist die „Verlegezeichnung“ um eine „Fertigteilzeichnung“ nach DIN 1356–1 zu ergänzen.

18.2.4 Fachpläne – Thematische Pläne

Für bestimmte Fachinhalte der Detaillierung ist es zweckmäßig, diese Inhalte nicht im Höhen- und Absteckplan, sondern in einem eigenen Fach- oder Themenplan darzustellen. Gründe für die Ausgliederung eines Themas können sich aus dem Arbeitsablauf, der Planungszuständigkeit und fachlichen Kompetenz oder einfach aus der besseren Lesbarkeit der Pläne ergeben.

Bestes Beispiel für einen Fach- oder Themenplan ist der **Pflanzplan**. Zweckmäßig kann im Einzelfall ein Leitungs- oder Entwässerungs-/Versickerungsplan, ein Beleuchtungsplan etc. sinnvoll sein. Der Maßstab der Fachpläne entspricht in der Regel dem des Integrationsplans, des Höhen- und Absteckplans. Auch die Themenpläne sind mit einer Legende zu versehen. In Normen fixierte Darstellungsregeln, z. B. für Leitungspläne, sind zu beachten.

18.2.5 Weitere Ausführungsunterlagen

Im Zuge der Ausführungsplanung entstehen, begleitend zu den genannten Plänen, weitere wesentliche Dokumente. Dies können beispielsweise sein:

- Mengenplan auf der Basis des Höhen- und Absteckplans mit Eintragung der digital ermittelten Mengen.
- Aufstellung über die jeweils erforderlichen Mengen auf der Grundlage eines Formblatts.
- Aufstellung über Mengen, Art und Qualität der geplanten Pflanzen, Pflanzenliste, die später Bestandteil des Leistungsverzeichnisses werden kann.
- Aufstellung über Menge, Art, Qualität und Liefernachweis für die geplanten Ausstattungen und Möblierungen.
- Musterordner mit Unterlagen zu Materialien und Ausstattungen sowie Musterstücke.
- Gegebenenfalls vorgezogener Kostenanschlag nach DIN 276 als Besondere Leistung im Zuge der Kostenkontrolle im Projekt.

18.3 Darstellungsprozess

Die Ausarbeitung von Planzeichnungen ist der wesentliche Bestandteil des Ausführungsplanungsprozesses (vgl. Kap. 16.3.2). Die Ausführungspläne sind der jeweils zu prüfende und freizugebende Output mit den erforderlichen infrastrukturellen Ressourcen, insbesondere den unterschiedlichen Medien. Der Prozess der Planerstellung, der Vervielfältigung und der Weiterleitung der Pläne an die Projektbeteiligten hat sich in jüngster Vergangenheit entscheidend weiterentwickelt. Die folgenden Ausführungen beschreiben kurz die Entwicklung der Darstellungsmedien und die sich daraus ergebenden Konsequenzen.

18.3.1 Darstellungsmedien

Hinsichtlich der Darstellungsmedien brachte die Einführung der digitalen Medien sicherlich die bei weitem einschneidenste Veränderung im Laufe der Architekturgeschichte. Im Bezug auf andere Zeichenmittel liegen dagegen bereits jahrhundertelange Erfahrungen vor.

Zeichnungsträger

Seit dem 14. und 15. Jahrhundert ist Papier, das besonders durch die Buchdruckerei weite Verbreitung fand, als Zeichnungsträger im Planungsbüro nicht mehr wegzudenken.

Zu Beginn des 20. Jahrhunderts wurden belichtungsfähige Papiere entwickelt. Heute existiert eine Vielzahl von technischen Papieren mit speziellen Beschichtungen für Fotodrucke etc.

Zeichengeräte

Einfache Instrumente zum Konstruieren wie Reißschiene, Lineal, Zeichenwinkel und Zirkel sind seit der Antike bekannt und bewährt. Gezeichnet wurde bis ins 19. Jahrhundert hinein mit Rohr- und Kielfedern. Später setzten sich Federhalter mit Metallfeder und befüllbare Stifte (Tuschefüller), die auch bei den Stiftplottern der 80er- und 90er-Jahre zum Einsatz kamen, durch.

Zeichenmittel

Als Zeichenmittel für die Federzeichnung wurden Eisengallus- oder Rußtinte, ab dem 18. Jahrhundert auch vom Tintenfisch gewonnene Sepiatinte und farbige Tinten, die teilweise auch mit dem Pinsel aufgetragen wurden, verwendet.

Heute ist eine Trennung zwischen Zeichengerät und Zeichenmittel kaum mehr gegeben. Die Plotter arbeiten mit Tintenstrahl- oder Lasertechnik, für Handzeichnungen haben sich anstelle der wartungsintensiven Tuschefüller Filzstifte in unterschiedlichen Strichstärken mit pigmentierter Tinte, auch im typischen Sepiaton durchgesetzt.

Farbe

Die Verwendung von Farbe in Plänen wurde in der militärischen Zeichenpraxis des 17. Jahrhunderts eingeführt und fand von dort aus Eingang in die Architekturgrafik.

Mit den heutigen Grafikprogrammen lassen sich nahezu alle traditionellen und zahlreiche neuartige Kolorierungstechniken erreichen. Sie arbeiten mit den Farbsystemen RGB für Rot, Grün, Blau (Bildschirmfarben) und CMYK für Cyanblau, Magenta, Gelb und Schwarz (Printfarben).

Vervielfältigung

Die übliche Methode zur notwendigen Vervielfältigung von Architekturzeichnungen war lange Zeit die Mehrfachzeichnung. Die Möglichkeit der Vervielfältigung in hoher Stückzahl boten der Kupferstich und die Lithografie, die aber im Original aufwändig anzufertigen sind und daher meist nur für Präsentationszeichnungen, bauliche Analysen mit Lehrcharakter oder Veduten zum Einsatz kamen.

Zu Beginn des 20. Jahrhunderts wurde die Möglichkeit der Blau- und Lichtpause entwickelt.

Die Möglichkeit der Fotokopie wurde in der zweiten Hälfte des 20. Jahrhunderts entwickelt, Farbkopien gibt es erst seit gut 20 Jahren.

Heute dienen die Plotter, die das Original drucken, meist auch zur Vervielfältigung. Bei Schwarz-Weiß-Darstellungen, etwa bei Detailplänen, stellt die Kopie die wirtschaftlichere Methode der Vervielfältigung dar, da die Farbtintenpatronen der Plotter relativ teuer sind. Ausführungszeichnungen, die in hoher Stückzahl vervielfältigt werden müssen, sollten daher möglichst in Schwarz-Weiß-Grafik konzipiert werden (vgl. Kap. 18.1.2).

Mixed Media

Mit Hilfe der heute auch in größeren Formaten sehr kostengünstigen Flachbettscanner ist es möglich, jede analoge Zeichnung in eine digitale Datei umzuwandeln. Über Bildbearbeitungs- und Grafikprogramme lässt sich diese digital weiterverarbeiten und über verschiedene Dateiformate in CAD-Programme einlesen. Die Kombination von Vektor- und Rastergrafiken ist möglich.

Diese Mixed-Media-Technik hat sich heute im Landschaftsarchitekturbüro durchgesetzt. Es ist kein Problem mehr, in einen digitalen Lageplan Handskizzen oder Farbfotos von Materialien oder Pflanzen zur Erläuterung einzufügen. Dies bedeutet, dass die gewisse Sterilität reiner CAD-Zeichnungen, die für die 80er- und frühen 90er-Jahre typisch war, nicht mehr existiert. Die – im Computer verarbeitete – Handskizze hat sogar wieder an Bedeutung gewonnen (vgl. Farbtafel 32, Abb. 184 und 185, Seite 529).

Viele CAD-Programme haben neben intelligenten Funktionen zur Erstellung von konstruktiven Elementen auch umfangreiche Features zur grafischen Ausgestaltung der Pläne. Vom skizzenhaften Zitterstrich über historisierende Kupferstich- oder Sepiadarstellungen bis hin zur fotorealistischen Simulation von Licht und Schatten, Vegetation und Material ist jeder Abstraktionsgrad und nahezu jeder Effekt möglich (vgl. Farbtafeln 31 und 32, Seiten 528 und 529).

Allerdings sind in der Phase der Ausführungsplanung sehr effektvolle Darstellungen wenig zweckmäßig und wenig gebräuchlich. Hier bewährt sich eine normgerechte Schwarz-Weiß-Darstellung. Dement-

Abb. 382. Perspektive für Wettbewerbsbeitrag in Mixed-Media-Graphik.

sprechend sind digitale Ausführungszeichnungen in aller Regel reine CAD-Zeichnungen.

18.3.2 Zeichnungsorganisation

Digitale Planungs- und Darstellungsmedien stellen hohe Anforderungen an den Benutzer. Eine CAD-Datei entspricht dabei nicht einer Zeichnung, sondern vielmehr dem gesamten grafischen Datensatz und damit gewissermaßen dem ganzen Planschrank eines Projekts. Im virtuellen Modell (1 : 1) werden alle Daten von den Grundlagen, wie Kataster- und Vermessungsplan über die eingescannte und referenzierte Entwurfsskizze bis hin zur Ausführungsplanung mit sämtlichen Details verwaltet. Die Differenzierung in einzelne Planzeichnungen erfolgt einmal über unterschiedliche Zeichnungsebenen oder Folien („Layer"), in denen wiederum viele grafische Festlegungen wie Strichstärken, Linientypen, Farbe etc. möglich sind, zum anderen über Layouts in unterschiedlichen Maßstäben. Manche CAD-Systeme sprechen auch von Teilbildern. Diese Komplexität erfordert ein hohes Maß an Zeichnungsorganisation.

Es bedarf klarer Regelungen, z. B. zur Benennung von

- Projektordnern,
- Dateien,
- Zeichnungsebenen (Layern),
- Zeichnungsstilen (Textstile, Bemaßungsstile, Plotstile) und
- Planlayouts,

sowie Regelungen zu

- Planablage,
- Planausgabe (Druck, Plot),
- Planversand und
- Archivierung.

Ein wichtiges Hilfsmittel zur Zeichnungsorganisation bzw. zur Kennzeichnung und Rückverfolgbarkeit der Planungsleistungen ist der jeweilige Plankopf, der rechts unten im Planlayout platziert ist, sodass er beim normgerecht gefalteten Plan lesbar ist. Er sollte folgende Angaben enthalten:

- Name und Nummer des Projekts mit Ortsangabe,
- Angabe zum Bauherrn,
- Projektlogo,
- kleinen Übersichtslageplan, in dem zum Beispiel die Lage des Planausschnitts vermerkt werden kann (optional),
- Bezeichnung und Nummer des Plans,
- Bezeichnung der entsprechenden Datei,
- Ausgabe-Maßstab,
- Bearbeiter und Bearbeitungsdatum,
- Platz (z. B. Kästchen) für Änderungsvermerke mit Datum und Bearbeiter,
- Platz für Freigabevermerke sowie
- Angabe zum Prüfstatus (vgl. Kasten).

Bei der Projekt- und Zeichnungsorganisation sollte der Grundsatz gelten: Datenordnung = Aktenordnung.

Ein noch nicht geprüfter und freigegebener Planstand sollte deutlich als **„Vorabzug“** gekennzeichnet sein. Erst wenn der Schriftzug gelöscht und die Freigabe mit Datum und Unterschrift des Verantwortlichen vermerkt wird, kann der Plan als endgültig, geprüft und versandfertig angesehen werden.

Als plattformübergreifendes und daher ideales Versand-, Plot- und Archivierformat für Dateien jeder Art gilt derzeit PDF = Portable Document Format. Dateien dieses Formats können als nicht editierbar abgespeichert werden. Bestimmte Methoden beim Umgang mit PDF wurden zur Erleichterung des Datenaustausches in der Druckvorstufe und zur Langzeitarchivierung von PDF-Dateien von der International Standard Organisation (ISO) genormt.

Tab. 18.4: Wichtige Dateiformate für Planungsunterlagen im Bereich CAD und AVA (Auswahl)

Dateiformat, Dateiendung	**Bedeutung**	**Erklärung, Verwendung**
.bmp	Bitmap	Bilddatei (Raster-/Pixelgrafik)
.dwg	Drawing	AutoCAD-Datei, Zeichnungsdatei (Vektorgraphik)
.dwf	Drawing Web Format	Spezielles Austauschformat für CAD-Dateien (2D, 3D), Dateigröße nur 10 bis 20 % der Ausgangsdatei, Datei kann ohne entsprechende Software einschl. Layerinformation, Zoomfunktionen, Rundumschwenk von 3-D-Dateien etc. betrachtet werden
.dwt	Drawing Template	AutoCAD-Datei, Vorlagezeichnung, z. B. mit vordefiniertem Stilen, Layouts und Layern, wichtiges Organisationswerkzeug für AutoCAD-Pläne
.dxf	Drawing Interchange Format	CAD- bzw. Vektorgrafik-Austauschformat, wichtiger Standard für Austausch zwischen CAD-Systemen
.d81	Leistungsbeschreibung	
.d82	Kostenansatz	
.d83	Angebotsaufforderung	
.d84	Angebotsabgabe	Dateiformate der GAEB-Schnittstelle zum Austausch von AVA-Dateien, entwickelt vom Gemeinsamen Ausschuss Elektronik im Bauwesen (GAEB)
.d85	Nebenangebot	
.d86	Auftragserteilung	
.d88	Nachtrag	
.d89	Rechnung	
.eps	Encapsulated Post Script	Austauschformat für Vektorgrafiken und Schriften, z. B. für Drucke/gedruckte Publikation von CAD-Plänen
.jpg = .jpeg	Joint Photographic Experts Group	in der Regel mit Verlusten, jedoch auch verlustfrei zu erstellende komprimierte Bilddatei, Standardformat nach ISO/IEC 10918–1 für digitale Fotos und Rastergrafiken
.pdf	Portable Document Format	ISO-genormtes, plattformunabhängiges, formattreues Austauschformat für alle Dokumentarten, derzeitiger Standard für den Austausch und Druck von Plänen
.png	Portable Network Graphics	Grafikformat für Rastergrafiken mit verlustfreier Bildkompression, freier Ersatz für Format .gif, weniger komplex als .tif, unterstützt Transparenz, z. B. des Hintergrundes
.prn	Postscript, Print	Ein in eine Datei umgeleiteter Ausdruck oder Plot

Tab. 18.4: Fortsetzung

.tga	True Vision Targa	Bilddatei (Raster-/Pixelgrafik), wird beispielsweise in AutoCAD-Bilddatenbanken verwendet
.tif = .tiff	Tagged Image File Format	Universelles, komplexes Format für Bilddaten, unterstützt CMYK-Farbmodell und Transparenz, daher neben .pdf und .eps wichtigstes verlustfreies Austauschformat für Drucke/gedruckte Publikationen, große Dateigrößen, monochrome .tiff-Dateien lassen sich in CAD-Dateien transparent stellen, z. B. für folienartige Grafikeffekte

Literaturverzeichnis

Verwendete, zitierte und weiterführende Literatur

Anmerkung: Verwendete und zitierte Normen und Regeln sind jeweils in den Kapiteln zusammengestellt.

Publikationen

ANDREWS (2004): Handgezeichnete Visionen. Eine Sammlung aus deutschen Architekturbüros. Verlagshaus Braun, Berlin.

BAETZNER (1991): Natursteinarbeiten. Eugen Ulmer Verlag GmbH & Co., Stuttgart.

BARTH (2001): Die Villa Lante in Bagnaia. Edition Axel Menges, Stuttgart, London.

BEIER, NIESEL, PÄTZOLD (Hrsg.) (2003): Lehr – Taschenbuch für den Garten-, Landschafts- und Sportplatzbau. Eugen Ulmer GmbH & Co., Stuttgart.

BOTSCHEN, PEISL, SCHEGK (2007): Crushed Glass – Verwendung von Schüttstoffen aus Glas im Landschaftsbau. In: Neue Landschaft, Heft 09, S. 39–43.

CIBIN (2003): Selciato Romano. Il Sampietrino. Gangemi Editore, Roma.

Cooperativa Olivicola di Arnasco (Hrsg.) (2002): Metodologica e tecniche di costruzione dei muretti a secco. Quaderno Nr. 3, Arnasco 05.

Dachverband Lehm e.V. (Hrsg.) (1999): Lehmbau Regeln. Begriffe, Baustoffe, Bauteile. Friedr. Vieweg & Sohn Verlagsgesellschaft mbH, Braunschweig/ Wiesbaden.

Deutscher Naturwerksteinverband e.V. – DNV (Hrsg.) (2001): Bautechnische Information Naturwerkstein 1.3: Massivstufen und Treppenbeläge, außen. Werkbund-Druckerei, Würzburg.

DIERKS, SCHNEIDER, WORMUTH (1997): Baukonstruktion. Werner Verlag GmbH Co. KG, Düsseldorf.

DREISEITL, GRAU, LUDWIG (2001): Waterscapes – Planen, Bauen und Gestalten mit Wasser. Birkhäuser Verlag, Basel, Boston, Berlin.

ENGEL (2002): Methodik der Architekturplanung. Bauwerk Verlag GmbH, Berlin.

ERLER (2002): Holz im Außenbereich. Anwendungen – Holzschutz – Schadensvermeidung. Birkhäuser Verlag, Basel, Boston, Berlin.

FRIEDRICH (1992): Tabellenbuch Bautechnik. Ferd. Dümmlers Verlag, Bonn.

Frontinus-Gesellschaft e.V. (Hrsg.) (2004): Wasser im Barock. Verlag Philipp von Zabern, Mainz.

GARGULLA, GESKES (2007): Treppen und Rampen in der Landschaftsarchitektur. Eugen Ulmer KG, Stuttgart.

GARNER (2005): Dry Stone Walls. Shire Publications Ltd., Buckinghamshire.

GERNER (2000): Entwicklung der Holzverbindungen. Fraunhofer IRB Verlag, Stuttgart.

GRAUBNER (1994): Holzverbindungen. Gegenüberstellung japanischer und europäischer Lösungen. Deutsche Verlags-Anstalt GmbH, Stuttgart.

HALLMANN, FORNER (2005): Historische Bauforschung und Materialverwendung im Garten- und Landschaftsbau: Wegebau und Wasseranlagen. Books on Demand GmbH, Norderstedt.

HARRIS, DINES (1998): Time-Saver Standards for Landscape Architecture. Design and Construction Data. McGraw-Hill Publishing Company, New York etc., U.S.A.

HAUSCHILD (2003): Konstruieren im Raum. Eine Baukonstruktionslehre zum Studium. Verlag Georg D. W. Callwey GmbH & Co. KG, München.

HEEB-FEHR, SCHEGK (2007): Bauen mit Stampflehm. Renaissance einer alten Technik im GaLaBau. In: DEGA Deutscher Gartenbau, 61. Jahrgang, Heft 28, S. 26–29.

HEENE (2004): Baustelle Pantheon. Planung, Konstruktion, Logistik. Verlag Bau + Technik GmbH, Düsseldorf.

JANSSEN (1981): Bamboo in Building Structures. Dissertation an der TU Eindhoven.

KIEVEN (1993): Römische Architekturzeichnung des Barock. In: Von Bernini bis Piranesi. Römische Architekturzeichnung des Barock. Katalog zur Ausstellung, S. 9–31. Graphische Sammlung Staatsgalerie Stuttgart. Verlag Gerd Hatje, Stuttgart.

KÖCKERT (1995): Schöne Gartenhäuser und Lauben. Eugen Ulmer GmbH & Co., Stuttgart.

KOSCHATZKY (2003): Die Kunst der Zeichnung. Technik, Geschichte, Meisterwerke. Deutscher Taschenbuch Verlag GmbH & Co. KG, München.

LAMPRECHT (1996): Opus caementitium. Bautechnik der Römer. Beton-Verlag, Düsseldorf.

LENZ (2005): Integriertes Prozessmanagement. Erfolgreiche Einführung und Optimierung. Grundlagen – Erfahrungen – Praxisanleitung. Books on Demand GmbH, Norderstedt.

MADER (2004): Freiraumplanung. Deutsche Verlags-Anstalt GmbH, München.

MADER, ZIMMERMANN (2006): Zäune und Tore. Deutsche Verlags-Anstalt GmbH, München.

MADER, ZIMMERMANN (2008): Mauern. Deutsche Verlags-Anstalt GmbH, München.

MAHABADI, MEYER (2006): Treppen im Freiraum. Planungs- und Baugrundsätze. Eugen Ulmer KG, Stuttgart.

MAHABADI, ROHLFING (2005): Schwimm- und Badeteichanlagen. Planungs- und Baugrundsätze. Eugen Ulmer KG, Stuttgart.

MAURER (2004): Michelangelo. Die Architekturzeichnungen. Entwurfsprozess und Planungspraxis. Verlag Schnell & Steiner GmbH, Regensburg.

MCAFEE (1997): Irish Stone Walls. History, Building, Conservation. The O'Brien Press, Dublin.

Mehling, Germann, Kownatzki (2003): Naturstein Lexikon. Verlag Georg D. W. Callwey GmbH & Co., München.

Mielke (1993): Handbuch der Treppenkunde. Verlag Th. Schäfer, Hannover.

Militz, Krause (2004): Fenster- und Fassadenbau: Holzmodifizierungen im Test. Tuning für Buche & Co. In: Fenster-Magazin 2004, S. 46–49.

Ministero per i Beni e la Attività Culturali (Hrsg.) (2000): Hadrians Villa. Electa, Mailand.

Minke (1999): Lehmbau-Handbuch: der Baustoff Lehm und seine Anwendung. Ökobuch Verlag, Staufen bei Freiburg.

Müller (2001): Gesteinskunde – Lehrbuch und Nachschlagewerk über Gesteine für Hochbau, Innenarchitektur, Kunst und Restaurierung. Ebner Verlag, Ulm.

Neufert (1992): Bauentwurfslehre. Friedr. Vieweg & Sohn Verlagsgesellschaft mbH, Braunschweig/Wiesbaden.

Niederstrasser, Spalink-Sievers, Weddige (1991): Gartenhaus, Laube, Pergola. Der geschützte Platz im Garten. Verlag Georg D. W. Callwey, München.

Noll (1911): Zur Vervollkommnung des Kleinpflasters. Reprint Verlag Leipzig, Holzminden.

Palladio (1570): I quattro Libri dell'Architettura. Die vier Bücher zur Architektur. Birkhäuser Verlag, Basel, Boston, Berlin, 2006 (2. korrigierter Nachdruck).

Peck (2005): Baustoff Beton. Planung, Ausführung, Beispiele. Edition DETAIL. Institut für internationale Architektur-Dokumentation GmbH & Co. KG, München.

Petschek (2008): Geländemodellierung für Landschaftsarchitekten und Architekten. Hrsg. von HSR Hochschule für Technik Rapperswil, Abteilung für Landschaftsarchitektur, Birkhäuser Verlag AG, Basel, Boston, Berlin.

Rauch, Kapfinger (2001): Rammed Earth. Lehm und Architektur. Terra Cruda. Birkhäuser Verlag, Basel, Boston, Berlin.

Schegk (2001): Organisiert kreativ sein ... Fehlervermeidung und Qualitätsmanagement im Landschaftsarchitekturbüro. In: Landschaftsarchitekten, Heft 1, S. 12–13.

Schegk (2002): Korrespondenz von Konstruktion und Material. In: Garten und Landschaft, Zeitschrift für Landschaftsarchitektur 4/2002, S. 9–11.

Schegk (2007): Naturstein für den Freiraum. In: Garten und Landschaft, Zeitschrift für Landschaftsarchitektur 3/2007, S. 8–11

Schegk (2008a): Beton – mehr als Steine und Zement. In: Garten + Landschaft, Zeitschrift für Landschaftsarchitektur 5/2008, S. 16–19.

Schegk (2008b): Scalalogie – Treppen als gebaute Topografie. In: Garten + Landschaft Zeitschrift für Landschaftsarchitektur 9/2008, S. 28–31.

Schegk (2008c): Schicht für Schicht. In: STEIN Zeitschrift für Naturstein, 06/2008, S. 34–37.

Schegk (2008d): Trockenmauern – europäische Baukultur zwischen Handwerkskunst und Regelwerk. In: STEIN TIME Architektur und Naturstein, 1/2008, S. 52–56

SCHEGK, BRANDL (2007): Trockenmauern zwischen Baukultur und Pfusch: Lernen von den europäischen Nachbarn. In: DEGA Deutscher Gartenbau, 61. Jahrgang, Heft 20, S. 10–13.

SCHEGK, HEEB-FEHR (2008): Bauen mit Stampflehm. In: Garten und Landschaft, Zeitschrift für Landschaftsarchitektur Heft 05, S. 38–39.

SCHEGK, SIMA (2006): Künstliche Felselemente in der Landschaftsarchitektur. In: Garten und Landschaft, Zeitschrift für Landschaftsarchitektur, Heft 9, S. 56–57.

SCHEGK, SIMA (2007): Von der steinernen Monumentalskulptur zum Event in Faserbeton: Die Entwicklung künstlicher Felselemente im Landschaftsbau. In: Neue Landschaft, Heft 02, S. 38–48.

SCHOLZ, HIESE (2003): Baustoffkenntnis. Werner Verlag/Wolters Kluwer Deutschland GmbH, München.

SCHÖNBERGER (2004): Künstliche Felspartien in der Gartenkunst des 19. Jahrhunderts. Der Kurpark in Wiesbaden. Verlag Dr. H. H. Driesen, Taunusstein.

SEIFERT (1965): Gartentreppen. In: Garten und Landschaft Heft 11.

STADE (1904): Die Holzkonstruktionen. Reprint Verlag Leipzig, Holzminden.

THOMPSON, DAM, NIELSEN (Hrsg.) (2007): European Landscape Architecture – Best Practice in Detailing. Routledge Taylor & Francis Group, London.

TUFNELL, RUMPE, DUCOMMUN, HASSENSTEIN (1996): Trockenmauern. Anleitung für den Bau und die Reparatur. Verlag Paul Haupt, Bern.

UERSCHELN, KALUSOK (2001): Kleines Wörterbuch der europäischen Gartenkunst. Philipp Reclam jun. GmbH & Co., Stuttgart.

VITRUV (1796): Baukunst, Bücher I–X (2 Teilbände), übersetzt von Rode. Birkhäuser Verlag, Basel 2001 (2. unveränderte Auflage).

VOGEL (2004a): Wunderland Cathay. Chinoise Architekturen in Europa – Teil 1. In: Die Gartenkunst, Jg. 16, Nr. 1, S. 125–172.

VOGEL (2004b): Wunderland Cathay. Chinoise Architekturen in Europa – Teil 2. In: Die Gartenkunst, Jg. 16, Nr. 2, S. 339–382.

VOGEL (2005a): Wunderland Cathay. Chinoise Architekturen in Europa – Teil 3. In: Die Gartenkunst, Jg. 17, Nr. 1, S. 168–216.

VOGEL (2005b): Wunderland Cathay. Chinoise Architekturen in Europa – Teil 4. In: Die Gartenkunst, Jg. 17, Nr. 2, S. 387–430.

VON BUSSE, WAUBKE, GRIMME, MERTINS (1994): Atlas Flache Dächer. Nutzbare Flächen. Institut für internationale Architektur-Dokumentation GmbH & Co. KG, München.

WILLIAMSON (2002): Living Landscapes: Hedges and Walls. The National Trust, London.

WITTMANN, RADEMACHER, SCHEGK (2001): Weihenstephan im Detail – ein Streifzug über den Campus auf der Suche nach konstruktiven Details im Freiraum. Weihenstephaner Schriftenreihe Band 5.

Unveröffentlichte Diplomarbeiten im Lehrgebiet „Baukonstruktion und Entwerfen" an der Fakultät Landschaftsarchitektur der Hochschule für Angewandte Wissenschaften/Fachhochschule Weihenstephan

BEYHL, THOMAS, MÜLLER, KARIN (2000): Stahl – Werkstoff in der Landschaftsarchitektur. Aktuelle Objektbeispiele und Konstruktionsdetails.

BOTSCHEN, SUSANNE (2006): Crushed glass – Gestaltung mit Schüttmaterialien aus Glas in der Landschaftsarchitektur. Analyse aktueller Trends und technischer Möglichkeiten.

BRUNNHUBER, SEBASTIAN (2008): Pollinger Kalktuff – von der Alge zum Baustein. Auf den Spuren eines regionalen Natursteins des Voralpenlandes von der Entstehung bis zur baulichen Verwendung.

EISENBARTH, HEIDRUN (1998): Bausteine der Wassertechnik.

FEHR, DIANA (2005): Lehmbau in der Landschaftsarchitektur. Facetten eines natürlichen Materials.

FRIEDENBERGER, EVA, WOLFGRUBER, REGINA (2007): Vom Weinberg-Stäffele zur Stadterschließung. Analyse von Freiraumtreppen in Stuttgart hinsichtlich Geschichte, Typologie und Nutzung im urbanen Kontext.

GEGNER, SONJA (2007): BETON – Betrachtung von Image und Potenzial eines vielseitigen Baustoffs.

HAUPT, ALEXANDRA (2008): Konstruktionen aus Bambus. Praktische Auseinandersetzung mit Bauelementen aus Bambus und geeigneten Verbindungstechniken.

JEHLE, STEPHAN (2005): Technik und Statik des Trockenmauerbaus.

KÖRBER, MICHAEL (2007): Praktische Empfehlungen zu Planung und Bau von Trockenmauerwerk im Garten- und Landschaftsbau.

MARTIN, FABIAN (2008): Konstruktion von bewitterten Belägen und Plattformen aus Holz und Holzwerkstoffen.

NÜSSLEIN, SILKE (2007): Nachhaltiges Gestalten und Konstruieren mit Holz im Außenraum.

PACHE, REBEKKA (2007): Analyse von Nutzung und Erlebniswert von Treppen im städtischen Freiraum anhand ausgewählter europäischer Beispiele sowie Diskussion geltender Regeln.

SCHOLZ, MICHAEL (2008): Entwicklung von wirtschaftlichen Detaillösungen für Schwimmteichsysteme.

SIMA, JOHANN (2006): Der Einsatz von naturgetreu abgebildeten Strukturelementen – insbesondere Felselementen – aus Faserbeton im Garten- und Landschaftsbau.

WELSCH, BIRGIT (2003): Gebauter Freiraum. Materialverwendung in der Landschaftsarchitektur als Reflexion zeitgenössischer Planungskonzepte.

Sonstige unveröffentlichte Quellen

AHRENDT (2007): Historische Gründächer: Ihr Entwicklungsgang bis zur Erfindung des Eisenbetons. Genehmigte Dissertation, Fakultät VI der Technischen Universität Berlin.

HALLMANN, FORNER (2003): Historische Bauforschung und Materialverwendung im Garten- und Landschaftsbau: Wegebau und Wasseranlagen. Abschlussbericht zum DFG-Forschungsvorhaben HA 2513/2–1, Technische Universität Berlin.

LIESE (2006): Bambus, das Wundergras. Unveröffentlichtes Skript, vorgelegt zu einem Vortrag am 02.07.2008 an der TU München in Freising-Weihenstephan.

DIN-Normen

Bildquellen

Farbabbildungen:

Susanne Botschen: Abb. 123 bis 125 (Farbtafel 21)
Alessandro Canestrini: Abb. 49 (Farbtafel 9)
Jasen Crawford: Abb. 104 (Farbtafel 18)
Diana Heeb-Fehr: Abb. 16 (Farbtafel 3), Abb. 32, 35 (Farbtafel 6), 47 (Farbtafel 8)
Alexander Koch: Abb. 86 (Farbtafel 15), Abb. 135 (Farbtafel 23)
Fa. Pohl GaLaBau: Abb. 158 bis 160 (Farbtafel 27), Abb. 165 (Farbtafel 28)
Ingrid Schegk: Titelbild rechts, Abb. 1 bis 6 (Farbtafel 1), Abb. 8 bis 12 (Farbtafel 2), Abb. 13 bis 15, 17, 18 (Farbtafel 3), Abb. 19 bis 24 (Farbtafel 4), Abb. 25 bis 30 (Farbtafel 5), Abb. 31, 33, 34 (Farbtafel 6), Abb. 37 bis 40, 42 (Farbtafel 7), Abb. 43 bis 46, 48 (Farbtafel 8), Abb. 50 bis 54 (Farbtafel 9), Abb. 55 bis 57, 59, 60 (Farbtafel 10), Abb. 61 bis 66 (Farbtafel 11), Abb. 67, 69 bis 71 (Farbtafel 12), Abb. 72 bis 75, 77 (Farbtafel 13), Abb. 78 bis 83 (Farbtafel 14), Abb. 84, 85, 87, 89 (Farbtafel 15), Abb. 90, 95 (Farbtafel 16), Abb. 96, 98 bis 100 (Farbtafel 17), Abb. 102, 103, 105 bis 107 (Farbtafel 18), Abb. 109, 110, 113 (Farbtafel 19), Abb. 114 bis 116 (Farbtafel 20), Abb. 122 (Farbtafel 21), Abb. 127, 130 (Farbtafel 22), Abb. 131 bis 133 (Farbtafel 23), Abb. 143 bis 148 (Farbtafel 25), Abb. 150, 152, 153 (Farbtafel 26), Abb. 163, 166 (Farbtafel 28)
Ludwig Schegk: Titelbild links, Titelbild Mitte, Abb. 7 (Farbtafel 2), Abb. 36 (Farbtafel 6), Abb. 41 (Farbtafel 7), Abb. 58 (Farbtafel 10), Abb. 68 (Farbtafel 12), Abb. 76 (Farbtafel 13), Abb. 91 bis 94 (Farbtafel 16), Abb. 97, 101 (Farbtafel 17), Abb. 108, 111, 112 (Farbtafel 19), Abb. 117, 118 (Farbtafel 20), Abb. 120, 121 (Farbtafel 21), Abb. 126 (Farbtafel 22), Abb. 134, 136 (Farbtafel 23), Abb. 137 bis 139, 141, 142 (Farbtafel 24), Abb. 149, 151, 154 (Farbtafel 26), Abb. 155 bis 157 (Farbtafel 27), Abb. 162, 164 (Farbtafel 28), Abb. 167 bis 170 (Farbtafel 29), Abb. 171 bis 176 (Farbtafel 30)
Schegk Landschaftsarchitekten, Stephan Gentz: Abb. 119 (Farbtafel 20), Abb. 177 bis 180 (Farbtafel 31), Abb. 181 bis 185 (Farbtafel 32)
Michael Scholz: Abb. 128, 129 (Farbtafel 22),
Matthias Ummersbach: Abb. 161 (Farbtafel 28)
Doris Wittmann: Abb. 70 (Farbtafel 12)

Schwarzweißabbildungen:

Wolfgang Brandl: Abb. 1 bis 43, 59
Fa. Diekmann: Abb. 293
Salomon de Caus: Abb. 332
Antoine Joseph Dézailler D'Argenville: Abb. 333, 341
DIN – Deutsches Institut für Normung: Abb. 55, Abb. Tab. 5.5.
Stephan Gentz: Abb. 233, 234, 364, 367, 382
Alexandra Haupt: Abb. 101, 151, Abb. Tab. 7.21., Abb. 217, 228
Diana Heeb-Fehr: Abb. 66, 67, 87, 108 bis 110
Fa. Held Teichsysteme: Abb. 250, 289
Carlo Maratta: Abb. 331
Höhere Staatslehranstalt für Gartenbau Weihenstephan: Abb. 369
Stadt München: Abb. 370, 371
Friedrich Wilhelm Noll: Abb. 346
Silke Nüsslein: Abb. 144, 145, 147, 148, 153, 162 bis 165, 167 bis 170, 172 bis 174, 182, 211, 214
Andrea Palladio: Abb. 207
Ernst Pfeifer: Abb. 365
Giovanni Battista Piranesi: Abb. 114
Fa. Pohl GaLaBau: Abb. 255, 305, 311
Ingrid Schegk: Abb. 44 bis 48, 50 bis 54, 57, 58, 65, 70 bis 78, 80 bis 86, 88 bis 91, 93 bis 95, 98 bis 100, 102, 104, 111, 113, 115 bis 134, 140, 143, 146, 149, 150, 152, 155, 157 bis 160, 166, 175 bis 181, 183, 184 bis 191, 197, 199 bis 201, 208 bis 210, 212, 215, 216, 218 bis 221, 225 bis 227, 229, 230, Abb. Tab. 11.5, Abb. 232, Abb. Tab. 11.6, Abb. 236, 259 bis 261, 266, 270, 272 bis 274, 279, 281 bis 283, 285, 286, 288, 290, 291, 294, 295, 307, 320, 324, 330, 334, 347, 349, 350 bis 357, 363, 373, 379
Ludwig Schegk: Abb. 49, 56, 60 bis 63, 69, 79, 92, 97, 103, 105, 107, 112, 135, 138, 139, 141, 142, 154, 156, 161, 171, 192, 195, 198, 204 bis 206, 224, 231, 235, 237, 239 bis 242, 247, 248, 251 bis 254, 256, 262 bis 265, 267 bis 269, 271, 275 bis 278, 280, 284, 287, 292, 309, 314, 316, 318, 319, 321 bis 323, 329, 336 bis 338, 343, 345, 362
Schegk Landschaftsarchitekten, Stephan Gentz, Merlin Bartholomäus: Abb. 96, 106, 136, 137, 193, 194, 196, 202, 203, 222, 223, 238, 213, 211, 216, 219, 250, 301, 306, 315, 317, 325 bis 328, 339, 340, 342, 344, 348, 358 bis 361, 372, 374 bis 378, 380, 381

Michael Scholz: Abb. 257, 258, 296 bis 300, 302 bis 304, 308, 310, 312, 313
Johann Sima: Abb. 64
Giusto Utens: Abb. 368
Conny Wendler: Abb. 335
Sabrina Wilk: Abb. 366

(Landschafts-)Architekten/Entwurfsverfasser der abgebildeten Projekte:

Atelier Loidl, Landschaftsarchitekten, Berlin: Lustgarten Berlin (Farb-Abb. 11)
Büro Kiefer, Berlin: Vorplatz Biosphärenhalle BUGA Potsdam (Farb-Abb. 150)
Büro Latitude Nord, Landschaftsarchitekt Giles Vexlard, Paris: Riemer Park, München (Farb-Abb. 27, 28, 53, 56, SW-Abb. 125, 197, 201)
dipol Landschaftsarchitekten, Basel: Wahlenpark, Zürich, Schweiz (SW-Abb. 295)
EMBT Enric Miralles, Benedetta Tagliabue, Architekten, Barcelona, Spanien: Hafencity Hamburg, öffentliche Räume (Farb-Abb. 31, 44, SW-Abb. 115, 140)
Engeler Freiraumplanung, Wil, Schweiz: Friedhofserweiterung Wil, Schweiz (Farb-Abb. 35, SW-Abb. 87, 110)
Hild und Kaltwasser, Architekten, München: Bushaus Landshut (Farb-Abb. 69)
Janson + Wolfrum, Architektur Stadtplanung, München: Scharnhauser Park, Ostfildern (Farb-Abb. 54)
Jühling und Bertram, Landschaftsarchitekten, München: Petuelpark München (Farb-Abb. 97, SW-Abb. 198)
Kienast (gest. 1998) und Vogt Landschaftsarchitekten, Zürich, Schweiz: Landschaft Masoala-Halle, Zoo Zürich (SW-Abb. 58)
Koch + Koch Garten- und Landschaftsarchitekten, Pähl: Privatgarten (Farb-Abb. 86, 135)
Koch + Schegk Landschaftsarchitekten: Privatgarten (Titelbild Mitte, Farb-Abb. 10, 62, 111, 142, 162, 164, SW-Abb. 256), Freianlagen Messecampus, Riem (Farb-Abb. 126, 154, SW-Abb. 96, 97, 235, 247, 254, 264, 292, 315 bis 319)
Kuhn Truninger Landschaftsarchitekten, Zürich, Schweiz: Louis-Häfliger-Park, Zürich (SW-Abb. 200)
Landschaftsarchitekt Stefan Fromm, Dettenhausen: Gesamtplanung LGS Bingen 2008 (Farb-Abb. 4, 5, 48, 55)
Lehm, Ton Erde Baukunst GmbH, Martin Rauch, Schlins, Österreich: Stampflehmarbeiten Planung, Beratung und Ausführung, Friedhof Batschuns, Friedhof Wil, Probstei St. Gerold, Österreich (Farb-Abb. 33 bis 35, 46, 47, SW-Abb. 87, 108 bis 110)
Lohrer und Hochrein Landschaftsarchitekten, München: Friedhof München-Riem (Farb-Abb. 16, 42, SW-Abb. 78, 99, 131, 134)
Marte. Marte Architekten, Weiler, Österreich: Friedhofserweiterung Batschuns, Österreich (Farb-Abb. 34)
Plancontext Landschaftsarchitektur, Berlin: Gesamtplanung LGS Neu-Ulm 2008 (Farb-Abb. 106, SW-Abb. 73, 210)
Planergemeinschaft MFO-Park Burckhardtpartner/Raderschall, Meilen, Zürich, Schweiz: MFO-Park, Zürich (Farb-Abb. 109, SW-Abb. 155, 178, 179)
Planerteam ADR, Sarl Architekten, Genf, Schweiz: Turbinenplatz, Zürich (SW-Abb. 288, 294)
Rainer Schmidt Landschaftsarchitekten, München: Riemer Park, Bereich Senkgärten (Farb-Abb. 27, 28)
realgrün Landschaftsarchitekten, München: Arnulfpark, München (SW-Abb. 339)
Schegk Landschaftsarchitekten, Haimhausen: Garten für demenziell Erkrankte, Eching b. München (Titelbild links, Farb-Abb. 169, SW-Abb. 237 bis 239, 325, 326, 374), Ausstellungsbeitrag „grün concrete" auf der LGS Neu-Ulm 2008 (Titelbild rechts, Farb-Abb. 29, SW-Abb. 59 bis 62, 74, 105, 273), Freiflächen am IZB München-Martinsried (Farb-Abb. 58, 68, 81, 117, 141, 149, SW-Abb. 242, 280, 287), Privatgarten (Farb-Abb. 88, 94, 101, SW-Abb. 193 bis 195, 202 bis 206, 301), Freiflächen im Brauerviertel, Ulm (Farb-Abb. 93, SW-Abb. 135 bis 139, 196, 233, 234, 271, 323, 327 bis 329), Freiflächen Wohnanlage Ulm (Farb-Abb. 118, 119, SW-Abb. 248 bis 250), Straßen und Plätze Innenstadt Illertissen (Farb-Abb. 134, 136, 137, SW-Abb. 265, 275, 276, 372), Freiflächen, Innenhöfe, Dächer Justizzentrum Kaiserslautern (Farb-Abb. 151, 163, 167, 168, SW-Abb. 321, 322), Freiflächen und Dachbegrünung Wohnanlage am Donauufer, Ulm (Farb-Abb. 170 bis 176, SW-Abb. 103, 141), Weinmarkt Memmingen (Farb-Abb. 182 bis 184, SW-Abb. 222, 223, 262, 263, 268, 284, 358 bis 362, 375 bis 378, 380, 381), Freianlagen an Bürogebäude in Ulm (SW-Abb. 277, 278)
Schirmer – Partner, Landschaftsarchitekten, Berlin: Wasserspielplatz BUGA Potsdam 2001 (Farb-Abb. 153, 166)
Wolfgang Färber, Landschaftsarchitekt, Icking-Irschenhausen: Gesamtplanung Landesgartenschau Kronach 2002 (Farb-Abb. 65)
Zulauf Seippel Schweingruber, Landschaftsarchitekten, Baden, Schweiz: Oerliker Park, Zürich (Farb-Abb. 96, 152, SW-Abb. 199)

Register

Die in diesem Buch enthaltenen Empfehlungen und Angaben sind vom Autor mit größter Sorgfalt zusammengestellt und geprüft worden. Eine Garantie für die Richtigkeit der Angaben kann aber nicht gegeben werden. Autor und Verlag übernehmen keinerlei Haftung für Schäden und Unfälle.

Bibliografische Information der Deutschen Nationalbibliothek
Die Deutsche Nationalbibliothek verzeichnet diese Publikation in der Deutschen Nationalbibliografie; detaillierte bibliografische Daten sind im Internet über http://dnb.d-nb.de abrufbar.

Wollgrasweg 41, 70599 Stuttgart (Hohenheim)
E-Mail: info@ulmer.de
Internet: www.ulmer.de
Umschlaggestaltung: Atelier Reichert, Stuttgart
Lektorat: Dr. Angelika Eckhard, Birgit Schüller
Herstellung: Thomas Eisele
Satz: Dörr + Schiller GmbH, Stuttgart
Repro: medienfabrik, Stuttgart
Druck und Bindung: Druckerei zu Altenburg, Altenburg
Printed in Germany

ISBN 978-3-8001-4680-2